山东海洋生态红线

王守信　主编

海洋出版社

2017年 · 北京

图书在版编目（CIP）数据

山东海洋生态红线/王守信主编．—北京：海洋出版社，2017.1
ISBN 978-7-5027-9706-5

Ⅰ.①山…　Ⅱ.①王…　Ⅲ.①海洋环境-生态环境-研究-山东　Ⅳ.①X145

中国版本图书馆 CIP 数据核字（2017）第 022345 号

责任编辑：杨传霞　程净净
责任印制：赵麟苏
海洋出版社　出版发行
http://www.oceanpress.com.cn
北京市海淀区大慧寺路 8 号　邮编：100081
北京画中画印刷有限公司印刷　新华书店北京发行所经销
2017 年 3 月第 1 版　2017 年 3 月第 1 次印刷
开本：889mm×1194mm　1/16　印张：25.75
字数：790 千字　定价：186.00 元
发行部：62132549　邮购部：68038093　总编室：62114335
海洋版图书印、装错误可随时退换

《山东海洋生态红线》
编写委员会

主　编：王守信

副主编：崔凤友　姜清春　鲁小兵　王伟杰

编　审：田　良　崔洪国　段建文　原晓军　周连成

撰　稿：朱银奎　牟秀娟　张海莉　刘晓东　高　翔
陈　璐　原晓军　魏易卿　林　曦　吴育利
许瑞军　于定勇　田　艳　赵　蓓

前　言

山东省濒临渤海和黄海，大陆海岸线北起冀鲁交界处的漳卫新河河口，南至鲁苏交界处的绣针河河口，海岸线长达 3 345 千米，占全国海岸线的 1/6 强。相对应的海洋面积 15.96 万平方千米，与山东省陆地面积相当。全省共有各种类型的海洋保护区 68 处。

山东近岸海域是重要的海洋生态敏感区、脆弱区分布区，河口湿地广袤，生物物种多样，是重要的海洋生态资源、环境资源和生境资源聚集区，是全省经济社会发展的重要依托和环境保障。山东沿海地区人口众多，经济总量较大。近年来，随着沿岸经济社会的发展，近海海域生态环境持续恶化，生态系统处于亚健康状态，突发性海洋环境事件增多。经济飞速发展与环境保护的矛盾日益尖锐，迫切需要实施以海洋生态文明理念为指导、以“人海和谐”为目标、以区域化管理为基础、以“生态红线”为手段的海洋环境保护政策。

国务院多次强调：要在海洋生态环境敏感区、脆弱区等区域划定生态红线，分别制定相应的环境标准和环境政策。要在渤海等重点海域实施最严格的围填海管理与控制政策，实施最严格的环境保护政策。中共中央、国务院《关于加快推进生态文明建设的意见》明确提出“科学划定森林、草原、湿地、海洋等领域生态红线”。2012 年 10 月，国家海洋局对建立渤海生态红线制度进行了具体部署，2015 年发布的海洋生态文明建设实施方案明确提出实施海洋生态红线制度。

从 2012 年起，山东就开展了海洋生态红线划定工作，并于 2013 年完成渤海海洋生态红线划定，2015 年完成黄海海洋生态红线划定。全省共建立划定红线区 224 个，其中禁止开发区 59 个，限制开发区 165 个，生态红线区总面积 9 669.26 平方千米，占山东省管辖海域总面积的 20.43%。全省管理海域建立实施了海洋生态红线制度，全省海洋重要的生态功能区得到了及时有效的保护，海域空间和生态资源的开发利用得到了科学管控和合理配置，为全国、全省海洋环境保护管理提供了有益借鉴。

在红线制度建立过程中，山东省海洋与渔业厅与合作技术单位加强调研，形成了红线区划定方案、图集及《山东渤海生态功能区专题研究》、《山东省黄海海岛资源与保护专题研究》等研究成果。这些成果在形成过程中抽调了行业和专业领域权威的专家和技术人员，并严格按照技术规程和相关标准，采用了最先进的仪器设备，并充分吸纳了地方海洋环境管理的成熟经验。形成的成果信息量大，可信度高，可借鉴性强，数据翔实准确，分类科学有据，管理措施具有很强的可操作性。本书编著的目的就是将海洋生态红线制度有关成果结集出版，及时积累和总结山东省建立实施海洋生态红线制度的经验做法和研究成果，进一步推进海洋生态文明的重要制度、机制创新，为各级领导和政府在海洋环境管理中提供决策参考和重要依据，为海洋生态环境保护科学研究提供数据资料和技术支撑。

本书由山东省海洋与渔业厅厅长王守信担任主编，崔凤友、姜清春、鲁小兵、王伟杰担任副主编，田良、崔洪国、段建文 、原晓军、周连成担任编审，承担该项任务的各课题专家、管理人员撰稿。全书分为上下两篇，分别包括制度成果和研究成果两部分，数据力求翔实可靠，成果力求前瞻可用。

本书的出版是全国海洋生态红线制度建设中的重要成果，弥补了海洋生态红线研究中内容分散，尚未形成专著的空白。本书顺应了全国、全省生态文明建设的大形势，是严格保护海洋生态环境、科学开发利用海洋环境资源、服务领导决策和时代需要的较为系统和完整的科学用书和研究工具，对促进山东省乃至全国海洋生态环境保护和科学研究，促进海洋生态意识的提高必将起到积极作用。

由于时间和能力所限，本书难免有不妥之处，敬请指正。

作者

2016 年 10 月

目　录

上篇　山东省渤海海洋生态红线

下篇　山东省黄海海洋生态红线

上篇

山东省渤海海洋生态红线

山东省人民政府办公厅
关于建立实施渤海海洋生态红线制度的意见

鲁政办发〔2013〕39号

各市人民政府，各县（市、区）人民政府，省政府各部门、各直属机构，各大企业，各高等院校：

海洋生态红线制度是指为维护海洋生态健康与生态安全，将重要海洋生态功能区、生态敏感区和生态脆弱区划定为重点管控区域并实施严格分类管控的制度安排。渤海作为半封闭型内海，环境承载能力有限。近年来，随着经济社会发展，渤海海域渔业资源退化，突发性海洋环境事件增多，海洋环境风险压力较大，重要服务功能呈下降趋势。为改善渤海海洋生态环境，确保渤海生态安全，促进环渤海地区经济社会可持续发展，按照国务院总体部署，经省政府同意，现就我省建立实施渤海海洋生态红线制度提出以下意见：

一、总体要求

（一）基本原则

1. 保住底线、兼顾发展。分区明确海洋生态保护底线，严格控制各类损害海洋生态红线区的活动；兼顾持续发展需求，为未来海洋产业和经济社会发展留有余地。

2. 分区划定、分类管理。根据海洋生态系统的特点和保护要求，分区划定海洋生态保护红线区，制定差别化管控措施，有针对性地实施分类管理。

3. 陆海统筹、河海兼顾。坚持陆源污染排海管控和海域生态环境治理并举，建立陆源污染物入海总量控制制度，做到陆域和海域联防联控联治。

4. 生态保护、整治修复。坚持生态保护与整治修复并重，严格保护生态敏感脆弱区和重要生态系统；对于已经受损的生态系统，加强区域性修复整治。

5. 政府主导、各方参与。强化政府主体责任，发挥部门协调配合作用；通过宣传引导和政策扶持等手段，调动社会各界和公众参与，凝聚各方力量。

（二）空间范围

红线区范围为我省管辖的全部渤海海域，西起鲁冀交界处的漳卫新河河口，东至山东半岛北岸蓬莱角东沙河口，为保证生态系统完整性，扩大到长山列岛以东部分海域，涉及海域总面积16 313.90平方千米。划定红线区73个（禁止开发区23个，限制开发区50个），红线区总面积6 534.42平方千米，有效期限为2013—2020年。

（三）主要目标

海洋生态红线区面积占管辖海域面积的比例不低于40%；自然岸线保有率不低于40%。到2020年，红线区陆源入海直排口污染物排放达标率达到100%，陆源污染物入海总量减少10%～15%，水质达标率不低于80%。

二、重点任务

（一）有效推进红线区生态保护与整治修复

1. 加强红线区内保护区管理和典型生态系统保护。制定保护区建设管理办法，健全管理制度体系，开发管理信息系统，加快视频监控、遥感监测等先进监管手段的应用，提高保护区规范化管理水平。优先在红线区管控范围内选划各类海洋保护区，加强基础设施建设，加大创建力度。开展生物多样性调查，编制生物多样性名录，重点加强黄河口、莱州湾、庙岛群岛等典型生态系统生物多样性保护。

2. 实施生态整治修复工程。编制红线区生态修复整治规划，实施重点区域修复整治。在黄河三角洲、莱州湾南岸和东岸等修复受损河口环境和自然景观，恢复河口生态系统功能。实施黄河口、小清河滨海湿地生态修复工程，综合运用海岸生态防护林建设等手段，打造滨海生态走廊。实施海岛生态保护规划，重点加强对无居民海岛鸟类、生态林、自然景观和原始地貌的保护。在莱州湾沿岸、庙岛群岛附近等重要渔业区域，恢复渔业生物种群。加强主要经济鱼类产卵场、索饵场、越冬场和洄游通道的保护和建设，构建水生生物资源养护体系。

3. 开展海岸带综合治理。编制实施海岸带整治修复规划。在莱州土山、朱旺、海庙和长岛等重点岸段，实施退养还海，拆除不符合管控要求的养殖堤坝和人工构筑物，清理工程废弃物，恢复海岸自然景观。在蓬莱西、龙口屺坶岛东、招远、莱州等海岸侵蚀严重岸段，开展海水入侵防治与沙滩养护工程。严厉打击非法采砂行为，保护登州浅滩、莱州浅滩砂源。在东营市河口区、东营区和潍坊市北部沿海地区等防潮堤人工岸段实施海岸景观资源养护与亲水海岸环境营造。在莱州三山岛、蓬莱、长岛、龙口等风景名胜区和重要旅游区，科学设计海岸人文景观，建设滨海休闲长廊和步行道等，整体提升区域海岸景观质量，改善人居环境。

4. 坚持集中集约用海，严格用海管控。完善以海洋功能区划为基础的功能管理制度和以生态红线为基础的环境管控制度，优化海域开发利用布局，坚持集中集约利用海域资源，对红线区内用海项目严格区域限批，严禁不符合红线区管控要求的项目建设。重点加强新建、扩建重大海岸及海洋工程建设项目环境监管，严格环境影响评价和跟踪监测。严禁在红线区内围垦河口、湿地等环境敏感区和脆弱区。

（二）严格监管红线区污染排放，促进产业布局优化

1. 加强入海河流和排污口管理。依法加强陆源入海排污口管理，根据环境状况和功能科学设置入海排污口。实施近岸海域、陆域和流域环境协同综合整治，全面清理非法和设置不合理的陆源入海排污口。以红线区内入海河流及沿岸直排口为主，加强对沙头河、套尔河、弥河、虞河等重点入海河流和陆源入海排污口的实时动态监控，密切监控入海河口水质。

2. 加强污染物排放管控。严格实施污染物浓度控制与排放总量控制制度。海洋与渔业、环保部门要加强协调，对红线区内现有入海河流主要污染物及入海总量进行评估分析，确定小清河、黄河、潍河等主要入海河流特征污染物的排放总量控制和削减目标，建立实施入海污染物排放总量控制制度和地区间、陆海间污染损害生态补偿制度。加强对船舶排污监管，控制船舶压舱水和各类污染物直接排放。加强船舶建造维修作业管理，实行定点拆解，集中规范处置污染物。加强海洋倾倒区监控，做好海洋倾废监管工作。

3. 调整优化产业布局。综合运用海域使用审批、海岸带工程、海洋工程环评等手段，严把产业准入门槛。支持海洋生物资源利用、海水淡化与综合利用、海洋能利用等海洋新兴产业发展。推进滨海旅游、海洋娱乐、海洋文化、海洋信息服务等海洋服务产业发展。积极推广全循环养殖、海洋生态增养殖技术

和模式，鼓励有条件的地方结合现代渔业示范园区建设，扶持一批浅海鱼、贝、藻生态养殖基地，科学合理确定养殖空间、规模、结构和发展速度。

（三）加强监视监测、执法监督和污染处置能力建设

1. 构建、完善监视监测网络与评价体系。重点加强红线区管控范围内市、县（市、区）监测机构能力建设，增加海（咸）水入侵检测点，建立实时、动态、立体化监视监测体系。统筹近岸陆海环境监视监测资源，加快建设渤海近岸海域环境浮标在线监测系统，建立信息共享平台。重点实施对海洋生态环境高风险区的监视监测，开展受损海域生态修复工程的跟踪监测与评估，对围填海活动和海洋工程开发实施全覆盖监管监测。

2. 加强红线区环境监督执法。各级政府要建立海洋与渔业、海事和环保部门联合执法机制，积极开展联合执法和专项执法检查，依法查处和严厉打击非法涉海项目建设活动和损害生态环境的环境违法行为。

3. 加强赤潮等灾害防治和溢油污染事故应急处置。通过监测站点监视监测和海上船舶观测、卫星遥感等多种手段，加强对赤潮等多发性海洋灾害的监视监测和防范应对。建立渤海管辖海域溢油监视监测系统，健全应急响应机制，及时发现和处置溢油等重大环境污染事故。

三、保障措施

（一）加强组织领导

省政府设立省实施渤海海洋生态红线制度联席会议机制，海洋与渔业、发展改革、财政、环保等部门要各司其职，密切配合，协调推进。环渤海各级政府是实施渤海海洋生态红线制度的责任主体，要切实加强组织领导，将目标和任务分解落实到具体单位，推进本地区海洋生态红线制度有效实施。

（二）强化制度创新

实施陆海统筹，建立陆源污染物入海总量控制制度，创新陆海联动机制，加强陆源污染物入海综合监管。逐步建立海洋生态红线区生态评价制度，根据红线区内海岸带、海域、海岛生态评价状况，采取针对性措施开展修复整治，规范红线区开发秩序。建立健全红线区内共同防治海洋污染的协作机制，采取统一行动，实施联防联控联治。

（三）完善责任考核

将红线区管控措施的落实、指标的控制、预期目标的实现、政策措施的配套、修复治理的开展等纳入地方经济社会发展综合评价体系，县级以上政府主要负责人对本地海洋生态红线区管理和保护负总责。省政府组织对环渤海市渤海生态红线区主要指标落实情况进行考核。具体考核办法由省海洋与渔业厅会同有关部门制订，报省实施渤海海洋生态红线制度联席会议审定后实施。

（四）健全投入机制

各级政府要积极拓宽投资渠道，建立稳定长效的海洋生态红线区管理投入机制，保障相关工作经费，对海洋生态红线区内海岸保护、环境治理、生态修复、能力建设等给予重点扶持。鼓励、引导企业和民间资本投入，建立多元化投入、市场化运作的投融资机制。

（五）凝聚社会共识

充分发挥新闻媒体作用，开展多种形式的海洋生态红线区保护知识宣传。建立完善公众参与机制，

鼓励公众监督、举报违反红线管控制度的行为，引导公众自觉参与海洋生态红线区保护管控工作。

《山东省渤海海洋生态红线区划定方案》由省海洋与渔业厅负责印发并组织实施。

山东省人民政府办公厅

2013年12月13日

山东省渤海海洋生态红线划定方案（2013—2020 年）

山东省人民政府　2013 年 12 月

前　言

环渤海地区人口众多，资源丰富，经济总量巨大，区位优势突出，在实施可持续发展战略中具有重要引领作用。由于渤海为半封闭型内海，与外界水体交换时间较长，海域自净能力较弱，环境承载能力十分有限。与此同时，受人为开发活动影响，湿地围垦、改造和破坏严重，湿地面积萎缩。自然岸线大量减少，人工岸线持续增加，局部海岸侵蚀、海水入侵、土壤盐渍化严重。河口、海湾、湿地等形态的海岸生态系统出现不同程度退化，生物资源衰减，海洋生态系统重要服务功能呈下降趋势。近几年来，环渤海地区经济飞速发展与环境保护的矛盾日益尖锐，迫切需要实施以海洋生态文明理念为指导、以“人海和谐”为目标、以区域化管理为基础、以“生态红线”为管控手段的海洋环境保护政策。

海洋生态红线制度是指为维护海洋生态健康与生态安全，将重要海洋生态功能区、生态敏感区和生态脆弱区划定为重点管控区域并实施严格分类管控的制度安排，旨在对具有重要保护价值和生态价值的海域实施分类指导、分区管理和分级保护。根据《中华人民共和国海洋环境保护法》、《国务院关于加强环境保护重点工作的意见》、《国家海洋局关于建立渤海海洋生态红线制度的若干意见》等法律和文件精神及《渤海海洋生态红线划定技术指南》等技术规范，率先在渤海建立实施生态红线制度。本方案对渤海海洋生态红线区进行划定，并分类制定管控措施，明确重点任务和保障措施。

第一章　总体要求

一、指导思想

认真贯彻落实党的十八大关于生态文明建设的重要部署，结合生态山东建设，以保障渤海生态安全、促进“人海和谐”为目标，坚持科学分区、分类管控，科学划定海洋生态红线区，分区分类制定管控措施，建立实施渤海海洋生态红线制度，有效推进海洋生态文明建设，促进经济转型升级与绿色发展，推动我省环渤海地区经济和社会可持续发展。

二、划定原则

（一）保住底线、兼顾发展

协调好生态保护和经济发展的关系，既要考虑自然资源条件、生态环境状况、地理区位、开发利用现状，又要考虑国家、地区经济、国防与社会持续发展需要，分区明确海洋生态保护底线，划定禁止或限制开发区，严格控制各类损害海洋生态红线区的活动，同时兼顾持续发展的要求，为未来海洋产业和社会经济发展留有余地。

（二）分区划定、分类管理

根据海洋生态系统的特点和保护要求，分区划定海洋生态红线区，制定差别化管控措施，实施针对性管理，对渤海重要生态功能区、海洋生态敏感区和海洋生态脆弱区进行切实有效的保护。

（三）陆海统筹、河海兼顾

正确处理沿海海洋资源环境承载力、开发强度与环境保护的关系，坚持陆海统筹，陆源污染排海管控和海域生态环境治理并举，做到陆域和海域联防、联控和联治。

（四）有效衔接、突出重点

与已发布的全国及山东省海洋功能区划、国家级战略规划及国防军事用海规划等涉海区划、规划有效衔接，在满足国防及国家重点经济建设需求的同时，重点突出海洋生态环境保护，对红线区域的管理严于其他区划、规划；跨市近岸海域的红线划定保持协调性、衔接性。

（五）政府主导、各方参与

强化政府主体责任，发挥部门协调配合作用，通过宣传引导和政策扶持等手段，调动社会各界和公众参与，凝聚各方力量。如需在红线区内进行重大国防项目建设的，应依据《中华人民共和国军事设施保护法》和《中华人民共和国军事设施保护法实施办法》的相关规定实施，同时应尽可能维护好周围的海洋生态环境。

三、控制指标

（一）渤海自然岸线保有率不低于 40%；
（二）海洋生态红线区面积占我省管辖渤海海域面积的比例不低于 40%；
（三）到 2020 年，海洋生态红线区入海直排口污染物排放达标率达到 100%，陆源污染物入海总量减少 10%~15%；
（四）到 2020 年，海洋生态红线区内海水水质达标率不低于 80%。

第二章　红线区划定内容

一、划定范围和期限

我省渤海海洋生态红线区划定范围涉及海域总面积 16 313. 90 平方公里，海岸线总长 931. 41 公里。具体范围为：沿海岸线西起漳卫新河河口的鲁冀海域界线，东至蓬莱角东侧的蓬莱沙河口，向陆至山东省人民政府批准的海岸线，向海至离海岸线约 12 海里的海域，包括长山列岛两侧各约 12 海里，即为我省管辖全部渤海海域。同时为保持生态系统的完整性，也包括了长山列岛以东部分黄海海域，如图 2. 1 所示。

实施期限为 2013—2020 年。

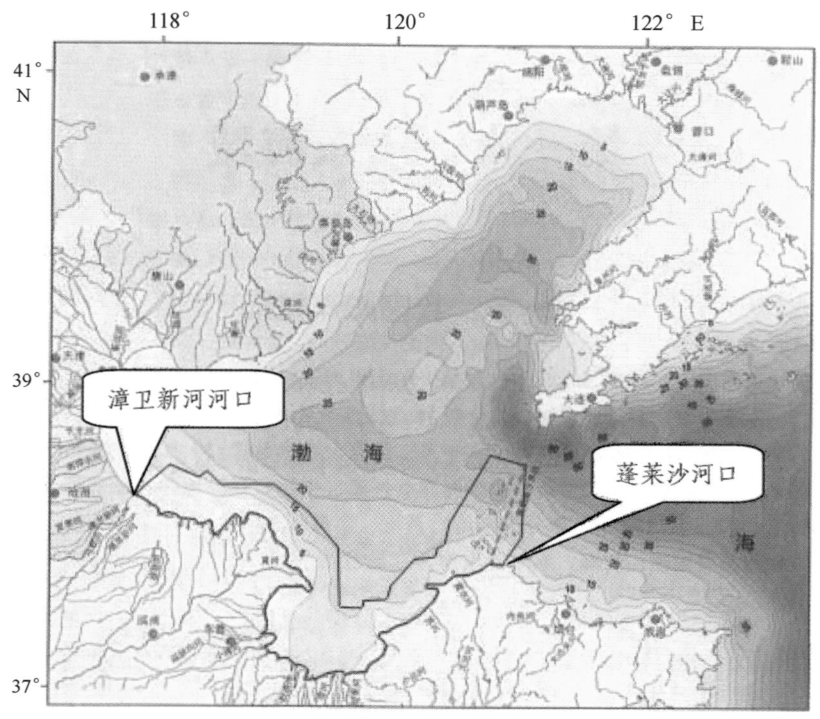

图 2.1　山东省渤海海洋生态红线区划定范围示意图（红线内海域）

二、划定方法

在现场实地勘查、资料综合分析研究、专题研究及红线区初步认定的基础上，依照《渤海海洋生态红线划定技术指南》（以下简称《指南》）的技术要求，对我省渤海海域的红线区进行识别，确定红线区性质。同时根据自然保护区、海洋特别保护区、水产种质资源保护区的位置和分区以及卫星遥感、地形图、海图、海岸线测量图等图件资料，确定红线区的边界。

海洋生态红线区边界的确定以保持生态完整性、维持自然属性为原则，以保护生态环境、防止污染和控制建设活动为目的，具体按照《指南》的要求进行。根据我省海域管理实际情况，红线区范围向陆至省政府批准的海岸线，同时考虑到与《山东省海洋功能区划（2011—2020 年）》的衔接，部分红线区边界确定参考了海洋基本功能区的边界。海洋生态红线区的识别按照“自然保护区→海洋特别保护区→重要河口生态系统→重要滨海湿地→重要渔业海域→特殊保护海岛→自然景观与历史文化遗迹→重要砂质岸线及邻近海域→砂源保护海域→重要滨海旅游区”顺序，剔除各类海洋生态红线区相互叠压部分。我省渤海海洋生态红线区控制图见附件 1。

各类红线区具体按如下方法确定边界：

禁止开发区

1. 自然保护区禁止开发区。在已审批自然保护区范围内，自然保护区的核心区和缓冲区两部分划定为自然保护区禁止开发区。

2. 海洋特别保护区禁止开发区。在已审批海洋特别保护区范围内，海洋特别保护区的重点保护区和预留区两部分划定为特别保护区禁止开发区。

限制开发区

1. 自然保护区限制开发区。在已审批自然保护区范围内，除已划定为自然保护区禁止开发区以外区域划定为自然保护区限制开发区。

2. 海洋特别保护区限制开发区。在已审批的海洋特别保护区范围内，除已划定为海洋特别保护区禁止开发区以外的区域划定为海洋特别保护区限制开发区。

3. 重要河口生态系统。生态红线区范围原则上根据自然地形地貌分界范围确定，实际采用海域等深线的位置确定，向陆至省政府批准的海岸线，向海一般至 2 米等深线。

4. 重要滨海湿地。生态红线区范围为自岸线向海延伸 3.5 海里或 6 米等深线内的区域。

5. 重要渔业海域。生态红线区范围基本为国家级海洋水产种质资源保护区的范围，种质资源保护区的界线以论证报告内的拐点坐标为准。部分红线区为重要渔业资源的产卵场、索饵场、越冬场、洄游通道，依据相关技术资料确定其范围。

6. 特殊保护海岛。生态红线区范围按照《指南》的要求以特殊保护海岛及其海岸线至 6 米等深线或向海 3.5 海里内围成的区域。考虑到我省北部沿海各海域地理坡度差异较大，若统一以 6 米等深线为准，则特殊海岛的地理范围大小不一，故采用从岛岸线向海 3.5 海里确定红线区范围。

7. 自然景观与历史文化遗迹。生态红线区范围基本按照《指南》的要求，同时考虑到我省实际及海洋动力环境对海岸线的影响，具体按向陆至省政府批准的海岸线，向海至离岸约 1 海里的区域确定。

8. 重要砂质岸线及邻近海域。《指南》规定生态红线区范围为以砂质岸滩高潮线至向陆一侧的砂质岸线退缩线（高潮线向陆一侧 500 米或第一个永久性构筑物或防护林）、向海一侧的最大落潮位置围成的区域。实际划定过程中，考虑到海洋水动力的影响及莱州湾内与其他海域的地形差异，执行以下标准：向陆一侧至省政府批复的海岸线，向海一侧莱州湾内以 5 米等深线为准，莱州湾外以 10 米等深线为准。

9. 砂源保护海域。生态红线区范围为以高潮线至向陆一侧的砂质岸线退缩线（高潮线向陆一侧 500 米或第一个永久性构筑物或防护林），向海一侧波浪基准面，是指相当于 1/2 波长的水深界面。边界基本按上述原则确定，在与功能区划等衔接过程中稍有调整。

10. 重要滨海旅游区。按照旅游用海实际，同时考虑近岸地形地貌及旅游资源的分布等因素，实际划定区域为从海岸线至 10 米等深线以内的海域。

三、划定内容

我省渤海海洋生态红线区分为禁止开发区和限制开发区，并进一步细分。此次划定我省渤海海洋生态红线区总面积为 6 534.42 平方公里，占我省管辖渤海海域总面积的 40.05%。红线区划定范围内岸线总长度为 931.41 公里，目前自然岸线长度为 373.87 公里，自然岸线保有率为 40.14%。各类红线区面积统计如图 2.2 所示。

（一）禁止开发区

指海洋生态红线区内禁止一切开发活动的区域，主要包括自然保护区的核心区和缓冲区、海洋特别保护区的重点保护区和预留区。共划定禁止开发区 23 个。其中，滨州贝壳堤岛与湿地系统禁止区和黄河三角洲禁止区面积较大，约占禁止开发区总面积的 58.79%。庙岛群岛海域划定了 10 个禁止开发区，为禁止开发区分布最为集中区域，其余 13 个禁止开发区在环渤海各市分布较为平均。

自然保护区禁止区。划定禁止开发区 11 个，面积 985.39 平方公里，占红线区总面积的 15.08%，主要分布在滨州、东营、烟台。包括滨州贝壳堤岛与湿地系统禁止区、黄河故道北三角洲禁止区、黄河故道禁止区、黄河三角洲禁止区、长岛斑海豹禁止区、高山岛禁止区、磉矶岛禁止区、砣矶岛禁止区、车由岛禁止区、大竹山岛禁止区和长岛北四岛禁止区。

海洋特别保护区禁止区。划定禁止开发区 12 个，面积 251.81 平方公里，占红线区总面积的 3.85%，主要分布在东营、潍坊、烟台。包括东营河口浅海贝类禁止区、东营利津底栖鱼类生态禁止区、东营黄河口生态禁止区、东营莱州湾禁止区、广饶—寿光沙蚕类生态禁止区、昌邑海洋生态禁止区、莱州浅滩

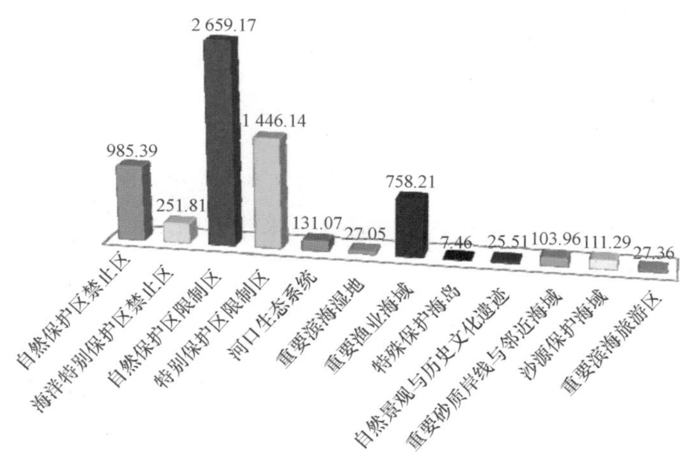

图 2. 2　我省渤海海洋各类型生态红线区面积直方图（单位：平方公里）

海洋资源禁止区、招远砂质海岸禁止区、龙口黄水河口海洋生态禁止区、蓬莱登州浅滩海洋资源禁止区、长岛长山尾地质遗迹禁止区和长岛海洋公园禁止区。

（二）限制开发区

指海洋生态红线区内除禁止开发区以外的其他红线区，主要包括自然保护区的实验区、海洋特别保护区的适度利用区和生态与资源恢复区、重要河口生态系统、重要滨海湿地、重要渔业海域、特殊保护海岛、自然景观与历史文化遗迹、重要砂质岸线与邻近海域、砂源保护海域及重要滨海旅游区等。共划定限制开发区 50 个。

自然保护区限制区。划定限制开发区 7 个，面积 2 659. 17 平方公里，占红线区总面积的 40. 69%，主要分布在滨州、东营、烟台。包括滨州贝壳堤岛与湿地系统限制区、黄河故道西三角洲限制区、黄河故道东三角洲限制区、黄河北三角洲限制区、黄河南三角洲限制区、长岛自然保护区限制区和长岛北限制区。

海洋特别保护区限制区。划定限制开发区 12 个，面积 1 446. 14 平方公里，占红线区总面积的 22. 13%，主要分布在东营、潍坊、烟台。包括潮河—湾湾沟浅海贝类限制区、东营利津底栖鱼类生态限制区、东营黄河口生态限制区、东营莱州湾限制区、广饶—寿光沙蚕类限制区、昌邑海洋生态限制区、莱州浅滩海洋资源限制区、招远砂质海岸限制区、龙口黄水河口海洋生态限制区、蓬莱登州浅滩海洋资源限制区、长岛长山尾地质遗迹限制区和长岛海洋公园限制区。

重要河口生态系统。划定限制区 4 个，面积 131. 07 平方公里，占红线区总面积的 2. 01%，主要分布在潍坊市。包括白浪河河口生态限制区、虞河河口生态限制区、潍河河口生态限制区、胶莱河河口生态限制区。

重要滨海湿地。划定限制区 1 个，面积 27. 05 平方公里，占红线区总面积的 0. 41%，分布在潍坊市的小清河河口区域，为小清河滨海湿地限制区。

重要渔业海域。划定限制区 13 个，面积 758. 21 平方公里，占红线区总面积的 11. 60%，滨州、东营、潍坊、烟台均有分布。包括套尔河口渔业海域限制区、黄河口半滑舌鳎渔业海域限制区、黄河口文蛤渔业海域限制区、寿光沙蚕单环刺螠近江牡蛎渔业海域限制区、莱州湾单环刺螠近江牡蛎渔业海域限制区、昌邑三疣梭子蟹渔业海域限制区、莱州湾渔业海域限制区、莱州渔业海域限制区、莱州湾半滑舌鳎口虾蛄梭子蟹渔业海域限制区、莱州湾中国对虾渔业海域限制区、招远渔业海域限制区、龙口渔业海域限制区和蓬莱牙鲆黄盖鲽渔业海域限制区。

特殊保护海岛。划定限制区 3 个，面积 7. 46 平方公里，占红线区总面积的 0. 11%，分布在滨州和烟台。包括大口河海岛限制区、莱州芙蓉岛海岛限制区、桑岛依岛海岛限制区。

自然景观与历史文化遗迹。划定限制区 3 个，面积 25.51 平方公里，占红线区总面积的 0.39%，分布在莱州和蓬莱近岸海域。包括莱州三山岛景观遗迹限制区、龙口屺坶岛景观遗迹限制区、蓬莱阁景观遗迹限制区。

重要砂质岸线与邻近海域。划定限制区 3 个，面积 103.96 平方公里，占红线区总面积的 1.59%，分布在烟台近岸海域。包括虎头崖—海庙砂质岸线限制区、莱州—招远砂质岸线限制区和龙口砂质岸线限制区。

砂源保护海域。划定限制区 2 个，面积 111.29 平方公里，占红线区总面积的 1.70%，分布在莱州朱旺、刁龙咀北部海域。包括朱旺砂源保护限制区和莱州刁龙咀砂源保护限制区。

重要滨海旅游区。划定限制区 2 个，面积 27.36 平方公里，占红线区总面积的 0.42%，分布在龙口和蓬莱近岸海域。包括龙口南山东海滨海旅游限制区和蓬莱西海岸滨海旅游限制区。

四、管控措施

（一）海洋保护区禁止开发区管控措施

禁止开发区包括两类红线区——自然保护区禁止开发区和海洋特别保护区禁止开发区。自然保护区按照《中华人民共和国自然保护区条例》管理，在自然保护区的核心区和缓冲区，不得建设任何生产设施，无特殊原因，禁止任何单位或个人进入。海洋特别保护区按照《海洋特别保护区管理办法》管理，重点保护区内，禁止实施各种与保护区无关的工程建设活动；预留区内，严格控制人为干扰，禁止实施改变区内自然生态条件的生产活动和任何形式的工程建设活动。

（二）海洋保护区限制开发区管控措施

海洋保护区限制开发区包括两类——自然保护区限制开发区和海洋特别保护区限制开发区。自然保护区开发活动执行《中华人民共和国自然保护区条例》的有关规定。海洋特别保护区开发活动执行《海洋特别保护区管理办法》的有关规定。

（三）重要河口生态系统限制开发区管控措施

禁止采挖海砂、围填海、设置直排排污口等破坏河口生态功能的开发活动；天然河口的入海淡水量应满足最低生态需求。

（四）重要滨海湿地限制开发区管控措施

禁止围填海、海砂资源开发及其他城市建设开发项目等改变海域自然属性、破坏湿地生态功能的开发活动。

（五）重要渔业海域限制开发区管控措施

在重要渔业海域产卵场、索饵场、越冬场和洄游通道的海洋生态红线区内禁止围填海、截断洄游通道等开发活动；在重要渔业资源的产卵育幼期禁止进行水下爆破和施工。

（六）特殊保护海岛限制开发区管控措施

禁止炸岩炸礁、围填海、填海连岛、实体坝连岛、沙滩建造永久建筑物、采挖海砂等可能造成海岛生态系统破坏及自然地貌改变的行为。

（七）自然景观与历史文化遗迹限制开发区管控措施

禁止设置直排排污口、爆破作业等危及文化遗迹安全的、有损海洋自然景观的开发活动，保护历史文化遗迹、独特地质地貌景观及其他特殊自然景观完整性。

（八）重要砂质岸线及邻近海域限制开发区管控措施

禁止从事可能改变或影响沙滩自然属性的开发建设活动。设立砂质海岸退缩线，禁止在高潮线向陆一侧500米或第一个永久性构筑物或防护林以内构建永久性建筑和围填海活动。在砂质海岸向海一侧3.5海里内禁止采挖海砂、围填海、倾废等可能诱发沙滩蚀退的开发活动。

（九）砂源保护海域限制开发区管控措施

禁止从事可能改变或影响砂源保护海域的开发建设活动。

（十）重要滨海旅游区限制开发区管控措施

禁止从事可能改变和影响滨海旅游的开发建设活动。

第三章　重点任务

一、有效推进生态红线区生态保护与整治修复

（一）加强红线区内保护区管理和典型生态系统保护

加强红线区内已建自然保护区和海洋特别保护区管理，制定保护区建设管理、考核评估的制度体系，加强红线区内保护区基础设施建设，加快视频监控、遥感监测等先进监管手段的应用，提高保护区制度化和规范化管理水平。加大红线区内各类保护区创建力度，优先在红线区管控范围内选划和新建各类海洋保护区。加强对保护区保护对象和物种的调查。编制红线区内生物多样性名录，加强黄河口、莱州湾、庙岛群岛等典型生态系统生物多样性保护。

（二）实施生态整治修复工程

编制红线区生态修复整治规划，确定红线区修复整治的重点区域，实施红线区区域修复整治。在黄河三角洲入海河口、莱州湾南岸入海河口、莱州湾东岸入海河口，采用河口清淤、植被恢复、生物种群补充等有效措施，修复受损河口生境和自然景观，逐步恢复河口生态系统功能。实施黄河口、小清河滨海湿地生态修复工程，综合运用植被恢复、海岸生态防护林建设等手段，打造滩、林、堤相结合、生态缓冲功能显著的滨海生态走廊。实施红线区内海岛生态保护与建设规划，重点加强对红线区内无居民海岛鸟类、生态林、自然景观和原始地貌的保护和整治修复。在莱州湾沿岸、庙岛群岛附近等重要渔业区域，采取人工鱼礁、增殖放流等措施，有效恢复渔业生物种群。加大海洋生物资源养护力度，构建水生生物资源养护体系，加强红线区内主要经济鱼类产卵场、索饵场、越冬场和洄游通道的保护和建设。

（三）开展海岸带综合治理

编制实施海岸带整治修复规划。在莱州土山、朱旺、海庙、长岛等重点岸段，实施退养还海，拆除不合理的养殖堤坝和不符合红线区管控要求的围海养殖池塘、盐池、渔船码头等人工构筑物，清理海滩

和岸滩工程废弃物，逐步恢复海岸的自然属性和景观。在蓬莱西、龙口屺㟂岛东、招远、莱州等海岸侵蚀严重岸段，开展海水入侵防治与沙滩养护工程。严厉打击非法采砂行为，保护登州浅滩、莱州浅滩砂源及海洋生态环境。在东营市河口区、东营区和潍坊市滨海新区、昌邑市等防潮堤人工岸段，实施人工岸线的生态化改造，实施海岸景观资源养护与亲水海岸环境营造。在莱州三山岛、蓬莱、长岛、龙口等风景名胜区和重要旅游区，科学规划和设计海岸人文景观，建设滨海休闲长廊、滨海步行道等，整体提升区域海岸景观质量，改善沿岸人居环境。

（四）严格红线区用海管控，坚持集中集约用海

红线区内禁止进行不符合红线区管控要求的项目建设，禁止在红线区内围垦河口、湿地等环境敏感区和脆弱区。对红线区内用海项目实施更严格的区域限批政策，严控开发强度。重点加强红线区内新建、扩建的重大海岸、海洋工程建设项目环境监管，严格环境影响评价和项目跟踪监测。不断完善以海洋功能区划为基础的功能管理制度和以生态红线为基础的环境管控制度，优化海洋开发利用布局，注重海域资源的优化配置和集中集约利用，兼顾地方经济发展需求和国防建设需要，允许红线区内符合集中集约和红线区管控要求的用海需求。

二、严格监管红线区污染排放，促进产业布局优化

（一）加强入海河流和排污口管理

实施近岸海域、陆域和流域环境协同综合整治，全面清理红线区非法的或不合理的陆源入海排污口。加强区域统筹规划，优化生态红线区及其邻近区域入海排污口布局，依法加强红线区范围内陆源入海排污口的设置管理。以红线区内入海河流及沿岸直排口为主控对象，加强对红线区内沙头河、套尔河、弥河、虞河等重点入海河流和陆源入海排污口实时动态监控，密切监控入海口水质。

（二）加强污染物排放管控

严格实施污染物浓度控制与排放总量控制制度。对红线区内现有入海河流主要污染物及入海通量进行评估分析，确定小清河、黄河、潍河、胶莱河、虞河、挑河、潮河、白浪河等主要入海河流石油类、化学需氧量、营养盐等特征污染物的排海总量控制和削减目标，设立入海污染物排放总量监测断面，并根据入海污染物减排情况制定地区间、陆海间污染损害生态补偿机制，在此基础上制定实施入海污染物排放总量控制规划。加强入海面源污染防治。加强对船舶排污监管，禁止船舶压舱水和机舱水直接排放，防范船舶及相关作业活动，防止造成海洋环境污染。加强修造船作业管理，实行定点拆解，集中规范处置污染物。加强海洋倾倒区监控，做好海洋倾废监管工作。

（三）调整优化产业布局

科学规划产业布局，优化产业结构，支持和引导红线区管控范围内的海洋生物资源利用、海水淡化与综合利用、节能环保、海洋能开发等海洋新兴产业的发展。提高红线区产业准入门槛，综合运用海域使用审批、海岸带工程环评审批、海洋工程环评审批、项目资金扶持等措施和政策，建立红线区绿色、循环、环保、低碳产业扶优扶先机制，促进红线区内产业结构调整和升级。积极推广全循环养殖、海洋生态增养殖技术和模式，鼓励有条件的地方结合现代渔业示范园区建设，扶持一批浅海鱼、贝、藻生态养殖基地，科学合理确定养殖空间、规模、结构和发展速度。

三、加强监视监测、执法监督和海洋污染处置能力建设

（一）构建、完善监视监测网络与评价体系

完善海洋生态红线区内监视监测与评价体系布局，重点加强红线区管控范围内市、县（市、区）监测机构能力建设，增加海（咸）水入侵检测点，建立覆盖海洋生态红线区的实时、动态、立体化监视监测和预测预警体系。以红线区内入海污染源、重要河口、重要港湾等为重点，加快建设渤海近岸海域环境浮标在线监测系统，统筹近岸陆海环境监测监视资源，建立海洋环境监测信息共享平台。科学调整优化海洋生态环境监测评价方案，加强对红线区内各类入海污染源的监测评估，实施对海洋生态环境高风险区的监视性监测，开展受损海域生态修复工程的跟踪监测与评估，对红线区内围填海活动和海洋工程开发实施全覆盖监管监测。

（二）加强红线区环境监督执法

积极开展部门间联合执法，地方各级海洋与渔业部门、交通海事部门和环保部门要建立联合执法机制，积极开展红线区内陆源污染物入海排放控制和近岸海域污染综合整治联合执法检查，依据职责查处违法行为。加强对红线区内重点区域和重点项目的海洋环境保护专项执法，严厉打击涉海工程项目建设、海洋倾废和涉及海洋保护区及海洋生态系统的环境违法行为。

（三）加强赤潮等灾害防治和污染事故应急处置

通过红线区内监测站点和海上船舶观测、卫星遥感等多种途径，加强对赤潮等灾害的综合观测监视，提高灾害防治的时效性和科学性。加强溢油等海上污染事故应急处置。建立健全渤海近岸海域重大环境污染事故应急响应机制，加强事故现场应急监测、污染处置和事后环境影响评估工作，落实相应的海洋生态环境修复措施。

第四章　保障措施

一、加强组织领导

省政府设立我省实施渤海海洋生态红线制度联席会议机制，海洋与渔业、发展改革委、财政、环保等部门分工负责，密切配合，协调推进。环渤海地方各级人民政府是实施渤海海洋生态红线制度的责任主体，要切实加强红线区制度实施的组织领导，将目标和任务分解落实到具体单位，推进本地区海洋生态红线制度的有效实施。军地双方建立协调机制，就渤海红线制度实施过程中出现的矛盾问题及时进行沟通协调，合力推动渤海海洋生态环境建设。

二、强化制度创新

实施陆海统筹，建立陆源污染物入海总量控制制度，加强陆源污染物入海综合监管；逐步建立海洋生态红线区生态评价制度，根据红线区内海岸带、海域、海岛生态评价状况，采取有针对性的措施开展修复整治，规范红线区开发秩序；建立健全红线区内共同防治海洋污染的协作机制，采取统一行动，实施联防、联控和联治。

三、完善责任考核

要将红线区管控措施的落实、指标的控制、预期目标的实现、政策措施的配套、修复治理的开展等纳入地方经济社会发展综合评价体系，县级以上政府主要负责人对本地海洋生态红线区管理和保护负总责。省政府组织对环渤海各市渤海生态红线区主要指标落实情况进行考核，省海洋与渔业厅会同有关部门组织实施，考核结果交由干部主管部门，作为对政府相关领导干部考核评价的重要依据。具体考核办法由省海洋与渔业厅会同有关部门制订，报省政府批准实施。

四、健全投入机制

各级政府要积极拓宽投资渠道，建立稳定长效的海洋生态红线区管理投入机制，保障海洋生态红线区总体规划编制、管控保护、监测巡视、督查考核等工作经费。对海洋生态红线区内海岸保护、环境治理、生态修复、能力建设等给予重点扶持。鼓励和引导企业和民间资本投入渤海海洋生态红线区保护，建立多渠道、多元性、市场化的投融资机制。

五、凝聚社会共识

健全和完善海洋生态红线区管理、保护等方面的政策和公共宣传平台，充分发挥新闻媒体作用，开展多形式的海洋生态红线区保护知识宣传。建立完善志愿者等公众参与机制，鼓励公众监督、举报违反红线管控制度的行为，引导公众自觉参与海洋生态红线区保护管控工作。对在海洋生态红线区保护和管理中成绩显著的单位和个人按规定给予表彰奖励。

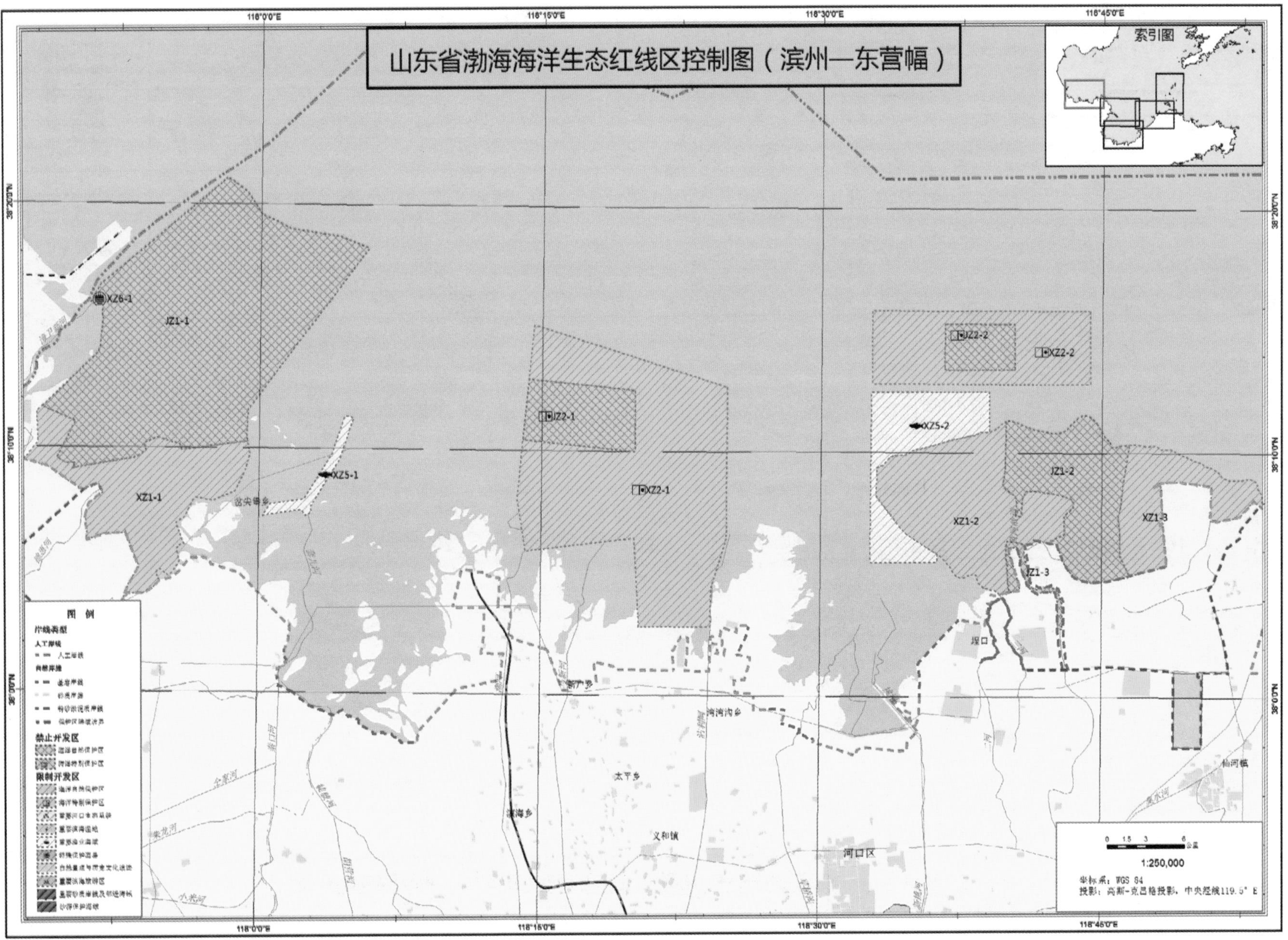
山东省渤海海洋生态红线区控制图（滨州—东营幅）
索引图
JZ1-1
XZ6-1
XZ1-1
XZ5-1
JZ2-1
XZ2-1
JZ2-2
XZ2-2
XZ5-2
JZ1-2
XZ1-2
XZ1-3
JZ1-3
太平乡
义和镇
河口区
仙河镇
图例
禁止开发区
限制开发区
1:250,000
坐标系：WGS 84
投影：高斯-克吕格投影，中央经线119.5° E

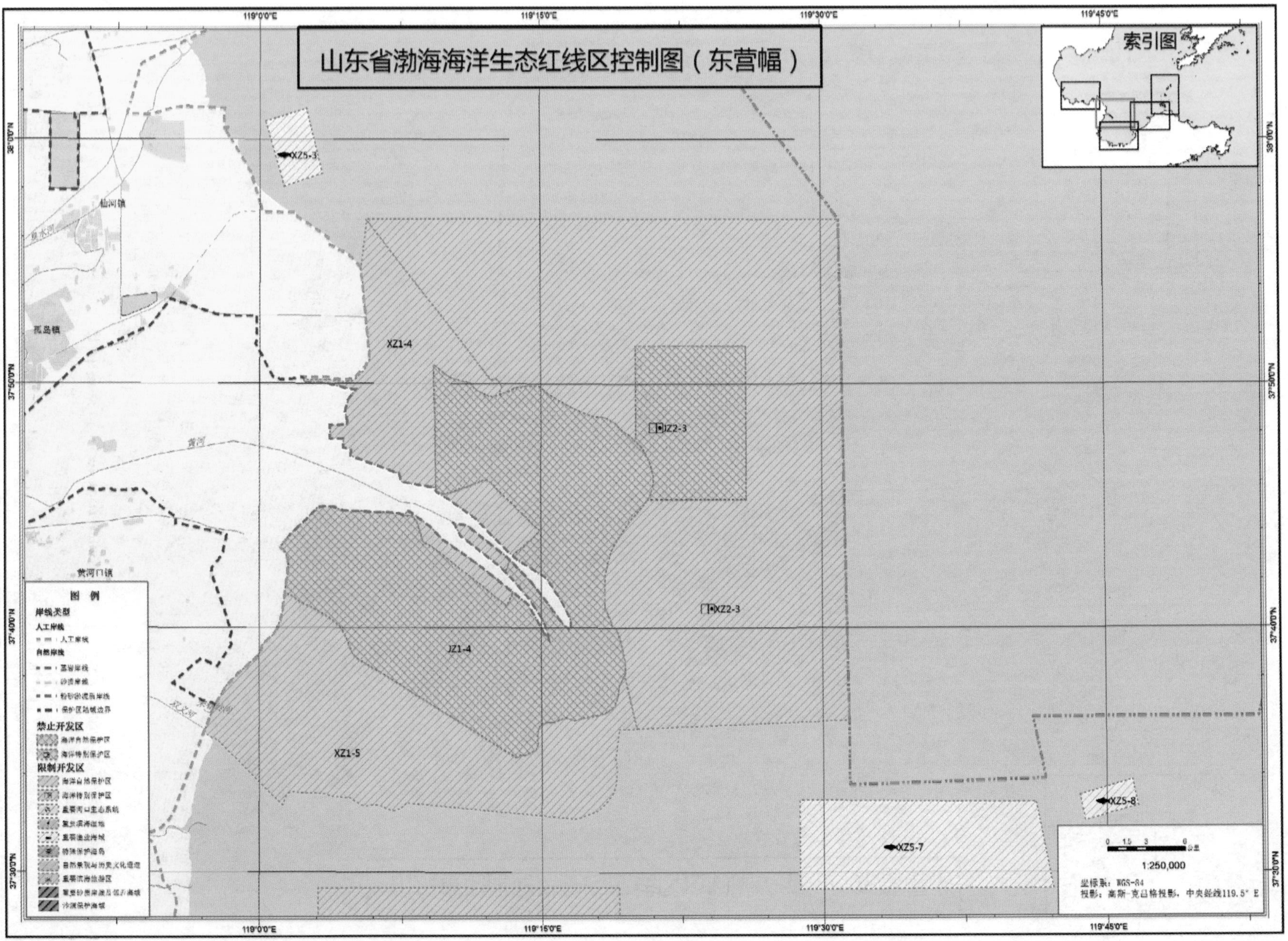

山东省渤海海洋生态红线区控制图（东营幅）
索引图
119°0'0"E
119°15'0"E
119°30'0"E
119°45'0"E
38°0'0"N
37°50'0"N
37°40'0"N
37°30'0"N
XZ5-3
XZ1-4
JZ2-3
XZ2-3
JZ1-4
XZ1-5
XZ5-7
XZ5-8
仙河镇
孤岛镇
黄河
黄河口镇
图例
岸线类型
人工岸线
人工岸线
自然岸线
基岩岸线
砂质岸线
粉砂淤泥质岸线
保护区陆域边界
禁止开发区
海洋自然保护区
海洋特别保护区
限制开发区
海洋自然保护区
海洋特别保护区
重要河口生态系统
重要滨海湿地
重要渔业海域
特殊保护海岛
自然景观与历史文化遗迹
重要滨海旅游区
重要砂质岸线及邻近海域
沙源保护海域
0 1.5 3 6 公里
1:250,000
坐标系：WGS-84
投影：高斯-克吕格投影，中央经线119.5° E

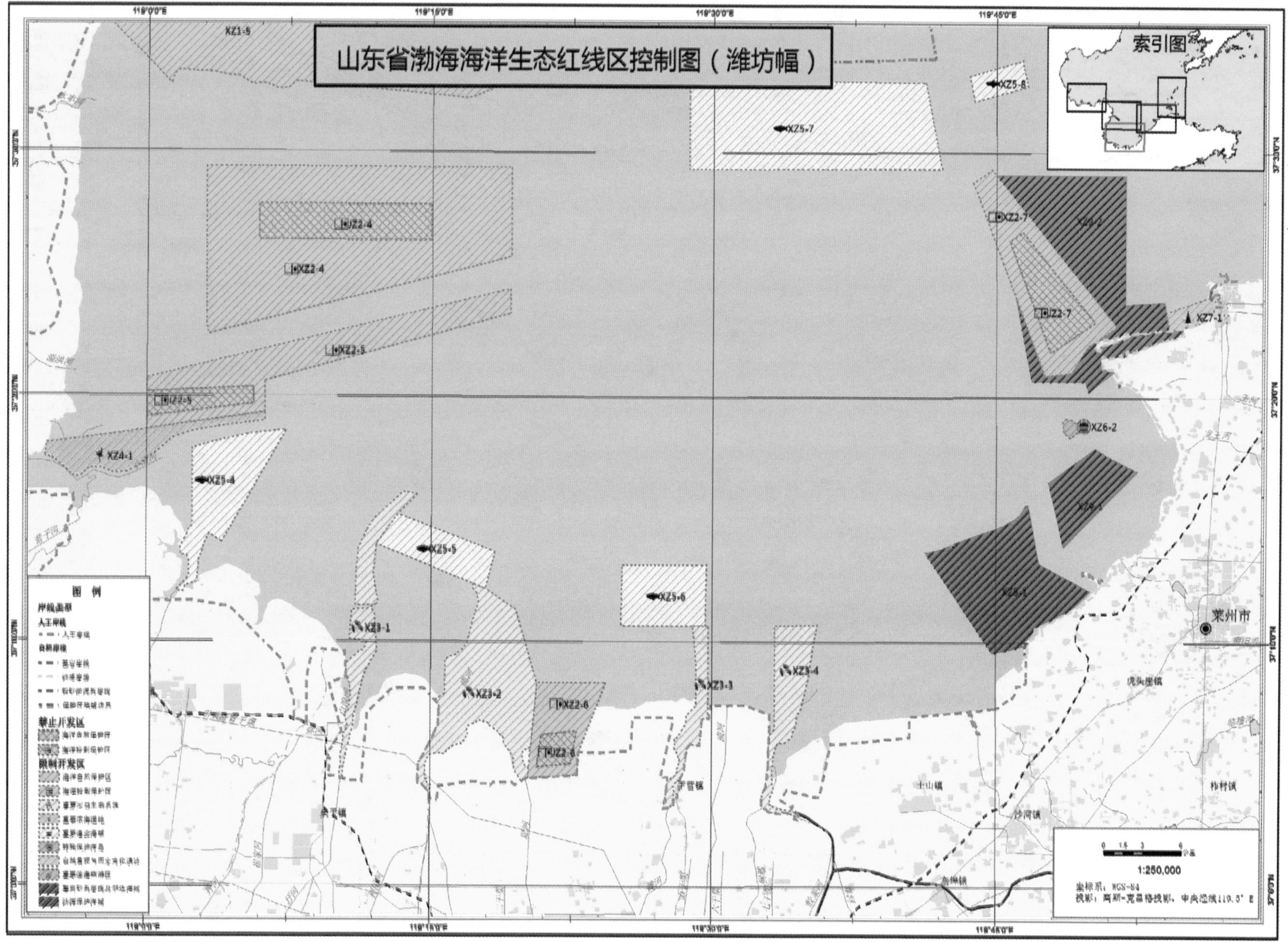

山东省渤海海洋生态红线区控制图（潍坊幅）
索引图
XZ1-5
XZ5-8
XZ5-7
XZ2-4
XZ2-7
XZ7-1
XZ2-5
XZ6-2
XZ4-1
XZ5-4
XZ5-5
XZ5-6
XZ3-1
XZ3-2
XZ2-6
XZ3-3
XZ3-4
莱州市
土山镇
沙河镇
1:250,000
图例
禁止开发区
限制开发区

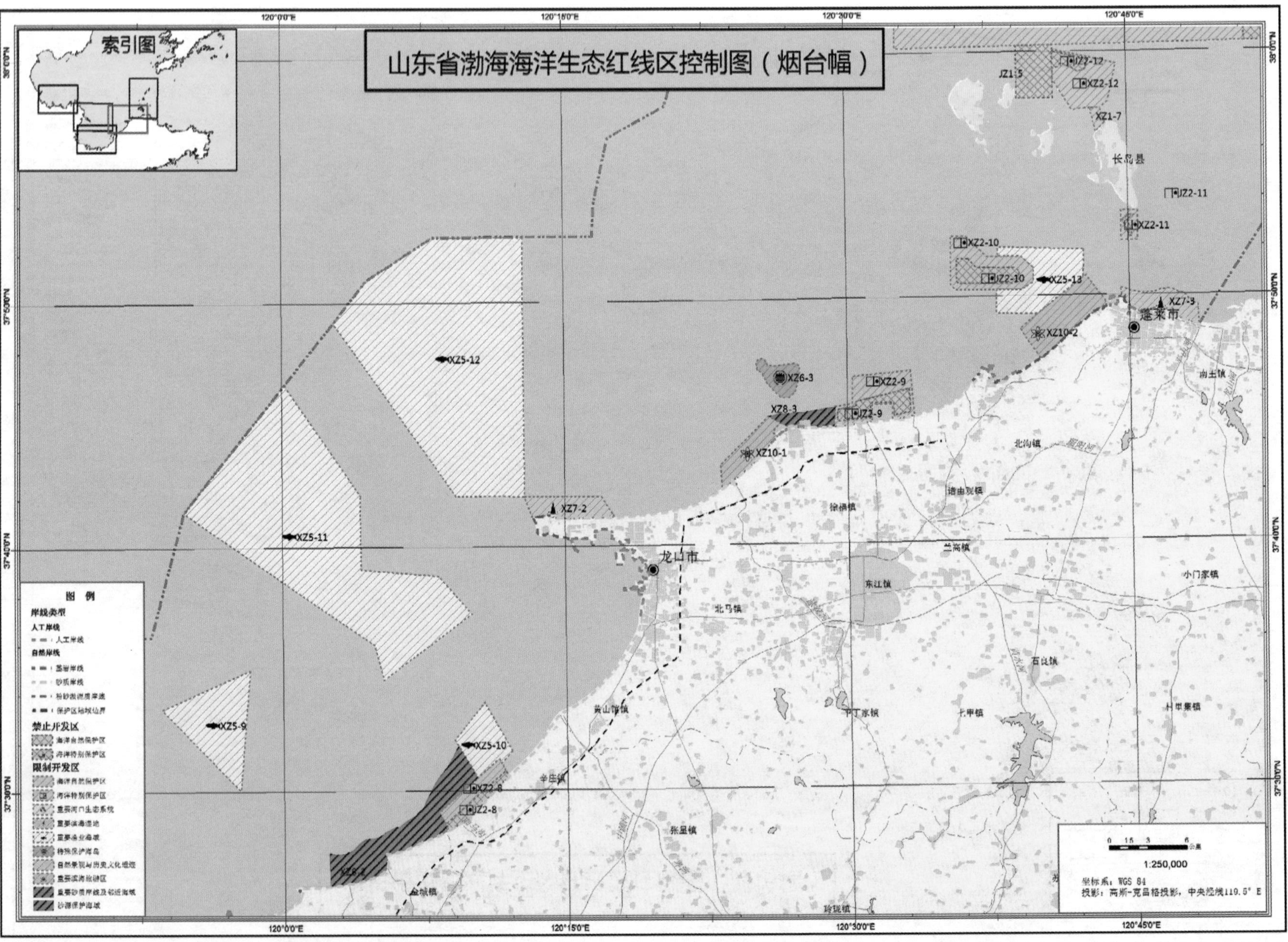

山东省渤海海洋生态红线区控制图（烟台幅）
索引图
120°0'0"E
120°15'0"E
120°30'0"E
120°45'0"E
38°0'0"N
37°50'0"N
37°40'0"N
37°30'0"N
JZ1-5
JZ2-12
XZ2-12
XZ1-7
长岛县
JZ2-11
XZ2-11
XZ2-10
JZ2-10
XZ5-13
XZ7-3
蓬莱市
XZ10-2
XZ5-12
XZ6-3
XZ2-9
XZ8-3
JZ2-9
XZ10-1
XZ7-2
XZ5-11
龙口市
北沟镇
诸由观镇
徐福镇
兰高镇
小门家镇
东江镇
北马镇
石良镇
黄山馆镇
下丁家镇
七甲镇
村里集镇
XZ5-9
XZ5-10
辛庄镇
XZ2-8
JZ2-8
张星镇
金城镇
玲珑镇
图 例
岸线类型
人工岸线
自然岸线
禁止开发区
限制开发区
1:250,000
坐标系：WGS 84
投影：高斯-克吕格投影，中央经线119.5° E

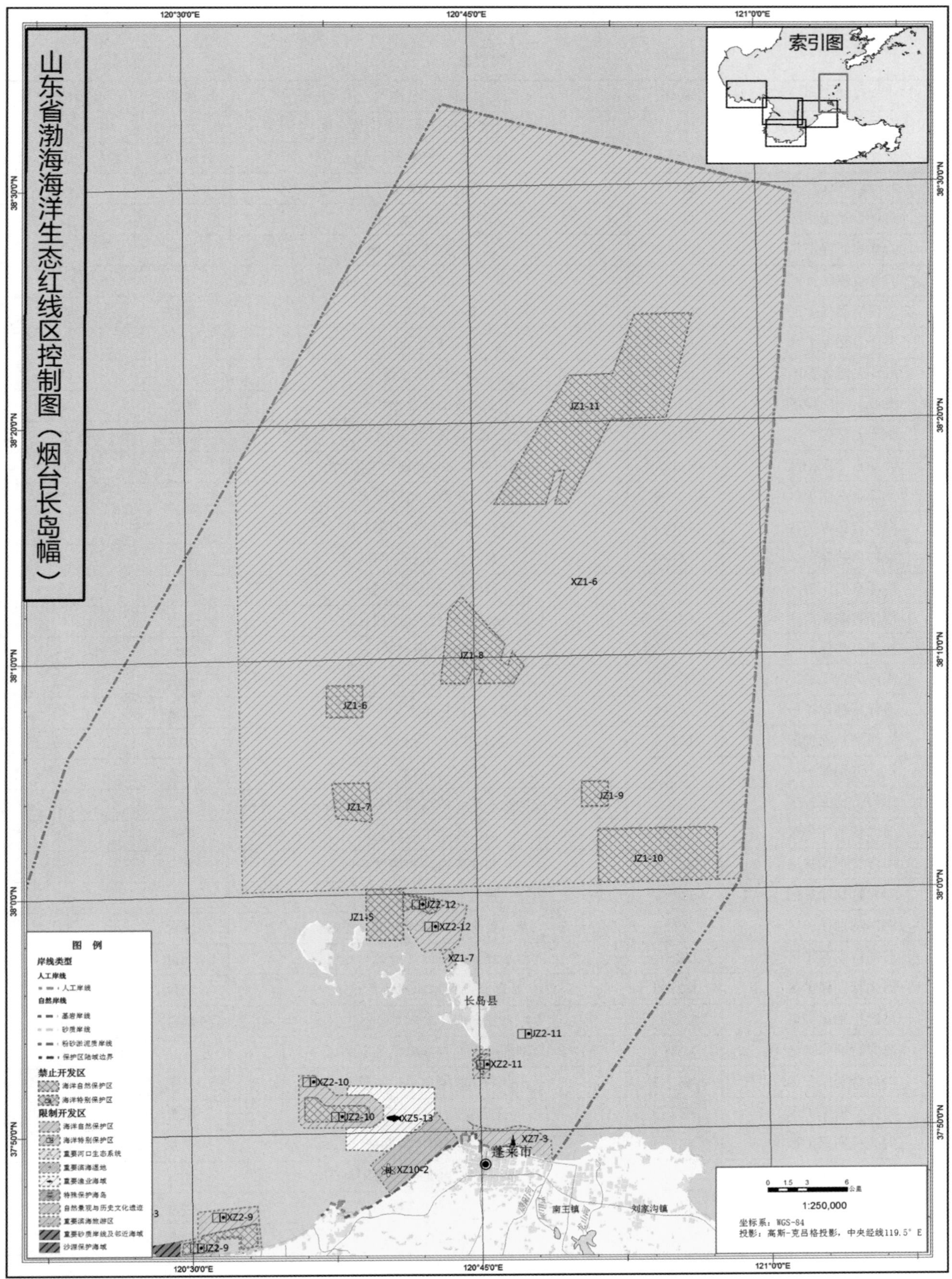
山东省渤海海洋生态红线区控制图（烟台长岛幅）
索引图
120°30'0"E
120°45'0"E
121°0'0"E
38°30'0"N
38°20'0"N
38°10'0"N
38°0'0"N
37°50'0"N
JZ1-11
XZ1-6
JZ1-8
JZ1-6
JZ1-7
JZ1-9
JZ1-10
JZ1-5
JZ2-12
XZ2-12
XZ1-7
长岛县
JZ2-11
XZ2-11
XZ2-10
JZ2-10
XZ5-13
XZ7-3
蓬莱市
XZ10-2
XZ2-9
JZ2-9
南王镇
刘家沟镇
图例
岸线类型
人工岸线
人工岸线
自然岸线
基岩岸线
砂质岸线
粉砂淤泥质岸线
保护区陆域边界
禁止开发区
海洋自然保护区
海洋特别保护区
限制开发区
海洋自然保护区
海洋特别保护区
重要河口生态系统
重要滨海湿地
重要渔业海域
特殊保护海岛
自然景观与历史文化遗迹
重要滨海旅游区
重要砂质岸线及邻近海域
沙源保护海域
1:250,000
坐标系：WGS-84
投影：高斯-克吕格投影，中央经线119.5°E

附件 2　山东省渤海海洋生态红线区登记表

索引表

红线区类型	代码	红线区名称	地区	登记表中序号
海洋自然保护区	JZ1-1	滨州贝壳堤岛与湿地系统禁止区	滨州	2
海洋自然保护区	JZ1-2	黄河故道北三角洲禁止区	东营	10
海洋自然保护区	JZ1-3	黄河故道禁止区	东营	11
海洋自然保护区	JZ1-4	黄河三角洲禁止区	东营	15
海洋自然保护区	JZ1-5	长岛斑海豹禁止区	烟台	63
海洋自然保护区	JZ1-6	高山岛禁止区	烟台	68
海洋自然保护区	JZ1-7	磲矶岛禁止区	烟台	69
海洋自然保护区	JZ1-8	砣矶岛禁止区	烟台	70
海洋自然保护区	JZ1-9	车由岛禁止区	烟台	71
海洋自然保护区	JZ1-10	大竹山岛禁止区	烟台	72
海洋自然保护区	JZ1-11	长岛北四岛禁止区	烟台	73
海洋自然保护区	XZ1-1	滨州贝壳堤岛与湿地系统限制区	滨州	3
海洋自然保护区	XZ1-2	黄河故道西三角洲限制区	东营	12
海洋自然保护区	XZ1-3	黄河故道东三角洲限制区	东营	13
海洋自然保护区	XZ1-4	黄河北三角洲限制区	东营	16
海洋自然保护区	XZ1-5	黄河南三角洲限制区	东营	17
海洋自然保护区	XZ1-6	长岛自然保护区限制区	烟台	66
海洋自然保护区	XZ1-7	长岛北限制区	烟台	67
海洋特别保护区	JZ2-1	东营河口浅海贝类禁止区	东营	5
海洋特别保护区	JZ2-2	东营利津底栖鱼类生态禁止区	东营	8
海洋特别保护区	JZ2-3	东营黄河口生态禁止区	东营	18
海洋特别保护区	JZ2-4	东营莱州湾禁止区	东营	21
海洋特别保护区	JZ2-5	广饶—寿光沙蚕类生态禁止区		22
海洋特别保护区	JZ2-6	昌邑海洋生态禁止区	烟台	29
海洋特别保护区	JZ2-7	莱州浅滩海洋资源禁止区	烟台	38
海洋特别保护区	JZ2-8	招远砂质海岸禁止区	烟台	45
海洋特别保护区	JZ2-9	龙口黄水河口海洋生态禁止区	烟台	54
海洋特别保护区	JZ2-10	蓬莱登州浅滩海洋资源禁止区	烟台	56
海洋特别保护区	JZ2-11	长岛长山尾地质遗迹禁止区	烟台	61
海洋特别保护区	JZ2-12	长岛海洋公园禁止区	烟台	64
海洋特别保护区	XZ2-1	潮河—湾湾沟浅海贝类限制区		6
海洋特别保护区	XZ2-2	东营利津底栖鱼类生态限制区	东营	9
海洋特别保护区	XZ2-3	东营黄河口生态限制区	东营	19
海洋特别保护区	XZ2-4	东营莱州湾限制区	东营	20
海洋特别保护区	XZ2-5	广饶—寿光沙蚕类生态限制区		23
海洋特别保护区	XZ2-6	昌邑海洋生态限制区	烟台	30
海洋特别保护区	XZ2-7	莱州浅滩海洋资源限制区	烟台	39
海洋特别保护区	XZ2-8	招远砂质海岸限制区	烟台	46

续表

红线区类型	代码	红线区名称	地区	登记表中序号
海洋特别保护区	XZ2-9	龙口黄水河口海洋生态限制区	烟台	55
海洋特别保护区	XZ2-10	蓬莱登州浅滩海洋资源限制区	烟台	57
海洋特别保护区	XZ2-11	长岛长山尾地质遗迹限制区	烟台	62
海洋特别保护区	XZ2-12	长岛海洋公园限制区	烟台	65
重要河口生态系统	XZ3-1	白浪河河口生态限制区	潍坊	26
重要河口生态系统	XZ3-2	虞河河口生态限制区	潍坊	28
重要河口生态系统	XZ3-3	潍河河口生态限制区	潍坊	32
重要河口生态系统	XZ3-4	胶莱河河口生态限制区	潍坊	33
重要滨海湿地	XZ4-1	小清河滨海湿地限制区	潍坊	24
重要渔业海域	XZ5-1	套尔河口渔业海域限制区	滨州	4
重要渔业海域	XZ5-2	黄河口半滑舌鳎渔业海域限制区	东营	7
重要渔业海域	XZ5-3	黄河口文蛤渔业海域限制区	东营	14
重要渔业海域	XZ5-4	寿光沙蚕单环刺螠近江牡蛎渔业海域限制区	潍坊	25
重要渔业海域	XZ5-5	莱州湾单环刺螠近江牡蛎渔业资源限制区	潍坊	27
重要渔业海域	XZ5-6	昌邑三疣梭子蟹渔业海域限制区	潍坊	31
重要渔业海域	XZ5-7	莱州湾渔业海域限制区	烟台	34
重要渔业海域	XZ5-8	莱州渔业海域限制区	烟台	41
重要渔业海域	XZ5-9	莱州湾半滑舌鳎口虾蛄梭子蟹渔业海域限制区	烟台	43
重要渔业海域	XZ5-10	莱州湾中国对虾渔业海域限制区	烟台	47
重要渔业海域	XZ5-11	招远渔业海域限制区	烟台	48
重要渔业海域	XZ5-12	龙口渔业海域限制区	烟台	49
重要渔业海域	XZ5-13	蓬莱牙鲆黄盖鲽渔业海域限制区	烟台	58
特殊保护海岛	XZ6-1	大口河海岛限制区	滨州	1
特殊保护海岛	XZ6-2	莱州芙蓉岛海岛限制区	烟台	37
特殊保护海岛	XZ6-3	桑岛依岛海岛限制区	烟台	53
自然景观与历史文化遗迹	XZ7-1	莱州三山岛景观遗迹限制区	烟台	42
自然景观与历史文化遗迹	XZ7-2	龙口屺坶岛景观遗迹限制区	烟台	50
自然景观与历史文化遗迹	XZ7-3	蓬莱阁景观遗迹限制区	烟台	60
砂质岸线与邻近海域	XZ8-1	虎头崖—海庙砂质岸线限制区	烟台	35
砂质岸线与邻近海域	XZ8-2	莱州—招远砂质岸线海域	烟台	44
砂质岸线与邻近海域	XZ8-3	龙口砂质岸线限制区	烟台	52
砂源保护海域	XZ9-1	朱旺砂源保护限制区	烟台	36
砂源保护海域	XZ9-2	莱州刁龙咀砂源保护限制区	烟台	40
重要滨海旅游区	XZ10-1	龙口南山东海滨海旅游限制区	烟台	51
重要滨海旅游区	XZ10-2	蓬莱西海岸滨海旅游限制区	烟台	59

登记表

序号	所在行政区域	代码	类别	类型	名称	地理位置(四至)	覆盖区域		生态保护目标	管控措施
							面积(平方公里)	岸线长度(公里)		
1	滨州	XZ6-1	限制开发区	特殊保护海岛	大口河海岛限制区	大口河岛海域 四至:117°51′37.08″—117°51′42.48″E;38°15′59.40″—38°16′1.56″N	0.01	0.00	大口河岛的自然生态系统、海岛岸线	管控措施:禁止炸岛、围填海、采挖海砂等可能造成海岛生态系统破坏及自然地形地貌改变的行为。 环境保护要求:加强海洋环境质量监测。海水水质、海洋沉积物质量和海洋生物质量均不劣于二类标准
2	滨州	JZ1-1	禁止开发区	海洋自然保护区	滨州贝壳堤岛与湿地系统禁止区	漳卫新河至套尔河西 四至:117°48′24.84″—118°5′43.08″E;38°9′7.20″—38°21′6.12″N	287.50	0.00	贝壳堤岛、湿地自然生态系统、自然岸线	管控措施:按照《中华人民共和国自然保护区条例》和《海洋自然保护区管理办法》进行管理。该区域内不得建设任何生产设施,除进行必要的调查、科研活动外,禁止其他活动。 环境保护要求:加强海洋环境质量监测,邻近河流要实行陆源污染物入海总量控制,至2020年减少15%。海水水质、海洋沉积物质量和海洋生物质量均不劣于一类标准
3	滨州	XZ1-1	限制开发区	海洋自然保护区	滨州贝壳堤岛与湿地系统限制区	漳卫新河至套尔河西 四至:117°47′19.32″—117°59′30.48″E;38°3′38.16″—38°11′39.48″N	90.73	24.52	贝壳堤岛、湿地自然生态系统、自然岸线	管控措施:按照《中华人民共和国自然保护区条例》和《海洋自然保护区管理办法》进行管理。保持自然岸线形态、长度和海底地形、海洋水动力环境的稳定,在不影响保护区的前提下允许适度进行旅游开发。 环境保护要求:加强海洋环境质量监测。邻近河流要实行陆源污染物入海总量控制,至2020年减少15%。海水水质、海洋沉积物质量和海洋生物质量均不劣于一类标准

续表

序号	所在行政区域	代码	类别	类型	名称	地理位置(四至)	覆盖区域		生态保护目标	管控措施
							面积(平方公里)	岸线长度(公里)		
4	滨州	XZ5-1	限制开发区	重要渔业海域	套尔河口渔业海域限制区	套尔河口海域 四至:118°0′18.72″—118°5′20.40″E;38°7′15.96″—38°11′3.12″N	7.86	0.00	青蛤、四角蛤蜊、缢蛏等种质资源及生存环境	管控措施:禁止围填海、截断洄游通道等破坏生态环境的开发活动。在不影响生态环境的前提下允许航道用海。 环境保护要求:加强海洋环境质量监测,河口实行陆源污染物入海总量控制,进行减排防治,至2020年减少15%。废水、污水必须达标排放。海水水质、海洋沉积物质量和海洋生物质量均不劣于二类标准
5	东营	JZ2-1	禁止开发区	海洋特别保护区	东营河口浅海贝类禁止区	潮河至新户乡以北 四至:118°14′0.24″—118°19′59.88″E;38°10′0.12″—38°12′55.08″N	39.50	0.00	以文蛤为主的浅海贝类种质资源及生存环境	管控措施:按照《海洋特别保护区管理办法》进行管理。生态保护区除进行必要的调查、科研和管理活动外,禁止其他活动。环境保护要求:保护区周边海域环境杜绝影响本海区的点面源污染,禁止排污、倾倒废弃物等不利于环境保护与资源恢复行为。海水水质、海洋沉积物质量和海洋生物质量均不劣于一类标准
6		XZ2-1	限制开发区	海洋特别保护区	潮河—湾湾沟浅海贝类限制区	潮河至湾湾沟河东北部地区 四至:118°13′42.60″—118°25′0.84″E;38°2′48.84″—38°15′8.28″N	228.92	0.00	以文蛤为主的浅海贝类种质资源及生存环境	管控措施:按照《海洋特别保护区管理办法》进行管理。禁止使用对贝类资源及栖息地造成破坏的采捕工具对文蛤等贝类进行采捕。工程建设用海应当报相关部门批准,必须进行严格的海洋环境影响评价,并采取严格的生态保护措施。 环境保护要求:保护区周边海域环境杜绝影响本海区的点面源污染,禁止排污、倾倒废弃物等不利于环境保护与资源恢复行为。海水水质、海洋沉积物质量和海洋生物质量均不劣于一类标准

续表

序号	所在行政区域	代码	类别	类型	名称	地理位置(四至)	覆盖区域		生态保护目标	管控措施
							面积（平方公里）	岸线长度（公里）		
7	东营	XZ5-2	限制开发区	重要渔业海域	黄河口半滑舌鳎渔业海域限制区	埕口西北海域 四至：118°32′40.56″—118°38′58.56″E；38°5′30.84″—38°12′29.88″N	53.40	0.00	半滑舌鳎种质资源及生存环境	管控措施：加强渔业资源养护，控制捕捞强度。禁止使用对鱼类资源及栖息地造成破坏的采捕工具进行采捕，底栖鱼类繁殖期间严格禁止捕捞。 环境保护要求：加强环境综合治理，逐步改善海洋环境质量。邻近河口实行陆源污染物入海总量控制，进行减排防治。禁止排污、倾倒废弃物等不利于环境保护与资源恢复行为。海水水质、海洋沉积物质量和海洋生物质量均不劣于一类标准
8	东营	JZ2-2	禁止开发区	海洋特别保护区	东营利津底栖鱼类生态禁止区	埕口北海域 四至：118°36′36.00″—118°40′19.20″E；38°13′26.40″—38°15′18.00″N	18.68	0.00	半滑舌鳎等底栖鱼类及近岸海洋生态系统	管控措施：按照《海洋特别保护区管理办法》进行管理。生态保护区除进行必要的调查、科研和管理活动外，禁止其他活动。环境保护要求：保护区及周边海域环境，杜绝影响本海域的点面源污染，禁止排污、倾倒废弃物等不利于环境保护与资源恢复行为。海水水质、海洋沉积物质量和海洋生物质量均不劣于一类标准
9	东营	XZ2-2	限制开发区	海洋特别保护区	东营利津底栖鱼类生态限制区	埕口北海域 四至：118°32′43.80″—118°44′20.40″E；38°12′50.04″—38°15′50.04″N	75.37	0.00	半滑舌鳎等底栖鱼类及近岸海洋生态系统	管控措施：按照《海洋特别保护区管理办法》进行管理。底栖鱼类繁殖期间禁止捕捞。可以适时适度开发利用渔业资源，区内工程建设用海必须进行严格的海洋环境影响评价，并采取严格的生态保护措施。环境保护要求：改善海洋环境质量，保护区及周边海域环境杜绝影响本海域的点面源污染，禁止排污、倾倒废弃物等不利于环境保护与资源恢复行为。海水水质、海洋沉积物质量和海洋生物质量均不劣于一类标准

续表

序号	所在行政区域	代码	类别	类型	名称	地理位置(四至)	覆盖区域		生态保护目标	管控措施
							面积(平方公里)	岸线长度(公里)		
10	东营	JZ1-2	禁止开发区	海洋自然保护区	黄河故道北三角洲禁止区	黄河故道北 四至:118°39′44.64″—118°46′28.20″E;38°4′42.96″—38°11′30.84″N	73.78	8.14	原生性湿地生态系统及珍禽	管控措施:按照《中华人民共和国自然保护区条例》和《海洋自然保护区管理办法》进行管理。生态保护区除进行必要的调查、科研和管理活动外,禁止进行其他活动。 环境保护要求:维持、恢复、改善海洋生态环境和生物多样性,保护自然景观。保护区周边海域环境杜绝影响本海域的点面源污染,禁止排污、倾倒废弃物等不利于环境保护与资源恢复行为。海水水质、海洋沉积物质量和海洋生物质量均不劣于一类标准
11	东营	JZ1-3	禁止开发区	海洋自然保护区	黄河故道禁止区	黄河故道海域 四至:118°39′54.72″—118°42′55.44″E;38°2′48.12″—38°6′24.12″N	5.22	21.45	原生性湿地生态系统及珍禽	管控措施:按照《中华人民共和国自然保护区条例》和《海洋自然保护区管理办法》进行管理。生态保护区除进行必要的调查、科研和管理活动外,禁止进行其他活动。 环境保护要求:维持、恢复、改善海洋生态环境和生物多样性,保护自然景观。保护区周边海域环境杜绝影响本海域的点面源污染,禁止排污、倾倒废弃物等不利于环境保护与资源恢复行为。海水水质、海洋沉积物质量和海洋生物质量均不劣于一类标准
12	东营	XZ1-2	限制开发区	海洋自然保护区	黄河故道西三角洲限制区	黄河故道西 四至:118°32′59.28″—118°43′30.72″E;38°4′10.56″—38°11′20.04″N	102.97	2.92	原生性湿地生态系统及珍禽、半滑舌鳎等底栖鱼类	管控措施:按照《中华人民共和国自然保护区条例》和《海洋自然保护区管理办法》进行管理。可适度进行矿产能源开发和旅游开发。需符合黄河河口综合治理规划和黄河入海流路规划,满足黄河沉沙的需求。环境保护要求:维持、恢复、改善海洋生态环境和生物多样性,保护自然景观。开发利用避免对海洋保护区产生影响。海水水质、海洋沉积物质量和海洋生物质量均不劣于一类标准

续表

序号	所在行政区域	代码	类别	类型	名称	地理位置(四至)	覆盖区域		生态保护目标	管控措施
							面积(平方公里)	岸线长度(公里)		
13	东营	XZ1-3	限制开发区	海洋自然保护区	黄河故道东三角洲限制区	黄河故道东 四至:118°45′51.84″—118°53′23.28″E;38°4′59.52″—38°10′18.84″N	46.02	25.36	原生性湿地生态系统及珍禽、半滑舌鳎等底栖鱼类	管控措施:按照《中华人民共和国自然保护区条例》和《海洋自然保护区管理办法》进行管理。可适度进行矿产能源开发和旅游开发。需符合黄河河口综合治理规划和黄河入海流路规划,满足黄河沉沙的需求。环境保护要求:改善海洋环境质量,维持、恢复、改善海洋生态环境和生物多样性,保护自然景观。开发利用避免对海洋保护区产生影响。海水水质、海洋沉积物质量和海洋生物质量均不劣于一类标准
14	东营	XZ5-3	限制开发区	重要渔业海域	黄河口文蛤渔业海域限制区	东营港南至孤岛东部海域 四至:119°0′17.28″—119°3′20.52″E;37°58′4.44″—38°1′16.32″N	16.67	0.00	黄河口文蛤等种质资源及生存环境	管控措施:加强渔业资源养护,控制捕捞强度。禁止使用对鱼类资源及栖息地造成破坏的采捕工具进行采捕,底栖鱼类繁殖期间严格禁止在本区捕捞。 环境保护要求:河口实行陆源污染物入海总量控制,进行减排防治。保护区周边海域环境杜绝影响本海域的点面源污染,禁止排污、倾倒废弃物等不利于环境保护与资源恢复行为。海水水质、海洋沉积物质量和海洋生物质量不劣于一类标准
15	东营	JZ1-4	禁止开发区	海洋自然保护区	黄河三角洲禁止区	黄河河口南北两侧 四至:119°1′6.96″—119°21′3.24″E;37°34′42.60″—37°50′46.68″N	439.56	42.16	原生性湿地生态系统及珍禽	管控措施:按照《中华人民共和国自然保护区条例》和《海洋自然保护区管理办法》进行管理。该区域内不得建设任何生产设施,除进行必要的调查、科研活动外,禁止进行其他活动。 环境保护要求:维持、恢复、改善海洋生态环境和生物多样性,保护自然景观。禁止排污、倾倒废弃物等不利于环境保护与资源恢复行为。海水水质、海洋沉积物质量和海洋生物质量均不劣于一类标准

续表

序号	所在行政区域	代码	类别	类型	名称	地理位置(四至)	覆盖区域		生态保护目标	管控措施
							面积(平方公里)	岸线长度(公里)		
16	东营	XZ1-4	限制开发区	海洋自然保护区	黄河北三角洲限制区	黄河河口北侧 四至:119°2′20.76″—119°14′55.32″E;37°40′54.84″—37°56′40.20″N	145.43	94.72	原生性湿地生态系统及珍禽	管控措施:按照《中华人民共和国自然保护区条例》和《海洋自然保护区管理办法》进行管理。在不影响保护前提下,可适度进行旅游开发。需符合黄河河口综合治理规划和黄河入海流路规划,满足黄河沉沙的需求。保障河口行洪安全。 环境保护要求:维持、恢复、改善海洋生态环境和生物多样性,保护自然景观。海水水质、海洋沉积物质量和海洋生物质量均不劣于一类标准
17	东营	XZ1-5	限制开发区	海洋自然保护区	黄河南三角洲限制区	黄河河口南侧 四至:118°57′6.84″—119°20′9.24″E;37°32′11.76″—37°41′26.88″N	274.27	12.69	原生性湿地生态系统及珍禽	管控措施:按照《中华人民共和国自然保护区条例》和《海洋自然保护区管理办法》进行管理。在不影响保护前提下,可适度进行旅游开发。需符合黄河河口综合治理规划和黄河入海流路规划,满足黄河沉沙的需求。保障河口行洪安全。 环境保护要求:维持、恢复、改善海洋生态环境和生物多样性,保护自然景观。海水水质、海洋沉积物质量和海洋生物质量均不劣于一类标准
18	东营	JZ2-3	禁止开发区	海洋特别保护区	东营黄河口生态禁止区	黄河河口东侧 四至:119°20′8.16″—119°25′57.00″E;37°45′15.84″—37°51′32.04″N	94.63	0.00	黄河口特有的刀鲚、大银鱼等经济鱼类、黄河口生态系统及生物物种多样性	管控措施:按照《海洋特别保护区管理办法》进行管理。生态保护区除进行必要的调查、科研和管理活动外,禁止进行其他活动。 环境保护要求:禁止排污、倾倒废弃物等不利于环境保护与资源恢复行为。海水水质、海洋沉积物质量和海洋生物质量均不劣于一类标准

续表

序号	所在行政区域	代码	类别	类型	名称	地理位置(四至)	覆盖区域		生态保护目标	管控措施
							面积(平方公里)	岸线长度(公里)		
19	东营	XZ2-3	限制开发区	海洋特别保护区	东营黄河口生态限制区	黄河河口东侧 四至:119° 5′35. 88″—119° 31′23. 88″E;37°35′51. 00″—37°56′44. 16″N	764. 22	0. 00	黄河口特有的刀鲚、大银鱼等经济鱼类、黄河口生态系统及生物物种多样性	管控措施:按照《海洋特别保护区管理办法》进行管理。禁止使用对生态系统造成破坏的采捕工具进行采捕。特别保护区内工程建设用海应当报相关部门批准,必须进行严格的海洋环境影响评价,并采取严格的生态保护措施。 环境保护要求:保护区周边海域环境杜绝影响本海域的点面源污染,禁止排污、倾倒废弃物等不利于环境保护与资源恢复行为。海水水质、海洋沉积物质量和海洋生物质量均不劣于一类标准
20	东营	XZ2-4	限制开发区	海洋特别保护区	东营莱州湾限制区	永丰河至溢洪河 四至:119° 3′6. 48″—119° 19′9. 84″E;37°22′30. 00″—37°29′21. 84″N	194. 99	0. 00	蛏类为主的底栖贝类海洋生态	管控措施:按照《海洋特别保护区管理办法》进行管理。加强渔业资源养护,控制捕捞强度。禁止采取对海底表层产生破坏的捕捞方式。 环境保护要求:邻近河口实行陆源污染物入海总量控制,进行减排防治,至 2020 年减少 15%。保护区周边海域环境杜绝影响本海域的点面源污染,禁止排污、倾倒废弃物等不利于环境保护与资源恢复行为。海水水质、海洋沉积物质量和海洋生物质量均不劣于一类标准
21	东营	JZ2-4	禁止开发区	海洋特别保护区	东营莱州湾禁止区	永丰河至溢洪河 四至:119° 5′52. 80″—119° 14′56. 40″E;37°26′24. 00″—37°27′50. 40″N	35. 55	0. 00	蛏类为主的底栖贝类及海洋生态	管控措施:按照《海洋特别保护区管理办法》进行管理。加强渔业资源养护,控制捕捞强度。该区域内不得建设任何生产设施,除进行必要的调查、科研活动外,禁止进行其他活动。 环境保护要求:邻近河口实行陆源污染物入海总量控制,进行减排防治,至 2020 年减少 15%。保护区周边海域环境杜绝影响本海域的点面源污染,禁止排污、倾倒废弃物等不利于环境保护与资源恢复行为。海水水质、海洋沉积物质量和海洋生物质量均不劣于一类标准

续表

序号	所在行政区域	代码	类别	类型	名称	地理位置(四至)	覆盖区域		生态保护目标	管控措施
							面积(平方公里)	岸线长度(公里)		
22		JZ2-5	禁止开发区	海洋特别保护区	广饶—寿光沙蚕类生态禁止区	广利港南侧 四至:119°0′0.00″—119°5′36.96″E;37°19′7.32″—37°20′21.84″N	13.02	0.00	双齿围沙蚕为主的多种底栖经济物种及海洋生态	管控措施:按照《海洋特别保护区管理办法》进行管理。加强渔业资源养护,控制捕捞强度。底栖生物繁殖期内禁止捕捞。重点保护区除进行必要的调查、科研和管理活动外,禁止进行其他活动。 环境保护要求:实行陆源污染物的入海总量控制,至2020年减少15%。维持、恢复、改善小清河河口海洋生态环境和生物多样性。海水水质、海洋沉积物质量和海洋生物质量均不劣于一类标准
23		XZ2-5	限制开发区	海洋特别保护区	广饶—寿光沙蚕类生态限制区	广利港南侧 四至:119°0′0.00″—119°19′8.76″E;37°18′36.36″—37°24′24.48″N	68.43	3.97	双齿围沙蚕为主的多种底栖经济物种及海洋生态	管控措施:按照《海洋特别保护区管理办法》进行管理。加强渔业资源养护,控制捕捞强度。底栖生物繁殖期内禁止捕捞。区内工程建设用海必须进行严格的海洋环境影响评价,并采取严格的生态保护措施。环境保护要求:实行河口陆源污染物的入海总量控制,至2020年减少15%。维持、恢复、改善小清河河口海洋生态环境和生物多样性。海水水质、海洋沉积物质量和海洋生物质量不劣于一类标准
24	潍坊	XZ4-1	限制开发区	重要滨海湿地	小清河滨海湿地限制区	潍坊寿光市小清河海域 四至:118°54′38.16″—119°6′13.32″E;37°16′39.00″—37°19′18.84″N	27.05	0.00	滨海湿地及附近海洋生态系统,水生动植物	管控措施:禁止改变海域自然属性、破坏海洋生态环境的海砂开发等采用地表开采方式开采矿产资源的开发活动。保持自然岸线形态、长度和海底地形、海洋水动力环境的稳定。 环境保护要求:实行河口陆源污染物的入海总量控制,至2020年减少15%。维持、恢复、改善小清河河口海洋生态环境和生物多样性。海水水质、海洋沉积物质量和海洋生物质量不劣于一类标准

续表

序号	所在行政区域	代码	类别	类型	名称	地理位置(四至)	覆盖区域		生态保护目标	管控措施
							面积（平方公里）	岸线长度（公里）		
25	潍坊	XZ5-4	限制开发区	重要渔业海域	寿光沙蚕单环刺螠近江牡蛎渔业海域限制区	羊口镇以北,小清河两侧 四至:119°2′24.52″—119°7′21.16″E;37°11′58.92″—37°18′37.42″N	40.01	0.00	单环刺螠、近江牡蛎和梭子蟹等种质资源及生存环境	管控措施:禁止围填海、截断洄游通道等改变海洋动力环境的用海活动。实施资源增殖放流。禁止采取对海底表层产生破坏的捕捞方式。繁殖期内禁止捕捞。 环境保护要求:小清河河口要实行陆源污染物入海总量控制,进行减排防治,至2020年减少15%。海水水质、海洋沉积物质量和海洋生物质量均不劣于一类标准
26	潍坊	XZ3-1	限制开发区	重要河口生态系统	白浪河河口生态限制区	白浪河近岸 四至:119°10′15.96″—119°14′13.92″E;37°4′23.16″—37°16′6.96″N	24.16	1.15	白浪河河口自然生态系统	管控措施:禁止设置直接排污口等破坏河口生态系统功能的开发活动。保持河口基本形态稳定,保障河口行洪安全,逐步恢复白浪河河口自然生态系统。 环境保护要求:实行河口陆源污染物入海总量控制,至2020年减少15%。海水水质不劣于二类标准,海洋沉积物质量和海洋生物质量不劣于一类标准
27	潍坊	XZ5-5	限制开发区	重要渔业海域	莱州湾单环刺螠近江牡蛎渔业海域限制区	白浪河至虞河近岸海域 四至:119°12′7.56″—119°18′22.68″E;37°12′10.08″—37°15′11.16″N	23.76	0.00	单环刺螠、近江牡蛎和梭子蟹等种质资源及生存环境	管控措施:禁止截断洄游通道等改变海洋动力环境的用海活动。禁止采取对海底表层产生破坏的捕捞方式。繁殖期内禁止捕捞。适当进行人工鱼礁、增殖放流等资源恢复措施,在保护好资源的前提下,可适度开发垂钓等旅游项目。 环境保护要求:禁止非法排污、倾倒废弃物等不利于环境保护与资源恢复行为。邻近河口实行陆源污染物入海总量控制,进行减排防治,至2020年减少15%。海水水质、海洋沉积物质量和海洋生物质量均不劣于一类标准

续表

序号	所在行政区域	代码	类别	类型	名称	地理位置(四至)	覆盖区域		生态保护目标	管控措施
							面积(平方公里)	岸线长度(公里)		
28	潍坊	XZ3-2	限制开发区	重要河口生态系统	虞河河口生态限制区	虞河至堤河之间海域 四至:119°14′20.40″—119°20′37.68″E;37°3′51.48″—37°12′22.68″N	68.18	8.60	虞河河口自然生态系统	管控措施:禁止围填海、设置直接排污口等破坏河口生态系统功能的开发活动。保持河口形态基本稳定,保障河口行洪安全,逐步恢复虞河河口生态系统。 环境保护要求:河口实行陆源污染物总量控制,至2020年减少15%。保护区周边海域环境杜绝影响本海域的点面源污染,废水、污水必须达标排放。海水水质不劣于二类标准,海洋沉积物质量和海洋生物质量不劣于一类标准
29	潍坊	JZ2-6	禁止开发区	海洋特别保护区	昌邑海洋生态禁止区	堤河东侧 四至:119°20′39.48″—119°22′46.56″E;37°4′52.32″—38°16′21.60″N	6.56	0.00	柽柳和滨海湿地生态	管控措施:按照《海洋特别保护区管理办法》进行管理。生态保护区除进行必要的调查、科研和管理活动外,禁止进行其他活动。 环境保护要求:维持生物多样性,保持和维护柽柳滨海湿地自然生态系统。海水水质、海洋沉积物质量和海洋生物质量均不劣于一类标准
30	潍坊	XZ2-6	限制开发区	海洋特别保护区	昌邑海洋生态限制区	堤河东侧 四至:119°20′9.24″—119°24′16.56″E;37°4′25.32″—37°8′20.04″N	24.95	5.67	柽柳和滨海湿地生态	管控措施:按照《海洋特别保护区管理办法》进行管理。 环境保护要求:维持生物多样性,保持和维护柽柳滨海湿地自然生态系统。海水水质、海洋沉积物质量和海洋生物质量均不劣于一类标准
31	潍坊	XZ5-6	限制开发区	重要渔业海域	昌邑三疣梭子蟹渔业海域限制区	潍河河口以北海域 四至:119°25′6.60″—119°29′41.64″E;37°10′38.64″—37°13′9.12″N	30.80	0.00	昌邑三疣梭子蟹种质资源及生存环境	管控措施:禁止截断洄游通道等改变海洋动力环境的用海活动。实施资源增殖放流。禁止采取对海底表层产生破坏的捕捞方式。繁殖期内禁止捕捞。 环境保护要求:邻近河口实行陆源污染物入海总量控制,至2020年减少15%,保持现有海洋生态系统,维护种质资源生存环境。该区海水水质、海洋沉积物质量和海洋生物质量均不劣于一类标准

续表

序号	所在行政区域	代码	类别	类型	名称	地理位置(四至)	覆盖区域		生态保护目标	管控措施
							面积(平方公里)	岸线长度(公里)		
32	潍坊	XZ3-3	限制开发区	重要河口生态系统	潍河河口生态限制区	潍河河口海域 四至:119°27′27.72″—119°29′49.20″E;37°3′12.24″—37°10′39.72″N	13.96	13.00	潍河河口自然生态系统	管控措施:禁止设置直接排污口等破坏河口生态系统功能的开发活动。保持、保护潍河内沙岛的自然形态及生态环境,保障河口行洪安全,逐步恢复潍河河口自然生态系统。 环境保护要求:实行河口陆源污染物入海总量控制,至2020年减少15%。海水水质不劣于二类标准,海洋沉积物质量和海洋生物质量不劣于一类标准
33	潍坊	XZ3-4	限制开发区	重要河口生态系统	胶莱河河口生态限制区	胶莱河河口海域四至:119°32′39.48″—119°35′31.92″E;37°2′52.08″—37°10′42.60″N	24.77	8.55	胶莱河河口自然生态系统	管控措施:禁止围填海、设置直接排污口等破坏河口生态系统功能的开发活动。严格限制改变海域自然属性,保持河口自然形态稳定。逐步恢复河口生态系统,保障河口行洪安全。 环境保护要求:实行河口陆源污染物入海总量控制,至2020年减少15%。海水水质不劣于二类标准,海洋沉积物质量和海洋生物质量不劣于一类标准
34		XZ5-7	限制开发区	重要渔业海域	莱州湾渔业海域限制区	莱州湾北部海域 四至:119°28′43.32″—119°42′6.84″E;37°29′18.24″—37°32′57.12″N	126.36	0.00	海洋自然生态系统和重要渔业资源,产卵场、索饵场、越冬场和洄游通道	管控措施:加强渔业资源养护,控制捕捞强度。在保证海域环境不受污染的前提下,可允许符合港口规划的航道用海和码头建设。 环境保护要求:保护区周边海域环境杜绝影响本海域的点面源污染,禁止排污、倾倒废弃物等不利于环境保护与资源恢复行为。海水水质、海洋沉积物质量和海洋生物质量均不劣于一类标准

续表

序号	所在行政区域	代码	类别	类型	名称	地理位置(四至)	覆盖区域		生态保护目标	管控措施
							面积（平方公里）	岸线长度（公里）		
35	烟台	XZ8-1	限制开发区	砂质岸线与邻近海域	虎头崖—海庙砂质岸线限制区	虎头崖-海庙海域 四至:119°41′11.04″—119°49′59.88″E;37°9′34.56″—37°15′37.80″N	68.49	0.00	海砂、潮间带、海底地形等海洋自然环境及砂质自然岸线	管控措施:禁止从事可能改变或影响沙滩自然属性及邻近海域海洋动力环境的开发建设活动,设立砂质岸线退缩线,区内禁止采挖海砂,在不影响砂质岸线保护前提下,可适度进行生态旅游开发,允许符合港口规划的航道用海和码头建设。 环境保护要求:保护区周边海域环境杜绝影响本海域的点面源污染,废水、污水、直排口必须达标排放。保护好沿海防护林,维护好沙滩植被。海水水质不劣于二类标准,海洋沉积物质量和海洋生物质量不劣于一类标准
36	烟台	XZ9-1	限制开发区	砂源保护海域	朱旺砂源保护限制区	朱旺北部海域 四至:119°47′45.60″—119°52′30.72″E;37°13′52.68″—37°17′56.76″N	25.18	0.00	海砂、潮间带、海底地形等海洋自然环境及砂质自然岸线	管控措施:禁止从事可能改变或影响砂源保护海域的开发建设活动。该区内禁止采挖海砂、倾倒废物等可能诱发海滩蚀退的开发活动。在不影响砂源保护,确保海洋生态系统安全的前提下,允许适度进行生态旅游业、生态养殖业、人工繁育海洋生物物种以及其他经依法批准的用海活动。允许符合港口规划的航道用海和码头建设。 环境保护要求:河口实行陆源污染物入海总量控制,妥善处理生活垃圾,避免对毗邻海洋生态敏感区、亚敏感区产生影响。保持现有海洋生态环境。海水水质不劣于二类标准,海洋沉积物质量和海洋生物质量不劣于一类标准

续表

序号	所在行政区域	代码	类别	类型	名称	地理位置(四至)	覆盖区域		生态保护目标	管控措施
							面积(平方公里)	岸线长度(公里)		
37	烟台	XZ6-2	限制开发区	特殊保护海岛	莱州芙蓉岛海岛限制区	莱州芙蓉岛 四至:119°48′30.96″—119°49′29.28″E;37°18′22.32″—37°19′9.12″N	1.37	0.00	芙蓉岛海岛生态系统及自然地形、地貌、景观	管控措施:禁止炸礁、围填海、填海连岛、采挖海砂等可能造成海岛生态系统破坏及自然地形、地貌改变的活动。可适度进行岛陆交通基础设施建设及符合港口规划的航道用海和码头建设。禁止任何经济建设工程。 环境保护要求:保护区周边海域环境杜绝可能影响本海域的各种污染,保持海岛原生海洋生态系统。海水水质、海洋沉积物质量和海洋生物质量均不劣于一类标准
38	烟台	JZ2-7	禁止开发区	海洋特别保护区	莱州浅滩海洋资源禁止区	刁龙咀西北部 四至:119°45′41.76″—119°50′15.00″E;37°21′50.76″—37°26′47.04″N	23.95	0.00	浅滩海洋生物资源、鲈鱼种质资源的产卵育幼场以及砂矿资源	管控措施:按照《海洋特别保护区管理办法》进行管理。实行严格的保护制度,禁止任何不利于保护区保护的活动。禁止实施各种形式的工程建设活动。 环境保护要求:保护区周边海域环境杜绝影响本海域的点面源污染,禁止排污、倾倒、采砂等不利于环境保护与资源恢复行为,保持莱州浅滩的地形与海洋环境基本稳定。海水水质、海洋沉积物质量和海洋生物质量均不劣于一类标准
39	烟台	XZ2-7	限制开发区	海洋特别保护区	莱州浅滩海洋资源限制区	刁龙咀西北部 四至:119°43′45.48″—119°51′26.28″E;37°20′53.16″—37°29′19.68″N	43.84	0.00	浅滩地貌资源、浅滩海洋生态系统、鲈鱼种质资源的产卵育幼场	管控措施:按照《海洋特别保护区管理办法》进行管理。在确保海洋生态系统安全的前提下,可适度进行生态旅游开发,可允许符合港口规划的航道用海和码头建设。 环境保护要求:保护区周边海域环境,杜绝影响本海域的点面源污染,禁止倾倒、采砂等不利于环境保护与资源恢复行为,保持莱州浅滩的地形、海洋动力与海洋生态环境基本稳定。海水水质、海洋沉积物质量和海洋生物质量均不劣于一类标准

续表

序号	所在行政区域	代码	类别	类型	名称	地理位置(四至)	覆盖区域		生态保护目标	管控措施
							面积(平方公里)	岸线长度(公里)		
40	烟台	XZ9-2	限制开发区	砂源保护海域	莱州刁龙咀砂源保护限制区	刁龙咀西北部 四至:119°44′59.64″—119°54′53.28″E;37°20′15.36″—37°29′6.00″N	86.11	24.99	潟湖、潮间带海洋生态环境及海砂	管控措施:禁止从事可能改变或影响砂源保护海域的开发建设活动。该区内禁止采挖海砂、倾倒废物等可能诱发海滩蚀退的开发活动。在不影响砂源保护、确保海洋生态系统安全的前提下,允许适度进行生态旅游业、生态养殖业、人工繁育海洋生物物种以及其他经依法批准的用海活动。环境保护要求:保护区及周边海域环境杜绝影响本海域的点面源污染,废水、污水必须达标排放。禁止倾倒、采砂等不利于环境保护与资源恢复行为,保持莱州浅滩及周边的地形、海洋动力与海洋生态环境基本稳定。海水水质不劣于二类标准,海洋沉积物质量和海洋生物质量不劣于一类标准
41	烟台	XZ5-8	限制开发区	重要渔业海域	莱州渔业海域限制区	刁龙咀西北部 四至:119°43′32.88″—119°46′39.00″E;37°32′5.28″—37°33′47.88″N	8.78	0.00	海洋自然生态系统,重要渔业资源的产卵场、索饵场、越冬场和洄游通道	管控措施:禁止围填海、截断洄游通道等用海活动。加强渔业资源养护,控制捕捞强度。在不影响海域生态环境的前提下,允许符合港口规划的航道用海和码头建设。 环境保护要求:加强海域污染防治和监测。保护区周边海域环境杜绝影响本海域的点面源污染,禁止排污、倾倒废弃物等不利于环境保护与资源恢复行为。海水水质、海洋沉积物质量和海洋生物质量均不劣于一类标准

续表

序号	所在行政区域	代码	类别	类型	名称	地理位置(四至)	覆盖区域		生态保护目标	管控措施
							面积(平方公里)	岸线长度(公里)		
42	烟台	XZ7-1	限制开发区	自然景观与历史文化遗迹	莱州三山岛景观遗迹限制区	苍南村至凤凰岭村 四至:119°53′59.64″—119°57′16.92″E;37°22′46.56″—37°24′14.40″N	6.26	11.91	沙滩、三山岛景观、遗迹、河口、沙滩等自然海洋环境	管控措施:严格控制岸线附近的景区建设工程;保护自然景观,在侵蚀岸段,可进行与海岸侵入治理相适应的旅游工程建设,禁止占用、破坏沙滩和沿海防护林。保障河口行洪安全。允许适度进行旅游开发、农渔业用海和符合港口规划的航道用海和码头建设。 环境保护要求:河口实行陆源污染物入海总量控制,至2020年减少15%。加强水质监测,妥善处理生活垃圾。海水水质不劣于二类标准,海洋沉积物质量和海洋生物质量不劣于一类标准
43	烟台	XZ5-9	限制开发区	重要渔业海域	莱州湾半滑舌鳎口虾蛄梭子蟹渔业海域限制区	三山岛街道办事处驻地以北海域 四至:119°53′38.76″—119°58′15.60″E;37°30′3.60″—37°34′59.52″N	29.87	0.00	半滑舌鳎、口虾蛄、梭子蟹等种质资源及生存环境	管控措施:禁止围填海、截断洄游通道、水下施工等用海活动。加强渔业资源养护,控制捕捞强度。在不影响海域生态环境的前提下,允许航道用海。 环境保护要求:周边海域禁止排污、倾倒废弃物等不利于环境保护与资源恢复行为,保护海洋生物资源的生存环境不受破坏。海水水质、海洋沉积物质量和海洋生物质量均不劣于一类标准
44	烟台	XZ8-2	限制开发区	砂质岸线与邻近海域	莱州—招远砂质岸线限制区	三山岛街道办事处至辛庄镇以北海域 四至:120°2′17.88″—120°10′10.92″E;37°26′7.08″—37°31′51.60″N	30.72	11.03	海砂、潮间带、海底地形等海洋自然环境及砂质岸线	管控措施:禁止从事可能改变或影响沙滩自然属性的开发建设活动。设置砂质岸线退缩线。禁止采挖海砂等可能诱发海滩蚀退的开发活动,适当进行沙滩保持的岸线整治修复工程,以保持岸线基本稳定。 环境保护要求:保持砂质岸线及附近的海洋生态环境基本稳定,保证废水、污水必须达标排海。海水水质不劣于二类标准,海洋沉积物质量和海洋生物质量不劣于一类标准

续表

序号	所在行政区域	代码	类别	类型	名称	地理位置(四至)	覆盖区域		生态保护目标	管控措施
							面积(平方公里)	岸线长度(公里)		
45	烟台	JZ2-8	禁止开发区	海洋特别保护区	招远砂质海岸禁止区	马埠至高家庄子 四至:120°8′27.24″—120°11′50.64″E;37°28′26.4″—37°30′50.40″N	4.26	6.35	砂质海岸及其海洋生态系统	管控措施:按照《海洋特别保护区管理办法》进行管理。禁止进行海岸带的开发利用以及一切有关的能够影响该保护区生态系统稳定性的活动。维持与改善自然生态条件,使砂质海岸得到有效保护和修复。 环境保护要求:维持、恢复、改善海洋生态环境和生物多样性,保护自然景观。维护海洋动力环境的稳定。海水水质、海洋沉积物质量和海洋生物质量均不劣于一类标准
46	烟台	XZ2-8	限制开发区	海洋特别保护区	招远砂质海岸限制区	马埠至高家庄子 四至:120°8′6.72″—120°11′40.92″E;37°28′40.44″—37°31′19.56″N	6.22	0.00	砂质海岸及其海洋生态系统	管控措施:按照《海洋特别保护区管理办法》进行管理。保障河口行洪安全。禁止改变海域自然属性。 环境保护要求:加强海洋环境质量监测,维持、恢复、改善海洋生态环境和生物多样性,保护自然景观。海水水质不劣于二类标准,海洋沉积物质量和海洋生物质量不劣于一类标准
47	烟台	XZ5-10	限制开发区	重要渔业海域	莱州湾中国对虾渔业海域限制区	招远辛庄镇西北 四至:120°8′59.64″—120°12′2.52″E;37°30′32.76″—37°33′37.80″N	13.08	0.00	中国对虾、牙鲆、日本鲟、梭子蟹、红螺等种质资源及生存环境	管控措施:禁止围填海、截断洄游通道、水下爆破和施工等开发活动,加强渔业资源养护,控制捕捞强度。 环境保护要求:加强海域污染防治和监测。保护区周边海域环境杜绝影响本海域的点面源污染,禁止排污、倾倒废弃物等不利于环境保护与资源恢复行为,保护海洋生物资源的生存环境不受破坏。海水水质、海洋沉积物质量和海洋生物质量均不劣于一类标准

续表

序号	所在行政区域	代码	类别	类型	名称	地理位置(四至)	覆盖区域		生态保护目标	管控措施
							面积(平方公里)	岸线长度(公里)		
48	烟台	XZ5-11	限制开发区	重要渔业海域	招远渔业海域限制区	龙口港西部海域 四至:119°54′50.04″—120°9′57.96″E;37°34′35.04″—37°46′40.80″N	177.88	0.00	海洋自然生态系统,重要渔业资源的产卵场、索饵场、越冬场和洄游通道	管控措施:禁止水下采砂和施工等用海活动,保护经济鱼类的三场一道,采取增殖放流等措施,加强渔业资源养护,控制捕捞强度。在不影响海域生态环境的前提下,可允许符合港口规划的航道用海和码头建设。 环境保护要求:维护海洋自然生态,保护海洋生物的生存环境。海水水质、海洋沉积物质量和海洋生物质量均不劣于一类标准
49	烟台	XZ5-12	限制开发区	重要渔业海域	龙口渔业海域限制区	屺坶岛西北海域 四至:120°2′43.08″—120°12′50.76″E;37°42′3.24″—37°52′41.16″N	208.20	0.00	海洋自然生态系统,重要渔业资源的产卵场、索饵场、越冬场和洄游通道	管控措施:禁止水下采砂和施工等用海活动,保护经济鱼类的三场一道,采取增殖放流等措施,加强渔业资源养护,控制捕捞强度。在不影响海域生态环境的前提下,允许航道用海。 环境保护要求:维护海洋自然生态,保护海洋生物的生存环境。海水水质、海洋沉积物质量和海洋生物质量均不劣于一类标准
50	烟台	XZ7-2	限制开发区	自然景观与历史文化遗迹	龙口屺坶岛景观遗迹限制区	屺坶岛村北 四至:120°12′48.60″—120°17′40.56″E;37°41′7.08″—37°42′2.52″N	10.06	7.61	海蚀平台、海蚀崖等海岸自然景观	管控措施:严格控制岸线附近的建设工程;保护自然生态环境,禁止围填海、设置直接排污口、爆破作业等有损海洋自然景观的开发活动,保护海蚀崖、海蚀平台独特地质地貌景观的完整性。 环境保护要求:保持海岸地形地貌的自然形态,维持、恢复、改善海洋生态环境和生物多样性。海水水质不劣于二类标准,海洋沉积物质量和海洋生物质量不劣于一类标准

续表

序号	所在行政区域	代码	类别	类型	名称	地理位置(四至)	覆盖区域		生态保护目标	管控措施
							面积(平方公里)	岸线长度(公里)		
51	烟台	XZ10-1	限制开发区	重要滨海旅游区	龙口南山东海滨海旅游限制区	泳汶河至港栾村 四至:120°23′16.80″—120°26′28.68″E;37°42′16.56″—37°45′14.76″N	9.58	6.82	沙滩、海岸、景观	管控措施:严格控制岸线附近的景区建设工程;保护自然景观,严格控制占用沙滩和沿海防护林。保障河口行洪安全。可允许符合港口规划的航道用海和码头建设,允许适度进行旅游基础设施建设。 环境保护要求:河口实行陆源污染物入海总量控制,进行减排防治。妥善处理生活垃圾,避免对毗邻海洋生态敏感区、亚敏感区产生影响。海水水质不劣于二类标准,海洋沉积物质量和海洋生物质量不劣于一类标准
52	烟台	XZ8-3	限制开发区	砂质岸线与邻近海域	龙口砂质岸线限制区	港栾村北至黄河营村 四至:120°25′50.16″—120°29′22.20″E;37°44′44.52″—37°45′36.00″N	4.74	1.82	沙滩、海岸、景观	管控措施:禁止采挖海砂等可能诱发海岸蚀退的用海活动,采取适当措施阻止海滩侵蚀灾害的恶化,可进行与海岸侵入治理和岸线整治相适应的工程建设。可适度进行岛陆交通及交通基础设施建设。 环境保护要求:改善海洋环境质量,控制海岸侵蚀灾害的恶化。人工岛等的建设需维持、恢复、改善海洋生态环境和生物多样性,保护自然景观。海水水质不劣于二类标准,海洋沉积物质量和海洋生物质量不劣于一类标准
53	烟台	XZ6-3	限制开发区	特殊保护海岛	桑岛依岛海岛限制区	桑岛、依岛及周围 四至:120°25′12.00″—120°27′29.16″E;37°45′58.68″—37°47′35.88″N	6.08	0.00	潮间带珍稀物种、桑岛、依岛海岛生态系统及自然地形、地貌、景观	管控措施:禁止炸礁、填海连岛、采挖海砂等可能造成海岛生态系统破坏及自然地形、地貌改变的行为。可适度进行养殖用海、旅游用海、岛陆交通及基础设施建设。 环境保护要求:加强海域污染防治和监测。保护区周边海域环境、杜绝影响本海域的点面源污染。海水水质、海洋沉积物质量和海洋生物质量均不劣于一类标准

续表

序号	所在行政区域	代码	类别	类型	名称	地理位置(四至)	覆盖区域		生态保护目标	管控措施
							面积(平方公里)	岸线长度(公里)		
54	烟台	JZ2-9	禁止开发区	海洋特别保护区	龙口黄水河口海洋生态禁止区	黄河营村至周家村 四至:120°29′28.32″—120°33′22.32″E;37°45′0.36″—37°46′17.04″N	6.13	0.00	河口滨海湿地浅滩地貌、底栖生物资源和海砂底质环境	管控措施:按照《海洋特别保护区管理办法》进行管理。生态保护区除进行必要的调查、科研和管理活动外,禁止进行其他活动。 环境保护要求:实行河口陆源污染物总量控制,到2020年减少15%。保证黄水河河口海洋环境系统的动态稳定,维持、恢复、改善海洋生态环境和生物多样性,保护自然景观。海水水质、海洋沉积物质量和海洋生物质量不劣于一类标准
55	烟台	XZ2-9	限制开发区	海洋特别保护区	龙口黄水河口海洋生态限制区	黄河营村至周家村 四至:120°29′17.88″—120°33′33.84″E;37°44′46.68″—37°47′2.40″N	10.90	4.78	河口滨海湿地浅滩地貌、底栖生物资源和海砂底质环境	管控措施:按照《海洋特别保护区管理办法》进行管理。在不影响保护区保护的前提下,可适度进行旅游等用海活动和航道用海。 环境保护要求:实行河口陆源污染物总量控制,到2020年减少15%。保证黄水河河口海洋环境系统的动态稳定,维持、恢复、改善海洋生态环境和生物多样性,保护自然景观。海水水质、海洋沉积物质量和海洋生物质量均不劣于一类标准
56	烟台	JZ2-10	禁止开发区	海洋特别保护区	蓬莱登州浅滩海洋资源禁止区	栾家口北部近海 四至:120°35′53.48″—120°39′12.10″E;37°50′31.52″—37°51′33.88″N	6.60	0.00	浅滩地貌、资源、浅滩生态系统及牙鲆、黄盖鲽等种质资源及生存环境	管控措施:按照《海洋特别保护区管理办法》进行管理。生态保护区除进行必要的调查、科研和管理活动外,禁止进行其他活动,加强海洋巡护,严厉打击非法盗采海砂活动;通过设置浮标等措施,逐步减少人类活动对保护区的核心区的干扰,保护登州浅滩海洋生态保护区生物栖息繁衍。在不影响海域生态环境的前提下,允许航道用海。 环境保护要求:维护海洋动力环境不变,保持浅滩砂体的基本稳定。保护登州浅滩海洋生态保护区生物栖息繁衍,对主要保护目标实行严格保护,实现保持海洋生态系统物种多样性的目标。海水水质、海洋沉积物质量和海洋生物质量均不劣于一类标准

续表

序号	所在行政区域	代码	类别	类型	名称	地理位置(四至)	覆盖区域		生态保护目标	管控措施
							面积(平方公里)	岸线长度(公里)		
57	烟台	XZ2-10	限制开发区	海洋特别保护区	蓬莱登州浅滩海洋资源限制区	栾家口北部近海 四至:120°35′33.56″—120°39′57.44″E;37°50′15.87″—37°52′29.66″N	12.12	0.00	浅滩地貌、资源、浅滩生态系统及牙鲆、黄盖鲽等种质资源及生存环境	管控措施:按照《海洋特别保护区管理办法》进行管理。加强海洋巡护,严厉打击非法盗采海砂活动;通过设置浮标等措施,逐步减少人类活动对保护区海洋环境的破坏。在不影响海域生态环境的前提下,允许航道用海。 环境保护要求:维护海洋动力环境不变,保持浅滩砂体的基本稳定。保护登州浅滩海洋生态保护区生物栖息繁衍,对主要保护目标实行严格保护,实现保持海洋生态系统物种多样性的目标。海水水质、海洋沉积物质量和海洋生物质量均不劣于一类标准
58	烟台	XZ5-13	限制开发区	重要渔业海域	蓬莱牙鲆黄盖鲽渔业海域限制区	栾家口北部近海 四至:120°38′45.57″—120°42′47.38″E ;37°48′32.71″—37°51′30.23″N	21.53	0.00	牙鲆、黄盖鲽种质资源及生存环境	管控措施:禁止挖沙、围填海、截断洄游通道等用海活动。加强渔业资源养护,适度进行人工放流等增殖措施。控制捕捞强度。在不影响海域生态环境的前提下,可允许符合港口规划的航道用海和码头建设。 环境保护要求:禁止排污、倾倒废弃物等不利于环境保护与资源恢复行为,保护生态保护目标的栖息环境。海水水质、海洋沉积物质量和海洋生物质量均不劣于一类标准
59	烟台	XZ10-2	限制开发区	重要滨海旅游区	蓬莱西海岸滨海旅游限制区	下朱泮村至西庄村 四至:120°39′13.32″—120°43′47.64″E;37°47′25.80″—37°50′49.92″N	17.79	6.74	海岸、沙滩、景观	管控措施:禁止采挖海砂等可能诱发海岸蚀退的用海活动,采取适当措施阻止海滩侵蚀灾害的恶化,允许进行与海岸侵入治理相适应的旅游工程建设,在不影响海域生态环境的前提下,可允许符合港口规划的航道用海和码头建设。 环境保护要求:改善海洋动力环境,控制侵入灾害的恶化。人工岛等的旅游防灾工程的建设需恢复、改善海洋生态环境和生物多样性,保护自然景观。海水水质不劣于二类标准、海洋沉积物质量和海洋生物质量不劣于一类标准

续表

序号	所在行政区域	代码	类别	类型	名称	地理位置(四至)	覆盖区域		生态保护目标	管控措施
							面积(平方公里)	岸线长度(公里)		
60	烟台	XZ7-3	限制开发区	自然景观与历史文化遗迹	蓬莱阁景观遗迹限制区	蓬莱阁东北沿海 四至:120°44′30.84″—120°48′40.32″E;37°48′39.24″—37°50′19.68″N	9.19	8.83	海洋历史人文遗迹、海岸自然景观、沙滩	管控措施:严格控制岸线附近的景区建设工程;保护旅游区内生态环境,禁止占用和破坏岸线、沙滩。禁止设置直排排污口、爆破作业等危及文化遗迹安全、有损海洋自然景观的开发活动。在不影响海域生态环境的前提下,允许符合港口规划的航道用海和码头建设。 环境保护要求:河口实行陆源污染物入海总量控制,至2020年减少15%。恢复和改善海洋生态环境和生物多样性,保护海岸自然景观。海水水质不劣于二类标准,海洋沉积物质量和海洋生物质量不劣于一类标准
61	烟台	JZ2-11	禁止开发区	海洋特别保护区	长岛长山尾地质遗迹禁止区	长山岛南 四至:120°44′41.28″—120°45′18.00″E;37°52′24.60″—37°53′16.08″N	0.53	0.00	长山尾砾石脊滩自然地质遗迹、脊滩、海岛生态系统	管控措施:优先保障海洋保护区用海,按照《海洋特别保护区管理办法》进行管理。除进行必要的调查、科研、管网工程、岸线岸滩修复和管理活动外,禁止造成海洋动力环境改变的活动,防止砾石脊滩自然地质地貌资源遭受破坏。 环境保护要求:保护砾石脊滩动态平衡的海洋动力环境,维护海洋生态环境和生物多样性,保护自然景观。海水水质、海洋沉积物质量和海洋生物质量均不劣于一类标准
62	烟台	XZ2-11	限制开发区	海洋特别保护区	长岛长山尾地质遗迹限制区	长山岛南 四至:120°44′35.88″—120°45′29.88″E;37°52′14.88″—37°53′27.96″N	2.44	0.00	长山尾砾石脊滩自然地质遗迹、脊滩、海岛生态系统	管控措施:优先保障海洋保护区用海,按照《海洋特别保护区管理办法》进行管理。除进行必要的调查、科研、管网工程、岸线岸滩修复和管理活动外,禁止造成海洋动力环境改变的活动,防止砾石脊滩自然地质地貌资源遭受破坏。 环境保护要求:保护砾石脊滩动态平衡的海洋动力环境,维护海洋生态环境和生物多样性,保护自然景观。海水水质、海洋沉积物质量和海洋生物质量均不劣于一类标准

续表

序号	所在行政区域	代码	类别	类型	名称	地理位置(四至)	覆盖区域		生态保护目标	管控措施
							面积（平方公里）	岸线长度（公里）		
63	烟台	JZ1-5	禁止开发区	海洋自然保护区	长岛斑海豹禁止区	黑山岛与北长山岛之间 四至：120° 39′ 11. 88″—120° 41′ 8. 16″ E;37°58′5. 88″—38°0′11. 88″N	10. 98	0. 00	斑海豹及其栖息地生态环境	管控措施:按照《中华人民共和国自然保护区条例》和《海洋自然保护区管理办法》进行管理。除进行必要的调查、科研、生态修复、无居民岛保护利用和管理活动外,禁止进行其他活动。 环境保护要求:维持与改善滨海自然景观和生态条件,使长岛近海的斑海豹的生存环境、自然景观和生态环境得到有效保护。海水水质、海洋沉积物质量和海洋生物质量均不劣于一类标准
64	烟台	JZ2-12	禁止开发区	海洋特别保护区	长岛海洋公园禁止区	北长山岛以北 四至：120° 41′ 8. 16″—120° 42′ 57. 60″ E;37°59′10. 68″—37°59′59. 64″N	2. 42	0. 00	九丈崖等海蚀地貌、月牙湾球石海滩及斑海豹栖息地	管控措施:按照《中华人民共和国自然保护区条例》和《海洋自然保护区管理办法》进行管理。除进行必要的调查、科研和管理活动外,禁止进行其他活动。 环境保护要求:维持与改善滨海自然景观和生态条件,使长岛滨海的自然景观和生态环境得到有效保护。海水水质、海洋沉积物质量和海洋生物质量均不劣于一类标准
65	烟台	XZ2-12	限制开发区	海洋特别保护区	长岛海洋公园限制区	北长山岛以北 四至：120° 41′ 8. 16″—120° 44′ 26. 88″ E;37°57′36″—38°0′4. 32″N	13. 74	0. 00	岛岸地貌、海岛生态系统及斑海豹栖息地	管控措施:按照《中华人民共和国自然保护区条例》和《海洋自然保护区管理办法》进行管理。在不影响保护区保护的前提下,可适度进行旅游开发及连岛工程、基础设施建设、生态修复、岸线修复等改善海岛居民生产、生活条件的用海活动。 环境保护要求:维护海岛自然景观和海岛周围的海洋生态环境,避免过度养殖,合理设置直排口并达标排放。海水水质、海洋沉积物质量和海洋生物质量均不劣于一类标准

续表

序号	所在行政区域	代码	类别	类型	名称	地理位置(四至)	覆盖区域		生态保护目标	管控措施
							面积(平方公里)	岸线长度(公里)		
66	烟台	XZ1-6	限制开发区	海洋自然保护区	长岛自然保护区限制区	长岛北侧海域 四至:120°32′39.84″—120°59′46.68″E;38°0′11.52″—38°30′4.68″N	1998.49	0.00	海洋、海岛生态系统、斑海豹等珍稀野生动物;长岛皱纹盘鲍、光棘球海胆等种质资源及生存环境;渔业资源的产卵场、索饵场、洄游通道等	管控措施:按照《中华人民共和国自然保护区条例》和《海洋自然保护区管理办法》进行管理。在不影响保护区保护的前提下,可适度进行旅游开发、生态修复、资源恢复、休闲渔业、水产养殖等改善海岛居民生产、生活条件的用海活动。在不影响海域生态环境的前提下,允许航道用海,可适度进行岛陆交通及交通基础设施建设。 环境保护要求:加强海域污染防治和监测,确保海岛生态系统不受破坏。维持、恢复、改善海洋生态环境和生物多样性,保护自然景观。保持岛间各水道的畅通。海水水质、海洋沉积物质量和海洋生物质量均不劣于一类标准
67	烟台	XZ1-7	限制开发区	海洋自然保护区	长岛北限制区	南、北长山岛之间 四至:120°43′0.12″—120°43′50.88″E;37°56′42″—37°57′53.28″N	1.26	0.00	海湾海岛生态系统	管控措施:按照《海洋自然保护区管理办法》进行管理。可适度进行旅游开发、连岛工程、渔业基础设施、岸线修复、水产养殖等改善海岛居民生产生活条件的项目建设。 环境保护要求:严格执行国家关于海洋环境保护的法律、法规和标准,加强海域污染防治和监测。维持、恢复、改善海洋生态环境和生物多样性,保护自然景观。海水水质、海洋沉积物质量和海洋生物质量均不劣于一类标准

续表

序号	所在行政区域	代码	类别	类型	名称	地理位置(四至)	覆盖区域		生态保护目标	管控措施
							面积(平方公里)	岸线长度(公里)		
68	烟台	JZ1-6	禁止开发区	海洋自然保护区	高山岛禁止区	高山岛附近海域 四至:120°37′15.24″—120°39′90″E;38°7′36.12″—38°8′54.60″N	6.70	0.00	海洋、海岛生态系统、斑海豹等珍稀野生动物;长岛皱纹盘鲍、光棘球海胆等种质资源及生存环境	管控措施:按照《中华人民共和国自然保护区条例》和《海洋自然保护区管理办法》进行管理。在不影响保护区保护的前提下,可适度进行旅游开发、连岛工程、基础设施建设、生态修复、岸线修复、水产养殖等改善海岛居民生产、生活条件的用海活动。在不影响海域生态环境的前提下,允许航道用海。 环境保护要求:加强海域污染防治和监测,防止过度养殖,确保海岛生态系统不受破坏。维护海洋生态环境和生物多样性,保护自然景观。海水水质、海洋沉积物质量和海洋生物质量均不劣于一类标准
69	烟台	JZ1-7	禁止开发区	海洋自然保护区	礤矶岛禁止区	礤矶岛附近海域 四至:120°37′30.36″—120°39′35.28″E;38°3′6.84″—38°4′46.20″N	8.02	0.00	海洋、海岛生态系统、斑海豹等珍稀野生动物;许氏平鲉、长岛皱纹盘鲍、光棘球海胆等种质资源及生存环境	管控措施:按照《中华人民共和国自然保护区条例》和《海洋自然保护区管理办法》进行管理。在不影响保护区保护的前提下,可适度进行旅游开发、连岛工程、基础设施建设、生态修复、岸线修复、水产养殖等改善海岛居民生产、生活条件的用海活动。在不影响海域生态环境的前提下,允许航道用海。 环境保护要求:加强海域污染防治和监测,防止过度养殖,确保海岛生态系统不受破坏。维护海洋生态环境和生物多样性,保护海岛自然景观。海水水质、海洋沉积物质量和海洋生物质量均不劣于一类标准

续表

序号	所在行政区域	代码	类别	类型	名称	地理位置(四至)	覆盖区域		生态保护目标	管控措施
							面积(平方公里)	岸线长度(公里)		
70	烟台	JZ1-8	禁止开发区	海洋自然保护区	砣矶岛禁止区	砣矶岛口附近海域 四至:120°43′14. 88″—120°47′35. 52″E;38°8′54. 96″—38°12′41. 76″N	25. 42	0. 00	海岛生态系统、珍稀野生动物;长岛皱纹盘鲍、光棘球海胆等种质资源及生存环境	管控措施:按照《中华人民共和国自然保护区条例》和《海洋自然保护区管理办法》进行管理。在不影响保护区保护的前提下,可适度进行旅游开发、基础设施建设、生态修复、岸线修复、水产养殖等改善海岛居民生产、生活条件的用海活动。在不影响海域生态环境的前提下,允许航道用海,可适度进行岛陆交通及交通基础设施建设。 环境保护要求:加强海域污染防治和监测,防止过度养殖,确保海岛生态系统不受破坏。维护海洋生态环境和生物多样性,保护海岛自然景观。海水水质、海洋沉积物质量和海洋生物质量均不劣于一类标准
71	烟台	JZ1-9	禁止开发区	海洋自然保护区	车由岛禁止区	车由岛附近海域 四至:120°50′29. 76″—120°51′52. 20″E;38°3′36. 72″—38°4′42. 24″N	4. 06	0. 00	海岛生态系统、斑海豹等珍稀野生动物;长岛皱纹盘鲍、光棘球海胆等种质资源及生存环境	管控措施:按照《中华人民共和国自然保护区条例》和《海洋自然保护区管理办法》进行管理。在不影响保护区保护的前提下,可适度进行旅游开发、连岛工程、基础设施建设、生态修复、岸线修复、水产养殖等改善海岛居民生产、生活条件的用海活动。在不影响海域生态环境的前提下,允许航道用海。 环境保护要求:加强海域污染防治和监测,防止过度养殖,确保海岛生态系统不受破坏。维护海洋生态环境和生物多样性,保护海岛自然景观。海水水质、海洋沉积物质量和海洋生物质量均不劣于一类标准

续表

序号	所在行政区域	代码	类别	类型	名称	地理位置(四至)	覆盖区域		生态保护目标	管控措施
							面积(平方公里)	岸线长度(公里)		
72	烟台	JZ1-10	禁止开发区	海洋自然保护区	大竹山岛禁止区	大竹山岛附近海域 四至:120°51′17.64″—120°57′28.80″E;38°0′25.56″—38°2′39.84″N	38.19	0.00	海岛生态系统、斑海豹等珍稀野生动物;长岛皱纹盘鲍、光棘球海胆等种质资源及生存环境	管控措施:按照《中华人民共和国自然保护区条例》和《海洋自然保护区管理办法》进行管理。在不影响保护区保护的前提下,可适度进行旅游开发、基础设施建设、生态修复、岸线修复、水产养殖等改善海岛居民生产、生活条件的用海活动。在不影响海域生态环境的前提下,允许航道用海,可适度进行岛陆交通及交通基础设施建设。 环境保护要求:加强海域污染防治和监测,防止过度养殖,确保海岛生态系统不受破坏。维护生物多样性,保护海岛自然景观。海水水质、海洋沉积物质量和海洋生物质量均不劣于一类标准
73	烟台	JZ1-11	禁止开发区	海洋自然保护区	长岛北四岛禁止区	长岛北四岛及附近海域 四至:120°46′7.32″—120°56′34.80″E;38°16′32.16″—38°24′32.40″N	85.97	0.00	海岛生态系统、皱纹盘鲍、光棘球海胆、刺参、栉孔扇贝等种质资源及生存环境	管控措施:按照《中华人民共和国自然保护区条例》和《海洋自然保护区管理办法》进行管理。在不影响保护区保护的前提下,可适度进行旅游开发、连岛工程、渔业基础设施建设、生态修复、岸线修复、水产养殖等改善海岛居民生产、生活条件的用海活动。在不影响海域生态环境的前提下,允许航道用海,可适度进行岛陆交通及交通基础设施建设。 环境保护要求:加强海域污染防治和监测,防止过度养殖,确保海岛生态系统不受破坏。维护生物多样性,保护海岛自然景观。海水水质、海洋沉积物质量和海洋生物质量均不劣于一类标准

专题一：山东省渤海海域海洋环境现状报告

1　总则

依据山东渤海海域的区位条件、海洋功能区划和海域开发利用现状等相关资料，研究山东渤海海域海洋环境现状与生态问题。专题陈述了近岸海域环境现状以及近岸生态系统的健康状况，分析了引起环境和生态变化的主要因素。在分析研究的基础上，提出山东渤海海域环境保护和生态保护的对策措施，为海洋生态红线区的划定提供依据。

2　近岸海域环境质量现状

2010—2012 年的监测结果表明，山东渤海海域主要以符合一类、二类海水水质标准为主（图2.1、图2.2），滨州、东营近岸和莱州湾部分海域出现了一定范围的污染，海水中的主要污染物为无机氮、活性磷酸盐和石油类。沉积物质量总体良好，只有局部海域铅、镉含量超一类海洋沉积物质量标准，其他监测指标均符合一类海洋沉积物质量标准，综合潜在生态风险低。2010 年，监测了紫贻贝、文蛤、牡蛎、四角蛤和菲律宾蛤仔等贝类体内污染物残留状况，监测项目包括总汞、镉、铅、砷、石油烃等。结果表明：近岸局部海域贝类体内总汞、铅、镉等重金属残留量超第一类海洋生物质量标准。

渤海湾山东海域海水环境以二类、三类水质海域为主，基本符合功能区要求。劣四类水质主要分布在部分近岸、河口附近海域，主要污染物为无机氮、石油类、化学需氧量、活性磷酸盐；区域周边海域沉积物各监测指标基本符合一类沉积物质量标准的要求，监测海域沉积物质量良好。

莱州湾海域 2010 年 5 月无机氮超标严重，60%的海域内无机氮超四类海水水质标准，90%的海域内无机氮超二类海水水质标准，部分海域内石油类超二类海水水质标准；8 月较 5 月无机氮污染略轻，20%的海域内无机氮超四类海水水质标准，部分海域内石油类超二类海水水质标准；沉积环境部分海域内重金属镉超过一类海洋沉积物质量标准，其他监测指标均符合一类标准。2011 年 5 月，65%的海域内无机氮超四类海水水质标准，95%的海域内无机氮超二类海水水质标准，5%的海域内石油类超标，小清河口海域无机氮含量最高，氮磷比失衡显著；8 月，化学需氧量、石油类和无机磷污染较 5 月加重，小清河口邻近海域化学需氧量、石油类明显高于其他海域。2012 年 5 月，45%的海域内无机氮超四类海水水质标准，75%的海域内无机氮超二类海水水质标准，无机氮高值区出现在广利河口邻近海域，湾底西部河口区富营养化和有机污染显著，部分海域石油类超二类海水水质标准，劣于 2011 年同期；8 月，莱州湾中部及西部近岸河口邻近海域富营养化和有机污染明显，大部分海域无机氮超二类海水水质标准，部分海域石油类超二类海水水质标准，氮磷比失衡依然较重。

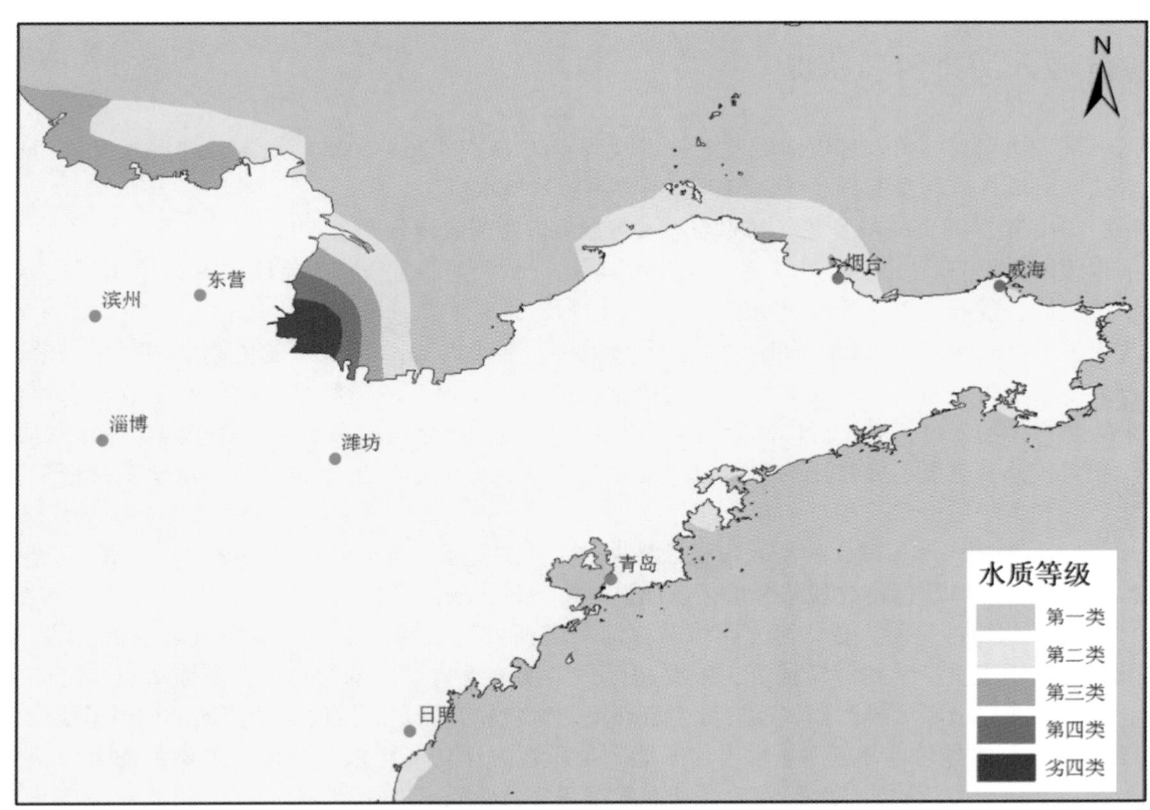

图 2.1　2010 年 8 月山东全省近岸海域水质等级分布示意图（引自《2010 年山东省海洋环境公报》）

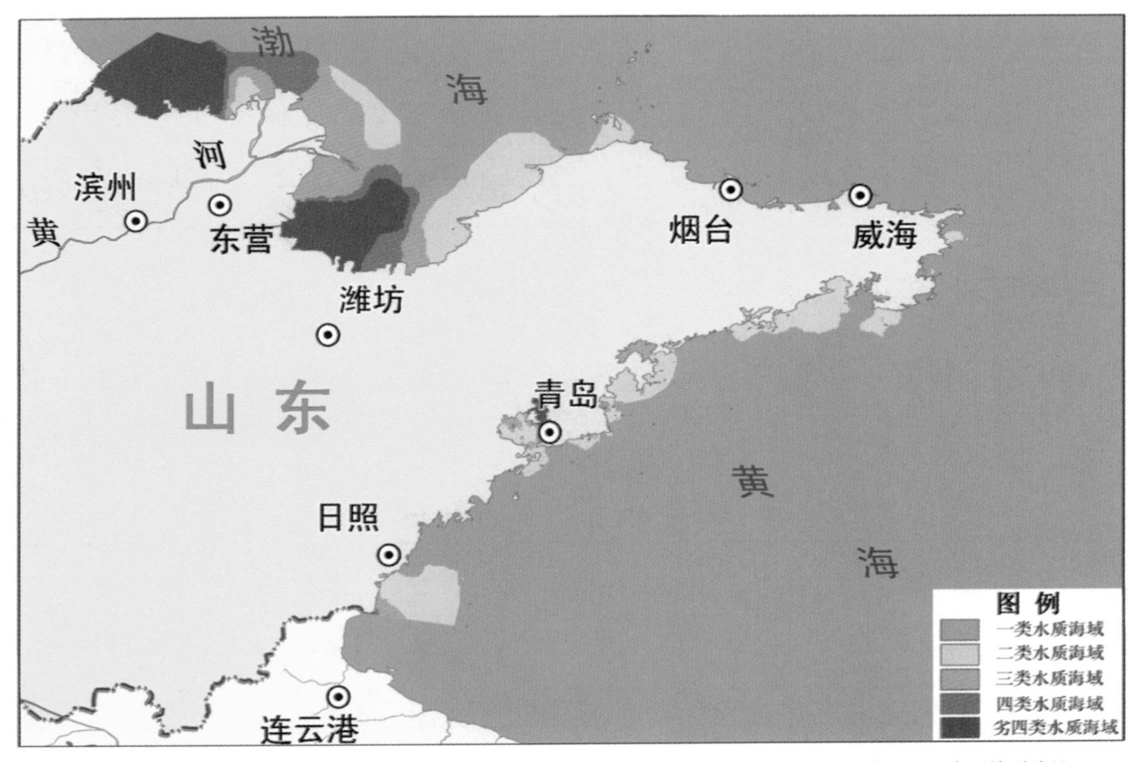

图 2.2　2012 年 8 月山东全省管辖海域水质等级分布示意图（引自《2012 年山东省海洋环境公报》）

3 陆源入海排污口状况

根据《陆源入海排污口及邻近海域监测技术规程》（HY/T 076—2005）规定，陆源入海排污口是指由陆地直接向海域排放污水的排放口，但不包括滩涂养殖换水口。

2010—2012 年，渤海山东海域监测的陆源入海排污口监测数量分别为：17 个、17 个、16 个。排污口类型包括排污河排污口、工业排污口、市政排污口等，排污口邻近海域功能区主要为增殖区、养殖区、港口区、排污区、度假旅游区等海洋功能区。

表 3. 1 为重点入海排污口邻近海域水质、沉积物质量要求。2010 年以来的监测结果显示，沿岸排污口超标排放现象较为普遍，主要入海污染物为化学需氧量、氨氮、总磷和悬浮物等。工业废水和生活污水等携带大量污染物入海，对排污口邻近海域产生不利影响，部分海域海水水质劣于四类海水水质标准，生态环境质量较差，主要超标物质为无机氮、悬浮物、活性磷酸盐、生化需氧量、化学需氧量和石油类等。沉积环境和生物质量状况相对良好。

2010 年，污染物入海量以化学需氧量和悬浮物为主，主要超标排放的污染物是化学需氧量、悬浮物、氨氮、总磷等。排污口超标排放现象严重，需加强对排污口排放污染物的控制和管理。

2011 年，滨州市沙头河、套尔河、潍坊市弥河和虞河入海口邻近生态环境质量处于极差综合等级，邻近海域功能区环境质量受到污染损害，主要超标污染物为无机氮、悬浮物、化学需氧量、石油类、挥发酚等；烟台市龙口造纸厂排污口邻近海域生态环境质量较好，满足邻近海域功能区环境质量要求。

2012 年，监测的排污口邻近海域水质均未能满足所在海洋功能区水质要求，主要污染物为无机氮和活性磷酸盐；沉积物质量均能满足所在海洋功能区沉积物质量要求。

表 3. 1　重点入海排污口邻近海域水质、沉积物质量要求

排污口名称	排污口类型	功能区	水质要求	沉积物质量要求
滨州市沙头河入海口	工业类	增殖区	不劣于第二类	不劣于第一类
滨州市套尔河入海口	工业类	增殖区	不劣于第二类	不劣于第一类
潍坊市虞河入海口	工业类	养殖区	不劣于第二类	不劣于第一类
潍坊市弥河入海口	排污河类	养殖区	不劣于第二类	不劣于第一类
烟台市龙口造纸厂排污口	工业类	养殖区	不劣于第二类	不劣于第三类

4 主要河流污染物入海量

2010—2012 年，对黄河、小清河、潮河等 5 条入海河流的主要污染物入海量进行了监测，结果表明：经由入海河流排海的污染物主要为化学需氧量、营养盐、石油类、重金属等。黄河、小清河等入海河流污染物入海量相对较大。近 3 年来主要入海河流的污染物入海量如表 4. 1、表 4. 2、表 4. 3 所示。

表 4. 1　2010 年山东渤海海域主要入海河流污染物入海量　　单位：吨

河流名称	石油类	化学需氧量	氨氮	总磷	重金属	砷
白浪河	4. 7	43 074. 9	125. 7	5. 0	1. 5	0. 1
小清河	500	113 366. 6	252	128	660. 9	4. 8
黄　河	5 849	549 032	12 492	1 587	692	30
挑　河	17. 5	12 949	205	79	37. 7	1. 5
潮　河	88. 2	37 680	705. 1	284	65	3. 4

表 4.2　2011 年山东渤海海域主要入海河流污染物入海量　　单位：吨

河流名称	石油类	化学需氧量	营养盐	重金属	砷
白浪河	5.30	8 146.27	78.53	0.36	0.15
小清河	2 521.66	381 194.76	1 941.01	433.16	4.02
黄　河	949	180 948	6 438	640	47.4
挑　河	40.32	2 887.56	224.49	89.18	1.77
潮　河	166.54	18 900.46	314.98	42.97	3.09

表 4.3　2012 年山东渤海海域主要入海河流污染物入海量　　单位：吨

河流名称	石油类	化学需氧量	营养盐	重金属	砷
白浪河	5.48	2 478.66	247.66	0.003	0.34
小清河	198.65	161 411.10	1 070.62	29.20	2.10
黄　河	8 692	439 794	42 423	1 110	56
挑　河	7.36	569.20	51.27	1.54	0.31
潮　河	36.12	5 027.20	65.08	1.90	0.36

白浪河属于山东半岛沿海诸河区，发源于潍坊市昌乐县鄌郚镇打鼓山，经昌乐、潍城、奎文、寒亭，于寒亭区央子镇北部与弥河汇入渤海莱州湾。流域面积 1 237 平方千米，干流长度 127 千米。2010—2012 年，白浪河主要入海污染物质为化学需氧量、营养盐（2010 年仅计算氨氮和总磷）、石油类、重金属（铜、铅、锌、镉、汞）及砷等，污染物入海总量分别为 43 211.9 吨、8 230.6 吨和 2 732.1 吨，以化学需氧量所占比例最大，分别达到 99.68%、98.98%和 90.72%。2010 年以来，白浪河污染物入海量总体呈现逐年转好的趋势。

小清河是山东省唯一一条穿越省会城市的大型河道，担负着承泄济南市区洪水的艰巨任务，是我国 5 条重要的国防河道之一，是鲁中地区一条重要的排水河道。小清河发源于济南市西郊睦里庄，自西向东与黄河平行，经济南、滨州、淄博等 9 个县、市，由潍坊市寿光羊角沟注入莱州湾，全长 237 千米，流域面积 16 992 平方千米。2010—2012 年，小清河主要入海污染物质为化学需氧量、营养盐（2010 年仅计算氨氮和总磷）、石油类、重金属（铜、铅、锌、镉、汞）及砷等，污染物入海总量分别为 114 912.3 吨、386 094.6 吨和 162 711.7 吨，化学需氧量入海量占污染物入海总量的比例最大，分别达到 98.65%、98.73%和 99.20%。年际变化上，2011 年的化学需氧量、石油类入海量较 2010 和 2012 年显著升高。

黄河是世界上含沙量最高的河流，也是我国仅次于长江的第二长河流，巴颜喀拉山北麓的约古宗列曲是黄河的源头，海拔 4 675 米，支流贯穿青海、四川、甘肃、宁夏、内蒙古、陕西、山西、河南、山东 9 个省、自治区，在山东省注入渤海。流程达 5 464 千米，流域面积 7.52 万平方千米，年平均流量 1 774.5米^3/秒，年均径流量 574 亿立方米，平均径流深 79 米，年均输沙量 8.36 亿吨。2010—2012 年，黄河主要入海污染物质为化学需氧量、营养盐（2010 年仅计算氨氮和总磷）、石油类、重金属（铜、铅、锌、镉、汞）及砷等，污染物入海总量分别为 569 682.0 吨、189 022.4 吨和 492 075.0 吨，化学需氧量入海量占污染物入海总量的比例最大，分别达到 96.37%、95.72%和 89.37%。年际变化上，2011 年石油类、化学需氧量、重金属入海量低于 2010 和 2012 年。

挑河入海口邻近海域功能区类型为渔港和渔业设施基础建设区，要求海水质量不劣于三类。河流评价执行《地表水环境质量标准》（GB3838—2002）中的Ⅴ类标准。2010—2012 年，挑河主要入海污染物质为化学需氧量、营养盐（2010 年仅计算氨氮和总磷）、石油类、重金属（铜、铅、锌、镉、汞）及砷等，污染物入海总量逐年降低，分别为 13 289.7 吨、3 243.3 吨和 629.7 吨，化学需氧量入海量占污染物入海总量的比例最大，分别达到 97.44%、89.03%和 90.40%。

潮河干流源自滨州市滨城区双刘村西边的西沙河口，向北流经滨州市流经滨城区、沾化县、东营市河口区，在沾化县东北部的洼拉沟注入渤海。河道全长 75.46 千米，流域面 1 241.3 平方千米，其中东营市境内河道长 24.9 千米，流域面积 427.7 平方千米，是黄河与徒骇河之间的一条独流入海的排水河道。2010—2012 年，潮河主要入海污染物质为化学需氧量、营养盐（2010 年仅计算氨氮和总磷）、石油类、重金属（铜、铅、锌、镉、汞）及砷等，污染物入海总量分别为 38 825.7 吨、19 428.0 吨和 5 130.7 吨，化学需氧量入海量在污染物入海总量中占据的比例均在 97%以上，分别为 97.05%、97.28%和 97.98%；化学需氧量、营养盐、重金属、砷等指标入海量及污染物入海总量逐年显著降低。

5　近岸典型生态系统健康状况

5.1　黄河口生态监控区

黄河口生态监控区属于典型的河口生态系统，监控区面积约 2 600 平方千米（图 5.1）。按照《山东省海洋功能区划（2011—2020 年）》和《东营市海洋环境保护规划（2006 年）》，黄河口海域海水环境质量要求为水质达到第一类海水水质标准。

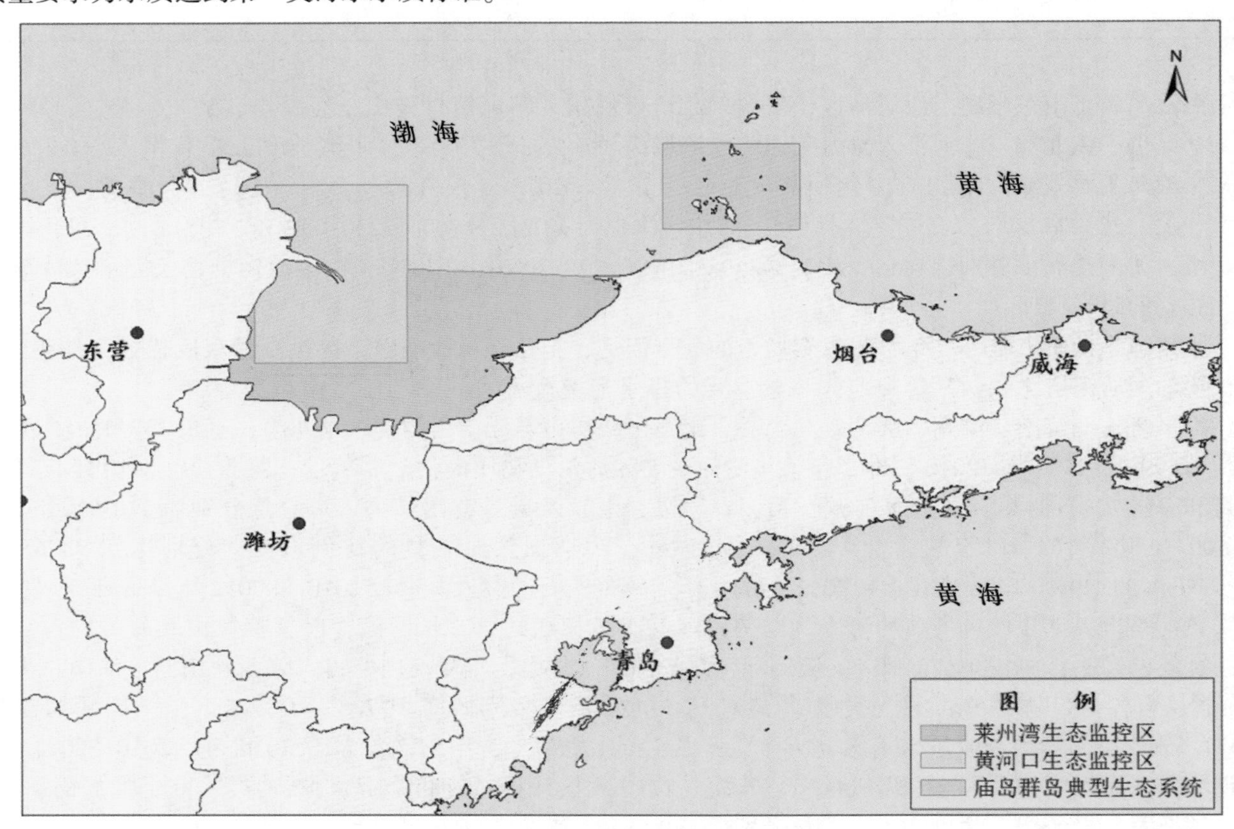

图 5.1　近岸典型生态系统位置示意图

2010—2012 年，监控区生态系统健康状况均为亚健康。2010 年以来，海水环境质量有所改善，局部海域化学需氧量、溶解氧、石油类和活性磷酸盐等指标含量超一类海水水质标准，大部分海域无机氮超标较为严重，水体氮磷比失衡现象较为显著；河口附近沉积物以黏土质粉砂为主，硫化物、有机碳均符合一类海洋沉积物质量标准；局部海域石油类超出一类海洋沉积物质量标准。2010 年，黄河口生态监控区鱼卵、仔鱼密度偏低，大型底栖生物密度较高，生物量偏低。至 2012 年 5 月，黄河口生态监控区监测到浮游植物 40 种，优势种为斯氏根管藻和具槽帕拉藻；大型浮游动物 13 种，优势种为强壮箭虫和双毛纺锤水蚤；大型底栖生物46种，以环节动物为主。2012年8月，浮游植物77种，优势种为中肋骨条藻和旋链角毛藻；浮游动物17种，优势种为强壮箭虫和背针胸刺水蚤；大型底栖生物58种，以节肢动物和环节动物为主。

2010年以来，黄河口生态系统总体处于恢复状态。陆源排污、黄河淡水入海量和海洋资源开发活动依然是影响黄河口生态系统健康的主要因素。随着黄河持续不断流和调水调沙的实施，滩涂湿地面积持续增加，湿地生态环境质量得到改善；河口区域低盐区面积扩大，黄河口监控区盐度均值从2010年8月的30.305下降至2011年8月的29.236；海洋经济生物生境有所好转，鱼卵和仔鱼的种类初现增加趋势，渔业资源有所恢复，但鱼卵、仔鱼种类及密度较历史平均水平尚有较大差距。

5.2 莱州湾生态监控区

莱州湾位于渤海南部，山东半岛北部，西起黄河口，东至屺坶角，湾口宽度96千米，水深大部分在10米以内，海湾中部最深处可达18米，海岸线长度319千米，面积6 966平方千米，见图5.1。海底地形单调平缓，沿岸多沙土浅滩，滩涂辽阔，西段受黄河泥沙影响，潮滩宽6 000~7 000米，东段500~1 000米。入湾主要河流有黄河、广利河、小清河、弥河、潍河、胶莱河、白浪河等，由于这些入湾河流，特别是黄河的输送作用，海底泥沙堆积迅速，浅滩变宽，海水渐浅，湾口距离不断缩短。

黄河、小清河等十几条河流的大量淡水及其携带的泥沙和营养盐类注入莱州湾，使得湾内海水盐度、营养盐、化学需氧量和透明度等出现明显的梯度变化趋势。丰富的饵料生物和适宜的温度盐度条件，使莱州湾成为多种经济动物良好的索饵、产卵和栖息场所，盛产鱼、虾、蟹、贝等经济海产品。随着区域经济的快速发展，莱州湾地区的海洋生态环境和滩涂湿地系统正承受着前所未有的巨大压力，服务功能显著下降，可持续发展能力逐渐减弱。20世纪70—80年代，莱州湾主要经济动物产量、质量和效益达到最高峰。随着捕捞能力的增强、陆源污染物入海量的不断增加，渔业效益逐步下滑。进入90年代，由于陆源排污量的迅猛增加、黄河淡水入海量的锐减等原因，莱州湾海域环境质量不断下降，导致了经济海洋生物产卵场萎缩，底栖生物多样性急剧减少，海洋生境恶化明显。长期滥捕、水域污染和涉海工程等人为因素共同影响，导致渤海渔业资源严重衰退，生态结构遭到严重破坏，对虾、鲅鱼等已多年形不成渔汛。

2010年以来，莱州湾生态系统均处于亚健康状态。2010年，监控区局部海域无机氮、石油类和活性磷酸盐等指标超标严重；沉积物质量良好，个别站位沉积物中镉含量超一类海洋沉积物标准；浮游植物细胞数量除小清河口、广利河口附近海域较高外，其余海域细胞数量较往年普遍偏低；浮游动物总体呈现西南和北部海域偏高，西北和东南海域偏低趋势；底栖生物较2009年同期栖息密度大幅增加；鱼卵主要分布在黄河口附近海域；仔稚鱼主要分布在小清河口和黄河口附近海域。

2011年，莱州湾海域无机氮含量较上年呈增加趋势，氮磷比值较上年略有降低，但仍远高于50：1，湾底、河口邻近海域均呈富营养化状态；沉积物中有机碳和硫化物符合一类沉积物质量标准；小清河口邻近海域及湾东北部海域海洋生物健康指数明显低于其他海域。与2010年相比，莱州湾海域水环境与海洋生物健康状况略有改善，鱼卵数量有所增加。但有机污染程度仍较重，营养盐结构不平衡，局部富营养化程度较重，海洋生物多样性与渔业资源仍不容乐观。

至2012年，莱州湾中部及西部近岸河口邻近海域富营养化和有机污染明显，大部分海域无机氮超二类海水水质标准，部分海域石油类超二类海水水质标准；莱州湾中部东西两侧海域沉积物中黏土含量较高，湾底粉砂含量较高；湾口东西两端与湾底的部分海域沉积物粒级为粉砂质砂，其他海域均为砂质粉砂；沉积物质量良好，潜在生态风险较低；浮游植物监测到28种（5月）和65种（8月），优势种分别为短柄曲壳藻、具槽帕拉藻和旋链角毛藻、拟弯角毛藻；大型浮游动物监测到18种（5月）和25种（8月），优势种为强壮箭虫、克氏纺锤水蚤和强颚拟哲水蚤、短角长腹剑水蚤；大型底栖生物为113种（5月）和110种（8月），以环节动物和软体动物为主。

目前，莱州湾近岸海域污染有所减缓，但部分污染物仍然超标严重；海水无机氮污染较重，氮磷比例严重失调；鱼类产卵数量偏低，鱼类资源衰退明显。陆源排污和海洋资源开发活动依然是影响莱州湾生态系统健康的主要因素。

5.3 庙岛群岛典型生态系统

长岛（长山列岛）又称庙岛群岛，是山东省唯一的海岛县，隶属于烟台市，全岛属长岛县管辖，位于胶东、辽东半岛之间，黄渤海交汇处，地处环渤海经济圈的连接带。长岛的主要岛屿是南长山岛和北长山岛。南长山岛是长岛最大的岛，陆地面积有12.8平方千米，是县政府驻地；与南长山岛紧紧相连的是北长山岛，著名的游览中心月牙湾、九丈崖公园都在北长山岛。长岛是胶辽隆起带断陷分离出来的岛链式基岩群岛，诸岛北临辽东隆起，南连胶东隆起，处于胶辽隆起的结合部位，西邻渤海坳陷。出露地层为上元古界“蓬莱群”，为一套浅变质岩系。岛陆构造简单，地层多呈单斜，断层规模较小，岩浆活动较微弱，是“国家地质公园”。

长岛属东亚暖温带季风区大陆性气候，年平均气温11.9℃，年平均降水量461.4毫米，年平均日照量2 542小时，无霜期平均245.6天，相对湿度67%。长岛县最高的岛屿是高山岛，海拔202.8米；最低的岛是东嘴石岛，海拔7.2米。

2011年，长岛全县工业和生活污水年排放总量约23.17万吨，其中，生活污水20万吨，处理18万吨；工业污水3.17万吨，达标排放量2.82万吨；海水养殖水域面积约533平方千米；围填海总面积约0.75平方千米，其中已经验收竣工的项目2个，在建项目5个，呈快速增加趋势；围填海用途为海岸休闲文化广场工程、渔港建设与海港改造、交通运输与交通码头工程、货运滚装码头工程等。

2012年5月，庙岛群岛水环境质量状况相对较好，5%的海域无机氮超二类海水水质标准，溶解氧、石油类和活性磷酸盐均符合一类海水水质标准；浮游植物采集到33种，优势种为具槽帕拉藻和裸甲藻；大型浮游动物采集到9种，优势种为中华哲水蚤和腹针胸刺水蚤；大型底栖生物采集到47种，以环节动物和软体动物为主。8月，40%的海域无机氮超二类海水水质标准；局部海域的化学需氧量、活性磷酸盐超一类海水水质标准；沉积物中有机碳、硫化物和石油类等指标均符合一类海洋沉积物质量标准，且污染指数均较低，超标风险不高；浮游植物为36种，优势种为三角角藻和梭角藻；浮游动物17种，优势种为强壮箭虫和小拟哲水蚤；大型底栖生物46种，以环节动物和软体动物为主。与5月相比，8月庙岛群岛海域富营养化和有机污染程度均明显加重。

6 海洋功能区环境现状

6.1 海水增养殖区

6.1.1 海水增养殖区概况

山东渤海海域内海水增养殖区的养殖品种主要有海湾扇贝、刺参、文蛤、蛤仔、四角蛤、青蛤、竹蛏、缢蛏、对虾、三疣梭子蟹、鲈鱼、梭鱼等，养殖方式主要包括底播养殖、筏式养殖、池塘养殖等。各养殖区概况如下。

滨州无棣浅海贝类增养殖区：增养殖区中心位置位于东经117.991 67°、北纬38.255 56°；东邻滨州港引堤，南邻滨州贝壳堤岛与湿地国家级自然保护区，西邻黄骅港及航道。养殖方式为滩涂底播和池塘养殖，主要养殖生物有南美白对虾、日本对虾、三疣梭子蟹、缢蛏、文蛤、梭鱼、青蛤等。

滨州沾化浅海贝类增养殖区：增养殖区中心位置位于东经118.183 333°、北纬38.183 333°；南邻沾化海上风力发电厂基桩，西邻滨州港引堤。养殖方式为浅海养殖和滩涂池塘，主要养殖生物有中国对虾、日本对虾、南美白对虾、三疣梭子蟹、文蛤、竹蛏、鲈鱼、梭鱼等。

东营新户浅海养殖样板园：养殖方式为池塘增养殖，主要养殖生物有文蛤、青蛤、四角蛤、毛蚶、泥螺等。

潍坊滨海区滩涂贝类养殖区：增养殖区中心位置为东经 119.108 889°、北纬 37.270 278°；养殖方式为底播增养殖，主要养殖生物有文蛤、四角蛤、菲律宾蛤仔等。

莱州虎头崖增养殖区：增养殖区中心位置为东经 119.772 7°、北纬 37.166°；养殖方式为浮筏养殖和底播增殖，主要养殖生物有海湾扇贝、菲律宾蛤仔等。

莱州金城增养殖区：位于莱州市金城镇石虎嘴北，养殖方式为筏式养殖和底播增殖，主要养殖生物有海湾扇贝和刺参。

6.1.2 海水增养殖区环境状况

2010—2012 年山东渤海海域开展监测的海水增养殖区分布见图 6.1。

2010 年以来，开展了海水增养殖区海水、沉积物、养殖生物质量监测。监测结果表明，2010 年增养殖区海水环境基本能满足养殖活动要求，部分增养殖区无机氮、化学需氧量和活性磷酸盐超二类海水水质标准（表 6.1）；沉积物除个别增养殖区中铅、铜超一类海洋沉积物质量标准外，其他增养殖区均符合一类海洋沉积物质量标准；镉、铅、砷等重金属及粪大肠菌群是养殖贝类体内残留的主要超标物质。

2011 年，增养殖区个别指标超二类海水水质标准，污染因子以无机氮为主，海水中较高的无机氮含量为浮游植物的生长提供了营养基础，为增养殖区贝类等生物提供了丰富饵料，但同时也应关注其带来的生态风险；海洋沉积物环境较好，沉积物中总汞、镉、铅、砷、硫化物、有机碳和石油类等指标含量均符合一类海洋沉积物质量标准；养殖生物质量比 2010 年明显好转，仅个别站位养殖区生物体内部分重金属、滴滴涕及石油烃出现超标。

2012 年，海水增养殖区沉积物、海水质量总体能够满足养殖活动要求，养殖海域化学需氧量、pH、无机氮、活性磷酸盐和石油类为主要超标因子；沉积物中总汞、镉、铅、砷、硫化物、有机碳和石油类等指标含量均符合一类海洋沉积物质量标准，与 2011 年基本持平。

表 6.1 山东全省海水增养殖区水环境质量状况

序号	增养殖区名称	养殖方式	主要养殖品种	2010 年面积（公顷）	水质主要超标因子	
					2010 年	2012 年
1	滨州无棣浅海贝类增养殖区	底播、池塘	文蛤、青蛤、缢蛏、对虾、三疣梭子蟹、梭鱼	44 890	活性磷酸盐	无机氮、活性磷酸盐
2	滨州沾化浅海贝类增养殖区	底播、池塘	文蛤、竹蛏、对虾、三疣梭子蟹、鲈鱼、梭鱼	23 333	无	无机氮
3	东营新户浅海养殖样板园	池塘	文蛤、青蛤、四角蛤、毛蚶、泥螺	3 800	无	无机氮、石油类
4	潍坊滨海区滩涂贝类增养殖区	底播	文蛤、蛤仔、四角蛤	202	化学需氧量、无机氮、活性磷酸盐	无机氮、石油类、化学需氧量
5	烟台莱州虎头崖增养殖区	筏式、底播	海湾扇贝、蛤仔	4 102	无机氮	无机氮、石油类、pH
6	烟台莱州金城增养殖区	筏式、底播	海湾扇贝、刺参	3 900	无	无机氮

6.2 海洋保护区

2010 年以来，对山东渤海海域国家级海洋自然/特别保护区实施监测（已开展监测的保护区如表 6.2 所示）。监测结果显示，保护区面积和主要保护对象基本保持稳定。2010 年，各保护区均存在海水个别站位超一类海水水质标准的现象，不能完全满足自然保护区功能要求，主要超标物质是无机氮和活性磷酸

> **综合环境质量等级**：根据海水养殖区的环境质量要求，综合海水和海洋沉积物中的首要污染物，将海水增养殖区的综合环境质量等级划分为优、良、中、差四个等级。
>
> **优**：环境质量完全符合功能区划要求，适宜增养殖生产。
>
> **良**：轻度污染，适宜增养殖生产，需关注污染因子。
>
> **中**：中度污染，可进行增养殖生产，需警惕污染因子及养殖病害，关注生物质量；
>
> **差**：重度污染，不宜于开展增养殖生产。

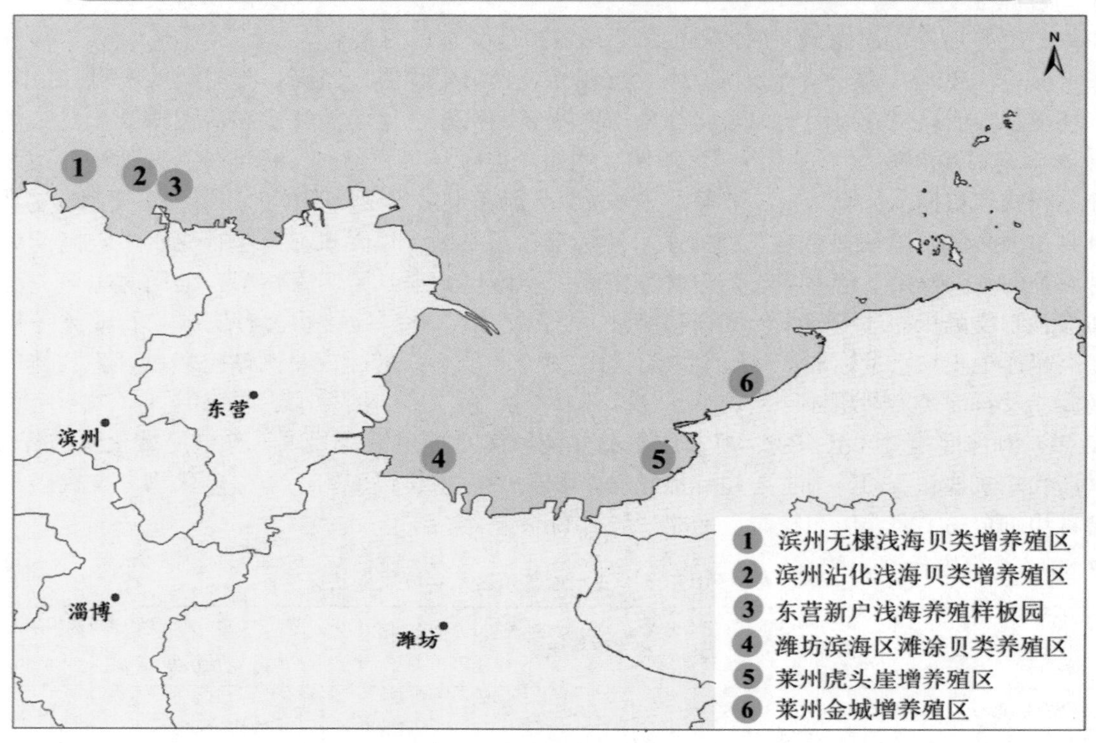

图 6.1　2010—2012 年山东渤海海域开展监测的海水增养殖区分布

表 6.2　山东渤海海域已开展监测的国家级海洋自然/特别保护区情况

序号	保护区名称	类别	面积（公顷）	主要保护对象
1	山东滨州贝壳堤岛与湿地系统自然保护区	国家级	43 541.54	贝壳堤岛、湿地生态系统
2	东营河口浅海贝类海洋特别保护区	国家级	39 623	以文蛤为主的浅海贝类
3	利津底栖鱼类生态海洋特别保护区	国家级	9 403.57	半滑舌鳎及近岸海洋生态系统
4	东营黄河口生态海洋特别保护区	国家级	92 600	黄河口生态系统及生物多样性
5	东营莱州湾蛏类生态海洋特别保护区	国家级	21 024	蛏类、海洋生态
6	东营广饶沙蚕类生态海洋特别保护区	国家级	8 281.76	沙蚕类、海洋生态
7	山东昌邑海洋生态特别保护区	国家级	2 929.28	柽柳为主的多种滨海湿地生态系统和各种海洋生物
8	龙口黄水河口湿地海洋特别保护区	国家级	2 168.89	滨海湿地及海洋生态系统

盐，超标程度对保护区主要保护对象的影响不大，但应引起注意。90%的保护区沉积物质量符合一类海洋沉积物质量标准，仅龙口黄水河口海洋生态国家级海洋特别保护区沉积物个别站位石油类超一类海洋沉积物质量标准。2010 年，各保护区详细信息如下。

（1）山东滨州贝壳堤岛与湿地系统国家级自然保护区

保护区位于山东省滨州市无棣县北部沿海，地理坐标范围在北纬 38°02′50. 51″—38°21′06. 06″，东经 117°46′58. 00″—118°05′42. 95″之间。即北边界为 4. 5 米水深线；东边界为 4. 5 米水深线—马颊河河口—老沙头东侧—死河—傅家堡子—潮河—孙岔路；南边界为孙岔路—下泊头—黄瓜岭—德惠新河—孟庄子老防潮坝—大济路东侧；西边界为大济路—大口河堡北侧护岸底—漳卫新河河道东侧至 4. 5 米水深线。规划调整后保护区总面积 43 541. 54 公顷。其中，核心区面积 15 547. 28 公顷，缓冲区面积 13 559. 27 公顷，实验区面积 14 434. 99 公顷。主要保护对象为贝壳堤岛、湿地生态系统、野大豆、大鸨等鸟类，潮间带及浅海底栖生物资源（文蛤、牡蛎、蓝蛤、红螺等）。

山东滨州贝壳堤岛与湿地系统国家级自然保护区局部养殖区海水中溶解氧（5. 87 毫克/升）、无机氮（0. 243 毫克/升）和活性磷酸盐（0. 025 0 毫克/升）超一类海水水质标准，但符合二类海水水质标准，pH 和化学需氧量均符合一类海水水质标准；海洋沉积物质量符合一类海洋沉积物质量标准。

（2）东营河口浅海贝类生态国家级海洋特别保护区

位于东营市河口区境内渤海湾南岸黄河三角洲近岸海域，从潮上带到水下 5 米的海涂湿地，即北纬 38°02′49″—38°16′44″，东经 118°16′44″—118°16′44″′之间的区域。保护区海域面积 39 623 公顷，包括重点保护区 5 164 公顷，生态与资源恢复区 8 335 公顷，适度利用区 1 492 公顷，预留区 3 411 公顷。主要保护对象为以黄河口文蛤为主的底栖经济贝类及栖息生态环境。

保护区海水中无机氮（0. 245 毫克/升）、活性磷酸盐（0. 024 毫克/升）超一类海水水质标准，其余监测项目均符合一类海水水质标准。海洋沉积物质量符合一类海洋沉积物质量标准。

（3）东营利津底栖鱼类生态国家级海洋保护区

保护区位于利津县境内，挑河与四河之间，水下 3 米到水下 10 米的海域。地理坐标范围为北纬 38°12′50. 00″—38°15′50. 00″，东经 118°15′50. 00″—118°15′50. 00″。保护区面积为 9 403. 57 公顷，包括重点保护区 1 894. 82 公顷，生态与资源恢复区 2 828. 59 公顷，适度利用区 4 680. 16 公顷。主要保护对象为半滑舌鳎、松江鲈鱼等底栖鱼类。

保护区海水中 pH（9. 42）超一类海水水质标准，其余监测项目均符合一类海水水质标准。海洋沉积物质量符合一类海洋沉积物质量标准。

（4）东营黄河口生态国家级海洋特别保护区

保护区位于东营市垦利县黄河口 3 米等深线以东 12 海里附近海域，地理坐标范围为北纬 37°35′—37°57′，东经 119°05′—119°31′之间的区域，呈拐梯形状。保护区海域面积为 92 600 公顷，包括生态保护区 9 778 公顷，资源恢复区 16 989 公顷，开发利用区 13 992 公顷，环境整治区 51 841 公顷。保护对象为黄河口水域生态环境和河口海区海洋生物资源。

保护区海水中活性磷酸盐（0. 021 毫克/升）超一类海水水质标准，其余监测项目均符合一类海水水质标准。海洋沉积物质量符合一类海洋沉积物质量标准。

（5）东营莱州湾蛏类生态国家级海洋特别保护区

保护区位于东营市东营区境内，处于广利河与青坨河之间，从潮间带低潮区到水下 10 米的水域，范围为北纬 37°22′55. 00″—37°29′21. 96″，东经 119°29′21. 96″—119°29′21. 96″之间的梯形海域。保护区海域面积 6 460 公顷，主要保护对象为小刀蛏等浅海贝类。

保护区海水活性磷酸盐（0. 028 毫克/升）超一类海水水质标准，其余监测项目均符合一类海水水质标准。海洋沉积物质量符合一类海洋沉积物质量标准。

（6）东营广饶沙蚕类国家级海洋特别保护区

保护区位于渤海莱州湾西岸近岸海域，位于北纬 37°17′37. 39″—37°20′43. 47″，东经 118°20′43. 47″—119°20′43. 47″之间的滩涂及 5 米浅海海域。保护区海域总面积为 8 281. 76 公顷，包括重点保护区1 793. 64 公顷，生态与资源恢复区 2 578. 06 公顷，适度利用区 3 910. 06 公顷。主要保护对象为沙蚕。

保护区海水中 pH（9. 17）、活性磷酸盐（0. 129 毫克/升）超一类海水水质标准，其余监测项目均符合一类海水水质标准。海洋沉积物质量符合一类海洋沉积物质量标准。

（7）山东昌邑国家级海洋生态特别保护区

保护区位于昌邑市防潮坝以北，东起国防大学盐场西防潮坝，西至堤河，南至海岸线，北至增养殖区，是我国大陆海岸发育较好、连片最大、结构典型、保存完好的天然柽柳林分布区，包括柽柳林、滩涂湿地、海岸和海洋等多种生态类型，保护区南侧淤泥肥沃、适宜柽柳生长，有面积达 20.70 平方千米生长茂盛的天然柽柳。保护区地理坐标位于北纬 37°04′—37°08′，东经 119°20′—119°24′之间的范围内，海域总面积为 2 929.28 公顷，包括重点保护区 655.55 公顷，生态与资源恢复区 472.70 公顷，适度利用区 1 398.13公顷，预留区 402.90 公顷。主要保护对象为以柽柳为主的多种滨海湿地生态系统和各种海洋生物。

保护区海水无机氮（1.05 毫克/升）超一类海水水质标准，其余监测项目均符合一类海水水质标准。海洋沉积物质量符合一类海洋沉积物质量标准。

每年在保护区内开展两次植被和野生动物调查，保护区内约间隔 1 500 米布设 1 条断面，每个断面布设 3 个监测站位进行植被和野生动物调查，确定保护区各功能区内植被面积变化趋势及野生动物种类及数量变化趋势。研究与确定海洋特别保护区功能区生态保护目标。落实“在保护中开发、在开发中保护”的战略方针，有利于实现保护特定海域海洋生态系统、资源和权益，维护海洋生态服务功能的目标。

（8）龙口黄水河口海洋生态国家级海洋特别保护区

保护区位于山东省龙口市滨海旅游度假区，地理坐标范围为北纬 37°44′51.96″—37°44′51.96″，东经 120°44′51.96″—120°44′51.96″之间。保护区总面积为 2 168.89 公顷。保护对象为石英砂和缢蛏、玉螺、文蛤、沙肠、海肠、毛蚶等底栖生物资源等，保护黄水河口水深 0~11 米海域的完整性和自然性，维护河口生态系统的平衡。

保护区海水中无机氮（0.354 毫克/升）超二类海水水质标准，其余监测项目均符合一类海水水质标准。海洋沉积物质量石油类超标，其余指标符合一类海洋沉积物质量标准。

2011 年，继续加大了对国家级海洋特别保护区的监测力度，多数保护区水质和沉积物质量状况良好，较 2010 年变化不大，基本能够满足保护对象的需要。主要保护对象或保护目标基本保持稳定，其中，山东滨州贝壳堤岛与湿地国家级自然保护区（图 6.2）保护对象贝壳堤蚀退、贝壳堤上部分植被消亡的生态问题日益显著。

至 2012 年，山东滨州贝壳堤岛与湿地系统国家级自然保护区内贝壳堤分布面积为 34.55 万平方米，较 2011 年减少 8%，风暴潮及海冰等自然灾害对贝壳堤的冲刷与侵蚀作用促使了贝壳堤面积的减少；山东昌邑海洋生态特别保护区动植物种类较丰富，生物多样性水平较高，已成功栽植柽柳 2 000 多亩，共计 40 余万株，形成了较为壮观的湿地植被景观，如图 6.3 所示。

图 6.2　山东滨州贝壳堤岛与湿地国家级自然保护区面貌

图 6.3　山东昌邑海洋生态特别保护区面貌

7　海洋垃圾

海洋垃圾是指海洋和海岸环境中具持久性的、人造的或经加工的固体废弃物。海洋垃圾影响海洋景观，威胁航行安全，并对海洋生态系统的健康产生影响，进而对海洋经济产生负面效应。由于海洋垃圾具跨界移动性，它对海洋生态的影响比预想的要更严重、涉及的范围也更广。开展海洋垃圾监测有助于掌握海洋垃圾的种类、数量和来源，评估其演变趋势。

2010—2012 年，在滨州、东营、潍坊等地对全省人类活动较密集的海滩及邻近海域开展了海洋垃圾监测，监测项目包括海滩垃圾、海面漂浮垃圾及海底垃圾的种类、密度和来源等。监测区域包括滨州无棣县沿海旺子岛岸段、东营三十万亩现代渔业示范区毗邻海域、莱州湾潍坊辖区海域老河口西岸海滩等。监测现场见图 7.1。

7.1　海洋垃圾监测情况

（1）滨州无棣县沿海旺子岛岸段

海滩垃圾：以生活垃圾为主，包括塑料类、木制品类、纸类、玻璃类、金属类、橡胶类及其他类。如表 7.1 所示，2010—2012 年海滩垃圾平均密度分别为 1 134 千克/千米^2、1 313 千克/千米^2、3 766.67 千克/千米^2，其中塑料类和木制品类所占比例最大。

（2）东营三十万亩现代渔业示范区毗邻海域

海面漂浮垃圾：主要是纸类，2010 年平均密度 104 千克/千米^2。

海滩垃圾：主要是塑料类，以塑料袋为主，2010—2012 年海滩垃圾平均密度分别为 133 千克/千米^2、120 千克/千米^2、83 千克/千米^2。

海底垃圾：玻璃类。

（3）莱州湾潍坊辖区海域老河口西岸海滩

海滩垃圾：主要是塑料类、木制品类、织物（布）类等，2010 年和 2012 年海滩垃圾平均密度分别为 391 千克/千米^2 和 154.24 千克/千米^2，其中以塑料类为主。

2010 年以来，滨州无棣县沿海旺子岛岸段的海滩垃圾平均密度有所上升，东营三十万亩现代渔业示范区毗邻海域和莱州湾潍坊辖区海域老河口西岸海滩的海滩垃圾平均密度明显下降。

7.2　海洋垃圾来源

监测到的海洋垃圾主要为不易腐蚀和不易自然消解的塑料类物质，以中小块为主，特大块垃圾碎片极少，海洋垃圾现场监测如图 7.1 所示。随着经济建设发展，自然海滩受人为因素影响越来越大，海洋垃圾也会越来越多，若不进行人工清理，势必影响自然景观和近岸海域环境。海洋垃圾主要来自人类生活垃圾。

当前，垃圾来源主要包括三方面：一是游人观光游玩遗留，如烟头和食品包装袋等；二是陆地轻质垃圾受风吹入海，如来自岸边建筑工地的聚乙烯泡沫塑料类等；三是海浪潮水漂移输送，如筏式养殖用品和渔船遗落物。人类海岸活动和娱乐活动产生的垃圾，约占海洋垃圾总量的50%以上。2010—2012 年各地市海滩垃圾监测情况如表 7.1 所示。

图 7.1　海洋垃圾现场监测

表 7.1　2010—2012 年各地市海滩垃圾监测情况

监测海域	平均密度（千克/千米^2）			主要种类		
	2010 年	2011 年	2012 年	2010 年	2011 年	2012 年
滨州无棣县沿海旺子岛岸段	1 134	1 313	3 766.67	塑料类、木制品类	塑料类、木制品类	塑料类、玻璃类、木制品类、金属类、纸类、橡胶类
东营三十万亩现代渔业示范区毗邻海域	133	120	83	塑料类	塑料类	塑料类
莱州湾潍坊辖区海域老河口西岸海滩	391	-	154.24	塑料类、织物（布）类	-	塑料类、木制品类

8　海洋灾害和污染事故

8.1　海洋灾害

山东半岛伸入黄海，北隔渤海海峡与辽东半岛相对，东隔黄海与朝鲜半岛相望，东南则临靠黄海，遥望东海及日本南部列岛，海岸线总长超过 3 000 千米，近海海域中散布着众多岛屿，沿岸地形地貌复杂，特殊的地理位置使得山东省成为遭受海洋灾害最为严重的省份之一。山东省海洋灾害主要有类型多、致灾地域广、不同类型的灾害常互相叠加、灾害损失大等特点。渤海山东海域海洋灾害区划可分为以下两个区域。①黄河三角洲—莱州湾沿岸风暴潮、赤潮和海水入侵海洋灾害区：主要包括黄河三角洲、渤海湾和莱州湾 3 个分区，是山东省沿海各种海洋灾害最严重、造成的经济损失最大的海洋灾害区。此区域主要受突发性的风暴潮（温带风暴潮）、赤潮和海水入侵等海洋灾害影响。该海洋灾害区为平原海岸，地势低缓平坦，滩涂广阔，温带寒潮大风形成的风暴潮发生频率较高，风暴增水大，潮水淹没的海岸宽度大。由于沿岸工业和城市污水排放增多，滩涂养殖业迅速发展，导致注入莱州湾的陆源污染物增多，加之湾内与湾外水体交换速度慢，不利于污染物的稀释和降解；赤潮灾害发生频繁。受干旱缺水的制约以及工农业生产用水量不断增长等因素影响，莱州湾沿岸成为全国最严重的海水入侵灾害区，2010 年莱州湾南岸海水入侵距离超过 32 千米。②龙口—成山头海岸侵蚀、海雾和海水入侵海洋灾害区：位于山东半岛北岸，西起龙口东至成山头，是山东省沿海海洋灾害相对较轻的区域。因入海径流量、来沙量的减少及风暴潮、人工挖砂等原因海岸侵蚀较严重，尤其是龙口至蓬莱岸段、套子湾、牟平等区域。龙口—蓬莱监测岸段2006—2009年受侵蚀岸线的平均侵蚀速度为4米/年，最大侵蚀速度为9.25米/年。台风、海冰、海雾、海上大风、海水入侵等海洋灾害对本区也有一定的影响。

8.1.1 海岸侵蚀

（1）黄河三角洲海岸侵蚀

黄河三角洲是黄河河口流路不断改道摆动延伸淤积而成的新生陆地，在海岸推进扩大造陆的过程中，河水流路走水的岸区明显淤进；而废弃不走水的故道，在海水动力作用下，其岸会发生蚀退。因此，在三角洲造陆过程中，既有淤进也有蚀退。

1855年黄河自铜瓦厢决口夺大清河入渤海以来，由于大量泥沙的淤积，使河口不断延伸，河床不断抬高，河口改道之事经常发生。百余年来尾闾河道有10次大规模的改道，其扇形摆动先以宁海为顶点摆动5次，后顶点下移至渔洼（1934年以后）摆动5次，1976年改道清水沟入海，直至1996年6月黄河口清8出汊。频繁的改道和入海泥沙的减少，使得原本淤积的三角洲整体处于侵蚀状态中。近30年来黄河三角洲淤积速率显著减慢，整个三角洲表现为不同程度的侵蚀，整体为蚀退。

现代黄河三角洲海岸侵蚀具有明显的时空分布特征。以黄河港为界，北部的刁口河岸段侵蚀强烈，以南的行水岸段呈现出堆积趋势。1953年黄河改道神仙沟，1964年改道刁口河，神仙沟口至甜水沟口从1964—1976年间蚀退面积达166平方千米，岸线蚀退速率为3.82千米/年；1976年黄河改走清水沟流路后，刁口河故道入海口岸线迅速蚀退，刁口河岸线附近侵蚀平均为13千米^2/年。时间上，改道初期该岸段侵蚀速度很快，近10年来蚀退明显缓慢。1976—1984年岸线蚀退平均约为400米；1984—1992年平均约为300米；1992—2004年年均约为120米。据1987—2008年间黄河三角洲海岸土地增减变化Lansat数据统计结果表明，三角洲北部岸段处于侵蚀状态，现行河口岸段处于淤积状态，以人工海岸为主的黄河海港至孤东油田岸段以及现行河口以南岸段变化不大。

（2）莱州湾沿岸侵蚀

在过去30年中，莱州湾南岸侵蚀岸线长度合计107.7千米，平均侵蚀速率为36米/年，河口附近岸线后退较其他区域严重，如虞河口西侧，最大后退幅度为2 700米，侵蚀速率为104米/年，北胶莱河口两侧平均蚀退1 200米，侵蚀速率46米/年。目前，潍北平原海岸的许多地段已筑人工土石海堤，海岸侵蚀主要表现为堤前滩面的刷深。也就是说，海岸侵蚀不仅表现在岸线后退，岸滩也会侵蚀下切。

莱州湾东岸以砂砾质海岸为主，部分岸段为基岩海岸，虎头崖以东至苏鲁交接的绣针河口，20世纪70年代以前极少有侵蚀现象。但至80年代末，山东砂质海岸则普遍显示出强烈侵蚀的危机变化，其侵蚀速率一般为2~3米/年。其中，莱州刁龙咀至蓬莱栾家口岸段，长约80千米，是山东省最长的平直砂质岸段。近几十年来，除刁龙咀沙嘴前端有淤涨、龙口湾东北岸基本稳定外，其余岸段均遭受不同程度的侵蚀，海滩后侧普遍发育有侵蚀陡坎。龙口湾内的海岸在近几十年中的侵蚀速度明显加快，从20世纪六七十年代开始，海岸带滩涂、沙滩不断受到侵蚀、后退。近40年来，刁龙咀南侧海岸蚀退，使灯塔基座远离现代海岸近100米。各岸段侵蚀情况见表8.1。

表8.1 莱州湾东岸近期海岸侵蚀情况

市、县、区	岸线长度（千米）	侵蚀岸线长度（千米）	时间（年）	蚀退速度（米/年）	土地损失速度（千米^2/年）	损失土地（千米^2）
莱州	106.94	100.00	近20	2.5	$3.005\ 0\times10^5$	$6.005\ 0\times10^6$
招远	15.22	15.22	近30	2.0	$3.042\ 0\times10^4$	$9.312\ 0\times10^7$
龙口	86.12	36.30	近10	3.0	$1.080\ 0\times10^5$	$1.080\ 0\times10^6$

（3）龙口至烟台岸段

2009年，山东省渤海海域砂质海岸侵蚀严重的地区主要分布在龙口至烟台海岸，该岸段岸线全长约203.9千米，遭受侵蚀的岸线长度约49.7千米，海岸侵蚀总面积0.68平方千米。2006—2009年最大自然侵蚀宽度75.0米，最大侵蚀速度25.0米/年；平均侵蚀速度为4.6米/年，与2006年监测结果相比，海岸侵蚀速度略有增加（表8.2）。海滩和海底的海砂开采、海岸工程修建的不合理是海岸侵蚀的主要原因。

表8.2 2003—2009年侵蚀状况及变化趋势

监测内容	2003—2005年	2006—2009年	变化趋势
侵蚀岸线长度（千米）	28.8	49.7	升高
最大侵蚀速度（米/年）	19.0	25.0	升高
平均侵蚀速度（米/年）	4.4	4.6	升高

8.1.2 海水入侵和土壤盐渍化

山东省沿海的海水入侵区主要分布在滨州市、潍坊市、烟台市等沿海地带，特别是莱州湾沿岸的龙口市至莱州市一带尤为严重，目前山东省海水入侵面积超过2 000平方千米，其中以莱州湾南侧海水入侵面积大、范围广。

（1）海水入侵状况

2012年4月，监测区海水入侵整体平稳，基本与2011年同期持平（表8.3）。至2012年8月，潍坊的寿光市和滨海经济技术开发区断面海水入侵有所加剧，其他地区海水入侵情况保持稳定，与2011年基本持平（表8.4）。海水入侵严重地区分布于滨州和潍坊地区，海水入侵距离一般距岸20~30千米。潍坊昌邑地区海水氯度值13 276.78毫克/升，是海水入侵重度标准的13倍，为2011年同期的5.5倍，海水入侵程度极为严重。

（2）土壤盐渍化状况

2012年4月，潍坊滨海经济技术开发区断面土壤盐渍化程度呈加重趋势，滨州沾化断面、潍坊寒亭区央子镇断面以及烟台莱州海庙村断面盐渍化程度有所减弱，其他地区整体保持稳定（表8.3）。至2012年8月，滨州无棣县断面、烟台断面土壤渍化程度呈加重趋势，其他地区除滨州沾化县断面有所减弱外，整体保持稳定状态（表8.4）。

表8.3 2012年4月（枯水期）海水入侵和土壤盐渍化范围及变化趋势

监测断面位置	海水入侵		土壤盐渍化	
	入侵距离（千米）	与2011年比较	距岸距离（千米）	与2011年比较
滨州无棣县	13.40	⇔	10.79	⇔
滨州沾化县	29.32	⇔	22.70	↘
潍坊寿光市	32.10	⇔	—	—
潍坊滨海经济技术开发区	27.36	⇔	22.00	↗
潍坊寒亭区央子镇	30.10	⇔	9.60	↘
潍坊昌邑柳疃	17.87	⇔	—	—
潍坊昌邑卜庄镇西峰村	23.87	⇔	—	—
烟台莱州朱旺村	3.68	⇔	—	—
烟台莱州海庙村	5.21	⇔	—	—

表 8.4　2012 年 8 月份（丰水期）海水入侵和土壤盐渍化范围及变化趋势

监测断面位置	海水入侵		土壤盐渍化	
	入侵距离（千米）	与 2011 年比较	距岸距离（千米）	与 2011 年比较
滨州无棣县	13.4	⇔	13.4	↗
滨州沾化县	29.32	⇔	22.70	↘
潍坊寿光市	31.97	↗	32.1	⇔
潍坊滨海经济技术开发区	27.28	↗	28.1	⇔
潍坊寒亭区央子镇	29.98	⇔	30.1	⇔
潍坊昌邑柳疃	17.87	⇔	17.87	⇔
潍坊昌邑卜庄镇西峰村	23.87	⇔	23.87	⇔
烟台莱州朱旺村	3.56	↘	2.48	↗
烟台莱州海庙村	4.94	⇔	1.46	↗

8.1.3　海冰

依据《中国海洋灾害公报》和《山东省海洋环境质量公报》统计数据，山东近岸海域 2010—2012 年海冰灾害发生情况如下。

（1）2010 年

2009 年 11 月上旬至 2010 年 2 月中旬，冷空气活动频繁，全省气温持续偏低，造成渤海结冰、黄河封冻。2009 年 12 月中旬渤海开始结冰，冰情发展迅速，到 2010 年 1 月下旬，渤海湾海冰覆盖面积约 1.4 万平方千米，莱州湾约 1.1 万平方千米。渤海海冰灾害持续时间之长、范围之广、冰层之厚，是 40 多年来最严重的一次，对海上交通运输、生产作业、水产养殖、海洋捕捞、海上设施和海岸工程等造成严重影响。据不完全统计，全省渔业受灾人口达 5.7 万人，受灾面积 14 多万公顷，损失水产品 20 余万吨，直接经济损失 26.76 亿元。

（2）2011 年

自 2010 年 12 月中旬，山东省冷空气活动频繁，气温持续偏低，沿海出现大面积冰情，渤海湾、莱州湾及胶州湾海域冰情发展较快。2011 年 2 月下旬，山东省海冰先后全部融化。2011 年 1 月 25 日，渤海湾浮冰外缘线 23 海里，一般冰厚 5～15 厘米，最大冰厚 25 厘米；莱州湾浮冰外缘线 36 海里，达到Ⅲ级警报（黄色）标准；胶州湾浮冰外缘线 1.2 海里。海冰对水产养殖、交通运输和海上设施等造成一定影响，据统计，海冰对山东省共造成直接经济损失约 8.3 亿元。2011 年冰情略重于常年，轻于 2010 年。

（3）2012 年

2011—2012 年冬季山东省海域冰情为常冰年（冰级 3.0）。严重冰日和终冰日较常年推后，严重冰情主要出现在 2 月上旬。总冰期 78 天，其中初冰期 41 天，严重冰期 21 天，终冰期 16 天，初冰日为 12 月 12 日，严重冰日为 1 月 22 日，融冰日为 2 月 12 日，终冰日为 2 月 27 日。冰外缘线离岸距离和海冰分布面积与常年基本持平。2012 年 2 月 8 日，海冰分布面积共计 8 875 平方千米，为 2011—2012 年冬季最大值。大部分海域冰厚较常年偏薄，冰厚 5～10 厘米。2011—2012 年冬季山东省海冰灾害直接经济损失 1.54 亿元，较 2011 年度明显减轻。海冰灾害所造成损失主要集中在海水养殖方面，受损养殖面积 3.8 万公顷。

8.2　污染事故

山东渤海海域频发的污染事故主要为海上溢油污染，溢油事故高发区主要分布在东营、烟台附近海域。随着海洋油气资源开发力度增大，交通运输船舶沉没、碰撞等溢油事故频繁发生。此外，山东省是我国的重要经济区，沿海地区港口众多，海上运输繁忙，每年进出各港口的船舶达数万艘次，也增大了海上溢油事故的风险。

近年来，海上突发污染事件风险不断加剧。2010 年，山东渤海海域共发现 4 起小型海洋溢油污染事件，见表 8.5。

表 8.5　2010 年发现的海洋溢油污染事故统计

序号	发现时间	发生海域	溢油等级	溢油类型
1	3 月 1 日	长岛附近海域	小型	燃料油
2	5 月 4 日	长岛附近海域	小型	燃料油
3	5 月 9 日	潍坊港海域	小型	燃料油
4	11 月 12 日	蓬莱 19-3 油田附近海域	小型	原油

2011 年 6 月 4 日和 6 月 17 日，蓬莱 19-3 油田相继发生两起溢油事故，导致原油和油基泥浆入海，对渤海海洋生态环境造成污染损害。事故造成蓬莱 19-3 油田周边及其西北部海域海水受到污染，超一类海水水质标准的海域面积约 6 200 平方千米，其中 870 平方千米海域海水受到严重污染，石油类含量劣于四类海水水质标准。此次溢油事故发生半年后，蓬莱 19-3 油田周边及渤海中部海域水质、沉积物质量呈现一定程度改善，但此次溢油事故造成的影响仍然存在。2012 年，针对 2011 年发生的蓬莱 19-3 油田溢油事故，继续在渤海海域开展溢油跟踪监测。监测结果显示，东营近岸和莱州湾海水中石油类含量较 2011 年有所升高，局部海域石油类超二类海水水质标准；其他海域石油类含量整体变化不大。监测海域沉积物中硫化物、有机碳、石油类符合一类海洋沉积物质量标准。此外，小面积的海上无主漂油也时有发现，对海洋生态环境保护、海水养殖和海上观光旅游等都会产生极为不利的影响。

9　生态问题分析及对策措施

9.1　主要生态问题

（1）存在的环境问题

陆源污染防控的成果还不稳固，传统产业结构偏重，经济社会发展与资源环境承载力的矛盾突出，沿海地区城市环境基础设施有待进一步完善，再生水资源循环利用机制尚不完善，水系生态尚未恢复，陆源污染依旧是渤海山东近岸海域突出的环境问题。海上溢油突发性海洋环境事件对渤海近岸海域海洋环境造成影响的较大，潜在环境风险较高。海冰等影响重大的海洋灾害带来了新的环境问题。此外，海洋开发加快，用海规模不断扩大，海洋工程日益增多，海洋环境面临的压力不断加剧。

（2）存在的生态问题

陆源污染影响显著，有机污染较重；氮磷比失衡明显，局部富营养化严重；海岸带破坏加剧，湿地功能减弱；生物多样性降低，渔业资源持续衰退，服务功能日趋减弱。淡水入海量、陆源排污和海洋开发活动是影响区域生态系统健康的主要因素。

9.2　对策措施

（1）坚持陆海统筹，突出重点，河海联动

联合有关部门共同建立推进重点海域污染物控制的工作机制，建设污染控制信息系统和共享平台，切实做到陆海统筹、河海联动。完善发改委、财政、环保、海洋与渔业、水利等多部门参与联合决策与协同机制，加强协作互动，形成整体合力。突出重点，兼顾一般，即突出重点污染物（氮、磷、化学需氧量和石油类等），突出重点控制区域（沿海陆域和近岸海域），抓住重点污染源（陆源和养殖区），解决重点环境问题（近岸海域水质污染及生态环境破坏等）。按照“谁开发、谁保护；谁破坏、谁恢复；谁受益、谁补偿”的原则，建立生态补偿和生态赔偿机制，建议尽快与环保等部门协调，研究入海排污口排污生态补偿机制。

（2）严格执行区域海洋工程环境影响评价限批政策

强化区域新上项目和改扩建项目海洋环境的准入考核，严格落实环境影响评价制度，所有海岸和海洋工程建设，都要严格执行环境影响评价制度，按照“三同时”的要求，配套建设运行环保设施。严格实施涉海工程项目的跟踪监测，建立对建设单位和监测单位等的相关考核制度，实施严格的追溯机制。海上养殖活动要合理规划、科学布局、控制密度，尽可能减少对生态环境的破坏。合理规划涉海工程开发，严格评估和审批人工岛、沿海造地项目等建设项目。加快完善海洋生态损害评估体系，建立健全海洋污染索赔诉讼的规范程序和法律法规。

（3）坚持污染防治和生态保护并重，陆地环境保护和海洋环境保护统筹

兼顾海岸带污染治理和生态保护与恢复，优先安排陆海两利项目。促进海洋保护区规范化建设和管理，对各级各类海洋保护区开展监督检查和管理评估。采取积极措施加大湿地生态、滩涂生物资源、近海渔业资源和野生动物等自然保护区的建设力度，促进沿海局部地区生态系统质量好转。在充分发挥各方面能动作用的基础上，统筹规划，统一管理，实施生态红线制度，以保护区为基础向外划定生态区域，并且确定保护区所占比例。要在沿岸地区以现有的保护区为单元，建设空间结构合理、功能互补的生态保护示范区，实现对沿海各类经济板块的间隔和调节。

（4）积极探索海洋环境监管新举措，提高应对突发污染事件的能力

强化渤海油气开发、溢油风险等污染事件监视监测与应急处置能力建设，建立相应的海洋环境应急信息共享和有序高效的运行机制，不断提高应对海上突发事件的能力和水平。建立全海域的海洋环境风险排查分析评估制度，由国家海洋局统一牵头加强对环境高风险区、高风险源的排查，重点加强对海上活动、石油平台分布、海上交通运输船只的概况、主要运送货种等，尽快做出相关的环境风险区划。及时制定完善应急处置的预案和措施，提高对环境风险的控制能力。

（5）加大对环境质量的监视监管和科技投入力度

以主要陆源排污口监视和排污总量控制为重点，设置相关调查和研究专项，加快对重点海域污染总量控制等重大课题的研究进度，开展区域性海湾纳入总量研究，力争在总量减排的研究上早日取得突破。在此基础上开展入海排污口、入海河流水质与水量统一监测，依照主要入海河流纳污能力及排污总量限制的研究成果，根据水量丰水期、枯水期制定丰水期、枯水期污染物总量控制分配方案，分配至直排口和入海河流。

（6）加强环境保护的宣传教育，营造良好的舆论氛围

发挥新闻媒介的舆论监督和导向作用，重点加强对环境保护成效显著的海洋保护区、生态示范区等的宣传力度，提高公众的认知度，增强参与意识。由国家海洋局统一组织开展海洋环境保护成果展示等大型宣传推介活动，为环境保护营造良好的舆论氛围。定期向社会公布的环境质量和环境污染信息，列出本行政区的海洋环境质量状况，为公众和民间团体提供参与和监督环境保护的信息渠道与反馈机制。

参考文献

山东省海洋与渔业厅 . 2011. 2010 年山东省海洋环境质量公报 .

国家海洋局 . 2011. 2010 年中国海洋灾害公报 .

山东省海洋与渔业厅 . 2012. 2011 年山东省海洋环境质量公报 .

国家海洋局 . 2012. 2011 年中国海洋灾害公报 .

山东省海洋与渔业厅 . 2013. 2012 年山东省海洋环境质量公报 .

国家海洋局 . 2013. 2012 年中国海洋灾害公报 .

国家环境保护局，国家海洋局 . GB 3097–1997 海水水质标准 . 北京：中国标准出版社.

李晶莹，韦政 . 2010. 莱州湾海水入侵及土壤盐渍化现状研究 . 安徽农业科学，38（8）：4187-4189.
林凤翱，卢兴旺，洛昊，等 . 2008. 渤海赤潮的历史、现状及其特点 . 海洋环境科学，27（增 2）.
王茂剑，马元庆，宋秀凯，等 . 2012. 山东近岸海域环境状况及修复 . 北京：海洋出版社.
徐宗军，张朝晖，王宗灵 . 2010. 山东省海洋特别保护区现状、问题及发展对策 . 海洋开发与管理，27（5）：17-20.
中华人民共和国国家质量监督检验检疫总局，中国国家标准化管理委员会 . GB 18421-2001 海洋生物质量 . 北京：国家标准出版社.
中华人民共和国国家质量监督检验检疫总局 . GB 18668-2002 沉积物质量 . 北京：中国标准出版社.

专题二：山东省渤海海域开发利用现状与发展需求分析

1　总则

依据山东渤海海域的区位条件、海洋功能区划和海域开发利用现状等相关资料，研究山东省渤海海域开发利用的分类分布及海洋功能区的开发利用现状。依据山东“蓝黄”两个国家级战略规划，从社会经济对海域的需求、资源的利用效率、可持续利用情况等方面，分析山东省渤海海洋开发利用现状、趋势及存在问题。专题在分析研究的基础上，提出山东渤海海域的开发与保护对策措施，为海洋生态红线区的划定提供依据。

2　海洋自然条件分析

2.1　海域概况

山东省渤海海域位于山东省北部，东西跨度约为3个经度，海岸线漫长，海域辽阔，空间资源丰富（图2.1）。

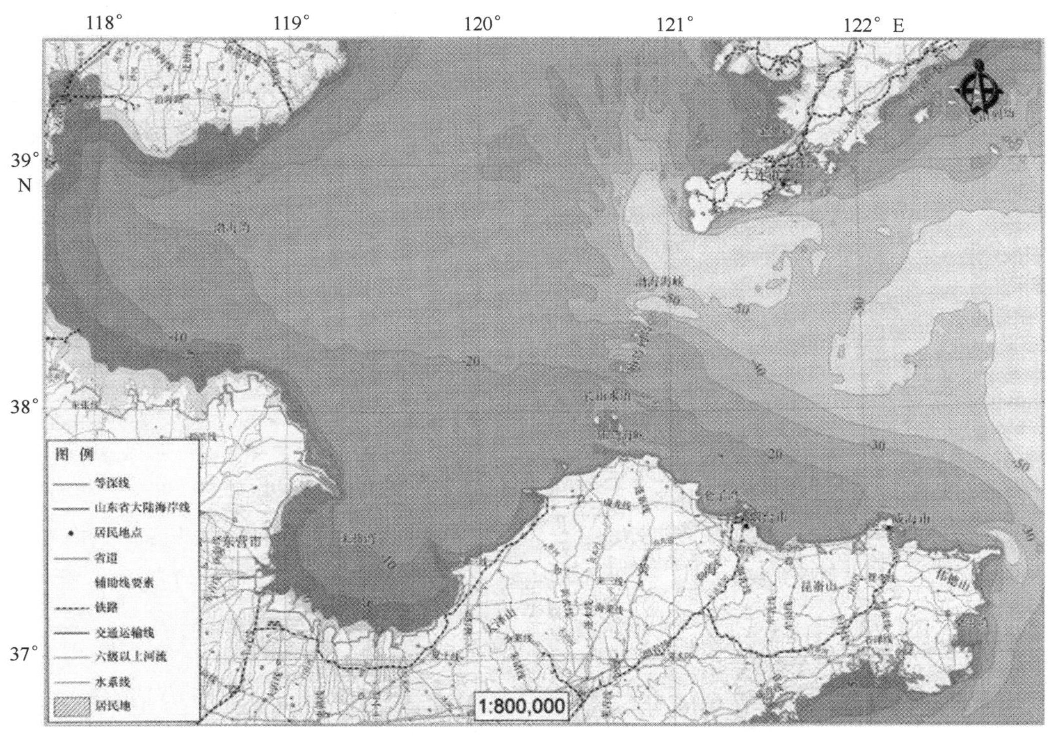

图2.1　山东省海域位置

山东渤海海域沿海位于渤海南部海域，介于北纬37°03′—38°34′，东经117°45′—121°04′之间。其沿岸地区包括滨州市、东营市、潍坊市和烟台市所属的莱州、招远、龙口、蓬莱4市。山东省渤海海洋生态红线区划定范围涉及海域总面积16 313.90平方千米，海岸线总长931.41千米。具体范围为：沿海岸线西起漳卫新河河口的鲁冀海域界线，东至蓬莱角东侧的蓬莱沙河口，向陆至山东省人民政府批准的海岸线，向海至离海岸线约12海里的海域，包括长山列岛两侧各约12海里，即为山东省管辖全部渤海海域。同时为保持生态系统的完整性，也包括了长山列岛以东部分黄海海域。

该海域较大岛屿有南长山岛、砣矶岛、钦岛和隍城岛等，总称庙岛群岛或庙岛列岛。其间构成8条宽狭不等的水道，扼渤海的咽喉，是京津地区的海上门户，地势极为险要。山东渤海海域近岸海域包括渤海湾的南部、莱州湾和渤海海峡的登州水道，水深10~15米。最深达20米的范围一般距岸20千米左右。区域海底平坦，多为泥沙和软泥质，地势呈由渤海湾、莱州湾向渤海海峡倾斜态势。海岸分为粉砂淤泥质岸、砂质岸和基岩岸3种类型。莱州湾虎头崖以西岸段为粉砂淤泥质海岸；虎头崖以东岸段为基岩海岸和砂砾质海岸。黄河入海口生态环境系统是典型的近岸型海洋环境生态系统，是海洋贝类的重要栖息地，也是鱼类、虾、蟹等主要海洋经济生物产卵、育幼及索饵的场所，具有重要的生态价值和经济价值。

山东渤海海域近海海底地貌主要以水下三角洲、水下浅滩、海底堆积平原三大类。水下三角洲主要有黄河水下三角洲；水下浅滩分布较广，坡度一般大于0.5‰，明显地受海流和海浪的影响；海底堆积平原一般分布在水深10米以外的区域，常出现在水下三角洲和水下浅滩的外缘，地形平缓，坡度一般为0.1‰~0.3‰，底质较细，受海流的影响堆积速度较缓。山东渤海海域段为东北—西南向的浅海，海底地势从北、西、南三面向渤海中央及渤海海峡倾斜，沿岸均在10米以内。莱州湾水深一般为10~15米。海底沉积物以粉砂和淤泥为主。

山东渤海海域近岸海域全年平均水温有自北向南略增的趋势。沿岸水温垂直分布较均匀，等值线大致与岸线平行。除黄河口低盐区外，海域盐度在30~31之间，近岸低于外海。山东渤海海域沿海潮汐以半日潮为主，全日潮成分较弱。漳卫新河—老黄河口、甜水沟—屺㟂岛为不正规半日潮区。老黄河口—岔河口、神仙沟—甜水沟之间为不正规全日潮区，这两个不正规全日潮区间的黄河海港附近是正规全日潮区。其余海域均为正规半日潮区。平均潮差近岸大于外海，湾顶大于湾口。

渤海沿岸以黄河口为界，平均潮差向渤海湾和莱州湾方向依次递增。由黄河等入海河流与海水混合形成的鲁北沿岸流，终年低盐，水温变化剧烈。渤海全年以风生浪为主，主浪偏北。平均波高为0.5~1.0米，冬季因受寒潮侵袭，风浪比较大，平均波高1.5~1.7米，其他季节风浪较小。

山东渤海海域海洋空间资源十分丰富，广阔的海滩和浅海地区还蕴含着丰富的石油、天然气、煤、海洋能、海砂和地下卤水等矿产资源。

2.2 海域资源分析

2.2.1 海域资源面积

山东省渤海海域涉及的省际海域界线包括：山东和河北间、山东和辽宁间的海域界线，区域边界确定采用如下方法：① 山东—河北的海域边界：以涉界双方达成共识的海域界线为边界。② 山东—辽宁的海域边界：以涉界双方达成共识的海域界线为边界。③ 山东省内的海域界线，以县际间海域勘界工作成果（海域行政区域界线）为准，地市内没有划定海域界线的不再细分（合并处理）。

2.2.2 海岸带类型与分布

我国有关海岸分类标准并不统一，一般按海岸的形态、成因、物质组成等分为基岩海岸、砂砾海岸、淤泥质海岸、珊瑚礁海岸和红树林海岸等五大类型，山东省渤海海域主要有以下三类。

（1）基岩海岸

基岩海岸分布于山东半岛的烟台。海岸线曲折，港湾众多，海岸侵蚀和堆积交错多变，堆积物主要来自邻近岬角和海底岸坡，海蚀和海积形态间相关性密切；作用于海岸的地质营力主要是波浪，某些岸段潮流也有影响；构造与岩性对海岸轮廓、海蚀与海积影响明显。沿岸丘陵山体或岗岭直抵大海，岬角与海湾相间，岬角处长期遭受强烈的浪蚀作用，海岸后退发育形成海蚀崖、海蚀平台等，以及常散布着海蚀柱、海蚀洞、海蚀穴等地貌形态，如龙口屺坶岛北侧，景观价值极高。

（2）砂砾质海岸

砂砾质海岸主要断续分布于莱州市的虎头崖至蓬莱。按平面形态可分为弧形海滩岸、平直型海滩岸、袋状海滩岸等。海岸动力以波浪作用为主，沿岸泥沙既有横向运动，也有纵向运移，堆积地貌类型多样，连岛沙坝、沙嘴、沙坝–潟湖体系发育，且非常典型。如龙口的屺坶岛连岛沙坝；莱州的刁龙嘴沙嘴。

（3）淤泥质海岸

山东省渤海湾的淤泥质海岸西起漳卫新河河口，东至莱州虎头崖，包括黄河三角洲平原海岸和潍北平原海岸。海岸组成物质较细（以粉砂淤泥质为主），受潮、浪共同作用，常以潮流作用为主，潮间带宽阔，岸滩地貌、沉积和生态具明显的分带性。黄河三角洲按新老发育阶段可分为两段：一是漳卫新河至顺江沟为古代黄河三角洲海岸；二是顺江沟至淄脉沟段为1855年以后形成并发育的近代黄河三角洲海岸。

潍北平原海岸为莱州湾南部粉砂质海岸，西起小清河口，东至虎头崖，岸线全长120千米，南依潍北平原，沿岸主要有小清河、弥河、白浪河、虞河、堤河、潍河和胶莱河等入海。此段海岸未受黄河尾闾河道的直接影响，沿岸河流尾闾河道大都修建了水闸，槽道的两侧均有潮水沟发育；潮上带与滨海平原为逐渐过渡形势，潮间带主要由本区入海河流输沙在潮浪等因素作用下堆积形成，为宽广平坦的砂质粉砂潮滩，平均宽4~6千米，多数剖面为直形坡，向下过渡为水下岸坡（莱州湾浅滩）。

2.2.3 岸线概述

（1）海岸线长度

山东省渤海海域海岸线总长度约为931.41千米，沿海地市的海岸线长度如表2.1所示，各地市海岸线长度分布不均匀，滨州最短，烟台最长。

表2.1 山东省北部沿海各地市海岸线长度一览表

沿海市	海岸线长度（千米）	备注
滨州	88	漳卫新河至潮河的沾化—河口海岸分界处
东营	413	潮河至小清河北的广饶—寿光海岸分界处
潍坊	149	小清河至胶莱河的昌邑—莱州海岸分界处
烟台	281.41	胶莱河至蓬莱角东侧的蓬莱沙河口海岸分界处

（2）海岸线类型与分布

海岸线包括自然岸线和人工岸线。自然岸线可分为砂质岸线、粉砂淤泥质岸线、基岩岸线和生物岸线等基本类型。人工岸线是指2005年1月1日以前建成的由永久性构筑物组成的岸线，包括防潮堤、防波堤、护坡、挡浪墙、码头、防潮闸以及道路等挡水构筑组成的岸线。

沿海各地市海岸线中，滨州、东营、潍坊三市没有砂质海岸线和基岩海岸线，大部分为人工岸线，其中，滨州约占全市岸线总长度的81.8%、东营约占全市海岸线总长度的63.9%、潍坊约占全市岸线总长度的96%。现有砂质岸线以烟台市最长。烟台市海岸因莱州虎头崖以西的粉砂淤泥质海岸修筑堤坝成为人工岸线，使粉砂淤泥质岸线所占比例很低。

2.2.4 潮间带和近岸海域面积

（1）潮间带

山东省渤海湾潮间带面积合计约3 141平方千米，包含了粉砂淤泥质滩、砂质海滩、基岩岸滩等类型，以粉砂淤泥质滩所占的面积最大，面积达3 146平方千米，占总面积的96.7%。潍坊、东营、滨州属于鲁北平原海岸，无砂质海滩和基岩岸滩，粉砂淤泥质潮滩广阔，海涂资源丰富，平均每千米岸线拥有的潮间带面积都在 3 平方千米以上，特别是滨州市高达 9.441 平方千米。

（2）近岸海域

根据量算统计结果，山东省渤海湾 0~20 米等深线海域面积约为 16 668 平方千米（以下简称为总面积）。沿岸 0~2 米等深线的海域面积 1 154 平方千米；2~5 米等深线的海域面积为 1 195 平方千米；5~10 米等深线的海域面积为 2 593 平方千米；10~15 米等深线的海域面积为 4 216 平方千米；15~20 米等深线的海域面积为 7 510 平方千米。具体如表 2.2 所示。

表 2.2　山东省渤海湾各海区不同深度海域面积统计　　单位：平方千米

海区	渤海
0~2 米等深线	1 154
2~5 米等深线	1 195
5~10 米等深线	2 593
10~15 米等深线	4 216
15~20 米等深线	7 510

2.2.5　海岛资源

海岛是指四面环（海）水并在高潮时高于水面的自然形成的陆地区域。根据 20 世纪 80 年代末开展的全国海岛资源综合调查，山东省渤海海域共有海岛 93 个，渤海海峡 32 个，下面就山东省渤海海域沿海各地市的海岛资源分别论述。

（1）滨州市

滨州市海岛位于该区海图 0 米等深线以上浅海域。据 20 世纪 80 年代调查，该市共有面积在 500 平方米以上的砂质岛 89 个，岛陆面积 33.79 平方千米，海岛岸线长度 219.45 千米。目前，该市有 47 个砂质岛，减少了 42 个；岛陆面积 5.62 平方千米，减少了 28.17 平方千米；海岛岸线总长度为 72.11 千米，减少了 147.34 千米。海岛数量消失的主要原因是受岛屿类型、环境要素及人为要素的共同影响。近十几年来，变化较剧烈，主要是人类开发利用，建造盐田、养殖池，改变了河道、潮水路径，使得一些陆连岛面积不断缩小；同时围海工程也夷平了一些海岛，使部分海岛完全丧失了海岛的特征。根据最新调查，该市尚未发现面积在 500 平方米以下的海岛。

（2）东营市

东营市 20 世纪 80 年代调查时没有海岛，最新调查发现面积在 500 平方米以上的海岛 4 个，均为黄河泥沙冲积形成的贝壳砂岛，分布在新老黄河入海口。岛陆面积 9.07 平方千米，岸线长度 24.37 千米。

（3）潍坊市

潍坊市 20 世纪 80 年代调查时没有海岛，最新调查发现面积在 500 平方米以上的海岛 10 个，均为沿岸小型河流入海冲积形成的砂岛，分布在小清河、潍河等入海口。岛陆面积 0.50 平方千米，岸线长度 6.58 千米。

以上三市海岛海岸类型多为粉砂淤泥质海岸，泥质潮滩广泛发育。沿岸水浅、滩宽、地势平坦，水质肥沃，适合多种贝类生长栖息，是理想的海洋农牧化基地。海岛上植被稀疏，有些海岛没有植被生长，海岛植被主要是一些盐生植物为主的草本植物。

（4）烟台市

烟台市西北部的海岛主要分布在长岛县，该区海岛像一串珍珠镶嵌在胶辽半岛之间、黄渤海交汇处。

长岛县的岛屿离岸较远，周围海域辽阔，水流畅通，水环境质量好，营养盐含量丰富，水质肥沃，饵料丰富，海水理化因子比较稳定，适合鱼、虾、贝、藻类和底栖生物的繁衍，海上生物资源丰富，具备发展海域捕捞和海水养殖业得天独厚的优越条件。该区海岛多数岛上土层较薄，面积较大的土层较厚，主要是棕壤和褐土，多数岛上植被覆盖率较高，主要是黑松、刺槐等木本植物，以及茅草、蒿子、碱蓬等草本植物。

2.2.6 海湾概述

海湾是指被陆地环绕且面积不小于以口门宽度为直径的半圆面积的海域。山东省北部主要海湾基本信息如表 2.3 所示。属于渤海的海湾主要包括莱州湾、刁龙咀湾、龙口湾。

表 2.3 山东省北部主要海湾基本信息

海湾	隶属	2009 年口门宽度（千米）	2009 年海湾面积（千米^2）	2009 年岸线长度（千米）	人工湿地面积（千米^2）	沙滩面积（千米^2）	泥滩面积（千米^2）	开发现状
莱州湾	东营市 潍坊市 烟台市	83.29	6 215.4	516.78	252.7	36.2	987.7	捕捞、增养殖、港口、盐业
刁龙咀湾	烟台市	0.33	6.1	15.92	5.8	0.1	0	养殖
龙口湾	烟台市	14.96	78.9	45.98	0.1	3.8	0	港口、养殖

3 用海现状分析

3.1 海域使用现状及评价

据不完全统计：截至 2012 年年底，山东省渤海湾已经审批确权用海项目 1 239 宗，总用海面积为 42 787.1公顷。根据《我国近海海洋综合调查与评价专项海域使用现状调查技术规程》（简称《海域使用现状调查技术规程》）和《海域使用分类体系》，海域使用分类体系共分为 9 个一级类、31 个二级类。

截至 2013 年，山东省渤海湾渔业用海所占比重最大，占全部用海的 85.46%，工业用海占 4.56%，特殊用海占 5.28%，交通运输用海 2.18%，其他用海占 1.16%。其后依次为海底工程用海 0.61%，旅游娱乐用海 0.39%，造地工程用海 0.36%。各类用海比重见图 3.1。山东省渤海沿海地市确权用海类型面积见表 3.1。

图 3.1 山东省渤海湾各类用海面积比重

表 3.1　山东省渤海湾用海类型分类统计

面积单位：公顷

地区	渔业用海		工业用海		交通运输用海		旅游娱乐用海		海底工程用海		造地工程用海		特殊用海		其他用海		合计	
	宗数	面积	宗数	面积	宗数	面积	宗数	面积	宗数	面积	宗数	面积	宗数	面积	宗数	面积	宗数	面积
滨州	54	8 039.3	6	76.11	6	62.24	0	0	0	0	0	0	0	0	0	0	66	8 177.65
东营	72	14 463.29	350	1 049.71	10	121.14	1	29.16	35	226.36	1	37.53	5	148.28	0	0	474	16 075.47
潍坊	50	8 151.5	210	295.1	11	333.78	1	5.17	0	0	0	0	5	2 106.93	1	473.98	278	11 366.46
烟台（渤海）	196	5 990.36	173	533.47	36	417.9	7	131.93	1	35.75	10	117.65	1	9.84	3	20.93	427	7 257.83
合计	372	36 644.45	739	1 954.39	63	935.06	9	166.26	36	262.11	11	155.18	11	2 265.05	4	494.91	1 245	42 877.41

3.1.1 渔业用海

渔业用海指为开发利用渔业资源、开展海洋渔业生产所使用的海域。依据《海域使用现状调查技术规程》海域使用分类体系，渔业用海包括渔业基础设施用海（渔港和渔船修造）、工厂化养殖、池塘养殖、设施养殖、底播养殖用海共6种二级类海域使用类型。

据不完全统计，截至2012年年底，山东省渤海湾海域审批渔业用海项目372宗，确权总面积为36 644.45公顷。其中：确权面积东营市最多，用海面积为14 463.29公顷，占总渔业用海面积的39.5%；其次为潍坊，用海面积为8 151.5公顷，占总渔业用海面积的22.24%；滨州居第三位，用海面积为8 039.3公顷，占总渔业用海面积的21.94%。审批项目宗数烟台（渤海湾）居首，占52.69%；其次为东营，占19.35%。山东省渤海湾渔业用海各地市面积比重如图3.2所示。山东省渔业用海确权宗数分布如图3.3所示。

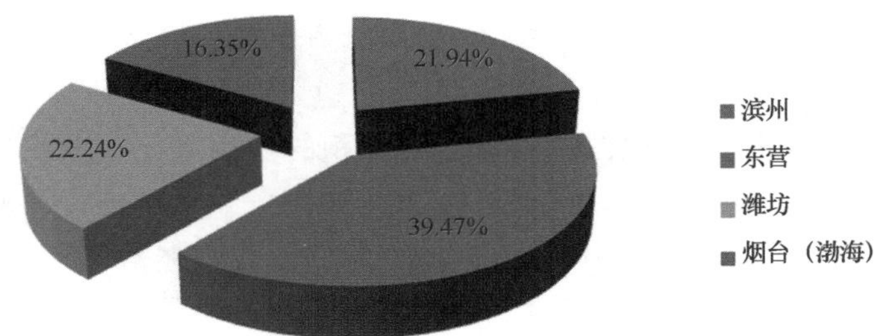

图3.2　山东省渤海湾渔业用海分布比例

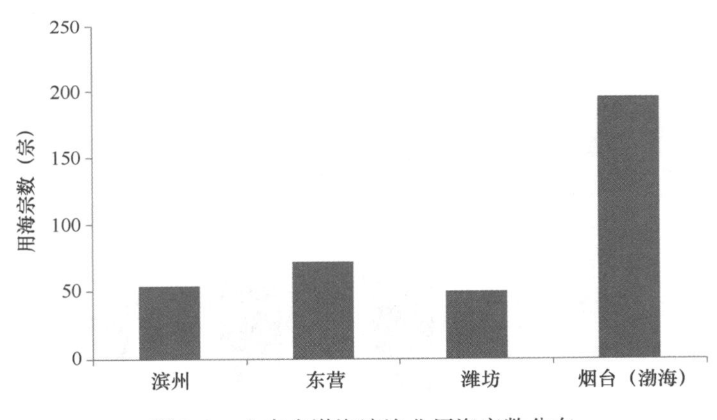

图3.3　山东省渤海湾渔业用海宗数分布

从确权养殖面积和宗数可以看出，山东省渤海湾渔业用海的设施养殖确权数和用海面积最大，其次为底播养殖，池塘养殖相对较小，确权数和面积最多的是烟台渤海湾海域。

3.1.2 工业用海

工业用海指开展工业生产所使用的海域。依据《海域使用现状调查技术规程》海域使用分类体系，工矿用海包括盐业用海、临海工业用海、固体矿产开采用海、油气开采、船舶工业、电力工业、海水综合利用和其他用海等海域使用类型。

截至2012年年底，山东省渤海湾海域共审批工业用海项目739宗，确权总面积为1 954.39公顷。各种工业用海类型在山东省渤海湾的分布是各有侧重：东营的油气开采用海占有绝对比重；潍坊的盐业用海面积很大，东营次之。

根据各地市工业用海项目来分析，山东省渤海湾工业用海占总面积为 1 954. 39 公顷。其中：东营市工业用海面积最大，为 1 049. 71 公顷，占 53. 71%；其次为烟台（渤海湾），面积为 533. 47 公顷，占 27. 30%；再次为潍坊，面积为 295. 1 公顷，占 15. 10%；滨洲面积最小，为 76. 11 公顷，占 3. 89%。山东省渤海湾工业用海比重如图 3. 4 所示。

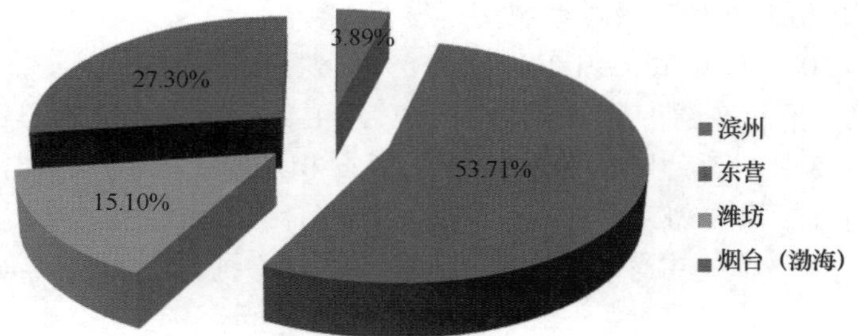

图 3. 4　山东省渤海湾工业用海分布比例

山东省渤海湾沿岸各市工业用海面积占全省总用海面积的比例逐年上升，从产业运行规律角度看，海洋产业地域性结构差异主要源于资源禀赋状况、经济发展水平、人才技术水平和基础设施水平方面，除去相对静态的海洋资源禀赋状况之外，其他三方面的因素对一个地区海洋产业结构发展状况有很大的影响。东营的油气资源，东营—潍坊—烟台沿海一带的卤水资源的整体开发状况是与后三方面的因素紧密相关的，如何提升海洋第二产业（包括海洋油气业、海滨砂矿业、海洋盐业、海洋化工业、海洋生物医药业、海洋电力和海水利用业、海洋船舶工业、海洋工程建筑业等）在整个海洋产业结构布局中的比重，工业用海项目的发展起到至关重要的作用。沿海各地市应该根据自身的海洋资源禀赋状况，按照集中集约用海规划的要求，调整优化产业布局，使本区域的优势资源得到充分、合理的开发利用，发挥优势条件，做大做强。山东省渤海湾工业用海宗数分布见图 3. 5。

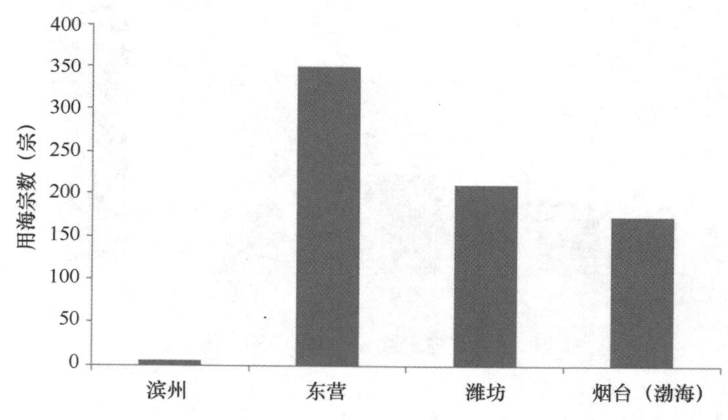

图 3. 5　山东省渤海湾工业用海分布示意图

3. 1. 3　交通运输用海

交通运输用海指为满足港口、航运、路桥等交通需要所使用的海域。截至 2012 年年底，山东省渤海湾沿岸共审批交通运输用海项目 63 宗，确权总面积为 935. 06 公顷。

从各地市的交通运输用海分布来看，交通运输用海所占山东省渤海湾的海域使用面积的比例为 2. 19%，从分布布局上来看，烟台（渤海湾）面积最大，用海面积为 417. 9 公顷，占 44. 69%；其次为潍坊，用海面积 333. 78 公顷，占 35. 70%；东营居第三位，用海面积 121. 14 公顷，占 12. 96%；滨州用海面积为 62. 24 公顷，占 6. 66%。山东省渤海湾交通运输用海面积比重如图 3. 6 所示。港口工程用海以及相配套的港池用海、航道用海和锚地用海在区位条件比较优越的烟台较多，其他地市较少，交通运输用海的产业布局跟各地市的区位优势和经济条件是分不开的，主要用海分布如图 3.7 所示。沿海各地市需要更进一步优化产业结构布局，发展提升交通运输用海项目的产业比重，促进海洋经济的发展。

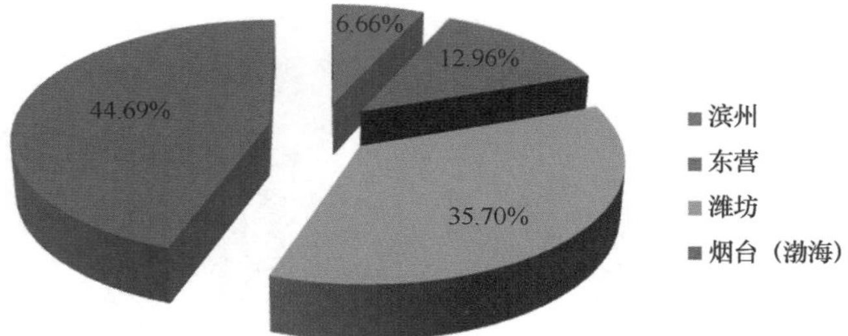

图 3.6　山东省渤海湾交通运输用海面积分布比例

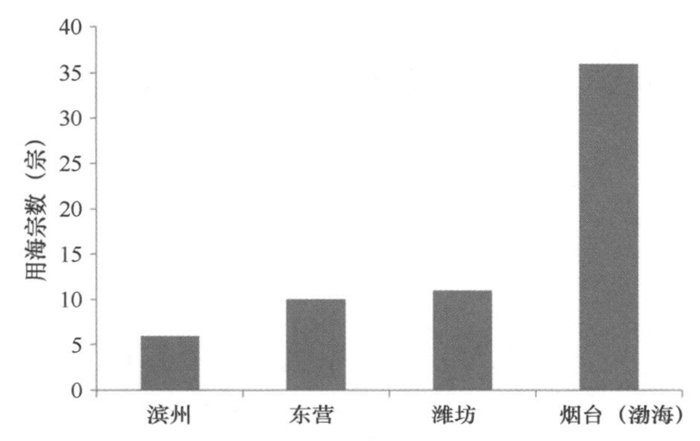

图 3.7　山东省渤海湾交通运输用海分布

3.1.4　旅游娱乐用海

旅游娱乐用海指开发利用滨海和海上旅游资源，开展海上娱乐活动所使用的海域。依据《海域使用现状调查技术规程》海域使用分类体系，旅游娱乐用海包括旅游基础设施用海、海水浴场用海和海上娱乐用海 3 种海域使用类型。

截至 2012 年年底，山东省渤海湾共审批旅游娱乐用海项目 9 宗，确权总面积为 166.26 公顷。根据各地市旅游娱乐用海项目来分析，其中：烟台（渤海湾）旅游娱乐用海确权面积最大，为 131.93 公顷，占 79.35%；其次为东营，确权面积为 29.16 公顷，占 17.54%；再次为潍坊，确权面积为 5.17 公顷，占 3.11%。滨州市没有审批旅游娱乐用海项目。山东省渤海湾旅游娱乐用海比重如图 3.8 所示。

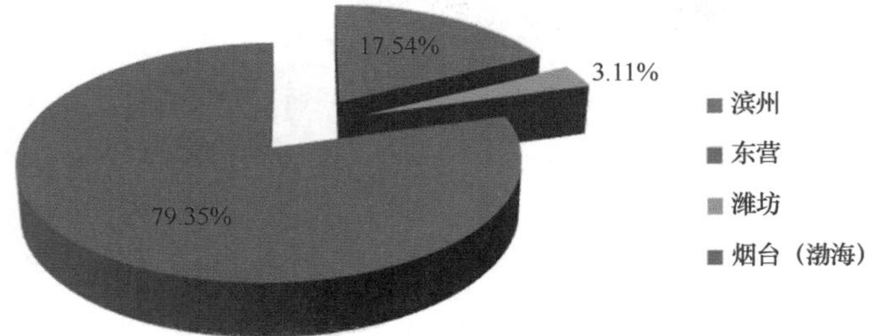

图 3.8　山东省渤海湾旅游娱乐用海分布比例

山东省渤海湾旅游娱乐用海面积占总用海面积的 0. 39%，并且烟台（渤海）的旅游娱乐用海面积占整个山东省渤海湾旅游娱乐用海的比例为 79. 35%，旅游娱乐用海跟海洋产业结构中的第三产业是紧密相关的。如何提升海洋产业的优化布局，旅游娱乐用海业的发展起到至关重要的作用，各地市滨海旅游区要做好旅游区整体规划，各旅游线路、项目与周边景园景区的配合要协调，旅游区的发展可以整合海岸带旅游资源，实现沿海城市“宜居、生态”的功能定位，提升旅游区的服务、辐射和带动功能。山东省渤海湾旅游娱乐用海宗数分布如图 3. 9 所示。

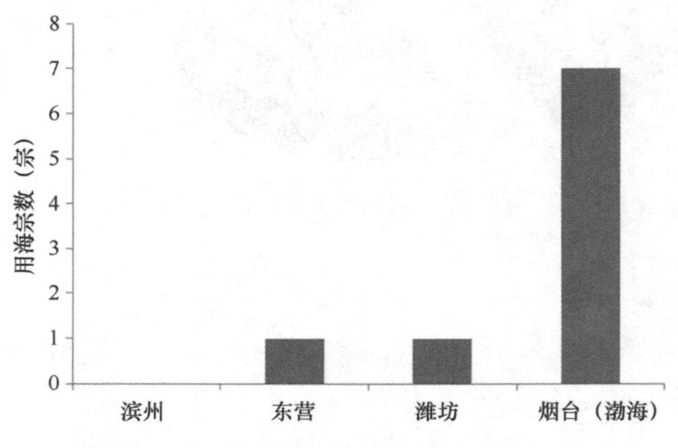

图 3. 9　山东省渤海湾旅游娱乐用海分布

3. 1. 5　海底工程用海

海底工程用海指建设海底工程设施所使用的海域。依据《海域使用现状调查技术规程》海域使用分类体系，海底工程用海包括电缆管道用海、海底隧道用海和海底仓储用海共 3 种海域使用类型。

截至 2012 年年底，本着同一地区一定范围内类型尽量统一的原则，把石油开采的海底管线用海统一划分为石油开采用海，属工矿用海，因此，本次海底工程专指山东省内审批的海底电缆用海。而按照海域使用管理的规定，海底管线用海属国家海洋局审批范围，而且本次划分功能区划类型没有此类用海区，因此此类用海尽量隐含于周围用海类型中，分别为东营 35 宗 226. 36 公顷，烟台 1 宗 35. 75 公顷。山东省渤海湾海底工程用海面积比重和宗数分布如图 3. 10 和图 3. 11 所示。

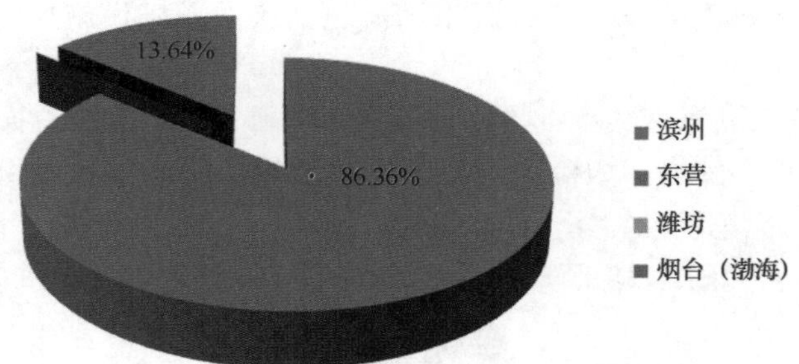

图 3. 10　山东省渤海湾海底工程用海分布比例

3. 1. 6　围海造地用海

造地工程用海指在沿海筑堤围割滩涂和港湾并填成土地的工程用海。依据《海域使用现状调查技术规程》海域使用分类体系，围海造地用海包括港口建设用海、城镇建设用海和围垦用海共 3 种海域使用类型。

根据各地市围海造地用海项目来分析，山东渤海湾海域省直确权用海项目 11 宗，面积为 155. 18 公

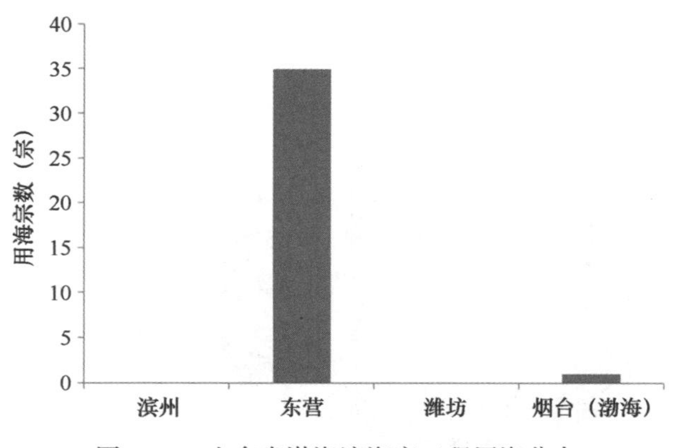

图 3.11　山东省渤海湾海底工程用海分布

顷。烟台（渤海）审批造地工程共 10 宗，面积为 117.65 公顷，占 75.82%；其次为东营，面积为 37.53 公顷，占 24.18%。山东省渤海湾围海造地用海比重和宗数分布如图 3.12 和图 3.13 所示。

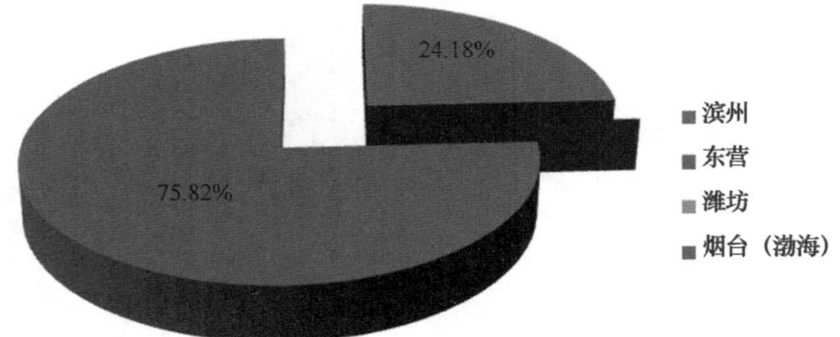

图 3.12　山东省渤海湾围海造地用海分布比例

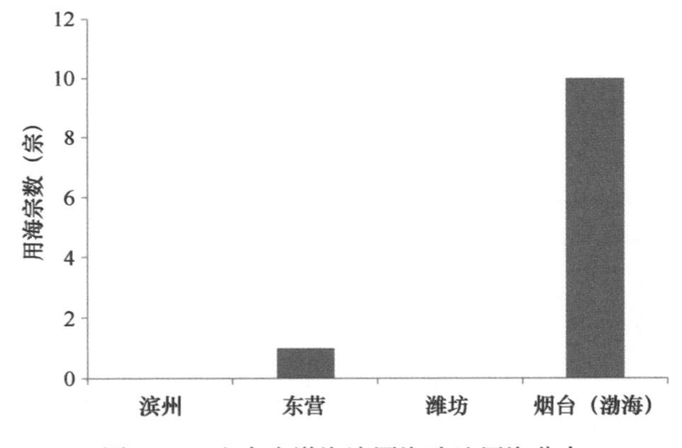

图 3.13　山东省渤海湾围海造地用海分布

3.1.7　特殊用海

特殊用海指用于科研教学、国防、自然保护区、海岸防护工程等用途的海域。依据《海域使用现状调查技术规程》海域使用分类体系，特殊用海包括科研教学用海、军事用海、保护区用海和海岸防护工程用海共 4 种海域使用类型。

截至 2012 年年底，山东省渤海湾审批特殊用海确权项目共 11 宗，确权面积为 2265.05 公顷。其中：潍坊用海面积最大，为 2 106.93 公顷，占 93.02%；其次为东营，确权面积为 148.28 公顷，占 6.55%；

再次为烟台，确权面积为 9. 84 公顷，占 0. 43%，滨州没有。山东省渤海湾特殊用海比重和宗数分布如图 3. 14 和图 3. 15 所示。

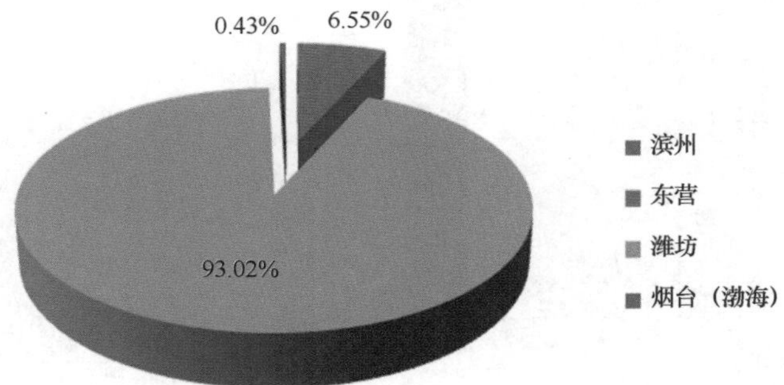

图 3. 14　山东省特殊用海分布比例

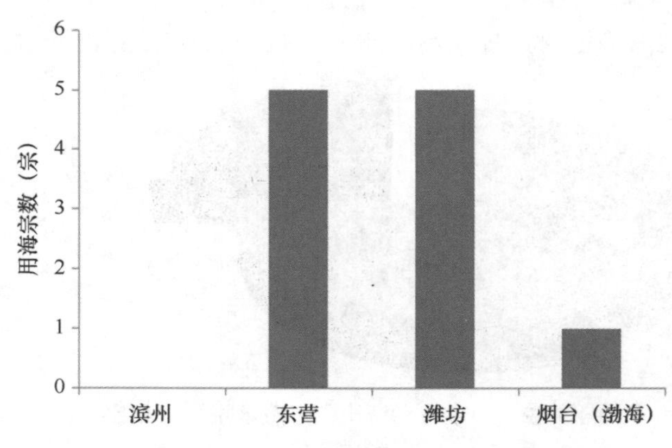

图 3. 15　山东省渤海湾特殊用海分布统计

3. 1. 8　其他用海

其他用海是指上述用海类型以外的用海。截至 2012 年年底，山东省渤海湾审批其他用海共计 4 宗，确权用海面积为 494. 91 公顷。主要分布在潍坊和烟台，其中潍坊为 473. 98 公顷，占 95. 77%，烟台（渤海）部分为 20. 93 公顷，占 4. 23%。

3. 1. 9　海域使用结构与布局分析

通过对海域使用现状调查，可以看出：山东省渤海湾海域使用主要以渔业用海为主，用海面积为 36 644. 45公顷，确权用海数为 372 宗，渔业用海所占比重最大，为全部用海面积的 85. 64%；特殊用海 2 265. 05公顷，占 5. 29%；工业用海用海面积为 1 954. 39 公顷，占全部用海面积的 4. 57%。其后依次为：交通运输用海 2. 19%，海底工程用海 0. 61%，旅游娱乐用海 0. 39%，造地工程用海 0. 36%，。

从渔业用海的二级类型来说，渔业基础设施用海所占比重较小，养殖用海的面积和宗数较大，但都以粗放型的开放式养殖（设施养殖和底播养殖）为主，池塘养殖和工厂化养殖所占比重较小。

交通运输用海的产业布局与各地市的区位优势和经济条件是分不开的。港口工程用海以及相配套的港池用海、航道用海和锚地用海在区位条件比较优越的烟台和威海北部海域较多，其他地市较少，沿海各地市需要更进一步优化产业结构布局，发展提升交通运输用海项目的产业比重，促进海洋经济的发展。

山东省渤海湾海域工业用海面积占全省总用海面积的比例较小，从产业运行规律角度看，海洋产业地域性结构差异主要源于资源禀赋状况、经济发展水平、人才技术水平和基础设施水平等方面。沿海各地市应该根据自身的海洋资源禀赋状况，按照集中集约用海规划的要求，调整优化产业布局，使本区域的优势资源得到充分、合理的开发利用，发挥优势条件，做大做强。

山东省渤海湾海域的娱乐用海面积和比例都非常小，旅游娱乐用海与海洋产业结构中的第三产业是紧密相关的，各地市滨海旅游区要做好旅游区整体规划，各旅游线路、项目与周边景园景区的配合要协调，旅游区的发展可以整合海岸带旅游资源，实现沿海城市“宜居、生态”的功能定位，提升旅游区的服务、辐射和带动功能。

2005—2012 年围海用地呈现快速上升的趋势，审批项目宗数和面积呈现指数增长。

山东省渤海湾海域纳入管理的排污倾倒用海较少。山东省沿海有一批临海工业用海区，大部分的临海工业选择向入海河流排放污水，污水最终排入海洋，这是海洋污染物的主要来源，然而这种排污很难纳入海域管理系统中，但其对海洋环境影响很大，并且随着海洋经济的发展，更多的海洋垃圾需要海洋倾倒区倾倒，在海洋功能区划编制中需要考虑到，同时要严格海洋执法管理，杜绝随意倾倒海洋垃圾的行为。

总之，山东省渤海湾仍然以海洋渔业占据绝对优势，这种海洋产业布局是与山东海洋经济发展水平相对应的。随着海洋经济大发展，海洋产业结构也将发生相应的变化。海洋产业结构的演进也可以衡量经济发展的过程，不同的海洋产业结构有不同的经济效益。而山东省的海洋产业结构正处在由低级向中级和高级阶段的过渡阶段。海洋产业尚未摆脱资源消耗型的产业格局。海洋产业之间、地区之间发展不平衡。海洋产业结构的未来变化可能多种多样，制定合理的海洋产业结构调整和升级方案，研究单位以及政府部门是可以起到一定作用的。目前随着山东半岛蓝色经济区用海战略的制定，山东省集中集约用海规划的实施，海洋产业结构将直接促进海洋经济沿着协调、稳定和高效的道路发展。相信山东省的海洋产业一定会由传统产业为主向传统产业与新兴产业相结合的方向发展。

3.2 重点海域开发利用情况

全国海洋功能区划中确定的山东省渤海湾范围内的重点海域包括莱州湾及黄河口毗邻海域、庙岛列岛及邻近海域。山东省在进行省级海洋功能区划编制时对该重点海域和重点功能区进行了细化，将重点海域细化为莱州湾及黄河口毗邻海域、庙岛群岛及邻近海域等重点海域。各重点海域中的功能区划与全国海洋功能区划中的 30 个重点功能区划分一致。

在海域管理工作中，海洋功能区划已成为海域使用申请审批和海洋产业结构调整的科学依据。各级海洋部门都把项目用海是否符合海洋功能区划作为海域使用审批的首要条件，对不符合海洋功能区划的用海项目坚决不予批准。对多宗严重违背海洋功能区划的用海项目，要求用海申请者依据海洋功能区划另行选址；对列入国家、省重点的交通、能源基础设施项目用海，严格按照法定程序办理功能区划变更手续。烟台还依据海洋功能区划，制订并实施了海域使用调整计划，将市区毗邻海域确定为交通、旅游主导功能区内的养殖项目进行了调整、搬迁。

3.2.1 海洋功能区划执行情况

山东省海洋与渔业厅坚持依法、科学管海，严把建设用海“闸门”，把用海项目审核工作的重点进一步集中到项目用海的必要性、项目选址的适宜性、区划规划的一致性、利益相关者的协调性、面积时限的合理性“五个特性”。为了既支持经济发展，又节约宝贵的岸线资源，积极推行科学用海方式，严格控制顺岸式填海，提倡防波堤兼码头、栈桥式码头、离岸透水构筑物、人工岛等对海洋环境影响较小的建设项目用海方式。

依法否决不符合海洋功能区划的用海项目，对于合理配置海洋资源，保护海洋生态环境，促进海洋经济可持续发展发挥了重要的“杠杆”和“闸门”作用。

3.2.2 功能区环境质量达标情况

山东省渤海湾海洋生态环境处于较好状态，全省近岸海域主要以清洁和较清洁海域为主，近年来海洋污染趋势得到有效遏制，海洋生态环境呈现良性发展趋势。据《2012 年山东省海洋环境质量公报》显示，2012 年，全省近岸海域主要以符合一类、二类海水水质标准海域为主，沉积物环境状况与 2011 年持平，增养殖区海水状况略好于 2011 年，赤潮发生次数减少，海洋保护区建设发展较快，部分入海排污口邻近海域、莱州湾生态环境略有好转。近岸海域贝类体内污染物残留量较上年略有增加，莱州湾部分滨海地区海水入侵和盐渍化加重，海洋环境形势依然较为严峻。根据国家海洋局《我国近海海洋综合调查和评价专项》组织的黄渤海近岸海域水质调查结果分析：山东省渤海湾近岸海域污染主要来自陆源，其次是船舶和海洋养殖，具体情况为：陆源污染约占整个海洋污染的 80%，船舶污染约占海洋污染的 15%，海洋养殖、海洋矿藏开发造成的污染约占整个海洋污染的 5%。

（1）近岸海域水质环境状况

2012 年，全省海水无机氮、活性磷酸盐、石油类和化学需氧量等指标的综合评价结果显示，符合一类海水水质标准的海域面积约占山东省毗邻海域面积的 90%；符合二类、三类和四类海水水质标准的海域面积分别为 6 811 平方千米、3 328 平方千米和 1 693 平方千米；受强降水的影响，未达到四类海水水质标准的海域面积为 4 463 平方千米；未达到四类海水水质标准的海域主要分布在滨州、东营近岸海域和莱州湾，主要超标物质为无机氮。沿海各市海水水质质量状况如下：

烟台（渤海湾）：以符合一类和二类海水水质标准海域为主，主要超标物质为无机氮和石油类。

潍坊：以符合三类海水水质标准海域为主，部分海域符合二类海水水质标准，主要超标物质为无机氮、活性磷酸盐和石油类。

东营：以符合二类海水水质标准海域为主，部分海域符合三类海水水质标准，主要超标物质为化学需氧量、无机氮和石油类。

滨州：以符合二类海水水质标准海域为主，部分海域符合三类海水水质标准，主要超标物质为活性磷酸盐和无机氮。

（2）近岸海域沉积物状况

监测结果表明：2012 年全省近岸海域沉积物质量总体良好，综合潜在生态风险低。沿海各市海洋沉积物质量状况如下。

烟台（渤海湾）：局部海域镉含量超一类海洋沉积物质量标准。

潍坊：局部海域铅含量超一类海洋沉积物质量标准。

东营：全部符合一类海洋沉积物质量标准。

滨州：全部符合一类海洋沉积物质量标准。

对滨州贝壳堤岛与湿地系统国家级自然保护区，结果表明：滨州贝壳堤岛与湿地系统国家级自然保护区海水中无机氮和磷酸盐含量超一类海水水质标准，但对保护目标和环境影响较小；所有保护区内沉积物均符合一类沉积物质量标准，满足功能区要求。不断改善的海洋生态环境为实现海洋产业的优化升级，海洋经济发展的可持续，以及蓝色经济区建设奠定了环境基础。全省海域环境质量状况基本良好，主要海水化学要素含量适中，一般符合海洋生物生长、栖息、繁衍的需要，为沿海发展海洋渔业提供了有利的基本环境条件。无机氮、无机磷、化学需氧量、石油类、挥发酚、硫化物、砷、镉及重金属污染物已普遍检出，局部海区已受不同程度污染，部分潮间带、排污口附近污染较重，且往往是无机污染和有机污染交织在一起，是海洋开发利用中急需关注和解决的问题。

4 用海需求分析

4.1 用海需求调查

近年来，山东省海洋经济保持了平稳较快发展。目前，海洋产业已发展到渔业、油气、盐业、造船、运输、旅游、化工、药物、海水利用、电力等20余个产业，其中，海洋渔业、海洋盐业、海洋工程建筑业、海洋生物医药业均位居全国首位。

4.1.1 省级涉海规划及用海要求分析

（1）省级涉海规划

《山东半岛蓝色经济区海岸与海洋空间布局专项规划》的目标为，到2015年，理顺海岸和海洋产业空间布局。通过海岸修复整治，使自然岸线保有率达到50%；保障山东半岛蓝色经济区科学用海，新增建设用海400平方千米；各类海洋保护区面积稳步增长，海洋与渔业保护区范围涵盖75%以上的重要海洋生态区域和重要海岸带区域、80%以上的海岛和周边区域；85%以上的重要渔业生物物种得到保护，90%以上的海洋珍稀生物得到保护；海底资源和远海资源开发有长足进步。到2020年，海岸和海洋空间资源得到健康、科学有序、可持续地开发利用，海岸和海洋产业全面协调发展。自然岸线保有率达到55%以上；新增建设用海700平方千米；海洋与渔业保护区范围涵盖95%以上的重要海洋生态区域和重要海岸带区域；99.5%以上的海岛和周边区域；99%以上的重要渔业生物物种得到保护，98%以上的海洋珍稀生物得到保护。共同构筑山东省海岸和海洋空间资源、环境，开发与保护协调的局面。海底资源和远海资源开发初具规模。

《黄河三角洲高效生态经济区发展规划》到2015年，基本形成经济社会发展与资源环境承载力相适应的高效生态经济发展新模式，力争人均地区生产总值翻一番。生态环境不断改善，节能减排成效显著；产业结构进一步优化，循环经济体系基本形成；基础设施趋于完善，水资源保障能力和利用效率明显提高；公共服务能力得到加强，人民生活质量大幅提升。到2020年，人与自然和谐相处，生态环境和经济发展高度融合，可持续发展能力明显增强，生态文明建设取得显著成效，形成竞争力较强的现代生态产业体系，开放型经济水平大幅提高，社会事业蓬勃发展，率先建成经济繁荣、环境优美、生活富裕的国家级高效生态经济区。

《山东省海洋与渔业保护区发展规划》近期目标：2015年，山东省海洋与渔业保护区的面积在现有基础上增加36.4%，保护范围涵盖75%以上的重要海洋生态区域和重要海岸带区域，80%以上海岛和周边区域，85%以上的重要渔业生物物种得到保护，90%以上的海洋珍稀生物得到保护，使得山东省的大部分重要海洋区域、海洋生物物种和重要渔业资源得到有效的保护，基本建立覆盖山东省重要海洋区域和渔业资源的保护区体系。中长期目标：力争到2020年海洋与渔业保护区的面积在2015年的基础上再增加67.9%，保护范围涵盖95%以上的重要海洋生态区域和重要海岸带区域，99.5%以上海岛和周边区域，99%以上的重要渔业生物物种得到保护，98%以上的海洋珍稀生物得到保护，使得山东省的绝大部分重要海洋区域、海洋生物物种和重要渔业资源得到有效的保护，实现较为完善的山东省海洋与渔业保护区体系。

《山东省沿海港口布局规划》规划至2020年发展目标为：沿海港口总体能力适度超前国民经济发展要求，港口适应度（通过能力/吞吐量）达到1.2以上，满足重要货类运输对大型深水专业化码头和航道的需求：拓展现代物流、临港工业和商贸活动等功能，主要港口的物流中心作用明显：主要港口在技术装备、管理体制和服务质量等方面达到当时的国际水平，港口与城市和谐发展，沿海港口基本实现现代化。为实现上述目标，应继续扩大沿海港口规模，满足能源、原材料、外贸集装箱运输和大型临港工业发展的需要；拓展港口功能，大力发展港口物流业和临港工业；调整和完善已有港区的功能，高标准建设新港区，实现山东省沿海港口发展目标。

《山东省海上风电基地规划（送审稿）》中确定将重点在滨州、东营、烟台、威海、潍坊等沿海地区建设大型风电场，并逐步向浅近海域发展海上风电项目，实现山东风电场项目突破。山东省规划到“十一五”末风电装机容量达到100万千瓦，到“十二五”末达到400万千瓦。

（2）省级涉海规划用海要求

根据《黄河三角洲高效生态经济区发展规划》、《山东半岛蓝色经济区集中集约用海规划》和《山东省海岸保护与利用规划》，到2015年，山东省集中集约用海400平方千米（填海造地300平方千米，潮间带高地用海100平方千米），其中龙口湾高端产业聚集区、莱州海洋新能源产业聚集区、潍坊滨海生态旅游度假区、东营滨海新城、滨州临港产业聚集区为山东省渤海湾的5大集中区；蓬莱西海岸海洋文化旅游产业聚集区、莱州临港产业聚集区、东营临港产业聚集区为山东省北部的3小集中区；到2020年，全省集中集约用海规划总面积700平方千米（填海造地520平方千米，潮间带高地用海180平方千米）。

《山东省海洋与渔业保护区发展规划》提出，到2015年，山东省共新建和升级保护区58处，新增保护区面积435 844. 9公顷。其中新建海洋自然保护区2处，面积2 200公顷；新建海洋特别保护区26处，面积158 148公顷；新建水生野生动物保护区3处，原省级升国家级保护区1处，原市级升省级保护区2处，面积183 811公顷；新建水产种质资源保护区12处，原市级保护区升级12处，面积326 356. 9公顷。到2020年，山东省新建和升级保护区共42处，新增保护区面积1 108 433公顷。其中新建海洋自然保护区2处，升省级1处，面积达16 600公顷；新建海洋特别保护区15处，总面积达923 350公顷；新建水生野生动物保护区4处，保护区面积达5 176公顷；新建水产种质资源保护区20处，保护区面积达175 907公顷。

《山东省沿海港口布局规划》提出未来山东省渤海湾沿海港口将形成以烟台港主要港口，滨州、东营、潍坊等港口为一般港口的分层次布局。全省规划的港口岸线524. 3千米，绝大多数为大陆岸线，岛屿岸线仅5. 1千米，规划的港口深水岸线为355. 9千米。规划海域总面积3 325. 124平方千米。

《山东省海上风电基地规划（送审稿）》规划建设6个海上风电基地，规划装机容量12 550兆瓦，规划使用海域面积3 921平方千米，分别为：鲁北风电基地，规划面积483平方千米；莱州湾风电基地，规划面积846平方千米；渤中风电基地，规划面积539平方千米；长岛海域风电场，规划面积408平方千米；半岛北风电基地，规划面积446平方千米；半岛南风电基地，规划面积1 199平方千米。大部分位于山东北部海域。

4. 1. 2 各地市涉海规划及其用海要求分析

1）滨州市涉海规划及用海需求

（1）农渔业用海

海洋渔业用海面积11 300公顷，主要用于潮上带养殖、潮间带养殖、浅海海域，养殖品种上主攻贝类，推进蟹类，提高虾类与藻类，突破海水鱼养殖，发展海参、优质海水鱼类等工厂化养殖。

（2）港口航运业用海

规划的滨州港港区用海面积为3 431. 2公顷，其中海港港区3 410公顷，套尔河港区21. 2公顷；航道用海面积3 516公顷，锚地面积9 500公顷。

（3）工业与城镇建设用海

规划的滨州市北海新区核心区面积为668平方千米，其中规划要求用海面积为540平方千米。

（4）矿产与能源开发用海

风电开发用海——海上风电场场址范围总面积为463平方千米，规划总装机容量为1 300兆瓦。

盐业开发用海——规划用海面积27 000公顷，以鲁北工业园、汇泰蓝色经济产业园为依托，按照突出发展蓝色经济的理念，以临港产业区为突破口，带动无棣和沾化两县盐业经济快速发展。

（5）海洋保护区用海

滨州贝壳堤岛与湿地国家级自然保护区规划保护区用海总面积 43 541.54 公顷（2010 年调整）。

2）东营市涉海规划及用海需求

（1）农渔业用海

海洋渔业用海面积 93 915.2 公顷，其中增养殖用海 93 000 公顷，渔业基础设施建设用海 915.2 公顷，其中包括规划广北港港口建设用海 9 公顷，新户渔港建设用海面积 2 公顷，刁口渔港用海面积 60 公顷，刁口渔港新港用海面积 51 公顷，垦北渔港用海面积 88 公顷，红光渔港用海面积 30 公顷，广利渔港用海面积 97 公顷，广饶渔港用海面积 72 公顷，东营中心渔港规划面积为 536.2 公顷。

（2）港口航运业用海

《东营港总体规划》提出用海要求为 680.41 公顷，其中港口区 642.5 公顷，航道 27 公顷，锚地面积 10.91 公顷。《东营港广利港区总体规划》提出用海为 8 092.32 公顷，其中港口区 6 882.32 公顷，航道 240 公顷，锚地面积 870 公顷，包括 1#锚地 300 公顷，2#锚地 450 公顷，危险品锚地 120 公顷。

（3）工业与城镇建设用海

工业建设用海——东营市东营港经济开发区规划控制面积 232 平方千米，分为仓储、化工、加工制造、高科技、行政办公、生活商贸六大规划区，重点突出石油化工特色，推进油码头和液体化工码头建设，建成国家能源储备基地、石油化工基地。

城镇建设用海——规划的滨海新城建设一期使用海域面积 160 平方千米，二期建设使用海域面积 150 平方千米。

（4）矿产与能源开发用海

油气开发用海——东营市海域进行油气开发的油田有：埕岛油田、桩西油田、孤东油田、长堤油田、红柳油田和新滩油田 6 个滩海油气田，其中，新滩油田和孤东油田位于山东黄河三角洲国家级自然保护区实验区内。埕岛油田位于老黄河口东北部海域，拥有中心处理平台 2 座，各类采油平台 70 座，铺设海底管线 66.5 千米，供电电缆 77 千米，是胜利油田的主产区之一。桩西油田、孤东油田和红柳油田的主产区均位于黄河口以北防潮大堤内，新滩油田位于新黄河口东南滩海。规划用海面积 24 187.1 公顷。

盐田用海——2011 年至 2020 年年底，拟投资 58 100 万元，建设原盐项目 7 个，形成原盐生产能力 146 万吨；溴素项目 6 个，形成溴素生产能力 4 500 吨。新增工业总产值 3.5 亿元，新增利税 1.5 亿元。共需用海 21 560 公顷。

（5）旅游娱乐业用海

黄河口生态旅游区规划景区用海面积 150 平方千米。东营滨海休闲娱乐区规划景区用海面积 20.70 平方千米。

（6）保护区用海

东营市有各级各类海洋保护区 6 处，保护区面积达 322 113.57 公顷。其中自然保护区 1 处，海洋特别保护区 5 处，这 6 处保护区都是国家级的。

黄河三角洲国家级自然保护区总面积为 153 000 公顷，其中核心区面积 58 000 公顷，缓冲区面积 13 000公顷，试验区面积 82 000 公顷。东营利津底栖鱼类生态海洋特别保护区总面积 9 403.57 公顷。东营广饶沙蚕类生态海洋特别保护区总面积 6 460 公顷。东营莱州湾蛏类生态海洋特别保护区总面积 21 027 公顷。东营河口浅湾贝类生态海洋特别保护区总面积 39 626 公顷。东营黄河口生态海洋特别保护区总面积 92 600 公顷。

（7）特殊用海

特殊用海包括排污区、污染防治区、倾倒区和防洪区。其中：

神仙沟口排污区，面积 445 公顷，接纳经由神仙沟排海的东营市城市污水。主要有油田工业、生活污水由神仙沟入海。

潮河口污染防治区，面积 1180 公顷，接纳潮河沿岸，主要是来自滨州的工业、农业、生活污水。

广利河口污染防治区，面积2 000公顷，接纳经广利河排海的东营市中心城生活污水、经济开发区工业污水。

3）潍坊市涉海规划及用海需求

（1）港口航运业用海

《潍坊港总体规划》提出用海要求为20 272. 1公顷，其中港口区规划用海面积814. 1公顷，包括中港区港口规划用海面积735. 5公顷，西港区港口规划用海面积78. 6公顷；航道1 458公顷，包括中港区航道规划用海面积1 200公顷，西港区航道规划用海面积258公顷；锚地面积公顷，包括1号锚地8 000公顷，2号锚地10 000公顷。

（2）工业与城镇建设用海

滨海新城以滨海经济开发区为主体，包括了侯镇化工园和羊口盐场的用地，东部以虞河为界，南部至规划区边界，西部到羊口盐场西边界、昌大路，北部至森达美港口及海域。规划总面积76 300公顷，规划使用海域面积21 000公顷。

（3）海洋保护区用海

潍坊昌邑海洋生态特别保护区规划总面积2 929. 28公顷，其中生态保护区面积655. 55公顷，资源恢复区面积472. 70公顷，环境整治区面积402. 90公顷，开发利用区面积1 398. 13公顷。

4）烟台市（渤海湾）涉海规划及用海需求

（1）农渔业用海

莱州西部养殖区位于莱州市胶莱河口至刁龙咀，面积453. 24平方千米，以海湾扇贝为主，兼有刺参、日本鲟、黑鲷护养。莱州北部养殖区位于莱州市三山岛至莱州招远分界，面积376. 84平方千米。

招远北部养殖区位于招远沿岸海域，面积135. 34平方千米，近海以蛤仔、中国蛤蜊等增养殖为主。岩礁管养区以刺参、红螺管护养殖为主。

龙口湾养殖区位于界河口至龙口渔港，面积13. 48平方千米。龙口后海养殖区位于龙口后海至桑岛海域，面积489. 72平方千米，主要养殖品种有栉孔扇贝、贻贝等。桑岛西北部养殖区位于龙口市桑岛西北部、登州水道北侧，面积36. 13平方千米，主要养殖栉孔扇贝等海珍品。

大黑山岛西部及南部养殖区位于长岛县大黑山岛西部，面积286. 66平方千米，主要养殖栉孔扇贝等海珍品养殖。长山岛东部养殖区位于南北长山岛东部，面积123. 56平方千米，主要养殖品种有栉孔扇贝、刺参、皱纹盘鲍、光棘球海胆等。长山水道北侧养殖区位于长岛县长山水道北侧海域，面积1 916. 49平方千米，此区为长岛县主要筏式养殖区，主要品种有栉孔扇贝、刺参、光棘球海胆及皱纹盘鲍、海带、裙带菜兼养。

蓬旅航道西侧养殖区位于南长山岛东部、蓬旅航道西侧，面积31. 69平方千米。蓬莱东部浅海养殖区位于蓬莱东部浅海，面积80. 49平方千米，养殖品种有扇贝、鲍鱼、海胆、牡蛎、海带等。蓬莱东北部浅海养殖区位于蓬旅航道东侧，蓬莱东北部浅海，面积255. 08平方千米。

（2）港口航运业用海

海庙港区位于莱州市海庙后，区划面积10. 46平方千米。芙蓉岛陆岛交通码头区位于莱州市城港路街道朱家村，区划面积4. 28平方千米。莱州港区位于莱州市三山岛，海岸线由王河口至海北咀，区划面积31. 50平方千米。

龙口港区位于龙口市龙口湾沿岸，海岸线由龙口渔港南立标至屺坶岛高角，区划面积157. 16平方千米，包括龙口港、胜利油田基地和龙口渔港。桑岛港栾陆岛交通码头区位于桑岛至港栾陆岛交通码头，区划面积0. 39平方千米。

栾家口港区位于蓬莱市栾家口村以北，区划面积99. 72平方千米。蓬莱西港区位于蓬莱市城西田横山下，区划面积5. 92平方千米。蓬莱东港区位于蓬莱市湾子口村西北，区划面积26. 38平方米。

长岛港区位于长岛县南长山岛的西侧鹊嘴湾内，区划面积6. 05平方千米。

海庙港航道区由海庙港西行向北在芙蓉岛西通过，区划面积94. 82平方千米，包括进出海庙港主航道及朱旺港、芙蓉岛陆岛交通码头航道。莱州港航道区莱州港外西北向延伸，区划面积93.35平方千米，是进出莱州港的主航道。

龙口港航道区位于龙口市屺坶岛西侧海域，面积20.80平方千米，长约7千米。龙口港北航道区位于龙口市屺坶岛西北侧，面积23.67平方千米，长约19千米，宽1.2千米。

登州水道区位于蓬莱至南长山岛之间海峡，面积223.02平方千米。

海庙港锚地区位于芙蓉岛南侧，面积3.48平方千米，水深6米。莱州港锚地区位于莱州港航道北端西侧，面积40.38平方千米，水深11米。供万吨级大型船舶锚泊。

栾家口港锚地区在蓬莱市桑岛东北9千米，面积31.10平方千米，水深13米，靠登州水道，离港较近。蓬莱新港锚地区位于蓬莱市新港东北面，登州水道北，面积9.18平方千米，水深17米。

（3）工业用海

工业建设用海——主要位于龙口市北部，工业用海面积533.47平方千米。

（4）矿产与能源用海

油气开采用海——蓬莱19-3油田位于渤海南部海域，距蓬莱、龙口七八十千米，构造面积50平方千米。

固体矿产开采用海——龙口煤矿区位于龙口北部沿海，为全国最大的滨海煤矿，胶东半岛唯一的煤炭生产基地，煤层延伸至海底的面积达150平方千米，分布在市域北部，沿海平原及海岸带为褐煤和长焰煤，中、西部煤层中有油页岩分布。南长山岛、登州浅滩、莱州浅滩砂矿资源丰富，位于海洋保护区内。

地下卤水资源开发用海——莱州湾地下卤水区，面积76.00平方千米。

盐田用海——全市区划盐田区3个，面积17.60平方千米。牟平盐田及盐化工区位于牟平林北村东及东南侧，面积2.61平方千米。廒子盐田位于行村镇南，面积3.41平方千米。

可再生能源开发用海——海洋能和风能利用区，其中潮流能利用区位于南北隍城岛之间的水道；波浪能利用区位于北隍城岛海域；风能利用区，分别为莱州湾沿海、南北长山岛、大钦岛。

（5）旅游娱乐用海

文体娱乐区主要有莱州三山岛、招远辛庄、龙口东海、蓬莱聂家、蓬莱西部。

虎头崖旅游区位于虎头崖东，面积1.77平方千米。三山岛旅游区位于三山岛至刁龙咀，面积6.84平方千米。石虎咀旅游区位于石虎咀西，面积1.66平方千米。辛庄旅游度假区位于招远市辛庄海滨，面积8.16平方千米。

龙口旅游度假区位于龙口东部沿海，面积11.73平方千米。黄河营旅游区位于龙口市黄河营，面积11.56平方千米。

蓬莱聂家旅游度假区位于蓬莱市聂家海滨，面积5.05平方千米。蓬莱西部旅游度假区位于蓬莱市蓬莱角西，面积7.02平方千米。蓬莱铜井旅游区位于铜井村海域，面积1.35平方千米。

（6）海洋保护区

海洋自然保护区为庙岛群岛海洋自然保护区。庙岛群岛海洋自然保护区位于庙岛群岛，面积474.53平方千米，1988年设立长岛国家自然保护区，保护对象为鹰、隼等猛禽和候岛栖息地。1991年设立省级保护区，主要保护对象为鸟类、暖温带海岛生态系统。2001年设立了省级斑海豹自然保护区。

（7）特殊用海

海庙后排污区位于莱州市海庙后，面积14.08平方千米。

4.1.3 海域开发利用项目用海要求调查

（1）滨州市海域开发利用项目用海要求

随着滨州港的建设，待批准海域开发利用项目用海共计4宗海，面积为778.893 8公顷，主要为港口工程、航道工程等用海项目。

滨州市意向性海域开发利用项目主要为海洋化工业、海上风电产业、能源产业、港口物流业项目。

从滨州市的海域使用结构看，海域使用面积同其他沿海城市相比显得略小，而开发利用程度高的海域又非常集中；海域使用结构多样化，传统的产业结构逐渐向海洋渔业、海洋运输业、海洋化工、海洋机械制造与拆修、海洋旅游业及贝壳资源利用等大产业、大市场、大流通方向发展。可以预示，该区域在未来的50年内将成为环渤海地区经济最具活力的地区。

（2）东营市海域开发利用项目用海要求

东营市意向性海域开发利用项目主要集中在海上油气开采项目、东营港建设项目及风电项目。

（3）潍坊市海域开发利用项目用海要求

潍坊市待批准海域开发利用项目山东国华寿光发电厂一期（2×1 000兆瓦）工程项目用海面积123. 37公顷，属工业建设用海。国电潍坊滨海风电场一期工程（48兆瓦）项目用海10. 292 7公顷，属于矿产与能源开发用海。

潍坊市意向性海域开发利用项目主要为围绕滨海新城的建设、潍坊港建设及渔业基础设施建设项目用海。

（4）烟台市海域开发利用项目用海要求

烟台市意向性海域开发利用项目主要围绕龙口湾海洋装备制造业聚集区、莱州海洋新能源产业聚集区、蓬莱海洋文化旅游产业聚集区、莱州临港产业聚集区的建设项目用海。

4. 2　用海需求分析

4. 2. 1　规划用海要求叠置分析

根据规划用海要求调查结果，将各规划用海要求展布在全省海洋功能区划地理底图上，分析各规划用海要求的平面分布情况，初步确定各地市规划用海要求叠置分析结果。

（1）滨州市规划用海要求叠置分析

根据滨州市规划用海要求及省级规划用海要求，将其叠置在海洋功能区划地理底图上的结果如图4. 1所示，叠置分析结果如下。

滨州市风电规划用海要求与调整后的滨州贝壳堤岛及湿地国家级自然保护区规划用海要求部分重叠，与滨州港规划用海要求部分重叠；滨州港规划用海要求与北海新区规划用海要求部分重叠，与调整后的滨州贝壳堤岛与湿地国家级自然保护区规划用海要求部分重叠；北海新区规划用海要求与高效生态渔业发展规划用海要求、高效生态盐业经济发展规划存在重叠。

（2）东营市规划用海要求叠置分析

根据东营市规划用海要求及省级规划用海要求，将其叠置在海洋功能区划地理底图上的结果如图4. 2所示，叠置分析结果如下。

油气开发用海要求与保护区用海要求、渔业规划用海要求存在部分重叠；东营港广利港区规划用海要求与保护区用海要求存在部分重叠；东营滨海新城规划用海与渔业规划用海存在部分重叠；防潮坝建设用海要求与保护区用海要求、渔业规划用海要求、2020年盐业土地利用总体规划用海要求存在重叠。

（3）潍坊市规划用海要求叠置分析

根据潍坊市规划用海要求及省级规划用海要求，将其叠置在海洋功能区划地理底图上的结果如图4. 3所示，叠置分析结果如下。

潍坊港规划用海要求与保护区用海要求、滨海新城规划用海要求存在重叠；潍坊滨海生态旅游度假区规划用海要求与保护区用海要求、潍坊港规范用海要求、渔业规划用要求、盐业规划用海要求存在重叠。

（4）烟台市规划用海要求叠置分析

根据烟台市规划用海要求及省级规划用海要求，将其叠置在海洋功能区划地理底图上的结果如图4. 4所示，叠置分析结果如下。

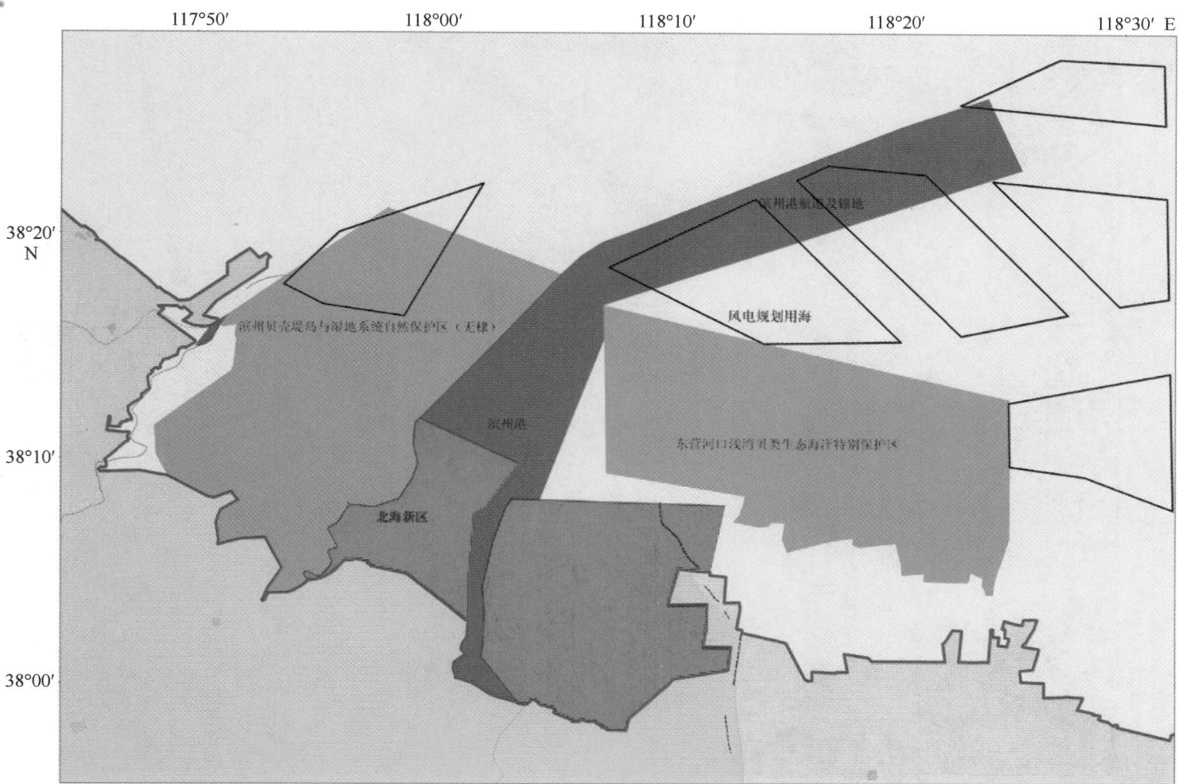

图 4.1　滨州市规划用海要求叠置分析

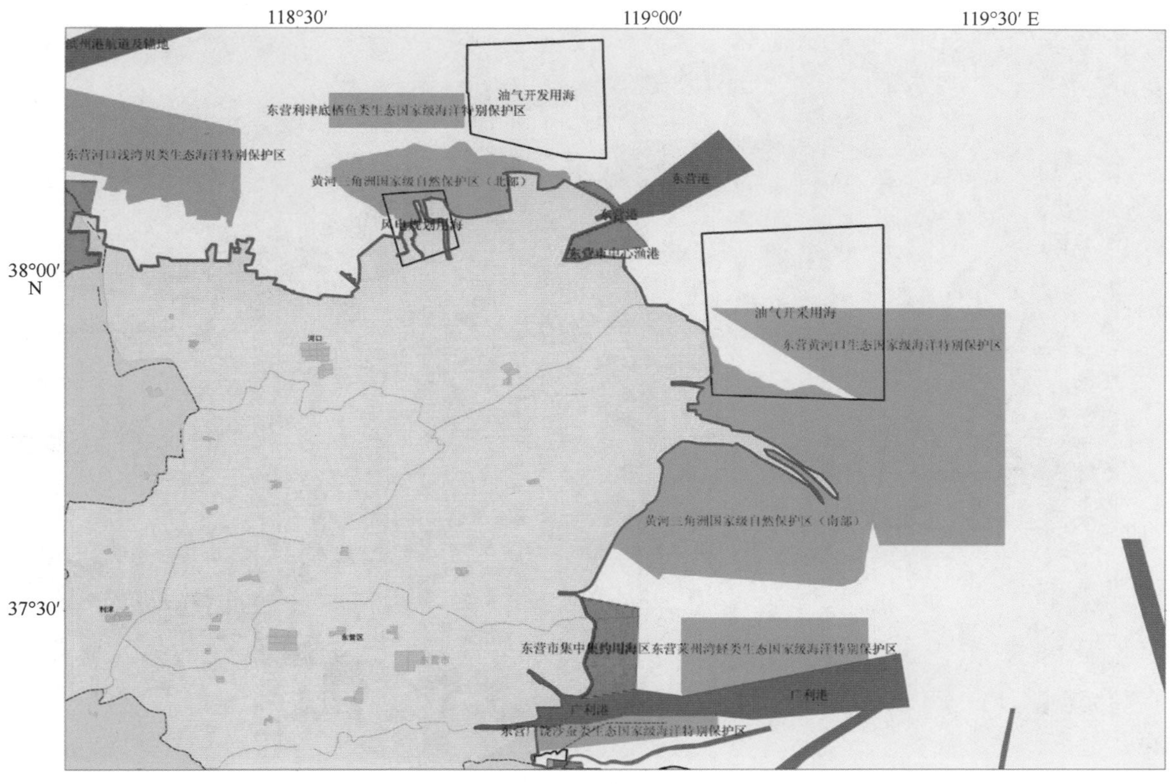

图 4.2　东营市规划用海要求叠置分析

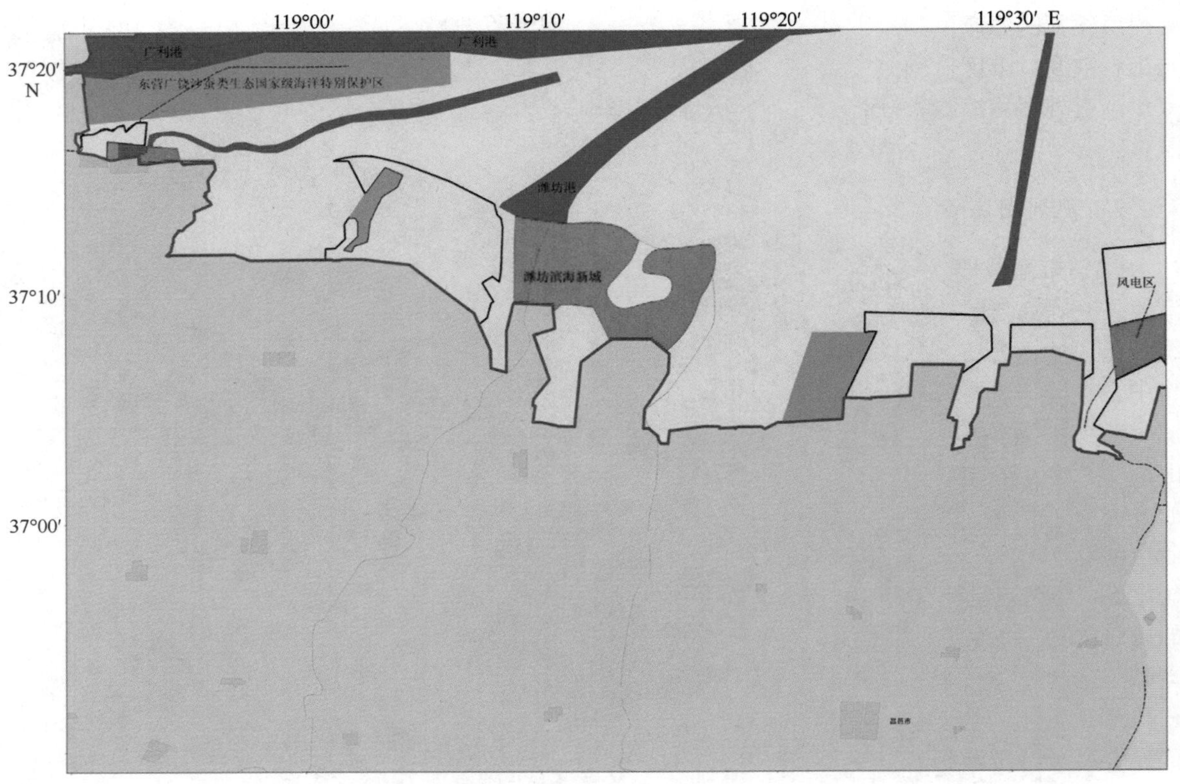

图 4.3　潍坊市规划用海要求叠置分析

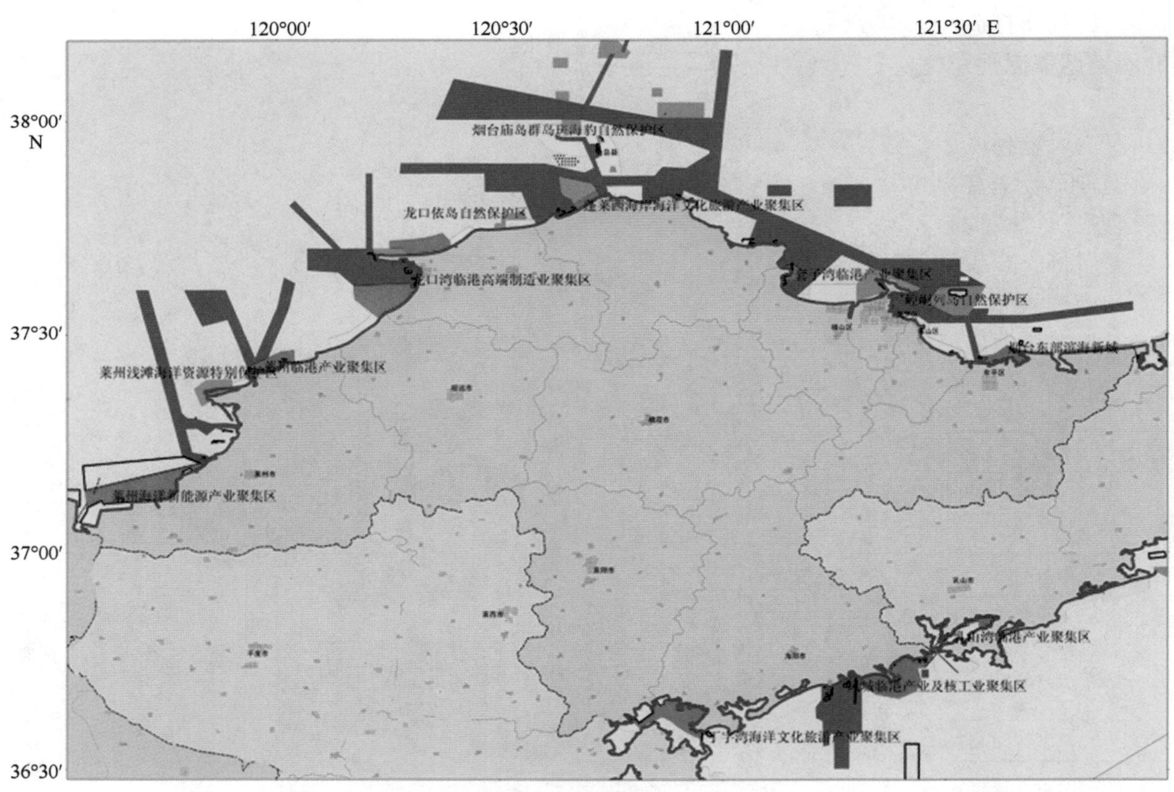

图 4.4　烟台市规划用海要求叠置分析

莱州海洋新能源产业聚集区用海要求与盐业规划用海要求存在部分重叠；龙口湾海洋先进制造业聚集区与烟台港龙口港区规划用海要求存在部分重叠；蓬莱海洋文化旅游产业聚集区规划用海要求与烟台港栾家口港区规划用海要求存在部分重叠；烟台东部滨海新城规划用海要求与港口规划、渔业用海要求存在重叠；套子湾临港工业聚集区规划用海要求与烟台港西港区规划用海要求存在重叠。

4.2.2 规划用海要求的重要性分析

（1）滨州市海域规划用海要求的重要性分析

滨州贝壳堤岛与湿地是世界上贝壳堤岛保存最完整、唯一新老并存的贝壳堤岛，是研究黄河变迁、海岸线变化、贝壳堤岛的形成等环境演变以及滨海湿地类型的重要基地，在我国海洋地质、湿地类型研究工作中占有极其重要的地位。滨州贝壳堤岛与湿地国家级自然保护区用海是非常重要的。

滨州港北临京津、南靠省会、东接半岛，处于环渤海经济圈、天津滨海新区、黄河三角洲高效生态经济区、山东半岛城市群、济南城市圈等多个国家、山东省未来经济重点发展区域的交集区域之中。未来滨州将发展战略定为“南融（山东半岛城市群和济南城市圈）、北接（接轨天津滨海新区）、中建（建设黄河三角洲高效生态经济区）”，而滨州港腹地油气、土地、淡水等资源丰富、储量大，能源充足；石油及石油化工、盐及盐化工、纺织、建材、陶瓷、机电、冶金、电力、粮油加工等产业在山东省乃至全国占有重要地位。滨州港的规划建设，将为鲁西北地区提供一个与腹地联系紧密、沟通国内外港口、通达世界的出海口岸，服务于中国第三经济增长极的建设；支持半岛国际化城市群持续发展，促进滨州、德州、聊城等市加快发展；在黄河三角洲开发中发挥重要的作用。《滨州港总体发展规划》用海要求是比较重要的。

建设北海新区是滨州市委、市政府从全国、全省、全市经济社会发展全局出发做出的重大战略决策，是贯彻落实省委、省政府提出的“一体两翼”发展战略和加快黄河三角洲高效生态经济区建设的重大举措。也是滨州市抢抓机遇，更好地接受天津滨海新区辐射，更快地融入环渤海经济圈的迫切需要。市委、市政府提出将滨州打造成山东对接天津滨海新区的桥头堡和滨州未来经济发展的增长段，意义重大而深远。《北海新区概念性总体规划及产业规划》、《滨州市空间发展战略规划》、《山东省集中集约用海规划》中滨州临港产业聚集区的用海要求是基本一致的，是相对重要的，对滨州的发展建设具有促进作用。

滨州海上风电场风能资源较丰富，风电场建设条件较好。根据《风电场风能资源评估方法》，规划滨州海上风能资源较丰富，均具有较好的开发价值。开发建设山东滨州风能资源符合国家可持续发展的原则和能源政策，可减少化石能源资源的消耗，减少因燃煤等排放有害气体对环境的污染，对促进当地社会经济的发展将起到积极作用，同时对发展和推动我国风电设备产业建设具有重要现实意义。《滨州市风电规划》用海要求是一般重要的。

通过对上述规划用海要求的比较分析，得出滨州市海域规划用海要求的重要性分析排序见表 4.1。

表 4.1 滨州市规划用海要求的重要性分析排序

序号	规划名称	用海类别
1	滨州贝壳堤岛与湿地国家级自然保护区	海洋保护区用海
2	山东省集中集约用海规划	工业与城镇建设用海
3	滨州港总体发展规划	港口航运业用海
4	滨州市黄河三角洲高效生态渔业发展规划	农渔业用海
5	滨州市黄河三角洲高效生态盐业经济发展规划	矿产与能源开发用海
6	滨州市空间发展战略规划	工业与城镇建设用海
7	北海新区概念性总体规划及产业规划	工业与城镇建设用海
8	滨州市风电规划	矿产与能源开发用海

（2）东营市规划用海要求的重要性分析

黄河泥沙含量高，河口造陆活跃，其三角洲为典型的河口湿地生态系统，黄河入海口湿地生态和生物多样性的保护受到国际关注。为保护黄河口自然生境，在山东黄河三角洲国家级自然保护区基础上，设立黄河口生态特别保护区，并在东营市北部海域建立黄河口文蛤海洋特别保护区，保护渤海文蛤物种资源。保护区的建设，可以很好地保护黄河口典型的湿地生态系统和重要的物种资源，保护区规划用海要求是非常重要的。

石油是我国经济发展的战略物资，东营市浅海油气资源丰富，胜利埕岛油田现已累计探明含油面积14 280公顷，地质储量38 328万吨；预测远景资源量为12亿吨（现仅探明3.4亿吨）。油气开发用海需求是非常重要的。

东营港毗邻天津滨海新区，是东北经济区与华北、中原经济区的重要交通枢纽，也是环渤海经济区与黄河经济带的交汇点，区位条件决定东营港将发展成为山东省重要港口之一。腹地广阔，货源充足，为港口物流运输创造了条件。东营港不仅在促进黄河三角洲地区经济发展中占有举足轻重的地位和作用，而且很快将成为东营市的又一新的经济增长点。港口是东营市经济与社会发展的基础设施，也是海洋石油开发的重要保障条件。东营港总体规划用海需求也是重要的。

《山东半岛蓝色经济区东营市现代海洋渔业发展专项规划》中规划东营市现代海洋渔业增殖、养殖业布局以“三带两区”为主体，深入调整海洋渔业增养殖结构，发挥产业示范和辐射带动作用，促进可持续发展。“三带”主要分为浅海护养带、海珍品养殖带、黄河沿岸大闸蟹养殖带，“两区”分别为黄河以北“上农下渔”综合养殖区、黄河以南黄河口鳖养殖区。其用海需求将为东营市的现代渔业发展提供保障。

以国家级自然保护区为主体，打造黄河入海口生态旅游示范区，突出黄河入海奇观和原始湿地自然风光。以观海栈桥、自然保护区生态旅游、天鹅湖观光区、休闲渔业等项目为建设重点，加快保护区内景点规划建设，建设旅游观光码头，开发黄河口入海奇观、漂流、狩猎、骑马、观鸟、科考、温泉等观光与探险旅游项目，建成黄河三角洲地区的游客集散中心、观光游览中心和休闲度假中心。其用海需求将大大提高东营市的城市知名度，提升城市的美誉度，树立新兴滨海城市的美好形象。

黄河三角洲北、东两面环海，其沿海地区不仅频繁遭受温带气旋和强冷空气的影响，还时常遭受台风的侵袭。在风暴大风影响下，滨海海域非周期性的水位变化十分显著。由于大的增、减水可以导致水位的异常变化，甚至能完全掩盖天文潮位本身的正常涨落规律，加之该地区低洼、滩涂广，极易形成风暴潮灾害。当大的增水叠加到当地天文潮高潮上时，灾情将更加严重。防潮堤建设不仅保护了沿海工农业、水产养殖业，促进当地经济发展，改善生态环境，产生很好的经济效益和社会效益，还将有力地带动区域经济向沿海发展，促进地方经济的快速发展。东营市防潮体系标准化堤防建设规划要求用海是较为重要的。

东营市东营港经济开发区规划控制面积232平方千米，分为仓储、化工、加工制造、高科技、行政办公、生活商贸六大规划区，重点突出石油化工特色，推进油码头和液体化工码头建设，建成国家能源储备基地、石油化工基地，是山东省集中集约用海规划中10个小集中之一，其用海需求是重要的。

黄河三角洲高效生态经济区发展规划中东营滨海新城将所涉区域规划为高端产业区、高效生态农业区、生态旅游区和中心城区，解决东营虽为沿海城市但不见海的问题。滨海新城也是山东省集中集约用海规划中9大集中之一，其用海需求是重要的。

通过对上述规划用海需求的比较分析，得出东营市海域规划用海需求的重要性分析排序见表4.2。

表 4.2　东营市规划用海需求的重要性分析排序

序号	规划名称	用海类别
1	山东黄河三角洲国家级自然保护区 黄河口生态特别保护区 黄河口文蛤海洋特别保护区	海洋保护区用海
2	东营市海域使用规划 东营市海洋产业规划 山东半岛蓝色经济区东营市海域开发利用专项规划	矿产与能源开发用海——油气开发用海
3	东营港总体规划（2006 年修订版）	港口航运用海
4	东营市防潮体系标准化堤防建设规划	特殊利用用海
5	山东半岛蓝色经济区集中集约用海规划——东营滨海新城	工业与城镇建设用海
6	东营市高端产业基地发展现状及规划	工业与城镇建设用海
7	广利港区总体规划	港口航运用海
8	山东半岛蓝色经济区东营市现代海洋渔业发展专项规划	农渔业用海
9	东营市海洋产业规划——盐业发展规划 “十一五”及 2020 年盐业土地利用总体规划	矿产与能源开发用海——盐田开发用海

（3）潍坊市规划用海要求的重要性分析

潍坊昌邑海洋生态特别保护区内海洋生物资源丰富，生长着茂密的柽柳，其规模和密度在全国滨海滩涂地区罕见。保护区的设立对维护海岸生态系统，保护海洋生物多样性，应对气候变化，增加生物资源，净化空气，防风固沙，保护防潮大堤安全，防止海岸侵蚀，改善脆弱的莱州湾生态系统，促进地区海洋资源可持续利用和社会经济协调发展等方面，将发挥重要的作用。保护区规划用海是非常重要的。

潍坊港现在运营的码头基本属于小型泊位，主要是为潍坊沿海地区的盐场和海化集团服务，由于泊位等级较小，承运的一般都是批量较小、海上运距较近的货物，腹地的大宗散货、液体货和集装箱等仍需经由其他深水港口转运。港口目前对腹地经济发展的带动作用有限，但港口货运量比较充足，具有很大的发展潜力。随着港口管理体制的优化整合及港口投资体制改革的不断深入，投资多元化的格局正逐步形成，潍坊市也积极吸引外资参与港口和临港工业区的开发，已经形成了良好的投资开发环境，并将成为潍坊港新一轮开发建设的有力保障，潍坊港会更好地发挥对潍坊市经济发展的龙头作用。潍坊港是建设胶东半岛制造业基地和黄河三角洲高效生态经济区的重要战略资源，是潍坊市社会经济发展、调整产业结构的重要保障，是潍坊市北部经济产业带、滨海新城临港工业区开发的重要依托。

规划中的潍坊滨海生态旅游度假区依托山东潍坊滨海经济开发区，规划面积 616 平方千米，其中海域面积 210 平方千米。潍坊滨海经济开发区是全国最大的生态海洋化工生产和出口创汇基地，是“国家科技兴海示范区”、“国家科技兴贸创新基地”、“国家生态工业示范园区”和“山东省循环经济示范区”。其用海需求是实现《黄河三角洲高效生态经济区发展规划》的需要，是山东省实施“一体两翼”战略、山东半岛蓝色经济区和胶东半岛高端产业集聚区的重要内容，是实现潍坊港总体规划的需要，有利于潍坊市拓展港口功能，提升港口竞争力。

（4）烟台市规划用海要求的重要性分析

至 2009 年年底，烟台市有各级各类海洋保护区 7 处，保护区面积达 201 198.24 公顷。其中国家级 2 处，省级 5 处；自然保护区 5 处，海洋特别保护区 2 处。规划新建 3 处海洋自然保护区，11 处海洋特别保护区，升级 1 处自然保护区，增加海洋保护区面积 770 160 公顷。主要保护对象有鸟类和斑海豹等哺乳类及其栖息地，以及湿地生态系统、海岛生态系统等典型生态系统。这些海洋保护区的建设，对于保护重要的海洋生物资源及其生境和典型海洋生态系统，保证生态系统的平衡和海洋生物资源的可持续利用具有十分重要的意义。其规划用海需求是非常重要的。

烟台市是一个综合性旅游城市，由于其拥有绵长的海岸、众多的岛屿和暖温带季风型大陆性气候等自然特征，决定了滨海旅游在烟台市旅游业发展中的重要地位。由于烟台市拥有国内国际知名的海洋旅游资源，并且拥有极好的区位优势，具备便捷快速的交通和通讯等基础设施，未来客源量将随国内、国际旅游市场的扩大而快速增长，因此对滨海旅游资源，特别是沙滩资源的需求是比较重要的。

4.2.3 规划用海要求的协调性分析

（1）滨州市规划用海要求的协调性分析

根据滨州市规划用海要求叠置分析结果，滨州贝壳堤岛与湿地国家级自然保护区用海、《滨州港总体发展规划》、《北海新区概念性总体规划及产业规划》、《滨州市空间发展战略规划》、《山东省集中集约用海规划》、《滨州市风电规划》用海要求存在一定的重叠及冲突。

滨州贝壳堤岛与湿地自然保护区是在1999年10月无棣县人民政府批准建立的无棣县海洋古贝壳堤自然保护区的基础上，于2002年1月25日山东省人民政府（鲁政字〔2002〕34号）批准建立的省级自然保护区，2004年2月17日，山东省人民政府批准更名为滨州贝壳堤岛与湿地省级自然保护区。2006年2月16日，国务院（国发〔2006〕9号）正式批准滨州贝壳堤岛与湿地为国家级自然保护区，保护区总面积80 480公顷，其中，核心区面积28 527公顷，缓冲区面积26 780公顷，实验区面积25 173公顷。2008年国家级自然保护区管理局依据国家法律规定和自然保护区管理实际，在上级业务主管部门的指导支持下，启动保护区范围和功能区调整程序。目前，经省政府批准上报国家拟调整后的保护区总面积43 541.54公顷，其中，核心区面积15 547.28公顷，缓冲区面积13 559.27公顷，实验区面积14 434.99公顷。

滨州港位于渤海湾西南岸，套尔河入海口处，地处环渤海经济圈和黄河经济带的交汇处，是济南都市圈唯一的出海口；是《黄河三角洲高效生态经济区发展规划》产业布局中“四点、四区、一带”的“四点”之一和“四区”之一。“以万吨级大港建设为龙头，大力发展临港产业和海洋经济”是市委市政府贯彻省委省政府文件的重大战略决策。《滨州港总体发展规划》中大口河港区规划在大口河东岸建设5千米长临港工业岸线，沿岸规划建设1 000吨级泊位，在后方沿海区域建设仓储和临港工业区，主要服务于鲁北集团总公司。滨州港大口河港区位于调整后的滨州贝壳堤岛与湿地自然保护区内，应协调其用海要求以满足自然保护区的用海需求。

《北海新区概念性总体规划及产业规划》、《滨州市空间发展战略规划》、《山东省集中集约用海规划》中关于北海新区的建设用海，与调整后的滨州贝壳堤岛与湿地自然保护区无冲突。

《滨州市风电规划》中关于海上风电用海，部分区域位于调整后的滨州贝壳堤岛与湿地自然保护区内及滨州港规划航道用海范围内，应协调以满足滨州贝壳堤岛与湿地自然保护区与滨州港建设用海需求。

（2）东营市规划用海要求的协调性分析

根据东营市规划用海要求叠置分析结果，海洋保护区用海、油气开发用海、港口航运用海、东营市防潮体系标准化堤防建设规划用海、山东半岛蓝色经济区集中集约用海规划用海、东营市高端产业基地发展现状及规划用海、山东半岛蓝色经济区东营市现代海洋渔业发展专项规划用海等用海要求存在一定的重叠及冲突。

油气开发用海是东营市海域开发的重点。因此，除在山东黄河三角洲国家级自然保护区限制油气开发外，在其他海域进行油气开发均优先于其他类型的用海。海洋油气用海受油气资源分布的影响，用海位置具有较大的不确定性，且实际开发用海区域较小，且可与养殖、捕捞等其他用海项目交错使用海域。

港口是东营市经济与社会发展的基础设施，也是海洋石油开发的重要保障条件。港口航运用海需求主要为东营港及广利港附近的海域，应控制协调影响港口航运发展的用海要求。

2006年4月3日，山东省人民政府正式批准东营港经济开发区“升级”为省级经济开发区，分为仓储、化工、加工制造、高科技、行政办公、生活商贸六大规划区，重点突出石油化工特色，推进油码头和液体化工码头建设，建成国家能源储备基地、石油化工基地。

黄河三角洲高效生态经济区发展规划中，滨海新城的建设，将所涉区域规划为高端产业区、高效生态农业区、生态旅游区和中心城区，解决东营虽为沿海城市但不见海的问题。该规划海域已经作为城市用地列入《东营市土地利用总体规划》。该规划用海为山东省集中集约用海 9 个大集中之一，其用海需求应协调与周边现代渔业开发用海的协调。

旅游娱乐开发用海需求确定为东营市海域的重要海洋功能，由于该旅游区与山东黄河三角洲国家级自然保护区重叠，因此，严格控制该旅游区的开发建设规模，保障旅游开发与自然保护工作的协调发展。

（3）潍坊市规划用海要求的协调性分析

《山东省集中集约用海规划》、《潍坊港总体规划》和潍坊昌邑海洋生态特别保护区规划用海要求之间不存在矛盾和冲突。

（4）烟台市规划用海要求的协调性分析

《山东集中集约用海规划》、《烟台港总体规划》与《烟台市海洋功能区划（报批稿）》（2008 年 7 月）规划用海要求之间不存在矛盾和冲突。

4.2.4 规划用海要求与资源条件的符合性分析

（1）滨州市规划用海要求与资源条件的符合性分析

我国渤海西南岸的贝壳滩脊—湿地系统是世界三大滩脊湿地海岸之一，渤海西南岸 4 条贝壳滩脊总长度为 504 千米，贝壳含量近 100%，其长度和贝壳纯度居世界三大滩脊之首，在世界上享有盛名。我国 4 条不同时期的滩脊，多深入于平原内部，或埋于地表下，并多开为耕地，保护区贝壳滩脊，是唯一以堤岛形式裸露于地表的一段，其成分、结构、构造和层序均历历在目，形成于距今 2 000~5 000 年，目前仍处于生长发育状态。它是世界罕见的残留贝壳岛链，是距今 5 000 年以来珍贵的海洋自然遗产。岛链的前后有滨海湿地所伴生和依托，构成完整的贝壳滩脊—湿地系统。调整后滨州贝壳堤岛与湿地自然保护区用海要求符合当地资源条件。

滨州市沿海地区风能资源较为丰富，冬季盛行偏北风、夏季盛行偏南风，风速由近海向内陆纵深逐渐衰减，其中近海区域 90 米高度年平均风速达 7.05 米/秒，平均风功率密度达 417.9 瓦/米^2。滨州市潮间带滩涂区域较广，呈东西走向沿海岸线分布，其中潮间带西部区域 90 米高度风功率密度为 6.95 米/秒，风功率密度为 405.4 瓦/米^2，略好于潮间带东部区域；潮间带东部区域 90 米高度平均风速为 6.72 米/秒，风功率密度为 361.0 瓦/米^2。滨州市陆地由于风速由近海向内陆纵深逐渐衰减，风速比潮间带区域稍低，70 米高度平均风速为 6.3 米/秒左右，风功率密度在 280.0 瓦/米^2 左右。可见，滨州市近海区域 90 米高度风功率密度均达 361.0 瓦/米^2 以上，属风能资源较丰富区，具备开发建设近海风电场的风能资源条件，陆地区域风能资源虽然有一定衰减，但 70 米高度风功率密度也能达到 280.0 瓦/米^2 左右。滨州近海区域面积共 2 937 平方千米，风能储量共 8 885.3 兆瓦，平均有效风速小时数为 7 629 小时。其中陆域面积 1 222平方千米，风能储量 3 406.1 兆瓦，平均有效风速小时数为 7 632 小时；海域面积 1 715 平方千米，风能储量 5 479.2 兆瓦，平均有效风速小时数为 7 627 小时。滨州市沿海具有较丰富的风能资源，《滨州市风电规划》中关于海上风电用海符合当地资源条件。

滨州港现主要港区均位于套尔河上，套尔河是历史上黄河入海的故道，河面宽阔，自然水深条件良好，口内最大水深达 18 米，有多处深槽可以建设不同等级的泊位，具备发展潜力；该河是一条以潮流控制为主的潮汐汊道，平均每潮纳潮量 3 500 万立方米，水动力条件优越，河口拦门沙及岸滩多年来处于微蚀后退的稳定状态，外海无泥沙补给，采取整治与疏浚相结合的措施，航道和港池开挖后回淤量小，可以维持较好的航行条件；拦门浅滩开通后，有建设 5 000 吨级以下泊位的条件。当地自然条件制约港口发展，西起漳卫新河河口、东至虎头崖，长达 800 余千米的鲁北海岸为粉砂、淤泥质，黄河、套尔河、小清河、白浪河在此段入海。该段海岸自然条件相对复杂，海岸低平、岸滩宽阔，水下岸坡平缓，深水离岸远，河口拦门沙、沿岸泥沙相当活跃。在此建港，开挖后的港池及航道若无有效的防护措施，就有淤积和难于维护的可能。在这样的海岸建设深水港，不仅有大量的技术问题有待研究解决，而且需要投入巨额资金。对滨州市的目前港区来说，主要表现在淤积制约港口的发展，进港航道及码头前淤积严重，以至于富国港停航多年，3 000 吨级泊位自建成后也未能充分发挥作用。滨州海岸入海河流较多，应系统地积累水文、泥沙运动资料，全面了解、深入研究，以利今后港口建设采取合理有效的防淤措施创造条件。

北海新区地广人稀，该地区以重盐碱地、滩涂湿地和潮间带高地海域为主。北海新区规划核心区面积为 668 平方千米，其中占用海岸线向海一侧海域面积为 540 平方千米。该处海域，多为养殖用海区和盐业用海区，随着经济、社会的发展，成为大规模工业建设的宝贵空间资源，亦可作为滨州港建设依托的城镇。

（2）东营市规划用海要求与资源条件的符合性分析

黄河三角洲是世界上最大和最新形成的三角洲之一。正是由于黄河丰富的水沙资源，100 多年来，在河、海、陆的相互作用下，这里形成了一个具有独特地形地貌、生物种类繁多的完整生态系统，具有丰富的土地、石油、海洋等自然资源。山东黄河三角洲国家级自然保护区，被联合国列为世界十三大湿地自然保护区之一，被誉为野生动植物资源的“基因库”，珍稀、濒危鸟类迁徙停留的“国际机场”。

东营市所辖陆域、海域油气资源丰富，区内是我国第二大油田——胜利油田的主产区。胜利油田年生产原油 2 650 万吨，每年新增探明石油地质近 1 亿吨。其中，浅海及海滩油田达 19 个，100 万吨级大油田有埕岛和孤东，年产能力 460 万吨；30 万~100 万吨的中型油田有埕东、八面河、飞雁滩等 5 个油田，年产能力 234 万吨；小型油田 12 个，年产能力 95 万吨。海上石油勘探开发更是前景诱人。胜利油田浅海油气资源丰富，预测远景资源量为 12 亿吨（现仅探明 3.4 亿吨），近年来又在埕岛油田的古生界、太古生界，连续发现高产油气流，在垦东、青东地区也有新的发现，勘探前景十分广阔。

东营沿岸是黄河尾闾多次摆动入海泥沙沉积而成，具有典型的冲积海岸特征，陆地平缓地伸入海中，形成宽阔的潮间带和辽阔的海底平原。沿海区海湾少，海底坡度小，缺少天然深水港址资源，在众多河流入海口仅适合中小型港口的建设。在黄河口附近海域，则具备建深水大港的条件，东营港区有优良的通向外海的深水航道，发展海上交通运输条件较优越。

东营近海的渔业资源种类约有 130 余种，其中重要的经济鱼类和无脊椎动物 50 余种。滩涂的贝类资源近 40 种，其中经济价值较高的贝类有 10 余种。

东营市沿海地处黄河冲积平原，盐业原料海水和地下卤水资源丰富，是盐业和盐化工产业发展的优良场所。全市宜盐面积达 0.732 4 万公顷。浅层地下卤水面积 3.75 万公顷，地表下 60 米以内系氯化物-钠型地下卤水，pH 值 7~8，卤水浓度一般在 6~12 波美度，含水层厚度为 4.2 米，卤水储存量 1.26 亿立方米。深层地下卤水为氯化钙原生卤水，卤水埋深一般在 2 500~3 000 米，卤水浓度一般 14~22 波美度，据初步估算，卤水净储量不低于 35 亿立方米。

东营市土地总面积 79.232 5 万公顷，目前已开发利用土地 44.2 万公顷，未开垦的盐荒地达 35 万公顷。东营市年平均有效风能 4~20 米/秒，分布很不平衡，北部沿海约 648 千瓦/公顷，广饶 259 千瓦/公顷。有效风速小时数也以北部最多，从分布情况看，北部风能资源比较丰富，开发风能资源的潜力很大。

东营市旅游资源主要以雄奇多姿的生态文化、黄河造陆奇观和现代文明汇聚而成。其中南部主要是新兴城市崛起带来的现代文明，中部主要是黄河口造陆运动形成的河海交汇、沧桑巨变景观，以及海陆域石油工业现代人文景观，北部有以黄河入海口（包括现黄河入海口和北部的刁口流路入海口）湿地生态为主体的自然景观。黄河口湿地生态旅游区以国家级黄河三角洲自然保护区为主体，辅以东营海港、防潮大堤、仙河镇、孤岛油田、海上钻井平台等相关景点，构成融广袤、新奇、野趣于一体的独特的自然生态与现代文明景区。

（3）潍坊市规划用海要求与资源条件的符合性分析

昌邑市沿海盐碱滩，由于土壤含碱量高、土质疏松等原因，过去遍地盐碱、草木稀疏，一年四季海风呼啸。而柽柳主要分布在沿盐渍化河流泛滥地与滨海盐碱滩地，具有减少海潮漫滩和风暴侵袭、防风固沙、保养水源、改良土壤等作用。就自然属性而言，昌邑市沿岸属重度盐碱地区，适宜柽柳生长，还为开发多种产业提供了资源条件。建立昌邑海洋生态特别保护区，对改善海洋生态条件，提高各种资源生产力，促进昌邑市海洋经济和谐发展乃至“海上山东”建设，都有着极其重要的意义。

潍坊市北部沿海地区受地势平坦、坡降小，无自然港湾，距海较远，泥沙质海岸、无岩礁依托，海域水浅，风浪相对较大的制约。潍坊港建设受制于泥沙淤积问题。

潍坊滨海生态旅游度假区规划区是典型的粉砂淤泥质海岸，区域内的波浪比较平缓，岸滩坡降平缓，泥沙冲淤量较小，岸线相对稳定，并具有良好的地质基础，具备了建造工业区的基本自然条件，适于填海造陆工程的实施。新弥河、虞河、白浪河河口、河道疏浚泥土、滨海水城内水域和港池航道疏浚土，可为项目的实施提供充足的吹填土料。

（4）烟台市规划用海要求与资源条件的符合性分析

全市对应海域面积大，拥有莱州湾、龙口湾、套子湾、芝罘湾等海湾，浅海岩礁发育，藻类丰富，适合底播增殖。烟台市共有面积在500平方米以上的大小海岛72个，海岛面积68.6平方千米，岛岸线长206.6千米。庙岛群岛是国家级鸟类自然保护区、省级斑海豹自然保护区，拥有自然景观与人文景观区点60多个，崆峒列岛为省级自然保护区，养马岛为省级旅游度假区。

烟台市岸线资源丰富，基岩岸线曲折，近岸水深较大，岬角与海湾相间，形成了众多天然港湾，岬角掩护的港湾是良好的建港岸段。近海港湾内，除海岛附近外，均无岩礁或其他构筑物分布，多为软泥、泥沙或黏土质粉砂底质，适宜各种船只锚泊，锚地水域十分广阔。烟台至大连、天津、青岛等地的航道水深条件良好，不淤不冻。穿插于庙岛群岛的老铁山水道、长山水道、登州水道等均是进出渤海的通道，不仅所处位置极为重要，而且自然条件亦十分优越。

烟台的自然类旅游资源中，以海岛和海滨最具特色和吸引力，品位普遍较高。烟台海域岛屿众多且面积较大，这些海岛大多与陆地距离适中，生态环境独特，旅游开发潜力巨大。大陆海岸线受地质、地形因素的影响，烟台市海岸岬角、海湾、岩岸、沙滩相间分布，绵长的海岸线与众多岛屿一起构成了山峰林立、海岸峥嵘、沙细坡缓的地貌，为旅游业开发提供了广阔多样的地貌空间，具有很高的开发利用价值。烟台市也拥有一些历史文化内涵深厚的人文类旅游资源。海滨流雾等天象奇观也独具特色。

烟台市渔业资源丰富，是全国重要的渔业基地。

海洋矿产资源储量丰富，蓬莱19-3油田构造面积50平方千米，地质储量约6亿吨。龙口海域已探明天然气储量225亿立方米，海底煤矿分布面积约150平方千米，探明储量约12.9亿吨。

4.3 用海需求优先保证次序

根据《省级海洋功能区划编制技术要求》（国家海洋局海域和海岛管理司，2009年12月），用海需求的优先保证次序分为“重点保证”、“优先安排”和“一般考虑”3个保证次序。根据前述用海需求叠置分析、重要性分析以及与资源条件符合性结果，结合当地宏观社会经济背景、资源环境适宜性和海域开发利用现状，确定各用海需求的优先保证次序。

4.3.1 滨州市海域用海需求保证次序

1）重点保证的用海需求

（1）自然保护区建设用海需求

滨州贝壳堤岛—湿地是世界上保存最完整、唯一新老并存的贝壳堤岛，是研究黄河变迁、海岸线变化、贝壳堤岛的形成等环境演变以及滨海湿地类型的重要基地，在我国海洋地质、湿地类型研究工作中占有极其重要的地位。沿海岸分布的第二列贝壳堤岛，至今仍在继续生长发育。典型的贝壳滩脊-湿地是山东省、我国乃至世界上珍贵的海洋自然遗产。本次山东省渤海海洋生态红线区编制应重点保证滨州贝壳堤岛与湿地国家级自然保护区建设用海需求。

（2）港口航运业用海需求——滨州港建设用海需求

滨州港位于渤海湾西南岸，套尔河入海口处，地处环渤海经济圈和黄河经济带的交汇处，是济南都市圈唯一的出海口；是《黄河三角洲高效生态经济区发展规划》产业布局中“四点、四区、一带”的“四点”之一和“四区”之一。本次山东省渤海海洋生态红线区编制应重点保证滨州港建设用海需求。

（3）工业与城镇建设用海需求——北海新区建设用海需求

北海新区建设用海需求作为山东半岛蓝色经济区集中集约用海规划中 10 个大集中之一。该处海域，多为养殖用海区和盐业用海区，随着经济、社会的发展，成为大规模工业建设的宝贵空间资源，亦可作为滨州港建设依托的城镇和临港工业聚集区。本次山东省渤海海洋生态红线区编制应重点保证北海新区建设用海需求。

2）优先安排的用海需求

（1）矿产与能源开发用海需求——高效生态盐业经济发展规划用海需求

滨州市是山东省第二大产盐市，加快滨州盐业发展，对于推动滨州实施追赶超越战略，增加盐业对地方财政贡献率，建设大而强、富而美的滨州盐业，具有重大而深远的意义。规划建成蓝色盐业经济产业园、高效生态盐业海水养殖区、蓝色盐业工业旅游区、环渤海绿色盐业海洋化工基地，建成山东省乃至全国重要的海洋资源高效综合利用和蓝色经济高端产业聚集区。本次山东省渤海海洋生态红线区编制应优先安排高效生态盐业经济发展规划用海需求。

（2）农渔业用海需求

加快黄河三角洲高效生态渔业经济区建设，大力实施现代渔业“3·20 工程”，渔业龙头企业建设“双百工程”，渔业科技“3·10 工程”，实现渔业基础设施更加完善，高效生态渔业经济规模显著扩大，渔业资源得到显著修复，渔业产业化水平显著提升，渔业科技自主创新能力显著增强，水产品质量显著提高，渔业从业人员素质显著提高，管理水平更加先进，渔区小康社会建设步伐加快，完成由传统渔业向现代渔业的跨越。本次山东省渤海海洋生态红线区编制应优先安排高效生态渔业用海需求。

3）一般考虑的用海需求

矿产与能源开发用海需求——可再生能源开发用海需求

滨州海上风电场风能资源较丰富，风电场建设条件较好，具有较好的开发价值。开发建设山东滨州风能资源符合国家可持续发展的原则和能源政策，可减少化石能源资源的消耗，减少因燃煤等排放有害气体对环境的污染，对促进当地社会经济的发展将起到积极作用，同时对发展和推动我国风电设备产业建设具有重要现实意义。本次山东省渤海海洋生态红线区编制可一般考虑风电规划用海需求。

4.3.2 东营市海域用海需求保证次序

1）重点保证的用海需求

（1）自然保护区建设用海需求

黄河泥沙含量高，河口造陆活跃，其三角洲为典型的河口湿地生态系统，黄河入海口湿地生态和生物多样性的保护受到国际关注，应重点保证自然保护区建设用海需求。

（2）矿产与能源开发用海需求——油气开发用海需求

石油是我国经济发展的战略物资，在国民经济发展中占有极其重要的位置。因此，除在山东黄河三角洲国家级自然保护区限制油气开发外，在其他海域应重点保证油气开发用海需求。

（3）港口航运业用海需求——东营港建设用海需求

东营港是东营市对外开放的重要口岸，是东营市发展外向型经济的重要依托，是山东省沿海地方性港口，是胜利油田的服务基地、黄河三角洲开发战略的重要依托，应重点保证其用海需求。

（4）工业与城镇建设用海需求——滨海新城建设用海和东营经济技术开发区建设用海需求

东营市东营港经济开发区重点突出石油化工特色，推进油码头和液体化工码头建设，建成国家能源储备基地、石油化工基地，是山东省集中集约用海规划中 10 个小集中之一，应重点保证其用海需求。

东营滨海新城将所涉区域规划为高端产业区、高效生态农业区、生态旅游区和中心城区，解决东营虽为沿海城市但不见海的问题，滨海新城也是山东省集中集约用海规划中 9 个大集中之一，是山东省优先开发的区域，应重点保证其用海需求。

2）优先安排的用海需求

（1）东营市防潮体系标准化堤防建设规划用海需求

东营市有着丰富的潜在旅游资源，原有的海岸防护工程老化破损严重，影响工程安全，与当地旅游环境极不适应。防潮堤的建设不仅能够提高防御风暴潮的能力，而且能够与旅游线路相结合，改善城市面貌与旅游环境。高标准防潮堤不仅保护了沿海工农业、水产养殖业，促进当地经济发展，改善生态环境，产生很好的经济效益和社会效益，还将有力地带动区域经济向沿海发展，促进地方经济的快速发展，应优先安排其用海需求。

（2）矿产与能源开发用海——盐田开发用海需求

东营市全市宜盐面积达0.732 4万公顷。浅层地下卤水面积3.75万公顷，卤水储存量1.26亿立方米。深层地下卤水为氯化钙原生卤水，卤水埋深一般在2 500~3 000米，由于埋藏较深，再加上经济技术条件所限，尚未得到开发利用，应优先安排其用海需求。

（3）农渔业用海需求

东营市浅海、滩涂面积宽阔，水深15米以内的海域面积为48万公顷。潮间带跨度大，滩涂平坦；潮上带坡降小，地势平缓，水质肥沃；淡水径流量大的年份，饵料生物丰富，是鱼、虾、蟹、贝类的良好繁殖场所。沿海水产资源种类繁多，资源量丰富，素有“百鱼之乡”的美称。分布洄游于东营近海的渔业资源种类约有130余种，较重要的经济鱼类和无脊椎动物50余种，分布于滩涂的贝类资源近40种，有较高经济价值的贝类有10余种，应优先安排其用海需求。

3）一般考虑的用海需求

（1）矿产与能源开发用海——可再生能源开发用海需求

东营市北部风能资源比较丰富，开发风能资源的潜力较大，可一般考虑其用海需求。

（2）旅游娱乐用海需求

东营市的滨海旅游资源比较丰富，黄河口、大湿地、温泉、贝壳沙堤等旅游资源得天独厚，旅游业发展潜力较大，可一般考虑其用海需求。

4.3.3 潍坊市海域用海需求保证次序

1）重点保证的用海需求

（1）自然保护区建设用海需求

潍坊昌邑海洋生态特别保护区内的设立对维护海岸生态系统，保护海洋生物多样性，应对气候变化，增加生物资源，净化空气，防风固沙，保护防潮大堤安全，防止海岸侵蚀，改善脆弱的莱州湾生态系统，促进地区海洋资源可持续利用和社会经济协调发展等方面，将发挥重要的作用，应重点保证自然保护区用海需求。

（2）旅游娱乐、城镇建设用海——潍坊滨海生态旅游度假区建设用海需求

潍坊滨海生态旅游度假区建设用海是山东省确定的重点开发建设区域，是实现《黄河三角洲高效生态经济区发展规划》的需要，是山东省实施“一体两翼”战略、山东半岛蓝色经济区和胶东半岛高端产业集聚区的重要内容，应重点保证其用海需求。

（3）港口航运用海——潍坊港建设用海需求

潍坊港是建设胶东半岛制造业基地和黄河三角洲高效生态经济区的重要战略资源，是潍坊市社会经济发展、调整产业结构的重要保障，是潍坊市北部经济产业带、临港工业区开发的重要依托，应重点保证潍坊港建设用海需求。

2）优先安排的用海需求

（1）矿产与能源开发用海——油气开发用海需求

潍坊市沿海地区石油、天然气资源丰富，已探明石油地质储量1.5亿吨，天然气2 500万立方米，石

油是我国经济发展的战略物资，在国民经济发展中占有极其重要的位置，应优先安排其用海需求。

(2) 矿产与能源开发用海——盐田开发用海需求

潍坊市拥有滨海地带14.43万公顷，区内地势平坦，土质密实，地下卤水资源丰富，强日照，多风少雨，蒸发量大，是原盐生产的良好场所。盐化工企业已形成一定的生产规模，应优先安排其用海需求。

(3) 农渔业用海需求

潍坊沿海渔业资源丰富，近海鱼类有70多种，近海莱州湾渔场，是多种虾蟹类的产卵繁育场所，应优先安排需求。

3) 一般考虑的用海需求

(1) 矿产与能源开发用海——可再生能源开发用海需求

潍坊北部沿海地区风速全年平均3.0米/秒，其中春季4月最大，平均3.6米/秒，夏季8月最小，平均2.3米/秒。受季节影响，该区风速差异较大，历年出现大风的天数为34天，最大风速达20米/秒，极大风速可达41.4米/秒。地势平坦，风与地面摩擦力相对较小，为风能利用提供了有利条件，可一般考虑其用海需求。

(2) 旅游娱乐用海

潍坊市旅游资源较贫乏，主要以人造景点为主，因受地理、气候等环境制约，可一般考虑其用海需求。

4.3.4 烟台市海域用海需求保证次序

1) 重点保证的用海需求

(1) 自然保护区建设用海需求

烟台市有各级各类海洋保护区7处，保护区面积达201 198.24公顷。规划新建3处海洋自然保护区，11处海洋特别保护区，升级1处自然保护区，增加海洋保护区面积770 160公顷。海洋保护区的建设，对于保护重要的海洋生物资源及其生境和典型海洋生态系统，保证生态系统的平衡和海洋生物资源的可持续利用具有十分重要的意义。应重点保证其用海需求。

(2) 港口航运用海——烟台港建设用海需求

烟台港作为我国20个主枢纽港之一，在山东半岛地区经济发展中起到了十分重要的作用。烟台港现有芝罘湾港区、龙口港区、蓬莱东港区、栾家口港区、莱州港区、海阳港区等9个主要港区。预计2020年烟台港总吞吐量将达到2.43亿吨，预计2020年烟台港集装箱吞吐量将达到470万标准箱。为了满足烟台港口发展需求，应重点保证其用海需求。

(3) 工业与城镇建设用海

套子湾临港工业聚集区、龙口湾海洋装备制造业聚集区、莱州临港产业聚集区建设用海需求

龙口港是我国最大的对非出口贸易口岸、我国首批对台直航港口，被国家发改委列为北煤外运装船港，被商务部批准为除中石油、中石化、中海油之外的唯一一处国家原油仓储资质港口企业。龙口市被商务部批准为山东省唯一一处国家级汽车零部件产业基地县（市），拥有长江以北最大的高分子化工材料加工制造基地，是全省两大配煤中心之一，龙口湾内建有全国唯一的大型海滨煤炭基地。龙口湾交通便利，大莱龙铁路已投入运营，进港铁路全线拉通，德大、黄大、龙烟铁路已经纳入山东省“十一五”规划的重点工程。龙口湾海洋先进制造业聚集区项目来源充沛，发展后劲强劲。该用海需求是山东省集中集约用海规划确定的9个大集中之一，政策支持发展的区域，应重点保证其用海需求。

莱州临港产业聚集区规划区位于海北咀至三山岛区域，规划面积为10平方千米。该区域是莱州湾沿岸最为坡陡水深的海域，适合建深水码头。现有国家一类开放口岸莱州港和三山岛渔港，也是黄河三角洲高效生态经济区发展规划中重点建设的港口。该区域拟重点发展港口码头及配套设施、临港物流、临港工业，功能定位为港口工业区。该用海需求是山东省集中集约用海规划确定的10个小集中之一，政策支持发展的区域，应重点保证其用海需求。

（4）矿产与能源开发用海

莱州海洋新能源产业聚集区位于莱州土山防潮堤北部海域，地处烟台、青岛、潍坊三市交界，区位优势明显。目前莱州港年吞吐能力达到3 000万吨，与津浦铁路和京九铁路相通，西接晋、陕、内蒙古能源基地，配套建设石油储存站，年可实现中转石油1 000万吨，使莱州日益成为渤海湾经济圈重要的液体化工品专业交易中心和物流基地。该区域滩缓水浅，有着丰富的地下卤水资源，总储量74亿立方米，适宜发展盐及盐化工业，是我国最大的日晒盐基地。该用海需求是山东省集中集约用海规划确定的集中用海之一，政策支持发展的区域，应重点保证其用海需求。

（5）旅游娱乐用海

蓬莱海洋文化旅游产业聚集区规划区位于蓬莱市北部沿海，东临蓬莱阁景区。蓬莱市旅游资源十分丰富，临港工业、旅游业、葡萄酒三大主导产业已占到规模以上投资的60%以上。该区域拟重点发展海岸整治、岸线修复、海洋公园、游艇产业、海洋文化旅游产业，功能定位为西海岸海洋文化精品旅游度假区。蓬莱西海岸海洋文化精品旅游度假区规划面积7平方千米，其中填海面积5平方千米，人工岛与陆域间形成内部水域面积2平方千米。本规划区域周围无生态敏感区。规划区气候适宜，地质条件好，适宜进行旅游资源的开发。该用海需求是山东省集中集约用海规划确定的集中用海之一，政策支持发展的区域，应重点保证其用海需求。

2）优先安排的用海需求

优先安排农渔业用海中的重要渔业品种养护用海需求。莱州湾沿海滩涂面积辽阔，地势平坦，水质肥沃，贝类资源丰富，有毛蚶、文蛤、牡蛎、竹蛏、青蛤、菲律宾蛤等滩涂贝类39种，资源蕴藏量40多万吨，全国著名的毛蚶场和“牡蛎山”就在此地，发展贝类增养殖条件得天独厚。主要养殖模式为贝类底播和池塘养殖为主。应优先安排其用海需求。

3）一般考虑的用海需求

（1）农渔业用海——莱州三山岛渔港建设用海需求

莱州三山岛渔港有渤海湾最大的渔业码头，始建于1978年，期间经历过几次整修，但是随着经济发展，渔港锚地和泊位已严重不足，特别是扇贝收获季节，养殖船和捕捞船争相抢占泊位，泊位不足的矛盾更加突出。可一般考虑其用海需求。

（2）农渔业用海——增养殖用海需求

随着海洋渔业资源状况的日趋严峻和海洋捕捞产量负增长及季节性休渔政策的实施使得营养、健康的海水养殖产品的消费需求迅速扩大，宜养浅海渔业资源的需求量增大，可一般考虑其用海需求。

4.4 重点用海需求清单

4.4.1 临海工业园区和城镇建设区用海需求

（1）滨州北海新区建设用海需求

北海新区为《山东半岛蓝色经济区集中集约用海专项规划》中的9个大集中之一，重点发展海洋化工业、海上风电产业、能源产业、港口物流业，功能定位是济南都市圈出海口、渤海湾南岸临港产业聚集区。建设北海新区是滨州市委、市政府从全国、全省、全市经济社会发展全局出发做出的重大战略决策，是贯彻落实省委、省政府提出的“一体两翼”发展战略和加快黄河三角洲高效生态经济区建设的重大举措。也是滨州市抢抓机遇，更好地接受天津滨海新区辐射，更快地融入环渤海经济圈的迫切需要。市委、市政府提出将滨州打造成山东对接天津滨海新区的桥头堡和滨州未来经济发展的增长段，意义重大而深远。规划的滨州市北海新区核心区面积为668平方千米，用海需求面积为540平方千米。

（2）东营经济技术开发区建设用海需求

2006年4月3日，山东省人民政府正式批准东营港经济开发区“升级”为省级经济开发区。东营市东营港经济开发区规划控制面积232平方千米，分为仓储、化工、加工制造、高科技、行政办公、生活商贸六大规划区，重点突出石油化工特色，推进油码头和液体化工码头建设，建成国家能源储备基地、石油化工基地。到2020年，初步形成大物流、大贸易的临港工业区。

（3）东营滨海新城建设用海需求

东营滨海新城建设成为高端产业区、高效生态农业区、生态旅游区和中心城区，解决东营虽为沿海城市但不见海的问题。滨海新城是山东省集中集约用海规划中9个大集中之一，功能定位为真正的滨海城市，规划的滨海新城建设一期用海需求面积160平方千米，二期建设用海需求面积150平方千米。

（4）潍坊滨海新城建设用海需求

《潍坊市沿海地区总体规划》中将滨海新城定位为潍坊沿海地区的以海洋化工、纺织服装和机械制造为主导的综合性先进制造业基地，环渤海南岸的新兴滨海城市和重要交通节点，潍坊市域副中心。滨海新城的建设依托山东潍坊滨海经济开发区，是实现《黄河三角洲高效生态经济区发展规划》的需要，是山东省实施“一体两翼”战略、山东半岛蓝色经济区和胶东半岛高端产业集聚区的重要内容，是实现潍坊港总体规划的需要，有利于潍坊市拓展港口功能，提升港口竞争力。《潍坊滨海新城区域建设用海总体规划》滨海新城建设用海需求面积210平方千米。

（5）龙口湾临港高端产业聚集区用海需求

龙口湾临港高端产业聚集区为《山东半岛蓝色经济区集中集约用海专项规划》中的9个大集中之一，重点发展海洋工程装备制造业、临港化工业、能源产业、物流业，功能定位是以海洋装备制造为主的先进制造业集聚区。

《龙口湾临港高端产业聚集区一期（龙口部分）区域建设用海规划》已获国家海洋局批准，用海面积44.3平方千米，其中填海面积35.2平方千米。龙口湾临港高端产业聚集区一期，重点以国家发改委发布的《产业结构调整指导目录（2005年本）》和《国务院批转发展改革委等部门关于抑制部分行业产能过剩和重复建设引导产业健康发展若干意见的通知》（国发〔2009〕38号）以及相关政策为依据，立足于发挥全市现有的产业基础优势，按照“一条主线，一个中心，四大基地”的总体思路，坚持高端产业与产业高端兼顾，因地制宜，积极引进各类高端项目，精心培育上下游产业链完整，资源优化配置的产业体系，区域重点产业链、循环经济。

4.4.2 临海产业用海需求

（1）滨州港建设用海需求

《山东省沿海港口布局规划》中滨州港定位为山东省沿海一般性港口，是山东省地区性重要港口和区域综合运输体系的重要枢纽，是滨州市和鲁西北地区发展外向型经济和推进工业化进程的重要依托，是省会都市圈和黄河三角洲生态经济区对外贸易的重要口岸，是山东省实施“一体两翼”战略、全面融入环渤海经济圈和对接北海新区开发开放的重要保障。《滨州港总体规划》用海需求约34.21平方千米。

（2）东营港建设用海需求

《山东省沿海港口布局规划》中东营港定位为山东省沿海一般性港口，是胜利油田的服务基地，东营市对外开放的窗口，黄河三角洲开发战略的重要依托。《东营港总体规划》用海需求为680.41公顷。《东营港广利港区总体规划》用海需求为8 092.32公顷。

（3）潍坊港建设用海需求

《山东省沿海港口布局规划》中潍坊港定位为山东省沿海一般性港口，是建设胶东半岛制造业基地和黄河三角洲高效生态经济区的重要战略资源，是潍坊市社会经济发展、调整产业结构的重要保障，是潍坊市北部经济产业带、滨海新城临港工业区开发的重要依托。《潍坊港总体规划》用海需求为20 272.1公顷。

5 存在问题与对策措施

5.1 海洋资源开发利用的问题与对策措施

5.1.1 海洋资源开发利用中存在的问题

虽然山东省海洋经济发展速度较快，但与发达国家和地区相比，海洋空间资源开发利用的深度和广度都有很大差距，在开发过程中还存在一些问题，主要表现在以下几个方面。

（1）开发无序，缺少统筹规划。由于各涉海管理部门各自为政，各取所需，缺少协作配合，导致海洋空间资源开发呈现无序状态。且至今尚无关于海洋空间资源合理开发利用的总体规划。距离建设山东半岛蓝色经济区提出的集约用海的要求，存在巨大差距。

（2）传统产业所占比重大，新兴产业发展滞后。传统海洋渔业、交通运输业在海洋空间资源开发中仍占主导，而新兴的滨海旅游业、海上城市、海上工厂、海洋工程等所占比重较小，甚至没有。

（3）科技含量不高，低水平重复建设情况时有发生。

（4）专业人才缺乏，特别是缺乏海洋空间工程技术人员。

（5）环境污染现象严重，存在重开发、轻环境保护倾向，特别是渤海水域，海洋污染异常严重。

5.1.2 海洋资源开发利用对策与措施

（1）提高对空间资源重要性的认识

海洋空间资源开发意义重大，全社会都要提高认识，树立海洋空间资源意识，推动海洋空间资源合理开发和利用。进一步加强对海洋空间资源开发利用的管理。建议成立全省海洋空间资源开发利用领导小组，由分管省长牵头，各涉海单位参加，领导小组主要负责海洋空间资源开发政策、规划制定及重大事项协调等工作。领导小组下设办公室，负责具体日常事务。各涉海部门要在领导小组的统一指导下，通力合作，协调配合，促进海洋空间资源合理有序开发和利用。

（2）海洋空间资源开发利用总体规划，加强统筹管理

要尽快制定出台山东省海洋空间资源开发利用总体规划，并本着集约用海的原则制定出台山东省集约用海总体规划，明确开发利用的目标、方向和重点，并使之与海洋经济发展规划、海洋渔业发展规划、海洋环境保护规划相衔接和协调。要加强海洋空间资源开发的统筹管理，确保资源利用效率最大化、环境效益最大化。

（3）加大投入力度，形成多元投融资开发格局

资源开发需要资金投入，特别是重大项目工程如新场、海底隧道、跨海通道等建设需要巨大的资金投入。为此，要加大投入力度，形成多元投融资格局：一是加大政府投入；二是吸引民间资本注入；三是银行贷款；四是吸引外资；五是通过 BOD、BOT 等方式融资。总之，通过多元投融资，推动海洋空间资源的开发和利用。

（4）建立健全促进海洋空间资源开发利用的政策法规体系

通过全国人大立法形式，制定相关促进海洋空间资源开发利用的政策法规，形成相对完善的政策法规体系。制定优惠政策，在税收、人才、财政补贴、海域使用等方面给予优惠和便利，鼓励和扶持企业和个人合理开发和应用海洋空间资源。制定海洋空间资源开发利用条例，对海洋空间开发利用进行规范和管理。

（5）实施环境保护战略，加大海洋环境保护力度

在海洋空间资源开发过程中，必须加强环境保护，使资源开发与环境保护相得益彰。所有海洋空间工程都要进行环境评估，不符合条件的项目坚决不能上马。对于已上马且对环境造成污染的，要坚决取

缔或整改，使之达到环评标准。通过加大环境保护力度，使人与自然实现和谐共处。

（6）实施人才战略，引进和培育一支业务精干的专业人才队伍

一方面发挥高校及科研院所的资源优势，培育海洋科技人才。要充分利用山东省现有的科研院所资源，加大海洋空间资源开发及海洋工程技术人才的培育。通过引进和培育，在山东省造就一支素质过硬、业务精干的专业人才队伍；另一方面要积极引进域外海洋科技人才。国内面向上海、广东等沿海发达地区，国外主要面向欧美、日本、韩国等发达国家引进山东省急需的海洋工程技术人才。通过各种方式，利用各种手段，积极吸引国内外知名的海洋空间开发方面的专家、学者、学术带头人等参与山东省海洋空间资源的利用相关工作。

（7）加大宣传力度，实施海洋空间资源的合理开发

利用创造良好的氛围通过广播、电视、报刊、互联网等媒体，加大对海洋空间资源开发利用的宣传力度，在全社会形成良好的氛围。通过召开座谈会、聘请专家做报告、举办展览会等多种形式，宣传海洋空间资源开发的重要意义及国内外海洋空间资源开发案例，营造良好的舆论环境，让海洋空间资源开发深入人心，使人们自觉投身到海洋空间资源开发利用中来。

5.2 围填海问题及对策建议

5.2.1 围填海存在的问题

虽然山东省海洋经济发展速度较快，但与发达国家和地区相比，海洋空间资源开发利用的深度和广度都有很大差距，在围填海开发过程中还存在一些问题，主要表现在以下几个方面。

（1）开发无序，缺少统筹规划。由于各涉海管理部门各自为政，各取所需，缺少协作配合，导致围填海呈现无序状态，且至今尚无关于围填海的总体规划。与建设山东半岛蓝色经济区提出的集约用海的要求，存在巨大差距。

（2）围填海为海洋经济的发展提供了宝贵的空间资源，缓解了土地指标严重不足的矛盾，但同时也对海洋环境造成了不可挽回的损害，增大了海洋环境保护的压力，围填海活动使海洋生态环境遭到破坏：岸线人工化程度惊人，河口排洪受阻，海湾束窄或丧失，岛礁坨数量减少，滩涂湿地面积减小，海岸工程垃圾遍布，部分生物的栖息环境、产卵场等遭到破坏，渔业资源锐减，生物多样性指数明显降低等。

5.2.2 围填海对策与建议

通过对国外围填海现状的分析与研究，结合山东省的具体情况，得到如下建议。

（1）在明确区域功能定位的基础上，划定重点开发行政区或者岸段，进行科学合理的用海规划，在重点开发区外，限制甚至严禁进行大规模的围填海等严重破坏海洋资源环境的海洋开发活动。

（2）对重点地区或岸段开发前，必须与城市总体规划、海洋功能规划、海洋功能区划等相衔接进行详细、系统的总体空间规划。同时，在论证比选围填海项目的平面规划的布局中鼓励人工岛或顺岸分离式的填海用海方式。

（3）在满足海洋经济发展需要的同时，最大限度节约开发利用海洋资源。围填海的海洋开发活动应该把海洋资源环境保护放在首位，进一步改进和完善围填海的海域使用论证大纲的内容，努力做到开发与保护并重。

（4）在规划以及项目建设中应尽量减少对自然岸线的占用，在可能的情况下，去修复一些岸段；同时海洋开发应尽量减少对现有滩涂的占用。

（5）在海洋开发建设中，应尽量避开海洋生态环境脆弱和敏感区域，选择资源环境承载力高的地区作为重点开发区域，确保在海洋开发的同时海洋生态环境得到保护。

（6）海洋开发应体现集中集约用海原则，避免粗放型用海，增加用海投入产出的强度，挖掘用海潜力，提高海域利用效率。

（7）建立有实效的、能规范和约束山东省用海行为的地方级管理条例、规章制度，以完善和强化海洋开发行为，如《海岸带管理条例》、《海岸带保护条例》、《围填海管理办法》、《海岸线保护手册》、《用海活动对相关利益者损失的补偿办法》、《海洋工程建设损失的补偿办法》等。

参考文献

李京梅，孙晨 . 2011. 海洋自然保护区渔业收入补偿制度研究——以滨州贝壳堤岛与湿地国家级自然保护区为例 . 产业集群与区域发展国际学术研讨会.

李树荣 . 2013. 滨州贝壳堤岛与湿地碳通量地面监测研究 . 大连：大连海事大学 .

孟庆武，任成森 . 2011. 论山东半岛蓝色经济区建设过程中海洋资源的科学开发 . 海洋开发与管理，28（1）：58-62.

曲玉环 . 2009. 东营市陆源入海污染物调查与评价 . 青岛：中国海洋大学.

沙爽 . 2014. 围填海需求与海洋环境适宜性评价研究 . 大连：大连海事大学.

山东省海洋与渔业厅 . 2008. 山东省海洋与渔业发展规划 .

田贵全，曹惠明，孟祥亮，等 . 2012. 山东省自然保护区建设 30 年发展变化研究 . 环境与可持续发展，37（5）：82-86.

田家怡，谢文军，孙景宽 . 2009. 黄河三角洲贝壳堤岛脆弱生态系统破坏现状及保护对策 . 环境科学与管理，34（8）：138-143.

王江涛 . 2011. 海洋功能区划若干理论研究 . 青岛：中国海洋大学.

杨大海 . 2008. 海洋空间资源可持续开发利用对策研究——以大连为例 . 海洋开发与管理，25（1）：29-32.

翟伟康，徐文斌，李晋，等 . 2012. 我国海域使用现状特点及存在问题的分析 . 海洋开发与管理，29（3）：26-30.

张丛 . 2009. 海洋生态旅游资源开发战略研究——以烟台市为例 . 青岛：中国海洋大学.

张海霞 . 2009. 潍坊港疏港公路建设可行性研究 . 青岛：中国海洋大学.

赵珍 . 2008. 我国海洋产业结构及其优化研究 . 海洋开发与管理，25（7）：43-46.

专题三：山东省渤海海域生态功能区专题研究

1 总则

重要的海洋生态功能区是指海洋生态环境功能目标很高，且遭受损害后很难恢复其功能的海域及海洋生态环境敏感区。包括海洋渔业资源产卵场、重要渔业水域、滨海湿地、海洋保护区、典型海洋生态系统（如河口）等。

本专题依据山东渤海海域的区位条件、海洋功能区划和海域开发利用现状等相关资料，研究山东渤海海域生态功能区。专题分析了山东渤海海域的海洋自然保护区、海洋特别保护区、水生野生动物保护区、水产种质资源保护区、海洋渔业资源产卵场、滨海湿地以及典型海洋生态系统。在分析研究的基础上，提出山东渤海海域内生态功能区的开发与保护对策措施，为海洋生态红线区的划定提供依据。

2 海洋自然保护区

2.1 黄河三角洲自然保护区

1992 年，国务院批准建立黄河三角洲国家级自然保护区，保护区面积 15 300 公顷，主要保护对象为原生性湿地生态系统及珍禽。

黄河三角洲自然保护区位于黄河入海口处，是国际重要湿地之一。这里的新生天然湿地生态系统和自然景观是极为珍贵的自然界的原始“本底”，它为衡量人类活动结果的优劣提供了客观评价标准，也为探讨某些生态系统今后合理的发展方向提供了原始的参照。自然保护区的建立，极大地促进了部分濒危物种的保护与繁衍，它实际上已成为一个多样性物种的天然贮存库和基因库。自然保护区同时也是一个最真实、最生动的自然博物馆，是一个向人们进行保护自然、热爱自然教育的大课堂。

它无论作为珍稀鸟类的停歇地和越冬栖息地，还是作为独特的河口生态系统，都具有重大的科学价值和生态意义。自然保护区里有各种生物 1 917 种，其中属国家重点保护的有 50 种；有各种野生动物 1 524种，水生动物中有属国家一级保护的白鲟、达氏鲟；鸟类中有属国家一级重点保护的丹顶鹤、白头鹤、白鹤、大鸨、金雕、白尾海雕、中华秋沙鸭等。自然保护区内有植物 393 种，属国家重点保护植物的野大豆在保护区中有较广分布。区内生长有天然芦苇 3. 3 万公顷、天然杂草地 1. 8 万公顷，天然柳林 2 000公顷，天然柽柳灌木林 8 100 公顷，人工刺槐林 5 600 公顷。目前，黄河三角洲国家级自然保护区是中国华北沿海保存最完整、面积最大的自然植被区。

区内水生生物资源丰富，据初步调查有 800 多种，其中属国家重点保护的有文昌鱼、江豚、松江鲈鱼等。有野生植物上百种，属国家重点保护的濒危植物野大豆分布广泛，各种鸟类约 187 种，列为中日候鸟保护协议受保护的达 108 种，其中国家重点保护野生动物丹顶鹤、白头鹤、白鹳、金雕、大鸨、大天鹅、小天鹅、灰鹤、蜂鹰等 32 种，各种鹭类、雁鸭类水禽不但种类多，数量也极为丰富。

黄河三角洲自然保护区的陆地，是黄河携带的大量泥沙由上游而下冲积形成的。今天，黄河河口仍以每年 2~3 千米的速度向大海推进，年均造陆地 32. 4 平方千米，这也使得黄河三角洲自然保护区的土地面积逐年增大，成为世界上土地面积自然增长最快的自然保护区。

2.2 滨州贝壳堤岛与湿地系统自然保护区

2002年，山东省人民政府批准建立无棣贝壳堤岛与湿地系统省级自然保护区，保护区面积为80 480公顷，主要保护对象为贝壳脊滩海洋自然遗产和湿地生物系统。2004年更名为滨州贝壳堤岛与湿地系统省级自然保护区。2006年升级为国家级自然保护区。

无棣贝壳堤岛与湿地系统省级自然保护区位于山东省无棣县北部，渤海西南岸，西至漳卫新河，东至套尔河，北至浅海3米等深线，南至张山子—李山子—下泊头—杨庄子一线。地理坐标为：北纬37°54′30″—38°19′10″，东经117°45′08″—118°05′37″。境内北部分布两列古贝壳堤，第一列在埕口镇以北，位于张家山子—李家山子—下泊头—杨庄子一线，长近40千米，埋深0.5~1米，贝壳层厚3~5米，形成于全新世中期，距今5 000年左右；第二列在埕口镇东北，位于大口河—旺子堡—赵砂子一线，长近22千米，由40余个贝壳岛组成，岛宽100~500米，贝壳层厚3~5米，属裸露开敞型，形成于全新世晚期，距今2 000~1 500年。该两堤都与河北省的贝壳堤相连，组成规模宏大的世界罕见、国内独有的贝壳滩脊海岸，国际上称之为Chenier海岸。

贝壳堤岛是在特定的地质条件和地理环境下形成的独特地质地貌，无棣贝壳堤岛与国内外同等类型的贝壳堤比较，有几个独特之处：一是贝壳质含量高，无棣古贝壳堤岛无论是深埋地下的还是裸露于地表的，贝壳质含量几乎达到100%，很少有其他杂质；二是新老贝壳堤并存，无棣贝壳堤岛不但有距今5 000~2 000年的古贝壳堤，而且尚有新发育形成的新贝壳堤，并有形成第三条贝壳堤岛的趋势，国外与国内其他的贝壳堤都远离海岸，没有形成新贝壳堤的可能；三是典型的贝壳滩涂湿地生态系统，是山东省、我国乃至世界上的珍贵海洋遗产，具有重要的科研意义和实际生产价值。

无棣贝壳堤岛与湿地系统省级自然保护区是世界上贝壳堤最完整、唯一的新老贝壳堤并存的以保护贝壳堤岛与湿地生态系统和珍稀濒危鸟类为主体的保护区。它是东北亚内陆和环西太平洋鸟类迁徙的中转站和鸟类越冬、栖息、繁衍的乐园，是研究黄河变迁、海岸线变化、贝壳堤岛的形成等环境演变以及湿地类型的重要基地。在我国海洋地质、生物多样性和湿地类型研究工作中占有极其重要的地位。

2.3 滨州海滨湿地自然保护区

1991年，由国家林业局和滨州市人民政府批准成立滨州市海滨湿地自然保护区，面积168 200公顷，以海滨湿地和鸟类为主要保护对象。

沾化县地处渤海湾，是环渤海“金项链”上的重要一环，从1 000年前至新中国成立前的岁月里，这里都是一片芦苇湿地，但因海潮侵蚀、气候干燥以及不合理的耕种等多种原因，使之退化为生态条件恶劣的盐碱荒地。市级保护区的建设，使得湿地如今已生成了茂盛如墙、长势如林的芦苇荡，夏秋季节，鸟鸣啾啾、羽影翻飞，有11 000多只丹顶鹤、灰鹤、白天鹅、水鸭子等46种鸟类，在此筑巢安家、孵雏捕食，这里成了鸟类的“天堂”。

2.4 山东长岛国家级自然保护区

保护区位于山东省长岛县境内，面积5 250公顷，1982年经山东省人民政府批准建立，1988年晋升为国家级，主要保护对象为鹰、隼等猛禽及候鸟栖息地。

保护区位于山东半岛、辽东半岛之间的渤海海峡、山东省长岛县境内，主要由南北长山岛、南北隍城岛、大小黑山岛、大小钦岛和庙岛、高山岛、砣矶岛、轴岛等32个岛屿组成。保护区岛屿南北纵贯95千米，大多数岛屿山脉南北走向，部分为东西走向，最高山丘海拔202.8米。保护区海岸线长146千米，年均气温14.5℃，无霜期210天，年均降水量500~700毫米。

保护区在动物分布上，属古北界华北区黄淮亚区，由于地处黄海、渤海交汇处，野生动物资源极为丰富。保护区有鸟类240种，占中国鸟类的19%，占中日两国候鸟保护协定中所列鸟类的70%，占中澳两国候鸟保护协定中保候鸟类的56.9%，因而有“候鸟旅站”之称。鸟类中留鸟有喜鹊、红隼、岩鸽等

16 种；候鸟有家燕、黑尾鸥、银欧、大杜鹃、虎纹伯劳、金翅等 51 种。

保护区内有国家级保护动物 49 种，一级保护动物有白鹳、中华秋沙鸭、金雕、白肩雕、丹顶鹤等 9 种，二级保护动物有大天鹅、小天鹅、鸳鸯及所有鹰科及隼科的所有猛禽共计 40 种。保护区海域及海滩，常可见到海豹，保护区海洋鱼类数量多，价值高，共有 72 种，浅海动物 91 种。保护区陆生植物有 456 种，主要树种有黑松、赤松、刺槐、合欢、臭椿、栎类、山榆等，灌木为紫穗槐、白檀、胡枝子等，草本植物有野古草、蒿草、狼尾草、羊胡子草等。植物以及其果实、种子给迁徙的候鸟提供了良好的栖息隐蔽和取食场所。保护区海生植物有 79 种，绿藻门 11 种，褐藻门 23 种，红藻门 41 种。

苍翠的植被装点着全区诸岛，座座岛屿宛如颗颗绿色明珠，星罗棋布地镶嵌于渤海海峡。它们既为各种生物提供了舒适的多样化的生存繁殖环境，也为保护人类的生存条件做出了贡献。

2.5 庙岛群岛海洋自然保护区

1991 年，山东省人民政府批准建立庙岛群岛海洋自然保护区，保护区面积 5 250 公顷，主要保护对象为暖温带海岛生态系。

在烟波浩渺的大海上，镶嵌着一群宝石般苍翠如黛的岛屿，这就是被世人誉为“海上仙山”的美丽群岛——庙岛群岛，亦称长岛。由 32 个岛屿组成，岛陆面积 56 平方千米，海域面积 8 700 平方千米，海岸线长 146 千米，是山东省唯一的海岛县。长岛属亚洲东部季风区大陆性气候，具有冬暖夏凉的特点，年平均气温 11.9℃，无霜期 243 天。全县森林覆盖率 53.2%，独特的理位置和优越的自然条件，使之成为候鸟迁徙的必经之地，每年途经的候鸟有 200 余种，百万只之多，享有候鸟“驿站”的美誉，这里也是国家级的鸟类保护区。

庙岛群岛具有独特的海岛地貌特征。诸多的岛屿就像面对一幅绮丽的立体画卷，一岛有一岛之奇，一景有一景之丽。这里因海蚀地貌形成的各种奇礁异石，或古朴清幽，或玲珑剔透，神韵各具。海滩上由珠矶球石堆积成一条长 2 000 多米、宽逾 50 米的彩色石带光怪陆离，珠矶球石有的洁白如玉，有的红似玛瑙，有的碧若翡翠，有的亮似明珠，将游人带入一个珠光宝气、五彩缤纷的世界。

此外，庙岛素有百鱼洄游必经之道。贻贝、皱纹盘鲍、光棘球海胆、刺参等海珍品在此大量生长。全国海岛调查时，全群岛周围海域获得浮游植物 147 种，浮游动物 57 种，浮游幼虫 19 类及鱼卵、仔稚鱼 14 种。全年浮游植物量达 105~107 个/米^3 以上，数量高而稳定，为上一级营养层提供了丰富的食物。浮游动物以节肢动物和甲壳动物占优势。潮间带有动物 154 种，植物 120 种，动物以软体动物和甲壳动物为主。

2.6 庙岛群岛海豹自然保护区

2001 年 6 月山东省人民政府正式下文批复成立庙岛群岛海豹自然保护区，并于当年 9 月 6 日正式挂牌，保护区管理处与长岛县环境保护局合署办公。

海豹自然保护区总面积 1 731 平方千米，包括了整个庙岛群岛及所属海域。保护区管理处的主要任务是贯彻执行国家关于自然保护区的法律、方针、政策和规章，加强对珍稀、濒危斑海豹的保护，保持生物多样性，维护海洋生态平衡，进行海豹迁徙和生活习性的研究。

庙岛群岛又称长山列岛，属长岛县，位于山东半岛与辽东半岛之间，北与辽宁老铁山对峙，相距 42.2 千米，南与蓬莱高角相望，相距 6.6 千米。群岛共由 32 个岛屿组成，其中包括 10 个常住居民岛，岛陆面积 56 平方千米，海岸线长 146.6 千米。

庙岛群岛位于黄渤海交汇处，海域广阔，拥有丰富的生物资源，截至目前，已查清鸟类 19 目 54 科 284 种，占全国鸟类的 25%，其中，国家一级保护鸟类 9 种；二级保护鸟类 40 种；列入《濒危动植物红皮书》的国际重点保护鸟类 11 种。

各岛周围海域均蕴藏种类繁多的底栖生物，计 227 种，其中以经济动物为优势种群，如刺参、皱纹盘鲍、栉孔扇贝、虾夷扇贝、光棘球海胆等。庙岛群岛海域是多种经济鱼虾产卵和越冬洄游通道，是北方重要的过路渔场，有鱼类百余种，主要的经济鱼类有：鲅鱼、带鱼、颚针鱼、黑裙等。丰富的海洋生物资源和优越的地理环境使得庙岛群岛成为唯一在我国海洋繁殖的鳍脚类动物太平洋斑海豹的重要分布地，每年 11 月到翌年 6 月都会有大量的斑海豹出现在长岛海域觅食、栖息。

3 海洋特别保护区

3.1 山东昌邑海洋生态特别保护区

2007 年，经国家海洋局批准成立的山东省首个国家级海洋特别保护区，位于潍坊市境内，总面积 2 929.28公顷，主要保护以柽柳为主的多种滨海湿地生态系统和各种海洋生物。

保护区位于昌邑市北部堤河以东、海岸线以下的滩涂上，保护区内天然柽柳林面积达 2 070 公顷，植被茂盛，生物种类繁多，其规模和密度在全国滨海盐碱地区罕见，具有极高的科学考察和旅游开发价值。为进一步加强这一滨海湿地景观的保护，促进海洋经济发展，在莱州湾沿岸建成具有生态保护、资源恢复、环境整治、开发利用等功能的柽柳林带，建立山东昌邑海洋生态特别保护区。

昌邑海洋生态特别保护区的设立，对维护海洋及海岸生态系统，保护海洋生物多样性，净化空气、防风固沙、保护防潮大堤安全、防止海岸侵蚀，改善脆弱的莱州湾生态系统，促进昌邑市海洋经济和谐发展乃至“海上潍坊”、“海上山东”建设，都有着极其重要的意义。保护区成立后，将进一步实现海洋资源开发利用与环境保护相互协调、相互一致、相互补充、相互依存、相互促进，形成人与自然共赢和谐的发展模式，把保护区建成与“南国红树林”相媲美的自然生态景观，打造出“北方柽柳林”知名品牌。

3.2 东营市利津底栖鱼类生海洋特别保护区

东营利津底栖鱼类生态海洋特别保护区，于 2008 年经国家海洋局批准（国海环字〔2008〕622 号）成立，总面积 9 403.57 公顷，位于东营市利津县北部浅海 3 米等深线以东 12 海里附近海域，其四点坐标东经 118°32′43.68″，北纬 38°12′50.00″；东经 118°32′43.68″，北纬 38°15′50.00″；东经 118°44′20.40″，北纬 38°15′50.00″；东经 118°44′20.40″，北纬 38°12′50.00″。

保护区以半滑舌鳎及近岸海洋生态系统为主要保护对象，该海域是半滑舌鳎等底栖鱼类的良好繁殖场所，海洋生态系统具有典型性、代表性，具有较高的保护和开发价值。区内集中分布有半滑舌鳎等大型底栖鱼类，其他虾蟹和贝类资源也很丰富，海洋资源开发和生态环境保护价值显著。

3.3 东营黄河口生态海洋特别保护区

2008 年，经国家海洋局批准，成立东营黄河口生态海洋特别保护区，总面积 92 600 公顷。保护区位于东营市垦利县东部黄河下游入海处的河口 3 米等深线以东 12 海里附近海域，地理位置为东经 119°05′—119°31′；北纬 37°31′—37°57′，成拐梯形状。区内生物资源丰富，生物多样性高。东营黄河口生态海洋特别保护区以黄河口生态系统及其物种多样性为主要保护对象。该海洋生态系统具有典型性、代表性，具有较高的保护和开发价值。

3.4 东营河口浅湾贝类生态海洋特别保护区

东营河口浅海贝类国家级生态海洋特别保护区，2008 年经国家海洋局批建的国家级海洋特别保护区，总面积 396 230 公顷，位于东营市河口区东经 118°07′30″—118°25′00″；北纬 38°02′49″—38°16′44″之间的滩涂及 5 米浅海海域。区内水浅、滩宽、滩涂平坦，生物资源丰富，生物多样性高。东营河口浅海贝类国家级生态海洋特别保护区以黄河口文蛤、浅海贝类及其物种多样性为主要保护对象。该海洋生态系统具有典型性、代表性，具有较高的保护和开发价值。

3.5 莱州浅滩海洋自然特别保护区

2008年，经山东省海洋与渔业厅批准，莱州市成立了第一个省级海洋资源特别保护区——莱州浅滩海洋自然特别保护区。保护区面积5 519.241公顷，以保护浅滩、海洋生物和产卵场为主要保护对象。

莱州湾与辽东湾、渤海湾并称为渤海三大海湾，海湾东南部海底的水下浅滩——莱州浅滩，是山东半岛北岸规模最大的近岸水下堆积地貌体，浅滩及附近海岸拥有近6亿立方米的优质石英砂资源，是三疣梭子蟹、鲈鱼等海洋生物的产卵场，具有重要的资源和生态环境价值。建立莱州浅滩海洋资源特别保护区，对于保护莱州浅滩海洋生物资源产卵、育幼场以及砂矿资源，维护良好海洋生态环境具有重要的意义。

3.6 东营广饶沙蚕类生态海洋特别保护区

经山东省海洋与渔业厅批准，于2008年成立东营广饶沙蚕类生态海洋特别保护区，面积6 460公顷，主要以沙蚕等海洋生物为保护对象。

沙蚕是海洋渔业的重要经济种类，黄河三角洲是我国优质沙蚕群体的核心分布区。保护区批准建设后，国家、省、市将投入资金，进一步丰富广饶县海洋生物资源，增加海洋生物多样性，对保护广饶县海洋生态环境，实现海洋自然资源的合理开发和长期可持续利用发挥重要作用。

3.7 东营莱州湾蛏类生态海洋特别保护区

2008年，经山东省海洋与渔业厅批准，成立东营莱州湾蛏类生态海洋特别保护区，面积21 027公顷，主要以蛏类等海洋生物为保护对象。

特别保护区位于东营区莱州湾西岸广利河以北、青坨沟以南海域，为多种贝类的栖息和繁衍地，其中蛏类资源尤为丰富。随着渔业海岸工程、油田开发、海洋工程建设以及近海捕捞强度增大，蛏类等资源赖以生存的生态环境严重受损，生态失衡，致使该地区传统的小刀蛏、大竹蛏和缢蛏等蛏类资源生物量衰减，分布海区日趋缩小，而且个体呈小型化。特别保护区建设后，区内蛏类等生物资源和生态环境得到有效保护，减少人类活动的干扰。通过实施育苗和增殖等措施，丰富区内生物资源，增加生物多样性，确保重点保护对象得到有效保护，最终实现自然资源可持续利用。

3.8 保护区现状问题及对策

（1）建立海洋保护区统一管理机构

从我国的现实情况来看，海洋自然保护的体制、管理较乱，存在部门交叉、多头管理等问题。因此海洋自然保护要理顺管理体制，国家要有统一的自然保护部门，环保部或海洋局负责包括海洋在内的一切自然保护工作比较合适。国务院可以通过特别授权的形式，授权某一部门管理全国海洋保护区，并设议事协调机构，协调全国的海洋自然保护区管理工作。从长期来看，要推进机构改革，成立环境资源部，对全国保护区统一管理。

（2）积极推动海洋保护区的建设

在保护的选定上或指定上，国家海洋局应积极提出相关地区为国家级海洋自然保护区。省级政府主动指定地方级海洋自然保护区。根据指定机关的不同，将我国的海洋自然保护区划分为国家级和省级，原因：第一，海洋自然保护区在管理上所需的经费、人力和物力明显要高于陆地自然保护区，特别是在勘界、监测的设立上，同时海洋自然保护内环境要素具有流动性的特点，因此需要保护的范围也较大，很可能超出县级地区的管辖范围，而要在两县或多县之间建立自然保护区，在原来就不清晰的海洋自然保护区管理上会造成更大的混乱。第二，两级制的划分可以解决自然保护区经费不足的现状，利于吸收更多的资金参与保护区的建设，利于保护区内各项事业的开展。第三，最低以省级为单位建设海洋自然保护区，海洋自然保护区的总体规划和建设规划的编制机关的等级就相应地提高，规划编制的科学性将有更大的提高，且以省级为单位来编制总体规划，更有利于实现自然保护区内以保护为目的的目标，省级单位的编制机关站在生态保护的角度编制相关规划的可能性更大。

（3）推进大面积海洋保护区的建设

在一般情况下，要设立相应级别的保护区，必须要达到一定的面积标准。一定的面积以上，确保了保护区内的生存栖息空间的完整性，利于种群或地质地貌的整体保存。同时，规定的具体的面积划分标准，也可以促进海洋保护区保护责任的合理分担，避免当前出现的市级海洋保护区面积大于省级海洋保护区面积的不合理现状，提升海洋保护区的管理质量。单个海洋保护区的大小除需要考虑主要目标物种的移动性，以及生物多样性保护等生物学特性外，还需要充分考虑执行的有效性和公众接受水平。一般而言，面积较小的小型海洋保护区不仅更容易被公众所接受，并产生可以衡量的效益，执行起来更容易一些，但缺点是面对大规模的环境扰动，如气候变暖、风暴以及病虫害等负面影响时相对脆弱。随着海洋保护区面积的增加，执行力度和接受水平随之降低，其生态恢复效果会大打折扣。海洋保护区的位置与大小决定了其接受水平和执行的难易程度。而在外海，则可以实施面积相对大的、边界模糊的大型海洋保护区，因为海洋生物在外海的迁移范围更大，而且渔民在外海也很难识别小型保护区的边界，给执法带来困难。因此，在条件允许的情况下，应提倡建立大型的海洋保护区，特别是在具有很高生物多样性的海域，大面积的海洋保护区可以起到种子库的作用，不但可以确保当地生物多样性的维持，还可以作为繁殖场和育幼场来增强周边海域的渔业。

（4）整合海洋特别保护区，推进国家海洋公园的建设

就海洋特别保护区与海洋自然保护区的关系来看，二者存在重合部分。除使其更加符合保护区的内涵外，海洋特别保护区设立的目的在于促进海洋资源的可持续利用，而在科学发展观的指导下，无论何种资源的开发都应该坚持可持续的原则，因此单独设立海洋特别保护区来实现对此类资源的保护意义不大，并且若在每种资源富集的地区都设立海洋特别保护区，在实践中难度是较大的，会占用有限的人力、物力和财力，是不经济的。因此要逐步对已经建立的海洋特别保护区进行改革，划归到其应当所属的海洋保护区中，逐渐取消海洋特别保护区。同时，为了推进资源的利用，应积极推进海洋公园的建设。国家海滨（海洋）公园是以海洋生物多样性及海洋景观保护为主，促进环境保护与经济社会协调发展的海洋保护区类型，不仅能为子孙后代留下一个公平享受人类自然文化遗产的机会，而且能作为海洋科普教育基地促进生态旅游的发展，是兼顾生态保护和旅游休闲的最佳形式。对于国家海洋公园的管理，建议采取二级的管理模式，即国家和省级管理。原因在于：地方级管理模式，即在省市县的管理模式中，地方海洋公园的开发利用的比例容易过重，地方的管理模式可能会导致低于30%的保护。采用国家和省级的管理模式，仅在某种利益的驱使下，可能会存在较高比例的过度开发。从利弊分析来看，二级管理模式更利于国家公园的建设。在对于国家公园的指定上，政府要主动出击，变被动为主动，切实履行环境保护的义务。

4 水生、野生动植物保护区

4.1 长岛鸟类国家级自然保护区

1982年长岛被山东省人民政府划为省级鸟类自然保护区，主要保护对象为鹰、隼等猛禽及候鸟栖息地。1988年批准为国家级自然保护区，总面积为5 253公顷。

保护区位于山东半岛、辽东半岛之间的渤海海峡、山东省长岛县境内，并于1984年建立了“山东省长岛候鸟保护环志中心站”，是我国开展鸟类环志的主要基地。全岛森林覆盖率为43%，良好的自然环境使这里成为鸟类迁徙的必经之路，被誉为“候鸟旅店”。全县有鸟类240多种。其中受国家重点保护的有金雕、丹顶鹤、大白鹤、大鸨、大天鹅等。保护区岛屿南北纵贯95千米，大多数岛屿山脉南北走向，部分为东西走向，最高山丘海拔202.8米。保护区海岸线长146千米，长岛县自1982年以来把每年9月15

日至10月15日家为爱鸟护鸟日，现已成为人们赏鸟、垂钓、避暑、游乐的好地方。

此外，保护区野生动植物资源丰富，共有木本植物32科85种，草本植物107科506种，浅海藻类植物有260多种；陆生动物数十种，海洋动物有91种，其中鱼类21目72种，较珍稀的鱼类有中华鲟、文昌鱼、沙鱼类、鲸鱼、海龟、海狗、海豹、江豚等；鸟类计有19目50科240余种，占中国鸟类总数1 186种的19%，占山东省鸟类总数406种的59.1%，其中国家一级保护的有9种：金雕、白肩雕、白尾海雕、丹顶鹤、白鹤、大鸨、白鹳、黑鹳、中华秋沙鸭；在“世界濒危动植物红皮书”中所列濒危鸟类，长岛有11种。其中面积仅0.044平方千米的车由岛，岛上栖息鸟类多达5万余只，因此被称为“万鸟岛”。

4.2 潍坊莱州湾近江牡蛎原种自然保护区

2005年，经山东省和潍坊市人民政府批准成立，也是全国唯一一处近江牡蛎原种自然保护区。保护区面积3万亩，位于潍坊滨海区北老河口附近海域，以老河中下段河道为主，扩展到近海水域，中心区四角坐标分别为：A点东经119°02′54.60″，北纬37°14′34.20″；B点东经119°03′40.20″，北纬37°16′0.66″；C点东经119°04′10.20″，北纬37°16′0.66″；D点东经119°03′48.00″，北纬37°14′34.20″N。

潍坊海域繁衍生息着鱼、虾、蟹、贝等500多种海洋生物。其中的近江牡蛎为自然生物种，味鲜肉嫩，营养价值和药用价值都较高，是重要的经济贝类资源。中科院海洋研究所鉴定认为，该海域近江牡蛎为国内为处不多的原种产地之一。

该区近岸海域近江牡蛎有生长繁殖旺盛、比较集中、密度大、种质纯正、层层附着、交错重叠的特点，俗称“牡蛎山”，是渤海莱州湾重要的经济贝类资源之一。保护区的成立，对近江牡蛎的原种保护和科学研究，提供大量优质原生亲本，对合理开发和利用海洋资源，保护生物多样性和生态完整性，都具有十分重要的意义。

5 水产种质资源保护区

5.1 长岛皱纹盘鲍、光棘球海胆国家级水产种质资源保护区

保护区总面积6 600公顷，核心区面积2 100公顷，实验区面积2 500公顷。核心区特别保护期为每年的5—8月。保护区位于山东省烟台市长岛县南北隍城岛和大小钦岛周围海域，其地理坐标在东经120°53′39″，北纬38°24′16″；东经120°55′49″，北纬38°24′15″；东经120°56′00″，北纬38°23′05″；东经120°55′37″，北纬38°20′46″；东经120°54′43″，北纬38°20′09″；东经120°53′31″，北纬38°20′358″；东经120°52′52″，北纬38°21′45″；东经120°46′00″，北纬38°16′48″；东经120°50′10″，北纬38°22′01″；东经120°51′41″，北纬38°20′15″；东经120°50′00″，北纬38°16′48″之间。

保护区为国家级水产种质资源保护区，保护对象主要为皱纹盘鲍、光棘球海胆、刺参、栉孔扇贝，保护区内还栖息着江珧贝、魁蚶、小黄鱼、牙鲆、鲈、黄盖鲽、鱿鱼、黑裙鱼、六线鱼、白姑鱼、绿鳍马面鲀、条鳎、半滑舌鳎、黄姑鱼、小带鱼、黑鳃梅童鱼、棘头梅童鱼、红鳍东方鲀、弓斑东方鲀、蛇鲻、星鲽、真鲷、孔鳐、尖尾鰕虎、丝鰕虎、蓝点马鲛、银鲳、黄鲫、青鳞等物种。

5.2 莱州湾单环刺螠近江牡蛎国家级水产种质资源保护区

保护区位于山东省潍坊市滨海经济技术开发区北部海域。按保护区保护对象和保护区域分为两部分，单环刺螠保护区部分和近江牡蛎保护区部分，重点保护两类物种及其附属生态环境。保护区总规划建设面积3 896公顷，分为核心区（1 365公顷）和实验区（2 531公顷）两部分，核心区位于保护区的核心地带，其余部分为实验区，具体范围为：

单环刺螠保护区位于滨海区北部白浪河口附近海域，西距潍坊森达美港3千米，南距拦海防潮坝10千米，东、北面为莱州湾海域，具体坐标范围：由①东经119°11′55.43″，北纬37°13′31.44″；②东经

119°12′38.81″，北纬 37°15′06.78″；③东经 119°17′00.00″，北纬 37°15′06.78″和④东经 119°17′00.00″，北纬 37°13′31.44″四坐标点连线范围以内的海域。规划面积 2 367 公顷，其中核心区面积 1 700 公顷。

近江牡蛎保护区位于滨海区北部近岸海域，西靠滨海区与寿光市海域分界线，东临潍坊市龙威集团养殖公司海域，北为莱州湾海域，南面 2.5 千米处为古河道入海口（老河口），保护区由 14 个拐点连线构成，拐点坐标分别为：（1）东经 119° 04′ 54.48″，北纬 37° 17′ 40.70″；（2）东经 119° 05′ 55.40″，北纬 37° 17′ 42.87″；（3）东经 119° 03′ 57.64″，北纬 37° 14′ 01.54″；（4）东经 119° 03′ 17.67″，北纬 37° 14′ 21.32″；（5）东经 119°02′45.02″，北纬 37°13′15.90″；（6）东经 119° 02′ 40.32″，北纬 37° 12′ 22.41″；（7）经 119° 02′ 02.76″，北纬 37° 12′ 12.31″；（8）东经 119° 01′ 57.21″，北纬 37 °11′ 58.80″；（9）东经 119° 01′ 37.68″，北纬 37° 12′ 01.81″；（10）东经 119° 02′ 08.95″，北纬 37° 12′ 29.00″；（11）东经 119° 02′ 15.52″，北纬 37° 12′ 38.23″；（12）东经 119° 02′ 14.97″，北纬 37° 13′ 12.38″；（13）东经 119° 02′ 08.96″，北纬 37° 13′ 29.02″；（14）东经 119° 01′ 49.81″，北纬 37° 13′26.51″。保护区规划面积 1514 公顷，分为核心区（697 公顷）和试验区（817 公顷）。核心区位于保护区中南部位置，核心区南边界和保护区的南边界重合，核心区北边界距保护区北边界约 2.5 千米，是由 15 个拐点连线围成的区域，拐点坐标分别为：（1）东经 119° 01′ 37.68″，北纬 37° 12′ 01.81″；（2）东经 119° 02′ 08.95″，北纬 37° 12′ 29.00″；（3）东经 119° 02′ 15.52″，北纬 37° 12′ 38.23″；（4）东经 119° 02′ 14.97″，北纬 37° 13′ 12.38″；（5）东经 119° 02′ 08.96″，北纬 37° 13′ 29.02″；（6）东经 119° 01′ 49.81″，北纬 37° 13′ 26.51″；（7）东经 119° 03′ 23.05″，北纬 37° 15′ 35.73″；（8）东经 119° 04′ 09.23″，北纬 37° 15′ 17.68″；（9）东经 119° 03′ 56.22″，北纬 37° 14′ 50.37″；（10）东经 119° 03′ 17.67″，北纬 37° 14′ 21.32″；（11）东经 119° 03′ 04.80″，北纬 37° 14′ 01.10″；（12）东经 119° 02′ 45.02″，北纬 37° 13′ 15.90″；（13）东经 119° 02′ 40.32″，北纬 37° 12′ 22.41″；（14）东经 119° 02′ 02.76″，北纬 37° 12′ 12.31″；（15）东经 119° 01′ 57.21″，北纬 37 °11′ 58.80″。

保护对象为单环刺缢、近江牡蛎（*Ostrea rivularis Gould*）。

5.3 蓬莱牙鲆黄盖鲽国家级水产种质资源保护区

保护区总面积 1 984 公顷，其中核心区面积 1 609 公顷，实验区面积 375 公顷。核心区特别保护期为褐牙鲆保护期 4—6 月，钝吻黄盖鲽保护期 3—5 月。保护区位于胶东半岛北端的渤海海域，东起西庄，西至林格庄，范围在东经 120°38.762′—120°42.790′，北纬 37°48.546′—37°51.507′。核心区为 5 个拐点顺次连线围成的海域，拐点坐标分别为北纬 37°48.947′，东经 120°40.581′；北纬 37°50.505′，东经 120°38.862′；北纬 37°51.507′，东经 120°38.762′；北纬 37°51.270′，东经 120°41.965′；北纬 37°50.312′，东经 120°42.478′。实验区是由 4 个拐点顺次连线围成的海域，拐点坐标分别为北纬 37°48.947′，东经 120°40.581′；北纬 37°50.312′，东经 120°42.478′；北纬 37°48.947′，东经 120°40.581′；北纬 37°50.505′，东经 120°38.862′。

主要保护对象为褐牙鲆（*Paralichthys olivaceus*）、钝吻黄盖鲽等主要经济鱼类，栖息的其他物种包括中国对虾、黄姑鱼、花鲈、鮟鱇、虎鲸、小江豚、太平洋丽龟、文蛤等。

5.4 黄河口半滑舌鳎国家级水产种质资源保护区

黄河口半滑舌鳎国家级水产种质资源保护区总面积为 10 075.44 公顷，其中核心区面积为 4 120.11 公顷，实验区面积 5 955.33 公顷。核心区特别保护期为 6 月 1 日至 10 月 31 日。保护区位于渤海湾山东省东营市利津县近海海域，其顺次拐点坐标为：东经 118°38′58.56″，北纬 38°12′30.00″；东经 118°38′58.56″，北纬 38°07′57.00″；东经 118°36′13.10″，北纬 38°07′57.00″；东经 118°36′13.10″，北纬 38°05′30.78″；东经 118°32′40.68″，北纬 38°05′30.78″；东经 118°32′40.68″，北纬 38°12′30.00″。核心区是在保护区内由 6 个拐点顺次连线围成的海域，拐点坐标分别为：东经 118°37′50.42″，北纬 38°11′40.77″；东经 118°35′29.88″，北纬 38°08′46.23″；东经 118°33′48.82″，北纬 38°06′46.37″；东经 118°37′50.42″，北纬 38°

08′46. 23″；东经 118°35′29. 88″，北纬 38°06′46. 37″；东经 118°33′48. 82″，北纬 38°11′40. 77″。实验区保护区内除核心区以外的区域，由 12 个拐点顺次连线围成的海域，拐点坐标分别为：东经 118°38′58. 56″，北纬 38°12′30. 00″；东经 118°38′58. 56″，北纬 38°07′57. 00″；东经 118°36′13. 10″，北纬 38°07′57. 00″；东经 118°36′13. 10″，北纬 38°05′30. 78″；东经 118°32′40. 68″，北纬 38°05′30. 78″；东经 118°32′40. 68″，北纬 38°12′30. 00″；东经 118°37′50. 42″，北纬 38°11′40. 77″；东经 118°35′29. 88″，北纬 38°08′46. 23″；东经 118°33′48. 82″，北纬 38°06′46. 37″；东经 118°37′50. 42″，北纬 38°08′46. 23″；东经 118°35′29. 88″，北纬 38°06′46. 37″；东经 118°33′48. 82″，北纬 38°11′40. 77″。

主要保护对象为半滑舌鳎（*Cynoglossus semilaevis Gunther*），栖息的其他物种包括花鲈、梭鱼、鲻鱼、黑鲷、中国毛虾 、三疣梭子蟹、国明对虾、文蛤、脉红螺等。

5.5 长岛栉孔扇贝种质资源保护区

长岛县南北长山岛南部海域，总面积 4 000 公顷，其中核心区 800 公顷，实验区 3 200 公顷。栉孔扇贝主要分布在北至我国辽宁省长海县长岛县，南到日照等地，以山东省长岛的自然分布最多；长岛海域附近底质为泥沙底，水流畅通，水质清澈，饵料丰富，水深一般在 20~25 米，年平均水温 12℃，栉孔扇贝、栉江珧、刺参、资源丰富，品质纯正，是我国主要原产地之一，但由于受病害侵袭、捕捞强度过大、保护措施不力等因素影响，产量呈下降趋势。建立保护区，可进行良种选优、良种繁育等技术措施，恢复其自然资源，有良好的社会效益。

5.6 莱州湾半滑舌鳎、口虾蛄、梭子蟹种质资源保护区

2006 年 1 月 29 日，烟台市人民政府（烟政函〔2006〕12 号）批准设立市级保护区。位于莱州市三山岛以西海域，总面积 6 667 公顷，其中，核心区面积 2 363 公顷，缓冲区面积 2 218 公顷，试验区面积 2 086公顷。保护对象：半滑舌鳎、口虾蛄、梭子蟹。

莱州湾是半滑舌鳎、口虾蛄、梭子蟹等产卵、繁殖、育肥的重要场所，但近年来，资源已被捕捞过度，并因产卵亲体的严重不足而影响了黄渤海渔业资源的补充。设立保护区，可以从源头上保护渔业水域生态环境和梭子蟹种质资源，促进资源量的较快回升。

5.7 三山岛鲈鱼、真鲷、文昌鱼种质资源保护区

莱州市三山岛东西两侧外海，总面积 15 000 公顷，其中核心区面积 12 000 公顷，缓冲区面积 3 000 公顷，实验区面积 2 000 公顷。保护对象：鲈鱼、真鲷、文昌鱼。以三山岛为核心区，东西两侧沙泥底质，渤海沿岸流流经，水交换活跃，海藻群落茂密，是鲈鱼、真鲷、鲅鱼等各种经济鱼类进入和游出莱州湾的过路渔场，又是上述鱼类的主要产卵场。但经几十年高强度捕捞，鱼类资源已利用过度，不仅当地已形不成渔汛，还因产卵亲体严重不足而影响黄渤海资源补充。而且本海区尚有一定密度的二级保护动物——文昌鱼的分布，因此迫切需要设立保护区。

5.8 无棣青蛤、毛蚶种质资源保护区

无棣县潮河及其入海口附近，保护区总面积 1 500 公顷。保护对象为青蛤（*Cyclina sinensis*）和毛蚶（*Scapharca stgbcrenata*）。

青蛤属于软体动物门，瓣鳃纲，帘蛤科，青蛤属；俗称铁蛤、牛眼蛤，其色泽光亮、壳顶青色、壳薄、肥满、味道鲜美、含铁量较高、营养丰富，素有“天下第二鲜”之称，尤其渤海湾青蛤个体大、质量优，是人们青睐的海鲜水产品。青蛤生活在近海泥沙或沙泥质潮间带，营埋栖生活。

毛蚶营养丰富、味道鲜美，深受消费者喜爱。毛蚶曾是渤海的主要经济贝类，为山东省群众渔业的主要品种。由于捕捞过度和环境变化等原因，70 年代末毛蚶资源量急剧下降。目前，各毛蚶渔场均已丧失了生产价值。毛蚶主要分布在泥质底的沿岸海区，毛蚶的适应能力较强，一般情况下能抵御栖息环境

的变化。主要分布区的水深为5~7米，水深15米以外的海域毛蚶分布十分稀少，潮下带及潮间带也有一定数量的分布。毛蚶为底栖贝类，移动性小，几乎终生生活于某一区域内。黄河口邻近水域毛蚶资源十分丰富，是渤海三大毛蚶渔场之一。20世纪80年代初在该水域毛蚶的分布面积大、密度高，80年代中期，毛蚶渔业因生态环境污染而迅速衰落。

5.9 滨州文蛤种质资源保护区

套尔河两侧及附近海域，保护区面积规划4 000公顷。保护对象是文蛤、青蛤、缢蛏。

文蛤又名花蛤，属软体动物门，双壳纲，真瓣鳃目，帘蛤科，文蛤属。其贝壳略呈三角形，腹缘呈圆形，壳质坚厚，两壳大小相等，喜生活在有淡水注入的内湾及河口附近的细沙质海滩。文蛤肉嫩味鲜，是贝类海鲜中的上品，含有蛋白质10%，脂肪1.2%，碳水化合物2.5%，还含有人体易吸收的各种氨基酸和维生素及钙、钾、镁、磷、铁等多种人体必需的矿物质，唐代时曾为皇宫海珍贡品。文蛤是中国、朝鲜和日本常见的贝类，素有“天下第一鲜”之称，我国的辽宁营口附近、山东的莱州湾以西小清河口一带和黄河口以北的沾化、无棣附近沿海以及江苏北部沿海的产量都很大。套尔河两侧中潮到下潮带盛产文蛤，是泛黄河三角洲的主要文蛤产区，苗种发生量大，其他贝类资源亦十分丰富，应设立保护区。

6 海洋渔业资源产卵场

6.1 产卵场

山东环渤海湾近岸海域港湾密布，入海河流众多，营养丰富，是栖息洄游于黄、渤海的众多渔业资源种类的优良产卵场，山东环渤海湾近岸产卵场主要为莱州湾及渤海南部产卵场。

5月、6月、8月3个航次共获取鱼卵11 743粒，22种，分别是青鳞小沙丁鱼、斑鰶、鳀、赤鼻棱鳀、中颌棱鳀、黄鲫、凤鲚、油魣、鲮、多鳞鱚、棘头梅童鱼、小黄鱼、黄姑鱼、小带鱼、鲐、蓝点马鲛、鲱鲔、短鳍红娘鱼、鲬、短吻舌鳎、焦氏舌鳎、未知种。其中以斑鰶数量最多，占全部鱼卵数的44.2%，鳀次之，占28.1%，其他数量较多的种类有油魣7.7%、多鳞鱚5.1%和鲮3.3%，见图6.1。

6.2 索饵场及渔场水域

山东近海洄游性种类典型索饵洄游为：5—7月，当年生的稚鱼和幼鱼近岸产卵场周边浅水区索饵育肥，8月陆续向产卵场周边深水区迁移索饵，10月，渤海的幼鱼陆续离开渤海进入黄海北部，随着气温继续下降，会同在黄海北海索饵的幼鱼进入石岛、连青石渔场，12月至翌年1月进入黄海深水区的越冬场。见图6.2。

主要渔场水域为石岛渔场，位于山东石岛东南的黄海中部海域。该渔场地处黄海南北要冲，是多种经济鱼虾类洄游的必经之地，同时也是黄海对虾、小黄鱼越冬场之一和鳕鱼的唯一产卵场，渔业资源丰富，为我国北方海区的主要渔场之一。渔场常年可以作业，主要渔期自10月至翌年6月。

主要捕捞对象：黄海鲱鱼（青鱼）、对虾、枪乌贼、鲜鲽、鲐鱼、马鲛鱼、鳓鱼、小黄鱼、黄姑鱼、鳕鱼和带鱼等。

7 滨海湿地

湿地是水陆相互作用形成的独特生态系统，是重要的生存环境和自然界最富生物多样性的生态景观之一，是重要的环境资源和物质资源，对人类乃至整个生物界均具有重要的价值。滨海湿地处于海洋和陆地的交错地带，同时受到海洋和陆地作用力的共同影响，对外界的胁迫压力反应敏感，是一个脆弱的边缘地带。

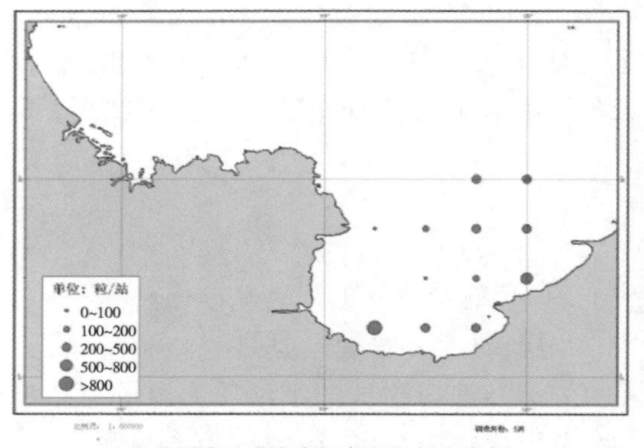

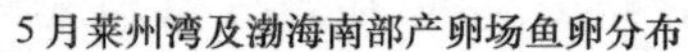
5月莱州湾及渤海南部产卵场鱼卵分布

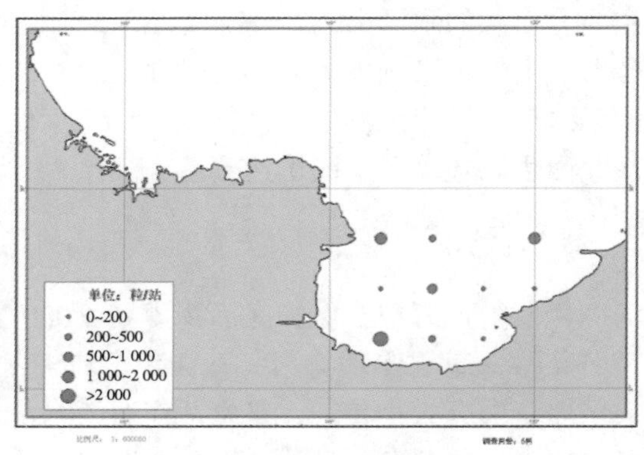

6月莱州湾及渤海南部产卵场鱼卵分布

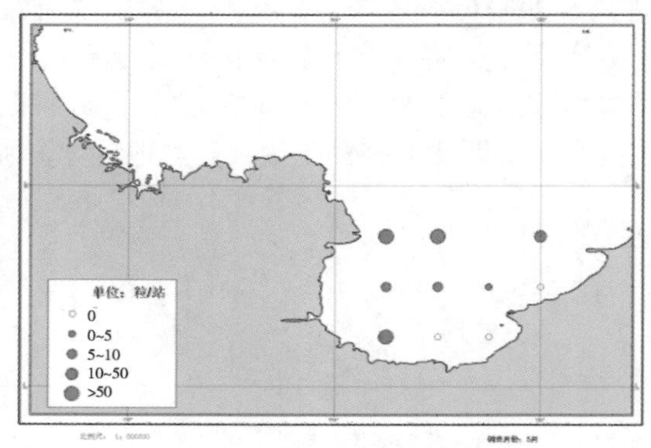

8月莱州湾及渤海南部产卵场鱼卵分布

图6.1　莱州湾及渤海南部产卵场各月鱼卵分布

山东环渤海滨海湿地主要包括黄河三角洲湿地、莱州湾南岸湿地和长岛湿地。

黄河三角洲湿地、莱州湾南岸湿地、长岛湿地被列入国家重要湿地名录，其中黄河三角洲湿地加入了“东北亚地区鹤类保护区网络”。黄河三角洲湿地、长岛湿地、贝壳堤岛湿地等为国家级自然保护区，这些保护区对保护山东省典型湿地生态系统、主要河流入海口、候鸟繁殖和越冬栖息地发挥了重要作用，同时也为山东省湿地生态旅游开发提供了资源保障。湿地生态旅游作为走进自然、亲近水体的原生态旅游方式越来越受到大众的认可和欢迎，主要滨海湿地自然保护区接待了大量旅游者，其创造的旅游直接收入及其乘数效应，极大地带动了当地社会经济的综合发展。

7.1　黄河三角洲湿地

黄河三角洲湿地区位条件优越，旅游资源具有特色突出、空间容量大和原生保护状况好的特点，湿地生态系统和海滨滩涂在全国乃至世界具有较高的知名度和吸引力。目前该区的旅游资源开发利用程度较低，总体来说尚处于起步阶段。2009年年底，国务院正式批复《黄河三角洲高效生态经济区发展规划》，黄河三角洲开发上升为国家战略，给本区旅游产业的发展带来极大的机遇。东营湿地公园生态旅游项目已经签约，于2015年建成，并将其打造成黄河三角洲湿地旅游核心产品体系，是黄河三角洲高效生态经济区发展战略之一。

现代黄河三角洲（东经118°32′—119°18′，北纬37°34′—38°10′）是1934年以来至今仍在继续形成的以渔洼为顶点的扇面，西起挑河，南到宋春荣沟的扇形区域，主要包括东营市的垦利县和河口区的大部分。现代黄河三角洲位于暖温带半湿润地区，属大陆性季风气候，雨热同期，四季分明。降水量年际变化大，易形成旱、涝灾害。区域内木本植物很少，以草甸景观为主体，且湿地分布广泛。

现代黄河三角洲湿地时空变化，从湿地一级分类看，1985—2005年自然湿地一直是现代黄河三角洲

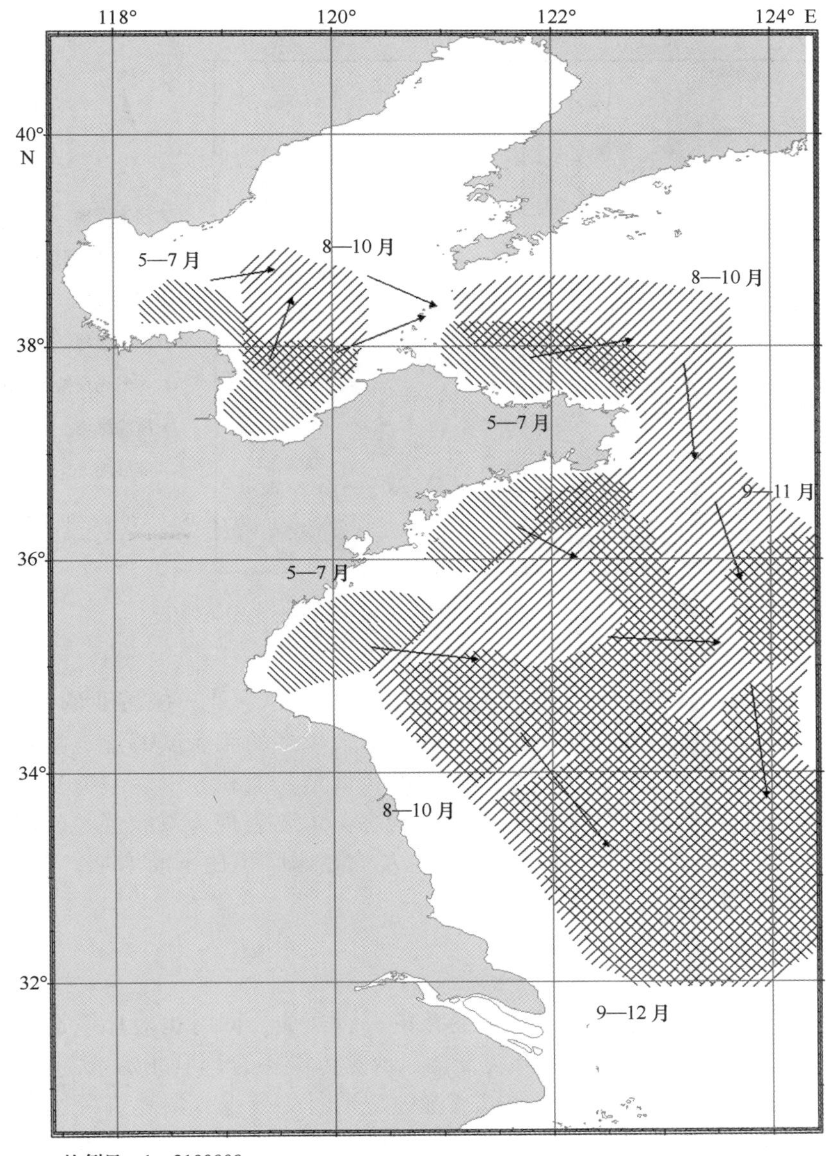

图 6.2　索饵期示意图

湿地的主体部分，到 2014 年自然湿地和人工湿地面积相差不大；1985—2014 年自然湿地面积先减少后增加，人工湿地急剧增加。从湿地二级分类看，1985—2014 年水库坑塘湿地、养殖场及盐田湿地面积均有所增加，其中增加最多的是养殖场及盐田湿地；河湖湿地、沼泽湿地呈减少趋势。浅海湿地先减少后增加；滩涂湿地先增加后减少，见图 7.1。

滨州在建的北海明珠湿地公园将成为滨州市最大的湿地公园，有望成为近郊旅游的首选场所。潍坊积极召开“湿地 · 城市 · 生活—2010 潍坊论坛”，努力打造北方水网城市，形成以湿地为特色的旅游综合体。

7.2　莱州湾南岸湿地

莱州湾是渤海三大海湾之一，西起黄河口，东至龙口的屺埒角，海岸线长 319 千米。该处将其界定在小清河至虎头崖。莱州湾南岸滨海湿地与黄河三角洲新生湿地是中国滨海湿地分布集中的海岸岸段之一。

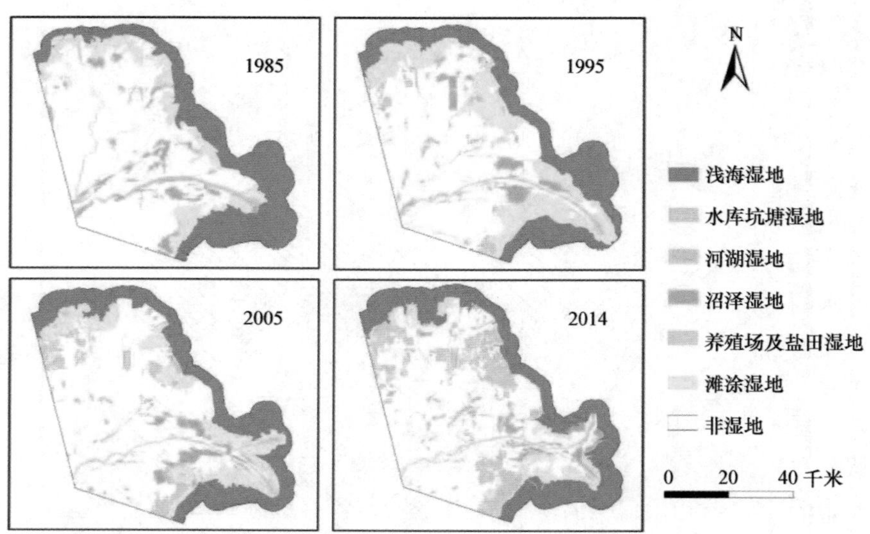

图 7.1　1985—2014 年现代黄河三角洲湿地分布状况

该岸段湿地生态服务功能对沿海区域渔业、盐业生产及滨海平原农业、旅游业的发展均有着重要作用。近年来，随着沿海地区人类经济活动强度的不断增大，越来越多的滩涂滨海湿地景观受到围垦、养殖和滨海卤水资源开采等人类活动的影响，自然湿地受到严重改造，面积萎缩、湿地景观日趋破碎化，湿地的分布状况发生显著变化。自然湿地总体上处于退化状态，主要表现为滩涂湿地、河口湿地、潮上带低洼湿地等自然湿地面积快速萎缩；而盐田、养虾池等人工湿地面积在不断增加，湿地景观破碎化加重，人类活动的影响沿着海岸线在整个区域中扩散蔓延。

7.3　湿地退化

湿地退化是一种普遍存在的现象，它是环境变化的一种反应，同时也对环境造成威胁，是危及整个生态环境的重大问题。湿地退化是由于自然环境变化，或是人类不合理利用造成湿地生态系统结构破坏、功能衰退、生物多样性减少、生物生产力下降以及湿地生产潜力衰退、湿地资源逐渐丧失等一系列生态环境恶化的现象和过程（王学雷，2001；马学慧等，1997）。一旦形成退化湿地生态系统，要想恢复已遭破坏的生态环境和失调的生态平衡是非常艰难的。若能恢复，所需时间和资金投入也是相当可观的。况且，有些退化过程是不可逆转的，结果可能是毁灭性的。

依据中国滨海湿地退化状况的分析，可以梳理出导致我国滨海湿地退化的主要原因，它们既包括了气候变化、海洋灾害等自然过程为主导的因素，也包括了海岸带围垦、海岸工程建筑、生物资源过度利用、环境污染等人为作用为主的因素。

（1）气候变化

全球气候变化主要表现为变暖。气候变暖影响滨海湿地的生态过程，从而改变滨海湿地的结构和功能。长远来看，全球变暖将显著影响各种湿地的分布与演化。气候变暖导致的降水量区域变化，会引起河流水量及其携沙量的变化，对滨海湿地的稳定和生态功能的发挥产生重大影响。黄河断流是一个典型实例。全球变暖引起的海面上升，会导致滨海湿地向陆域方向退缩，虽然沿岸堤坝等海防设施会限制这种趋势，但部分滨海湿地仍将因此而消失。海面上升也会增加其他海洋灾害发生的几率和强度，而直接威胁滨海湿地的生境和演化。全球变暖可能改变整个海洋生态结构，使海岸带物质和能量重新分配，滨海湿地的生态结构和生物体系的变化将不可避免，而特别作为鸟类栖息地的重要区域也必将受到影响，或减少以至消失。

（2）海洋灾害

海洋灾害主要包括海岸侵蚀、风暴潮、海水入侵等，它们是导致滨海湿地退化的重要原因。海岸侵蚀一方面使岸线后退，滩面下蚀，陆域环境向海域转变，直接导致湿地面积损失，同时，其植被出现逆向演替，或死亡消失；另一方面，海岸侵蚀破坏沉积基础，改变环境营养状况，使滨海湿地生态结构和功能受到损害。风暴潮巨大的破坏力能迅速改变海岸地带地貌形态，不仅导致岸线迅速后退，也使滩面遭受冲刷，造成滩面形态破碎化。如 1997 年 8 月 20 日，黄河三角洲遭受特大风暴潮侵袭时，在滨海区域经多年营造的总面积达 18 万亩的全国最大的人工刺槐林和白杨林被全部摧毁，昔日林海顿时变成了荒原（张晓龙等，2014）。海水入侵使滨海湿地水环境恶化，从而造成滨海湿地生态环境整体恶化；风暴潮灾害往往扩大海水入侵的范围，加剧海水入侵的危害。莱州湾沿岸是我国海水入侵较为严重的地区之一，这与该区频繁的风暴潮灾害有着直接的关系。

（3）海岸带围垦

海岸带区域的围垦是造成滨海湿地损失退化的重要人为因素。一方面，海岸带的各种大规模围垦，都会直接导致天然滨海湿地大量丧失；另一方面，未被围垦的滨海湿地区域也会因围垦区的生产活动而受到影响。沿海经济的持续增温，用地矛盾似乎只能通过围垦或填海来解决，特别是沿海一些大型经济区域的建设。这种发展更多考虑了经济的需要，往往忽视环境的保护，其对滨海湿地的影响是巨大的。在目前形势下，海岸带的围填海活动还将会是一个持续不断的过程，其对滨海湿地的影响也将会是持续的。

（4）海岸工程建筑

海岸工程建筑包括港口设施、堤防建筑、跨海通道等。海岸工程的实施会显著影响滨海湿地的沉积特征、地貌形态、水文动态、生态结构等方面，导致滨海湿地面积减少、生境破碎、环境恶化、资源过载、物种入侵等一系列问题，增加了滨海湿地生态环境的脆弱性。如建造防潮堤会破坏潮间带湿地的陆地营养物质输入过程，中断湿地生物陆地食物来源；能改变潮间带水动力状况，使高潮期潮间带水深增大，冲刷下蚀加剧，半咸水环境也渐变为咸水环境，原有生物会因不适应而死亡，滨海湿地生物多样性下降，湿地功能受到损害。

（5）资源的过度利用

在我国重要经济海域，酷渔滥捕现象严重，生物资源衰竭现象明显，这与认识水平和管理制度有关，主要表现为：缺乏资源合理利用数量的认识，捕捞强度远超资源最大可持续利用量；渔业资源产权模糊，“公有地悲剧”现象突出；作业方式不合理，捕捞过程赶尽杀绝；管理不善，打击不力，非法捕捞猖獗。为此，国家不得不采取“休渔”制度，但已形成的资源现状令人担忧。沿海及周边地区经济的高速发展，刺激了海沙等基建材料的需求，浅海挖沙现象普遍。浅海挖沙破坏海床，破坏底栖生物栖息环境，也使该海域生态环境受到严重破坏。滨海矿产资源，包括海上油气资源的开采，对滨海湿地环境的破坏和潜在威胁也始终存在。

（6）环境污染

污染是当前环境损害和生境丧失的主要原因之一。滨海湿地是陆源污染最直接的承泄区和转移区，污染源主要是工农业生产、生活和沿岸养殖业所产生的污水。污染破坏原有生境，摧毁生物栖息地，使湿地系统生产力下降。污染物也能直接毒害湿地生物，而生物通过富集效应会最终以食物形式将毒物传递到人类。大量污染物的聚集，也可能诱发环境灾难，如营养盐类污染物的输入会导致富营养化的发生，在沿岸可能诱发赤潮等灾害。中国近海区域污染十分严重，而陆源污染物的输入是最重要的原因。2011 年《中国海洋环境状况公报》显示，入海排污口邻近海域环境质量状况总体未见改善，部分环境质量较差。2006—2011 年，历年均有 60 %以上的排污口邻近海域水质等级为第四类或劣于第四类，主要污染物是无机氮和活性磷酸盐；排污口邻近海域沉积物污染状况总体呈加重趋势，沉积物质量等级为第三类和劣于第三类的比例增大，沉积物质量等级为第一类的比例减小，主要污染物为石油类和重金属。

（7）制度体制不健全

湿地的管理虽然归口在林业部，湿地国际履约机构就设置在该部门，但涉及湿地管理的部门还包括了农业、水利、国土、环保、海洋等国家部门，还有相关的地方单位，它们之间对湿地管理的权限不清，而且缺乏管理的协调机制，湿地的利用和保护很难有效实施。在实际利用中，湿地资源虽属国家所有，但由于具体使用者的差异，使得不同利益主体之间为了获得自身利益，而对滨海湿地这种公共资源进行围抢滥用，其结果自然是不断地被占用、损毁，以致丧失。因管理不善导致滨海湿地资源破坏而产生退化是非常普遍的。就以自然保护区而言，它是针对具体资源行使保护职能的直接主管机构，自然保护区的建立能够在很大程度上限制资源的任意开发和滥用，但由于土地产权及管理职能等问题，以及与地方有关部门的利益冲突，自然保护区时常并不能完全有效地行使自己的职能。

7.4 缓解滨海湿地退化的对策

针对湿地退化过程中存在的问题和导致滨海湿地退化的主要因素，改善滨海湿地环境，缓解滨海湿地退化的主要对策应包括制度体制的完善、自然保护区的建设、管理体系的协调发展、生态补偿制度的建立等。

（1）完善湿地管理和保护的法律和制度

在我国，有关湿地的法律条文并不鲜见，但均散见于不同的法律法规中，到目前为止，我国还没有专门的湿地法律制度。专家学者呼吁已久，但也许因为其复杂性，或对其紧迫性认识不足，至今未有结果。没有专门的法律法规和完善的制度体系，我国滨海湿地的保护和管理就始终会存在问题，湿地资源的无谓损耗和退化就不可避免。因此，很需要建立健全专门针对我国湿地资源的法律法规，明确管理目标，明晰产权关系，制定保护和利用规范，调整现行湿地管理体制，强化管理力度，使我国湿地保护和管理工作系统化、规范化、科学化。

（2）加强滨海湿地自然保护区的建设与管理

自然保护区的建立能有效遏制因经济发展而损害滨海湿地的现象。上海市就是很好的例证。上海市在经济发展中土地资源紧缺矛盾尖锐，滩涂围垦强度很大，但崇明东滩等自然保护区的建立，很大程度上使长江三角洲典型滨海湿地得以保留，为丰富的动植物资源的繁育留下了空间，为迁徙鸟类留下了栖息场所，也为人类亲近大自然、进行科学研究留下了重要的机会。因此，在当前滨海湿地资源普遍受到威胁和破坏，湿地管理体制、湿地法规尚待完善的情况下，对一些具有特殊生物多样性和珍稀濒危物种的典型滨海湿地生态系统、典型滨海自然景观和自然历史遗迹区设立自然保护区，是目前对其实施保护的有效措施和手段。

（3）加强综合管理体制与协调机制的建设

当前，我国滨海湿地管理涉及的部门和行业较多，分工不够明确，而部门与行业、国家与地方、集体与个人之间在开发与保护湿地资源上存在不同程度的利益冲突，导致管理混乱。因此，建立一个综合的湿地管理机构，利用相关的法律法规，制定具体操作条例，负责组织、协调各有关部门共同致力于湿地资源的综合利用和保护，这对我国滨海湿地的有效管理和健康发展具有深远影响。

（4）建立滨海湿地补偿制度

到目前为止，虽然我国各省出台了一些地方法规，对资源开发活动导致的环境损害征收生态环境补偿费，但国家层面上对资源开采还没有实行生态补偿制度。对于湿地，还未见此类政策措施的实施。建议在滨海湿地开发利用中，如果必须要开发，而且其开发会完全改变其结构和功能，在条件可能的情况下应该建造具有相同功能的等量滨海湿地以作为补偿；如果不能如此，要正确评估该湿地的生态价值，以其作为依据，征收生态补偿费。如果并不完全改变该滨海湿地的结构和功能，应该评估其被破坏的程度和代价，以及开发后可能产生的环境及生态破坏等，根据这些数据征收相应的生态补偿费。同时，应建立起包括民众参与的有效监督机制，监督其规划和承诺的实施和兑现情况，以期获得滨海湿地资源的有效保护和管理。

8 典型海洋生态系统

山东环渤海湾主要的典型海洋生态系统主要有4个：埕岛典型生态系统；黄河口典型生态系统；莱州湾典型生态系统；庙岛群岛典型生态系统。其位置见图8.1。

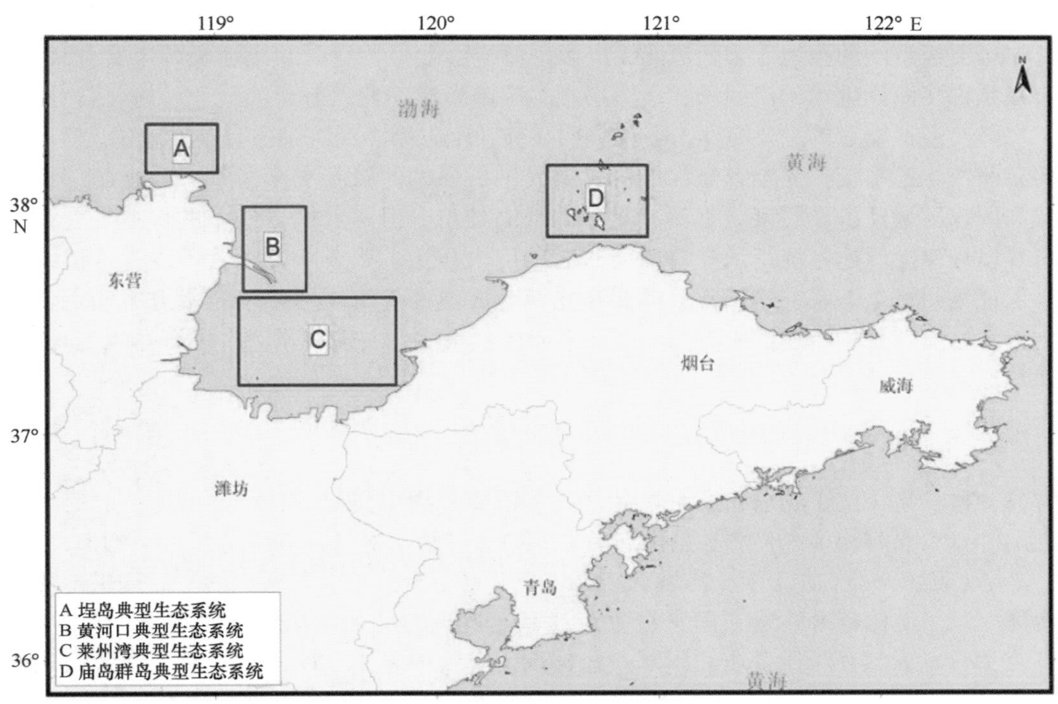

图8.1 山东环渤海主要典型生态系统

8.1 埕岛和黄河口典型生态系统

埕岛和黄河口典型生态系统均位于黄河三角洲，近代黄河三角洲是1855年黄河在河南铜瓦厢决口改道，夺大清河入渤海后形成的，位于山东省东北部渤海南岸，是我国著名的三大江河三角洲之一。

河口地区北靠京津塘，南连山东半岛，是环渤海经济区和黄河经济带的结合部，也是海陆连接东北和中原两大经济区的重要通道。这里地理位置优越，石油、土地、海洋等自然资源丰富，生态系统独特，开发潜力巨大，其中石油、天然气、卤水，已探明储量居全国海岸带之首。区内的胜利油田是我国第二大油田。区内还有国家级的黄河三角洲自然保护区，保护区内现有各种野生动植物1 921种，保护区内湿地总面积为3 500平方千米，三角洲湿地分为河间湿地和滨海新生湿地，其中，滨海湿地生态系统以珍稀鸟类为主体，是中国鸟类分布最集中的地区，也是一些候鸟迁徙途中的驿站和繁殖地，1996年被列入东亚至澳洲涉禽保护网，具有重要的生态意义和环境效益。

黄河三角洲湿地生态系统，是我国长江、珠江和黄河三大江河三角洲中唯一具有重要生态保护价值的区域，是除河源区湿地外最具有保护价值的湿地。保护黄河河口三角洲生态平衡，已成为维持黄河健康生命的重要标志。

8.2 莱州湾典型生态系统

莱州湾位于山东半岛西北，渤海南部，与辽东湾、渤海湾并称渤海三大海湾，总面积23 370平方千米，海岸线577.91千米，海域面积约11 603平方千米，其中浅海面积8 726平方千米。

莱州湾沿岸滩涂广阔，水深大部分在10米以内，海湾西部最深处达18米。莱州湾西段受黄河泥沙影响，潮滩宽6~7千米，东段仅500~1 000米。莱州湾海域自西向东有黄河、淄脉河、小清河、塌河、弥河、白浪河、虞河、潍河、胶莱河、沙河、界河等20几条较大河流入海。莱州湾区域水温有明显的季节变化。冬季（2月）表层水温在-0. 3~3℃之间，有冰冻出现。夏季（8月）水温最高，整个海湾的表层温度都在26℃以上。

莱州湾区域具有独特的区位优势，是环渤海经济圈和黄海三角洲高效生态经济区的重要组成部分，是山东半岛城市群经济圈的腹地。莱州湾滩涂广袤，海洋渔业生物资源和土地资源丰富。莱州湾盛产蟹、蛤、虾等，还是许多海洋生物的产卵场和索饵场。本区域海洋渔业、海洋油气业、海洋盐业、海洋化工、海洋矿业、海洋交通运输业等主要海洋产业优势明显，在全省海洋经济中占有重要地位。

健康的莱州湾生态系统，为全省海洋经济发展提供了强大的服务支撑保障，对地方“又好又快”经济发展模式和国家区域经济发展策略都具有重要的战略地位。但随着区域经济的快速发展，莱州湾地区的海洋生态环境和滩涂湿地系统正承受着前所未有的巨大压力，服务功能显著下降，可持续发展能力逐渐减弱。为保证莱州湾生态系统的正常，需要建立一套成熟的近海生态整治技术方案和工作流程，为全省大规模的近海生态综合整治提供成熟的工作方案和技术路线，实现莱州湾区域海洋生态环境良性循环，促进山东海洋经济可持续发展。

8.3 庙岛群岛典型生态系统

庙岛群岛又称长岛，位于胶东和辽东半岛之间，黄海、渤海交汇处，南临烟台，北倚大连，西靠京津，东与韩国、日本隔海相望，长岛县是山东省唯一的海岛县，也是环渤海地区唯一的海岛县，由32个岛屿组成，岛陆总面积56平方千米，海域面积8 700平方千米；是中国唯一的海岛国家地质公园、中国十大最美海岛之一、最佳避暑胜地和国家级重点风景名胜区，冬暖夏凉、气候宜人，素有“海上仙山，候鸟驿站”之美誉，大气环境质量达到国家一级标准，空气中每立方厘米负氧离子含量高达2万个，是天然的“氧吧”；长岛历史悠久，民风淳朴，岛上人文历史遗迹众多，有距今6 000多年被誉为“东半坡”文化的大黑山北庄遗址，是中华民族悠久历史文化的重要发祥地之一。有中国北方建造最早的妈祖庙——距今880多年的庙岛显应宫等；长岛海域辽阔，周围海域一直保持着国家一类海水水质标准，水产资源丰富，特别是海参、鲍鱼、海胆等海珍品，在国内外享有盛誉，被命名为“中国鲍鱼之乡、中国扇贝之乡、中国海带之乡”，是我国重要的海珍品出口基地，其独特的地理位置和优越的自然条件，使之成为候鸟迁徙的必经之地，每年途经的候鸟有200余种，百万只之多，享有候鸟“驿站”的美誉，被列为国家级自然保护区；岛屿周围有星罗棋布的港湾，众多的海水浴场，还有千姿百态的奇礁异石，素有“海上仙境”之称，它与蓬莱被列为蓬莱长岛国家级风景名胜区。长岛无岛不秀，无岛不奇，是一处天然的海上大花园，是中外闻名的景点。

参考文献

毕翠红，姜尊元，黄利军，等 . 2005. 浅析农村宅基地管理工作中的问题与对策 . 山东国土资源，03：26-27.

邓明红 . 2009. 我国的海洋特别保护区 . 地理教育，03：14.

丁希宝，薛兴利 . 2010. 沿海滩涂资源可持续开发利用研究——以山东省滨州市为例 . 渔业经济研究，02：34-38.

丁小迪，丁咚，李广雪 . 2015. 山东省滨海湿地生态价值评估 . 中国海洋大学学报（自然科学版），01：71-75.

韩兴勇 . 2002. 战后日本渔业人口过剩问题及对策 . 中国渔业经济，04：49-35.

纪大伟 . 2006. 黄河口及邻近海域生态环境状况与影响因素研究 . 青岛：中国海洋大学 .

孔令利 . 2013. 潍坊市沿海地区生态系统规划研究 . 济南：山东大学 .

李康 . 2012. 海岛旅游可持续发展研究 . 大连：辽宁师范大学 .

李淑娟，孟芬芬 . 2011. 山东省湿地生态系统健康评价及旅游开发策略 . 资源科学，07：1390-1397.

刘洪滨，刘振 . 2015. 我国海洋保护区现状、存在问题和对策 . 海洋信息，01：36-41.

刘兰 . 2006. 我国海洋特别保护区的理论与实践研究 . 青岛：中国海洋大学 .

刘伟，常军，李涛 . 2015. 现代黄河三角洲湿地时空变化及其保护对策 . 安徽农业科学，08：216-217，222.
路永诚 . 2005. 滨州古贝堤岛与湿地系统晋升为国家级自然保护区 . 山东国土资源，03：27.
彭超 . 2006. 我国海岛可持续发展初探 . 青岛：中国海洋大学 .
孙秀竹，高玲 . 2008. 黄河河口湿地的现状及湿地公园的建设 . 山西建筑，05：343-344.
涂忠 . 2008. 山东省渔业资源修复功能区划 . 青岛：中国海洋大学 .
吴云凯 . 2011. 莱州湾海洋环境变化趋势及管理措施研究 . 海洋开发与管理，09：90-92.
张丛 . 2009. 海洋生态旅游资源开发战略研究 . 青岛：中国海洋大学 .
张晓龙，刘乐军，李培英，等 . 2014. 中国滨海湿地退化评估 . 海洋通报，01：112-119.
郑伟 . 2008. 海洋生态系统服务及其价值评估应用研究 . 青岛：中国海洋大学 .

专题四：山东省渤海海域重要渔业海域分析研究

1 前言

渔业资源是指具有开发利用价值的鱼、虾、蟹、贝、藻和海兽类等经济动植物的总体。

渤海海域渔业资源丰富，是黄、渤海主要渔业种类的产卵场和索饵场，也是我国海洋渔业生产的重要渔场。近年来，由于受到过度捕捞、气候变化、海洋污染等众多因素的影响，渤海渔业资源大幅下降。根据天津市渤海水产研究所发布的“渤海湾渔业资源与环境生态现状调查与评估”项目报告，渤海湾渔业资源种类减少近两成，其中，有重要经济价值的渔业资源种类大幅减少，传统渔业特产野生牙鲆、河豚等已经彻底绝迹，曾经是渤海最重要渔业种类的对虾、小黄鱼、带鱼等资源渔业资源已严重衰退，影响着渤海生态系统的健康。

山东省是海洋渔业经济大省，渔业海域专题研究对山东省海洋经济的发展有着不可忽视的作用。

本专题依据山东渤海海域的区位条件、海洋功能区划和海域开发利用现状等相关资料，研究山东渤海海域生态功能区，分析山东渤海海域的渔业用海现状、渔业用海后备资源以及养殖用海的调整变化情况等。专题在分析研究的基础上，提出山东渤海海域渔业资源保障措施，为在渤海开展增殖放流和有效的渔业管理以及海洋生态红线区的划定提供依据。

2 山东渤海海域综述

2.1 地理位置

渤海地处中国大陆东部北端，它一面临海，三面环陆，北、西、南三面分别与辽宁、河北、天津和山东三省一市毗邻，东面经渤海海峡与黄海相通，辽东半岛的老铁山与山东半岛北岸的蓬莱角间的连线即为渤海与黄海的分界线。渤海形如一东北—西南向微倾的葫芦，侧卧于华北大地，其底部两侧即为莱州湾和渤海湾，顶部为辽东湾。

本次渤海海洋生态红线划定的山东渤海海域，西起漳卫新河河口的鲁冀海域界线，东至蓬莱角东侧的蓬莱沙河口，向陆至山东省人民政府批准的海岸线，向海至离海岸线约 12 海里的海域，包括长山列岛两侧各约 12 海里，涵盖渤海湾南部海域、莱州湾以及蓬莱角以西海域，同时为保持生态系统的完整性，也包括了长山列岛以东部分黄海海域，涉及滨州市（无棣、沾化）、东营市（河口、利津、垦利、东营区、广饶）、潍坊市（寿光、滨海区、昌邑）以及烟台市（莱州、招远、龙口、蓬莱、长岛）的部分共 15 个县（市），海岸线全长 931.41 千米（表 2.1），海域面积超过 16 000 平方千米。

表 2.1　山东渤海沿海各市海岸线长度

沿海市	海岸线长度（千米）	备注
滨州	88	漳卫新河河口的沾化—河口海岸分界
东营	413	潮河至小清河北的广饶—寿光海岸分界
潍坊	149	小清河至胶莱河的昌邑—莱州海岸分界
烟台（西）	281	胶莱河至初村北牟平—蓬莱沙河口分界

山东渤海沿岸坡度徐缓，平均水深不超过 20 米，尤其是莱州湾和渤海湾南部近岸，地势极其平坦，水深一般不超过 10 米，底质主要由粉砂质黏土、黏土质粉砂、粉砂、砂质粉砂构成，表现为粉砂淤泥质海岸的特征，岸线比较平直，多沙洲，泥质潮滩广泛发育，滩涂宽度 5~10 千米。该区域水质良好，符合渔业水质标准，生物饵料丰富，适合渔业尤其是养殖业的发展，是优良的产卵场和索饵场，也是比较理想的海洋农牧化基地。

2.2 水文条件

山东渤海海域水温受温带大陆性气候的影响，具有明显的季节变化。入秋后，海水温度迅速下降，到翌年 2 月达到 0℃左右的最低值，海水温度随着离岸边距离的增加而上升，随纬度的升高而降低，等温线在近岸与海岸平行，外海等温线的分布呈舌状，南北延伸，海水垂向混合直到海底，表现为上下层水温一致。随着春季的到来，太阳辐射不断增强，水温逐渐回升，在 8 月份表层水温可以达到 25℃，由于上层海水增温较快，海水发生了明显的层化现象，垂向温度梯度增大。

冬季的严寒天气使得除了秦皇岛和葫芦岛以外的渤海大部分沿岸发生结冰现象，以渤海湾南部和莱州湾西部沿岸冰情最为严重。初冰期一般在 12 月，终冰期在翌年 3 月前后，最大冰厚能够达到 40 厘米，流冰距离岸边 15~25 海里，流冰速度一般为 52 厘米/秒，最大可达 103 厘米/秒；莱州湾南部和东部沿岸冰情强度有所降低，冰期略有缩短，大约为 2.5 个月，一般冰厚在 10~20 厘米之间，最大冰厚大致为 35 厘米。自 1950 年以来，渤海海冰呈减小趋势。

2011/2012 年冬季山东渤海海域冰情为常冰年（冰级 3.0）。严重冰日和终冰日较常年推后，严重冰情出现在 2 月上旬。总冰期 78 天，冰外缘线离岸距离和海冰分布面积与常年基本持平。2012 年 2 月 8 日，渤海湾和莱州湾海冰分布面积共计 8 875 平方千米，为 2011/2012 年冬季最大值。大部分海域冰厚较常年偏薄，冰厚 5~10 厘米（图 2.1）。

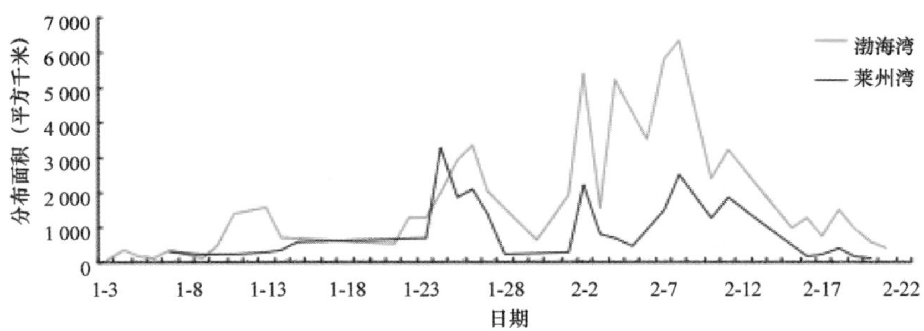

图 2.1　2011/2012 冬季山东渤海海域海冰面积变化

山东渤海海水的盐度较低，仅为 30 ~31（世界大洋盐度的平均值为 35），是中国近海中最低的，这是由于大陆江河径流注入的大量淡水造成的。

沿海的潮汐主要为不正规半日潮，平均潮差为 1~3 米，一日内存在两个高潮和两个低潮，潮差不等，涨、落潮历时也不等，平均潮差近岸大于外海，湾顶大于湾口，这是受浅海、河口水下地形、径流等影响造成的。老黄河口—岔河口、神仙沟—甜水沟之间为不正规全日潮区，这两个不正规全日潮区间的黄河海港附近是正规全日潮区。潮流以半日潮流为主，流速一般为 50~100 厘米/秒，以莱州湾潮流最弱，流速为 50 厘米/秒左右。

2.3 自然资源条件

（1）渔业资源

渤海沿岸河口浅水区水质肥沃、营养盐丰富，饵料生物繁多。近海渔业资源丰富，重要经济鱼类和无脊椎动物 50 余种，浮游植物年生产量 1.4 亿吨，鱼类年生产量 49 万吨。大陆江河径流带来的大量有机物质，使这里成为盛产对虾、蟹和黄花鱼的天然渔场，也是重要的产卵场、育幼场和索饵场，有“聚宝盆”之称。渤海中部深水区既是黄渤海经济鱼、虾、蟹类洄游的集散地，又是渤海地方性鱼、虾、蟹类的越冬场。近海滩涂尤其适合贝类生长栖息，是中国浅海滩涂贝类资源原始分布核心区之一，栖息有贝类近40种，包括10余种经济价值较高的贝类。

（2）盐田资源

由于底质和气候条件适宜盐业的发展，渤海成为了中国最大的盐业生产基地，其盐田众多，以西岸的长芦盐场最为著名。莱州湾沿岸地下卤水储量丰富，达76亿立方米，折合含盐量8亿多吨，是罕见的储量大、埋藏浅、浓度高的“液体盐场”。

结合山东渤海海域具有丰富的渔业资源和盐田资源特征，衍生出了一种具有地方特色的综合养殖模式——盐田养殖（盐田与养殖综合利用池塘）。

（3）滩涂（潮间带）资源

沿海滩涂资源是重要的土地后备资源，适于发展海水种植、养殖、晒盐及其海产品加工、储运、销售和盐化工业。山东渤海沿岸滩涂资源丰富，总面积超过3 141平方千米，平均每千米海岸拥有的潮间带面积为3.397平方千米，以粉砂淤泥质滩所占的面积最大，面积达3 076平方千米，占总面积的97.9%，岩石滩很少见，仅为2平方千米。黄河三角洲区域滩涂面积随着河流泥沙入海淤积不断增加，具有巨大的开发潜力。

2.4 生态环境现状

2010—2012近3年的监测结果表明，渤海山东海域主要以符合一类、二类海水水质标准为主，滨州、东营近岸和莱州湾部分海域出现了一定范围的污染，海水中的主要污染物为无机氮、活性磷酸盐和石油类。

沉积物质量总体良好，只有局部海域铅、镉含量超一类海洋沉积物质量标准，其他监测指标均符合一类海洋沉积物质量标准，综合潜在生态风险低。

生物体内污染物状况监测结果表明：近岸局部海域贝类体内总汞、铅、镉等重金属残留量超一类海洋生物质量标准。

沿岸排污口超标排放现象较为普遍，主要入海污染物为化学需氧量（COD）、氨氮、总磷和悬浮物。工业废水和生活污水等大量污染物入海，对重点排污口邻近海域尤其是渔业海域造成了极为不利的影响。

2.5 历史渔业资源研究

前人对渤海渔业资源进行了较充分、全面的研究分析。邓景耀等在20世纪80年代初，对渤海鱼类种类组成、资源结构和数量分布的变动进行了分析讨论。金显仕等根据90年代初的资料做了类似的分析，二者的研究均表明渤海的渔业资源出现了严重衰退，尤以对虾、小黄鱼、带鱼等生物较为典型，而小型中上层鱼类成为渤海的优势种；金显仕还根据1959—1999年在渤海进行的底拖网调查结果，对主要资源种类的动态变化进行了分析，结果显示1998—1999年主要种类的生物量下降至历史最低水平，过度捕捞和环境恶化破坏了渤海生态系统的结构，使生物群落生产力下降，生态系统的稳定性转差。李显森等分析了渤海渔业生物生殖群体结构，并利用聚类分析法对生殖群体的区域集群进行了研究，发现与20世纪八九十年代相比，优势种更替明显，生殖群体结构的小型化、低龄化更加突出；生殖群体区域集群分布明显，渤海中部和渤海湾的种类组成最相近，相似指数达到67.67%。刘红卫等的研究结果表明由于人类对海洋环境的破坏和不合理利用，造成渤海渔业资源严重衰退，并针对目前渤海海洋渔业资源开发现状及其由于过度捕捞造成的海洋环境问题，提出了未来渤海渔业资源的可持续发展的对策。郝艳萍等也对渤海渔业资源的可持续利用进行了分析讨论。张秀梅等总结了山东省1996—2008年以来的增殖放流工作，评价了增殖放流效果，并就国内外渔业资源增殖技术的发展趋势、产业发展需求及今后的总体发展目标等进行了论述与展望。

2011 年，天津市渤海水产研究所发布的“渤海湾渔业资源与环境生态现状调查与评估”项目报告显示，渤海湾渔业资源由过去的 95 种减少到目前的 75 种，其中，有重要经济价值的渔业资源从过去的 70 种减少到目前的 10 种左右，传统渔业特产野生牙鲆、河豚等已经彻底绝迹，曾经是渤海最重要渔业种类的对虾、小黄鱼、带鱼等资源渔业资源已严重衰退，影响着渤海生态系统的健康。

众多的研究成果表明，目前山东渤海海域主要经济鱼类资源基本处于充分利用与过度利用状态，渔业资源质量总体不高，高经济价值的优质种类偏少，渔获物明显低质化、低龄化，部分渔业逐渐丧失自我恢复能力；局部水域生态呈现荒漠化，对渔业的可持续发展和生态环境构成重大威胁；愈来愈严重的污染状况致使海洋渔业资源的生物种群构成发生劣变，沿海城市为促进旅游业发展而逐步清理近岸养殖设施的举措，也使得近岸海域养殖空间逐步萎缩，整个海区的渔业资源状况令人担忧。

3　渔业用海现状分析

3.1　捕捞现状分析

山东渤海海域捕捞业较为发达，主要作业渔场分布在渤海湾南部、莱州湾及滦河口等处，渔场水深 30 米以内，仅在海峡附近水深 60 米左右。海洋捕捞产品种类繁多，主要包含鱼类中的鳗鱼、沙丁鱼、带鱼、大黄花、小黄花、带鱼、金线鱼、鲅鱼、梭鱼、马面鱼、玉筋鱼等；甲壳类中的毛虾、对虾、鹰爪虾、虾蛄、梭子蟹、青蟹等；头足类中的乌贼、鱿鱼、章鱼；以及贝类、藻类、海蜇等。

根据《山东省渔业统计年鉴》记载，2010 年，山东渤海海域海洋捕捞产量 103. 1 万吨。其中，鱼类产量 67. 8 万吨，占捕捞产量的 65. 78%；甲壳类产量 14. 52 万吨，占 14. 09%；贝类产量 23. 6 万吨，占 13. 23%；藻类产量 0. 15 万吨，占 0. 15%；头足类产量 3. 23 万吨，占 3. 13%；其他类产量 3. 73 万吨，占捕捞产量的 3. 62%（图 3. 1）。

由于鱼类占捕捞量的比例居多，故本节以大黄鱼、小黄鱼、蓝点马鲛、带鱼 4 种鱼类的捕捞量变化为例，简要分析山东渤海海域渔业资源的变化。

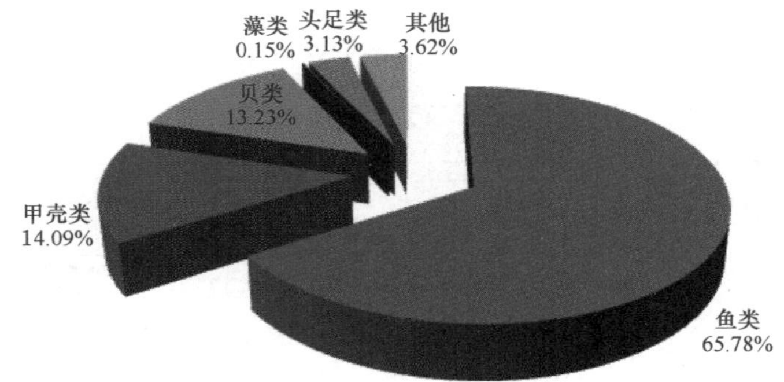

图 3. 1　山东渤海海域捕捞量

（1）大黄鱼

大黄鱼是我国近海主要经济鱼类，也是我国最重要的渔业资源种类之一，为传统“四大海产”（带鱼、大黄鱼、乌贼、小黄鱼）之一，又被称为黄鱼、大鲜、大王鱼、红瓜、黄金龙、桂花黄鱼、石首鱼、红石、石头鱼等。大黄鱼为暖温性近海集群洄游鱼类，主要栖息于 80 米以内的沿岸和近海水域的中下层，在山东渤海海域主要出现在莱州湾的蓬莱、潍坊两地，其次为滨州和东营。从历年的捕捞产量看（图 3. 2），山东省渤海海域大黄鱼的产量一直不高，60 年代平均捕捞产量为 437. 4 吨，70 年代减少为 397. 6 吨，80 年代由于种种原因，数据有所缺失，仅 1983 年潍坊市有记录，为 1 179 吨。进入 21 世纪，大黄鱼的捕捞量略有上升，在 2003 年，大黄鱼的捕捞量出现显著增加，年产量超过了 3 500 吨；2004 年大黄鱼的产量跌落到 2 200 吨左右，但仍比 2002 年之前的产量高出数倍；2003—2009 年的平均产量达到了 2 660.14吨，是2000—2002 年平均产量（91 吨）的近 30 倍。近年来的调查结果表明，大黄鱼等渔业资源面临枯竭。

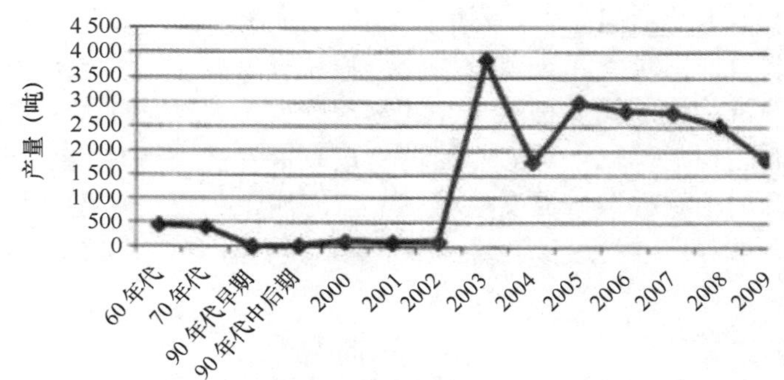

图 3.2　山东渤海海域大黄鱼捕捞产量的年际变化（宋爱环等，2011）

（2）小黄鱼

小黄鱼又名小黄花鱼、厚鳞仔、黄花鱼、大眼、花鱼、古鱼，具有较高的经济价值，在中国主要分布于东海、黄海以及渤海海域，属暖温性近底层鱼类。山东渤海海域的小黄鱼捕捞主要分布在烟台沿海，滨州与潍坊次之，东营分布较少，仅为 200 吨左右。一般在 1—3 月小黄鱼进入越冬期，越冬场位于黄海中部，随温度的升高，小黄鱼向北洄游并分为两支，一支继续北上，另一支经烟威渔场进入莱州湾和渤海湾，该支属于黄海北部—渤海群系。捕捞时间随海区的不同而发生变化，渤海海域小黄鱼的捕捞期为 5—6 月。通过分析相关的统计资料，60 年代山东渤海湾与莱州湾小黄鱼的平均产量为 1 297.8 吨；60 年代到 70 年代，小黄鱼的产量保持稳定且略有上升，为 1 425.2 吨；尽管 80 年代数据缺失，但根据相关文献记载，80 年代中期小黄鱼的产量锐减，资源严重衰退；到了 90 年代尤其是中期以后，资源量逐渐得到恢复，捕捞量达到了 1 609 吨；2000 年之后，其年平均捕捞量达到 3 024 吨，2003 年捕捞量更是达到创纪录的 18 000 余吨，超 90 年代捕捞量 10 倍有余，但 2000—2002 年，山东渤海海域小黄鱼的捕捞量较小，平均年产量仅为 372 吨，2004 年之后产量慢慢回升，年平均值达到了 4 161 吨（图 3.3）。

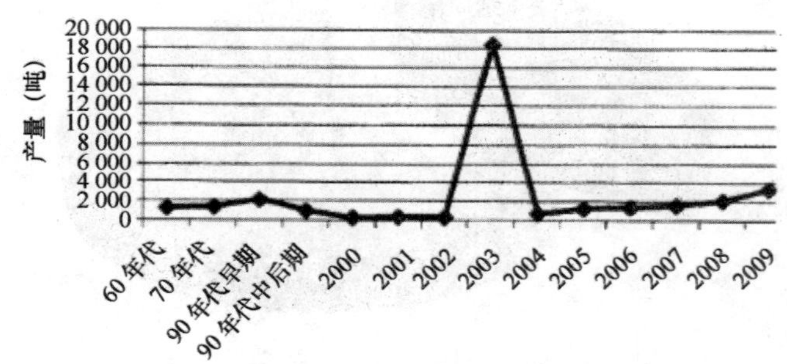

图 3.3　山东渤海海域小黄鱼产量的年际变化（宋爱环等，2011）

（3）蓝点马鲛（鲅鱼）

蓝点马鲛，鱼纲，鲅科，体延长，梭形，侧扁。体色银亮，背部具暗色横纹或暗色斑点，辽东半岛、山东半岛一带俗称鲅鱼，秦皇岛一带俗称雁鱼，其他部分地区称其为条燕、板鲅、竹鲛、尖头马加、马鲛、青箭，属远洋洄游性鱼类，每年的 4—6 月份为春汛，7—10 月份为秋汛，5 月中旬由深海游向黄海北部、少量进入渤海产卵，莱州湾、渤海湾以及滦河口是其主要产卵场，秋季多在近沿海、岛屿周边索饵。我国沿海水域均有出产，是一种常见的食用经济鱼类，因其肉质鲜美紧密、色白细腻而多成餐桌佳肴，深受人们喜爱，较为知名的小吃“鲅鱼水饺”、“鲅鱼烩饼子”、“五香鱼段”、“熏鱼块”均出自此鱼，因而其资源的兴衰对渔业经济效益有着直接的影响。

通过对《山东省渔业统计年鉴》资料的分析，山东渤海海域鲅鱼捕捞量的年际变化如图 3.4 所示。

20 世纪 60 年代鲅鱼的年捕捞量为 10 036 吨，70 年代产量翻倍，达到了 20 943 吨；由于网具改进、捕捞强度加大等多方面因素，90 年代鲅鱼的捕捞量出现了明显的增长，在 90 年代中后期达到了 32 257 吨的历史最高水平。过度捕捞使得鲅鱼资源数量呈减少态势，自我恢复能力逐渐减弱，渔获物大小均不放过的捕捞意识进一步加剧了鲅鱼资源枯竭的局面，导致 2000 年之后，鲅鱼的产量整体不高，2003 年捕捞量仅为 21 972 吨；尽管休渔期的实施以及增值放流技术的不断成熟，鲅鱼资源得到了一定的补充，资源总量有所回升，但总体上看，局势仍不容乐观。

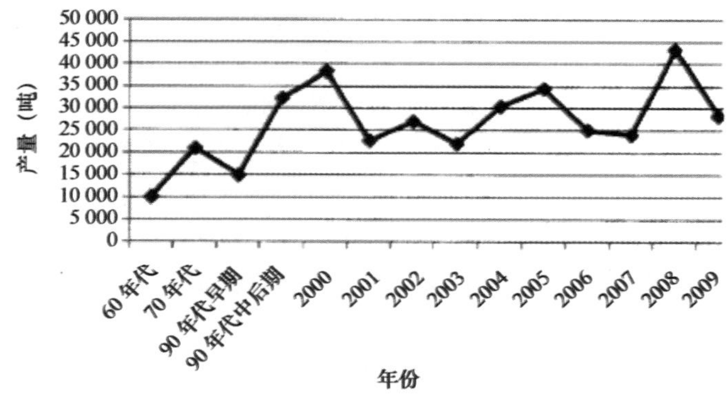

图 3.4　山东渤海海域鲅鱼产量的年际变化（宋爱环等，2011）

（4）带鱼

带鱼，俗称刀鱼、魛鱼、牙带鱼、白带鱼、白鱼、裙带、肥带、油带、天竺带鱼、高鳍带鱼，是我国“四大海产”之一，也是我国年捕捞产量最多的鱼类，其渔获量占世界同种鱼类渔获量的 70%~80%。渤海海域的带鱼属北方带鱼的一支，体积较大，一般春季洄游至渤海，形成春季渔汛，秋季结群返回越冬地形成秋汛，带鱼产卵期很长，一般以 4—6 月为主，其次是 9—11 月，一次产卵量在 2.5 万粒至 3.5 万粒之间，产卵适宜水温为 17~23℃。

根据相关渔业年鉴资料统计，带鱼资源产量也出现了下降，但比大、小黄鱼要好一些，尚能形成渔汛。山东渤海海域带鱼的产量 60 年代为 3 955 吨，70 年代增加到 13 153 吨，90 年代早期资源严重枯竭，年产量仅为 990 吨，中后期产量持续增长，至 2000 年平均捕捞量超过近 25 000 吨；之后的 5 年，带鱼的捕捞产量稳中有升，在 2005 年达到了 47 139 吨的巅峰产量，但随后持续走低，到 2009 年，年平均捕捞产量已降至 3 812 吨，为进入 21 世纪以来的最差水平（图 3.5）。

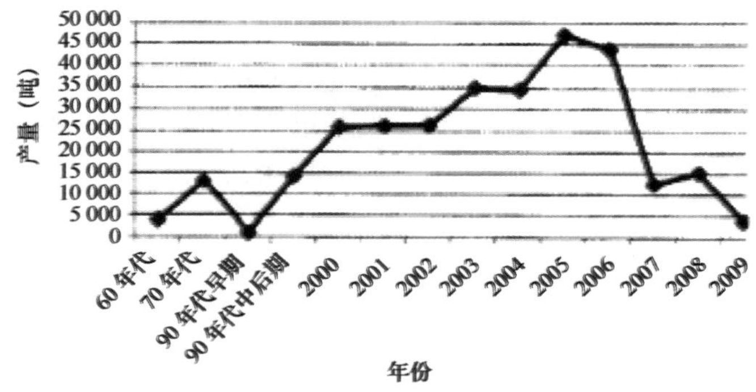

图 3.5　山东渤海海域带鱼捕捞产量的年际变化（宋爱环等，2011）

根据近几年的调查，山东渤海海域主要经济鱼类资源量基本处于充分利用或过度利用状态，有的种类几乎严重衰退，导致该现象的主要原因如下。

① 传统的渔业区减少，但渔船众多，捕捞方法、工具不科学，仍有部分渔民为追求经济效益，使用拖地网等小网眼渔具，造成大量幼鱼被捕获，渔业资源的可持续发展难以为继。部分渔民对海洋生态环境及渔业资源的保护意识淡薄，过度捕捞，致使渔获物小型化、低质化以及渔业资源逐渐丧失自我恢复能力。

② 气候的变化以及人类的活动使得鱼类赖以生存的生态环境不断恶化，产卵场、饵料场被污染、挤占。工业废水、农药排放、生活污水以及海上船舶排污、石油溢油、核事故等造成的污染，使得沿海、河道、河口不同程度地成为“纳污池”、“垃圾场”，进而使海洋环境质量持续恶化；赤潮、水华等灾害频发，传统的产卵场、饵料场遭到严重破坏、挤占，渔业资源不断减少并无法得到有效的、持续的补充而发生衰退。

③渔业支撑体系建设不够完善，管理和服务手段欠缺；执法船只、人员不足导致执法能力较弱，执法难度增大；执法手段单一，“以罚代管”的体制缺陷制约着渔业管理的进步；部分基层渔业部门片面追求渔业经济效应，忽略渔业资源保护。

④渔业资源和环境方面的基础研究仍然不够深入和系统，伏季休渔、禁渔期（区）、增殖放流等相关技术、政策的管理和实施不够成熟，许多资源增殖技术无法在实际应用中大规模操作和推广，渔业资源没有得到有效的休养生息。

⑤ 水产养殖不规范。部分养殖户缺乏对养殖区域、养殖规模、养殖密度、养殖品种等渔业基础知识的科学认识，在未经科学合理的调查研究基础上，盲目新建、扩建养殖场，错误地选择、引入养殖种类，滥用药物，打破了水域固有的生物结构，导致了区域生态系统的严重破坏，养殖病害频发，使得部分海洋生物减少甚至灭绝。

近海捕捞业曾经是山东渤海海域渔业的主要组成部分，但随着近海渔业资源的衰退，山东省制定了严格的资源保护和禁渔期政策，渔具渔法也受到了严格的限制，适度控制捕捞量、增殖保护渔业资源是近海捕捞业的主旋律。目前大多数近海捕捞企业都已经逐渐转向发展海水增养殖业。

3.2　海水养殖现状分析

目前的海水养殖方式主要包括池塘养殖、底播养殖、筏式养殖、网箱养殖和工厂化养殖等模式。根据山东省养殖业用海的实际情况，将筏式养殖和网箱养殖统一划分为浅海养殖，将（围堰）养殖纳入池塘养殖的范畴，新增盐田养殖模式。

山东省渤海湾海域海水养殖面积为268 178公顷，占山东省海水养殖面积的67.3%。其中，池塘养殖53 293公顷，占山东省池塘养殖面积的61.2%；底播养殖108 678公顷，占山东省底播养殖面积的69.2%；浅海养殖（筏式、网箱养殖）20 947公顷，占山东省浅海养殖面积的30.3%；盐田养殖85 260公顷，占山东省盐田养殖面积的100%。山东省渤海海域养殖模式用海组成及分布现状见图3.6和图3.7。

沿海各市海水养殖现状如表3.1和图3.8所示。滨州养殖区面积为89 230公顷，占山东渤海海域养殖区总面积的33%；东营养殖区面积107 400公顷，占总面积的40%；潍坊养殖区面积32 210公顷，占总面积的12%；烟台（西）养殖区面积39 338公顷，占总面积的15%。

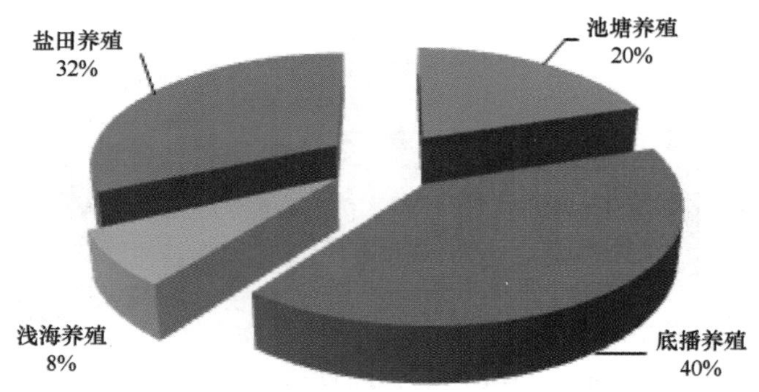

图 3.6　山东省渤海海域养殖模式用海组成示意图

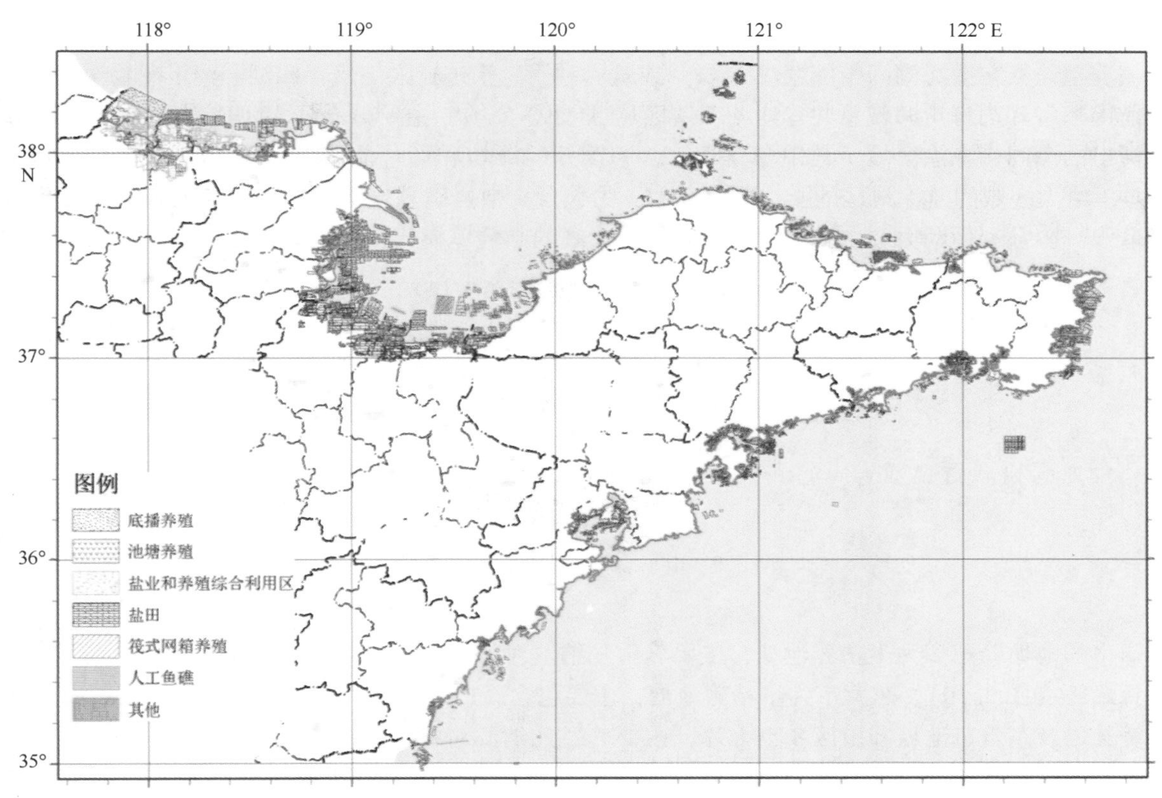

图 3.7　山东省养殖现状

表 3.1　山东省渤海海域各市海水养殖现状

地市	养殖模式（公顷）				合计
	池塘养殖	底播养殖	浅水养殖	盐田养殖	
滨州	8 250	19 900		61 080	89 230
东营	27 900	55 320		24 180	107 400
潍坊	8 730	21 980	1 500		32 210
烟台（西）	8 413	11 478	19 447		39 338
合计	53 293	108 678	20 947	85 260	268 178

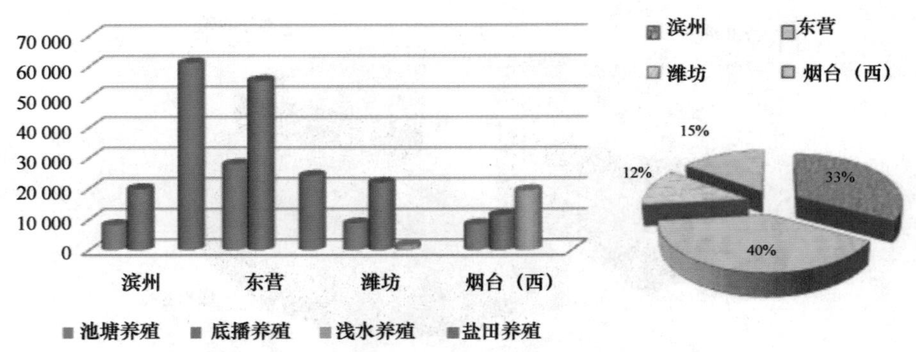

图 3.8　山东省渤海海域各市海水养殖模式

（1）池塘养殖

池塘养殖是指在沿海潮间带围塘（围堰）或筑堤利用海水进行人工培育和饲养经济生物。

目前山东省环渤海湾海域总共有池塘养殖区域 53 293 公顷，主要分布于黄河三角洲地区及沿海较大海湾及河口的潮间带滩涂区域，其中东营占 52%，滨州、潍坊和烟台池塘养殖面积相当，各占 16%左右（图 3.9）。绝大多数为滩涂地区的土池围海养殖，另包含少数岩礁基岩岸线的围堰筑坝养殖。多数利用自然纳潮取水，少数利用动力取水，大部分仍是大排大灌的半精养模式，养殖效益较稳定。

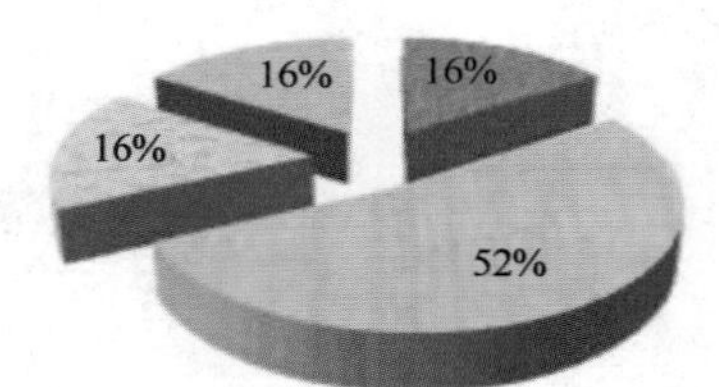

图 3.9　山东渤海海域池塘养殖分布

滨州市的池塘养殖多为半精养池塘，主要养殖凡纳滨对虾、日本囊对虾、菲律宾蛤仔、三疣梭子蟹、缢蛏、青蛤等（图 3.10）。东营市为半精养池塘，主要包含新户、刁口、四扣、五号桩、小岛河、黄河农场、广饶县以及东营市池塘养殖区 8 个大片，主要养殖凡纳滨对虾、三疣梭子蟹、海蜇、刺参、褐牙鲆、日本囊对虾等（图 3.11）。潍坊市的池塘养殖区主要分布在寿光市羊口镇和昌邑市青乡镇，主要养殖卤虫、刺参、凡纳滨对虾、日本囊对虾、中国明对虾等。因盐化工业的发展需要，将分布在潮上带和滩涂区域的养殖池塘改建为晒盐池，使得池塘养殖面积显著减少。烟台围堰筑坝养殖的主要种类有刺参、皱纹盘鲍等，土池围海养殖的主要种类有褐牙鲆、刺参、松江花鲈以及虾、蟹等，其中凡纳滨对虾的养殖量由于莱州土山至虎头崖岸段部分池塘改为盐场而降低，莱州朱旺至刁龙嘴岸段以发展工厂化养殖与池塘养殖混合区为特色，主要的养殖种类包括对虾、半滑舌鳎、石鲽、褐牙鲆、大菱鲆等。

（2）底播养殖

底播养殖是指在沿海潮间带和潮下带，利用海域底面人工看护培育和饲养海洋经济生物。底播养殖是一项投资小、污染轻、养殖潜力大的养殖模式，可充分利用滩涂和潮下带水域的海底地面进行，以适当投苗养护或直接养护为主。

一般 0~20 米等深线为浅水，20 米等深线以深海域为深水。目前山东省环渤海湾海域养殖面积为 108 678公顷，主要分布于黄河三角洲地区及海湾滩涂和 0~15 米等深线浅海，其中滨州市底播养殖面积 19 900 公顷，占养殖区总面积的 18%，主要为潮间带及浅海养殖；东营市则开发利用 5 米等深线以浅水域，面积约为 55 320 公顷，占底播养殖总面积的 51%；潍坊市底播养殖面积 21 980 公顷，占底播养殖总面积 20%，以滩涂和浅海底播贝类的养护居多；而烟台市（西）的底播养殖 11 578 公顷，占总面积 11%，主要分布在莱州湾滩涂和浅海、长岛海域等地（图 3. 12）。养殖种类主要有蛤类（菲律宾蛤仔、文蛤、四角蛤、中华蛤仔、栉江珧、青蛤、蓝蛤、紫石房蛤等）、蚶类（毛蚶、魁蚶等）、蛏类（缢蛏、竹蛏、大竹蛏等）、螺类（皱纹盘鲍、强棘脉红螺、玉螺等）等（图 3. 13、图 3. 14）。

图 3. 10　滨州围堰养殖海参

图 3. 11　垦利垦东防潮堤内池塘养殖刺参

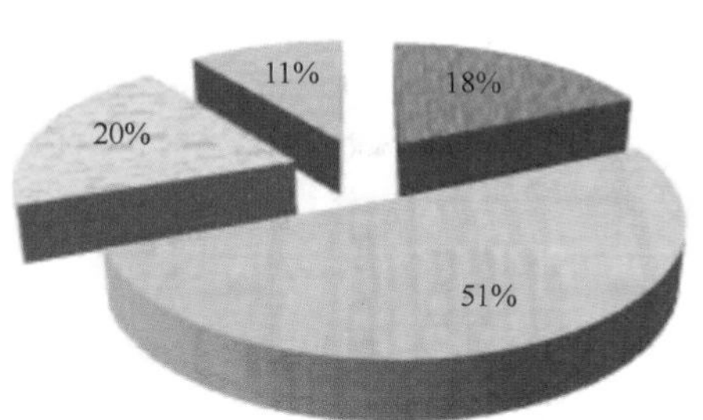

图 3. 12　山东渤海海域底播养殖分布

图 3. 13　寿光底播养殖贝类

图 3. 14　底播养殖菲律宾蛤仔

（3）浅海养殖（筏式、网箱养殖）

浅海养殖是指在低潮线以下海域培育或饲养海洋水产经济生物，包括筏式养殖和网箱养殖。筏式养殖是指在浅海水域，用浮子、毛竹和绳索等做成筏式浮架，两边用木桩或锚固定，在筏上吊挂养殖品种的一种养殖方式；网箱养殖主要分为普通网箱和深水抗风浪网箱两大类型。

目前山东省环渤海湾海域进行筏式、网箱养殖的面积有 20 947 公顷，全部分布在潍坊市至烟台沙河口以西的近岸，其中潍坊市浅海养殖面积 1 500 公顷，养殖试验示范 30 多万笼，主要分布在昌邑市（图 3. 15）；渤海海域烟台沿岸的浅海养殖主要分布在北部沿海，占用面积 19 447 公顷，其中筏式养殖主要养殖种类有贝类（栉孔扇贝、海湾扇贝、虾夷扇贝、紫贻贝、太平洋牡蛎、皱纹盘鲍等）、裙带菜、海胆等。网箱养殖近年来在养殖设施方面有了很大的改进，由离岸近、水位浅的浅海小网箱逐步向离岸远、水位深、水体交换条件好、受污染影响小的深水抗风浪网箱发展。主要养殖种类为许氏平鲉、石鲽、松江花鲈、大泷六线鱼、褐牙鲆等。

图 3. 15　潍坊筏式养殖扇贝

（http：//pic. sogou. com/pics? query = %CD%F8%CF%E4%D1%F8%D6%B3+%D1%CC%CC%A8&di = 2&_ asf = pic. sogou. com&w = 05009900&sut = 5731&sst0 = 1476499533415）

（4）盐田养殖

盐田养殖指在位于滩涂或潮上带盐田中具备盐业和池塘养殖生产双重功能的池塘中进行培育或饲养海洋水产经济生物的一种养殖方式。此功能区以养殖为主，养殖区域与结晶区域的面积之比在 2. 5 ∶ 1～20 ∶ 1之间，发展优势在于抵御风险的能力较强，且兼顾养殖与盐场的一、二级制卤池功能，转型相对容易；同时也存在着集约化程度较低，养殖种类有限等弊端。

山东省环渤海湾盐业和养殖综合利用区面积较大，共 85 260 公顷，绝大部分分布在黄河三角洲地区，其中滨州盐田养殖面积 61 080 公顷，占山东渤海海域盐田养殖面积的 72%，养殖主要种类包括凡纳滨对虾、日本囊对虾、卤虫、缢蛏等（图 3. 16，图 3. 17）。

（5）养殖区海水环境状况

2010 年，山东渤海海域增养殖区监测结果表明，海水增养殖区海水环境基本能满足养殖活动要求，部分增养殖区无机氮、化学需氧量和活性磷酸盐超二类海水水质标准；沉积物除个别增养殖区中铅、铜超一类海洋沉积物质量标准外，其他增养殖区均符合一类海洋沉积物质量标准；镉、铅、砷等重金属及粪大肠菌群是养殖贝类体内残留的主要超标物质（表 3. 2）。

图 3.16　滨州无棣盐田养殖日本囊对虾

图 3.17　东营河口盐田养殖凡纳滨对虾

表 3.2　2010 年山东渤海海域海水增养殖区水环境质量状况

<table>
<tr><th rowspan="2">地市</th><th rowspan="2">养殖区名称</th><th rowspan="2">养殖方式</th><th rowspan="2">面积（公顷）</th><th colspan="3">水质</th><th rowspan="2"></th></tr>
<tr><th>5 月</th><th>8 月</th><th>超标因子</th></tr>
<tr><td rowspan="2">烟台</td><td>莱州金城养殖区</td><td>筏式、底播</td><td>3 900</td><td colspan="2">☺</td><td>无</td><td>☺</td></tr>
<tr><td>莱州虎头崖增养殖区</td><td>筏式、底播</td><td>4 102</td><td>☹</td><td>☺</td><td>无机氮</td><td>—</td></tr>
<tr><td>潍坊</td><td>滨海区滩涂贝类养殖区</td><td>底播</td><td>202</td><td colspan="2">☹</td><td>化学需氧量、无机氮、活性磷酸盐</td><td>☹</td></tr>
<tr><td>东营</td><td>东营新户浅海养殖样板园</td><td>池塘</td><td>3 800</td><td colspan="2">☺</td><td>无</td><td>☺</td></tr>
<tr><td rowspan="2">滨州</td><td>滨州沾化浅海贝类增养殖区</td><td>底播、池塘</td><td>23 333</td><td>☹
（7 月）</td><td>☺</td><td>无</td><td>☺</td></tr>
<tr><td>滨州无棣浅海贝类增养殖区</td><td>底播、池塘</td><td>44 890</td><td>☹</td><td>☺</td><td>活性磷酸盐</td><td>☺</td></tr>
</table>

2011 年，开展了养殖区海水、沉积物监测，养殖方式包括底播养殖、筏式养殖、网箱养殖和池塘养殖四大类。增养殖区个别指标超第二类海水水质标准，污染因子以无机氮为主；海洋沉积物环境较好，沉积物中总汞、镉、铅、砷、硫化物、有机碳和石油类均符合第一类海洋沉积物质量标准；养殖生物质量比 2010 年明显好转，仅个别站位养殖区生物体内部分重金属、滴滴涕及石油烃出现超标。

2012 年，海水增养殖区监测结果表明，海水质量总体能够满足养殖活动要求。

表 3.3 所示为 2011 年、2012 年山东渤海海域海水增养殖区水环境质量状况。

表 3.3　2011 年、2012 年山东渤海海域海水增养殖区水环境质量状况

序号	增养殖区名称	主要超标因子	
		2011 年	2012 年
1	滨州无棣浅海贝类增养殖区	化学需氧量、无机氮	无机氮、活性磷酸盐
2	滨州沾化浅海贝类增养殖区	无机氮	无机氮
3	东营新户浅海养殖样板园	无机氮、活性磷酸盐、镉、铅、铜、铬、滴滴涕	无机氮、石油类
4	潍坊滨海区滩涂贝类增养殖区	化学需氧量、无机氮、活性磷酸盐、石油类、铅、砷	无机氮、石油类、化学需氧量
5	烟台莱州虎头崖增养殖区	无机氮	无机氮、石油类、pH
6	烟台莱州金城增养殖区	无机氮、石油烃、重金属铅	无机氮
7	烟台长岛海域网箱鱼类养殖区	无机氮、活性磷酸盐	

养殖海域化学需氧量、pH、溶解氧、活性磷酸盐、粪大肠菌群、汞、铜、镉、铅和砷符合第二类海水水质标准的比例均在95%以上，无机氮符合第二类海水水质标准的比例为64%，与上年基本持平，石油类符合第二类海水水质标准的比例为89%，较上年有所升高。

海水增养殖区沉积物质量总体能够满足养殖活动要求，有机碳、硫化物、石油类、粪大肠菌群、汞、镉、铅、铜和砷符合第一类海洋沉积物质量标准的比例均在90%以上，与上年基本持平。

3.3　渔港现状分析

3.3.1　渔港简介

渔业港口（下文简称渔港）是指为渔业生产服务和供渔业船舶停泊、避风、装卸渔获物、补给渔需物资、进行渔获物的冷冻、加工、储运、渔船维修、渔具制造、通讯联络以及船员休息、娱乐、医疗的人工港口、自然港湾以及综合港的渔业港区，包括陆域、水域、岸线等；渔港水域包括港池、锚地、避风湾和航道。

渔港不仅是捕捞和增养殖业的重要基地，为渔民生产、生活提供重要重要保障，也是渔业产、供、销的重要枢纽。此外，现代渔港在餐饮、娱乐等休闲旅游方面以及吸引农村劳动力就业和创业等方面起着不可忽视的作用。山东省应加大渔港基础设施的建设和经营，不断延伸渔业产业链条，促进渔业二、三产业的发展，向着繁荣地区经济、促进渔业又好又快发展、建设现代渔业经济与构建和谐渔区的目标迈进。

渔港建设应当满足以下基本要求。

① 适宜的自然条件。渔港建设应选择地形平坦宽阔的陆域，以便渔业基础设施的建设；应选择水域深广、风浪较小的自然海湾或背风坡区域，便于船只的航行停泊；由于渤海每年都有海冰现象发生，故应选择在无结冰期或结冰期较短的区域建设渔港。

②良好的社会条件。渔港建设应选取渔业资源丰富、经济较为发达、客货运输量较大、交通运输网络发达的具有一定的经济辐射带动作用的沿海城市，以便于货物的集散，保证国家对渔港基础建设的投入真正发挥带动小城镇建设、促进地区渔业资源开发、把资源优势转变为经济优势的作用。

③明确的港权和科学的规划。港区的水域、陆域范围和管理部门明确，具备港章和红线图；渔港的总体规划科学合理、完整且具有可行性，水域分区设置清晰，陆域设施配套完整，能够保证渔港的基本

权益和未来足够的发展空间，保障各项功能有效发挥。

④资金、科技和政策支持。地方政府应落实对本行政区内的渔港建设的配套资金，为渔港建设提供资金保障；并应充分发挥科学技术优势，确保规划建设内容如期、高效完成；同时明确渔港建成后的管理办法，制定相应的政策和保障措施，保证渔港的良好运转。

3.3.2 渔港的等级分类标准

（1）根据渔港服务范围与功能、渔船数量、吞吐能力、发展前景等情况分为国家中心渔港、一级渔港、二级渔港和三级渔港四类。此外，不在等级内（不属于国家级）的渔港称为群众性渔港（表 3.4）。

表 3.4 渔港等级分类标准

渔港类型	年鱼货卸港量（万吨）	可容纳船舶数量（艘）	水域面积（千米^2）	陆域面积（千米^2）	渔用岸线长度（米）	码头岸线长度（米）	防灾减灾能力
国家中心渔港	8	800	40 万~50 万	>20 万	>1 000	>600	50 年一遇以上
一级渔港	4	600	30 万~40 万	>10 万	>800	>400	50 年一遇以上
二级渔港	2	200	具有一定的水域、陆域面积、岸线、码头长度能达到一定标准				
三级渔港	能满足当地渔船的停泊和补给需要，能容纳一定的渔船，有一定的岸线、码头和水域规模，年卸港量能达到一定规模						

（2）按照主导使用功能的不同，分为避风型、生产型及综合型三类。

①避风型渔港：指以避风功能为主导，兼顾渔业生产的渔港。

②生产型渔港：指以渔业生产为主导，有条件时兼顾避风功能的渔港。中心和一级的生产型渔港建设时必须兼顾避风功能。

③ 综合型渔港：指兼有生产及避风功能的渔港。

（3）按开发利用程度，分为自然渔港和人工渔港。

① 自然渔港是指具有一定的天然掩护条件，无港口航道等基础设施，未设定水域用益物权、可供临时性渔业船舶停航避风的，具有港口性质的自然海湾、港池。

② 人工渔港是指具有码头、航道、锚地等港航基础设施，水产品交易、渔业物资供需等后勤服务设施，且陆域、水域范围明确的人工建造的港口。

（4）按照渔港所在区域，分为沿海渔港和内陆重点渔港。

3.3.3 山东渤海海域渔港分布现状

山东渤海海域渔业资源丰富，水陆交通运输便利，岬湾相间，水深适宜，建港条件优越。近些年来，山东省为科学配置和高效利用岸线资源，进一步提高渔业防灾减灾能力，对渔业港口进行了新的规划和合理布局，加快构建布局合理的现代渔港体系，以期形成以港兴区、港区联动的现代渔业经济发展新格局，推进山东渤海沿岸海洋经济的发展。

在此，对该区域内的国家中心渔港和一级渔港的情况进行简单介绍（图 3.18）。

（1）国家中心渔港

目前，山东渤海沿岸已建和在建的中心渔港 4 个，包括蓬莱渔港、羊口渔港、东营渔港、长岛渔港。

①蓬莱渔港

蓬莱中心渔港位于烟台蓬莱市西城临港工业区，栾家口港东，港区码头岸线 1 100 米，共有码头泊位 30 多个，水域面积 50 万平方米，是经济鱼类进入渤海的主要通道和传统作业渔场，是周边作业渔船供

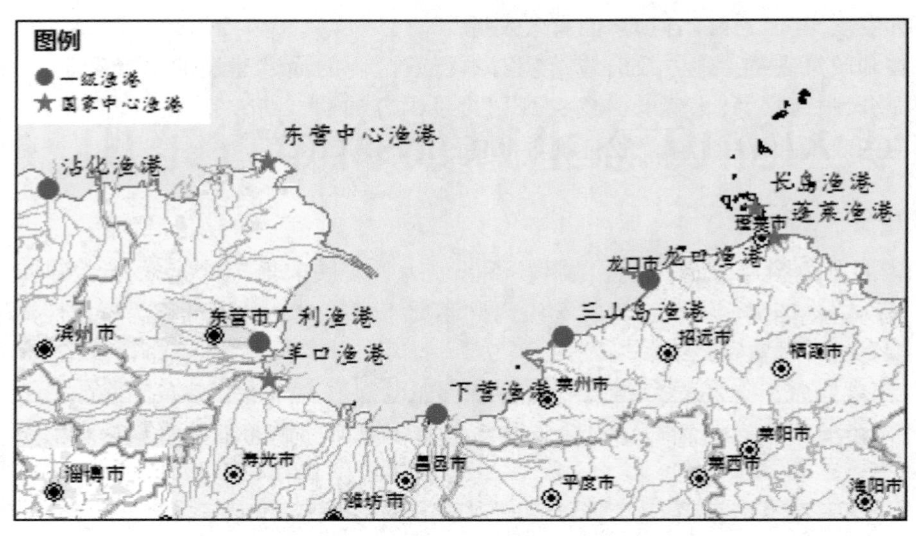

图 3.18　山东渤海海域渔港分布

给、避风的重要基地，为已建国家中心渔港。

②羊口渔港

羊口渔港位于潍坊寿光市，小清河下游入海处，建于 1891 年（清光绪十七年），属内河港口，河宽 110 米，建有直立岸壁护坡 600 米，距河口入海处 15 千米，是黄河三角洲高效生态经济区重要渔港，港区腹地开阔。港口上下 30 千米河道均可锚泊避风，年结冰日 104 天左右，为已建国家中心渔港。

③东营渔港

东营渔港位于东营市河口区，也是渤海东营河口最大的渔船避风港，港区腹地广阔，是周边作业渔船供给、避风的重要基地。中心渔港办公区、旅馆、饭店、商店、卫生站、加油站、船舶机械维修等设施齐全，为已建国家中心渔港。

④长岛渔港

长岛渔港位于山东半岛北部，长岛县南长山岛西岸鹊嘴湾内，西临庙岛，南隔庙岛海峡与蓬莱相望，是进出长岛和过往渤海南部渔船必经之地，是周边作业渔船供给、避风的重要基地，为在建国家中心渔港。

除上述已建和在建中心渔港外，山东省环渤海区域根据沿海各市的整体渔业发展需要，按照至少在每一个地级市布局一个中心渔港的原则，拟（扩）建包括沾化渔港、莱州三山岛渔港、龙口渔港、朱旺渔港、无棣渔港等多处中心渔港，此处不一一赘述。

（2）一级渔港

除确定升为中心渔港的一级渔港，山东渤海沿岸已建和在建的一级渔港 5 个，包括三山岛渔港、龙口渔港、沾化渔港、广利渔港、下营渔港。

①莱州三山岛渔港

苏东坡有诗云："忆观沧海过东莱，日照三山迤逦开"。三山岛位于莱州城北 27 千米处的莱州湾畔，三面环海，一面与陆地相连。三山岛周围海域水产丰盛，是北方著名的渔场，盛产莱州梭子蟹和文蛤，是胶东远近闻名的海鲜渔市。

三山岛渔港位于烟台莱州市北部陆连岛上，是山东省北部最后一处礁岩海岸的港口选址，是莱州湾重要产卵场和传统作业渔场。建港条件优越，作业渔船众多，是渔船供给、避风的重要基地，但随着渔业经济的发展，现有容量难以适应渔汛期卸货及避风需要，为已建一级渔港。

②龙口渔港

龙口渔港位于烟台龙口市，是进入渤海的最大渔业港口，汛期日进港船只高达2 000多艘，也是三省一市渤海作业及过往渔船的主要避风、供给基地，基础条件和避风条件较好，配套设施齐全，防波堤和港池扩建潜力巨大，为已建一级渔港。

③沾化渔港

沾化渔港位于滨州市沾化县滨海乡套尔河下游东岸，滨州港大堡码头以南，是滨州第一个国家一级渔港，也是整个黄河三角洲地区重要的渔业产业基地。此港 2008 年年底开始建设，2012 年年底竣工验收，新建 3 000 平方米水产品交易区，500 吨冷藏制冰厂 1 处，鱼品加工厂 1 处，渔船修造厂 1 处，综合物资区 8 000 平方米，综合管理区 800 平方米，综合服务区 2 万平方米及其他配套服务设施。可同时泊靠近海渔船 1 000 余艘，将使近 10 万吨渔货物及时得以保鲜加工销售，使渔需物资得到集中妥善保存，为已建一级渔港。

④下营渔港

下营渔港位于潍坊市昌邑县。该渔港始建于 1973 年，于 2010 年扩建升级为一级渔港，码头长度达到 827 米，泊位 23 个，渔船停靠能力达到 700 艘，年卸货量 6 万吨以上。该渔港的扩建不仅为昌邑市海洋经济发展提供了良好的基础和条件，也有效解决了潍坊东部及周边地区渔业船舶避风的需要，同时配备的渔政港监管理用房、消防环保设施等，能够为渔港规范管理和渔船安全停靠提供有效服务。2012 年获得“山东文明渔港”称号，为已建一级渔港。

⑤广利渔港

广利渔港位于山东省东北部，莱州湾西岸的广利、溢洪两河交汇处，北部与大连、秦皇岛、天津隔海相望，南与潍坊、淄博毗邻，西与滨州接壤，是渤、黄海经济圈的结合部，是东营市最大的渔港之一。水陆交通畅通，渔业资源丰富，配套设施齐全，建港条件优越，2010 年开工建设（扩建），为在建一级渔港。

除上述已建和在建一级渔港外，山东省环渤海区域根据沿海各市的整体渔业发展需要，按照在没有中心渔港的中型以上渔业县（市）至少布局一个一级渔港的原则，增加包括滨海渔港、海庙渔港、辛庄渔港、砣矶岛渔港等多处一级渔港。

3.3.4 渔港建设存在的问题

目前，山东省环渤海沿岸渔港建设发展过程中主要存在以下几方面的问题。

①布局不完善，功能定位不明确。环渤海沿岸港口数量少且规模较小，占全省渔港总量的份额仅为10%~15%左右；部分港区的功能定位不够明确，制约了渔港的发展；渔港布局及功能的不完善，使得渔船就近避风、卸货困难，难以吸引渔船，进而难以带动整个港区的建设和发展。

②建设水平不高，基础设施不齐全。码头泊位短缺、通讯消防设施缺乏、有效掩护水域面积不足、防波堤长度不够、航道淤积严重等渔港基础设施建设问题普遍存在，影响了渔船补给、鱼货交易、物资流通、娱乐餐饮等方面功能的发挥以及渔港经济区的快速发展。

③资金投入过度依赖财政。大部分渔港为公益性渔港，建设以中央和地方财政的支持为主要甚至全部资金来源，受各级财力影响较大；社会及企业的投资积极性不高、投资渠道不畅通、融资机制不健全，难以吸引社会资金的注入，严重制约渔港经济的发展。

④法制体系滞后，监督管理不严。相关渔港及渔港经济区规划、建设等配套管理制度体系相对滞后，相关法律法规体制不健全，导致港口建设与管理不规范、港权不清、港区执法困难重重等诸多问题，在一定程度上影响了渔港经济区的形成和发展。

3.3.5 保障措施

建立综合性渔港经济区，调整渔业产业结构，加快渔业产业转型，强化渔港基础设施建设，制定相关的渔业规划、政策、法律法规和监督管理体系，是延伸渔业产业链条、提高产业集聚、拓展渔业发展空间的需要，也是促进渔业经济增长方式转变的需要，更是解决当前渔港建设和发展存在的问题，促使该区域渔业健康、稳定、可持续发展的需要。

3.4　产卵场和索饵场分析

3.4.1　产卵场

山东渤海海域港湾密布，经本区入海的河流众多，除黄河以外，还有马颊河、徒骇河、小清河、弥河、潍河、胶莱河、沙河等十几条河流。水质状况良好。营养丰富，饵料生物充足，是栖息洄游于黄、渤海的众多渔业资源种类（鱼、虾、蟹）的优良产卵场，其中最主要是莱州湾及渤海南部产卵场。

5月、6月、8月三航次共获取鱼卵11 743粒，共22种，分别是青鳞小沙丁鱼、斑鰶、鳀、赤鼻棱鳀、中颌棱鳀、黄鲫、凤鲚、油魣、鲅、多鳞鱚、棘头梅童鱼、小黄鱼、黄姑鱼、小带鱼、鲐、蓝点马鲛、鲱䲠、短鳍红娘鱼、鲬、短吻舌鳎、焦氏舌鳎、未知种。其中以斑鰶数量最多，占全部鱼卵数的44.2%，鳀次之，占28.1%，其他数量较多的种类有油魣7.7%、多鳞鱚5.1%和鲅3.3%（图3.19）。

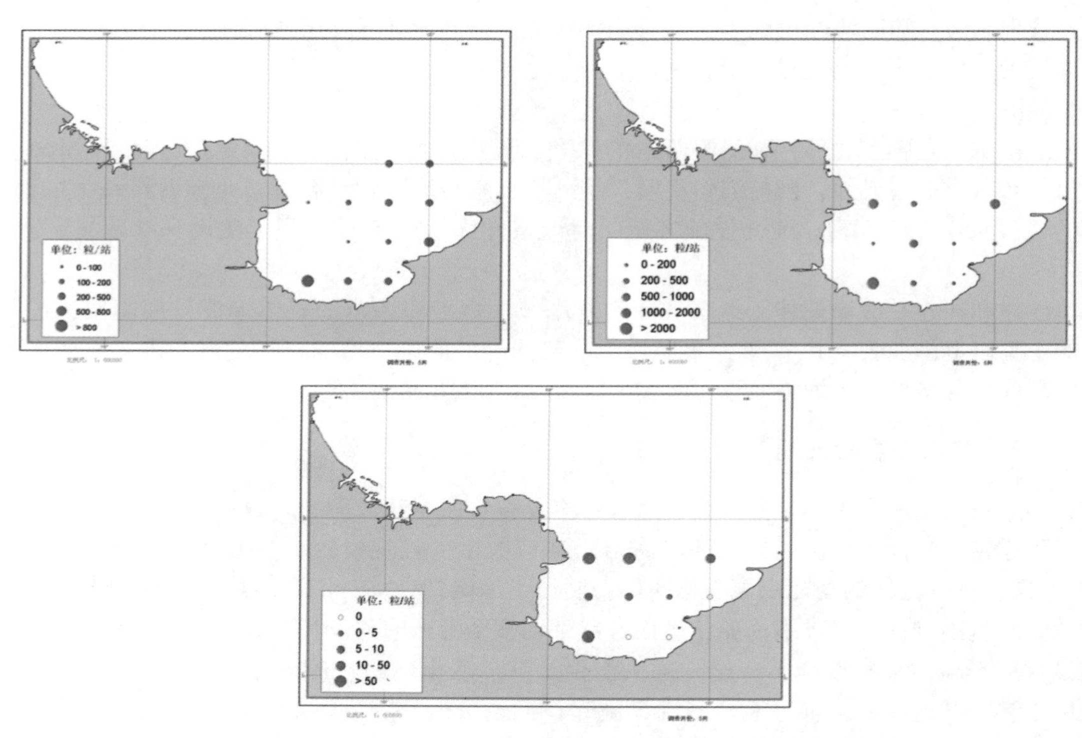

图3.19　5月、6月、8月莱州湾及渤海南部产卵场鱼卵分布

3.4.2　产卵季节变化

产卵季节变化情况如表3.5所示。

表 3.5　产卵季节变化

月份	种数	种类	出现频率	平均密度（粒/站）	最高密度（粒/站）
4 月	1	大银鱼	7.1%	0.2	4
5 月	26	青鳞小沙丁鱼、斑鰶、鳀、赤鼻棱鳀、中颌棱鳀、黄鲫、大银鱼、长蛇鲻、油魣、鮻、多鳞鱚、黑鲷、小黄鱼、黄姑鱼、鲐、蓝点马鲛、䲁䲗、短鳍红娘鱼、鲬、褐牙鲆、高眼鲽、条鳎、焦氏舌鳎、短吻舌鳎和未知种	87.2%	723.5	17 464
6 月	24	青鳞小沙丁鱼、斑鰶、鳀、赤鼻棱鳀、黄鲫、凤鲚、长蛇鲻、油魣、鮻、多鳞鱚、棘头梅童鱼、小黄鱼、黄姑鱼、小带鱼、鲐、蓝点马鲛、䲁䲗、短鳍红娘鱼、鲬、焦氏舌鳎、鲛鱇和未知种	92.0%	1 871.9	48 606
7 月	6	鳀、鮻、小黄鱼、多鳞鱚、䲁䲗和焦氏舌鳎	71.4%	20.0	157
8 月	10	斑鰶、鳀、赤鼻棱鳀、黄鲫、长蛇鲻、小带鱼、多鳞鱚、棘头梅童鱼、焦氏舌鳎	39.1%	22.8	227
9 月	0				
10 月	1	角木叶鲽			

3.4.3　索饵场

山东近海洄游性种类典型索饵洄游为：5—7 月，当年生的稚鱼和幼鱼近岸产卵场周边浅水区索饵育肥；8 月陆续向产卵场周边深水区迁移索饵；10 月，渤海的幼鱼陆续离开渤海进入黄海北部，随着气温继续下降，会同在黄海北海索饵的幼鱼进入石岛、连青石渔场，12 月至翌年 1 月进入黄海深水区的越冬场。图 3.20 为索饵期示意图。

3.5　其他渔业现状分析

3.5.1　水产种质保护区现状

水产种质资源保护区是指为保护水产种质资源及其生存环境，在具有较高经济价值和遗传育种价值的水产种质资源的主要生长繁育区域，依法划定并予以特殊保护和管理的水域、滩涂及其毗邻的岛礁、陆域。

截至 2012 年年底，山东全省国家级水产种质资源保护区已上升为 30 个，保护区面积达到 17.5 万公顷，其中渤海沿岸国家级水产种质资源保护区 10 个（表 3.6），另有省级水产种质资源保护区多个。

表 3.6　山东渤海海域水产种质自然保护区列表

序号	名称	类别	所属市县
1	长岛皱纹盘鲍光棘球海胆国家级水产种质保护区	国家级	烟台市长岛县
2	莱州湾单环次蝤近江牡蛎国家级水产种质保护区	国家级	潍坊市滨海经济开发区
3	马颊河文蛤国家级水产种质保护区	国家级	滨州市无棣县
4	蓬莱牙鲆黄盖鲽国家级水产种质资源保护区	国家级	烟台市蓬莱市
5	黄河口半滑舌鳎国家级水产种质资源保护区	国家级	东营市利津县
6	套尔河口海域国家级水产种质资源保护区	国家级	滨州市

续表

序号	名称	类别	所属市县
7	广饶海域竹蛏国家级水产种质资源保护区	国家级	东营市广饶县
8	黄河口文蛤国家级水产种质资源保护区	国家级	东营市河口区
9	长岛许氏平鲉国家级水产种质资源保护区	国家级	烟台市长岛县
10	无棣中国毛虾国家级水产种质资源保护区	国家级	滨州市无棣县
11	黄河三角洲自然水生生物保护区	省级	东营市垦利县
12	滨州市青蛤自然保护区	省级	滨州市无棣县
13	潍坊莱州湾近江牡蛎原种自然保护区	省级	潍坊市海化区
14	滨州文蛤种质资源保护区	省级	滨州市无棣县
15	莱州湾星虫种质资源保护区	省级	烟台市莱州市
16	莱州市三山岛渔业资源保护区	省级	烟台市莱州市
17	长岛皱纹盘鲍种质资源保护区	省级	烟台市长岛县
18	无棣县缢蛏种质资源保护区	省级	滨州市无棣县
19	长岛县栉孔扇贝种质资源保护区	省级	烟台市长岛县
20	昌邑三疣梭子蟹种质资源保护区	省级	潍坊市昌邑市
21	利津半滑舌鳎渔业保护区	省级	东营市利津县
22	无棣县卤虫种质资源保护区	省级	滨州市无棣县

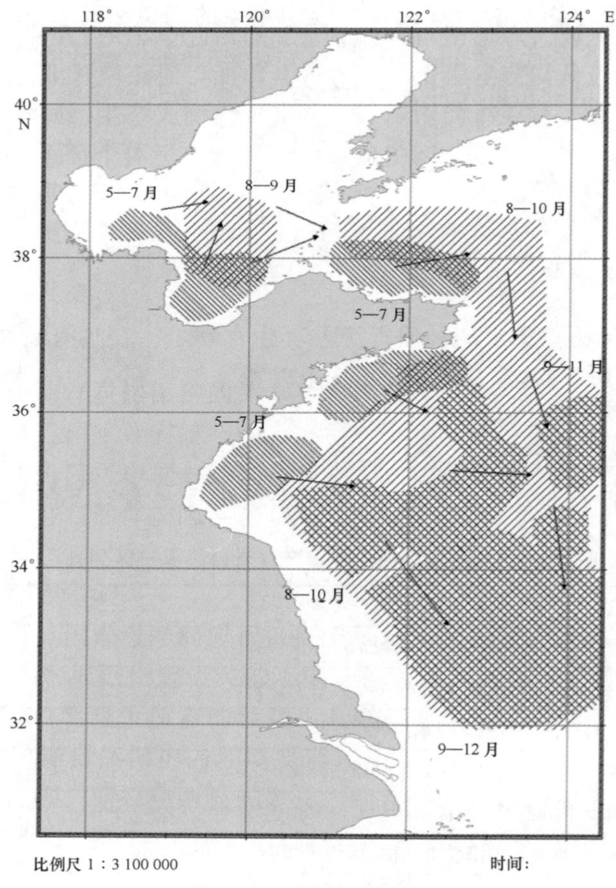

图 3.20　索饵期示意图

3.5.2 人工鱼礁现状

人工鱼礁是人工设置的诱使鱼类聚集、栖息的海底堆积物，有较明显的集鱼效果，可使鱼类滞留于礁区的时间延长，渔场扩大，并使鱼类得到增殖。已发现集鱼和增殖效果较好的有鲆、鲽类、鲷类以及石斑鱼、黑鲪、六线鱼等定栖性岩礁鱼类。人工鱼礁区的捕捞作业利用率和渔获量一般可高于其周围海区，有的渔获量可成倍增加。浅海增殖礁的效果也明显而稳定。人工鱼礁作为一项改善海洋生态环境、养护渔业资源的重要设施，在国内外得到广泛的应用。

人工鱼礁的种类繁多，一般根据投礁水深、建礁目的或鱼礁功能、造礁材料、礁体结构、施工方式等方面来划分。

1）按投礁水深范围划分

（1）底鱼礁：设置在海底，主要诱集底层的鱼、虾、蟹类，以在礁区形成渔场，可造成亲体的产卵繁殖、幼体的觅食避害及鱼虾贝藻的增殖；

（2）浮鱼礁：设置在水域上中、表层，以诱集中上层鱼类，形成渔场。

2）按鱼礁功能划分

（1）增殖型鱼礁：以资源增殖为目的，使海洋生物在礁体中栖息、繁殖、生长。主要增殖刺参、蟹、龙虾、鲍、扇贝等海珍品。一般投放于-10米以浅水域；

（2）生态公益型鱼礁：通过在礁体上附着海藻，产生海藻场效应，以降低海水中富营养化的物质，为鱼类和贝类提供饵料；

（3）集鱼型鱼礁：大多为钢制大型鱼礁，投放于鱼类的洄游通道，以诱集和聚集鱼类（如鲷科鱼类、金枪鱼、鲣鱼等）形成渔场，达到提高捕鱼效率的目的。一般投放于外海水域；

（4）休闲游钓型鱼礁：一般投放于离滨海旅游区较近的沿岸水域，以增殖和诱集鱼类，供休闲垂钓活动之用。

3）按造礁材料划分

（1）混凝土鱼礁：以混凝土为主、钢条或硬性竹条为筋制作而成的鱼礁。使用最为普遍，经久耐用；

（2）钢材鱼礁：以钢材制成的框架式鱼礁。一般投放在外海，运输方便，制作容易，在日本广泛使用；

（3）塑料鱼礁：以塑料或塑料构件为原材料制成的鱼礁，多为浮式鱼礁，轻便耐用；

（4）木竹鱼礁：把木材钉成框架，中间压以石块沉于海底或将竹、木捆扎成筏，漂浮、悬浮于水中，用于诱集鱼类的鱼礁；

（5）石料鱼礁：以天然块石作为礁体，直接投放于海底堆叠成一定形状所形成的鱼礁；

（6）轮胎礁：将废旧轮胎捆扎成塔形、方形等所需形状，投放于预定海域作为人工鱼礁，实现废物利用，降低造礁成本。

4）根据分布水层及增殖对象

（1）底鱼礁：是当前增殖礁的主流，多以水泥框架构造体投放于近岸海域底质坚硬的20米以浅、20~30米台地上，组成人工鱼礁群，为附礁鱼类提供避难所、栖息地。山东省特别是半岛沿岸，受20~30米台地发育、渤海沿岸流和黄海变化性水团控制影响，其水域生产力高，适宜投礁增殖。礁体结构可单独投放1.5立方米的水泥块体，亦可与渔船共筑组合礁群。增殖主要种类为鲈、黑鲪、六线鱼、星鳗、鲷科、石鲈科、石鲷科和比目鱼类等。

（2）浮鱼礁：是以塑料、树枝等分支状结构悬浮于水域中上层，底部以锚缆固定于海底，以吸附过路中上层鱼类，如鲐、鲹、鲣等，山东省上述鱼类少，出现季节短，一般无需投放这类鱼礁。

（3）筑矶礁：将特制水泥瓦或烧制的拱形块体，投放于近岸、内湾礁石区或沙泥底质褐藻或大叶藻生长的藻类群落区，以专门增殖海参、鲍鱼、海胆等海珍品。山东省因处中纬度、暖温带海域，又受沿岸流和黄海水团的双重作用，其中半岛礁石区和海岛周边就自然分布有海参等海珍品，故再投以筑矶礁或爆破的石头块体，则可起更佳增殖效果。

5）按鱼礁结构和形状划分

分为箱形礁、方形礁、三角礁、梯形礁、圆柱形礁、平板礁、十字形礁、框架型鱼礁、塔形鱼礁、组合型鱼礁、船形鱼礁、半球形鱼礁等。

6）按施工作业方式划分

分为投放型、单建型。

山东省适宜建设的人工鱼礁主要分为经济型（资源增殖型）和生态型（休闲生态型和资源保护型）两类。自 2005 年实施渔业资源修复行动以来，山东省积极支持人工鱼礁建设，建立健全人工鱼礁管理制度，加强人工鱼礁建设管理，大力发展海洋牧场。截至 2011 年年底，列入省级以上扶持项目 51 个，累计已投资 7.7 亿元，其中财政扶持 2.15 亿元，全省共建设人工鱼礁 150 余处，礁体达 800 万空方，用海面积 1.3 万公顷。持续开展的大规模人工鱼礁建设取得了明显的经济、社会和生态效益，有效保护了近岸产卵场和索饵场，养护了近海生物资源。截至 2012 年，山东省已建人工鱼礁区共收获鲍鱼、刺参、鱼类等海洋经济产品 2 万多吨，带动了水产加工、苗种培育、休闲海钓等相关产业的发展，推动了渔区产业结构调整，增加了就业岗位和渔民收入。

尽管山东省人工鱼礁建设已经形成一定的规模并且取得了显著成效，但仍存在缺乏总体建设规划、人工鱼礁建设类型发展不平衡、科技支撑力量不足、空间分布不均、相关法律法规和管理不健全、监测和评价体系不完善等方面问题。目前，省内人工鱼礁的建设主要分布在黄海海域的烟台北部、威海东部及北部沿岸海域，在青岛、日照也有少量人工鱼礁的分布，但在山东渤海海域，人工鱼礁建设还处在初级阶段，仅在烟台长岛县和潍坊各存在 1 处，其中位于潍坊附近海域的人工鱼礁由潍坊龙威公司投资 2 200万元，于 2013 年 6 月在胶莱河口北部海域建成并投入使用，共用石块 5 万空方、贝壳礁 2 万空方、水泥管 4 万空方，投放魁蚶 100 万粒、黑鲷鱼苗 120 万尾、海参苗 5 吨。此外，潍坊市的另一个人工鱼礁项目已通关审批，于 2013 年年底前开工。

山东渤海海域人工鱼礁发展前景广阔，后备资源充沛，存在进一步发展的空间。

3.5.3 增殖放流现状

增殖放流是养护和修复渔业资源环境的重要手段之一，主要通过人工方式直接向近海投放繁育苗，以补充野生种群数量。由于放流的种苗不仅可以通过利用天然生物饵料的方式在较短时间内达到可捕规格，提高渔业资源生产能力，还能够补充自然种群，改善渔业资源种群结构和质量，促进渔业可持续发展，实现经济、生态和社会的三重效益。

20 世纪 80 年代，山东省开始实施增殖放流，主要品种为中国对虾，90 年代之后，逐渐开始其他品种的放流。2005 年，为恢复渔业资源，解决渔民增收问题，山东省实施了“渔业资源修复行动计划”，不断加大海洋增殖放流力度，放流品种达到了十几种，其中对虾、海蜇、乌鱼等的放流增殖已达到生产规模并取得显著效果。经专家测算，山东省一般品种的增殖放流投入与产出比都在 1∶10 以上。在布局上，在全省设立半岛、莱州湾、海州湾、南四湖、东平湖 5 个渔业增殖功能区并下设东营、莱州、下营、长岛、牟平、环翠、荣成、文登、胶南、胶州、日照、微山、鱼台、东平 14 个示范区，在不同示范区，根据当地资源环境特点，分别开展不同品种的增殖示范。通过增殖放流，山东近海正在衰退的某些渔业资源得到了有效的补充，资源量增加较快。

山东渤海沿岸增殖放流地点主要集中分布在泛黄河三角洲地区（渤海湾南部和莱州湾海域），设有东营、莱州、下营、长岛 4 个示范区，主要的渔业品种包括文蛤、青蛤、菲律宾蛤、三疣梭子蟹、中国对虾、日本对虾、幼海蜇、牙鲆、许氏平鲉、刀鲚、扇贝、缢蛏等。

随着渔业资源增殖苗种生产与基地建设、增殖技术支撑服务体系建设、增殖管理能力、增殖资金投入的不断增大，渔业增殖放流总产量和产值将达到新的高度。

4 渔业用海后备资源分析

4.1 养殖用海后备资源分析

4.1.1 池塘养殖

据统计，山东省适宜开发池塘养殖区域的总面积约 34 万公顷，目前已开发近 11 万公顷，仍旧有 23 万公顷未开发（图 4.1）。

未开发区域主要位于滨州至潍坊岸段，为盐碱地及荒滩，约 20 万公顷可开发进行海水及地下半咸水池塘养殖。再者，由于盐业技术的改进，用于结晶池的面积仅占盐池面积的 5%～30%，除结晶池外其他池塘皆可开展水产增养殖，盐田地区可以开发为养殖与盐业并存的双重产业。

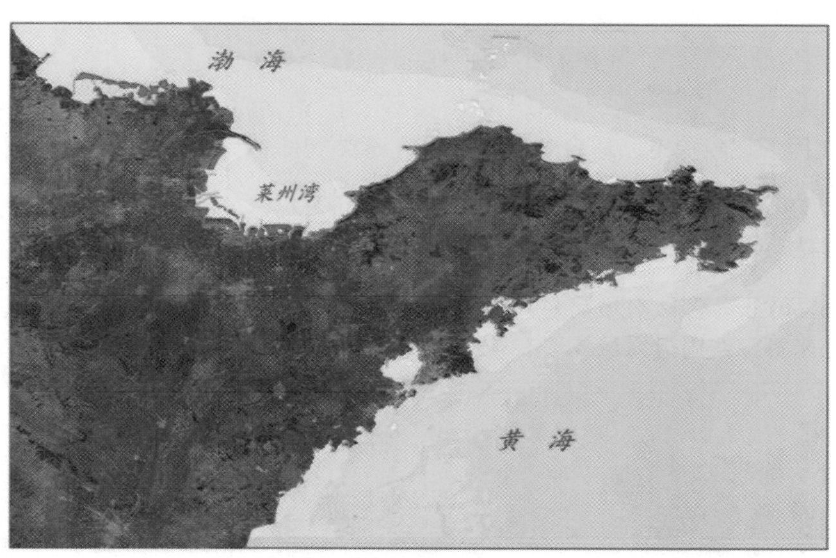

图 4.1 山东省池塘养殖后备资源

4.1.2 底播养殖

山东省现有开发滩涂底播养殖的区域 10.3 万公顷，尚有未开发滩涂 2.4 万公顷左右，基本在滨州至潍坊岸段，可开发进行底播护养（图 4.2）。

山东省已开发的底播养殖大多在 0～20 米区域内，约 15 万公顷海域，而 20 米以深海域基本未开发，是今后山东省渔业发展的重点之一。适合开发刺参、皱纹盘鲍、海胆、栉孔扇贝、虾夷扇贝、甲壳类等大规模底播增养殖，以及鲆鲽鱼类、大泷六线鱼、许氏平鲉等定居性经济鱼类增殖。

山东渤海沿岸面积在 500 平方米以上的海岛、岛礁数量众多，其中滨州 47 个，主要为砂质岛，岛陆面积 5.62 平方千米，岸线长度 72.11 千米；东营市 4 个，均为黄河泥沙冲淤形成的贝壳砂岛，分布在新老黄河口入海河口，岛陆面积 9.07 平方千米，岸线长度 24.37 千米；潍坊市 10 个，均为沿岸小型河流入海冲积形成的砂岛，分布在小清河、潍河等入海口，岛陆面积 0.50 平方千米 ，岸线长度 6.58 千米。以上三市海岛海岸类型多为粉砂淤泥质海岸，泥质潮滩广泛发育。沿岸水浅、滩宽、地势平坦，水质肥沃，海底环境优良，适宜于海珍品及经济藻类的增殖，是山东省具有潜在增养殖发展潜力的区域。烟台市西北部的海岛主要分布在长岛县，周围海域辽阔，水流畅通，水环境质量好，营养盐含量丰富，水质肥沃，

图 4.2　山东省底播养殖后备资源

饵料丰富，海水理化因子比较稳定，适合鱼、虾、贝、藻类和底栖生物的繁衍，海洋生物资源丰富，具备发展海洋捕捞和海水养殖业得天独厚的优越条件。

4.1.3　浅海养殖

据统计，全省 5~40 米等深线海域可进行筏式、网箱养殖的区域面积约 53 万公顷，已开发养殖的 7 万公顷基本在 5~20 米等深线附近海域，还有 46 万公顷海域未开发（图 4.3）。

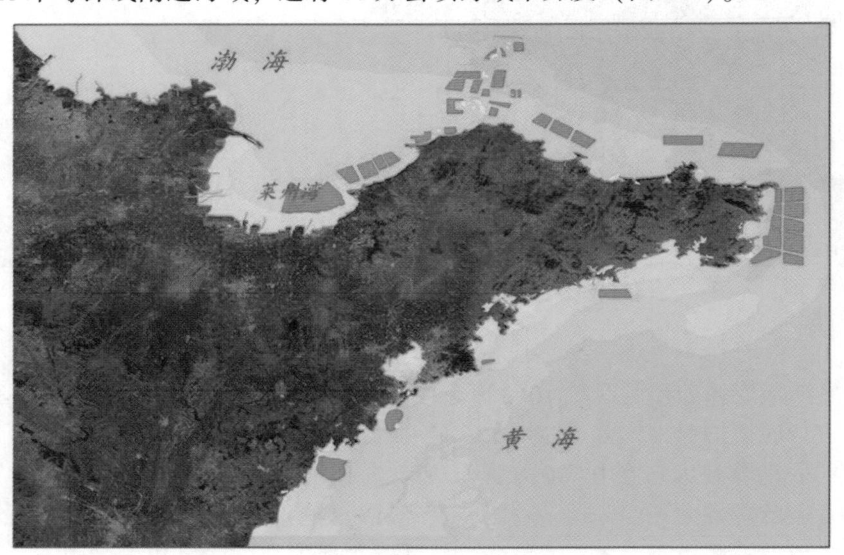

图 4.3　山东省浅海养殖后备资源

目前山东省海湾、近海浅海水域可进行筏式、网箱养殖的区域已基本开发，部分地区养殖密度过大，造成水域环境污染，影响了养殖效益。

随着科学技术的进步、养殖水平的提高和养殖品种的扩大，积极发展离岸型生态养殖、深水网箱养殖和筏式养殖、逐步从养殖海区向深水 20~30 米甚至 50 米等深线海区转移，随着深水抗风浪网箱的产业化发展，这片广阔水域将被有效开发，推动全省海水养殖再上一个新台阶。但山东省环渤海地市，因渤海多为浅水滩，整个渤海平均水深仅 18 米，再考虑夏季高温和冬季流冰，不宜安排深水网箱，故山东省的深水网箱均配置于沿黄海水域。

4.2 人工鱼礁后备资源分析

山东渤海沿岸适合投放人工鱼礁海域分布在莱州湾中东部、烟台市北部沿海。滨州市、东营市及潍坊市在技术条件适宜时，也可以在适宜海域开发人工鱼礁。根据山东渤海沿岸的区位优势、生态类型、渔业资源特点和渔区经济发展现状，因地制宜，突出特色，规划建设 2 个人工鱼礁带，14 个人工鱼礁群，其中东营近海 1 个，莱州湾 4 个，渤海海峡 9 个。山东渤海人工鱼礁建设规划重点礁群布局见表 4.1。

表 4.1 山东渤海人工鱼礁建设规划重点礁群

序号	礁群名称	礁群位置	水深（米）	礁群类型	
				经济型	生态型
1	东营河口区人工鱼礁群	渤海西南部，河口区近海	5~14		●
莱州湾人工鱼礁带					
2	莱州湾中部人工鱼礁群	莱州湾中部海域	10~15		●
3	莱州太平湾-芙蓉岛人工鱼礁群	莱州刁龙嘴以南海域，芙蓉岛周围	5~10	●	●
4	莱州石虎嘴人工鱼礁群	莱州刁龙嘴东北部海域	5~10		●
5	招远辛庄人工鱼礁群	招远辛庄镇近海	6~12	●	
渤海海峡人工鱼礁带					
6	龙口桑岛人工鱼礁群	龙口市桑岛西北海域	6~12	●	●
7	蓬莱刘家沟礁区	蓬莱市近海海域	8~18	●	●
8	长岛南北隍城人工鱼礁群	长岛县南—北隍城岛周边海域	10~20	●	●
9	砣矶-䃭矶-高山岛人工鱼礁群	长岛县砣矶-䃭矶岛周边海域	5~20	●	●
10	大小钦岛礁区	长岛县大钦岛、小钦岛周边海域	5~20	●	●
11	长岛大小竹山岛-车由岛人工鱼礁群	大竹山岛、小竹山岛一带海域	5~20	●	●
12	长岛挡浪岛-螳螂岛人工鱼礁群	挡浪岛、螳螂岛一带海域	5~20	●	●
13	大小黑山岛人工鱼礁群	大小黑山岛一带海域	5~20	●	●
14	南北长山岛人工鱼礁群	南长山岛、北长山岛一带海域	5~20	●	●
合计				11	13

5 养殖用海的调整变化情况

5.1 海水池塘养殖逐渐兼容盐业功能

20 世纪八九十年代，以中国对虾为代表的海水养殖第二次浪潮，使山东省黄河三角洲地区的千年荒滩变为投资热土，大量的沿海未利用滩涂开发为土坝池塘，利用高潮时纳入海水养殖中国对虾，此区域主要分布在滨州、东营、潍坊及烟台莱州等沿海（图 5.1）。2000 年以后，由于对虾养殖病害及养殖效益等因素，相当部分的对虾养殖户转业转产，对土坝池塘进行了简单改造，转向效益相对较高的盐业生产。

莱州湾南岸养殖池塘 90%以上进行了转化，并且改造程度较高，盐田总规模达到 74 000 多公顷，完全用于盐业开发。

渤海湾南岸养殖池塘改造相对简单，将盐业生产工艺与海水养殖相结合，对盐田区域进行改造，开发了盐田养殖综合利用模式，目前总面积达到 85 000 多公顷。该模式将盐田分为五级制卤蒸发区，实现

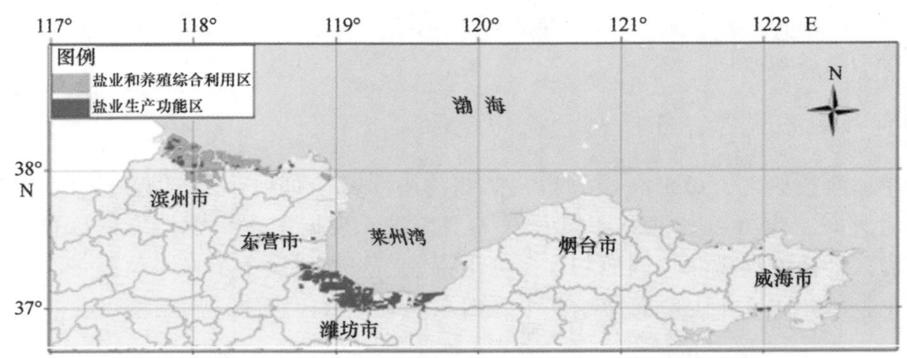

图 5.1　山东渤海海域盐业生产现状图

了盐业用水的一水多用。一二级制卤蒸发区为海水综合养殖区，利用蒸发池塘进行放牧式缢蛏、菲律宾蛤仔、文蛤、星蛤、四角蛤、凡纳滨对虾、三疣梭子蟹、梭鱼、半滑舌鳎、鲈鱼、虾虎鱼等品种生态养殖，进行粗放型鱼、虾、蟹、贝类养殖，经过贝类滤水净化和充分氧化的海水，理化因子稳定、水质优良，高产、高效生产健康的对虾、梭子蟹、鱼类，养殖用水循环到三级制卤蒸发区；三四级制卤蒸发区为卤虫、盐藻养殖区，利用二级制卤蒸发区形成的具有高密度初级生产力的养殖水进行卤虫（卵）高效、生态养殖，不仅为一二级制卤区内鱼、虾、蟹提供了优质的生物饵料，而且卤虫的生长和其特有的滤食净化海水作用又可提升结晶盐的品质，经过卤虫滤食净化的高盐度水可进行盐藻养殖，四级制卤蒸发区利用提取卤虫卵养殖池排出的卤水中的溴素，生产溴系列产品；五级制卤蒸发区利用提溴后的卤水晒盐，同时利用晒盐后的苦卤提取硫酸钾、氢氧化镁等产品（图 5.2、图 5.3）。

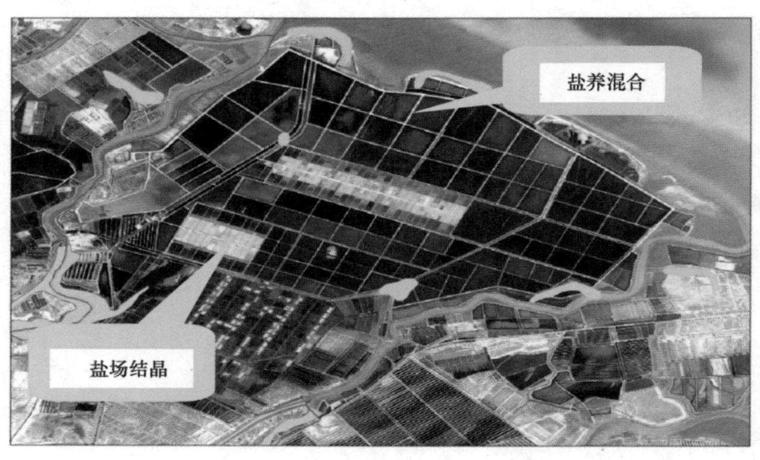

图 5.2　盐田养殖模式

5.2　近岸养殖逐渐向远岸、深水发展

（1）海洋经济快速发展，近岸海域开发需求增加，养殖用海被其他产业征用

围堰和池塘养殖是对海岸依赖性较强的一种模式，主要进行对虾、刺参、鲍等海珍品的养殖。随着沿海经济的发展，各临海产业对海岸的开发需求越来越高，围堰养殖海域逐渐被征用，面积逐渐缩小。

（2）近岸水环境恶化，养殖容量过载

海岸工程、海洋石油气的勘探开发、陆源污染物的排放、海上船舶废弃物、倾倒物以及养殖自身污染，导致近岸海洋生态环境质量逐年下降，逼迫海水养殖业向远岸、深水海域发展。

2012 年，山东省未达到清洁海域水质标准的面积约 16 295 平方千米，占全省毗邻海域面积的 10%左

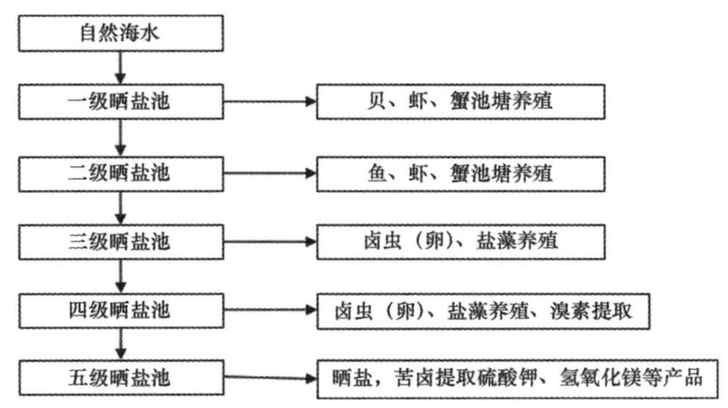

图 5.3　盐田养殖工艺流程

右，比上年略有增长（图 5.4）。受强降水的影响，第四类和劣四类海水面积分别为 1 693 平方千米和 4 463平方千米，主要分布在滨州、东营近岸海域和莱州湾，主要污染物为无机氮。2009—2012 年未达到第一类水质标准的各类海域面积如表 5.1 所示。相当部分近岸海域生态环境已经不能满足海水养殖用水的水质要求，环境的恶化不仅给生产者带来经济损失，也降低了养殖产品的质量，影响了水产品的出口，降低了产品的竞争能力，成为渔业增效、渔民增收、养殖事业发展的主要制约因素。

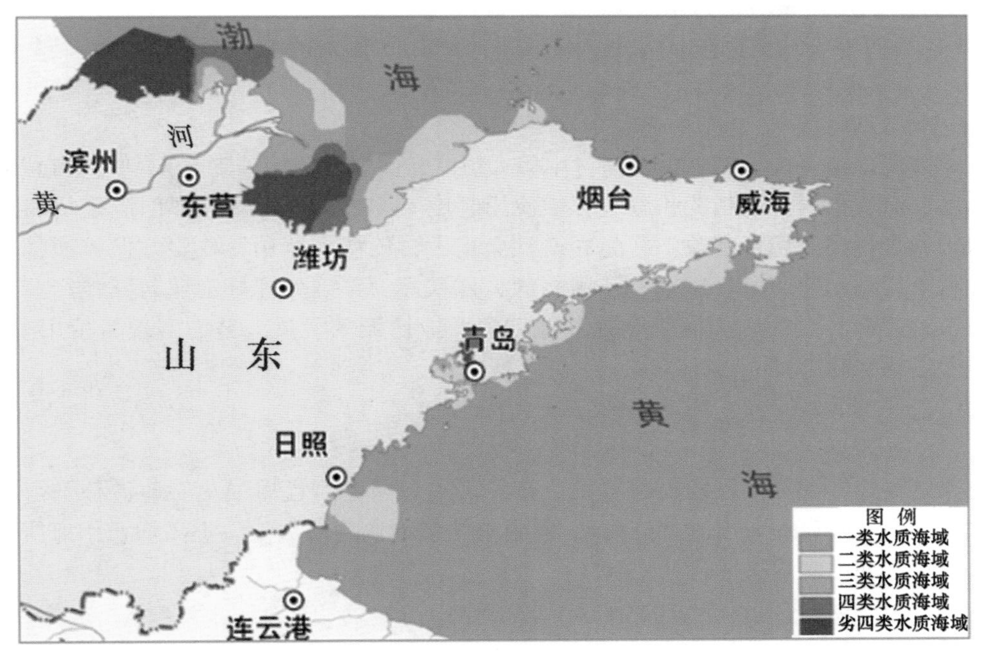

图 5.4　2012 年全省海域水质等级分布

表 5.1　2009—2012 山东海域未达到一类海水水质标准各类海域面积　　单位：千米^2

年度	第二类海水水质海域面积	第三类海水水质海域面积	第四类海水水质海域面积	劣四类海水水质海域面积	合计
2009	10 300	1 840	1 030	650	13 820
2010	5 726	2 633	549	554	9 462
2011	12 997	3 408	1 033	726	18 164
2012	6 811	3 328	1 693	4 463	16 295

另外，山东省环渤海近岸局部海域海水养殖密度过高，严重超过了环境容量，导致养殖自身污染和病害严重，由局部养殖区发展到几乎所有的养殖区，由阶段性发病发展到养殖全过程发病，这种形势的连年恶化严重制约了海水养殖业的持续发展。

（3）养殖设施水平的提高，为海水养殖向深水发展提供了硬件支持

网箱养殖近年来在养殖设施方面有了很大的改进，随着深水网箱的耐流、抗风浪、升降和锚泊及鱼类高密度安全养殖等技术的研发成功，适合高海况作业的升降式、浮式、潜式离岸深水网箱成套装备的上市，实现了在20~40米的开放海域深水网箱高海况安全作业，网箱养殖由离岸近、水位浅的浅海小网箱逐步向离岸远、水位深、水体交换条件好、受污染影响小的深水抗风浪网箱发展。

5.3 海域空间立体养殖兴起

近年来，山东省渤海海域的海水养殖业逐渐将单一利用浅海底面进行贝类养殖及利用水体中上层的筏式和网箱养殖模式进行了结合，充分利用水体不同营养层次，避免同一水层竞争食物而导致生长速度缓慢、养殖产品质量下降等不利后果，增加了养殖产量和效益。以长岛县为例，以北五岛为依托，对海域实行多品种、立体化、生态型养殖，水平面推行贝藻鱼兼养，垂直面实行上中下立体养殖，上层养殖海带等藻类，中层挂养扇贝等贝类，底层播养刺参、鲍等海珍品，既提升产出能力又达到生态平衡。

6 渔业用海保障措施分析

6.1 规范渔业用海管理

实现渔业用海的规范管理必须坚决贯彻《中华人民共和国海域使用管理法》，坚持海域使用管理的海洋功能区划制度、海域权属管理制度和海域有偿使用制度不动摇。海洋管理部门应该从加强社会主义新农村建设，保护养殖渔民的切身利益，构建和谐社会出发，依法规范用海秩序，保护渔民与合法用海者的合法利益。科学规划渔业用海，建立养殖用海的良好秩序，正确处理好渔业与其他产业的关系，努力做好渔业与港口、旅游、交通、临海工业等其他涉海产业协调的发展。努力实现养殖用海项目确权率、登记率和发证率达到100%。

6.2 确保渔业用海占补平衡

海洋功能区划实施管理不仅严格控制非农业建设占用海域，而且需强化耕地占补平衡，在不破坏海洋生态环境的前提下，坚守渔业用海“红线”，尽可能增加渔业用海数量，提高渔业用海质量，从而确保在海洋功能区划规划期内实现耕地占补平衡。

6.3 加强渔业基础建设，调整优化渔业产业结构

加强渔港、避风锚地、航路灯标、通讯导航等渔业生产服务配套基础设施以及卫生、科技、教育等设施建设，建立渔业综合保障服务基地，为渔业生产补给提供支撑和服务，为渔民提供更优质的公共产品和公共服务。

抓住渔业转产转业的时机，坚决控制捕捞强度、压缩捕捞规模，养护和合理利用渔业资源，实现海洋渔业的可持续发展。完善伏季休渔制度，继续加强对产卵场、索饵场和越冬场的保护。

按照市场需求和环境要求，优化水产养殖结构，改造现有设施，采用高新技术，提高养殖水平；扩大良种覆盖，优化养殖结构，提高产品品质；科学评估渔业海域养殖容量，合理规划品种结构和布局；采取综合治理手段，倡导健康养殖模式，防止养殖病害发生。

6.4 科技兴渔，为养殖户提供技术保障

依靠科技进步和技术创新，充分发挥科技第一生产力的作用是实现本规划目标的有力保证。提高育种技术水平，建立健康苗种繁育体系。苗种生产和品种更新是山东地区养殖业的薄弱环节，通过建立多个名优水产品遗传育种中心，对现有主要养殖品种进行人工选育改良、提纯复壮。同时，加强对新品种的研究、评价和引进，为山东省海水养殖发展提供技术保障。

创新和提升设施渔业，节能减排。按照节能减排的要求对现有的养殖设施进行全面排查评估，逐步进行选优汰劣和设施改造。进行引进和研制设施渔业新技术，尽可能降低养殖废水排放，使山东省的养殖业达到集约化、规模化、零排放、全过程质量监控的标准。

加强水产养殖病害监控和防疫基础设施建设，健全防疫与水产品安全信息网络，建立养殖防疫、疫情监测和水产品安全监督管理系统，提升预防、预测、预报各种养殖疫病、新发病、外来疫病的能力，建立渔业病灾害应急预案和防御体系。

建立和完善渔业资源调查和评估体系，科学地确定渔业资源的总可捕量，为实行捕捞限额制度提供科学依据。

6.5 发展生态渔业，建立海洋牧场

加大建设水生野生动植物保护区、典型水域生态自然保护区、水产种质资源保护区、人工鱼礁、水生野生动植物驯养繁殖和救护基地等的力度，最大限度地降低人为或自然灾害所产生的生态损失，使已受损的水域生态环境逐步得到修复。

海洋牧场是一个新型的增养殖渔业系统，即在某一海域内，建设适应水资源生态的人工生息场，采用增殖放流和移植放流的方法，将生物种苗经过中间育成或人工驯化后放流入海，利用海洋自然生产力和微量投饵育成，并采用先进的鱼群控制技术和环境监控技术对其进行科学管理，实现资源量增加，有计划且高效率地进行渔获。海洋牧场是一种以实现人渔和谐、可持续生产为目标的新型化、现代化的海洋渔业生产方式。

通过建立海洋牧场的方式，在提高海域的渔业产量，确保水产资源的稳定和可持续增长的同时，加强对重点海洋生态系统的保护，实现可持续生态渔业。

6.6 建立海水增养殖区环境监测预报体系

结合山东渤海海域实际情况，建立省、市、县三级海水增养殖区环境监测网络，利用GIS数据库，融汇监测信息和数据、进行统计，对水环境状况和发展趋势进行综合分析，做好生态灾害的预报和预测，定期发布海水增养殖区环境监测公报。加强重要渔区的常规监测、重要海区的趋势性监视以及污染事故的应急监测、重要污染区的污染检测、陆源排污区的总量监测等相关监视监测。同时抓好海洋渔业环保队伍建设，不断提高管理人员的业务技能，为海洋环境监督管理奠定基础。

6.7 健全海洋渔业相关法规，加大渔业环保宣传教育

深入贯彻《海洋环境保护法》、《水污染防治法》、《水产资源繁殖保护条例》、《渔业法实施细则》、《水生动植物自然保护区管理办法》等相关法律法规，重新制定渔业资源繁殖保护条例、捕捞渔具准用目录、分鱼种最小可捕捞长度标准等相关规定，进一步建立和完善水生生物资源和水域生态环境保护的各项管理制度，增强法制观念，发挥渔政管理优势，依法保障渔业合法权益。

通过各种形式和途径，加强渔业资源保护相关法律法规及基本知识的宣传教育力度，有针对性地开展宣传教育活动，提高社会各界对渔业资源的认知程度，增强参与保护的自觉性、主动性，为渔业资源修复与保护工作创造良好的外部环境和氛围。

6.8　建立专业合作化组织及稳定的资金投入渠道

建立渔业专业合作化协会组织，把山东省渤海沿岸从事分散经营的养殖户按照区域、养殖专业、生产内容等因素结合起来，提高养殖户的组织程度，实行产业化规模经营，以便政府开展系统培训、宣传、扶持，增强山东省养殖业抵御风险的能力，促使山东省海水养殖健康持续发展。

积极拓宽资金渠道，建立渔业资源修复与保护基金，广泛吸纳银行贷款、企业、个人捐助等社会资本和国外投资、国际援助资金等，形成以政府投入为主，多元化投入相配合的资金投入机制，为渔业资源修复与保护工作提供资金保障。

参考文献

2012 年山东省海洋环境公报.

2010. “908”山东省潜在海水增养殖区评价与选划．海洋出版社．

邓景耀，孟田湘，任胜民，等. 1988. 渤海鱼类种类组成及数量分布．海洋水产研究，09：11-89.

郝艳萍，鲍洪彤，徐质斌 . 2001. 渤海渔业资源可持续利用对策探讨．海洋科学，01：52-54.

姜浪波 . 2005. 浅析渔业资源增殖放流．中国水产，12：72-73，79.

金显仕，唐启升 . 1998. 渤海渔业资源结构、数量分布及其变化．中国水产科学，03：19-25.

金显仕 . 2000. 渤海主要渔业生物资源变动的研究．中国水产科学，04：22-26.

李显森，牛明香，戴芳群 . 2008. 渤海渔业生物生殖群体结构及其分布特征．海洋水产研究，04：15-21.

刘红卫，贺世杰，王传远 . 2010. 渤海海洋渔业资源可持续利用．安徽农业科学，26：14579-14581，14584.

山东省海洋功能区划.

山东省渔港及渔港经济区建设工程规划.

山东省渔业统计年鉴.

山东省渔业资源修复行动计划.

水产种质资源保护区管理暂行办法.

宋爱环，李翘楚，邹琰，等 . 2011. 山东省环渤海区域主要经济鱼类的资源变化及分析//东北亚地区地方政府联合会海洋与渔业专门委员会．海洋资源科学利用论坛论文集 . 10.

孙慧慧 . 2009. 山东省沿海渔港布局研究．青岛：中国海洋大学.

孙利元 . 2010. 山东省人工鱼礁建设效果评价．青岛：中国海洋大学.

杨吝，刘同渝 . 2005. 我国人工鱼礁种类的划分方法．渔业现代化，06：22-23，25.

于龙梅，栾曙光 . 2004. 我国渔港发展现状及等级划分．资源开发与市场，05：348-350.

张秀梅，王熙杰，涂忠，等 . 2009. 山东省渔业资源增殖放流现状与展望．中国渔业经济，02：51-58.

下篇
山东省黄海海洋生态红线

山东省人民政府办公厅
关于划定黄海海洋生态红线和
建立实施全省海洋生态红线制度的通知

鲁政办字〔2016〕14号

各市人民政府，各县（市、区）人民政府，省政府各部门、各直属机构，各大企业，各高等院校：

建立实施海洋生态红线制度，是贯彻落实党中央、国务院和省委、省政府关于生态文明建设战略决策的重要工作举措，对加强全省海洋生态环境保护、维护全省海洋生态健康与生态安全、促进全省经济社会发展意义重大。经省政府同意，在建立渤海海洋生态红线制度的基础上，划定黄海海洋生态红线，并在全省海域建立实施海洋生态红线制度。现将有关事项通知如下：

一、切实加强对实施海洋生态红线制度的组织领导。沿海各级政府是实施海洋生态红线制度的责任主体，要按照全省生态红线区划定方案，将本地区管控目标分解落实到具体单位，确保海洋生态红线制度有效实施。省海洋与渔业厅具体负责全省海洋生态红线制度实施的监督检查工作。

二、严格落实海洋生态红线区管控措施，加强对红线区开发活动环境影响监管。各地要严格依据海洋生态红线和相关涉海区划，统筹安排和合理布局用海开发。省海洋与渔业厅要严格履行监督管理职责，加强执法监督，严厉打击各种对红线区环境造成重大影响的违法涉海开发活动。

三、建立有效的海洋生态红线管理投入机制，加强对红线区的管理和保护修复。沿海各级政府要积极拓宽投资渠道，建立稳定长效的海洋生态红线区和管理保护修复投入机制，按照全省海洋生态红线区划定方案的要求，切实加强对海洋生态红线控制范围内海岸保护、环境治理、生态修复的资金投入。

四、加强宣传引导，增强全社会海洋生态红线的意识。沿海各级政府要加强对海洋生态红线制度的宣传，建立完善志愿者等公众参与机制，引导公众自觉参与海洋生态红线保护管控工作。各级海洋行政主管部门要主动对接各类媒体，通过电视、报纸、网络、微信等多种渠道，开展海洋生态红线保护知识宣传，努力营造良好的社会氛围。

《山东省黄海海洋生态红线划定方案（2016—2020年）》由省海洋与渔业厅负责印发并组织实施。

山东省人民政府办公厅

2016年1月19日

山东省黄海海洋生态红线划定方案（2016—2020年）

山东省人民政府　2015年12月

前　言

按照党的“十八大”海洋强国战略部署，贯彻《中共中央国务院关于加快推进生态文明建设的意见》，落实《国家海洋局海洋生态文明建设实施方案（2015—2020年）》的总体要求，加强海洋资源科学开发和生态环境保护。坚持“点上开发、面上保护”，控制海洋开发强度，在适宜开发的海域，加快调整经济结构和产业布局，积极发展海洋战略性新兴产业，严格生态环境评价，提高资源集约节约利用和综合开发水平，最大程度减少对海域生态环境的影响。在已实施山东省渤海海洋生态红线制度的基础上，开展黄海海洋生态红线划定工作，建立我省全部海域的海洋生态红线制度。

我省黄海海域为山东半岛及鲁南经济发达地区，是山东半岛蓝色经济区建设的核心区域，沿岸人口众多，资源丰富，经济总量巨大，区位优势突出，在实施可持续发展战略中具有重要引领作用。同时由于受人为开发活动影响，湿地被围垦、改造和破坏面积萎缩；自然岸线减少，人工岸线增加趋势仍在延续；河口、海湾、湿地等形态的海岸生态系统出现不同程度退化，生物资源衰减，海洋生态系统重要服务功能呈下降趋势还没有根本扭转；经济飞速发展与环境保护的矛盾日益尖锐。迫切需要实施以海洋生态文明理念为指导、以“人海和谐”为目标、以区域化管理为基础、以“生态红线”为管控手段的海洋环境保护政策。

海洋生态红线制度是指为维护海洋生态健康与生态安全，将重要海洋生态功能区、生态敏感区和生态脆弱区划定为重点管控区域并实施严格分类管控的制度安排，旨在对具有重要保护价值和生态价值的海域实施分类指导、分区管理和分级保护。严格控制陆源污染物排海总量，建立并实施重点海域排污总量控制制度，加强海洋环境治理、海域海岛综合整治、生态保护修复，有效保护重要、敏感和脆弱海洋生态系统。实施严格的围填海总量控制制度、自然岸线控制制度，建立陆海统筹、区域联动的海洋生态环境保护修复机制。根据《中华人民共和国海洋环境保护法》、《国务院关于加强环境保护重点工作的意见》、《国家海洋局关于建立黄海海洋生态红线制度的若干意见》等法律和文件精神及海洋生态红线划定技术指南等技术规范，在全省范围内建立实施生态红线制度。本方案对黄海海洋生态红线进行划定，并分类制定管控措施，明确重点任务和保障措施。

第一章　总体要求

一、指导思想

认真贯彻落实《中共中央国务院关于加快推进生态文明建设的意见》精神，按照建设生态山东的总体部署，认真落实全省海洋生态文明重点任务，坚持科学分区、分类管控，广泛采用先进信息技术手段，科学划定海洋生态红线区，分区分类制定管控措施，建立实施黄海海洋生态红线制度，统一形成山东全海域海洋生态红线，保障海洋生态安全、促进人海和谐、建设海洋生态文明，推动全省海洋经济和社会可持续发展。

二、划定原则

（一）保住底线、兼顾发展

协调好生态保护和经济发展的关系，既要考虑自然资源条件、生态环境状况、地理区位、开发利用现状，又要考虑国家、地区经济、国防与社会持续发展需要，分区明确海洋生态保护底线，划定禁止或限制开发区，严格控制各类损害海洋生态红线的活动，同时兼顾持续发展的要求，为未来海洋产业和社会经济发展留有余地。

（二）分区划定、分类管理

根据海洋生态系统的特点和保护要求，分区划定海洋生态红线区，分段划定自然岸线，制定差别化管控措施，实施针对性管理，对黄海重要生态功能区、海洋生态敏感区和海洋生态脆弱区进行切实有效的保护。

（三）陆海统筹、河海兼顾

正确处理沿海海洋资源环境承载力、开发强度与环境保护的关系，坚持陆海统筹，陆源污染排海管控和海域生态环境治理并举，做到陆域和海域联防、联控和联治。

（四）有效衔接、突出重点

与已发布的全国及山东省海洋功能区划、国家级战略规划及国防军事用海规划等涉海区划、规划有效衔接，在满足国防及国家重点经济建设需求的同时，重点突出海洋生态环境保护，对红线区域和自然岸线的管理严于其他区划、规划；跨市近岸海域红线区和自然岸线的划定保持协调性、衔接性。

（五）政府主导、各方参与

强化政府主体责任，发挥部门协调配合作用，通过宣传引导和政策扶持等手段，调动社会各界和公众参与，凝聚各方力量。如需在红线区和自然岸线内进行重大国防设施项目建设的，应依据《中华人民共和国军事设施保护法》、《中华人民共和国军事设施保护法实施办法》以及军队的有关建设规划和规定实施，同时应尽可能维护好周围的海洋生态环境。

三、控制指标

（一）黄海大陆自然岸线（滩）保有率不低于45%；海岛自然岸线保有率不低于85%；

（二）海洋生态红线区面积占我省管辖黄海海域面积的比例不低于9%；

（三）到2020年，海洋生态红线区入海直排口污染物排放达标率达到100%，禁止增设新的工业排污口，入海河流基本消除劣于V类的水体；

（四）到2020年，海洋生态红线区内海水水质达标率不低于80%。

第二章　红线划定内容

一、划定范围和期限

我省黄海海洋生态红线划定范围涉及海域总面积 31 011 平方公里，海岸线总长 2 414 公里。具体范围为：北起山东半岛蓬莱角东沙河口，与渤海生态红线区衔接，南至绣针河口，向陆至山东省人民政府批准的海岸线，向海至领海外部界线，即为除渤海生态红线区划定范围外的我省管理海域。如图 2.1 所示。

实施期限为 2016—2020 年。

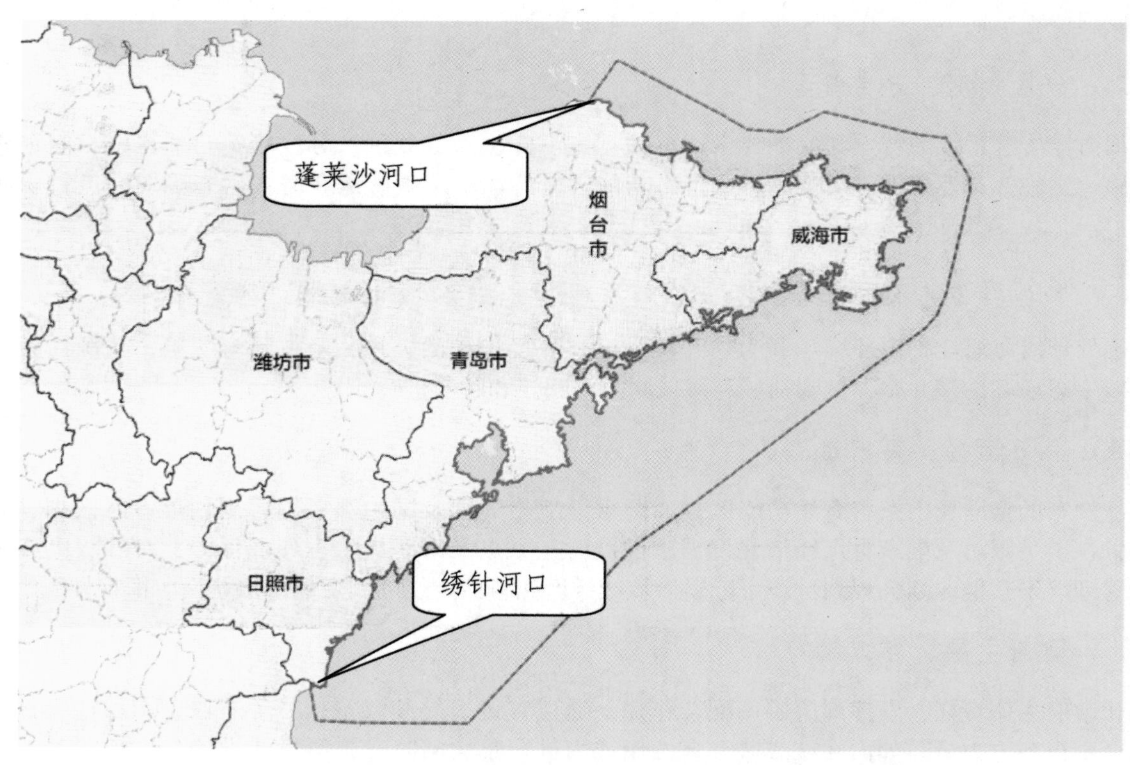

图 2.1　山东省黄海海洋生态红线划定范围示意图（海岸线与红色线围成的海域）

二、划定方法

在资料收集整理、现场勘查、专题研究和综合分析的基础上，借鉴《山东省渤海海洋生态红线划定方案（2013—2020 年）》的划定经验，依据海洋生态红线划定技术相关文件的要求，结合区域社会经济、海域海岛自然资源、海洋环境、海岸线性质形态以及海域、海岛、海岸线的保护和使用现状等客观因素对我省黄海海域的红线区、自然岸线进行识别，确定红线区性质。根据自然保护区、海洋特别保护区、水产种质资源保护区的位置和分区，同时应用现场勘察、卫星遥感图像解译、水深地形、海洋水文、海岸特征、海岛生态的研究等技术手段，确定红线区的边界和自然岸线（滩）。

海洋生态红线区边界的确定以保持生态完整性、维持自然属性为原则，以保护生态环境、防止污染和控制建设活动为目的。根据我省海域管理实际情况，红线区范围向陆至省政府批准的海岸线，向海及两侧边界以满足红线区生态保护需要为原则，考虑到与国务院批准实施的《山东省海洋功能区划（2011—2020年）》相衔接，部分红线区边界确定参考了海洋基本功能区的边界。海洋生态红线区的识别按照“自然保护区→海洋特别保护区→重要渔业海域→重要砂质岸线及邻近海域→重要河口生态系统→重要滨海湿地→特殊保护海岛→自然景观与历史文化遗迹→重要滨海旅游区”顺序，剔除各类海洋生态红线区相互叠压部分。我省黄海海洋生态红线区控制图见附件1。

各类红线区和自然岸线具体按如下方法确定边界：

（一）禁止开发区

1. 自然保护区禁止开发区。在国家和省两级自然保护区范围内，将自然保护区规划的核心区和缓冲区划定为自然保护区禁止开发区。

2. 海洋特别保护区禁止开发区。在国家和省两级海洋特别保护区范围内，将海洋特别保护区规划的重点保护区和预留区划定为特别保护区禁止开发区。

（二）限制开发区

1. 自然保护区限制开发区。在国家和省两级自然保护区范围内，除已划定为自然保护区禁止开发区以外区域划定为自然保护区限制开发区。

2. 海洋特别保护区限制开发区。在国家和省两级海洋特别保护区范围内，除已划定为海洋特别保护区禁止开发区以外的区域划定为海洋特别保护区限制开发区。

3. 重要砂质岸线及邻近海域。生态红线区范围为以砂质岸滩高潮线，向海一侧为保持沙滩基本稳定所需要的空间范围。实际划定过程中，考虑到海洋水动力及邻近海底地形的差异，按如下方法划定：向陆一侧至省政府批复的海岸线，向海一侧大致以10米等深线为基础，根据不同海底地形、海洋动力环境及红线区总体宽度等因数作适当调整。

4. 重要渔业海域。保护范围主要为重要渔业资源的产卵场、索饵场、越冬场和洄游通道。实际划定过程中，主要按照国家及省两级海洋水产种质资源保护区的范围划定，种质资源保护区的界线以审批的拐点坐标为准。

5. 重要河口生态系统。生态红线区范围原则上根据自然地形地貌分界范围确定，实际根据水深地形、卫星遥感等资料和实地勘查的方法判断河口地貌形态，向陆至省政府批准的海岸线，向海一侧的边界大致到河口拦门砂外侧水深约1~5米的位置。

6. 重要滨海湿地。生态红线区范围为自海岸线向海延伸3.5海里或6米等深线内的区域。实际划定过程中，由于黄海海域滨海湿地多位于海湾内，生态红线区范围为自岸线向海大致至湾口或口门外区域，具体依地貌形态等确定。

7. 特殊保护海岛。生态红线区范围以特殊保护海岛及其海岸线至6米等深线或向海3.5海里内围成的区域。根据海岛及周边海洋动力环境、开发利用现状、功能区划等，适当调整范围。

8. 自然景观与历史文化遗迹。生态红线区范围以景观遗迹范围为基础，向陆至省政府批准的海岸线，向海不超过2海里的宽度。

9. 重要滨海旅游区。按照旅游用海实际，同时考虑近岸地形地貌及旅游资源的分布等因素，实际划定区域为从海岸线至约2海里范围内海域。

（三）自然岸线

自然岸线的确定，主要根据目前的海岸线的现状情况确定，一是目前基本为自然状态下的海岸线，二是岸滩和海域自然属性受到一定影响，岸线两侧有养殖和盐田等用海，但无填海，经整治修复，位置和形态可以恢复动态平衡和自然属性的海岸线。主要根据遥感图像和实地勘查结合判定自然岸线（滩）

的两端点坐标。

海岛岸线暂不划定具体的保护海线的位置。需要保护的自然岸段为，除陆岛交通等为改善海岛居民的生活生产需要及重点开发海岛外的其余海岛岸线。

三、划定内容

我省黄海海洋生态红线区分为禁止开发区和限制开发区，具体划分了2类禁止开发区和9类限制开发区。此次划定我省黄海海洋生态红线区总面积为3 134.84平方公里，占我省黄海海域总面积的10.1%。我省黄海海域岸线总长度约为2 414公里，划定自然岸线（滩）保有长度约1 087公里。

（一）禁止开发区

指海洋生态红线区内禁止一切开发活动的区域，主要包括自然保护区的核心区和缓冲区、海洋特别保护区的重点保护区和预留区。共划定禁止开发区36个。

1. 自然保护区禁止区。划定禁止开发区8个，面积99.85平方公里，占红线区总面积的3.18%，分布在烟台、威海和青岛海域。包括烟台崆峒列岛禁止区、荣成海驴岛禁止区、荣成成山角禁止区、荣成大天鹅禁止区、荣成临洛湾禁止区、荣成养鱼池湾禁止区、千里岩禁止区和青岛文昌鱼禁止区。

2. 海洋特别保护区禁止区。划定禁止开发区28个，面积408.79平方公里，占红线区总面积的13.04%，主要分布在日照、烟台、威海、青岛。包括烟台芝罘岛群摩罗石禁止区、烟台芝罘岛群硝碌岛禁止区、烟台芝罘岛群石婆婆岛禁止区、烟台芝罘岛群小山子岛禁止区、烟台山禁止区、烟台莱山北禁止区、烟台莱山南禁止区、烟台牟平砂质海岸禁止区、威海小石岛禁止区、威海刘公岛禁止区、威海日岛禁止区、威海海西头禁止区、乳山塔岛湾禁止区、大乳山杜家岛禁止区、大乳山红石崖禁止区、海阳万米海滩东禁止区、海阳万米海滩西禁止区、莱阳五龙河口禁止区、即墨小管岛禁止区、即墨大管岛禁止区、胶州湾禁止区、青岛西海岸灵山岛禁止区、日照黄家塘湾禁止区、日照桃花岛禁止区、日照太公岛禁止区、日照梦幻沙滩禁止区、日照万平口潟湖禁止区和日照大竹蛏—西施舌禁止区。

（二）限制开发区

指海洋生态红线区内除禁止开发区以外的其他红线区，主要包括自然保护区的实验区、海洋特别保护区的适度利用区和生态与资源恢复区、重要渔业海域、重要砂质岸线及邻近海域、重要河口生态系统、重要滨海湿地、特殊保护海岛、自然景观与历史文化遗迹和重要滨海旅游区等。共划定限制开发区115个。

1. 自然保护区限制区。划定限制开发区8个，面积179.51平方公里，占红线区总面积的5.73%，主要分布在威海、青岛和烟台。包括烟台崆峒列岛限制区、荣成马兰湾北限制区、荣成荣成湾限制区、荣成烟墩角限制区、千里岩限制区、青岛文昌鱼限制区、青岛大公岛限制区和灵山岛限制区。

2. 海洋特别保护区限制区。划定限制开发区27个，面积825.28平方公里，占红线区总面积的26.33%，主要分布在威海、青岛、日照和烟台。包括烟台芝罘岛群限制区、烟台山北限制区、烟台山南限制区、烟台莱山限制区、烟台牟平砂质海岸限制区、威海小石岛西南限制区、威海小石岛北限制区、威海小石岛东南限制区、威海黑岛限制区、威海刘公岛限制区、威海海西头南限制区、威海海西头北限制区、文登海洋生态限制区、乳山塔岛湾限制区、乳山口限制区、乳山湾限制区、海阳万米海滩限制区、莱阳五龙河口东限制区、莱阳五龙河口西限制区、即墨大小管岛限制区、胶州湾限制区、青岛西海岸灵山湾限制区、青岛西海岸琅琊台限制区、日照海洋公园限制区、日照大竹蛏—西施舌限制区、日照文昌鱼限制区和日照岚山海上石碑限制区。

3. 重要砂质岸线及邻近海域。划定限制区12个，面积230.18平方公里，占红线区总面积的7.34%，分布在威海、青岛及烟台近岸海域。包括烟台金沙滩砂质岸线限制区、逛荡河东砂质岸线限制区、双岛湾砂质岸线限制区、海西头—仙人桥北砂质岸线限制区、荣成爱莲湾砂质岸线限制区、桑沟湾砂质岸线限制区、文登—乳山砂质岸线限制区、乳山银滩砂质岸线限制区、流清河湾砂质岸线限制区、石老人砂质岸线限制区、两河砂质岸线限制区和小海河砂质岸线限制区。

4. 重要渔业海域。划定限制区 14 个，面积 198.12 平方公里，占红线区总面积的 6.32%，分布在威海、日照以及烟台套子湾。包括烟台市套子湾黄盖鲽渔业海域限制区、威海黄埠港渔业海域限制区、威海靖子湾渔业海域限制区、威海湾渔业海域限制区、荣成湾渔业海域限制区、桑沟湾渔业海域限制区、楮岛藻类渔业海域限制区、靖海湾松江鲈鱼渔业海域限制区、乳山宫家岛西施舌渔业海域限制区、乳山湾渔业海域限制区、日照两城外渔业海域限制区、日照栟江珧渔业海域限制区、日照东方鲀渔业海域限制区和日照前三岛渔业海域限制区。

5. 重要河口生态系统。划定限制区 5 个，面积 24.07 平方公里，占红线区总面积的 0.77%，分布在日照、威海和烟台。包括金山港河口生态限制区、双岛湾河口生态限制区、荣成八河港河口生态限制区、羊角泮河口生态限制区和绣针河河口生态限制区。

6. 重要滨海湿地。划定限制区 9 个，面积 202.36 平方公里，占红线区总面积的 6.46%，主要分布在威海及烟台。包括海西头滨海湿地限制区、朝阳港滨海湿地限制区、荣成斜口流滨海湿地限制区、张濛港滨海湿地限制区、靖海湾滨海湿地限制区、乳山白沙口滨海湿地限制区、乳山湾滨海湿地限制区、马河港滨海湿地限制区和丁字湾滨海湿地限制区。

7. 特殊保护海岛。划定限制区 10 个，面积 497.09 平方公里，占红线区总面积的 15.86%，分布在威海、青岛和日照。包括威海鸡鸣岛海岛限制区、黑石岛海岛限制区、镆铘岛海岛限制区、荣成大小王家岛海岛限制区、荣成苏山岛群海岛限制区、乳山汇岛海岛限制区、长门岩岛群海岛限制区、朝连岛海岛限制区、大福岛海岛限制区和日照前三岛海岛限制区。

8. 自然景观与历史文化遗迹。划定限制区 2 个，面积 3.28 平方公里，占红线区总面积的 0.10%，分布在蓬莱和青岛。包括蓬莱铜井景观遗迹限制区和石老人景观遗迹限制区。

9. 重要滨海旅游区。划定限制区 28 个，面积 466.31 平方公里，占红线区总面积的 14.87%，威海、烟台、日照和青岛均有分布。包括套子湾—芝罘岛滨海旅游限制区、养马岛滨海旅游限制区、威海远遥嘴东滨海旅游限制区、威海褚岛滨海旅游限制区、威海市区北部滨海旅游限制区、威海合庆湾滨海旅游限制区、威海黄泥湾滨海旅游限制区、威海湾滨海旅游限制区、威海沙龙王家村北滨海旅游限制区、柳夼—西霞口北滨海旅游限制区、楮岛滨海旅游限制区、石岛南海村滨海旅游限制区、石岛湾滨海旅游限制区、荣成朱口东圈滨海旅游限制区、荣成朱口西圈滨海旅游限制区、前岛滨海旅游限制区、乳山凤凰嘴滨海旅游限制区、马河港—东村河滨海旅游限制区、三平岛滨海旅游限制区、栲栳湾滨海旅游限制区、田横岛滨海旅游限制区、鳌山湾西部滨海旅游限制区、崂山东部滨海旅游限制区、石老人滨海旅游限制区、青岛滨海旅游限制区、后岔湾滨海旅游限制区、日照刘家湾滨海旅游限制区和日照岚山头滨海旅游限制区。

(三) 自然岸线

划定自然岸线（滩）保有长度 1 087 千米，占我省黄海大陆岸线的 45.03%。

黄海海域内的海岛岸线除陆岛交通等为改善海岛居民的生活生产需要及重点开发海岛需要适量占用部分岸段外，85%以上的海岛岸线均需保持自然状态。

四、管控措施

(一) 禁止开发区管控措施

禁止开发区包括两类红线区——自然保护区禁止开发区和海洋特别保护区禁止开发区。自然保护区按照《中华人民共和国自然保护区条例》管理，在自然保护区的核心区和缓冲区，不得建设任何生产设施，无特殊原因，禁止任何单位或个人进入。海洋特别保护区按照《海洋特别保护区管理办法》管理，重点保护区内，禁止实施各种与保护区无关的工程建设活动；预留区内，严格控制人为干扰，禁止实施改变区内自然生态条件的生产活动和任何形式的工程建设活动。

（二）限制开发区管控措施

1. 海洋保护区管控措施

海洋保护区限制开发区包括两类——自然保护区限制开发区和海洋特别保护区限制开发区。自然保护区开发活动执行《中华人民共和国自然保护区条例》的有关规定，禁止在自然保护区内进行砍伐、放牧、狩猎、捕捞、采药、开垦、烧荒、开矿、采石、挖砂等活动。海洋特别保护区开发活动执行《海洋特别保护区管理办法》的有关规定，海洋特别保护区内的生态保护、恢复及资源利用活动应当符合其功能区管理要求：适度利用区内，在确保海洋生态系统安全的前提下，允许适度利用海洋资源，鼓励实施与保护区保护目标相一致的生态型资源利用活动，发展生态旅游、生态养殖等海洋生态产业；生态与资源恢复区内，可以采取适当的人工生态整治与修复措施，恢复海洋生态、资源与关键生境。

2. 重要砂质岸线及邻近海域限制开发区管控措施

禁止实施可能改变或影响沙滩自然属性的开发建设活动。设立砂质海岸退缩线，禁止在高潮线向陆一侧500米或第一个永久性构筑物或防护林以内构建永久性建筑。在砂质海岸向海一侧3.5海里内禁止采挖海砂、围填海、倾废等可能诱发沙滩蚀退的开发活动。加强对受损砂质岸线的修复。

3. 重要渔业海域限制开发区管控措施

在重要渔业海域产卵场、索饵场、越冬场和洄游通道的海洋生态红线区内禁止围填海、截断洄游通道等开发活动；在重要渔业资源的产卵育幼期禁止进行水下爆破和施工，处在水产种质资源保护区内的要按水产种质资源保护区相关管理规定管理。

4. 重要河口生态系统限制开发区管控措施

禁止采挖海砂、围填海、设置直排排污口等破坏河口生态功能的开发活动；并加强对河口生态系统的整治和修复。天然河口的入海淡水量应满足最低生态需求。

5. 重要滨海湿地限制开发区管控措施

禁止围填海、矿产资源的开发及其他建设开发项目等其他可能改变海域自然属性、破坏海湾、湿地生态功能的开发活动。用海活动不应超出海湾资源环境承载能力，并加强对受损湿地和海湾的整治修复。

6. 特殊保护海岛限制开发区管控措施

禁止炸岩炸礁、围填海、填海连岛、实体坝连岛、沙滩建造永久建筑物、采挖海砂等可能造成海岛生态系统破坏及自然地貌改变的行为，并加强对受损海岛生态系统的整治与修复。

7. 自然景观与历史文化遗迹限制开发区管控措施

禁止设置直排排污口、爆破作业等危及文化遗迹安全的、有损海洋自然景观的开发活动，保护历史文化遗迹、独特地质地貌景观及其他特殊自然景观完整性。

8. 重要滨海旅游区限制开发区管控措施

禁止实施可能改变和影响滨海旅游的开发建设活动。

（三）自然岸线管控措施

禁止实施可能改变大陆和海岛自然岸线（滩）生态功能的开发建设活动，加强对受损岸线的整治和修复。禁止实施导致砂质岸线自然属性改变的用海活动，保持砂质岸线自然形态、性质及与其相关的邻近海洋动力环境的稳定。禁止实施导致基岩岸线自然属性改变的活动，保持基岩岸线的自然特征。对已有部分养殖围海和开放式用海的占用岸线（滩）的海岸线，要继续保持和恢复岸线的自然形态和性质，对不在农渔业区的岸线，在需要时逐步拆除围海堤坝等影响海岸自然生态功能的人工构筑物，恢复自然岸线（滩）。保持已建景观性城市岸线形态基本稳定，逐步恢复和优化海岸自然生态和景观功能，对具有保护价值的人文自然历史文化遗迹岸线要进行保护和必要的维护，禁止可能对岸线保护产生影响的用海活动。针对部分可以修复为自然岸线的受损岸段实施整治修复工程，逐步恢复自然形态或进行海岸线的自然生态化改造，使其恢复自然岸线（滩）生态功能。

对自然岸线的管控措施按《山东省海岸线保护规划（2015—2020年）》的具体要求执行。部分渔港规模较小，由于精度原因，未能在红线图中标示出来，为支持渔业及海岛经济发展，渔港及陆岛交通码头的改扩建工程经审批可适度少量占用邻近岸线，但应尽可能保持岸线的自然特征。

第三章　重点任务

一、有效推进生态保护与整治修复

（一）加强保护区管理和典型生态系统保护

加强红线区内已建自然保护区和海洋特别保护区管理，制定保护区建设管理、考核评估的制度体系，加强红线区内保护区基础设施建设，加快视频监控、遥感监测等先进监管手段的应用，提高保护区制度化和规范化管理水平。加大红线区内各类保护区创建力度，优先在红线管控范围内选划和新建各类海洋保护区。加强对保护区保护对象和物种的调查。加强胶州湾、威海湾、芝罘湾、成山头及烟台、威海、青岛和日照市区近岸海域等典型生态系统及重要滨海旅游岸线和海域的保护。在重要渔业海域，采取人工鱼礁、增殖放流等措施，有效恢复渔业生物种群。加大海洋生物资源养护力度，构建水生生物资源养护体系，加强主要经济鱼类产卵场、索饵场、越冬场和洄游通道的保护和建设。

（二）以“五大工程，三类项目”为载体，加快推进生态修复和海洋保护

结合实施浅海、海湾、河口、海岸带、潮间带湿地生态建设五大工程和海洋生态治理修复、能力建设、示范创建三类项目，确定红线修复整治的重点区域，实施红线修复整治，把海洋生态文明建设任务做实。实施浅海海底森林营造工程，采取播植海藻、投放人工鱼礁等措施，大力建设海洋牧场，恢复浅海渔业生物种群，为“海上粮仓”建设奠定坚实的“仓储”基础。实施蓝色海湾治理工程，在全省重点海湾开展入海排污总量控制和陆源污染排海治理，在胶州湾、威海湾、芝罘湾、石岛湾、靖海湾、乳山口湾、丁字湾等，加强海洋生态、景观和原始地貌的修复保护，恢复海湾生态服务功能。实施重要河口生境修复工程，坚持海陆统筹，河海共治，在烟台逛荡河、文登青龙河、母猪河、乳山河、海阳东村河、闫家河、大沽河、傅疃河等入海河口区域采用排污控制、河口清淤、植被恢复等措施，修复受损河口生境和自然景观。实施黄金岸线恢复工程，在沿海以沙滩、礁岩等为主体的优质地质岸段开展整治修复，拆除不合理的养殖堤坝和不符合红线管控要求的围海养殖池塘、盐池、渔船码头等人工构筑物，清理海滩和岸滩工程废弃物，逐步退出占有优质岸线，恢复海岸自然属性和景观。实施潮间带湿地绿色屏障工程，综合运用植被恢复、海岸生态防护林建设等手段，打造滩、林、堤相结合、生态缓冲功能显著的滨海湿地绿色屏障。实施海洋生态治理修复类项目，保护和恢复浅海、海岸综合生态功能，促进生态渔业和碳汇渔业的发展。实施海洋生态环境监测体系、观测预报体系、应急响应体系和海域动态管理体系建设等海洋生态能力建设类项目，提高海洋生态保护监测观测预报技术支持能力，提升海洋生态环境保护、海域综合管理和海洋生态文明服务和保障水平。实施海洋生态示范创建类项目，将试点的可复制、可推广的经验具体化、项目化，先试验、先示范、先检验。

（三）严格红线用海管控，坚持集中集约用海

红线控制范围内禁止进行不符合红线管控要求的项目建设，禁止在红线控制范围内围垦河口、湿地等环境敏感区和脆弱区。对红线控制范围内用海项目实施更严格的区域限批政策，严控开发强度。重点加强红线控制范围内新建、扩建的重大海岸、海洋工程建设项目环境监管，严格环境影响评价和项目跟踪监测。不断完善以海洋功能区划为基础的功能管理制度和以生态红线为基础的环境管控制度，优化海洋开发利用布局，注重海域资源的优化配置和集中集约利用，兼顾地方经济发展需求和国防建设需要，允许红线控制范围内符合集中集约和红线管控要求的用海需求。

二、严格监管红线区污染排放，促进产业布局优化

（一）加强入海河流和排污口管理

实施近岸海域、陆域和流域环境协同综合整治，全面清理红线区非法的或不合理的陆源入海排污口。加强区域统筹规划，优化生态红线区及其邻近区域入海排污口布局，依法加强红线区范围内陆源入海排污口的设置管理。以红线区内入海河流及沿岸直排口为主控对象，加强对红线区内重点入海河流和陆源入海排污口实时动态监控，密切监控入海口水质。

（二）加强污染物排放管控

严格实施污染物浓度控制与排放总量控制制度。对红线区内现有入海河流主要污染物及入海通量进行评估分析，确定界河、大沽夹河、母猪河、乳山河、五龙河、大沽河、傅疃河和绣针河等主要入海河流石油类、化学需氧量、营养盐等特征污染物的排海总量控制和削减目标，设立入海污染物排放总量监测断面，并根据入海污染物减排情况制定地区间、陆海间污染损害生态补偿机制，在此基础上制定实施入海污染物排放总量控制规划。加强入海面源污染防治。加强对船舶排污监管，禁止船舶压舱水和机舱水直接排放，防范船舶及相关作业活动，防止造成海洋环境污染。加强修造船作业管理，实行定点拆解，集中规范处置污染物。加强海洋倾倒区监控，做好海洋倾废监管工作。

（三）调整优化产业布局

科学规划产业布局，优化产业结构，支持和引导红线区管控范围内的海洋生物资源利用、海水淡化与综合利用、节能环保、海洋能开发等海洋新兴产业的发展。提高红线区产业准入门槛，综合运用海域使用审批、海岸带工程环评审批、海洋工程环评审批、项目资金扶持等措施和政策，建立红线区绿色、循环、环保、低碳产业扶优扶先机制，促进红线区内产业结构调整和升级。积极推广全循环养殖、海洋生态增养殖技术和模式，鼓励有条件的地方结合现代渔业示范园区建设，扶持一批浅海鱼、贝、藻生态养殖基地，科学合理确定养殖空间、规模、结构和发展速度。

三、加强监视监测、执法监督和海洋污染处置能力建设

（一）构建、完善监视监测网络与评价体系

完善海洋生态红线监视监测与评价体系布局，重点加强红线管控范围内市、县（市、区）监测机构能力建设，建立覆盖海洋生态红线的实时、动态、立体化监视监测和预测预警体系。以红线内入海污染源、重要河口、重要港湾等为重点，加快建设黄海重点海湾和近岸海域环境在线监测系统，统筹近岸陆海环境监测监视资源，建立海洋环境监测信息共享平台。科学调整优化海洋生态环境监测评价方案，加

强对红线内各类入海污染源的监测评估，实施对海洋生态环境高风险区的监视性监测，开展受损海域生态修复工程的跟踪监测与评估，对红线控制范围内围填海活动和海洋工程开发实施全覆盖监管监测。

（二）加强红线环境监督执法

积极开展部门间联合执法，地方各级海洋与渔业部门、交通海事部门和环保部门要建立联合执法机制，积极开展红线区内陆源污染物入海排放控制和近岸海域污染综合整治联合执法检查，依据职责查处违法行为。加强对红线控制范围内重点区域和重点项目的海洋环境保护专项执法，严厉打击涉海工程项目建设、海洋倾废和涉及海洋保护区及海洋生态系统的环境违法行为。

（三）加强赤潮等灾害防治和污染事故应急处置

通过红线区内监测站点和海上船舶观测、卫星遥感等多种途径，加强对赤潮等灾害的综合观测监视，提高灾害防治的时效性和科学性。加强溢油等海上污染事故应急处置。建立健全黄海近岸海域重大环境污染事故应急响应机制，加强事故现场应急监测、污染处置和事后环境影响评估工作，落实相应的海洋生态环境修复措施。

第四章　保障措施

一、加强组织领导

沿黄海地方各级人民政府是实施黄海海洋生态红线制度的责任主体，切实加强红线制度实施的组织领导，具体落实红线管控措施和目标，推进本地区海洋生态红线制度的有效实施。省政府建立实施全海域的海洋生态红线制度联席会议机制。省海洋与渔业厅具体负责全海域海洋生态红线实施的监察督导。省政府联席会议具体协调军方、海洋与渔业、发展改革委、财政、环保等部门协商解决红线划定方案调整、跨区域争议等重大事项。

二、强化制度创新

实施陆海统筹，建立陆源污染物入海总量控制制度，加强陆源污染物入海综合监管；逐步建立海洋生态红线生态评价制度，根据红线控制范围内海岸带、海域、海岛生态评价状况，采取有针对性的措施开展整治修复，规范红线控制范围内开发秩序；健全全海域的海洋生态补偿机制，推进生态补偿管理创新；建立海洋生态红线及周边区域资源环境承载能力监测预警机制，定期编制资源环境承载能力监测预警报告；建立健全红线区内共同防治海洋污染的协作机制，采取统一行动，实施联防、联控和联治。

三、完善责任考核

要将红线区管控措施的落实、指标的控制、预期目标的实现、政策措施的配套、修复治理的开展等纳入地方经济社会发展综合评价体系，县级以上政府主要负责人对本地海洋生态红线管理和保护负总责。建立海洋生态红线生态环境损害责任终身追究制。省政府组织对黄海沿岸各市黄海生态红线主要指标落实情况进行考核，省海洋与渔业厅会同有关部门组织实施，考核结果交由干部主管部门，作为对政府相关领导干部考核评价的重要依据。具体考核办法由省海洋与渔业厅会同有关部门制订，报省政府批准实施。

四、健全投入机制

各级政府要积极拓宽投资渠道，建立稳定长效的海洋生态红线管理投入机制，保障海洋生态红线管控保护、监测巡视、督查考核等工作经费。按照全省海洋生态文明建设意见和实施规划的总体部署，对海洋生态红线控制范围内海岸保护、环境治理、生态修复、能力建设等给予重点扶持。鼓励和引导企业和民间资本投入黄海海洋生态红线保护，建立多渠道、多元性、市场化的投融资机制。

五、凝聚社会共识

健全和完善海洋生态红线管理、保护等方面的政策和公共宣传平台，充分发挥新闻媒体作用，开展多种形式的海洋生态红线保护知识宣传。建立完善志愿者等公众参与机制，鼓励公众监督、举报违反红线管控制度的行为，引导公众自觉参与海洋生态红线保护管控工作。对在海洋生态红线保护和管理中成绩显著的单位和个人按规定给予表彰奖励。

山东省黄海海洋生态红线控制图（分幅1）
120°50'E
121°0'E
121°10'E
37°50'N
37°40'N
37-Xg01
30
20
10
5
南王镇
刘家沟镇
潮水镇
大季家镇
大辛店镇
图 例
自然岸线(滩)保有
海岸线
禁止开发区
自然保护区
海洋特别保护区
限制开发区
自然保护区
海洋特别保护区
重要河口生态系统
重要滨海湿地
重要渔业海域
特殊保护海岛
自然景观与历史文化遗迹
重要滨海旅游区
重要砂质岸线及邻近海域
0 1,000 2,000 4,000
米

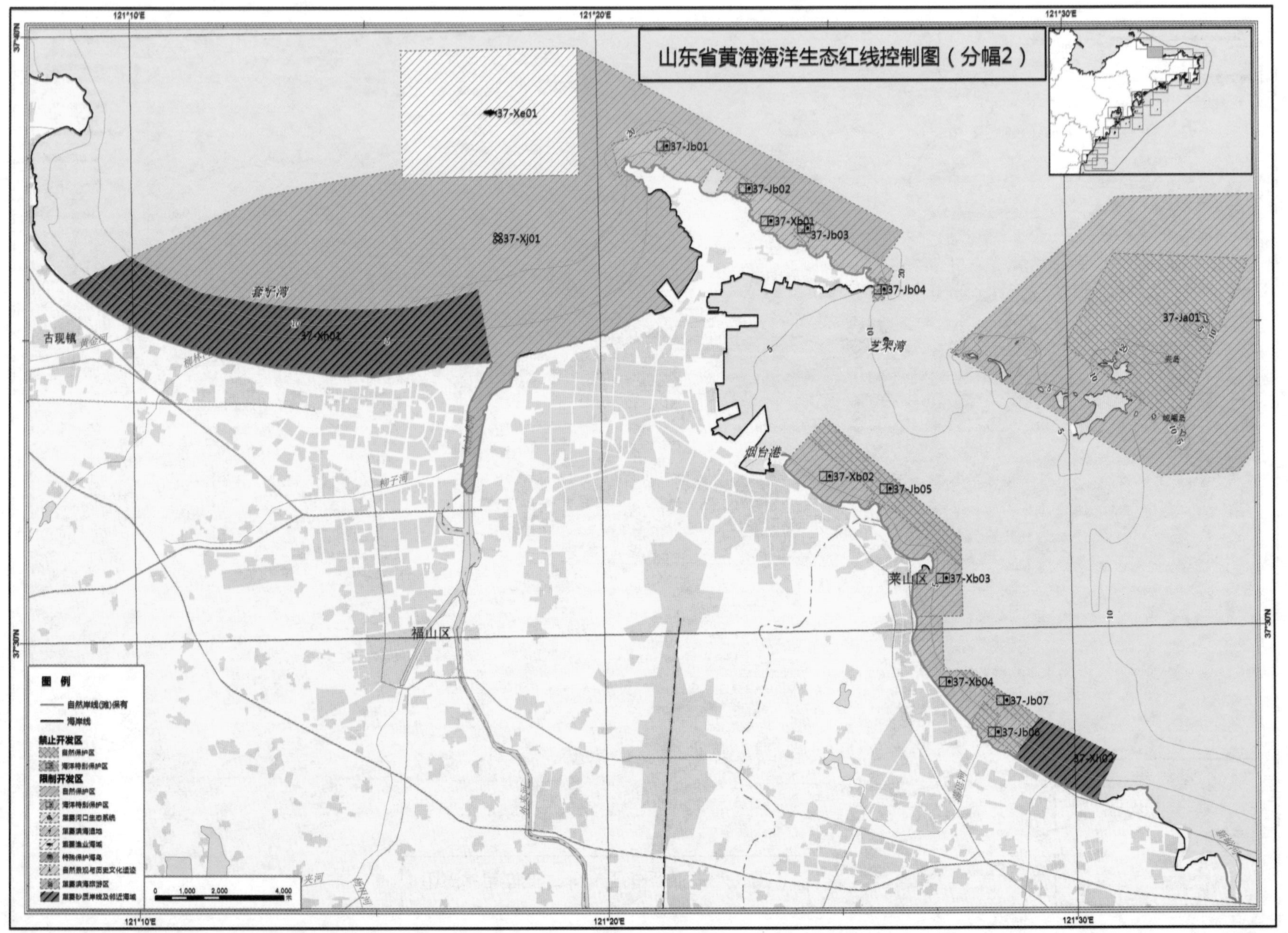

山东省黄海海洋生态红线控制图（分幅2）
37-Xe01
37-Jb01
37-Jb02
37-Xb01
37-Jb03
37-Jb04
37-Xj01
套子湾
古现镇
芝罘湾
37-Ja01
烟台港
37-Xb02
37-Jb05
莱山区
37-Xb03
福山区
37-Xb04
37-Jb07
37-Jb06
图 例
自然岸线(滩)保有
海岸线
禁止开发区
限制开发区

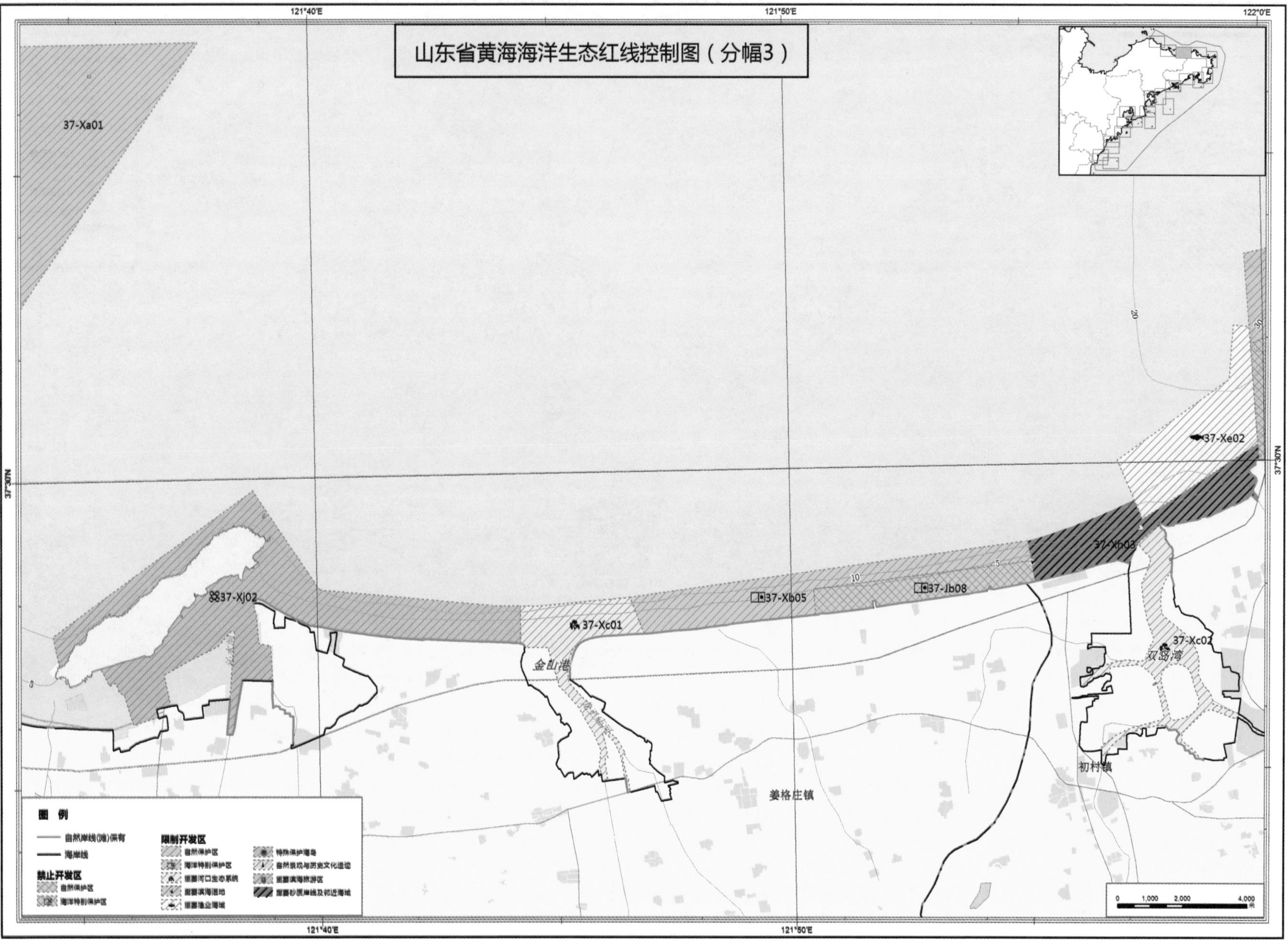

山东省黄海海洋生态红线控制图（分幅3）
121°40'E
121°50'E
122°0'E
37°30'N
37-Xa01
37-Xe02
37-Xb03
37-Jb08
37-Xb05
37-Xc01
37-Xj02
37-Xc02
金山港
双岛湾
初村镇
姜格庄镇
图例
自然岸线(滩)保有
海岸线
禁止开发区
自然保护区
海洋特别保护区
限制开发区
自然保护区
海洋特别保护区
重要河口生态系统
重要滨海湿地
重要渔业海域
特殊保护海岛
自然景观与历史文化遗迹
重要滨海旅游区
重要砂质岸线及邻近海域
0 1,000 2,000 4,000
米

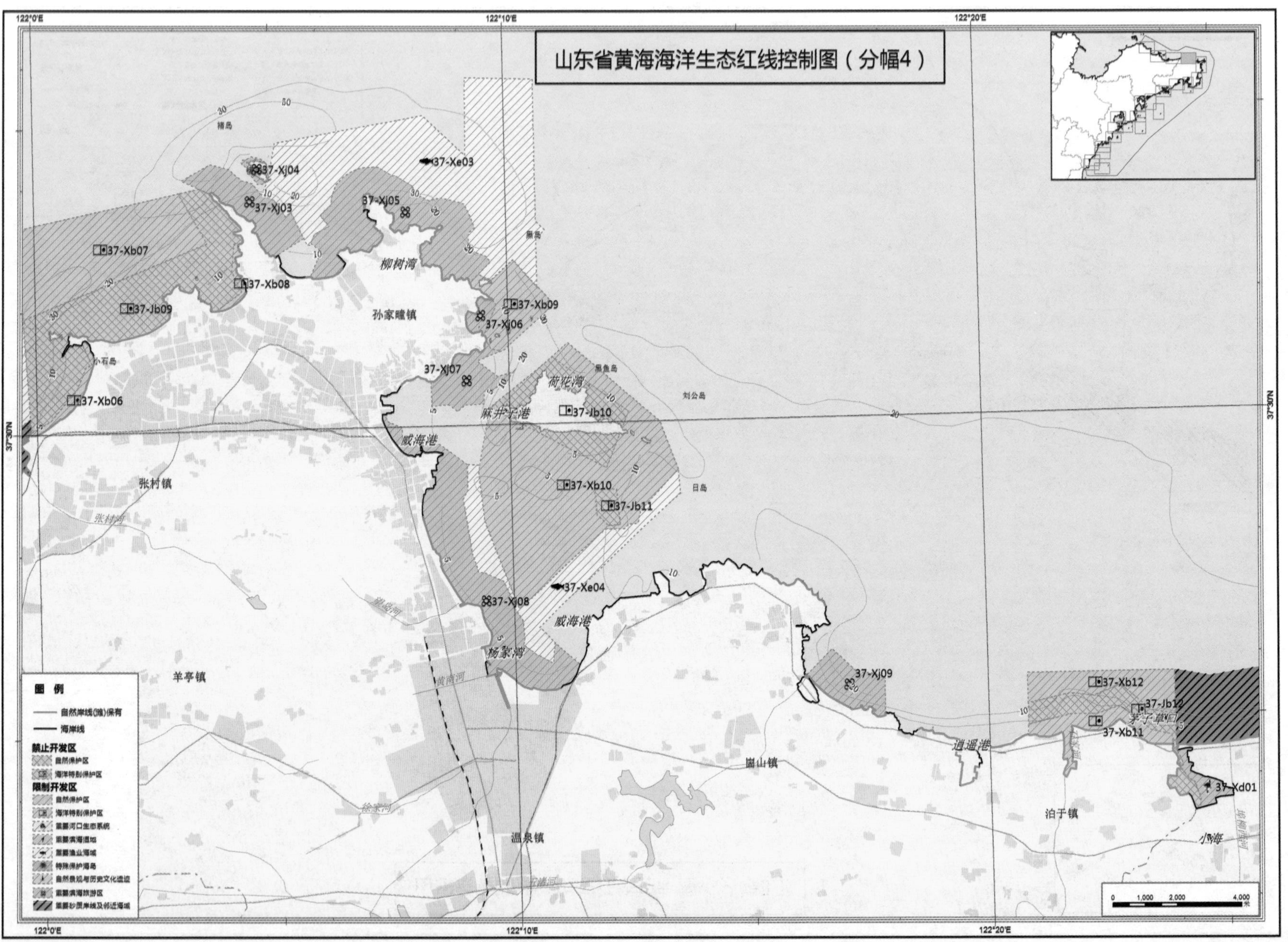
山东省黄海海洋生态红线控制图（分幅4）
122°0'E
122°10'E
122°20'E
37°30'N
37-Xe03
37-Xj04
37-Xj03
37-Xj05
37-Xb07
37-Xb08
37-Jb09
37-Xb09
37-Xj06
37-Xj07
37-Xb06
37-Jb10
37-Xb10
37-Jb11
37-Xe04
37-Xj08
37-Xj09
37-Xb12
37-Jb12
37-Xb11
37-Xd01
褚岛
柳树湾
孙家疃镇
小石岛
荷花湾
麻井子港
威海港
刘公岛
日岛
张村镇
杨家湾
羊亭镇
温泉镇
崮山镇
逍遥港
泊于镇
小海
图 例
自然岸线(滩)保有
海岸线
禁止开发区
自然保护区
海洋特别保护区
限制开发区
自然保护区
海洋特别保护区
重要河口生态系统
重要滨海湿地
重要渔业海域
特殊保护海岛
自然景观与历史文化遗迹
重要滨海旅游区
重要砂质岸线及邻近海域
0 1,000 2,000 4,000
米

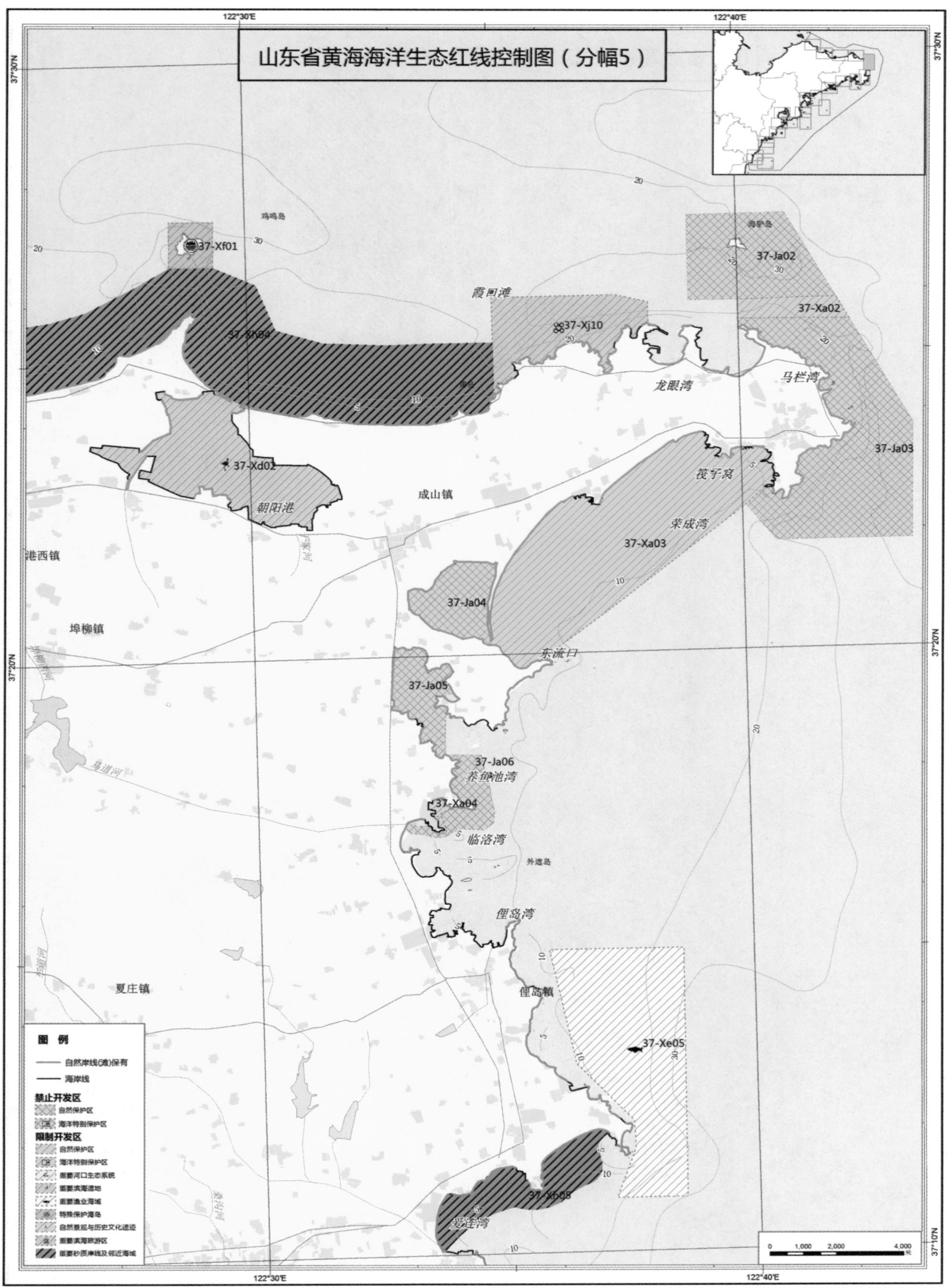
山东省黄海海洋生态红线控制图（分幅5）
122°30′E
122°40′E
37°30′N
37°20′N
37°10′N
37-Xf01
37-Xh04
37-Xj10
霞口滩
37-Ja02
37-Xa02
龙眼湾
马栏湾
37-Ja03
37-Xd02
朝阳港
成山镇
筏子窝
荣成湾
37-Xa03
港西镇
37-Ja04
埠柳镇
东流口
37-Ja05
37-Ja06
养鱼池湾
37-Xa04
临洛湾
外遮岛
俚岛湾
俚岛镇
夏庄镇
37-Xe05
37-Xh05
爱连湾
图 例
自然岸线(滩)保有
海岸线
禁止开发区
自然保护区
海洋特别保护区
限制开发区
自然保护区
海洋特别保护区
重要河口生态系统
重要滨海湿地
重要渔业海域
特殊保护海岛
自然景观与历史文化遗迹
重要滨海旅游区
重要砂质岸线及邻近海域
0 1,000 2,000 4,000

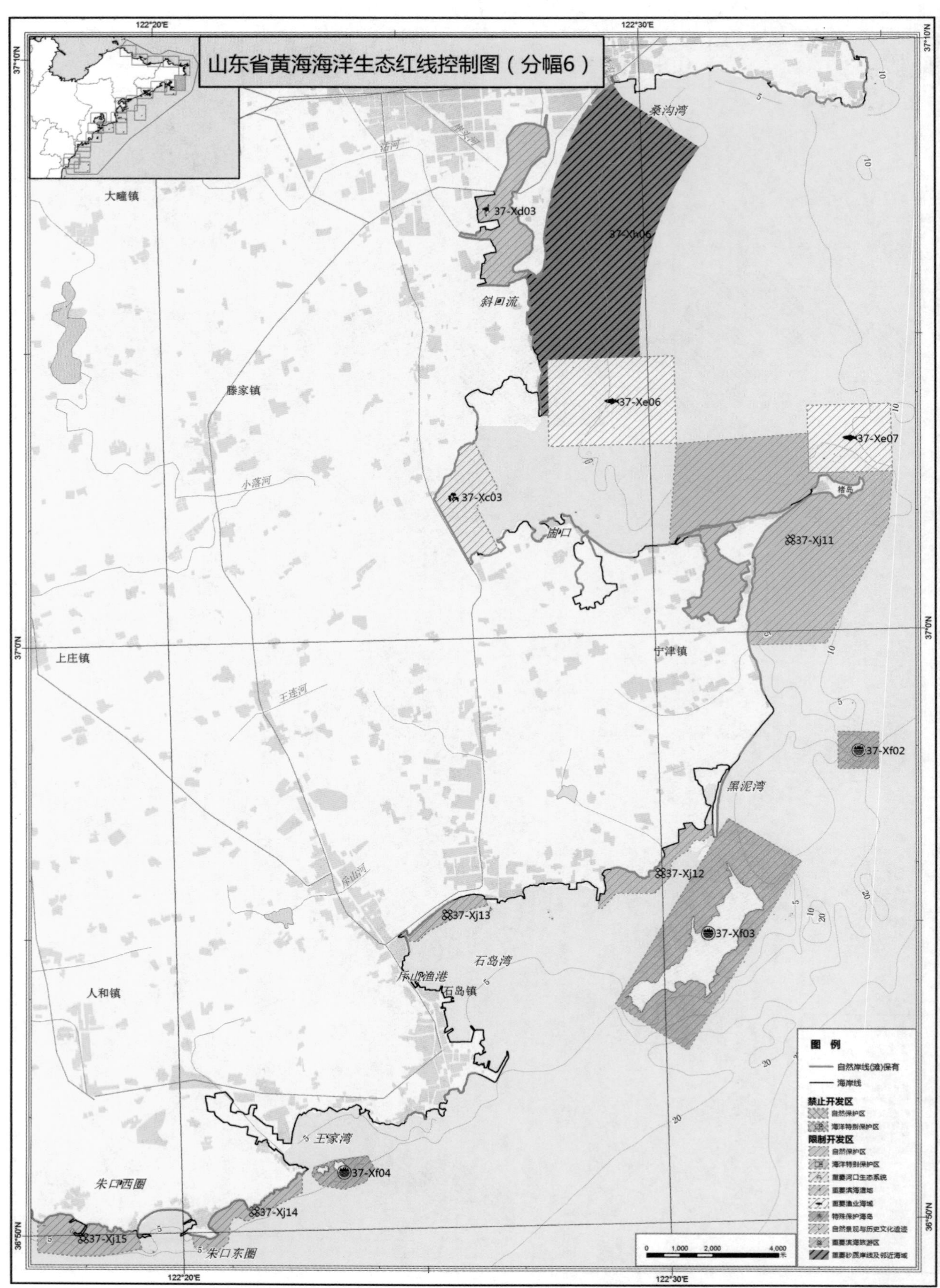

山东省黄海海洋生态红线控制图（分幅6）
122°20'E
122°30'E
37°10'N
37°0'N
36°50'N
大疃镇
滕家镇
上庄镇
人和镇
宁津镇
石岛镇
桑沟湾
斜口流
黑泥湾
石岛湾
王家湾
朱口西圈
朱口东圈
斥山渔港
小落河
王连河
37-Xd03
37-Xh06
37-Xe06
37-Xe07
37-Xc03
37-Xj11
37-Xf02
37-Xj12
37-Xj13
37-Xf03
37-Xf04
37-Xj14
37-Xj15
图 例
自然岸线(滩)保有
海岸线
禁止开发区
自然保护区
海洋特别保护区
限制开发区
自然保护区
海洋特别保护区
重要河口生态系统
重要滨海湿地
重要渔业海域
特殊保护海岛
自然景观与历史文化遗迹
重要滨海旅游区
重要砂质岸线及邻近海域
0 1,000 2,000 4,000 米

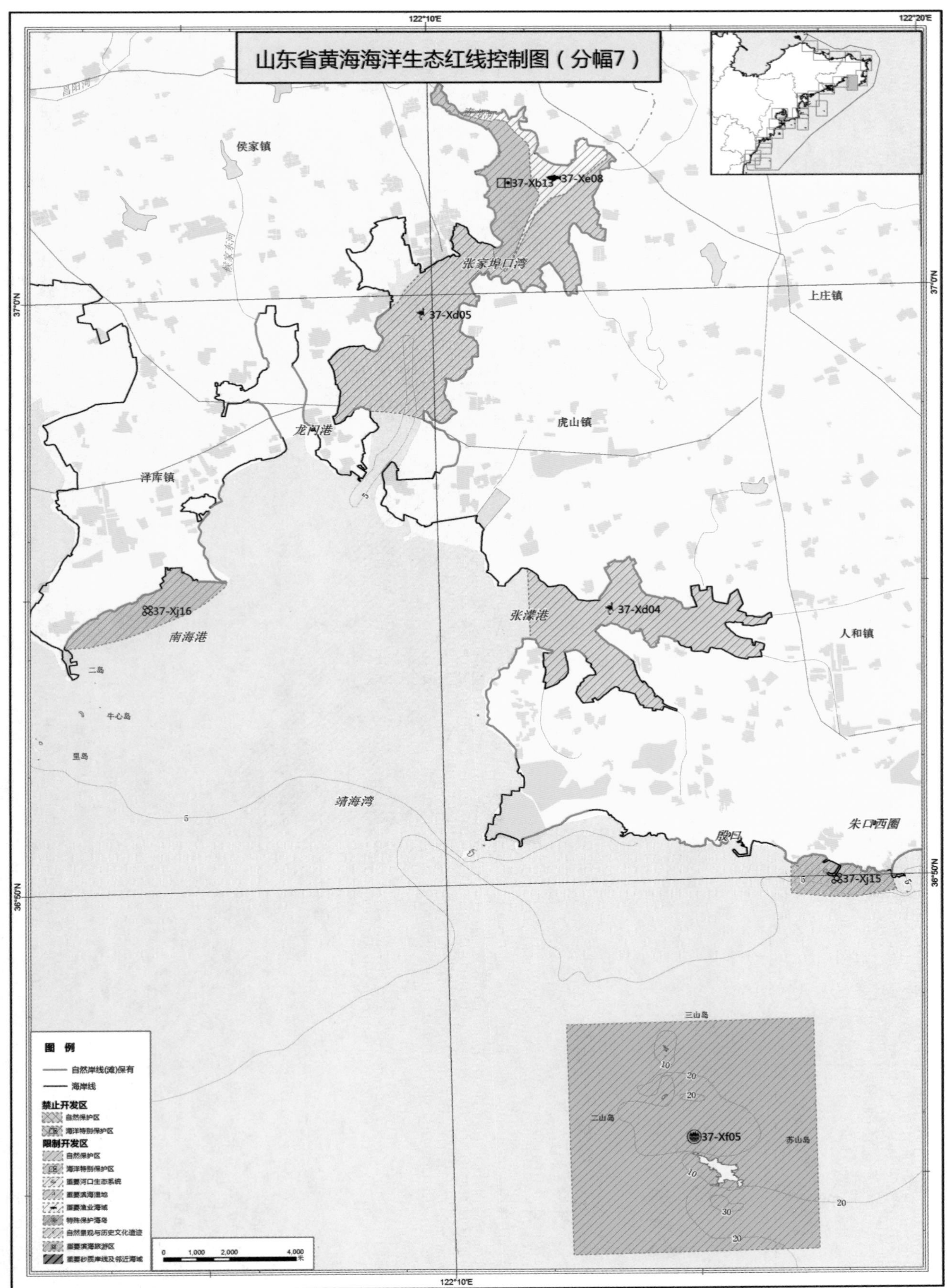
山东省黄海海洋生态红线控制图（分幅7）
122°10′E
122°20′E
37°0′N
36°50′N
侯家镇
37-Xb13
37-Xe08
张家埠口湾
37-Xd05
上庄镇
龙门港
虎山镇
泽库镇
37-Xj16
南海港
张濛港
37-Xd04
人和镇
二岛
牛心岛
靖海湾
朱口西圈
殿臼
37-Xj15
三山岛
二山岛
37-Xf05
苏山岛
图 例
自然岸线(滩)保有
海岸线
禁止开发区
自然保护区
海洋特别保护区
限制开发区
自然保护区
海洋特别保护区
重要河口生态系统
重要滨海湿地
重要渔业海域
特殊保护海岛
自然景观与历史文化遗迹
重要滨海旅游区
重要砂质岸线及邻近海域
0 1,000 2,000 4,000
米

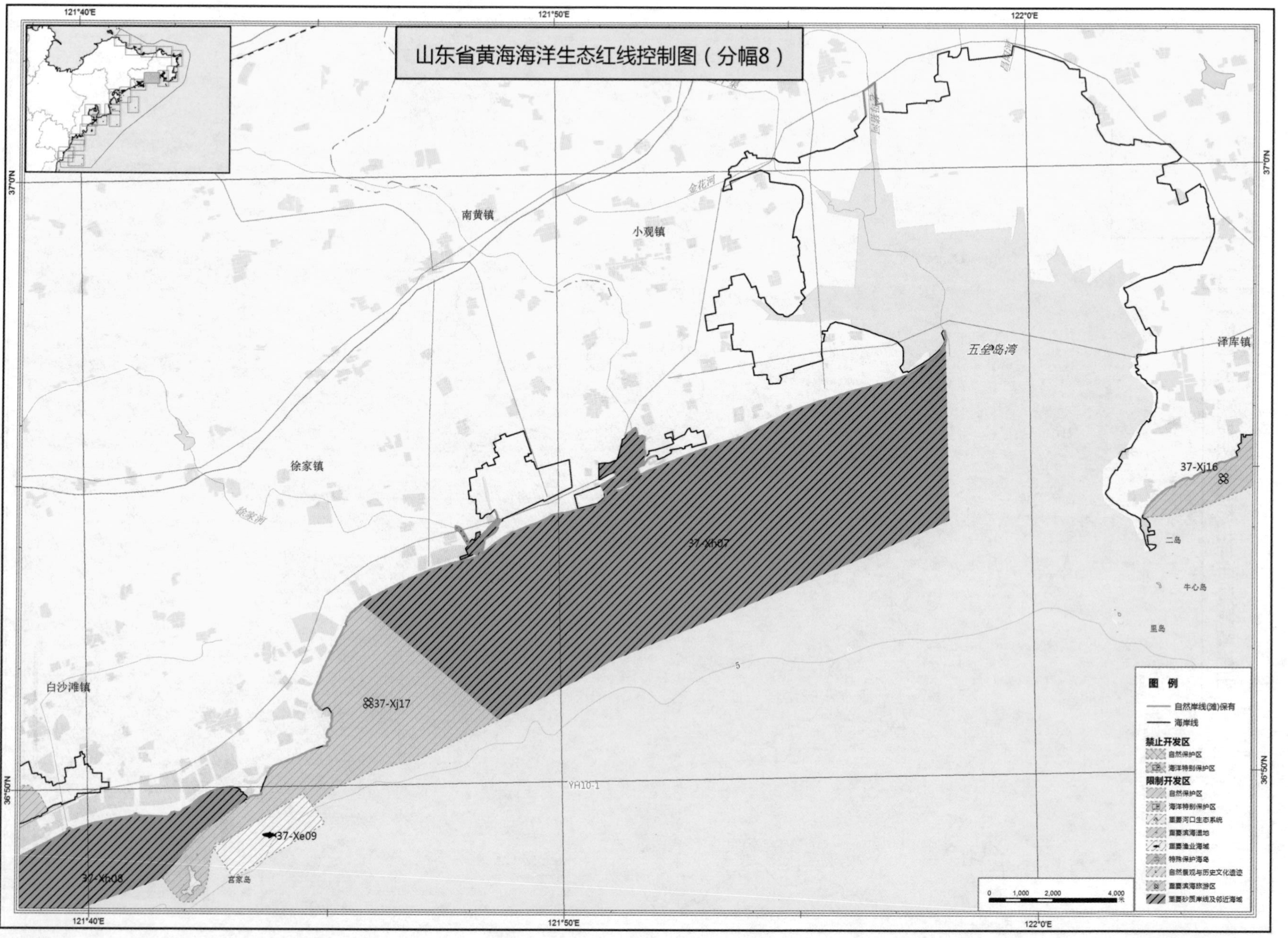

山东省黄海海洋生态红线控制图（分幅8）
121°40'E
121°50'E
122°0'E
37°0'N
36°50'N
南黄镇
小观镇
徐家镇
白沙滩镇
泽库镇
金花河
徐家河
五垒岛湾
37-Xb07
37-Xj16
37-Xj17
37-Xe09
37-Xb08
二岛
牛心岛
里岛
宫家岛
YH10-1
5
图 例
自然岸线(滩)保有
海岸线
禁止开发区
自然保护区
海洋特别保护区
限制开发区
自然保护区
海洋特别保护区
重要河口生态系统
重要滨海湿地
重要渔业海域
特殊保护海岛
自然景观与历史文化遗迹
重要滨海旅游区
重要砂质岸线及邻近海域
0 1,000 2,000 4,000 米

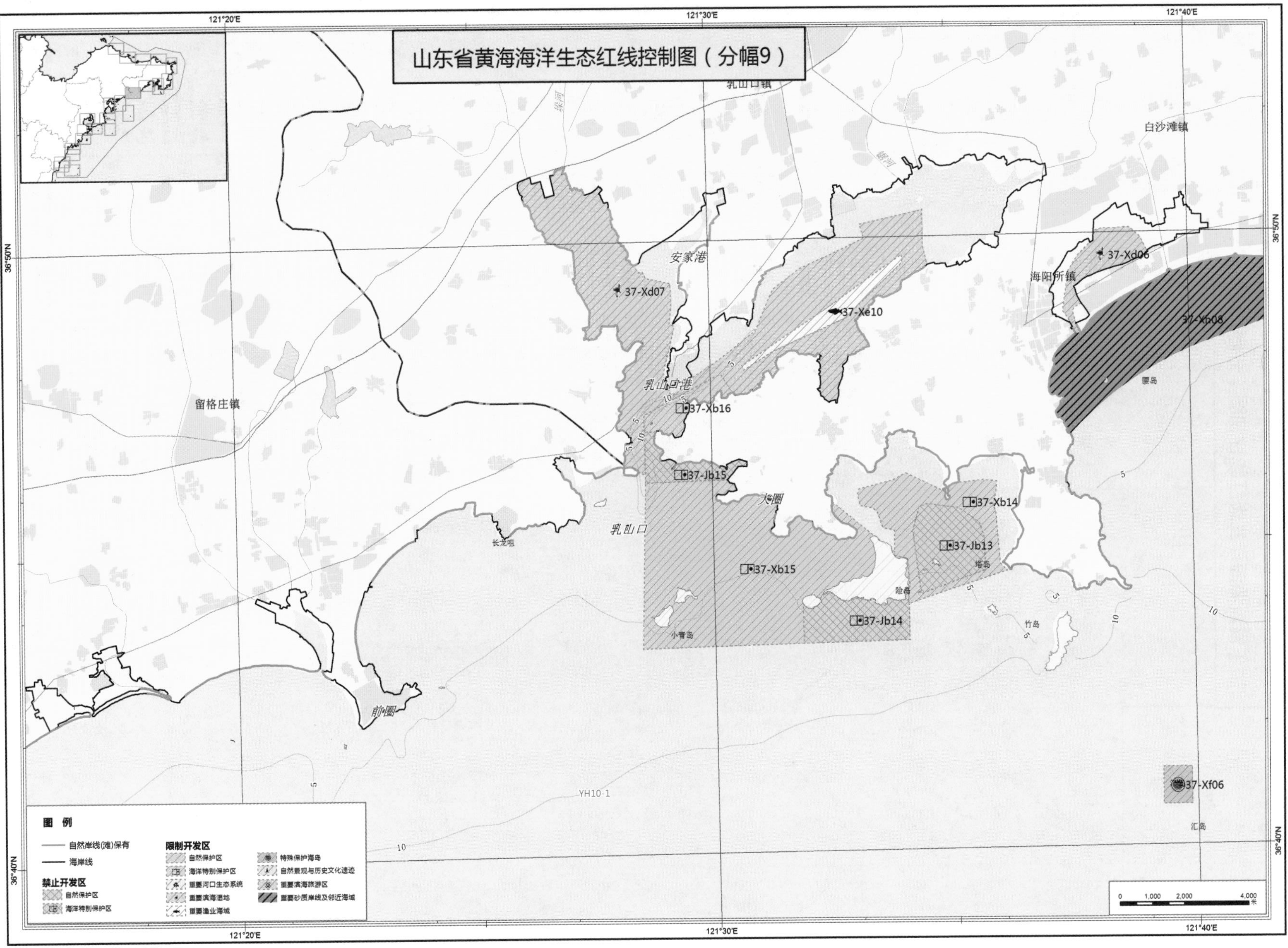
山东省黄海海洋生态红线控制图（分幅9）
121°20′E
121°30′E
121°40′E
36°50′N
36°40′N
乳山口镇
白沙滩镇
海阳所镇
留格庄镇
安家港
乳山河港
乳山口
大圈
前圈
长龙咀
小青岛
陆岛
塔岛
竹岛
汇岛
37-Xd07
37-Xe10
37-Xd06
37-Xb08
37-Xb16
37-Jb15
37-Xb14
37-Jb13
37-Xb15
37-Jb14
37-Xf06
YH10-1
图例
自然岸线(滩)保有
海岸线
禁止开发区
自然保护区
海洋特别保护区
限制开发区
自然保护区
海洋特别保护区
重要河口生态系统
重要滨海湿地
重要渔业海域
特殊保护海岛
自然景观与历史文化遗迹
重要滨海旅游区
重要砂质岸线及邻近海域
0 1,000 2,000 4,000 米

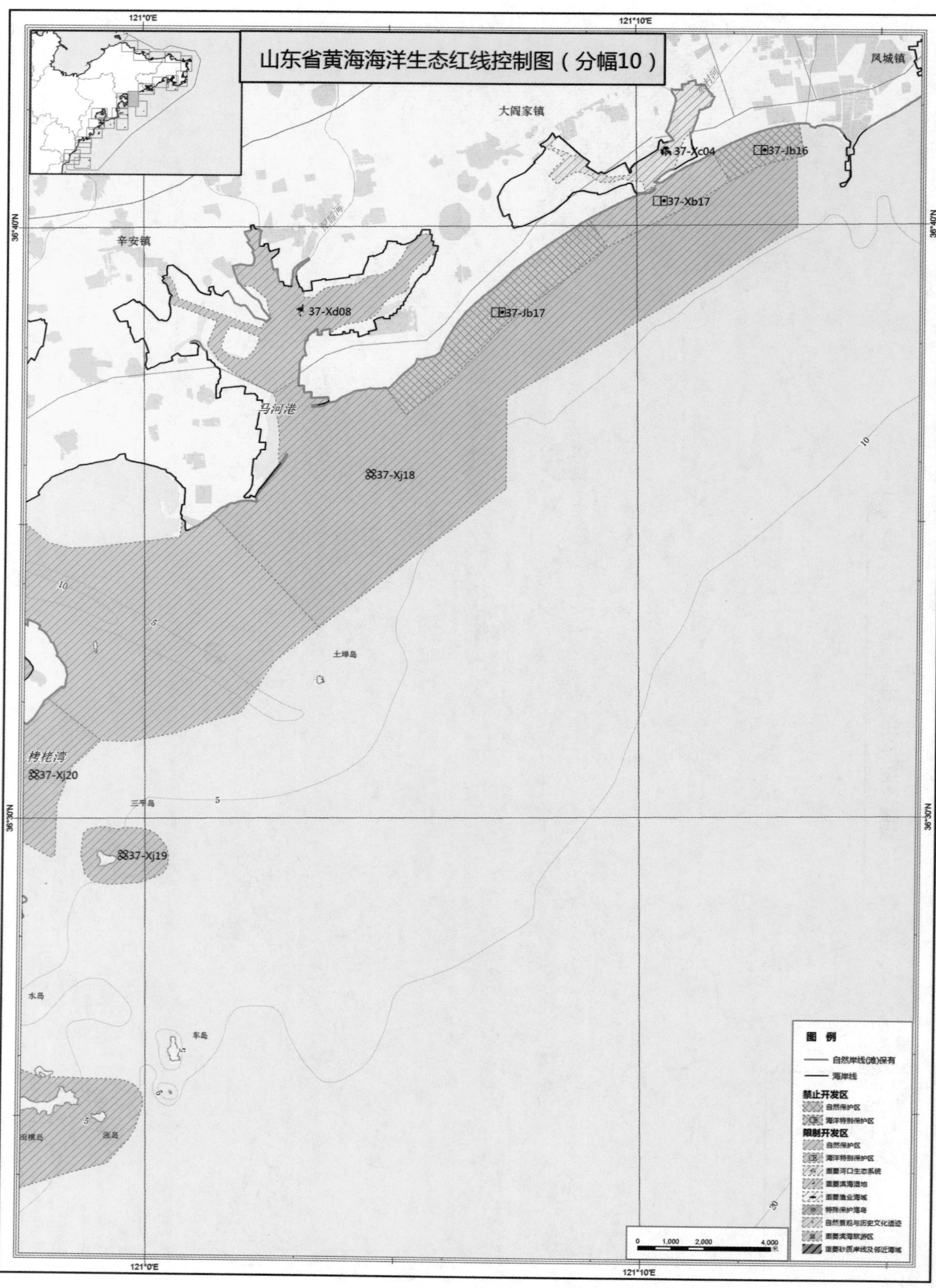
山东省黄海海洋生态红线控制图（分幅10）
121°0'E
121°10'E
36°40'N
36°30'N
凤城镇
大闫家镇
辛安镇
37-Xc04
37-Jb16
37-Xb17
37-Xd08
37-Jb17
马河港
37-Xj18
10
5
土埠岛
棹栳湾
37-Xj20
三平岛
37-Xj19
水岛
车岛
田横岛
涨岛
20
0
1,000
2,000
4,000
米
图例
自然岸线(滩)保有
海岸线
禁止开发区
自然保护区
海洋特别保护区
限制开发区
自然保护区
海洋特别保护区
重要河口生态系统
重要滨海湿地
重要渔业海域
特殊保护海岛
自然景观与历史文化遗迹
重要滨海旅游区
重要砂质岸线及邻近海域

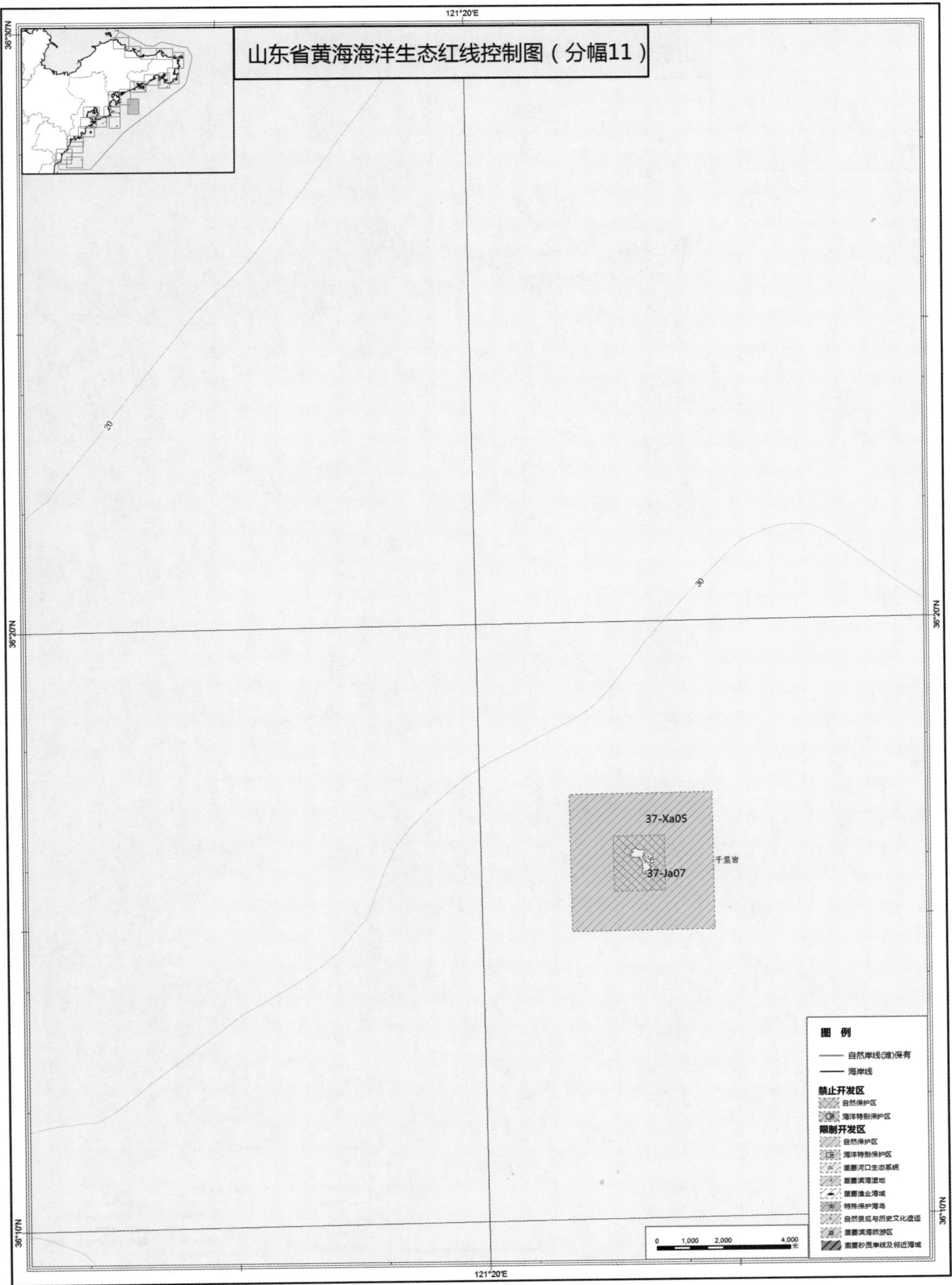
山东省黄海海洋生态红线控制图（分幅11）
121°20'E
36°30'N
36°20'N
36°10'N
20
30
37-Xa05
37-Ja07
千里岩
图 例
自然岸线(滩)保有
海岸线
禁止开发区
自然保护区
海洋特别保护区
限制开发区
自然保护区
海洋特别保护区
重要河口生态系统
重要滨海湿地
重要渔业海域
特殊保护海岛
自然景观与历史文化遗迹
重要滨海旅游区
重要砂质岸线及邻近海域
0 1,000 2,000 4,000
米

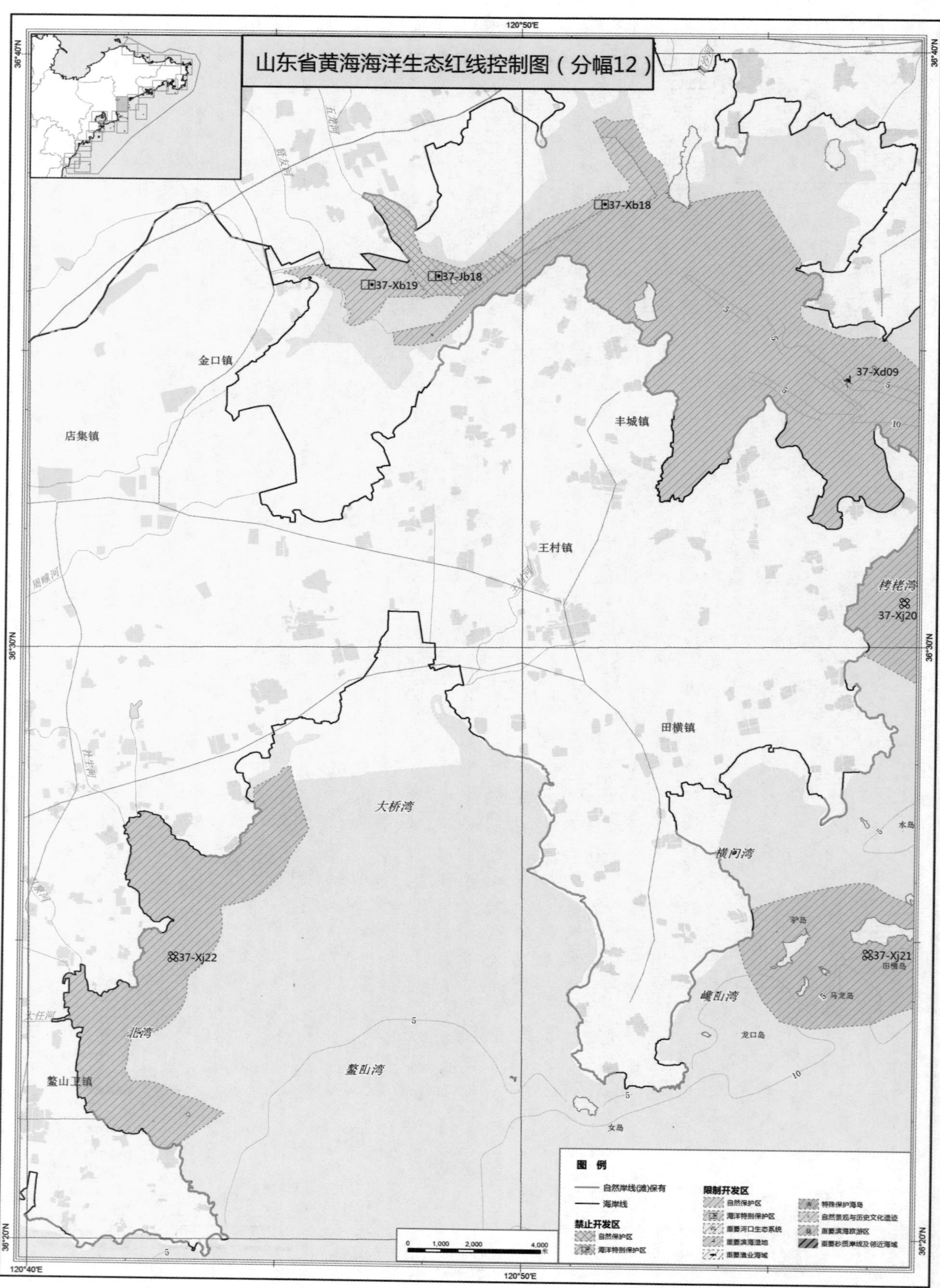

山东省黄海海洋生态红线控制图（分幅12）
120°50′E
36°40′N
36°30′N
36°20′N
120°40′E
37-Xb18
37-Jb18
37-Xb19
37-Xd09
37-Xj20
37-Xj21
37-Xj22
金口镇
店集镇
丰城镇
王村镇
田横镇
鳌山卫镇
大桥湾
横门湾
崂山湾
鳌山湾
北湾
桲椤湾
水岛
田横岛
马龙岛
驴岛
龙口岛
女岛
图 例
自然岸线(滩)保有
海岸线
禁止开发区
自然保护区
海洋特别保护区
限制开发区
自然保护区
海洋特别保护区
重要河口生态系统
重要滨海湿地
重要渔业海域
特殊保护海岛
自然景观与历史文化遗迹
重要滨海旅游区
重要砂质岸线及邻近海域
0 1,000 2,000 4,000

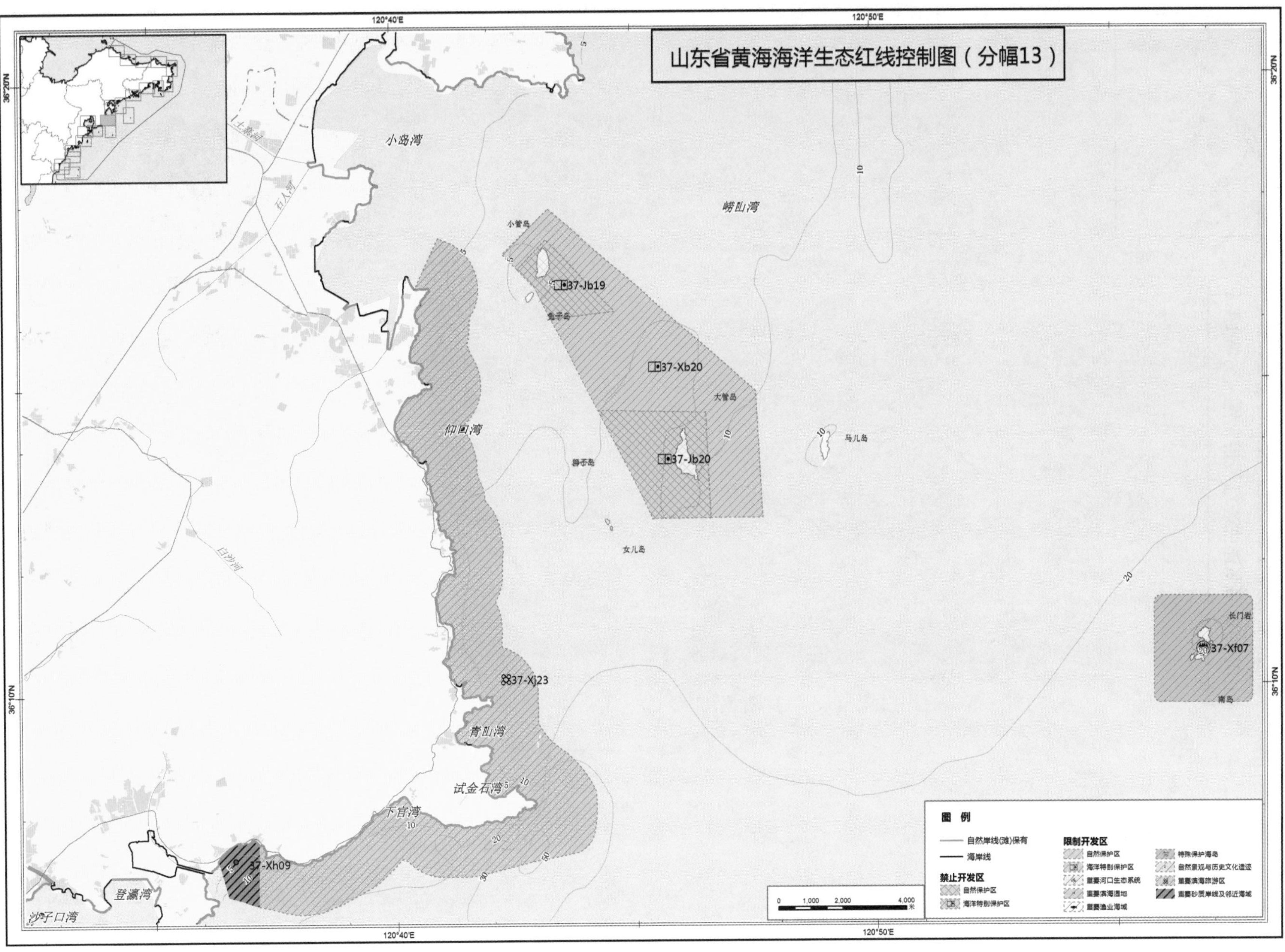
山东省黄海海洋生态红线控制图（分幅13）
120°40′E
120°50′E
36°20′N
36°10′N
小岛湾
崂山湾
小管岛
37-Jb19
兔子岛
37-Xb20
大管岛
37-Jb20
马儿岛
脚子岛
女儿岛
仰口湾
37-Xj23
青山湾
试金石湾
下官湾
37-Xh09
登瀛湾
沙子口湾
白沙河
石人河
长门岩
37-Xf07
南岛
图 例
自然岸线(滩)保有
海岸线
禁止开发区
自然保护区
海洋特别保护区
限制开发区
自然保护区
海洋特别保护区
重要河口生态系统
重要滨海湿地
重要渔业海域
特殊保护海岛
自然景观与历史文化遗迹
重要滨海旅游区
重要砂质岸线及邻近海域
0 1,000 2,000 4,000 米

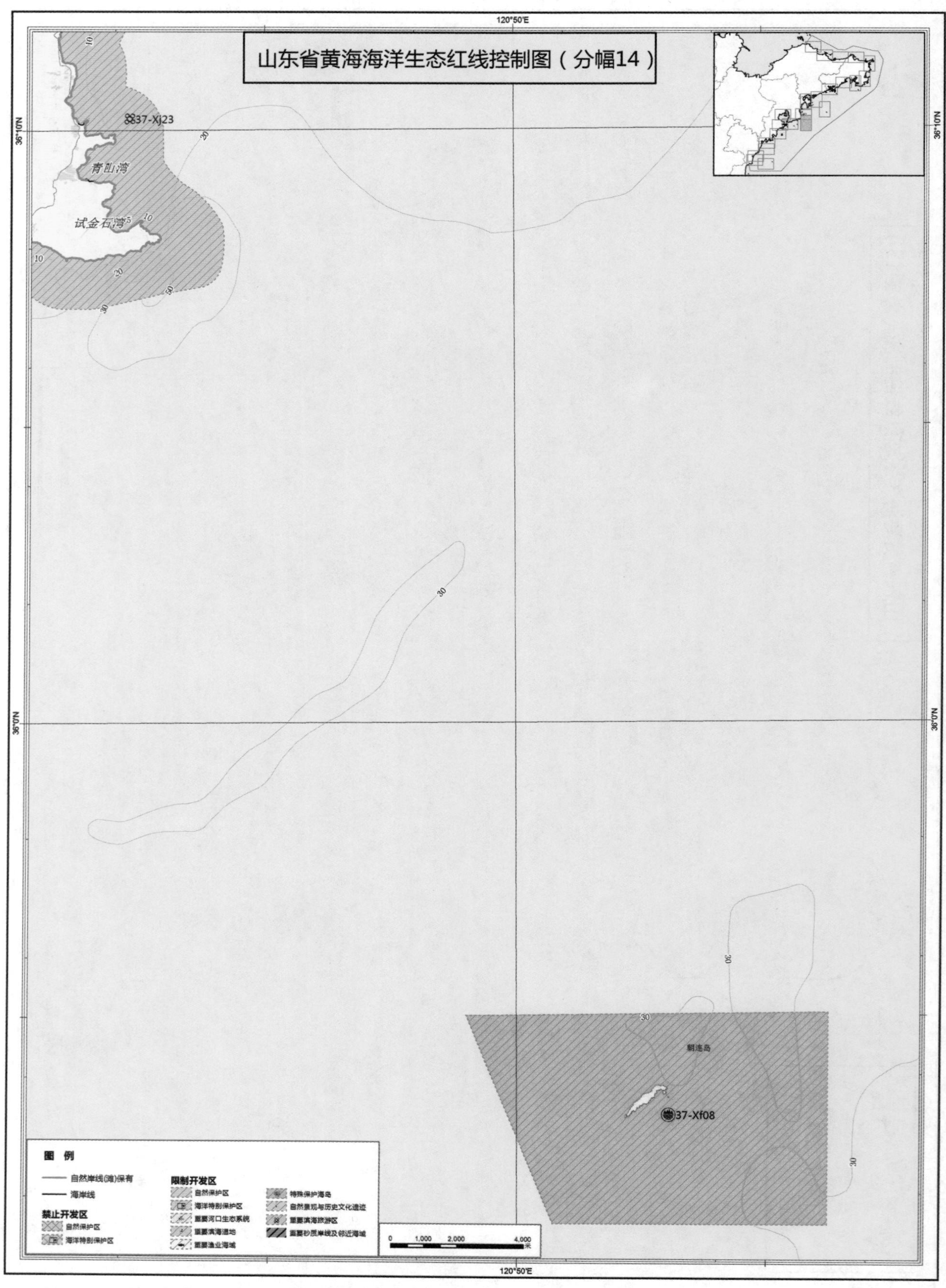
山东省黄海海洋生态红线控制图（分幅14）
120°50'E
36°10'N
36°0'N
37-Xj23
青山湾
试金石湾
朝连岛
37-Xf08
10
20
30
图 例
自然岸线(滩)保有
海岸线
禁止开发区
自然保护区
海洋特别保护区
限制开发区
自然保护区
海洋特别保护区
重要河口生态系统
重要滨海湿地
重要渔业海域
特殊保护海岛
自然景观与历史文化遗迹
重要滨海旅游区
重要砂质岸线及邻近海域
0 1,000 2,000 4,000
米

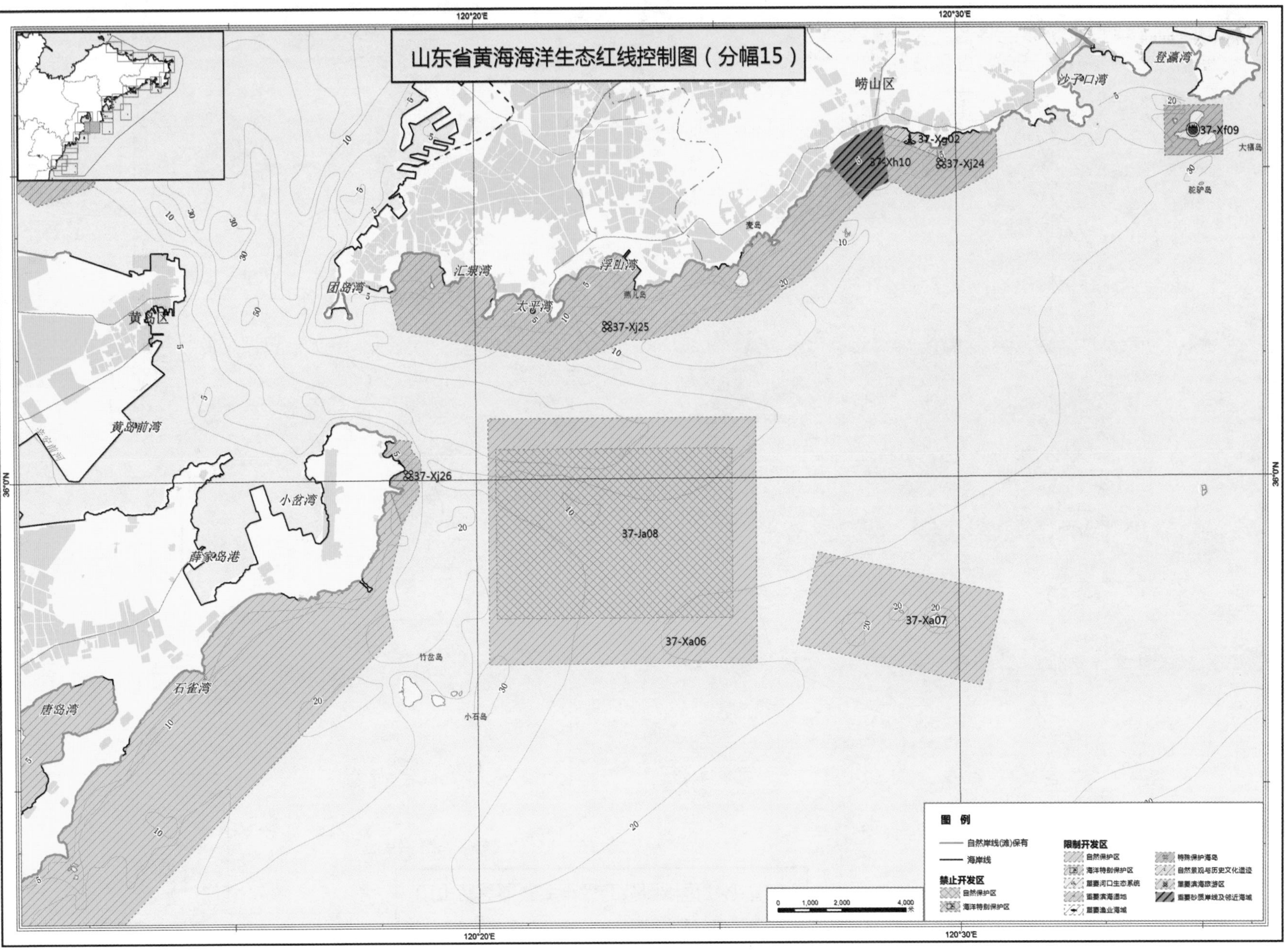
山东省黄海海洋生态红线控制图（分幅15）
120°20'E
120°30'E
36°0'N
崂山区
沙子口湾
登瀛湾
37-Xf09
大福岛
驼驴岛
37-Xg02
37-Xh10
37-Xj24
麦岛
汇泉湾
浮山湾
燕儿岛
太平湾
团岛湾
37-Xj25
黄岛区
黄岛前湾
37-Xj26
小岔湾
薛家岛港
37-Ja08
37-Xa06
37-Xa07
竹岔岛
小石岛
石雀湾
唐岛湾
图 例
自然岸线(滩)保有
海岸线
禁止开发区
自然保护区
海洋特别保护区
限制开发区
自然保护区
海洋特别保护区
重要河口生态系统
重要滨海湿地
重要渔业海域
特殊保护海岛
自然景观与历史文化遗迹
重要滨海旅游区
重要砂质岸线及邻近海域
0 1,000 2,000 4,000 米

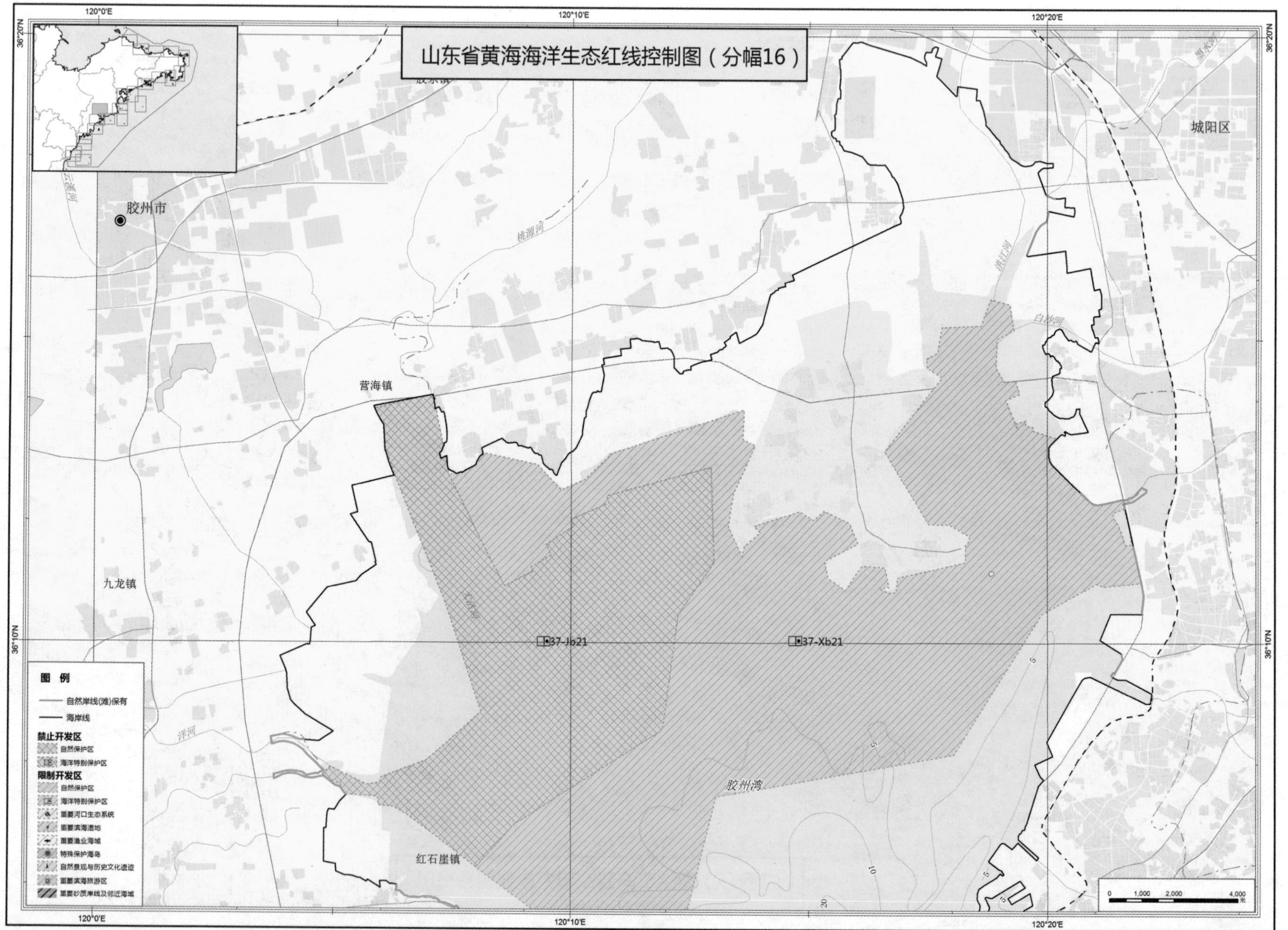
山东省黄海海洋生态红线控制图（分幅16）
120°0'E
120°10'E
120°20'E
36°20'N
36°10'N
胶州市
九龙镇
营海镇
红石崖镇
城阳区
桃源河
洋河
白沙河
胶州湾
37-Jb21
37-Xb21
图　例
自然岸线(滩)保有
海岸线
禁止开发区
自然保护区
海洋特别保护区
限制开发区
自然保护区
海洋特别保护区
重要河口生态系统
重要滨海湿地
重要渔业海域
特殊保护海岛
自然景观与历史文化遗迹
重要滨海旅游区
重要砂质岸线及邻近海域
0　1,000　2,000　4,000
米

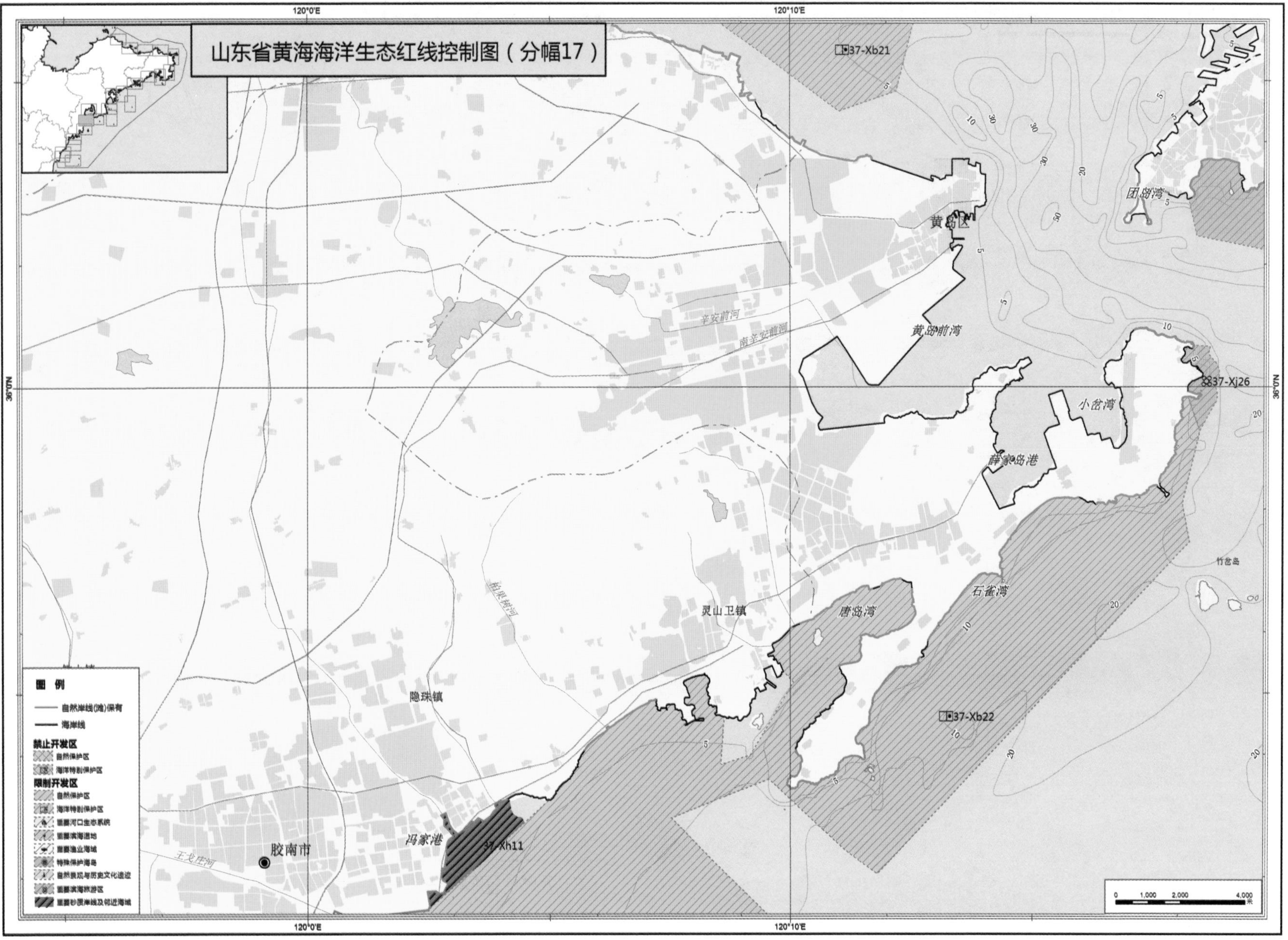
山东省黄海海洋生态红线控制图（分幅17）
120°0'E
120°10'E
36°0'N
37-Xb21
37-Xj26
37-Xb22
37-Xh11
团岛湾
黄岛区
黄岛前湾
小岔湾
薛家岛港
石雀湾
唐岛湾
竹岔岛
辛安前河
南辛安前河
柏果树河
灵山卫镇
隐珠镇
冯家港
胶南市
王戈庄河
图 例
自然岸线(滩)保有
海岸线
禁止开发区
自然保护区
海洋特别保护区
限制开发区
自然保护区
海洋特别保护区
重要河口生态系统
重要滨海湿地
重要渔业海域
特殊保护海岛
自然景观与历史文化遗迹
重要滨海旅游区
重要砂质岸线及邻近海域
0 1,000 2,000 4,000
米

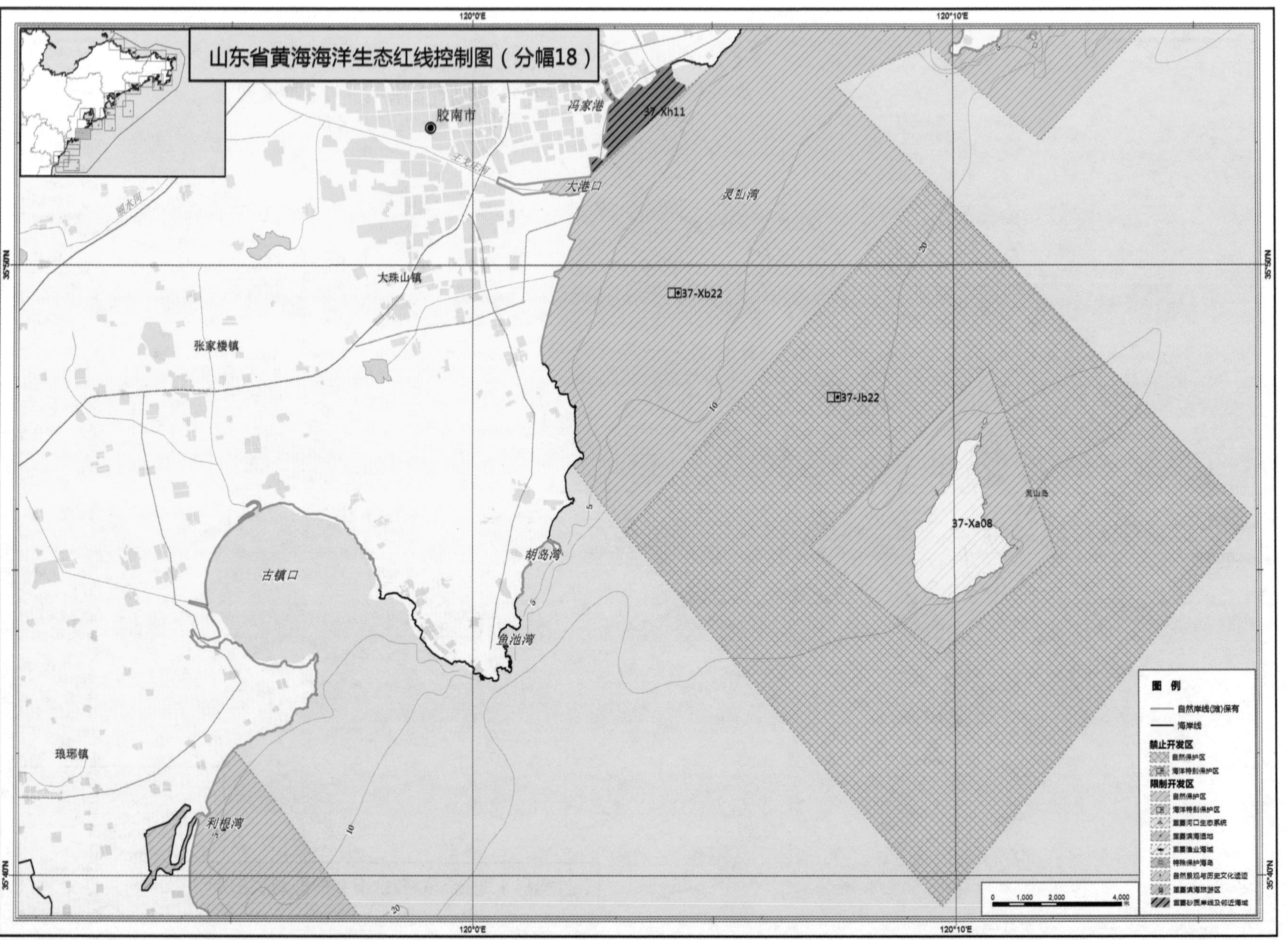

山东省黄海海洋生态红线控制图（分幅18）
120°0'E
120°10'E
35°50'N
35°40'N
胶南市
冯家港
37-Xh11
大港口
灵山湾
大珠山镇
37-Xb22
张家楼镇
37-Jb22
37-Xa08
古镇口
胡岛湾
鱼池湾
琅琊镇
利根湾
图例
自然岸线(滩)保有
海岸线
禁止开发区
自然保护区
海洋特别保护区
限制开发区
自然保护区
海洋特别保护区
重要河口生态系统
重要滨海湿地
重要渔业海域
特殊保护海岛
自然景观与历史文化遗迹
重要滨海旅游区
重要砂质岸线及邻近海域
0 1,000 2,000 4,000
米

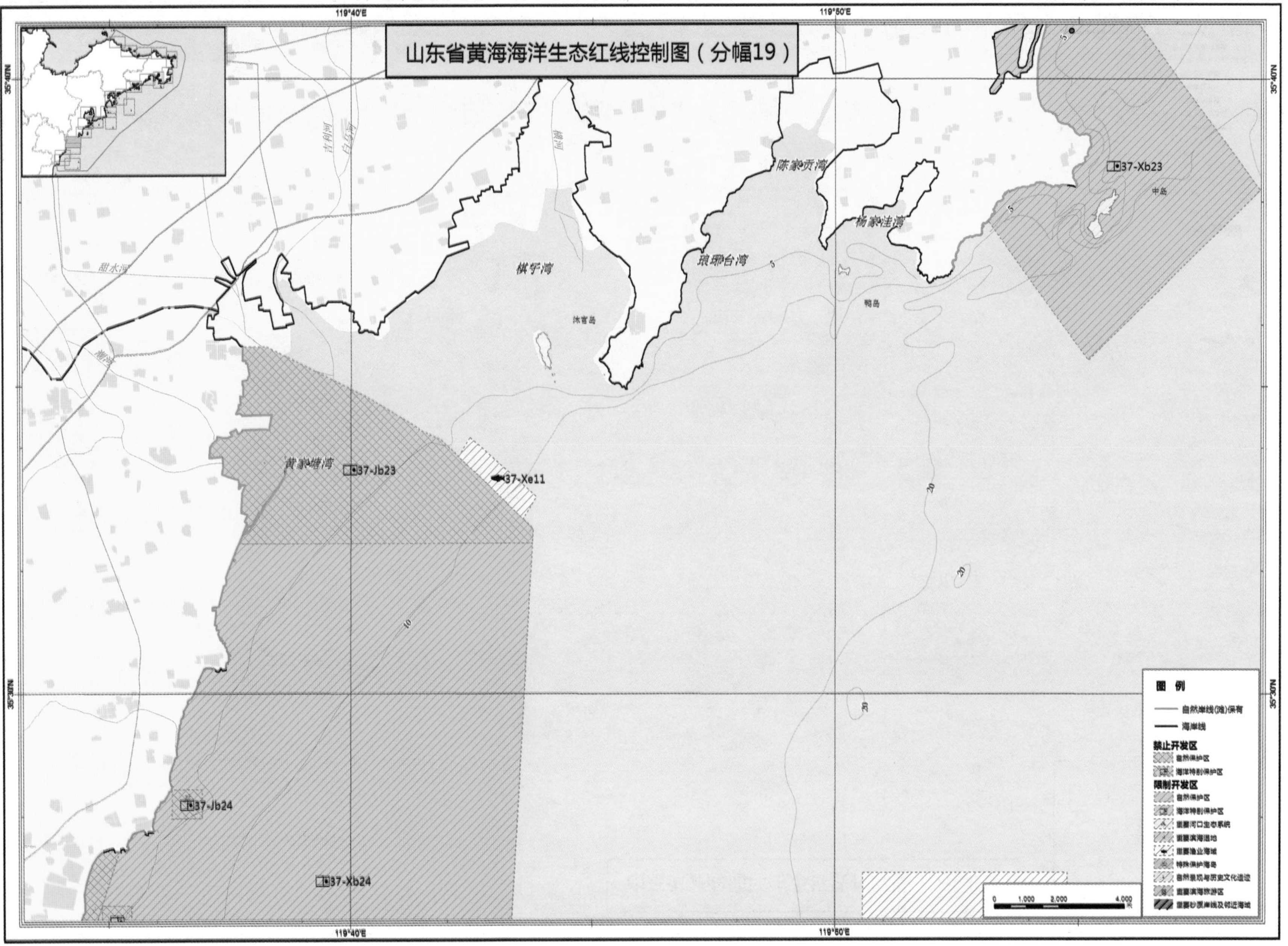
山东省黄海海洋生态红线控制图（分幅19）
119°40'E
119°50'E
35°40'N
35°30'N
陈家贡湾
杨家洼湾
琅琊台湾
棋子湾
黄家塘湾
甜水河
37-Xb23
37-Xe11
37-Jb23
37-Jb24
37-Xb24
图 例
自然岸线(滩)保有
海岸线
禁止开发区
自然保护区
海洋特别保护区
限制开发区
自然保护区
海洋特别保护区
重要河口生态系统
重要滨海湿地
重要渔业海域
特殊保护海岛
自然景观与历史文化遗迹
重要滨海旅游区
重要砂质岸线及邻近海域
0 1,000 2,000 4,000 米

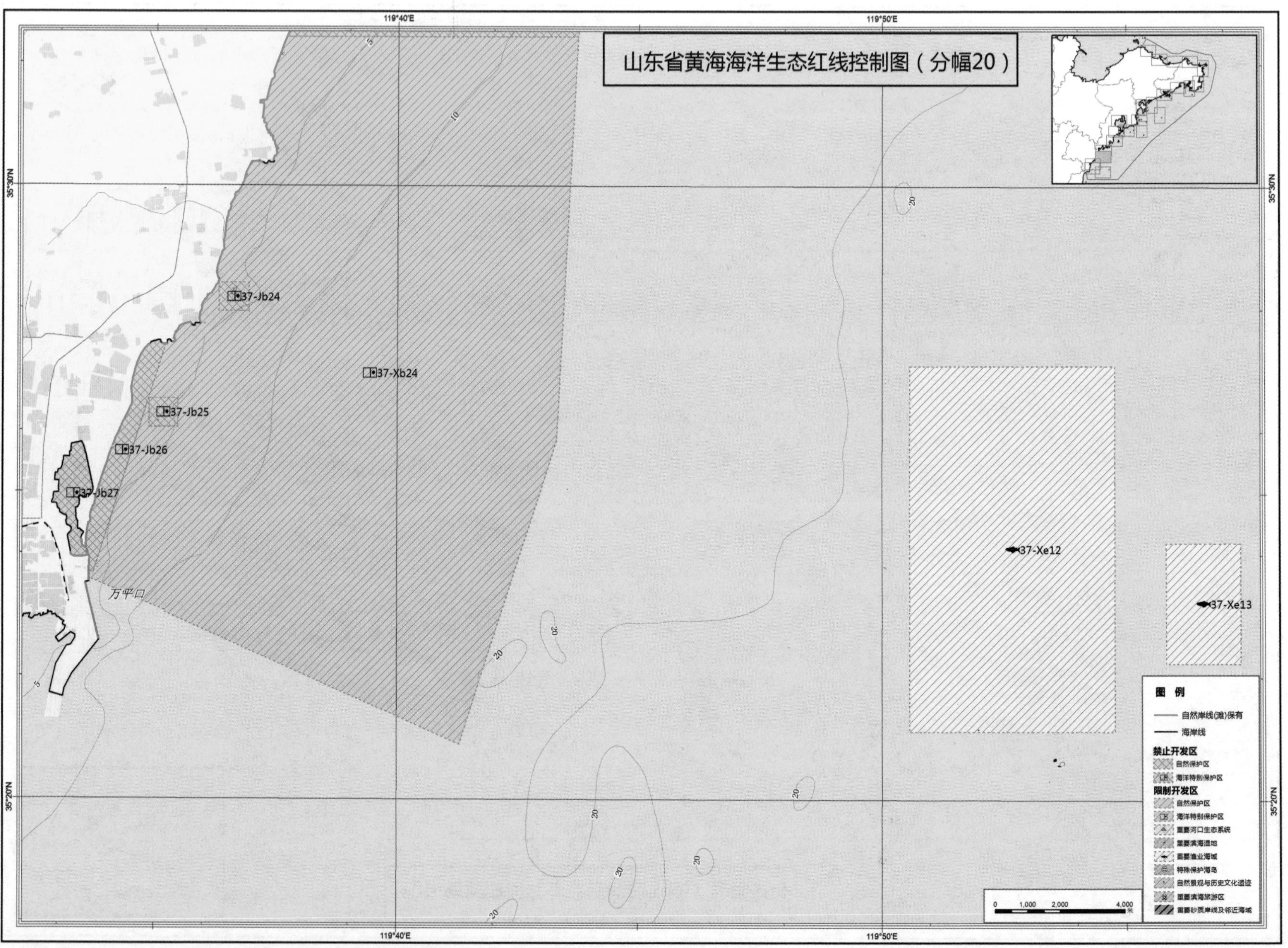
山东省黄海海洋生态红线控制图（分幅20）
119°40′E
119°50′E
35°30′N
35°20′N
37-Jb24
37-Xb24
37-Jb25
37-Jb26
37-Jb27
万平口
37-Xe12
37-Xe13
图 例
自然岸线(滩)保有
海岸线
禁止开发区
自然保护区
海洋特别保护区
限制开发区
自然保护区
海洋特别保护区
重要河口生态系统
重要滨海湿地
重要渔业海域
特殊保护海岛
自然景观与历史文化遗迹
重要滨海旅游区
重要砂质岸线及邻近海域
0
1,000
2,000
4,000
米

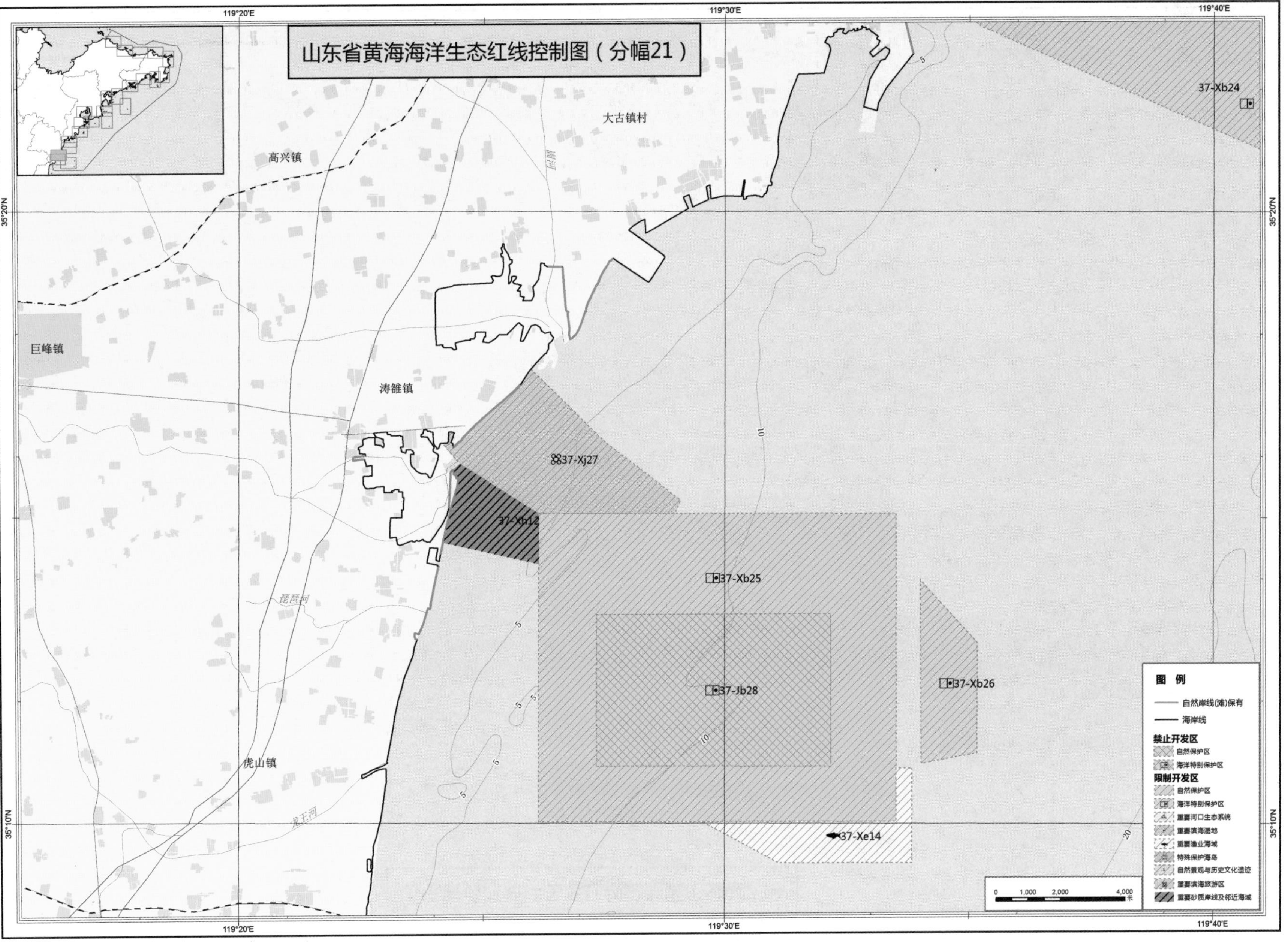
山东省黄海海洋生态红线控制图（分幅21）
119°20'E
119°30'E
119°40'E
35°20'N
35°10'N
高兴镇
大古镇村
巨峰镇
涛雒镇
虎山镇
37-Xb24
37-Xj27
37-Xb12
37-Xb25
37-Jb28
37-Xb26
37-Xe14
图 例
自然岸线(滩)保有
海岸线
禁止开发区
自然保护区
海洋特别保护区
限制开发区
自然保护区
海洋特别保护区
重要河口生态系统
重要滨海湿地
重要渔业海域
特殊保护海岛
自然景观与历史文化遗迹
重要滨海旅游区
重要砂质岸线及邻近海域
0 1,000 2,000 4,000 米

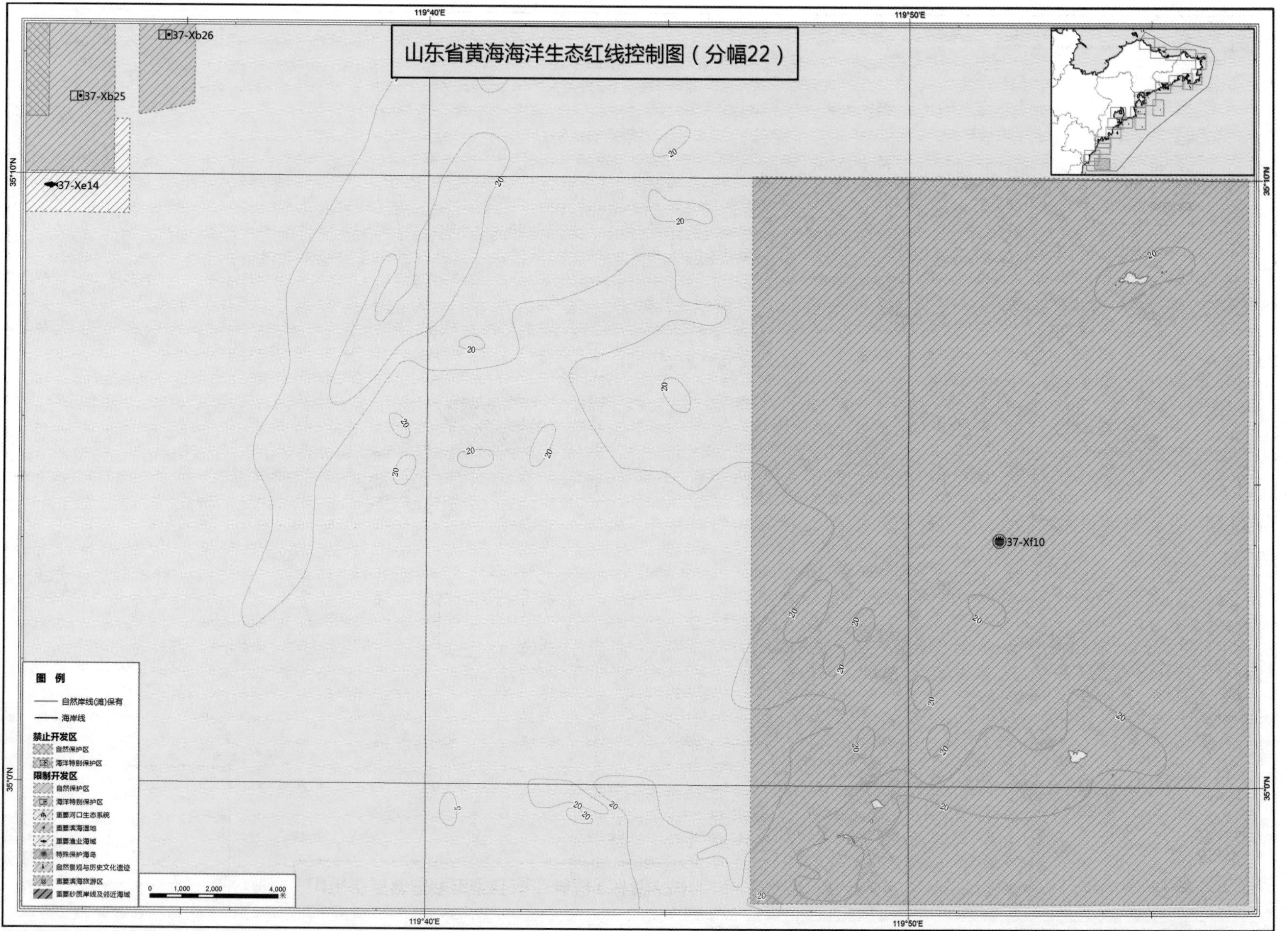
山东省黄海海洋生态红线控制图（分幅22）
37-Xb26
37-Xb25
37-Xe14
37-Xf10
119°40'E
119°50'E
35°10'N
35°0'N
图 例
自然岸线(滩)保有
海岸线
禁止开发区
自然保护区
海洋特别保护区
限制开发区
自然保护区
海洋特别保护区
重要河口生态系统
重要滨海湿地
重要渔业海域
特殊保护海岛
自然景观与历史文化遗迹
重要滨海旅游区
重要砂质岸线及邻近海域
0
1,000
2,000
4,000
米

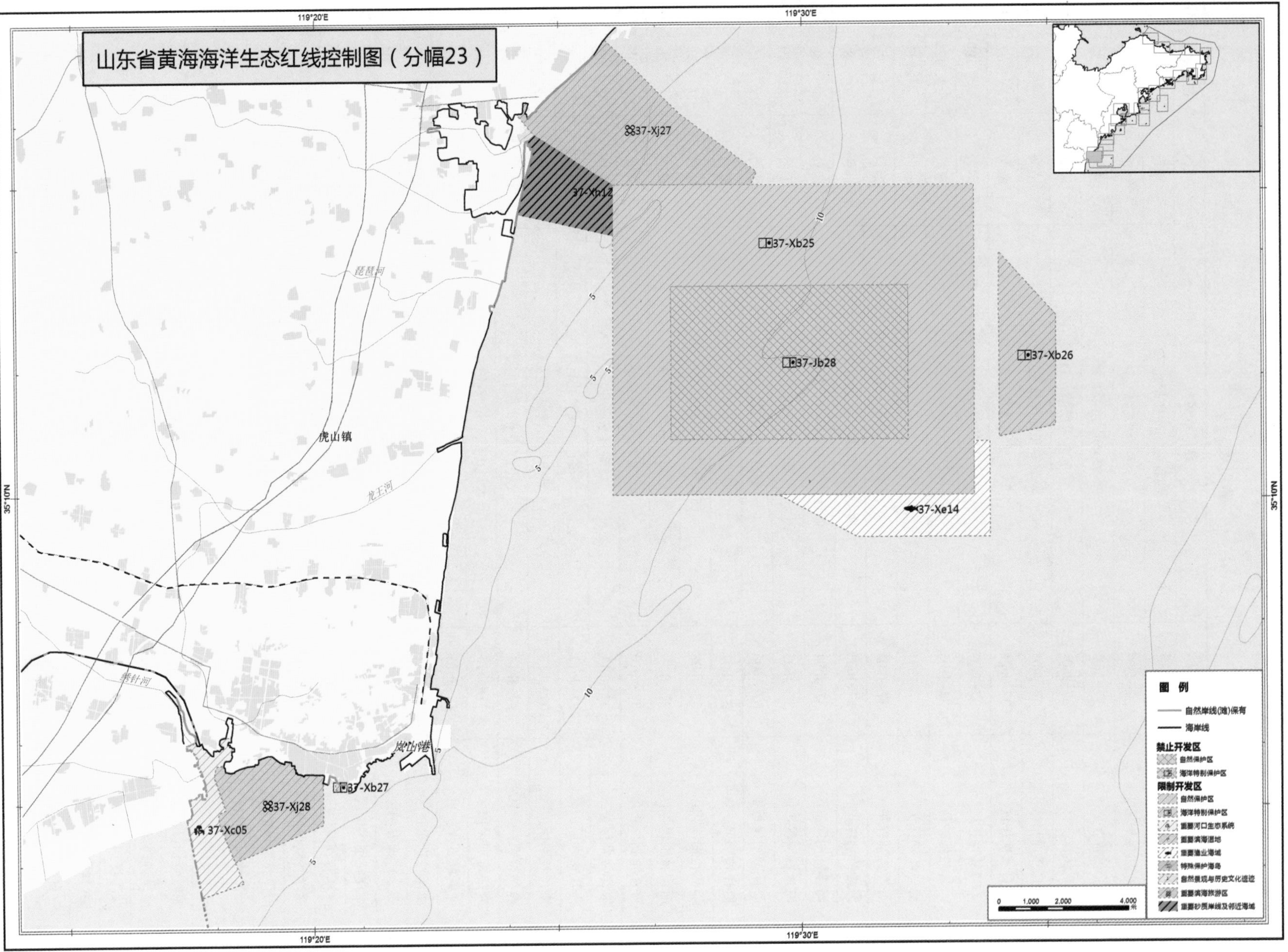
山东省黄海海洋生态红线控制图（分幅23）
119°20'E
119°30'E
35°10'N
37-Xj27
37-Xb12
37-Xb25
37-Jb28
37-Xb26
37-Xe14
37-Xb27
37-Xj28
37-Xc05
虎山镇
琵琶河
龙王河
岚山港
图 例
自然岸线(滩)保有
海岸线
禁止开发区
自然保护区
海洋特别保护区
限制开发区
自然保护区
海洋特别保护区
重要河口生态系统
重要滨海湿地
重要渔业海域
特殊保护海岛
自然景观与历史文化遗迹
重要滨海旅游区
重要砂质岸线及邻近海域
0 1,000 2,000 4,000

附件 2　山东省黄海海洋生态红线区登记表

索引表

红线区类型	代码	红线区名称	地区	登记表中序号
自然保护区	37-Ja01	烟台崆峒列岛禁止区	烟台	13
自然保护区	37-Ja02	荣成海驴岛禁止区	威海	51
自然保护区	37-Ja03	荣成成山角禁止区	威海	53
自然保护区	37-Ja04	荣成大天鹅禁止区	威海	55
自然保护区	37-Ja05	荣成养鱼池湾禁止区	威海	56
自然保护区	37-Ja06	荣成临洛湾禁止区	威海	57
自然保护区	37-Ja07	千里岩禁止区	烟台	100
自然保护区	37-Ja08	青岛文昌鱼禁止区	青岛	125
海洋特别保护区	37-Jb01	烟台芝罘岛群摩罗石禁止区	烟台	6
海洋特别保护区	37-Jb02	烟台芝罘岛群硝碌岛禁止区	烟台	7
海洋特别保护区	37-Jb03	烟台芝罘岛群石婆婆岛禁止区	烟台	8
海洋特别保护区	37-Jb04	烟台芝罘岛群小山子岛禁止区	烟台	9
海洋特别保护区	37-Jb05	烟台山禁止区	烟台	10
海洋特别保护区	37-Jb06	烟台莱山北禁止区	烟台	15
海洋特别保护区	37-Jb07	烟台莱山南禁止区	烟台	16
海洋特别保护区	37-Jb08	烟台牟平砂质海岸禁止区	烟台	21
海洋特别保护区	37-Jb09	威海小石岛禁止区	威海	26
海洋特别保护区	37-Jb10	威海刘公岛禁止区	威海	38
海洋特别保护区	37-Jb11	威海日岛禁止区	威海	40
海洋特别保护区	37-Jb12	威海海西头禁止区	威海	44
海洋特别保护区	37-Jb13	乳山塔岛湾禁止区	威海	86
海洋特别保护区	37-Jb14	大乳山杜家岛禁止区	威海	88
海洋特别保护区	37-Jb15	大乳山红石崖禁止区	威海	90
海洋特别保护区	37-Jb16	海阳万米海滩东禁止区	烟台	94
海洋特别保护区	37-Jb17	海阳万米海滩西禁止区	烟台	96
海洋特别保护区	37-Jb18	莱阳五龙河口禁止区	烟台	104
海洋特别保护区	37-Jb19	即墨小管岛禁止区	青岛	110
海洋特别保护区	37-Jb20	即墨大管岛禁止区	青岛	112
海洋特别保护区	37-Jb21	胶州湾禁止区	青岛	122
海洋特别保护区	37-Jb22	青岛西海岸灵山岛禁止区	青岛	129
海洋特别保护区	37-Jb23	日照黄家塘湾禁止区	日照	133
海洋特别保护区	37-Jb24	日照桃花岛禁止区	日照	136
海洋特别保护区	37-Jb25	日照太公岛禁止区	日照	137
海洋特别保护区	37-Jb26	日照梦幻沙滩禁止区	日照	138
海洋特别保护区	37-Jb27	日照万平口潟湖禁止区	日照	139
海洋特别保护区	37-Jb28	日照大竹蛏—西施舌禁止区	日照	145
自然保护区	37-Xa01	烟台崆峒列岛限制区	烟台	14

续表

红线区类型	代码	红线区名称	地区	登记表中序号
自然保护区	37-Xa02	荣成马兰湾北限制区	威海	52
自然保护区	37-Xa03	荣成荣成湾限制区	威海	54
自然保护区	37-Xa04	荣成烟墩角限制区	威海	58
自然保护区	37-Xa05	千里岩限制区	烟台	101
自然保护区	37-Xa06	青岛文昌鱼限制区	青岛	126
自然保护区	37-Xa07	青岛大公岛限制区	青岛	127
自然保护区	37-Xa08	灵山岛限制区	青岛	130
海洋特别保护区	37-Xb01	烟台芝罘岛群限制区	烟台	5
海洋特别保护区	37-Xb02	烟台山北限制区	烟台	11
海洋特别保护区	37-Xb03	烟台山南限制区	烟台	12
海洋特别保护区	37-Xb04	烟台莱山限制区	烟台	17
海洋特别保护区	37-Xb05	烟台牟平砂质海岸限制区	烟台	22
海洋特别保护区	37-Xb06	威海小石岛西南限制区	威海	27
海洋特别保护区	37-Xb07	威海小石岛北限制区	威海	28
海洋特别保护区	37-Xb08	威海小石岛东南限制区	威海	29
海洋特别保护区	37-Xb09	威海黑岛限制区	威海	37
海洋特别保护区	37-Xb10	威海刘公岛限制区	威海	39
海洋特别保护区	37-Xb11	威海海西头南限制区	威海	43
海洋特别保护区	37-Xb12	威海海西头北限制区	威海	45
海洋特别保护区	37-Xb13	文登海洋生态限制区	威海	77
海洋特别保护区	37-Xb14	乳山塔岛湾限制区	威海	87
海洋特别保护区	37-Xb15	乳山口限制区	威海	89
海洋特别保护区	37-Xb16	乳山湾限制区	威海	91
海洋特别保护区	37-Xb17	海阳万米海滩限制区	烟台	95
海洋特别保护区	37-Xb18	莱阳五龙河口东限制区	烟台	103
海洋特别保护区	37-Xb19	莱阳五龙河口西限制区	烟台	105
海洋特别保护区	37-Xb20	即墨大小管岛限制区	青岛	111
海洋特别保护区	37-Xb21	胶州湾限制区	青岛	123
海洋特别保护区	37-Xb22	青岛西海岸灵山湾限制区	青岛	128
海洋特别保护区	37-Xb23	青岛西海岸琅琊台限制区	青岛	132
海洋特别保护区	37-Xb24	日照海洋公园限制区	日照	135
海洋特别保护区	37-Xb25	日照大竹蛏—西施舌限制区	日照	144
海洋特别保护区	37-Xb26	日照文昌鱼限制区	日照	146
海洋特别保护区	37-Xb27	日照岚山海上石碑限制区	日照	148
重要河口生态系统	37-Xc01	金山港河口生态限制区	烟台	20
重要河口生态系统	37-Xc02	双岛湾河口生态限制区	威海	23
重要河口生态系统	37-Xc03	荣成八河港河口生态限制区	威海	64
重要河口生态系统	37-Xc04	羊角泮河口生态限制区	烟台	97
重要河口生态系统	37-Xc05	绣针河河口生态限制区	日照	150

续表

红线区类型	代码	红线区名称	地区	登记表中序号
重要滨海湿地	37-Xd01	海西头滨海湿地限制区	威海	46
重要滨海湿地	37-Xd02	朝阳港滨海湿地限制区	威海	49
重要滨海湿地	37-Xd03	荣成斜口流滨海湿地限制区	威海	62
重要滨海湿地	37-Xd04	张濛港滨海湿地限制区	威海	75
重要滨海湿地	37-Xd05	靖海湾滨海湿地限制区	威海	78
重要滨海湿地	37-Xd06	乳山白沙口滨海湿地限制区	威海	84
重要滨海湿地	37-Xd07	乳山湾滨海湿地限制区	威海	93
重要滨海湿地	37-Xd08	马河港滨海湿地限制区	烟台	99
重要滨海湿地	37-Xd09	丁字湾滨海湿地限制区	烟台、青岛	102
重要渔业海域	37-Xe01	烟台市套子湾黄盖鲽渔业海域限制区	烟台	4
重要渔业海域	37-Xe02	威海黄埠港渔业海域限制区	威海	25
重要渔业海域	37-Xe03	威海靖子湾渔业海域限制区	威海	33
重要渔业海域	37-Xe04	威海湾渔业海域限制区	威海	41
重要渔业海域	37-Xe05	荣成湾渔业海域限制区	威海	59
重要渔业海域	37-Xe06	桑沟湾渔业海域限制区	威海	63
重要渔业海域	37-Xe07	楮岛藻类渔业海域限制区	威海	66
重要渔业海域	37-Xe08	靖海湾松江鲈鱼渔业海域限制区	威海	76
重要渔业海域	37-Xe09	乳山宫家岛西施舌渔业海域限制区	威海	82
重要渔业海域	37-Xe10	乳山湾渔业海域限制区	威海	92
重要渔业海域	37-Xe11	日照两城外渔业海域限制区	日照	134
重要渔业海域	37-Xe12	日照桸江珧渔业海域限制区	日照	140
重要渔业海域	37-Xe13	日照东方鲀渔业海域限制区	日照	141
重要渔业海域	37-Xe14	日照前三岛渔业海域限制区	日照	147
特殊保护海岛	37-Xf01	威海鸡鸣岛海岛限制区	威海	48
特殊保护海岛	37-Xf02	黑石岛海岛限制区	威海	67
特殊保护海岛	37-Xf03	镆铘岛海岛限制区	威海	69
特殊保护海岛	37-Xf04	荣成大小王家岛海岛限制区	威海	71
特殊保护海岛	37-Xf05	荣成苏山岛群海岛限制区	威海	74
特殊保护海岛	37-Xf06	乳山汇岛海岛限制区	威海	85
特殊保护海岛	37-Xf07	长门岩岛群海岛限制区	青岛	114
特殊保护海岛	37-Xf08	朝连岛海岛限制区	青岛	116
特殊保护海岛	37-Xf09	大福岛海岛限制区	青岛	117
特殊保护海岛	37-Xf10	日照前三岛海岛限制区	日照	151
自然景观与历史文化遗迹	37-Xg01	蓬莱铜井景观遗迹限制区	烟台	1
自然景观与历史文化遗迹	37-Xg02	石老人景观遗迹限制区	青岛	119
重要砂质岸线及邻近海域	37-Xh01	烟台金沙滩砂质岸线限制区	烟台	2
重要砂质岸线及邻近海域	37-Xh02	烟台逛荡河东砂质岸线限制区	烟台	18
重要砂质岸线及邻近海域	37-Xh03	双岛湾砂质岸线限制区	威海	24
重要砂质岸线及邻近海域	37-Xh04	海西头—仙人桥北砂质岸线限制区	威海	47

续表

红线区类型	代码	红线区名称	地区	登记表中序号
重要砂质岸线及邻近海域	37-Xh05	荣成爱莲湾砂质岸线限制区	威海	60
重要砂质岸线及邻近海域	37-Xh06	桑沟湾砂质岸线限制区	威海	61
重要砂质岸线及邻近海域	37-Xh07	文登—乳山海砂质岸线限制区	威海	80
重要砂质岸线及邻近海域	37-Xh08	乳山银滩砂质岸线限制区	威海	83
重要砂质岸线及邻近海域	37-Xh09	流清河湾砂质岸线限制区	青岛	115
重要砂质岸线及邻近海域	37-Xh10	石老人砂质岸线限制区	青岛	120
重要砂质岸线及邻近海域	37-Xh11	两河砂质岸线限制区	青岛	131
重要砂质岸线及邻近海域	37-Xh12	小海河砂质岸线限制区	日照	143
重要滨海旅游区	37-Xj01	套子湾—芝罘岛滨海旅游限制区	烟台	3
重要滨海旅游区	37-Xj02	养马岛滨海旅游限制区	烟台	19
重要滨海旅游区	37-Xj03	威海远遥嘴东滨海旅游限制区	威海	30
重要滨海旅游区	37-Xj04	威海褚岛滨海旅游限制区	威海	31
重要滨海旅游区	37-Xj05	威海市区北部滨海旅游限制区	威海	32
重要滨海旅游区	37-Xj06	威海合庆湾滨海旅游限制区	威海	34
重要滨海旅游区	37-Xj07	威海黄泥湾滨海旅游限制区	威海	35
重要滨海旅游区	37-Xj08	威海湾滨海旅游限制区	威海	36
重要滨海旅游区	37-Xj09	威海沙龙王家村北滨海旅游限制区	威海	42
重要滨海旅游区	37-Xj10	柳夼—西霞口北滨海旅游限制区	威海	50
重要滨海旅游区	37-Xj11	楮岛滨海旅游限制区	威海	65
重要滨海旅游区	37-Xj12	石岛南海村滨海旅游限制区	威海	68
重要滨海旅游区	37-Xj13	石岛湾滨海旅游限制区	威海	70
重要滨海旅游区	37-Xj14	荣成朱口东圈滨海旅游限制区	威海	72
重要滨海旅游区	37-Xj15	荣成朱口西圈滨海旅游限制区	威海	73
重要滨海旅游区	37-Xj16	前岛滨海旅游限制区	威海	79
重要滨海旅游区	37-Xj17	乳山凤凰嘴滨海旅游限制区	威海	81
重要滨海旅游区	37-Xj18	马河港—东村河滨海旅游限制区	烟台	98
重要滨海旅游区	37-Xj19	三平岛滨海旅游限制区	青岛	106
重要滨海旅游区	37-Xj20	栲栳湾滨海旅游限制区	青岛	107
重要滨海旅游区	37-Xj21	田横岛滨海旅游限制区	青岛	108
重要滨海旅游区	37-Xj22	鳌山湾西部滨海旅游限制区	青岛	109
重要滨海旅游区	37-Xj23	崂山东部滨海旅游限制区	青岛	113
重要滨海旅游区	37-Xj24	石老人滨海旅游限制区	青岛	118
重要滨海旅游区	37-Xj25	青岛滨海旅游限制区	青岛	121
重要滨海旅游区	37-Xj26	后岔湾滨海旅游限制区	青岛	124
重要滨海旅游区	37-Xj27	日照刘家湾滨海旅游限制区	日照	142
重要滨海旅游区	37-Xj28	日照岚山头滨海旅游限制区	日照	149

登记表

序号	所在行政区域	代码	类别	类型	名称	地理位置(四至)	覆盖区域		生态保护目标	管控措施与环保要求
							面积(平方公里)	岸线长度(公里)		
1	烟台	37-Xg01	限制开发区	自然景观与历史文化遗迹	蓬莱铜井景观遗迹限制区	120°54′30.08″—120°55′32.47″E;37°48′55.6″—37°50′21.23″N	2.68	1.54	铜井、砾石滩、玄武岩柱状节理剖面等地质遗迹和自然景观	管控措施:禁止占用自然岸线,保护自然生态环境,禁止围填海、爆破作业等有损自然景观与历史文化遗迹的开发活动,保持海岸、礁石等独特地貌景观的完整性。 环境保护要求:保持海岸地形地貌的自然形态,维持、恢复、改善海洋生态环境。海水水质、海洋沉积物和海洋生物质量均不劣于二类标准
2	烟台	37-Xh01	限制开发区	重要砂质岸线及邻近海域	烟台金沙滩砂质岸线限制区	121°8′38.7″—121°17′37.87″E;37°34′19.73″—37°36′21.49″N	23.84	14.00	砂质岸线、河口生态系统	管控措施:禁止实施可能改变或影响沙滩、河口自然属性及与其相关的海洋动力环境的用海活动,设立砂质岸线退缩线,区内禁止采挖海砂,在不影响砂质岸线保护前提下,可适度进行旅游基础设施建设。 环境保护要求:加强海洋环境质量监测。河口实行陆源污染物入海总量控制,进行减排防治,妥善处理生活垃圾。本海域海水水质不劣于二类标准,海洋沉积物质量和海洋生物质量不劣于一类标准
3	烟台	37-Xj01	限制开发区	重要滨海旅游区	套子湾—芝罘岛滨海旅游限制区	121°9′57.84″—121°26′31.6″E;37°32′22.99″—37°39′42″N	81.42	22.97	自然景观、砂质岸线	管控措施:禁止采挖海砂等可能诱发海岸蚀退和影响滨海旅游的开发建设活动,必要的旅游基础设施建设须经严格论证。 环境保护要求:治理和保护海域环境,加强水质监测,河口实行陆源污染物入海总量控制,进行减排防治。海水水质不劣于二类标准、海洋沉积物质量和海洋生物质量不劣于一类标准

续表

序号	所在行政区域	代码	类别	类型	名称	地理位置(四至)	覆盖区域		生态保护目标	管控措施与环保要求
							面积(平方公里)	岸线长度(公里)		
4	烟台	37-Xe01	限制开发区	重要渔业海域	烟台市套子湾黄盖鲽渔业海域限制区	121°15′46″—121°19′36″E; 37°37′36″—37°39′42″N	21.91	0.00	钝唇黄盖鲽	管控措施:禁止围填海、采挖海砂等破坏栖息地和截断洄游通道的开发利用活动。加强渔业资源养护,控制捕捞强度,禁止破坏性采捕和养殖,鱼类繁殖期间禁止捕捞。 环境保护要求:加强环境综合治理,逐步改善海洋环境质量。海水水质、海洋沉积物质量和海洋生物质量均不劣于一类标准
5	烟台	37-Xb01	限制开发区	海洋特别保护区	烟台芝罘岛群限制区	121°20′17.92″—121°26′18.23″E; 37°35′43.93″—37°38′22.73″N	7.46	12.53	岸滩、岩礁、岛屿生态、渔业和自然资源	管控措施:按照《海洋特别保护区管理办法》进行管理。保持岸滩的自然稳定,改善生态环境。适度利用区内,允许适度开展生态旅游;生态与资源恢复区内,采取科学措施和适宜方法,满足生态保护区要求。 环境保护要求:维持、恢复、改善生物多样性,保护自然景观。加强水质监测,杜绝不达标的陆域生活污水排海。海水水质不劣于二类标准,海洋沉积物质量和海洋生物质量不劣于一类标准
6	烟台	37-Jb01	禁止开发区	海洋特别保护区	烟台芝罘岛群摩罗石禁止区	121°21′12.67″—121°21′37.46″E; 37°37′53.37″—37°38′13.2″N	0.19	0.00	岩礁、岛屿生态、渔业和自然资源	管控措施:按照《海洋特别保护区管理办法》进行管理。禁止实施各种与保护无关的建设工程和经营性用海活动,加强海岛及周围岩礁等原始地貌和植被保护的工作,确保岛礁保持原始状态。 环境保护要求:维持、恢复、改善海岛生态环境和生物多样性,保护自然景观。海水水质不劣于二类标准,海洋沉积物质量和海洋生物质量不劣于一类标准

续表

序号	所在行政区域	代码	类别	类型	名称	地理位置(四至)	覆盖区域		生态保护目标	管控措施与环保要求
							面积（平方公里）	岸线长度（公里）		
7	烟台	37-Jb02	禁止开发区	海洋特别保护区	烟台芝罘岛群硝碌岛禁止区	121°22′55.08″—121°23′24.64″E；37°37′6.85″—37°37′33.28″N	0.32	0.00	岩礁、岸滩、岛屿生态、渔业和自然资源	管控措施：按照《海洋特别保护区管理办法》进行管理。禁止实施各种与保护无关的建设工程和经营性用海活动，加强海岛及周围岩礁等原始地貌和植被保护的工作，确保岛礁保持原始状态。 环境保护要求：维持、恢复、改善海岛生态环境和生物多样性，保护自然景观。海水水质不劣于二类标准，海洋沉积物质量和海洋生物质量不劣于一类标准
8	烟台	37-Jb03	禁止开发区	海洋特别保护区	烟台芝罘岛群石婆婆岛禁止区	121°24′8.96″—121°24′40.51″E；37°36′24.74″—37°36′55.35″N	0.42	0.00	岩礁、岸滩、岛屿生态、渔业和自然资源	管控措施：按照《海洋特别保护区管理办法》进行管理。禁止实施各种与保护无关的建设工程和经营性用海活动，加强海岛及周围岩礁等原始地貌和植被保护的工作，确保岛礁保持原始状态。 环境保护要求：维持、恢复、改善海岛生态环境和生物多样性，保护自然景观。海水水质不劣于二类标准，海洋沉积物质量和海洋生物质量不劣于一类标准
9	烟台	37-Jb04	禁止开发区	海洋特别保护区	烟台芝罘岛群小山子岛禁止区	121°25′50.17″—121°26′13.24″E；37°35′26.73″—37°35′50.86″N	0.24	0.00	岩礁、岸滩、岛屿生态、渔业和自然资源	管控措施：按照《海洋特别保护区管理办法》进行管理。禁止实施各种与保护无关的建设工程和经营性用海活动，加强海岛及周围岩礁等原始地貌和植被保护的工作，确保岛礁保持原始状态。 环境保护要求：维持、恢复、改善海岛生态环境和生物多样性，保护自然景观。海水水质不劣于二类标准，海洋沉积物质量和海洋生物质量不劣于一类标准

续表

序号	所在行政区域	代码	类别	类型	名称	地理位置(四至)	覆盖区域		生态保护目标	管控措施与环保要求
							面积(平方公里)	岸线长度(公里)		
10	烟台	37-Jb05	禁止开发区	海洋特别保护区	烟台山禁止区	121°24′25.15″—121°27′39.05″E; 37°31′1.43″—37°33′31.38″N	4.51	0.46	古迹遗址、自然景观、岩礁生态、海洋生物资源	管控措施:按照《海洋特别保护区管理办法》进行管理。禁止实施与保护无关的工程建设活动,保护和修复岩礁海岸和人文遗迹,保护自然和人文景观。 环境保护要求:维持、恢复、改善海洋生态环境和生物多样性。海水水质、海洋沉积物质量和海洋生物质量不劣于一类标准
11	烟台	37-Xb02	限制开发区	海洋特别保护区	烟台山北限制区	121°23′53.75″—121°25′48.56″E; 37°32′0.71″—37°33′12.96″N	2.94	3.73	岩礁生态系统、海洋生物资源	管控措施:按照《海洋特别保护区管理办法》进行管理。维持护岸工程及岸滩的稳定,保护自然景观。禁止进行影响该保护区生态系统稳定性的开发利用活动,在满足保护要求的前提下,可适度进行旅游观光、文化娱乐等用海活动。 环境保护要求:维持、恢复、改善海洋生态环境和生物多样性。海水水质不劣于二类标准,海洋沉积物质量和海洋生物质量不劣于一类标准
12	烟台	37-Xb03	限制开发区	海洋特别保护区	烟台山南限制区	121°25′53.21″—121°27′39.58″E; 37°30′13.34″—37°32′7.6″N	4.02	5.54	岩礁生态系统、海洋生物资源	管控措施:按照《海洋特别保护区管理办法》进行管理。维持护岸工程及岸滩的稳定,保护自然景观,禁止进行影响该保护区生态系统稳定性的开发利用活动,在满足保护需求的前提下,可适度进行旅游观光、文化娱乐等用海活动。 环境保护要求:维持、恢复、改善海洋生态环境和生物多样性。海水水质不劣于二类标准,海洋沉积物质量和海洋生物质量不劣于一类标准

续表

序号	所在行政区域	代码	类别	类型	名称	地理位置(四至)	覆盖区域		生态保护目标	管控措施与环保要求
							面积（平方公里）	岸线长度（公里）		
13	烟台	37-Ja01	禁止开发区	自然保护区	烟台崆峒列岛禁止区	121°29′56.4″—121°33′54″E;37°33′15.12″—37°36′9.72″N	18.17	0.00	岛屿生态系统、刺参、紫石房蛤、皱纹盘鲍及其产卵场	管控措施:按照《中华人民共和国自然保护区条例》和《海洋自然保护区管理办法》进行管理。除进行必要的调查、科研和管理活动外,禁止进行其他活动。 环境保护要求:维持海岛及邻近海域自然生态系统,保护生态保护目标及其生境。海水水质、海洋沉积物质量和海洋生物质量均不劣于一类标准
14	烟台	37-Xa01	限制开发区	自然保护区	烟台崆峒列岛限制区	121°27′28.8″—121°37′40.8″E;37°32′28.68″—37°37′6.96″N	58.95	0.00	岛屿生态系统、刺参、紫石房蛤、皱纹盘鲍及其产卵场	管控措施:按照《中华人民共和国自然保护区条例》和《海洋自然保护区管理办法》进行管理,在符合保护区管理要求的前提下,可适度进行陆岛交通海岛、海水养殖、海岛旅游等改善海岛居民生产生活必需的用海活动。 环境保护要求:维持与改善岛屿生态系统,保护使崆峒列岛的生态保护目标及其生境。海水水质、海洋沉积物质量和海洋生物质量均不劣于一类
15	烟台	37-Jb06	禁止开发区	海洋特别保护区	烟台莱山北禁止区	121°27′48.16″—121°28′52.09″E;37°27′54.62″—37°28′48.24″N	0.83	0.00	沙滩等多样化的滨海自然景观及生态环境	管控措施:按照《海洋特别保护区管理办法》进行管理。禁止实施各种与保护无关的工程建设活动。 环境保护要求:维持、恢复、改善海洋自然生态环境和生物多样性。海水水质、海洋沉积物质量和海洋生物质量均不劣于一类标准

续表

序号	所在行政区域	代码	类别	类型	名称	地理位置(四至)	覆盖区域		生态保护目标	管控措施与环保要求
							面积(平方公里)	岸线长度(公里)		
16	烟台	37-Jb07	禁止开发区	海洋特别保护区	烟台莱山南禁止区	121°27′31.7″—121°29′14.39″E;37°28′18.41″—37°29′19.34″N	0.99	0.00	河口、沙滩等多样化的滨海自然景观及生态环境	管控措施:按照《海洋特别保护区管理办法》进行管理。禁止实施各种与保护无关的工程建设活动。维持岸滩及河口自然形态的稳定,保护邻近河口砂质海岸的自然景观。 环境保护要求:维持、恢复和改善逛荡河口自然沙滩地形和海洋动力环境、河口自然生态系统和生物多样性。海水水质、海洋沉积物和生物质量均不劣于一类标准
17	烟台	37-Xb04	限制开发区	海洋特别保护区	烟台莱山限制区	121°26′34.14″—121°29′3.82″E;37°27′52.4″—37°30′13.66″N	3.87	5.88	河口、沙滩等多样化的滨海自然景观及生态环境	管控措施:按照《海洋特别保护区管理办法》进行管理。保持自然岸滩稳定,禁止可能对烟台逛荡河口自然沙滩地形和海洋动力环境、河口自然生态系统造成危害或不良影响的工程建设。在符合保护区管理要求的前提下,可适度进行旅游观光、文化娱乐等用海活动。 环境保护要求:河口实行陆源污染物入海总量控制,进行减排防治。保护沙滩和滨海自然景观,改善海洋生态环境。海水水质不劣于二类标准,海洋沉积物质量和海洋生物质量均不劣于一类标准
18	烟台	37-Xh02	限制开发区	重要砂质岸线及邻近海域	烟台逛荡河东砂质岸线限制区	121°28′42.98″—121°30′58.21″E;37°27′10.5″—37°28′31.75″N	4.27	2.94	砂质岸线	管控措施:禁止实施可能改变或影响沙滩自然属性及邻近海域海洋动力环境的开发建设,设立砂质岸线退缩线,区内禁止采挖海砂,在不影响砂质岸线保护前提下,可适度进行滨海旅游等用海活动。 环境保护要求:加强海洋环境质量监测,控制陆源污染。妥善处理生活垃圾,保持沙滩及邻近海域的清洁。本海域海水水质不劣于二类标准,海洋沉积物质量和海洋生物质量不劣于一类标准

续表

序号	所在行政区域	代码	类别	类型	名称	地理位置(四至)	覆盖区域		生态保护目标	管控措施与环保要求
							面积(平方公里)	岸线长度(公里)		
19	烟台	37-Xj02	限制开发区	重要滨海旅游区	养马岛滨海旅游限制区	121°34′26.11″—121°44′14.86″E;37°25′50.49″—37°29′48.16″N	34.02	13.18	海岛与海湾生态系统、沙滩	管控措施:禁止实施可能改变或影响滨海旅游的开发建设活动;禁止围填海,炸岩炸礁;禁止占用沙滩和沿海防护林的用海工程;保障河口行洪安全。 环境保护要求:加强海洋环境质量监测。河口实行陆源污染物入海总量控制,进行减排防治,妥善处理生活垃圾。本海域海水水质不劣于二类标准,海洋沉积物质量和海洋生物质量不劣于一类标准
20	烟台	37-Xc01	限制开发区	重要河口生态系统	金山港河口生态限制区	121°44′14.69″—121°46′51.27″E;37°24′47.05″—37°27′57.42″N	6.02	3.21	海洋自然生态系统	管控措施:禁止围填海、采挖海砂、设置直接排污口及其他可能破坏河口生态系统功能的开发活动,并加强整治与修复。 环境保护要求:保持河口自然形态的基本稳定,保障河口行洪安全,逐步恢复和改善河口自然生态系统。海水水质不劣于二类水质标准,海洋沉积物质量和海洋生物质量不劣于一类标准
21	烟台	37-Jb08	禁止开发区	海洋特别保护区	烟台牟平砂质海岸禁止区	121°50′28.14″—121°55′8.46″E;37°27′37.06″—37°28′25.75″N	5.07	7.55	沙滩、自然景观、海洋生物重要栖息地	管控措施:按照《海洋特别保护区管理办法》进行管理。实行严格的保护制度。重点保护区内,禁止实施各种与保护无关的工程建设活动;保护相关的工程建设活动,需经严格论证。 环境保护要求:维持、恢复、改善海洋生态环境和生物多样性,保护沙滩等自然景观及保持与其相关的海洋动力环境和海岸和海底地形的稳定。海水水质、海洋沉积物质量和海洋生物质量均不劣于一类标准

续表

序号	所在行政区域	代码	类别	类型	名称	地理位置(四至)	覆盖区域		生态保护目标	管控措施与环保要求
							面积(平方公里)	岸线长度(公里)		
22	烟台	37-Xb05	限制开发区	海洋特别保护区	烟台牟平沙质海岸限制区	121°46′34.21″—121°55′4.17″E;37°27′21.89″—37°28′45.23″N	10.74	5.41	海砂资源、自然景观、海洋生物重要栖息地	管控措施:按照《海洋特别保护区管理办法》进行管理。在确保海洋生态系统安全和沙滩稳定的前提下,可适度开发与保护区保护目标相一致的生态型资源利用项目。 环境保护要求:维持、恢复、改善海洋生态环境和生物多样性,保护沙滩等自然景观,保持与其相关的海洋动力环境和海岸海底地形的稳定。海水水质不劣于二类标准,海洋沉积物质量和海洋生物质量不劣于一类标准
23	威海	37-Xc02	限制开发区	重要河口生态系统	双岛湾河口生态限制区	121°56′2.48″—122°0′9.42″E;37°25′5.11″—37°28′59.2″N	5.96	3.55	自然景观、沙滩、海岸线	管控措施:禁止围填海等破坏河口生态系统功能的开发活动。河口禁止采挖海砂,在不影响砂质岸线保护前提下,可适度进行生态旅游开发。 环境保护要求:加强海洋环境质量监测,河口实行陆源污染物入海总量控制,进行减排防治,保持河口自然形态稳定,逐步恢复河口生态系统,保障河口行洪安全。本海域海水水质不劣于二类标准,海洋沉积物质量和海洋生物质量不劣于一类标准
24	威海	37-Xh03	限制开发区	重要砂质岸线及邻近海域	双岛湾砂质岸线限制区	121°54′59.92″—121°59′52.55″E;37°28′5.64″—37°30′15.79″N	8.47	7.96	砂质岸线、海底砂源	管控措施:禁止实施可能改变或影响沙滩、河口自然属性及与其相关的邻近海洋动力环境的开发建设活动,设立砂质岸线退缩线,区内禁止采挖海砂,在不影响砂质岸线保护前提下,可适度进行生态旅游等用海活动。 环境保护要求:杜绝影响本海域的点面源污染,废水、污水、直排口必须达标排放,维护好沙滩植被,维护自然沙滩和河口海洋环境。海水水质不劣于二类标准,海洋沉积物质量和海洋生物质量不劣于一类标准

续表

序号	所在行政区域	代码	类别	类型	名称	地理位置(四至)	覆盖区域		生态保护目标	管控措施与环保要求
							面积(平方公里)	岸线长度(公里)		
25	威海	37-Xe02	限制开发区	重要渔业海域	威海黄埠港渔业海域限制区	121°56′53.31″—121°59′51.37″E; 37°29′4.17″—37°32′12.2″N	10.25	0.00	鲽鱼、刺参等种质资源	管控措施:禁止围填海及截断洄游通道及其他可能影响渔业资源育幼、索饵、产卵的开发活动,控制捕捞强度,禁止使用对鱼类资源及栖息地造成破坏的采捕工具进行采捕,底栖鱼类繁殖期间严格禁止捕捞。 环境保护要求:保持自然海洋生态环境,禁止排污、倾倒废弃物等不利于环境保护与资源恢复行为。海水水质、海洋沉积物质量和海洋生物质量均不劣于一类标准
26	威海	37-Jb09	禁止开发区	海洋特别保护区	威海小石岛禁止区	121°59′43.92″—122°4′24.6″E; 37°30′2.99″—37°33′59.24″N	15.21	11.10	刺参等软体类资源、海岛生态系统	管控措施:按照《海洋特别保护区管理办法》进行管理。禁止任何与保护无关的工程建设活动,禁止炸岩炸礁、填海连岛等改变地形地貌和自然生态条件的行为,禁止实施影响浴场沙滩稳定的用海活动。 环境保护要求:维护基岩海岸的自然特征,保护海水浴场等砂质岸线的稳定;维持和改善区内海岛生态环境和生物多样性;避免区内海洋环境污染,提高海洋环境质量。海水水质不劣于二类标准,海洋沉积物质量和海洋生物质量均不劣于一类标准
27	威海	37-Xb06	限制开发区	海洋特别保护区	威海小石岛西南限制区	121°59′52.34″—122°1′13.14″E; 37°30′0.18″—37°31′31.64″N	0.70	3.99	刺参等软体类资源、海岛生态系统	管控措施:按照《海洋特别保护区管理办法》进行管理。禁止实施可能改变或影响沙滩和河口自然属性及与其相关的邻近海洋动力环境的用海活动。环境保护要求:维持砂质岸线的自然特征、海洋生态环境和生物多样性,防止陆源及船只污染海域及沙滩。海水水质不劣于二类标准,海洋沉积物质量和海洋生物质量均不劣于一类标准

续表

序号	所在行政区域	代码	类别	类型	名称	地理位置(四至)	覆盖区域		生态保护目标	管控措施与环保要求
							面积（平方公里）	岸线长度（公里）		
28	威海	37-Xb07	限制开发区	海洋特别保护区	威海小石岛北限制区	121°59′37.18″—122°3′39.03″E; 37°31′53.76″—37°33′55.07″N	12.42	0.00	刺参等软体类资源、海岛生态系统	管控措施:按照《海洋特别保护区管理办法》进行管理。禁止实施可能改变或影响邻近砂质岸线及与其相关的海洋动力环境的用海活动,禁止采挖海砂等行为。 环境保护要求:保护和恢复砂质自然岸线,维持海洋生态环境和生物多样性,避免各种污染,提高海洋环境质量。海水水质不劣于二类标准,海洋沉积物质量和海洋生物质量均不劣于一类标准
29	威海	37-Xb08	限制开发区	海洋特别保护区	威海小石岛东南限制区	122°3′49.47″—122°4′27.92″E; 37°31′58.66″—37°33′4.68″N	0.39	3.11	刺参等软体类资源、海岛生态系统	管控措施:按照《海洋特别保护区管理办法》进行管理。禁止实施可能改变或影响基岩海岸、沙滩稳定及与其相关的邻近海洋动力环境的用海活动。 环境保护要求:维护基岩和砂质岸线的自然特征;避免各种环境污染,维持海洋生态环境和生物多样性。海水水质不劣于二类标准,海洋沉积物质量和海洋生物质量均不劣于一类标准
30	威海	37-Xj03	限制开发区	重要滨海旅游区	威海远遥嘴东滨海旅游限制区	122°3′7.43″—122°5′40.86″E; 37°32′51.24″—37°34′22.89″N	3.66	3.31	岩礁、海岸生态系统	管控措施:禁止实施可能改变或破坏滨海旅游资源的开发建设活动,严格控制岸线附近的建设工程,在海岸旅游资源不受破坏和海岸生态系统安全的前提下,可适当建设旅游休闲娱乐基础设施。 环境保护要求:维持基岩岸线的自然特征,保护海滨旅游资源,加强海洋环境质量监测。本海域海水水质不劣于二类标准,海洋沉积物质量和海洋生物质量均不劣于一类标准

续表

序号	所在行政区域	代码	类别	类型	名称	地理位置(四至)	覆盖区域		生态保护目标	管控措施与环保要求
							面积（平方公里）	岸线长度（公里）		
31	威海	37-Xj04	限制开发区	重要滨海旅游区	威海褚岛滨海旅游限制区	122°4′24.57″—122°4′57.94″E；37°34′2.26″—37°34′29.88″N	0.44	0.00	岩礁、岛屿生态系统	管控措施：禁止实施可能改变或影响滨海旅游的开发建设活动，严格控制占用岸线的用海项目，在保障岛屿生态系统安全的前提下，可适当进行改善海岛居民生产生活必需的用海项目，以及海洋科研、旅游休闲娱乐和陆岛交通基础设施建设。 环境保护要求：保护海岛自然岸线、海岛海洋自然地形地貌和岛屿生态系统不受破坏。本海域海水水质不劣于二类标准，海洋沉积物质量和海洋生物质量均不劣于一类标准
32	威海	37-Xj05	限制开发区	重要滨海旅游区	威海市区北部滨海旅游限制区	122°5′48.66″—122°9′38.87″E；37°32′21.26″—37°34′17.01″N	9.40	13.85	岩礁、海岸生态系统	管控措施：禁止实施可能改变或影响滨海旅游的开发建设活动，严格控制占用岸线和改变海洋自然环境的用海项目，在此前提下，可适度进行旅游休闲娱乐基础设施的建设。 环境保护要求：维持岸线自然状态，保护岬湾岸滩等滨海旅游资源不受破坏，加强海洋生态环境保护。本海域海水水质不劣于二类标准，海洋沉积物质量和海洋生物质量均不劣于一类标准
33	威海	37-Xe03	限制开发区	重要渔业海域	威海靖子湾渔业海域限制区	122°4′48.99″—122°10′48.5″E；37°32′15.53″—37°35′42.63″N	24.50	0.00	魁蚶、花鲈、半月湾短蛸	管控措施：按照《水产种质资源保护区管理暂行办法》进行管理。禁止围填海、截断洄游通道、水下爆破施工及其可能影响保护目标育幼、索饵、产卵的开发活动。加强渔业资源养护。禁止使用对鱼类资源及栖息地造成破坏的采捕工具进行采捕，底栖鱼类繁殖期间禁止捕捞。 环境保护要求：保持和改善海洋环境质量，禁止排污、倾倒废弃物等不利于环境保护与资源恢复行为。海水水质、海洋沉积物质量和海洋生物质量均不劣于一类标准

续表

序号	所在行政区域	代码	类别	类型	名称	地理位置(四至)	覆盖区域		生态保护目标	管控措施与环保要求
							面积(平方公里)	岸线长度(公里)		
34	威海	37-Xj06	限制开发区	重要滨海旅游区	威海合庆湾滨海旅游限制区	122°9′4.88″—122°9′45.04″E; 37°31′28.82″—37°32′7.05″N	0.66	2.63	自然景观、岩礁、砂质岸线	管控措施:禁止实施可能改变或影响滨海旅游的开发建设活动,严格控制岸线附近的景区建设工程;尽可能保持岸线对公众开放。 环境保护要求:保护好沙滩和基岩海岸等旅游资源,禁止固体废弃物和污水入海,保护海湾生态环境。本海域海水水质不劣于二类标准,海洋沉积物质量和海洋生物质量均不劣于一类标准
35	威海	37-Xj07	限制开发区	重要滨海旅游区	威海黄泥湾滨海旅游限制区	122°8′19.18″—122°10′5.64″E; 37°30′15″—37°31′24.04″N	2.70	2.65	自然景观、岩礁、砂质岸线	管控措施:禁止实施可能改变或影响沙滩稳定和滨海旅游的开发建设活动,严格控制岸线附近的景区建设工程;保持岸线自然形态稳定。 环境保护要求:保护自然海岸等旅游资源和历史文化遗迹。本海域海水水质不劣于二类标准,海洋沉积物质量和海洋生物质量均不劣于一类标准
36	威海	37-Xj08	限制开发区	重要滨海旅游区	威海湾滨海旅游限制区	122°7′15.43″—122°11′22.85″E; 37°25′22.17″—37°30′13.1″N	10.60	19.03	自然景观、砂质岸线等	管控措施:禁止实施可能改变或影响沙滩稳定和滨海旅游的开发建设活动,禁止有损市区景观岸线稳定和历史文化遗迹保护的建设工程。保障河口行洪安全。 环境保护要求:加强海洋环境质量监测,清除不合理的养殖,改善威海湾海湾生态环境,保持沙滩及与其相关的海洋动力环境的稳定,实行陆源污染物入海总量控制,进行减排防治,禁止超标准排污和固体废弃物入海。本海域海水水质不劣于二类标准,海洋沉积物质量和海洋生物质量均不劣于一类标准

续表

序号	所在行政区域	代码	类别	类型	名称	地理位置(四至)	覆盖区域		生态保护目标	管控措施与环保要求
							面积(平方公里)	岸线长度(公里)		
37	威海	37-Xb09	限制开发区	海洋特别保护区	威海黑岛限制区	122°9′10.35″—122°10′58.23″E;37°31′13.14″—37°32′43.02″N	3.56	1.21	岛屿生态系统、历史文化遗迹、太平洋鲱鱼	管控措施:按照《海洋特别保护区管理办法》进行管理。需在适度科学开发利用的同时要加强海岛的保护,禁止进行有损海岸、海岛生态系统的用海活动。 环境保护要求:保持和改善海洋生态环境,保护海岸海岛自然岸线。本海域海水水质不劣于二类标准,海洋沉积物质量和海洋生物质量均不劣于一类标准
38	威海	37-Jb10	禁止开发区	海洋特别保护区	威海刘公岛禁止区	122°9′34.18″—122°12′32.87″E;37°29′16.12″—37°31′7.08″N	7.34	0.00	岛屿生态系统、历史文化遗迹、太平洋鲱鱼	管控措施:参照《海洋特别保护区管理办法》进行管理。禁止实施改变区内自然生态条件的生产活动和任何与保护无关的工程建设活动。 环境保护要求:通过在保护区内实施各种资源与环境保护的协调管理以及防灾减灾措施,防止海洋、海岛自然资源与生态环境和历史文化遗迹遭受破坏。本海域海水水质不劣于二类标准,海洋沉积物质量和海洋生物质量均不劣于一类标准
39	威海	37-Xb10	限制开发区	海洋特别保护区	威海刘公岛限制区	122°9′17.94″—122°13′33.6″E;37°26′59.3″—37°31′20.02″N	21.57	0.00	岛屿生态系统、历史文化遗迹、太平洋鲱鱼	管控措施:参照《海洋特别保护区管理办法》进行管理。禁止不利于海岛岩礁和历史人文遗迹保护的用海工程,逐步清退不合理的养殖用海。 环境保护要求:加强海洋环境质量监测,杜绝各类污染入海,有效提高威海湾海洋环境质量,切实保护各类生态保护目标。本海域海水水质不劣于二类标准,海洋沉积物质量和海洋生物质量均不劣于一类标准

续表

序号	所在行政区域	代码	类别	类型	名称	地理位置(四至)	覆盖区域		生态保护目标	管控措施与环保要求
							面积(平方公里)	岸线长度(公里)		
40	威海	37-Jb11	禁止开发区	海洋特别保护区	威海日岛禁止区	122°11′46.41″—122°12′18.87″E; 37°28′19.02″—37°28′55.27″N	0.73	0.00	岛屿生态系统、太平洋鲱鱼	管控措施:参照《海洋特别保护区管理办法》进行管理。禁止实施改变区内自然生态条件的生产活动和任何与保护无关的工程建设活动,逐步清退不合理的养殖用海。 环境保护要求:保护历史文化遗迹、海岛岩礁和海洋生态环境。本海域海水水质不劣于二类标准,海洋沉积物质量和海洋生物质量均不劣于一类标准
41	威海	37-Xe04	限制开发区	重要渔业海域	威海湾渔业海域限制区	122°8′56.62″—122°13′35.41″E; 37°26′5.41″—37°29′22.65″N	7.21	0.00	岛屿生态系统、太平洋鲱鱼	管控措施:按照《水产种质资源保护区管理暂行办法》进行管理。加强渔业资源养护,控制养殖密度和捕捞强度。禁止使用对鱼类资源及栖息地造成破坏的采捕工具进行采捕,底栖鱼类繁殖期间严格禁止捕捞。 环境保护要求:加强环境综合治理,逐步改善海洋环境质量。禁止排污、倾倒废弃物等不利于环境保护与资源恢复行为。海水水质、海洋沉积物质量和海洋生物质量均不劣于一类标准
42	威海	37-Xj09	限制开发区	重要滨海旅游区	威海沙龙王家村北滨海旅游限制区	122°16′7.49″—122°17′48.9″E; 37°25′4.36″—37°26′12.37″N	2.66	3.61	自然景观、海岸线	管控措施:禁止实施可能改变或影响滨海旅游的开发建设活动,严格控制岸线附近的景区建设工程;严格控制占用岸线和沿海防护林。保障河口行洪安全。 环境保护要求:加强海洋环境质量监测。河口实行陆源污染物入海总量控制,进行减排防治。本海域海水水质不劣于二类标准,海洋沉积物质量和海洋生物质量不劣于一类标准

续表

序号	所在行政区域	代码	类别	类型	名称	地理位置(四至)	覆盖区域		生态保护目标	管控措施与环保要求
							面积（平方公里）	岸线长度（公里）		
43	威海	37-Xb11	限制开发区	海洋特别保护区	威海海西头南限制区	122°20′48.37″—122°23′51.82″E；37°24′0.22″—37°25′9″N	2.35	8.21	沙滩、原始岩礁、防护林及近岸海洋生物多样性	管控措施：按照《海洋特别保护区管理办法》进行管理。在严格论证、科学规划的基础上，可适度开展促进海洋生物多样性，恢复海洋生态、资源与关键生境的活动，使海域生态环境得到显著的改善，禁止实施可能改变或影响沙滩、海湾和河口自然属性及与其相关的邻近海洋动力环境的开发建设活动。 环境保护要求：保护河口和砂质岸线及海洋生态系统。本海域海水水质不劣于二类标准，海洋沉积物质量和海洋生物质量均不劣于一类标准
44	威海	37-Jb12	禁止开发区	海洋特别保护区	威海海西头禁止区	122°20′49″—122°24′25″E；37°23′24.71″—37°25′30″N	3.65	3.32	滨海湿地生态系统、鸟类栖息地、海洋生物多样性	管控措施：参照《海洋特别保护区管理办法》进行管理。禁止实施改变区内自然生态条件的生产活动和任何与保护无关的工程建设活动，逐步清退不合理的养殖用海。 环境保护要求：保护海湾湿地及海湾海洋生态系统，避免陆源污染，维护海洋环境。本海域海水水质不劣于二类标准，海洋沉积物质量和海洋生物质量均不劣于一类标准
45	威海	37-Xb12	限制开发区	海洋特别保护区	威海海西头北限制区	122°20′49″—122°23′56″E；37°25′0″—37°25′44″N	3.74	0.00	海底砂源、近岸海洋生物多样性	管控措施：参照《海洋特别保护区管理办法》进行管理。在严格论证、科学规划的基础上，可适度开展促进海洋生物多样性，恢复海洋生态、资源与关键生境的活动，使海域生态环境得到显著的改善，禁止实施采砂、围填海等可能改变或影响沙滩、海湾和河口自然属性及与其相关的邻近海洋动力环境的开发建设活动。 环境保护要求：加强海洋环境保护。本海域海水水质不劣于二类标准，海洋沉积物质量和海洋生物质量均不劣于一类标准

续表

序号	所在行政区域	代码	类别	类型	名称	地理位置(四至)	覆盖区域		生态保护目标	管控措施与环保要求
							面积(平方公里)	岸线长度(公里)		
46	威海	37-Xd01	限制开发区	重要滨海湿地	海西头滨海湿地限制区	122°23′56″—122°25′6.13″E; 37°23′25.89″—37°24′28.06″N	0.92	4.65	海湾湿地生态系统	管控措施:禁止改变海域自然属性、破坏海洋生态环境的海砂开采等用海活动。保持自然岸线形态、长度和海底地形、海洋水动力环境的稳定。 环境保护要求:实行河口陆源污染物的入海总量控制。维持、恢复、改善河口海洋生态环境和生物多样性。本海域海水水质不劣于二类标准,海洋沉积物质量和海洋生物质量均不劣于一类标准
47	威海	37-Xh04	限制开发区	重要砂质岸线及邻近海域	海西头—仙人桥北砂质岸线限制区	122°23′56″—122°35′0.02″E; 37°23′54.12″—37°26′36.59″N	39.82	19.77	砂质岸线、海砂资源	管控措施:禁止实施可能改变或影响沙滩自然属性及与其相关的海域海洋动力环境的用海活动,设立砂质岸线退缩线,区内禁止采挖海砂,适度的陆岛交通和旅游基础设施的建设,需在不影响砂质岸线和滨海旅游资源保护前提下进行。 环境保护要求:加强环境保护,避免陆源污染入海,保护和改善滨海湿地生态环境。本海域海水水质不劣于二类标准,海洋沉积物质量和海洋生物质量不劣于一类标准
48	威海	37-Xf01	限制开发区	特殊保护海岛	威海鸡鸣岛海岛限制区	122°28′26.31″—122°29′21.12″E; 37°26′35.97″—37°27′22.75″N	1.89	0.00	海蚀崖海岸地貌和生物资源	管控措施:禁止炸岩炸礁、围填海及其他可能造成海岛生态系统破坏及自然地形、地貌改变的行为。 环境保护要求:维持、恢复、改善海洋生态环境和生物多样性,保护海岛、海岸自然景观。海水水质、海洋沉积物质量和海洋生物质量均不劣于一类标准

续表

序号	所在行政区域	代码	类别	类型	名称	地理位置(四至)	覆盖区域		生态保护目标	管控措施与环保要求
							面积(平方公里)	岸线长度(公里)		
49	威海	37-Xd02	限制开发区	重要滨海湿地	朝阳港滨海湿地限制区	122°26′44.62″—122°31′50.91″E; 37°22′11.2″—37°24′34.34″N	13.32	26.97	潟湖湿地生态系统、大天鹅栖息地	管控措施:禁止围填海等可能改变海湾自然属性、破坏海湾湿地生态系统功能的开发活动。加强对受损湿地的整治与生态修复,保障河口行洪安全。 环境保护要求:避免陆源污染,减小养殖强度,保护海湾海洋环境,维持和恢复海湾生态系统。海水水质不劣于二类标准,海洋沉积物质量和海洋生物质量不劣于一类标准
50	威海	37-Xj10	限制开发区	重要滨海旅游区	柳夼—西霞口北滨海旅游限制区	122°34′59.47″—122°38′10.86″E; 37°24′18.39″—37°25′59.89″N	8.33	10.47	海岸自然景观	管控措施:禁止实施可能改变或影响滨海旅游的开发建设活动,允许适度进行旅游基础设施的建设,严格控制岸线附近的景区建设工程。 环境保护要求:保护海岸、海湾自然景观和海洋生态环境。加强海洋环境管理,避免邻近海域污染损害事故影响本区。海水水质不劣于二类标准,海洋沉积物质量和海洋生物质量均不劣于一类标准
51	威海	37-Ja02	禁止开发区	自然保护区	荣成海驴岛禁止区	四至:122° 38′ 59.27″—122° 42′ 0.05″E; 37°25′52″—37°27′18.6″N	9.79	0.00	海洋和海岸生态系统、海岛生态系统	管控措施:按照《中华人民共和国自然保护区条例》和《海洋自然保护区管理办法》进行管理。禁止进行影响该保护区生态系统稳定性的用海活动。 环境保护要求:维持、恢复、改善海岛和海洋生态环境和生物多样性,减少或避免保护区周边海域环境污染。海水水质、海洋沉积物质量和海洋生物质量不劣于一类标准

续表

序号	所在行政区域	代码	类别	类型	名称	地理位置(四至)	覆盖区域		生态保护目标	管控措施与环保要求
							面积（平方公里）	岸线长度（公里）		
52	威海	37-Xa02	限制开发区	自然保护区	荣成马兰湾北限制区	四至：122° 40′ 0.00″—122° 42′ 15.69″E；37°25′32.69″—37°25′52.8″N	2.02	0.00	海洋和海岸生态系统、海湾生态系统	管控措施：按照《中华人民共和国自然保护区条例》和《海洋自然保护区管理办法》进行管理。在不影响保护前提下，可适度进行旅游开发等用海活动。 环境保护要求：维持、恢复、改善海洋生态环境和生物多样性，减少或避免保护区周边海域环境污染。海水水质、海洋沉积物质量和海洋生物质量均不劣于一类标准
53	威海	37-Ja03	禁止开发区	自然保护区	荣成成山角禁止区	四至：122°40′00″—122°43′27.00″E；37°21′50″—37°25′30.51″N	20.75	12.94	海洋和海岸生态系统、海湾生态系统，领海基点	管控措施：按照《中华人民共和国自然保护区条例》、《海洋自然保护区管理办法》和《领海基点保护范围选划与保护办法》进行管理。禁止进行海岸带的开发利用；禁止可能影响该保护区生态系统、海岸旅游资源和领海基点保护的用海活动。 环境保护要求：维持、恢复、改善海洋生态环境和生物多样性，保护海岸自然景观，保护领海基点及相关的地形地貌，减少保护区及周边海域环境污染。海水水质、海洋沉积物质量和海洋生物质量均不劣于一类标准
54	威海	37-Xa03	限制开发区	自然保护区	荣成荣成湾限制区	四至：122° 34′ 48.25″—122° 40′ 45.16″E；37°19′45.61″—37°23′40.44″N	27.81	20.88	海洋和海岸生态系统、海湾生态系统	管控措施：按照《中华人民共和国自然保护区条例》和《海洋自然保护区管理办法》进行管理。禁止实施可能改变或影响沙滩自然属性及与其相关的海域海洋动力环境的用海活动，在不影响保护前提下，可适度进行旅游开发和渔业基础设施的改扩建工程。 环境保护要求：维持、恢复、改善海洋生态环境和生物多样性，保护沙滩等海岸自然景观，避免海域环境污染。海水水质、海洋沉积物质量和海洋生物质量不劣于一类标准

续表

序号	所在行政区域	代码	类别	类型	名称	地理位置(四至)	覆盖区域		生态保护目标	管控措施与环保要求
							面积（平方公里）	岸线长度（公里）		
55	威海	37-Ja04	禁止开发区	自然保护区	荣成大天鹅禁止区	四至：122° 33′ 8.88″—122° 34′ 58.72″E; 37°20′10.62″—37°21′36.96″N	4.48	9.26	大天鹅和其它鸟类及栖息地、潟湖生态系统	管控措施:按照《中华人民共和国自然保护区条例》和《海洋自然保护区管理办法》进行管理。除进行必要的调查、科研和管理活动外,禁止其他用海活动。 环境保护要求:维持、恢复、改善潟湖生态、大天鹅栖息环境和生物多样性,保护沙滩等海岸自然景观,维护和改善周边海域环境。海水水质、海洋沉积物质量和海洋生物质量不劣于一类标准
56	威海	37-Ja05	禁止开发区	自然保护区	荣成养鱼池湾禁止区	四至：122° 32′ 46.02″—122° 34′ 3.78″E; 37°18′17.24″—37°20′11.1″N	3.73	10.87	大天鹅及栖息地	管控措施:按照《中华人民共和国自然保护区条例》和《海洋自然保护区管理办法》进行管理。除进行必要的调查、科研和管理活动外,禁止其他用海活动,逐步清理区内养殖用海。 环境保护要求:恢复、改善海湾生态、大天鹅栖息环境和生物多样性,保护海湾岸滩自然景观,减少保护区及周边海域环境污染。海水水质、海洋沉积物质量和海洋生物质量不劣于一类标准
57	威海	37-Ja06	禁止开发区	自然保护区	荣成临洛湾禁止区	四至：122° 34′ 48.39″—122° 33′ 54.61″E; 37°16′57.48″—37°18′20.00″N	2.88	4.49	大天鹅及栖息地	管控措施:按照《中华人民共和国自然保护区条例》和《海洋自然保护区管理办法》进行管理。禁止进行海岸带的开发利用以及一切有关的能够影响该保护区生态系统稳定性的活动,逐步清理区内养殖用海。 环境保护要求:恢复、改善海洋生态、大天鹅栖息环境和生物多样性,保护海湾海岸自然景观,减少保护区及周边海域环境污染。海水水质、海洋沉积物质量和海洋生物质量不劣于一类标准

续表

序号	所在行政区域	代码	类别	类型	名称	地理位置（四至）	覆盖区域		生态保护目标	管控措施与环保要求
							面积（平方公里）	岸线长度（公里）		
58	威海	37-Xa04	限制开发区	自然保护区	荣成烟墩角限制区	四至：122° 33′ 26.71″—122° 33′ 54.61″E；37°17′1.29″—37°17′37.00″N	0.33	2.72	花斑彩石、大天鹅栖息地、海湾生态系统	管控措施：按照《中华人民共和国自然保护区条例》和《海洋自然保护区管理办法》进行管理。区内禁止炸礁、采砂等破坏地形地貌的开发活动，维持现有人工海岸的稳定，逐步清理废弃构筑物。 环境保护要求：保护大天鹅栖息环境，保护花斑彩石等历史人文遗迹和自然景观，减少和避免保护区及周边海域环境污染。海水水质不劣于二类标准，海洋沉积物质量和海洋生物质量不劣于一类标准
59	威海	37-Xe05	限制开发区	重要渔业海域	荣成湾渔业海域限制区	四至：122° 35′ 50.19″—122° 38′ 34.55″E；37°10′53.79″—37°15′3.46″N	21.37	0.00	栉孔扇贝、海胆	管控措施：按照《水产种质资源保护区管理暂行办法》进行管理。禁止围填海、截断洄游通道、水下爆破和施工等开发活动，加强渔业资源养护，控制养殖密度。 环境保护要求：加强海域污染防治和监测，避免养殖污染，保护海洋生物资源的生存环境不受破坏。海水水质、海洋沉积物质量和海洋生物质量均不劣于一类标准
60	威海	37-Xh05	限制开发区	重要砂质岸线及邻近海域	荣成爱莲湾砂质岸线限制区	四至：122° 33′ 23.03″—122° 36′ 57.04″E；37°10′4.11″—37°12′2.62″N	6.61	9.30	砂质岸线、海底砂源	管控措施：禁止实施可能改变或影响沙滩自然属性及与其相关海洋动力环境的用海活动，设立砂质岸线退缩线，区内禁止采挖海砂，在不影响砂质岸线保护前提下，可适度进行生态旅游开发。 环境保护要求：保护砂质岸线及滨海湿地和海湾自然环境，避免陆源污染，控制养殖污染。海水水质不劣于二类标准，海洋沉积物质量和海洋生物质量不劣于一类标准

续表

序号	所在行政区域	代码	类别	类型	名称	地理位置(四至)	覆盖区域		生态保护目标	管控措施与环保要求
							面积(平方公里)	岸线长度(公里)		
61	威海	37-Xh06	限制开发区	重要砂质岸线及邻近海域	桑沟湾砂质岸线限制区	四至：122° 27′ 32.55″—122° 31′ 11.44″E; 37°3′45″—37°9′20.87″N	27.35	112.02	砂质岸线、砂源海域	管控措施:禁止实施可能改变或影响沙滩自然属性及与其相关海洋动力环境的用海活动,设立砂质岸线退缩线,区内禁止采挖海砂,在不影响砂质岸线保护前提下,可适度进行旅游开发。 环境保护要求:保护滨海沙滩,保持良好的海域水质环境,避免陆源污染,及时清理沙滩固废,保持良好的海水浴场用海环境。本海域海水水质不劣于二类标准,海洋沉积物质量和海洋生物质量不劣于一类标准
62	威海	37-Xd03	限制开发区	重要滨海湿地	荣成斜口流滨海湿地限制区	四至：122° 26′ 12.23″—122° 28′ 5.84″E; 37°5′59.02″—37°8′51.33″N	5.45	19.01	潟湖、湿地生态系统	管控措施:保持湾内自然岸线形态、长度和海底地形、海洋水动力环境的稳定,禁止围填海及其他不利于湾内海洋环境保护的用海活动。 环境保护要求:保持潮流畅通,避免陆源污染,维持、恢复、改善海湾河口海洋生态环境。海水水质不劣于二类标准、海洋沉积物质量和海洋生物质量不劣于一类标准
63	威海	37-Xe06	限制开发区	重要渔业海域	桑沟湾渔业海域限制区	四至：122° 27′ 55.15″—122° 30′ 32.8″E; 37°3′13.8″—37°4′43″N	10.64	0.00	魁蚶	管控措施:按照《水产种质资源保护区管理暂行办法》进行管理。加强近岸砂源的保护,禁止围填海、截断洄游通道、水下爆破和施工等开发活动,加强渔业资源养护,控制捕捞强度,保护生物多样性。 环境保护要求:加强海域污染防治和监测,保护魁蚶栖息地和海洋自然环境。海水水质、海洋沉积物质量和海洋生物质量均不劣于一类标准

续表

序号	所在行政区域	代码	类别	类型	名称	地理位置(四至)	覆盖区域		生态保护目标	管控措施与环保要求
							面积(平方公里)	岸线长度(公里)		
64	威海	37-Xc03	限制开发区	重要河口生态系统	荣成八河港河口生态限制区	四至:122° 25′ 31.64″—122° 26′ 51.09″E; 37°1′16.78″—37°3′21.26″N	4.03	6.12	海洋自然生态系统	管控措施:禁止围填海、设置直接排污口等破坏河口生态系统功能的开发活动。保持河口基本形态稳定,保障河口行洪安全。 环境保护要求:维持稳定的河口生态环境。海水水质不劣于二类水质标准,海洋沉积物质量和海洋生物质量不劣于一类标准
65	威海	37-Xj11	限制开发区	重要滨海旅游区	楮岛滨海旅游限制区	四至:122° 30′ 20.34″—122° 34′ 58.05″E; 36°59′46.63″—37°3′21.04″N	29.62	28.13	海岛生态系统、威海桑沟湾魁蚶、荣成鼠尾藻、大叶藻种质资源	管控措施:禁止实施可能改变或影响滨海旅游的开发建设活动。禁止围填海,禁止占用岸线、沙滩和沿海防护林工程建设。 环境保护要求:保护海湾、海岬等优质旅游资源不受破坏,控制养殖密度,避免养殖污染,保护生物多样性。海水水质不劣于二类水质标准,海洋沉积物质量和海洋生物质量不劣于一类标准
66	威海	37-Xe07	限制开发区	重要渔业海域	楮岛藻类渔业海域限制区	四至:122° 33′ 15.01″—122° 34′ 58.05″E; 37°2′40.04″—37°3′49.36″N	5.45	0.00	荣成鼠尾藻、大叶藻种质资源	管控措施:按照《水产种质资源保护区管理暂行办法》进行管理。禁止围填海、截断洄游通道、水下爆破和施工等开发活动,加强渔业资源养护,控制养殖密度。 环境保护要求:加强海域污染防治和监测,保护种质资源栖息地,保护海洋自然环境。海水水质、海洋沉积物质量和海洋生物质量均不劣于一类标准

续表

序号	所在行政区域	代码	类别	类型	名称	地理位置(四至)	覆盖区域		生态保护目标	管控措施与环保要求
							面积(平方公里)	岸线长度(公里)		
67	威海	37-Xf02	限制开发区	特殊保护海岛	黑石岛海岛限制区	四至：122° 33′ 40.52″—122° 34′ 31.8″E； 36°57′36.45″—36°58′16.29″N	1.46	0.00	领海基点、海岛自然生态系统	管控措施：按《领海基点保护范围选划与保护办法》管理和保护领海基点。禁止在领海基点保护范围内实施炸礁、围填海、填海连岛、采挖海砂和工程建设等可能造成自然地形和地貌改变的用海活动。 环境保护要求：保护领海基点岛礁，保持与其相关的地形地貌的稳定，海水水质不劣于二类标准、海洋沉积物质量和海洋生物质量均不劣于一类标准
68	威海	37-Xj12	限制开发区	重要滨海旅游区	石岛南海村滨海旅游限制区	四至：122° 28′ 41.22″—122° 31′ 4.54″E； 36°55′19.38″—36°56′45.72″N	2.32	6.53	自然景观、海岸线	管控措施：禁止实施可能改变或影响滨海旅游的开发建设活动。保障休闲娱乐、海上旅游等用海需求。 环境保护要求：保护海湾自然环境。本海域海水水质不劣于二类标准，海洋沉积物质量和海洋生物质量均不劣于一类标准
69	威海	37-Xf03	限制开发区	特殊保护海岛	镆铘岛海岛限制区	四至：122°28′5.59″—122°33′5.59″E； 36°52′48.59″—36°56′16.90″N	17.87	0.00	领海基点、海岛自然生态系统	管控措施：按《领海基点保护范围选划与保护办法》管理和保护领海基点。区内禁止炸礁、围填海、采挖海砂等可能造成改变地形、地貌的改变和海岛生态系统破坏的用海活动。 环境保护要求：保护领海基点岛礁，保护周边相关地形地貌的稳定，适度清理海岛北部围海养殖，恢复海岛周边原始海洋生态环境，杜绝可能影响本海域的各种污染。海水水质不劣于二类标准、海洋沉积物质量和海洋生物质量均不劣于一类标准

续表

序号	所在行政区域	代码	类别	类型	名称	地理位置(四至)	覆盖区域		生态保护目标	管控措施与环保要求
							面积（平方公里）	岸线长度（公里）		
70	威海	37-Xj13	限制开发区	重要滨海旅游区	石岛湾滨海旅游限制区	四至：122° 24′ 33.02″—122° 26′ 24.44″E；36°54′51.16″—36°55′37.39″N	1.12	3.76	海岸自然景观	管控措施：禁止实施可能改变或影响滨海旅游的开发建设活动。严格控制岸线附近的景区建设工程；严格控制占用岸线、沙滩和沿海防护林。 环境保护要求：逐步恢复海湾、海滩自然环境，保护海岸自然景观。海域海水水质不劣于二类标准，海洋沉积物质量和海洋生物质量均不劣于一类标准
71	威海	37-Xf04	限制开发区	特殊保护海岛	荣成大小王家岛海岛限制区	四至：122° 22′ 39.4″—122° 23′ 57.47″E；36°50′41.62″—36°51′14.66″N	1.37	0.00	岛屿生态系统	管控措施：禁止炸礁、围填海、填海连岛、采挖海砂等可能造成海岛生态系统破坏及自然地形、地貌改变的活动。科学编制旅游开发规划，适度进行岛陆交通和旅游基础设施建设。 环境保护要求：保护周边海域环境，杜绝可能影响本区域的各种污染，保持海岛原生海洋生态系统。海水水质不劣于二类标准、海洋沉积物质量和海洋生物质量均不劣于一类标准
72	威海	37-Xj14	限制开发区	重要滨海旅游区	荣成朱口东圈滨海旅游限制区	四至：122° 20′ 10.92″—122° 22′ 27.91″E；36°49′40.38″—36°50′58.86″N	1.88	5.61	岩礁海岸、防护林、砂质岸线	管控措施：禁止实施可能改变或影响滨海旅游的开发建设。禁止采挖海砂、破坏海岸海湾自然景观、改变沙滩自然属性及与其相关的海洋动力环境的用海活动，设立砂质岸线退缩线，严格控制岸线附近的景区建设工程，适度进行旅游基础设施建设和生态旅游开发。 环境保护要求：保护砂质岸线、基岩海岸自然景观、沿海防护林和海湾自然环境，避免和减少邻近陆源、码头和养殖污染。本海域海水水质不劣于二类标准，海洋沉积物质量和海洋生物质量均不劣于一类标准

续表

序号	所在行政区域	代码	类别	类型	名称	地理位置(四至)	覆盖区域		生态保护目标	管控措施与环保要求
							面积（平方公里）	岸线长度（公里）		
73	威海	37-Xj15	限制开发区	重要滨海旅游区	荣成朱口西圈滨海旅游限制区	四至:122°17′0.7″—122°19′9.37″E; 36°49′38.64″—36°50′22.46″N	2.91	5.33	岩礁、自然景观	管控措施:禁止实施可能改变或影响滨海旅游的开发建设活动。适度进行旅游基础设施的建设,严格控制岸线附近的景区建设工程,不得破坏自然景观。 环境保护要求:保护基岩海岸自然景观和海湾自然环境,避免和减少邻近陆源、码头和养殖污染,集中处理固废。本海域海水水质不劣于二类标准,海洋沉积物质量和海洋生物质量均不劣于一类标准
74	威海	37-Xf05	限制开发区	特殊保护海岛	荣成苏山岛群海岛限制区	四至:122°12′22.18″—122°17′24.42″E; 36°43′45.82″—36°47′38.03″N	53.53	0.00	领海基点、岛屿生态系统、刺参、比目鱼类、鲍鱼、羊栖菜、石花菜	管控措施:按《领海基点保护范围选划与保护办法》管理和保护领海基点。区内禁止炸礁、围填海、填海连岛、采挖海砂等可能造成海岛生态系统破坏的用海活动。 环境保护要求:保护领海基点及相关的岩礁等地形地貌、生物资源和海岛生态系统不受破坏。本海域海水水质、海洋沉积物质量和海洋生物质量均不劣于一类标准
75	威海	37-Xd04	限制开发区	重要滨海湿地	张濛港滨海湿地限制区	四至:122°11′47.26″—122°16′45.33″E; 36°52′51.56″—36°55′30.82″N	14.91	38.51	海湾湿地生态系统	管控措施:禁止围填海等改变海域自然属性、破坏生态湿地功能的开发活动,加强对受损滨海湿地的整治与生态修复。 环境保护要求:控制陆源污染,维持、恢复、改善河口生态湿地海洋生态环境和生物多样性。本海域海水水质不劣于二类标准,海洋沉积物质量和海洋生物质量均不劣于一类标准

续表

序号	所在行政区域	代码	类别	类型	名称	地理位置(四至)	覆盖区域		生态保护目标	管控措施与环保要求
							面积（平方公里）	岸线长度（公里）		
76	威海	37-Xe08	限制开发区	重要渔业海域	靖海湾松江鲈鱼渔业海域限制区	四至：122° 10′ 40.9″—122° 13′ 38.94″E；37°0′37.11″—37°3′8.63″N	3.23	8.05	松江鲈鱼及其产卵场、越冬场和索饵场	管控措施：按照《水产种质资源保护区管理暂行办法》进行管理。禁止围填海、截断洄游通道、水下爆破施工及其他可能会影响渔业资源育幼、索饵、产卵的开发活动，控制养殖密度。 环境保护要求：维持、恢复和改善河口海洋生态环境和生物多样性。海水水质、海洋沉积物质量和海洋生物质量不劣于一类标准
77	威海	37-Xb13	限制开发区	海洋特别保护区	文登海洋生态限制区	四至：122°10′4.84″—122°12′14.4″E；37°0′21.55″—37°3′34.84″N	5.09	9.45	松江鲈鱼及其产卵场、越冬场和索饵场	管控措施：按照《海洋特别保护区管理办法》和《水产种质资源保护区管理办法》进行管理。重点保护区内禁止实施与保护无关的工程建设活动，预留区内禁止实施改变区内自然生态条件的生产活动和任何形式的工程建设活动。 环境保护要求：控制陆源污染，适当减少养殖密度，维持、恢复和改善河口海洋生态环境和生物多样性。海水水质、海洋沉积物质量和海洋生物质量不劣于一类标准
78	威海	37-Xd05	限制开发区	重要滨海湿地	靖海湾滨海湿地限制区	四至：122° 7′ 51.34″—122° 13′ 49.13″E；36°57′50.85″—37°2′20.98″N	20.75	32.47	松江鲈鱼及其产卵场、越冬场和索饵场、海湾湿地生态系统	管控措施：严格限制围填海、设置直接排污口等改变海域自然属性、破坏海湾湿地生态系统功能的开发活动，加强对受损滨海湿地的政治与生态修复。保障河口行洪安全。 环境保护要求：保护和恢复海湾生态湿地系统，加强海洋环境质量监测河口实行陆源污染物入海总量控制，进行减排防治。本海域海水水质不劣于二类标准，海洋沉积物质量和海洋生物质量均不劣于一类标准

续表

序号	所在行政区域	代码	类别	类型	名称	地理位置(四至)	覆盖区域		生态保护目标	管控措施与环保要求
							面积(平方公里)	岸线长度(公里)		
79	威海	37-Xj16	限制开发区	重要滨海旅游区	前岛滨海旅游限制区	四至:122°2′20.09″—122°5′40.58″E;36°54′11.07″—36°55′31.57″N	4.59	6.99	自然景观、砂质岸线	管控措施:禁止实施可能改变或影响滨海旅游的开发建设活动,禁止可能改变砂质岸线及与其相关的海洋动力环境的用海工程。科学编制旅游开发规划,合理控制旅游开发强度,严格论证旅游基础设施建设岸线附近的景区建设工程。 环境保护要求:保护砂质和基岩海岸等旅游资源,加强海洋环境质量监测。本海域海水水质不劣于二类标准,海洋沉积物质量和海洋生物质量均不劣于一类标准
80	威海	37-Xh07	限制开发区	重要砂质岸线及邻近海域	文登—乳山海砂质岸线限制区	四至:121°45′47.07″—121°58′15.06″E;36°51′3.09″—36°57′9.9″N	87.82	32.37	砂质岸线、砂源海域	管控措施:严格控制占用岸线、沙滩和沿海防护林的开发活动,禁止采挖海砂等可能诱发海岸蚀退的用海活动。经严格论证后可在适宜区域建设旅游休闲娱乐人工岛及附属设施。保障河口行洪安全。 环境保护要求:保护滨海沙滩,保持良好的海域水质环境,避免陆源污染,及时清理沙滩固废,保持良好的海水浴场用海环境。本海域海水水质不劣于二类标准,海洋沉积物质量和海洋生物质量均不劣于一类标准
81	威海	37-Xj17	限制开发区	重要滨海旅游区	乳山凤凰嘴滨海旅游限制区	四至:121°41′32.91″—121°48′39.66″E;36°48′7.46″—36°52′59.75″N	23.18	9.01	砂质岸线、砂源海域	管控措施:禁止实施可能改变或影响滨海旅游的开发建设活动。海岛及附近海域禁止炸礁、围填海、填海连岛、采挖海砂等可能造成海岛生态系统破坏的用海工程。允许适度进行旅游基础设施建设,严格控制岸线附近的景区建设工程;严格控制占用岸线、沙滩和沿海防护林。 环境保护要求:保护岸、滩、岛、礁等组成的近岸海洋生态环境、优质生物和旅游资源。本海域海水水质不劣于二类标准,海洋沉积物质量和海洋生物质量均不劣于一类标准

续表

序号	所在行政区域	代码	类别	类型	名称	地理位置(四至)	覆盖区域		生态保护目标	管控措施与环保要求
							面积（平方公里）	岸线长度（公里）		
82	威海	37-Xe09	限制开发区	重要渔业海域	乳山宫家岛西施舌渔业海域限制区	四至：121° 42′ 36.79″—121° 44′ 58.24″E；36°48′30.7″—36°49′53.55″N	3.71	0.00	西施舌	管控措施：按照《水产种质资源保护区管理暂行办法》进行管理。禁止围填海、截断洄游通道、水下施工等用海活动。加强渔业资源养护，控制捕捞强度。 环境保护要求：禁止排污、倾倒等不利于环境保护与资源恢复行为，保护海洋生物资源的生存环境不受破坏。海水水质、海洋沉积物质量和海洋生物质量均不劣于一类标准
83	威海	37-Xh08	限制开发区	重要砂质岸线及邻近海域	乳山银滩砂质岸线限制区	四至：121° 37′ 3.79″—121° 43′ 20.04″E；36°46′43.69″—36°50′0.31″N	18.88	13.29	砂质岸线、砂源海域	管控措施：禁止可能改变或影响沙滩自然属性及与其相关海洋动力环境的用海活动，设立砂质岸线退缩线，禁止沙滩附近的建设工程，禁止采挖海砂、倾倒废物等破坏沙滩的行为。在不影响砂源保护的前提下，允许适度进行海水浴场等旅游用海活动。 环境保护要求：保护滨海沙滩，保持良好的海域水质环境，避免陆源污染，及时清理沙滩固废，保持良好的海水浴场用海环境。海水水质不劣于二类标准，海洋沉积物质量和海洋生物质量不劣于一类标准
84	威海	37-Xd06	限制开发区	重要滨海湿地	乳山白沙口滨海湿地限制区	四至：121° 37′ 22.43″—121° 39′ 9.57″E；36°48′21.56″—36°50′4.8″N	2.77	4.47	海湾湿地生态系统	管控措施：严格限制围填海、设置直接排污口等破坏海湾湿地生态系统功能的开发活动。保障河口行洪安全，逐步恢复海湾生态系统。 环境保护要求：保持和恢复海湾湿地生态环境。本海域海水水质不劣于二类标准，海洋沉积物质量和海洋生物质量均不劣于一类标准

续表

序号	所在行政区域	代码	类别	类型	名称	地理位置(四至)	覆盖区域		生态保护目标	管控措施与环保要求
							面积（平方公里）	岸线长度（公里）		
85	威海	37-Xf06	限制开发区	特殊保护海岛	乳山汇岛海岛限制区	四至：121° 39′ 15.9″—121° 39′ 52.39″E； 36°40′38.94″—36°41′15.43″N	1.02	0.00	海岛生态系统及自然地形、地貌、景观	管控措施：禁止炸礁、围填海、采挖海砂等可能造成海岛生态系统破坏及自然地形、地貌改变的行为，加强对受损海岛的生态系统的整治与修复。适度进行岛陆交通基础设施建设。 环境保护要求：避免各种海洋污染，保持海岛原生海洋生态系统和自然景观。海水水质、海洋沉积物质量和海洋生物质量均不劣于一类标准
86	威海	37-Jb13	禁止开发区	海洋特别保护区	乳山塔岛湾禁止区	四至：121° 34′ 8.49″—121° 35′ 38.98″E； 36°44′10.25″—36°45′38.38″N	4.64	0.00	海湾生态系统、重要海洋经济生物栖息、繁衍地	管控措施：按照《海洋特别保护区管理办法》进行管理。禁止实施改变区内自然生态条件的生产活动和任何与保护无关的工程建设活动。通过增殖放流和自身繁衍，提高生态环境质量，采取科学措施和适宜方法，达到生态保护区水平。 环境保护要求：维持、恢复、改善海洋生态环境和生物多样性，保护自然景观，避免保护区周边海域环境污染。海水水质不劣于二类标准，海洋沉积物质量和海洋生物质量均不劣于一类标准
87	威海	37-Xb14	限制开发区	海洋特别保护区	乳山塔岛湾限制区	四至：121°33′0.5″—121°36′6.35″E； 36°44′0.78″—36°46′8.86″N	6.35	1.18	海湾生态系统、重要海洋经济生物栖息、繁衍地	管控措施：按照《海洋特别保护区管理办法》进行管理。通过增殖放流和自身繁衍，提高生态环境质量，采取科学措施和适宜方法，达到生态保护区水平。 环境保护要求：维持、恢复、改善海洋生态环境和生物多样性，保护自然景观，减少或避免保护区周边海域环境污染。海水水质不劣于二类标准，海洋沉积物质量和海洋生物质量均不劣于一类标准

续表

序号	所在行政区域	代码	类别	类型	名称	地理位置(四至)	覆盖区域		生态保护目标	管控措施与环保要求
							面积(平方公里)	岸线长度(公里)		
88	威海	37-Jb14	禁止开发区	海洋特别保护区	大乳山杜家岛禁止区	四至: 121° 31′ 49.62″—121° 34′ 2.59″E; 36°43′23.94″—36°44′15.34″N	4.17	0.00	岩礁、海湾生态系统	管控措施:参照《海洋特别保护区管理办法》进行管理。禁止实施改变区内自然生态条件的生产活动和任何与保护无关的工程建设活动。严格控制岸线附近的景区建设工程;禁止占用岸线和沙滩。 环境保护要求:保护基岩海岸、岩礁、防护林等优质旅游资源和近岸生态环境。海水水质不劣于二类标准,海洋沉积物质量和海洋生物质量均不劣于一类标准
89	威海	37-Xb15	限制开发区	海洋特别保护区	乳山口限制区	四至: 121° 28′ 26.46″—121° 34′ 3.37″E; 36°43′21.72″—36°46′5.76″N	29.24	9.47	岩礁、海湾生态系统	管控措施:参照《海洋特别保护区管理办法》进行管理。保障河口行洪安全。在不影响保护区保护的前提下,可适度进行旅游等用海活动。 环境保护要求:加强海洋环境质量监测,维持、恢复、改善海洋生态环境和生物多样性,保护自然景观。海水水质不劣于二类标准,海洋沉积物质量和海洋生物质量不劣于一类标准
90	威海	37-Jb15	禁止开发区	海洋特别保护区	大乳山红石崖禁止区	四至: 121° 28′ 33.34″—121° 30′ 43.2″E; 36°46′4.42″—36°46′54.63″N	2.06	5.70	岩礁、海湾生态系统	管控措施:参照《海洋特别保护区管理办法》进行管理。禁止实施改变区内自然生态条件的生产活动和任何与保护无关的工程建设活动。保障河口行洪安全和湾口潮流畅通。 环境保护要求:加强海洋环境质量监测,维持、恢复、改善海洋生态环境和生物多样性,保护自然景观。海水水质不劣于二类标准,海洋沉积物质量和海洋生物质量不劣于一类标准

续表

序号	所在行政区域	代码	类别	类型	名称	地理位置(四至)	覆盖区域		生态保护目标	管控措施与环保要求
							面积（平方公里）	岸线长度（公里）		
91	威海	37-Xb16	限制开发区	海洋特别保护区	乳山湾限制区	四至：121° 28′ 33.19″—121° 30′ 26.37″E； 36°46′48.43″—36°47′49.67″N	1.89	4.48	岩礁、海湾生态系统	管控措施：参照《海洋特别保护区管理办法》进行管理。保障河口行洪安全和湾口潮流的畅通。禁止改变海域自然属性，在不影响保护区保护的前提下，可适度进行旅游、渔业等用海活动。 环境保护要求：加强海洋环境质量监测，维持、恢复、改善海湾生态环境和生物多样性，保护自然景观。海水水质不劣于二类标准，海洋沉积物质量和海洋生物质量不劣于一类标准
92	威海	37-Xe10	限制开发区	重要渔业海域	乳山湾渔业海域限制区	四至：121°30′39.8″—121°34′2.15″E； 36°47′53″—36°49′42.7″N	2.04	0.00	栉江珧	管控措施：按照《水产种质资源保护区管理暂行办法》进行管理。禁止围填海、截断洄游通道、水下施工等用海活动。加强渔业资源养护，控制养殖密度。在不影响海域生态环境的前提下，允许航道用海。 环境保护要求：周边海域禁止排污、倾倒废弃物等不利于环境保护与资源恢复行为，保护海洋生物资源的生存环境不受破坏。海水水质、海洋沉积物质量和海洋生物质量均不劣于一类标准
93	威海	37-Xd07	限制开发区	重要滨海湿地	乳山湾滨海湿地限制区	四至：121°26′00″—121°34′34″E； 36°46′12.51″—36°51′15.48″N	29.16	36.50	海湾湿地生态系统、栉江珧	管控措施：严格限制围填海、设置直接排污口等破坏海湾湿地生态系统功能的开发活动。保障河口行洪安全和湾口潮流畅通。在不影响海湾生态环境的前提下，允许航道用海。 环境保护要求：保持和恢复海湾湿地生态系统，河口实行陆源污染物入海总量控制，减少或避免陆源和港口污染。本海域海水水质不劣于二类标准，海洋沉积物质量和海洋生物质量均不劣于一类标准

续表

序号	所在行政区域	代码	类别	类型	名称	地理位置(四至)	覆盖区域		生态保护目标	管控措施与环保要求
							面积（平方公里）	岸线长度（公里）		
94	烟台	37-Jb16	禁止开发区	海洋特别保护区	海阳万米海滩东禁止区	四至：121° 11′ 33.06″—121° 13′ 25.08″E；36°40′44.5″—36°41′42.38″N	2.69	2.80	万米沙滩、海洋生物多样性	管控措施：按照《海洋特别保护区管理办法》进行管理。禁止实施改变区内自然生态条件的生产活动和任何与保护无关的工程建设活动。设立砂质岸线退缩线，区内禁止采挖海砂。 环境保护要求：保护滨海沙滩和海水质量，及时清理沙滩固废，保持良好的海水浴场用海环境。保护区周边海域环境杜绝影响本海域的点面源污染，废水、污水、直排口必须达标排放。保护好沿海防护林和沙滩植被。海水水质不劣于二类标准，海洋沉积物质量和海洋生物质量不劣于一类标准
95	烟台	37-Xb17	限制开发区	海洋特别保护区	海阳万米海滩限制区	四至：121°9′2.2″—121°11′53.88″E；36°39′38.48″—36°41′13.15″N	4.41	4.56	万米沙滩、海洋生物多样性	管控措施：按照《海洋特别保护区管理办法》进行管理。适度利用区严格限制实施可能改变或影响沙滩自然属性及邻近海域海洋动力环境的开发建设活动，设立砂质岸线退缩线，区内禁止采挖海砂，在不影响砂质岸线保护前提下，可适度进行生态旅游开发。 环境保护要求：保护区周边海域环境杜绝影响本海域的点面源污染，废水、污水、直排口必须达标排放。保护好沿海防护林和沙滩植被。海水水质不劣于二类标准，海洋沉积物质量和海洋生物质量不劣于一类标准

续表

序号	所在行政区域	代码	类别	类型	名称	地理位置(四至)	覆盖区域		生态保护目标	管控措施与环保要求
							面积（平方公里）	岸线长度（公里）		
96	烟台	37-Jb17	禁止开发区	海洋特别保护区	海阳万米海滩西禁止区	四至:121°4′55.09″—121°9′24.26″E;36°36′50.16″—36°40′7.52″N	8.66	8.28	万米沙滩、海洋生物多样性	管控措施:按照《海洋特别保护区管理办法》进行管理。禁止实施改变区内自然生态条件的生产活动和任何与保护无关的工程建设活动。禁止改变海域自然属性,设立砂质岸线退缩线,区内禁止采挖海砂。 环境保护要求:保护区周边海域环境杜绝影响本海域的点面源污染,废水、污水、直排口必须达标排放。保护好沿海防护林和沙滩植被。海水水质不劣于二类标准,海洋沉积物质量和海洋生物质量不劣于一类标准
97	烟台	37-Xc04	限制开发区	重要河口生态系统	羊角泮河口生态限制区	四至:121°8′2.55″—121°11′35.68″E;36°40′35.48″—36°42′26.96″N	3.76	10.32	河口生态系统	管控措施:禁止设置直接排污口等破坏河口生态功能的开发活动。保护河口的自然形态及生态环境,保障河口行洪安全,逐步恢复河口自然生态系统。 环境保护要求:实行河口陆源污染物入海总量控制。海水水质不劣于二类标准,海洋沉积物质量和海洋生物质量不劣于一类标准
98	烟台	37-Xj18	限制开发区	重要滨海旅游区	马河港—东村河滨海旅游限制区	四至:121°1′23.45″—121°13′16.59″E;36°33′15.38″—36°41′7.93″N	65.77	8.39	河口湿地生态系统、海底砂源、海洋生物多样性	管控措施:严格限制可能改变或影响滨海旅游的开发建设活动,严格控制景区建设工程,保障河口行洪安全。连理岛周边在保障海底泥沙冲淤基本平衡的前提下,经严格论证,可进行旅游开发。 环境保护要求:加强海洋环境质量监测,河口实行陆源污染物入海总量控制,进行减排防治。海水水质不劣于二类标准,海洋沉积物质量和海洋生物质量均不劣于一类标准

续表

序号	所在行政区域	代码	类别	类型	名称	地理位置(四至)	覆盖区域		生态保护目标	管控措施与环保要求
							面积(平方公里)	岸线长度(公里)		
99	烟台	37-Xd08	限制开发区	重要滨海湿地	马河港滨海湿地限制区	四至:121°0′22.03″—121°5′58.07″E;36°37′12.45″—36°40′2.46″N	11.82	13.45	海湾湿地生态系统	管控措施:严格控制建设工程,禁止工业建设。在保障海湾纳潮量的前提下,允许建设旅游基础设施,区内禁止采挖海砂,保障河口行洪安全。 环境保护要求:保持和恢复海湾生态湿地环境,加强海洋环境质量监测,河口实行陆源污染物入海总量控制,进行减排防治。海水水质不劣于二类标准,海洋沉积物质量和海洋生物质量均不劣于一类标准
100	烟台	37-Ja07	禁止开发区	自然保护区	千里岩禁止区	四至:121°22′39.83″—121°23′41.15″E;36°15′27.9″—36°16′22.8″N	2.59	0.00	海岛生态系统	管控措施:按照《自然保护区管理办法》进行管理。除进行必要的调查、科研和管理活动外,禁止其他与保护无关的用海活动。 环境保护要求:恢复和维护海岛生态系统,保护生物多样性和海岛自然景观。海水水质、海洋沉积物质量和海洋生物质量均不劣于一类标准
101	烟台	37-Xa05	限制开发区	自然保护区	千里岩限制区	四至:121°21′48″—121°24′39.69″E;36°14′48″—36°17′6.01″N	15.65	0.00	海岛生态系统	管控措施:按照《自然保护区管理办法》进行管理。除进行必要的调查、科研和管理活动外,严格限制与保护无关的用海活动。 环境保护要求:维护海岛生态环境和生物多样性。海水水质、海洋沉积物质量和海洋生物质量均不劣于一类标准

续表

序号	所在行政区域	代码	类别	类型	名称	地理位置(四至)	覆盖区域		生态保护目标	管控措施与环保要求
							面积（平方公里）	岸线长度（公里）		
102	烟台、青岛	37-Xd09	限制开发区	重要滨海湿地	丁字湾滨海湿地限制区	四至：120° 47′ 22.05″—121° 3′ 32.55″E； 36°31′19″—36°38′56.62″N	103.26	44.96	海湾湿地生态系统、芦苇等生物资源	管控措施：严格限制围填海、设置直接排污口等破坏海湾湿地生态系统功能的开发活动。保障河口行洪安全。 环境保护要求：保持和恢复海湾纳潮总量，逐步恢复海湾自然环境和湿地生态系统，加强海洋环境质量监测。河口实行陆源污染物入海总量控制，进行减排防治。本海域海水水质不劣于二类标准，海洋沉积物质量和海洋生物质量均不劣于一类标准
103	烟台	37-Xb18	限制开发区	海洋特别保护区	莱阳五龙河口东限制区	四至：120° 49′ 34.58″—120° 52′ 43.94″E； 36°36′32.04″—36°38′36.26″N	3.45	0.00	滨海湿地、岛屿生态系统、芦苇等生物资源	管控措施：按照《海洋特别保护区管理办法》进行管理。实行严格的保护制度，在满足保护需求的前提下，开发旅游观光、饮食垂钓、文化娱乐等清洁环保产业，实现资源价值最大化。 环境保护要求：维持与改善自然生态条件，为五龙河河口的海洋生物提供优良的繁衍环境。保持潮间带湿地，保持和恢复海湾纳潮总量，维护河口海湾生态环境，减少保护区周边海域环境污染。海水水质不劣于二类标准，海洋沉积物质量和海洋生物质量不劣于一类标准
104	烟台	37-Jb18	禁止开发区	海洋特别保护区	莱阳五龙河口禁止区	四至：120° 46′ 44.93″—120° 49′ 51.76″E； 36°35′54.72″—36°37′40.21″N	3.97	4.97	滨海湿地、岛屿生态系统、芦苇等生物资源	管控措施：按照《海洋特别保护区管理办法》进行管理。禁止实施各种与保护无关的工程建设活动。 环境保护要求：维持与改善海湾、河口、岛屿自然生态湿地环境，为五龙河河口的海洋生物提供优良的繁衍环境。河口实行陆源污染物总量控制，逐年减少排污总量，同时要确保河流淡水入海量和海湾纳潮量不减少。海水水质不劣于二类标准，海洋沉积物质量和海洋生物质量均不劣于一类标准

续表

序号	所在行政区域	代码	类别	类型	名称	地理位置(四至)	覆盖区域		生态保护目标	管控措施与环保要求
							面积（平方公里）	岸线长度（公里）		
105	烟台	37-Xb19	限制开发区	海洋特别保护区	莱阳五龙河口西限制区	四至：120°45′8.09″—120°48′5.42″E；36°35′25.73″—36°36′38.51″N	3.85	3.67	滨海湿地、岛屿生态系统、芦苇等生物资源	管控措施：按照《海洋特别保护区管理办法》进行管理。实行严格的保护制度，在满足保护需求的前提下，开发旅游观光、饮食垂钓、文化娱乐等清洁环保产业，实现资源价值最大化。 环境保护要求：保持潮间带湿地，保持和恢复海湾纳潮总量，维护河口海湾生态环境，为五龙河河口的海洋生物提供优良的繁衍环境。加强海洋环境质量监测，减少保护区周边海域环境点面源污染。海水水质不劣于二类标准，海洋沉积物质量和海洋生物质量不劣于一类标准
106	青岛	37-Xj19	限制开发区	重要滨海旅游区	三平岛滨海旅游限制区	四至：120°58′42.41″—121°0′28.7″E；36°28′52.96″—36°29′51.9″N	4.05	0.00	岛屿生态系统	管控措施：禁止实施可能改变或影响滨海旅游的开发建设活动，禁止炸礁、填海连岛、采挖海砂等可能造成海岛生态系统破坏及自然地形、地貌改变的行为。可适度进行养殖用海、旅游用海。 环境保护要求：保护海岛生态环境和礁滩等旅游资源。海水水质不劣于二类标准，海洋沉积物质量和海洋生物质量均不劣于一类标准
107	青岛	37-Xj20	限制开发区	重要滨海旅游区	栲栳湾滨海旅游限制区	四至：120°56′28.76″—120°59′6.76″E；36°29′32.24″—36°32′4.13″N	9.62	6.20	砂质岸线、砂源海域	管控措施：严格限制可能改变或影响滨海旅游的开发建设活动，控制附近的景区建设工程，允许适度的码头改扩建工程；严格控制占用岸线、沙滩的工程，控制围填海规模。 环境保护要求：加强海洋环境质量监测，河口实行陆源污染物入海总量控制，进行减排防治。海水水质不劣于二类标准，海洋沉积物质量和海洋生物质量均不劣于一类标准

续表

序号	所在行政区域	代码	类别	类型	名称	地理位置(四至)	覆盖区域		生态保护目标	管控措施与环保要求
							面积（平方公里）	岸线长度（公里）		
108	青岛	37-Xj21	限制开发区	重要滨海旅游区	田横岛滨海旅游限制区	四至：120° 54′ 23.21″—120° 59′ 57.87″E； 36°23′32.26″—36°26′24.67″N	27.07	1.40	岛礁滩旅游资源、海岛生态系统	管控措施：严格限制可能改变或影响滨海旅游的开发建设活动，禁止炸礁、填海连岛、采挖海砂等可能造成海岛生态系统破坏及自然地形、地貌改变的行为。允许适度的陆岛交通码头改扩建工程和旅游用海。 环境保护要求：保护海岛、沙滩、砾石脊滩、海蚀崖、海蚀平台等旅游自然资源，保护海岛植被和潮间带生物，维护海岛、海滩生态环境，妥善处理固废，避免各种污染源污染海域环境。海水水质不劣于二类标准，海洋沉积物质量和海洋生物质量均不劣于一类标准
109	青岛	37-Xj22	限制开发区	重要滨海旅游区	鳌山湾西部滨海旅游限制区	四至：120° 40′ 29.3″—120° 45′ 40.68″E； 36°21′30.46″—36°27′58.31″N	30.43	30.04	礁石、沙滩	管控措施：严格限制可能改变或影响滨海旅游的开发建设活动，禁止可能影响和改变砂质岸线自然属性和与其相关的海洋动力环境的用海活动，适度建设旅游休闲娱乐基础设施、科学调查船舶码头等，严格控制岸线附近的景区建设工程，严格控制占用岸线。 环境保护要求：对已填海区域人工岸线进行生态化改造，保持已围海域潮流畅通，尽量恢复其自然海域的特征，确保河口行洪安全，减少或避免陆源污染入海。维护沙滩、岩岸滩的自然特征，保持海岸旅游资源。海水水质不劣于二类标准，海洋沉积物质量和海洋生物质量均不劣于一类标准

续表

序号	所在行政区域	代码	类别	类型	名称	地理位置(四至)	覆盖区域		生态保护目标	管控措施与环保要求
							面积(平方公里)	岸线长度(公里)		
110	青岛	37-Jb19	禁止开发区	海洋特别保护区	即墨小管岛禁止区	四至：120° 42′ 36.17″—120° 44′ 38.17″E; 36°16′5.55″—36°17′23.55″N	3.45	0.00	岛屿生态系统、植物群落	管控措施:按照《海洋特别保护区管理办法》进行管理。禁止实施改变自然生态条件的工程建设活动,适度进行养殖、旅游和陆岛交通等改善海岛居民生活和生产必需的用海活动。采取有效的保障和维护措施,使其生态及景观功能得到最大程度的保护利用。 环境保护要求:维护独特的海岛珍稀植物群落,保护海岛生态环境和生物多样性,保护自然景观。海水水质、海洋沉积物质量和海洋生物质量均不劣于一类标准
111	青岛	37-Xb20	限制开发区	海洋特别保护区	即墨大小管岛限制区	四至：120° 42′ 17.17″—120° 47′ 42.17″E; 36°12′48.55″—36°17′53.55″N	23.50	0.00	岛屿生态系统	管控措施:按照《海洋特别保护区管理办法》进行管理。采取有效合理措施,实施海洋资源循环利用、海洋生态恢复整治、海洋生物多样性保护等海洋生态工程。 环境保护要求:维护海洋生态环境和生物多样性,保护自然景观。海水水质、海洋沉积物质量和海洋生物质量均不劣于一类标准
112	青岛	37-Jb20	禁止开发区	海洋特别保护区	即墨大管岛禁止区	四至：120° 44′ 16.17″—120° 46′ 37.17″E; 36°12′48.55″—36°14′35.55″N	8.44	0.00	岛屿生态系统、植物群落	管控措施:按照《海洋特别保护区管理办法》进行管理。禁止实施改变自然生态条件的工程建设活动,适度进行养殖、旅游和陆岛交通等改善海岛居民生活和生产必需的用海活动。采取有效的保障和维护措施,使其生态及景观功能得到最大程度的保护利用。 环境保护要求:维护海岛独特的海岛珍稀植物群落,保护海岛生态环境、生物多样性和自然景观。海水水质、海洋沉积物质量和海洋生物质量均不劣于一类标准

续表

序号	所在行政区域	代码	类别	类型	名称	地理位置(四至)	覆盖区域		生态保护目标	管控措施与环保要求
							面积（平方公里）	岸线长度（公里）		
113	青岛	37-Xj23	限制开发区	重要滨海旅游区	崂山东部滨海旅游限制区	四至：120° 37′ 7.17″—120° 44′ 10.01″E； 36°6′23.93″—36°17′26.28″N	50.49	38.34	砂质岸线、岩礁、自然景观	管控措施：禁止实施可能改变或影响滨海旅游的开发建设活动，禁止围填海，禁止实施影响和改变沙滩自然属性和与其相关的海洋动力环境，控制附近的景区建设工程，适度进行休闲渔业、陆岛交通和旅游码头改扩建工程，不得破坏自然景观，禁止占用岸线、沙滩、礁石和海滩。 环境保护要求：保护八仙墩、晒钱石、轮船石、青蛙石、仰口沙滩、试金石湾梦幻海滩、泉心河口等为代表的礁、湾、岸、滩等海岸旅游景观资源，整治修复受损岸线，恢复自然礁滩海岸环境，按章处理岸滩固废，保持海滩清洁，减少或避免陆源等污染，保持良好水质环境。海水水质不劣于二类标准，海洋沉积物质量和海洋生物质量均不劣于一类标准
114	青岛	37-Xf07	限制开发区	特殊保护海岛	长门岩岛群海岛限制区	四至：120° 55′ 46.55″—120° 57′ 50.72″E； 36°9′40.87″—36°11′26.51″N	9.90	0.00	岛屿生态系统、耐冬、鸟类、海珍品生物资源	管控措施：规划建立长门岩岛群海洋特别保护区，参照《海洋特别保护区管理办法》进行管理。禁止实施破坏耐冬等岛上特有珍稀植物和鸟类栖息环境的活动，禁止炸礁、围填海、填海连岛等可能造成海岛生态系统破坏及自然地形、地貌改变的活动。 环境保护要求：保护耐冬等本岛特有的珍稀植物和鸟类栖息环境，保持海岛原生态海洋生态系统。海水水质、海洋沉积物质量和海洋生物质量均不劣于一类标准

续表

序号	所在行政区域	代码	类别	类型	名称	地理位置(四至)	覆盖区域		生态保护目标	管控措施与环保要求
							面积(平方公里)	岸线长度(公里)		
115	青岛	37-Xh09	限制开发区	重要砂质岸线及邻近海域	流清河湾砂质岸线限制区	四至：120° 36′ 17.01″—120° 37′ 8.24″E; 36°6′32.89″—36°7′39.63″N	1.91	1.79	砂质岸线、海砂资源	管控措施：禁止实施改变沙滩自然属性和与其相关的邻近海底地形和海洋动力环境的用海活动，设立砂质岸线退缩线，区内禁止围填海、采挖海砂、倾倒废物等可能诱发海滩蚀退的开发活动。 环境保护要求：保护沙滩、防护林和沙滩植被，规范处置固废，杜绝影响本海域的各类点面源污染，保持海域良好的水质环境。海水水质不劣于二类标准，海洋沉积物质量和海洋生物质量不劣于一类标准
116	青岛	37-Xf08	限制开发区	特殊保护海岛	朝连岛海岛限制区	四至：120° 48′ 59.58″—120° 56′ 16.39″E; 35°51′29.18″—35°55′3.49″N	62.91	0.00	岛屿生态系统、珍品生物资源	管控措施：按照《领海基点保护范围选划与保护办法》管理和保护领海基点。适时建立海洋特别保护区，禁止炸礁、围填海、填海连岛等可能造成海岛生态系统破坏及自然地形、地貌改变的活动。 环境保护要求：保护领海基点岩礁和海珍品生物资源，保持其周边地形地貌的稳定，保持海岛原生海洋生态系统。海水水质、海洋沉积物质量和海洋生物质量均不劣于一类标准
117	青岛	37-Xf09	限制开发区	特殊保护海岛	大福岛海岛限制区	四至：120° 34′ 17.98″—120° 35′ 30.73″E; 36°5′12.13″—36°6′1.33″N	2.7	0.00	岛屿生态系统	管控措施：参照《海洋特别保护区管理办法》进行管理。禁止炸礁、围填海、填海连岛、采挖海砂等可能造成海岛生态系统破坏及自然地形、地貌改变的活动。 环境保护要求：避免可能影响本海域的各种污染，保持海岛原生海洋生态系统。海水水质不劣于二类标准，海洋沉积物质量和海洋生物质量均不劣于一类标准

续表

序号	所在行政区域	代码	类别	类型	名称	地理位置(四至)	覆盖区域		生态保护目标	管控措施与环保要求
							面积(平方公里)	岸线长度(公里)		
118	青岛	37-Xj24	限制开发区	重要滨海旅游区	石老人滨海旅游限制区	四至：120° 28′ 29.03″—120° 30′ 50.21″E; 36°4′31.76″—36°5′38.71″N	5.01	2.49	砂质岸线、沙滩、岩礁	管控措施：禁止实施可能改变或影响滨海旅游的开发建设活动，严格控制岸线附近的景区建设工程；不得破坏自然景观，严格控制占用岸线。 环境保护要求：保持和恢复海岸自然属性。本海域海水水质不劣于二类标准，海洋沉积物质量和海洋生物质量均不劣于一类标准
119	青岛	37-Xg02	限制开发区	自然景观与历史文化遗迹	石老人景观遗迹限制区	四至：120° 28′ 29.03″—120° 29′ 37.74″E; 36°5′12.31″—36°5′42.61″N	0.60	2.24	岩礁、沙滩、海蚀柱	管控措施：参照《海洋特别保护区管理办法》进行管理。禁止炸礁、围填海、采挖砂石等可能造成生态系统破坏及自然地形、地貌改变的活动。 环境保护要求：保护石老人及周边海蚀柱、海蚀崖、海蚀洞、海蚀平台等自然地形地貌景观，规范处理固废，避免可能影响本海域的各种污染，保持原生自然海岸生态系统。海水水质不劣于二类标准，海洋沉积物质量和海洋生物质量均不劣于一类标准
120	青岛	37-Xh10	限制开发区	重要砂质岸线及邻近海域	石老人砂质岸线限制区	四至：120° 27′ 24.86″—120° 28′ 36.6″E; 36°4′30.61″—36°5′42.81″N	2.46	2.49	沙滩、海砂资源	管控措施：禁止实施可能影响和改变砂质岸线自然属性及与其相关的海洋动力环境的用海活动。设立砂质岸线退缩线，禁止采挖海砂、倾废等破坏沙滩的行为。 环境保护要求：保护滨海沙滩和海水质量，及时清理沙滩固废，保持良好的海水浴场用海环境。杜绝影响本海域的各类污染，保护沙滩植被。海水水质不劣于二类标准，海洋沉积物质量和海洋生物质量均不劣于一类标准

续表

序号	所在行政区域	代码	类别	类型	名称	地理位置(四至)	覆盖区域		生态保护目标	管控措施与环保要求
							面积（平方公里）	岸线长度（公里）		
121	青岛	37-Xj25	限制开发区	重要滨海旅游区	青岛滨海旅游限制区	四至：120° 18′ 14.18″—120° 28′ 4.21″E； 36°1′56.26″—36°5′3.22″N	29.13	28.26	自然景观、沙滩、海底砂源	管控措施：禁止实施可能改变或影响滨海旅游的开发建设，禁止有损沙滩、人文和自然景观岸线稳定和历史文化遗迹保护的用海活动。适度提升旅游基础设施，严格控制岸线附近的景区建设工程；不得破坏自然景观，严格控制占用岸线。 环境保护要求：保护历史文化遗迹，保持海岸工程的基本稳定，整治和修复受损自然岸线，规范处理固废，避免各种污染入海，科学设置排放混合区，达标排放城市生活污水，保护城市近岸海域环境。本海域海水水质不劣于二类标准，海洋沉积物质量和海洋生物质量均不劣于一类标准
122	青岛	37-Jb21	禁止开发区	海洋特别保护区	胶州湾禁止区	四至：120°4′45.25″—120°13′0.18″E； 36°6′17.83″—36°14′6.12″N	73.84	2.87	海湾湿地生态系统、贝类资源	管控措施：按照《海洋特别保护区管理办法》、《青岛市胶州湾保护条例》进行管理，禁止实施各种与保护无关的工程建设活动，推进胶州湾综合整治工程。 环境保护要求：削减大沽河等入湾河流污染物入海总量，改善胶州湾海水质量，保护、整治和修复胶州湾海湾河口生态湿地，恢复和提高胶州湾纳潮总量和海洋动力环境，恢复胶州湾自然海湾生态环境。本海域海水水质不劣于二类标准，海洋沉积物质量和海洋生物质量均不劣于一类标准

续表

序号	所在行政区域	代码	类别	类型	名称	地理位置(四至)	覆盖区域		生态保护目标	管控措施与环保要求
							面积(平方公里)	岸线长度(公里)		
123	青岛	37-Xb21	限制开发区	海洋特别保护区	胶州湾限制区	四至：120° 7′ 23.72″—120° 21′ 58.19″E；36°4′30.57″—36°15′40.42″N	153.40	7.04	海湾湿地生态系统、贝类资源	管控措施：按照《海洋特别保护区管理办法》、《青岛市胶州湾保护条例》进行管理。适度进行底播养殖、旅游等与保护区保护目标相一致的生态型资源利用活动。推进胶州湾综合整治工程。 环境保护要求：消减大沽河等入湾河流污染物入海总量，改善胶州湾海水质量，保护、整治和修复胶州湾海湾河口生态湿地，恢复和提高胶州湾纳潮总量和海洋水动力，恢复胶州湾自然海湾生态环境。本海域海水水质不劣于二类标准，海洋沉积物质量和海洋生物质量均不劣于一类标准
124	青岛	37-Xj26	限制开发区	重要滨海旅游区	后岔湾滨海旅游限制区	四至：120° 18′ 4.59″—120° 18′ 52.26″E；35°59′17″—36°0′40.44″N	1.6	4.29	自然景观、海岸线	管控措施：禁止实施可能改变或影响滨海旅游的开发建设活动，严格控制岸线附近的景区建设工程；控制围填海规模，不得破坏自然景观，严格控制占用岸线。 环境保护要求：保护岬湾岸滩等滨海旅游资源，维护近岸海域生态环境。本海域海水水质不劣于二类标准，海洋沉积物质量和海洋生物质量均不劣于一类标准
125	青岛	37-Ja08	禁止开发区	自然保护区	青岛文昌鱼禁止区	四至：120° 20′ 25.00″—120° 25′ 19.00″E；35°57′45.00″—36°0′30.00″N	37.46	0.00	文昌鱼及其栖息地	管控措施：按照《中华人民共和国自然保护区条例》和《海洋自然保护区管理办法》进行管理。禁止捕捞、采挖砂石、旅游等与保护无关的用海活动，禁止非法排污、倾倒废弃物等不利于环境保护与资源恢复行为，航道等用海需在尽可能满足生态保护的前提下进行。适当进行人工增殖放流等有益生态改善的措施。 环境保护要求：加强海洋环境质量检测，避免船舶溢油、泄漏等环境污染，维护区内湾口自然海洋生态环境。海水水质、海洋沉积物质量和海洋生物质量均不劣于一类标准

续表

序号	所在行政区域	代码	类别	类型	名称	地理位置(四至)	覆盖区域		生态保护目标	管控措施与环保要求
							面积(平方公里)	岸线长度(公里)		
126	青岛	37-Xa06	限制开发区	自然保护区	青岛文昌鱼限制区	四至：120° 20′ 16.19″—120° 25′ 52.6″E； 35°57′0.00″—36°0′0.55″N	24.44	0.00	文昌鱼及其栖息地	管控措施:按照《中华人民共和国自然保护区条例》和《海洋自然保护区管理办法》进行管理。禁止采挖砂石、排污、倾倒以及截断洄游通道等不利于环境保护与资源恢复行为。禁止采取对海底表层产生破坏的捕捞方式,繁殖期内禁止捕捞。航道等用海需在尽可能满足生态保护的前提下进行,适当进行人工增殖放流等有益生态改善的措施。 环境保护要求:加强海洋环境质量检测,避免船舶溢油、泄漏等环境污染,维护区内湾口自然海洋生态环境。海水水质不劣于二类标准,海洋沉积物质量和海洋生物质量均不劣于一类标准
127	青岛	37-Xa07	限制开发区	自然保护区	青岛大公岛限制区	四至:120°26′42.6″—120°30′57.6″E; 35°56′37.06″—35°58′48.06″N	16.64	0.00	岛屿生态系统、鸟类、海洋生物资源及栖息地	管控措施:按照《中华人民共和国自然保护区条例》和《海洋自然保护区管理办法》进行管理。禁止炸礁、围填海、采挖海砂等可能造成海岛生态系统破坏及自然地形、地貌改变的活动,适度进行保护工作必需的陆岛交通建设工程。 环境保护要求:保护区周边海域环境杜绝可能影响本海域的各种污染,保持海岛原生海洋生态系统,科学整治和修复受损海岛自然生态环境。海水水质、海洋沉积物质量和海洋生物质量均不劣于一类标准

续表

序号	所在行政区域	代码	类别	类型	名称	地理位置(四至)	覆盖区域		生态保护目标	管控措施与环保要求
							面积（平方公里）	岸线长度（公里）		
128	青岛	37-Xb22	限制开发区	海洋特别保护区	青岛西海岸灵山湾限制区	四至：120°1′24.66″—120°18′28″E；35°45′38″—35°59′49.92″N	173.26	66.81	海洋自然生态系统	管控措施：参照《海洋特别保护区管理办法》进行管理。禁止实施可能影响和改变砂质岸线自然属性及与其相关的海洋动力环境的用海活动，禁止实施有损连三岛、牛岛、唐岛湾等海岸岛礁、礁盘海滩、岬角海湾等旅游资源的建设工程，严格控制捕捞、布网范围，确保航道畅通。在不影响资源与环境保护的前提下，适度实施与海洋公园保护目标相一致的海滨旅游、生态渔业和陆岛交通等生态型资源利用活动。 环境保护要求：保护岛、礁、岸、滩、岬角、海湾等海岸自然旅游资源，杜绝陆源污染直接入海，避免可能影响本海域的各种污染，规范处置固废，保持良好的近岸海域环境，保持原生自然近岸海洋生态系统。本海域海水水质不劣于二类标准，海洋沉积物质量和海洋生物质量均不劣于一类标准
129	青岛	37-Jb22	禁止开发区	海洋特别保护区	青岛西海岸灵山岛禁止区	四至：120°3′11″—120°16′8″E；35°39′30″—35°51′23″N	180.86	0.00	岛屿生态系统	管控措施：参照《海洋特别保护区管理办法》进行管理。禁止实施各种与保护无关的工程建设活动，在满足保护要求的前提下，适度实施与海洋公园保护目标相一致的海滨旅游、生态渔业等生态型资源利用活动和陆岛交通等改善海岛居民生活生产必需的用海活动。 环境保护要求：保护该海域独特的海洋生态环境和生物多样性，保持稀有野生动物基因库，恢复、增加该海域渔业资源量。本海域海水水质、海洋沉积物质量和海洋生物质量均不劣于一类标准

续表

序号	所在行政区域	代码	类别	类型	名称	地理位置(四至)	覆盖区域		生态保护目标	管控措施与环保要求
							面积(平方公里)	岸线长度(公里)		
130	青岛	37-Xa08	限制开发区	自然保护区	灵山岛限制区	四至:120°7′0″—120°12′6″E;35°43′38″—35°48′21″N	33.67	0.00	海岛生态系统、海洋生物资源、自然景观	管制措施:按照《中华人民共和国自然保护区条例》和《海洋自然保护区管理办法》进行管理。在满足保护要求的前提下,可在保护区的非核心区和缓冲区适度实施与保护区保护目标相一致的生态渔业、海岛旅游等生态型资源利用活动和陆岛交通等改善海岛居民生活生产必需的用海活动。 环境保护要求:建立污水处理设置,规范处置固废,整治和修复受损海岛岸线,保护和改善海岛生态环境和生物多样性。海水水质、海洋沉积物质量和海洋生物质量均不劣于一类标准
131	青岛	37-Xh11	限制开发区	重要砂质岸线及邻近海域	两河砂质岸线限制区	四至:120°2′27.66″—120°4′27.94″E;35°51′29″—35°53′17.6″N	3.16	6.93	砂质岸线、海底砂源	管控措施:禁止实施改变沙滩自然属性和与其相关的邻近海底地形和海洋动力环境的用海活动,设立砂质岸线退缩线,区内禁止围填海、采挖海砂、倾倒废物等可能诱发海滩蚀退的开发活动。 环境保护要求:保护沙滩,规范处置固废,杜绝影响本海域的各类点面源污染,保持海域良好的水质环境。海水水质不劣于二类标准,海洋沉积物质量和海洋生物质量不劣于一类标准
132	青岛	37-Xb23	限制开发区	海洋特别保护区	青岛西海岸琅琊台限制区	四至:119°53′8.33″—119°58′43″E;35°35′25″—35°42′3.33″N	49.74	23.93	岛屿生态系统	管控措施:参照《海洋特别保护区管理办法》进行管理。保护该海域独特的海洋生态环境和生物多样性,保持稀有野生动物基因库,恢复、增加该海域渔业资源量,推进海洋自然保护区的建设。 环境保护要求:妥善处理生活垃圾,避免对毗邻海洋生态敏感区、亚敏感区产生影响。本海域海水水质不劣于二类标准,海洋沉积物质量和海洋生物质量均不劣于一类标准

续表

序号	所在行政区域	代码	类别	类型	名称	地理位置(四至)	覆盖区域		生态保护目标	管控措施与环保要求
							面积（平方公里）	岸线长度（公里）		
133	日照	37-Jb23	禁止开发区	海洋特别保护区	日照黄家塘湾禁止区	四至：119° 37′ 4.02″—119° 43′ 45.84″E; 35°32′25.57″—35°35′37.68″N	34.80	15.91	岛屿生态系统	管控措施:参照《海洋特别保护区管理办法》进行管理。禁止实施任何与保护无关的工程建设,在不影响保护区保护的前提下,适度进行海滨旅游、生态渔业等与海洋公园保护目标相适宜的用海活动。 环境保护要求:逐步减少和避免影响本海域的各种污染,逐步取消两城河口的工厂化养殖,退养还海,维护和恢复自然河口湿地环境,保护生物多样性,保护和恢复原生海洋生态系统。海水水质不劣于二类标准,海洋沉积物质量和海洋生物质量均不劣于一类标准
134	日照	37-Xe11	限制开发区	重要渔业海域	日照两城外渔业海域限制区	四至:119°42′13.03″—119°43′50″E; 35°32′50.39″—35°34′10″N	1.98	0.00	西施舌	管控措施:按照《水产种质资源保护区管理暂行办法》进行管理。禁止围填海、采挖海砂、截断洄游通道等可能影响渔业资源育幼、索饵、产卵的开发活动。禁止采取对海底表层产生破坏的捕捞方式,繁殖期内禁止捕捞。适当进行人工鱼礁、增殖放流等资源恢复措施。 环境保护要求:避免可能影响本海域的各种污染,保护西施舌栖息环境,保持原生海洋生态系统。海水水质、海洋沉积物质量和海洋生物质量均不劣于一类标准

续表

序号	所在行政区域	代码	类别	类型	名称	地理位置(四至)	覆盖区域		生态保护目标	管控措施与环保要求
							面积(平方公里)	岸线长度(公里)		
135	日照	37-Xb24	限制开发区	海洋特别保护区	日照海洋公园限制区	四至：119° 33′ 38.22″—119° 43′ 44.88″E；35°20′54.35″—35°32′26.85″N	219.19	13.28	海洋自然生态系统	管控措施：参照《海洋特别保护区管理办法》进行管理。禁止实施可能影响和改变砂质岸线自然属性及与其相关的海洋动力环境的用海活动。禁止实施有损海岸礁石、礁盘海滩等旅游资源的建设工程。在不影响保护区保护的前提下，适度实施与海洋公园保护目标相一致的海滨旅游、生态渔业等生态型资源利用活动。 环境保护要求：保护岛、礁、岸、滩等海岸自然旅游资源，避免陆源污染直接入海，杜绝可能影响本海域的各种污染，规范处置固废，保持原生自然海洋生态系统。海水水质不劣于二类标准，海洋沉积物质量和海洋生物质量不劣于一类标准
136	日照	37-Jb24	禁止开发区	海洋特别保护区	日照桃花岛禁止区	四至：119° 36′ 18.33″—119° 36′ 55.79″E；35°27′57.17″—35°28′25.49″N	0.82	0.00	岛屿生态系统	管控措施：参照《海洋特别保护区管理办法》进行管理。禁止炸礁、填海连岛、采挖海砂等可能造成海岛生态系统破坏及岛体和礁滩自然地形、地貌改变的用海活动。 环境保护要求：维护本区的生态及自然环境。杜绝可能影响本海域的各种污染，保护海岛、海滩礁石潮间带自然生态系统。海水水质、海洋沉积物质量和海洋生物质量均不劣于一类标准

续表

序号	所在行政区域	代码	类别	类型	名称	地理位置(四至)	覆盖区域		生态保护目标	管控措施与环保要求
							面积（平方公里）	岸线长度（公里）		
137	日照	37-Jb25	禁止开发区	海洋特别保护区	日照太公岛禁止区	四至：119° 34′ 52.11″—119° 35′ 28.11″E； 35°26′3.54″—35°26′31.98″N	0.80	0.00	岛屿生态系统	管控措施：参照《海洋特别保护区管理办法》进行管理。禁止实施改变区内与保护无关的工程建设，禁止炸礁、围填海、填海连岛、采挖海砂等可能造成海岛生态系统破坏及岛体和礁滩自然地形、地貌改变的用海活动。 环境保护要求：避免可能影响本海域的各种污染，保持保护海岛、海滩礁石潮间带自然生态系统。海水水质、海洋沉积物质量和海洋生物质量均不劣于一类标准
138	日照	37-Jb26	禁止开发区	海洋特别保护区	日照梦幻沙滩禁止区	四至：119° 33′ 33.89″—119° 35′ 12.82″E； 35°23′40.41″—35°27′28.4″N	4.14	7.91	沙滩、砂源海域	管控措施：参照《海洋特别保护区管理办法》进行管理。禁止实施可能影响和改变砂质岸线自然属性及与其相关的海洋动力环境的用海活动。设立砂质岸线退缩线，禁止采挖海砂、倾废等破坏沙滩的行为。 环境保护要求：保护滨海沙滩和海水质量，及时清理沙滩固废，保持良好的海水浴场用海环境。杜绝影响本海域的各类污染，保护沙滩植被。海水水质不劣于二类标准，海洋沉积物质量和海洋生物质量均不劣于一类标准
139	日照	37-Jb27	禁止开发区	海洋特别保护区	日照万平口潟湖禁止区	四至：119° 32′ 51.35″—119° 33′ 42.98″E； 35°23′56.08″—35°25′48.39″N	2.23	9.48	沙滩、砂源海域	管控措施：参照《海洋特别保护区管理办法》进行管理。禁止改变海域自然属性、破坏海洋生态环境的开发活动。保持自然岸线形态、长度和海底地形、海洋水动力环境的稳定。在不影响砂源保护，确保海洋生态系统安全的前提下，适度进行旅游业和海洋潮汐能利用。 环境保护要求：杜绝可能影响本海域的各种污染，保持原生海湾潟湖湿地生态系统。海水水质不劣于二类标准，海洋沉积物质量和海洋生物质量均不劣于一类标准

续表

序号	所在行政区域	代码	类别	类型	名称	地理位置(四至)	覆盖区域		生态保护目标	管控措施与环保要求
							面积（平方公里）	岸线长度（公里）		
140	日照	37-Xe12	限制开发区	重要渔业海域	日照栉江珧渔业海域限制区	四至：119° 50′ 34.61″—119° 54′ 46.18″E；35°21′7.26″—35°27′5.18″N	70.02	0.00	栉江珧	管控措施：按照《水产种质资源保护区管理暂行办法》进行管理。禁止截断洄游通道等可能会影响渔业资源育幼、索饵、产卵的用海活动，禁止采取对海底表层产生破坏的捕捞方式，繁殖期内禁止捕捞，适当进行人工鱼礁、增殖放流等资源恢复措施。 环境保护要求：杜绝可能影响本海域的各种污染，保护渔业资源栖息环境，保持原生海洋生态系统。海水水质、海洋沉积物质量和海洋生物质量均不劣于一类标准
141	日照	37-Xe13	限制开发区	重要渔业海域	日照东方鲀渔业海域限制区	四至：119° 55′ 49.45″—119° 57′ 20.97″E；35°22′13.8″—35°24′11.68″N	8.39	0.00	东方鲀	管控措施：按照《水产种质资源保护区管理暂行办法》进行管理。禁止截断洄游通道等可能会影响渔业资源育幼、索饵、产卵的用海活动。禁止采取对海底表层产生破坏的捕捞方式，繁殖期内禁止捕捞，适当进行人工鱼礁、增殖放流等资源恢复措施。 环境保护要求：杜绝可能影响本海域的各种污染，保护渔业资源栖息环境，保持原生海洋生态系统。海水水质、海洋沉积物质量和海洋生物质量均不劣于一类标准
142	日照	37-Xj27	限制开发区	重要滨海旅游区	日照刘家湾滨海旅游限制区	四至：119°24′8.94″—119°29′5.06″E；35°15′4.05″—35°17′25.61″N	16.11	4.58	自然资源、大竹蛏	管控措施：禁止实施可能改变或影响滨海旅游的开发建设活动，严格控制岸线附近的景区建设工程；不得破坏自然景观，严格控制占用岸线。 环境保护要求：规范处置固废，避免各类污染进入海域保持良好的旅游和海域生态环境。本海域海水水质不劣于二类标准，海洋沉积物质量和海洋生物质量均不劣于一类标准

续表

序号	所在行政区域	代码	类别	类型	名称	地理位置(四至)	覆盖区域		生态保护目标	管控措施与环保要求
							面积（平方公里）	岸线长度（公里）		
143	日照	37-Xh12	限制开发区	重要砂质岸线及邻近海域	小海河砂质岸线限制区	四至:119°24′9.92″—119°26′8.00″E;35°15′52.80″—35°14′14.52″N	5.59	2.43	砂质岸线	管控措施:禁止实施可能改变或影响沙滩、河口自然属性及与其相关的海洋动力环境的用海活动,设立砂质岸线退缩线,区内禁止采挖海砂,在不影响砂质岸线保护前提下,适度进行旅游开发用海活动。 环境保护要求:加强海洋环境质量监测。河口实行陆源污染物入海总量控制,进行减排防治,规范处置固废,保持良好的海域环境。本海域海水水质不劣于二类标准,海洋沉积物质量和海洋生物质量不劣于一类标准
144	日照	37-Xb25	限制开发区	海洋特别保护区	日照大竹蛏—西施舌限制区	四至:119°26′8″—119°33′30.81″E;35°10′2″—35°15′4″N	70.34	0.00	自然资源、大竹蛏	管控措施:按照《海洋特别保护区管理办法》进行管理。禁止截断洄游通道等可能会影响渔业资源育幼、索饵、产卵的用海活动。禁止采取对海底表层产生破坏的捕捞方式,繁殖期内禁止捕捞,适当进行人工鱼礁、增殖放流等资源恢复措施。尽量避免在岚山港开发建设过程中对海域生态环境造成的不利影响。 环境保护要求:杜绝可能影响本海域的各种污染,保持原生海洋生态系统。海水水质、海洋沉积物质量和海洋生物质量均不劣于一类标准
145	日照	37-Jb28	禁止开发区	海洋特别保护区	日照大竹蛏—西施舌禁止区	四至:119°27′20″—119°32′10″E;35°10′56″—35°13′26.09″N	33.81	0.00	自然资源、大竹蛏	管控措施:按照《海洋特别保护区管理办法》进行管理。禁止实施与保护无关的工程建设活动。禁止采取对海底表层产生破坏的捕捞方式,繁殖期内禁止捕捞,适当进行人工鱼礁、增殖放流等资源恢复措施。 环境保护要求:保护区周边海域环境杜绝可能影响本海域的各种污染,保护生物资源的栖息环境,保持自然海洋生态系统。海水水质、海洋沉积物质量和海洋生物质量均不劣于一类标准

续表

序号	所在行政区域	代码	类别	类型	名称	地理位置(四至)	覆盖区域		生态保护目标	管控措施与环保要求
							面积(平方公里)	岸线长度(公里)		
146	日照	37-Xb26	限制开发区	海洋特别保护区	日照文昌鱼限制区	四至:119°34′0″—119°35′10″E; 35°10′58.8″—35°13′58.8″N	7.76	0.00	自然资源、文昌鱼	管控措施:按照《海洋特别保护区管理办法》进行管理。禁止截断洄游通道等可能影响渔业资源育幼、索饵、产卵的用海活动,禁止采取对海底表层产生破坏的捕捞方式,繁殖期内禁止捕捞,适当进行人工鱼礁、增殖放流等资源恢复措施。 环境保护要求:保护区周边海域环境避免可能影响本海域的各种污染,保护生物资源的栖息环境,保持原生自然的海洋生态系统。海水水质、海洋沉积物质量和海洋生物质量均不劣于一类标准
147	日照	37-Xe14	限制开发区	重要渔业海域	日照前三岛渔业海域限制区	四至:119°29′32.6″—119°33′49.79″E; 35°9′21.47″—35°10′54.38″N	7.42	0.00	自然资源、黄盖鲽	管控措施:按照《水产种质资源保护区管理暂行办法》进行管理。禁止截断洄游通道等可能会影响渔业资源育幼、索饵、产卵的用海活动,禁止采取对海底表层产生破坏的捕捞方式,繁殖期内禁止捕捞,适当进行人工鱼礁、增殖放流等资源恢复措施。区内西南侧与岚山港区水域重叠区域,尽量避免在岚山港开发建设过程中对海域生态环境造成不利影响。 环境保护要求:周边海域环境避免可能影响本海域的各种污染,保护生物资源栖息环境,保持原生自然海洋生态系统。海水水质、海洋沉积物质量和海洋生物质量均不劣于一类标准

续表

序号	所在行政区域	代码	类别	类型	名称	地理位置(四至)	覆盖区域		生态保护目标	管控措施与环保要求
							面积(平方公里)	岸线长度(公里)		
148	日照	37-Xb27	限制开发区	海洋特别保护区	日照岚山海上石碑限制区	四至：119° 20′ 25.46″—119° 20′ 38.08″E；35°5′14.25″—35°5′23.24″N	0.05	0.34	天然巨石、名人石刻	管控措施：规划建立岚山海上碑省级自然保护区，参照《中华人民共和国自然保护区条例》和《海洋自然保护区管理办法》进行管理。禁止实施影响和损害海上石碑自然遗迹及与其相关的周边岸滩礁石、海域地形地貌和海洋动力环境的用海活动。 环境保护要求：保护海上碑历史文化遗迹、海岸礁石自然景观，维持、恢复、改善海洋环境，禁止各类污染入海，规范处置固废。海水水质、海洋沉积物质量和海洋生物质量均不劣于一类标准
149	日照	37-Xj28	限制开发区	重要滨海旅游区	日照岚山头滨海旅游限制区	四至：119° 17′ 55.36″—119° 20′ 12.06″E；35°4′4.85″—35°5′48.31″N	7.52	4.39	自然景观、海岸线	管控措施：禁止实施可能改变或影响滨海旅游的开发建设活动，保持整治岸线的基本稳定。 环境保护要求：实行陆源污染物入海总量控制，进行减排防治，规范处置固废，保护潮间带及邻近海域生态环境。海水水质不劣于二类标准，海洋沉积物质量和海洋生物质量不劣于一类标准
150	日照	37-Xc05	限制开发区	重要河口生态系统	绣针河河口生态限制区	四至：119° 17′ 21.73″—119° 18′ 32.31″E；35°3′29.73″—35°6′8.42″N	4.30	3.32	河口生态系统	管控措施：禁止围填海、采挖海砂及其他可能破坏河口生态系统功能的开发活动。保持河口基本形态稳定，保障河口行洪安全，逐步恢复绣针河河口自然生态系统。 环境保护要求：实行河口陆源污染物入海总量控制，逐年减少排放总量。海水水质不劣于二类标准，海洋沉积物质量和海洋生物质量不劣于一类标准

续表

序号	所在行政区域	代码	类别	类型	名称	地理位置(四至)	覆盖区域		生态保护目标	管控措施与环保要求
							面积（平方公里）	岸线长度（公里）		
151	日照	37-Xf10	限制开发区	特殊保护海岛	日照前三岛海岛限制区	四至：119° 46′ 45.23″—119° 56′ 59.67″E； 34°58′4.02″—35°10′1.99″N	344.44	0.00	岛屿生态系统	管控措施：按《领海基点保护范围选划与保护办法》管理和保护领海基点。禁止炸礁、围填海、填海连岛、采挖海砂等可能造成海岛生态系统破坏及自然地形、地貌改变的活动，适度进行渔业养殖、通航等用海活动。 环境保护要求：保护领海基点岩礁和海珍品生物资源，保持其周边地形地貌的稳定，杜绝可能影响本海域的各种污染，保持海岛原生自然海洋生态系统。海水水质、海洋沉积物质量和海洋生物质量均不劣于一类标准

专题一：山东省黄海海域海洋生态红线划定对海洋生态文明建设影响分析

前　言

为贯彻《中共中央国务院关于加快推进生态文明建设的意见》，落实《国家海洋局海洋生态文明建设实施方案（2015—2020年）》的总体要求，加强海洋资源科学开发和生态环境保护，提高资源集约节约利用和综合开发水平，最大程度减少对海域生态环境的影响，山东省决定在实施渤海海洋生态红线划定工作基础上，开展黄海海洋生态红线划定工作，建立实施山东省全部海域的海洋生态红线制度。

2015年4月14日，山东省海洋与渔业厅组织青岛海洋地质工程勘察院（国土资源部青岛海洋地质研究所）等单位有关专家就山东省黄海海洋生态红线划定工作进行了研究，提出了进行《山东省黄海海洋生态红线划定对海洋生态文明建设影响分析》等5个专题研究工作。

本研究报告是《山东省黄海海洋生态红线划定对海洋生态文明建设影响分析》专题研究工作的成果。该研究依据山东省黄海海域的区位条件、海洋功能区划、海域开发利用现状和黄海海洋生态红线划定方案等相关资料，阐述了海洋生态文明建设的内涵，分析了山东省黄海海域的海洋生态环境现状和海洋生态环境变化的主要影响因素，并进一步运用SWOT方法分析了山东省黄海海域生态红线划定结果对山东省海洋生态文明建设的影响，提出了山东黄海海域海洋生态文明建设的对策措施。

1　绪论

1.1　海洋生态文明的内涵及其科学性

生态文明，是人类遵循人、自然、社会和谐发展这一客观规律而取得的物质与精神成果的总和，是以人与自然、人与人、人与社会和谐共生、良性循环 、持续发展、全面繁荣为基本宗旨的文化伦理形态（陈建华，2009）。党的十八大指出："面对资源约束趋紧、环境污染严重、生态系统退化的严峻形势，必须树立尊重自然、顺应自然、保护自然的生态文明理念。"《中共中央国务院关于加快推进生态文明建设的意见》中提出到2020年，资源节约型和环境友好型社会建设应取得重大进展，生态文明建设水平应与全面建成小康社会目标相适应。

海洋生态文明是人类在开发和利用海洋的过程中，遵循人类—海洋—社会全面、协调、可持续发展的客观规律，以保护海洋生态环境为基础，以"人海和谐"的海洋意识为主导，以传承海洋文化为己任，以建立完善的海洋管理体制为保障，统筹海洋资源，科学选择海洋开发方式，积极进行海洋产业结构调整，加快推进人类经济社会可持续发展过程中的一种生态文明形态（胡婷莛等，2009）。

随着经济社会的高速发展，人类活动对海洋环境状况和海洋生态系统平衡造成了明显的影响，而海洋生态文明建设作为生态文明建设的重要组成部分，是缓解海洋环境资源压力，促进我国海洋经济社会可持续发展的战略需要。

国家海洋局根据《中共中央国务院关于加快推进生态文明建设的意见》和《水污染防治行动计划》印发了《国家海洋局海洋生态文明建设实施方案》（2015—2020年），并明确提出要把落实《海洋生态文明建设实施方案》当作“十三五”期间海洋事业发展的重要基础性工作抓实抓牢，要将海洋生态文明建设贯穿于海洋事业发展的全过程和各方面，推动海洋生态文明建设上水平、见实效。

随着我国海洋环境保护事业的发展，山东省政府也积极采取措施大力推进海洋生态文明建设，精心组织实施海洋生态文明建设的规划，并在海洋开发过程中不断反思和总结。“十二五”开局之年，《山东半岛蓝色经济区发展规划》获国务院批复，成为国家发展战略，其核心内容之一就是将山东半岛建设成全国性的海洋生态文明示范区。

作为一种生态文明形态，海洋生态文明具有丰富的内涵，具体可概括为：海洋生态意识文明、海洋生态行为文明、海洋生态文化文明、海洋生态制度文明、海洋生态产业文明、海洋生态环境文明等。海洋生态文明建设涉及人、自然、社会的方方面面，相互交错，互为影响，其中人的因素起决定作用。海洋意识要解决人们关于海洋的世界观和价值观的问题，树立人与海洋和谐共存的可持续发展观，构建海洋生态伦理道德观以及选择健康、适度消费的消费观等。海洋行为要以海洋环境承载力为基础，充分遵循海洋的自然规律，合理进行陆海统筹，保护海洋生态环境，不断提升海洋资源的集约节约和综合利用效率。海洋制度用于规范和约束人们的海洋生态文明行为，主要包括建立海洋环境保护的法律法规和海洋环境管理制度等。海洋产业指海洋生态产业建设要在维护海洋生态平衡的前提下，科学选择海洋开发方式和活动，积极进行海洋产业结构调整。海洋环境指海水质量达标，生物多样性及珍稀濒危物种得到保护，海洋生态环境处于健康状态，海洋灾害发生较少。海洋文化指海洋文化的宣传及科普，涉海公共文化设施建设及开放水平高，海洋文化遗产、重要海洋节庆和传统习俗得到传承和保护。在人类发展层面，主要包括海洋意识和海洋行为；在海洋发展层面，包括海洋产业和海洋环境；在社会层面，包括海洋文化和海洋制度（刘健，2014）。上述六个因素相互关联、相辅相成，共同耦合成“人类—海洋—社会”和谐发展的良性运行体系，是海洋生态文明的重要组成部分。利用科学的分析方法分析海洋生态红线划定对海洋生态文明建设的影响，可以明确海洋生态文明建设中的重点，抓住关键，切实有效地推进海洋生态文明建设。

1.2　加强黄海海洋生态文明建设的依据

生态文明建设是党中央的重要战略部署，党中央、国务院高度重视生态保护与建设工作。党的十七大首次提出建设生态文明的要求，党的十八大明确指出“建设生态文明，是关系人民福祉、关乎民族未来的长远大计”，明确要求“面对资源约束趋紧、环境污染严重、生态系统退化的严峻形势，必须树立尊重自然、顺应自然、保护自然的生态文明理念，把生态文明建设放在突出地位，融入经济建设、政治建设、文化建设、社会建设各方面和全过程，努力建设美丽中国，实现中华民族永续发展”。此外，我国《国民经济和社会发展第十二个五年规划纲要》中也明确指出：“坚持保护优先和自然修复为主，加大生态保护和建设力度，从源头上扭转生态环境恶化趋势”，并从“构建生态安全屏障”、“强化生态保护与治理”、“建立生态补偿机制”等方面提出了生态保护与建设的具体要求。

党的十八大和十八届三中、四中全会是对生态文明建设做出了顶层设计和总体部署。党中央、国务院先后印发了《水污染防治行动计划》和《关于加快推进生态文明建设的意见》两个生态文明建设领域的重要文件。国家海洋局高度重视生态文明建设的贯彻落实工作，编制了《国家海洋局海洋生态文明建设实施方案》，着眼于建立基于生态系统的海洋综合管理体系，坚持“问题导向、需求牵引”、“海陆统筹、区域联动”的原则，以海洋生态环境保护和资源节约利用为主线，以制度体系和能力建设为重点，以重大项目和工程为抓手，旨在通过5年左右的努力，推动海洋生态文明制度体系基本完善，海洋管理保障能力显著提升，生态环境保护和资源节约利用取得重大进展，推动海洋生态文明建设水平在“十三五”期间有较大水平的提高。主要政策依据包括：

（1）《关于开展“海洋生态文明示范区”建设工作的意见》（国海发〔2012〕3号）；

（2）《国家海洋局关于印发<海洋生态文明示范区建设管理暂行办法>和<海洋生态文明示范区建设指标体系（试行）>的通知》（国海发〔2012〕44号）；

（3）《全国海洋经济发展规划纲要》（2003）（国务院）；

（4）《山东半岛蓝色经济区发展规划》（2011—2020 年）；

（5）《水污染防治行动计划》（2015）（国务院）；

（6）《关于加快推进生态文明建设的意见》（2015）（国务院）。

1.3 黄海海洋生态红线划定方案

山东省黄海海洋生态红线划定范围涉及海域总面积 31 011 平方千米，海岸线总长 2 414 千米，包括的城市有烟台、威海、青岛、日照。具体范围为：北起山东半岛蓬莱角东沙河口，与渤海生态红线区衔接，南至绣针河口，向陆至山东省人民政府批准的海岸线，向海至领海外部界线，即为山东省的渤海生态红线区划定范围管理海域。

本次划定黄海海洋生态红线区总面积为 3 134.841 平方千米，占山东省黄海海域总面积的 10.1%，划定自然岸线（滩）保有长度约 1 087 千米。

主要控制指标包括：

（1）黄海大陆自然岸线（滩）保有率不低于 45%；海岛自然岸线保有率不低于 85%；

（2）海洋生态红线区面积占山东省管辖黄海海域面积的比例不低于 9%；

（3）到 2020 年，海洋生态红线区入海直排口污染物排放达标率达到 100%，禁止增设新的工业排污口，入海河流基本消除劣于 V 类的水体；

（4）到 2020 年，海洋生态红线区内海水水质达标率不低于 80%。

本次划定黄海海洋生态红线分为禁止开发区和限制开发区，具体划分了 2 类禁止开发区和 9 类限制开发区。

禁止开发区指海洋生态红线区内禁止一切开发活动的区域，主要包括自然保护区的核心区和缓冲区、海洋特别保护区的重点保护区和预留区。共划定禁止开发区 36 个。

限制开发区指海洋生态红线区内除禁止开发区以外的其他红线区，主要包括自然保护区的实验区、海洋特别保护区的适度利用区和生态与资源恢复区、重要渔业海域、重要砂质岸线及邻近海域、重要河口生态系统、重要滨海湿地、特殊保护海岛、自然景观与历史文化遗迹和重要滨海旅游区等。共划定限制开发区 115 个。

山东省黄海海洋生态红线的划定范围如图 1.1 所示。

1.4 研究方法及技术路线

本研究将分析山东省黄海海域的海洋生态文明建设现状，特别是海洋生态环境状况以及影响因素，探讨山东省黄海海洋区域生态文明建设的优势、劣势、机遇和威胁，并提出山东省黄海海洋生态文明建设的管理对策。

本研究采用态势分析法（SWOT）剖析山东省黄海海洋生态红线的划定在海洋生态文明建设的中所产生的影响，同时通过定性的分析方法分析山东省海洋生态文明建设存在的问题。

SWOT 分析法作为一种战略决策的辅助工具，其分析结果可为决策提供支持。目前，SWOT 分析法的应用范围很广泛，例如，较具体的自然资源与环境保护、区域或城市的一般发展规划、涉及自然环境保护以及城区规划等。

根据 SWOT 中 4 个要素对所处的环境进行深入的分析，可以充分认识、掌握、利用和发挥有利条件和因素，控制或化解不利因素和威胁，达到扬长避短、争取最好结局的目的。

针对山东省黄海海洋生态红线划定方案进行 SWOT 分析能够确定山东黄海海洋区域海洋生态文明建设的环境资源优势与劣势、发展机遇或面临的挑战，对进一步分析山东省黄海海洋生态红线划定方案对海洋生态文明建设的影响具有十分重要的前瞻性分析与研究意义。

具体的技术路线如图 1.2 所示。

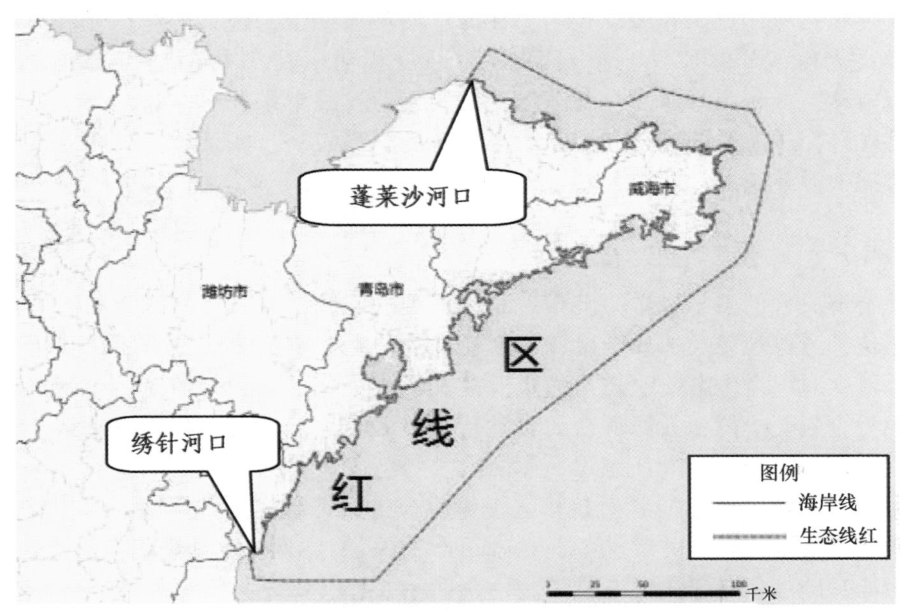

图 1.1　山东省黄海海域岸线现状及海洋生态红线的划定范围

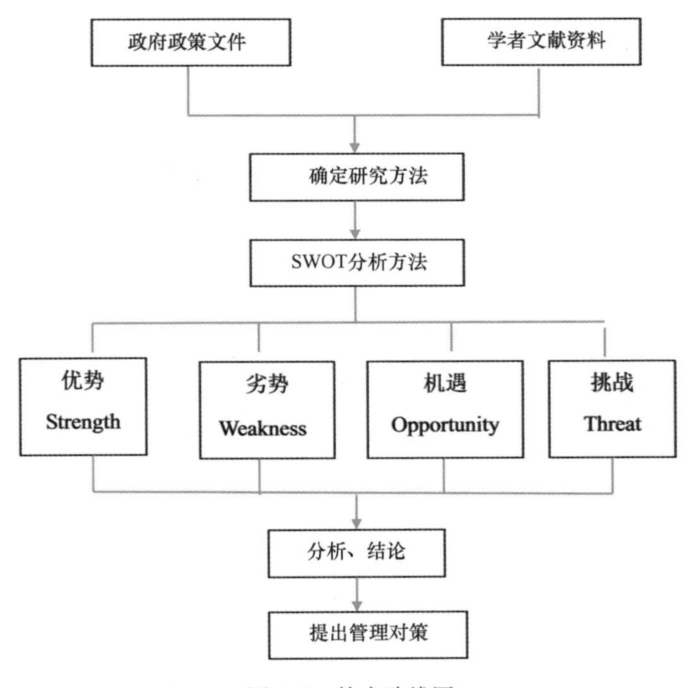

图 1.2　技术路线图

2　山东省黄海区域海洋生态文明建设现状及影响因素

2.1　山东省海洋生态文明建设现状

根据海洋生态文明建设的内涵，海洋生态文明建设的内容体现在以下 3 个方面（刘健，2014）：在人类发展层面上，主要包括海洋意识和海洋行为；在海洋发展层面上，包括海洋产业和海洋环境；在社会层面上，包括海洋文化和海洋制度。上述方面相互联系、相辅相成，共同耦合成“人类—海洋—社会”和谐发展的良性运行体系，利用海洋开发和海洋经济的繁荣发展来维护海洋自然环境的生态平衡，以海洋生态环境的良性循环促进海洋的综合利用和海洋经济的科学发展，相互独立又相互支撑，最终形成可持续发展的海洋生态文明系统。

2.1.1　海洋生态文明建设的人类发展层面现状

海洋生态意识要解决人们关于海洋的世界观和价值观的问题，树立人与海洋和谐共存的可持续发展观，构建海洋生态伦理道德观以及选择健康、适度消费的消费观。虽然通过不断加强生态环境保护宣传教育，山东省人民群众对海洋生态文明建设的重要意义形成一定的认识，但受传统观念影响，海洋生态环境保护还没有成为企事业单位和人民群众的自觉行动，海洋生态文明主体意识有待于进一步提升。部分企业经营者缺乏守法治污的社会责任意识，片面追求经济发展，一些临港工业的环保基础设施建设滞后，陆域污染物质未来得及“消化”就直接排入沿岸水域，危害海洋生态系统。部分群众缺乏绿色生活消费观和健康文明的生活方式，全民参与海洋生态环境保护的自觉性和主动性仍有待进一步提高。

海洋生态行为的基础是严格海洋环境监管与污染防治工作，山东省海洋系统每年依照省委、省政府的统一部署，进行海洋生态环境监测、环境风险监测、环境监管监测、公益服务监测和专项监测五大类工作，为海洋生态文明建设提供了决策和服务保障。在此基础上要进行入海河流和排污口管理，近年来，全省监测的入海排污口邻近海域中，每年均有部分海域海洋环境质量不能满足要求。同时关键生态功能区自然生态环境破坏严重，河口和海湾生态系统退化，这些都与海洋生态文明行为有相当大的关系。山东黄海海域范围内海洋工程不断建设，降低了海洋生态环境承载力，也对科学利用海洋自然资源带来一定压力。

2.1.2　海洋生态文明建设的海洋发展层面现状

山东省地理位置优越，东临渤海、黄海，海洋资源丰富，并且 1991 年山东省提出和实施了“海上山东”战略，把海洋经济的发展提高到了战略高度，经过 20 多年的发展，山东省利用其环境资源优势、科技优势及政府的高度重视，在海洋经济发展方面取得了突出成就，山东省海洋产业总产值占全国海洋渔业总产值的比重不断增加，海洋经济综合实力不断增强，海洋经济已经成为山东省国民经济的重要组成部分。根据国家海洋局统计，山东省海洋经济生产总值由 2005 年的 3 136 亿元增加到 2014 年的10 400亿元，年均增长 15.6%，高于同期全国海洋生产总值和全省 GDP 增速。以 2014 年山东省黄海海域周边市为例，青岛市海洋经济总产值 6 725 亿元，烟台市为 2 460 亿元，日照市为 910 亿元。山东半岛依托丰富的海洋资源，加快产业结构调整步伐，积极改造传统海洋产业，支持海洋第一产业快速发展，大力发展海洋高新技术产业，促进海洋第二产业合理优化，加快培育新兴海洋产业，逐步完善海洋第三产业的发展，使海洋三次产业间比例协调，相互促进，海洋产业结构不断优化。2002—2014 年山东省海洋产业的演变经过了一个相对复杂的发展过程，从“一、二、三”的产业结构到“一、三、二”再到最终的“二、三、一”的产业结构，海洋产业的发展已经进入一个相对稳定的发展阶段。

总体来看，山东省海域海水以符合一类和二类海水水质标准的海域为主，海洋环境质量总体状况较好。2014 年山东省黄海海域符合一类海水水质标准的海域面积占毗邻海域面积的 90%。重点滨海旅游度假区和海水浴场环境状况良好，海洋保护区环境状况、海洋倾倒区水质和沉积物质量基本符合功能区环境保护要求，但赤潮、绿潮和海冰灾害较为频繁。部分入海河流污染物入海量有所减少，但是沿岸排污口超标排放现象依然存在，主要入海污染物为化学需氧量、氨氮、活性磷酸盐和悬浮物，部分排污口邻近海域水质劣于四类海水水质标准。

2.1.3 海洋生态文明建设的社会发展层面现状

海洋文化作为海洋生态文明建设的重要组成部分，其作用不可忽视，但现阶段我国海洋文化发展水平还不高，地区发展不平衡，海洋文化的生产能力、传播能力、消费能力和国际竞争力不强。就山东省海洋文化来看，首先，由于全省受经济社会发展传统思维惯性的影响，海洋观念仍较薄弱，涉海公共文化设施建设及开放水平较低，海洋文化的宣传与教育力度不够；关于海洋文化的科技投入和专业技术人员素质有待提高；海洋文化遗产、重要海洋节日和传统习俗的继承、保护和开发力度不够。

海洋生态制度用于规范和约束人们的海洋生态文明行为，主要包括建立海洋环境保护的法律法规和海洋环境管理制度等。目前我国已制定一些关于海洋管理的法律法规，但仍存在着制度与运行机制缺乏统一协调的问题。就正式制度而言，山东省现行海洋法律大多是针对某一行业或领域制定的专项立法，立法部门繁多，立法时间较早，与新近立法多有冲突，一些法律、法规也缺乏相应的配套细则，整个海洋法律体系缺乏系统性。同时，因管理体制等原因，现行的海洋制度在落实过程中的执行效果与立法目标差距较大。《山东海洋环境保护条例》是根据国家的基本法，结合本省实际制定的，能为山东省海洋生态文明的建设提供具体可行的法律支撑。但仍存在不足之处，例如有关法律责任的规定过于单一，主要以行政处罚为主，缺乏有关环境民事和刑事责任的规定；处罚力度不够，违法成本较低（海洋环境保护法规定处罚额最高不得超过 30 万元人民币）等，使得海洋生态环境的保护缺乏后续的规制力（丁霞霞，2013）。

2.2 山东省黄海海洋生态环境现状

山东省黄海海域包括山东省青岛、烟台、威海、日照等重要城市的临海海域，而山东半岛又居于亚太经济圈西环带的重要部位，与辽东半岛、朝鲜半岛隔海相望，具有欧亚大陆桥桥头堡的重要功能，是我国沿海对外开放的重要区域，也是拉动周边地区经济发展的龙头，在全国经济格局中地位显著（张潇，2009）。山东省濒临黄海海域低盐水体充沛，营养物质丰富，生物资源多样。

海洋生态环境是海洋生物生存和发展的基本条件，生态环境的任何改变都有可能导致生态系统和生物资源的变化。海水的有机统一性及其流动交换等物理、化学、生物、地质的有机联系，使海洋的整体性和组成要素之间密切相关。任何海域某一要素的变化（包括自然的和人为的），都不可能仅仅局限在产生的具体地点上，都有可能对邻近海域或者其他要素产生直接或者间接的影响和作用。生物依赖于环境，环境影响生物的生存和繁衍。当外界环境变化量超过生物群落的忍受限度，就要直接影响生态系统的良性循环，从而造成生态系统的破坏。因此，只有加强海洋生态环境的保护，才能真正实现海洋资源的可持续利用。

研究海洋生态环境现状主要是对当前海域环境质量、生物多样性（包括浮游动植物、底栖）和岸线资源等因素的调查和分析。

2.2.1 山东省黄海海域环境质量状况

2013 年全省各级海洋监测机构近岸海域海水趋势性监测，黄海近岸海域在 5 月、8 月和 10 月开展了监测。黄海近岸海域共设 129 个趋势性海水监测站位，共获得监测数据 2 万余个，基本掌握了全省近岸海域海水环境状况。各监测要素评价结果表明，超四类海水水质标准的要素为无机氮和活性磷酸盐，超标比例分别为 16.36%、0.68%；锌、铬、镉、砷等要素均符合一类和二类海水水质标准，溶解氧、化学需氧量、活性磷酸盐、铜、汞、铅等要素超过 95%的监测站位符合一类和二类海水水质标准，93.86%的站位的石油类符合一类和二类海水水质标准，66.64%的站位的无机氮符合一类和二类海水水质标准。

2014 年山东省海域海水环境主要数据如表 2.1 所示，山东省黄海海域海水以符合一类和二类海水水质标准的海域为主，影响近岸海域环境质量的主要污染因子为无机氮、活性磷酸盐、石油类和化学需氧量等指标。该海域海水质量状况总体良好，沿岸各市近岸海域符合一类和二类海水水质标准的海域面积大多数优于渤海近岸海域平均水平。但是近岸局部海域海水环境污染依然严重，主要是因为沿岸排污口超标排放现象依然存在。该海域近岸海域海洋沉积物质量多年来总体良好，仅个别测站镉、石油类、铜和有机碳未达到一类海洋沉积物质量标准的要求。

表 2.1　山东省海水环境主要数据　　单位：千米^2

季节	一类水质海域面积	二类水质海域面积	三类水质海域面积	四类水质海域面积	劣于四类
春季	144 132	9 771	2 966	1 417	1 314
夏季	147 849	5 576	3 580	1 211	1 384
秋季	143 785	8 088	4 784	1 979	964

2.2.2　山东省黄海海域生物多样性

(1) 浮游植物

海洋浮游植物是海洋生态系统中最重要的初级生产者，维系着生态系统物种能量的输入。其对所处的水生生态环境变化十分敏感，可以作为指标显示出环境的改变。同样浮游植物的数量相当程度上影响着区域渔业资源和整个生态系统。浮游植物可消纳环境中大量的氮、磷等营养物质，因此当工业和生活污水排放较多的营养物质会导致浮游植物暴发性繁殖，这会对生态环境造成极大的破坏。

山东省近岸海域共检出浮游植物 161 种，其中硅藻 124 种，占总数 77.0%，甲藻 33 种，占总数的 20.5%，金藻 3 种，占总数的 1.9%，蓝藻 1 种，占总数的 0.6%（图 2.1）。

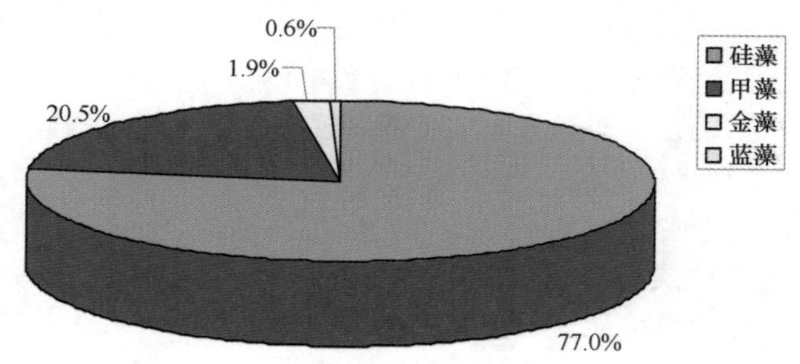

图 2.1　浮游植物种类组成

值得注意的是，原来存在于日本沿岸的某些浮游植物种类，最近在山东省近岸海域检出，如在 2007 年春季出现的双刺原多甲藻等，这可能与外来物种的入侵有关。

夏季采水样品浮游植物的生物多样性指数（H'）在 0.37～4.68，平均 2.88；均匀度（J'）在 0.11～1.00，平均 0.69；物种丰富度（d）在 0.96～6.53，平均 2.37。网采样品浮游植物的生物多样性指数（H'）在 1.80～4.23，平均 3.12；均匀度（J'）在 0.41～0.90，平均 0.68；物种丰富度（d）在 1.17～4.79，平均 2.13。

冬季采水样品浮游植物的生物多样性指数（H'）在 1～4.28，平均 2.89；均匀度（J'）在 0.41～1.00，平均 0.85；物种丰富度（d）在 0.50～4.14，平均 1.87。网采样品浮游植物的生物多样性指数（H'）在 0.52～4.16，平均 2.48；均匀度（J'）在 0.13～0.90，平均 0.59；物种丰富度（d）在 0.56～2.32，平均 1.16。

春季采水样品浮游植物的生物多样性指数（H'）在 1.19～3.95，平均 2.79；均匀度（J'）在 0.42～0.98，平均 0.82；物种丰富度（d）在 0.72～3.70，平均 2.00。网采样品浮游植物的生物多样性指数（H'）在 1.13～3.75，平均 2.54；均匀度在 0.30～0.92，平均 0.64；物种丰富度（d）在 0.42～2.53，平均 1.26。

秋季采水样品浮游植物的生物多样性指数（H'）在1.24~4.54，平均3.14；均匀度（J'）在0.32~0.98，平均0.80；物种丰富度（d）在0.67~4.47，平均2.38。网采样品浮游植物的生物多样性指数（H'）在1.37~4.24；平均3.18；均匀度（J'）在0.31~0.94，平均0.74；物种丰富度（d）在0.92~5.88，平均2.51。

综上可见，黄海海域浮游植物生物多样性指数、均匀度和物种丰富度的季节差异不大。

（2）浮游动物

海洋浮游动物是海洋生态系统中的消费者，自己不能制造有机物，必须依赖已有的有机物为营养源。它们是海洋中的次级生产力，构成海洋中的次级产量，在海洋生态系统中起着重要的调节作用。它们通过捕食控制浮游植物的数量，同时作为鱼类等高级营养值的饵料，会直接影响鱼类的资源量，间接影响海洋水产资源的养殖。海洋工程建设增加影响水体中的悬浮物质，会引起浮游动物生活习性的混乱，因此可以选择浮游动物或植物的多样性指标来表征生物群落结构。

山东近岸海域共鉴定出浮游动物126种，其主要种类组成如图2.2所示。其中春季物种多样性指数的变化范围为0.10~1.23；夏季物种多样性指数变化范围为0.14~2.73；秋季物种多样性指数变化范围为0.42~2.82；冬季物种多样性指数变化范围为0.62~1.74。秋季物种多样性指数最高，故群落复杂和稳定程度较高；其次是夏季；春、冬季物种多样性指数偏低，故群落复杂和稳定程度较低。

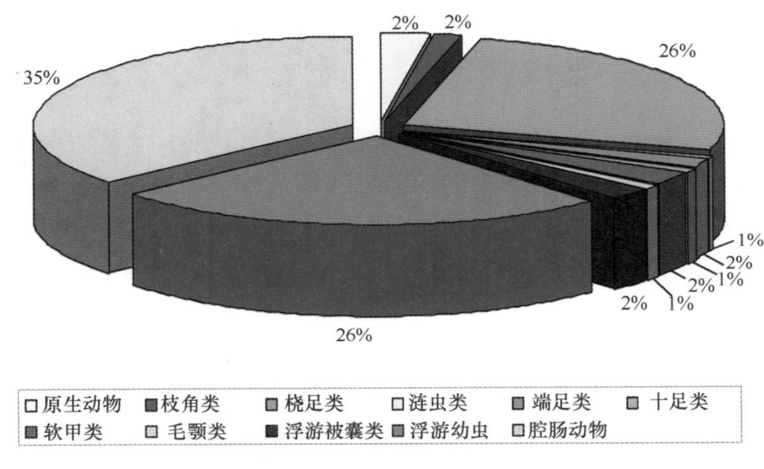

图2.2　浮游动物种类组成

从分布来看，春季胶州湾内生物多样性指数相对较高，日照附近海域次之，青岛附近海域以及乳山湾附近海域相对较小。夏季青岛附近海域和胶州湾内浮游动物生物多样性指数较高，且分布相对均匀，乳山湾附近海域以及日照附近海域均有高值，但分布很不均匀。秋季胶州湾、青岛附近海域生物多样指数较高且分布相对均匀，乳山湾及日照附近海域均有高值，但分布很不均匀。冬季乳山湾附近海域以及日照附近海域生物多样性指数相对较大，且分布相对均匀，而青岛附近海域较小，胶州湾内有高值出现，但分布很不均匀。

（3）底栖生物

底栖生物是海洋生物中的重要生态类群，由于构造和生态复杂多样，且同人类有密切的经济关系，因此底栖生物具有重要的经济价值。其中最主要的是虾蟹类和贝类，全球海洋每年生产300多万吨虾蟹和大约同样数量的贝类，黄海的对虾每年能有几万吨的产量，大型蟹类也有上万吨。此外，有很多底栖生物是经济鱼类、虾类的天然饵料，它们数量的多少还影响着经济鱼虾资源的数量，因此受到人类的重视，有不少底栖生物又是医药或工业原料。

山东省近岸海域共采集到大型底栖动物380种，其主要种类组成如图2.3所示。冬季生物种类数较多，秋季较少。其中，冬夏两季沿岸海域生物种数居多，尤其是冬季的青岛沿岸生物种数最多，远离岸边的海域生物种数较少；春秋两季，青岛沿海生物种数居多，日照和乳山沿岸海域生物种数较少。大型底栖生物的年总平均生物量为16.98克/米^2，春季生物量最高为20.75克/米^2，夏季生物量次之，为17.20克/米^2，秋季比夏季略低为16.58克/米^2，冬季最低为13.4克/米^2。

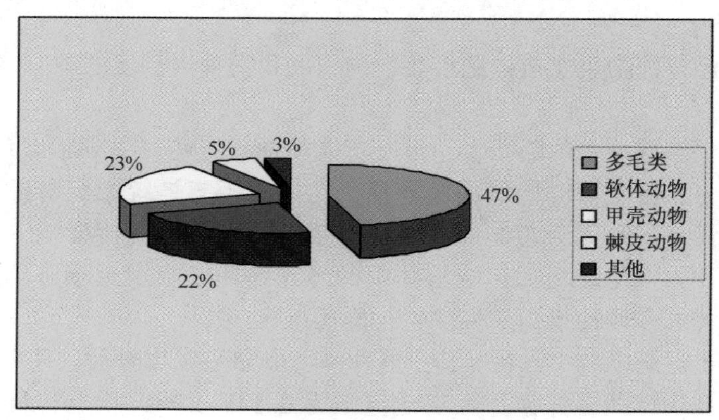

图2.3 大型底栖动物类群组成

综上可见，黄海海域大型底栖动物的种类数以青岛近岸最多，向南北方向呈现减少趋势，在日照和乳山沿岸海域，大型底栖动物种类数最少。

（4）潮间带生物

黄海潮间带平均生物量为458.4克/米^2。岩礁海岸潮间带生物优势种主要有藤壶、牡蛎、偏顶蛤、紫贻贝、栉孔扇贝、皱纹盘鲍、刺参等。散布在岩礁海岸间的泥或泥沙质滩涂，则盛产各种蛤类、蝟螺、蟹类。胶州湾、荣成湾、文登、乳山湾、海阳等泥或泥沙滩涂是蛤仔主要栖息地，靖海湾、五垒岛湾、乳山湾、丁字湾等潮间带则是泥蚶集中分布区域。

2.2.3 山东省黄海海域的岸线分布

近岸海域特有的海洋景观和自然风貌存在巨大的美学价值和经济价值，在各种自然力量长期的作用下，形成了各具特色的沙滩、海岸、海岛和湿地等自然景观。围填海的开发使蜿蜒曲折的自然岸线被人工岸线代替，具有旅游价值的自然景观将可能被永久破坏。为了保护具有重要美学价值和历史价值的海洋自然景观，国家提出了海洋生态文明建设的重要意见，划分了海洋开发的禁止区域和限制区域，以更好地保护景观岸线。

在提取岸线的过程中，根据影像资料中的不同特征将岸线分为人工岸线（图2.4）、淤泥质岸线、砂质岸线和基岩岸线（图2.5）。其中，人工岸线包括永久性人工岸线和非永久性人工岸线。永久性人工岸线主要是指港口、渔港、城镇与工业填海、堤坝、道路、海湾内潮间带高地建设岸线、河道人工岸线和其他填海岸线。非永久性人工岸线是指已进行围海养殖等用海，已无自然岸线的特征，基本不可恢复成自然岸线。目前，山东省黄海海域岸线总长2 414千米，其中自然岸线约938千米，人工岸线约1 476千米。

目前，根据2004年12月31日至2013年6月的人工岸线增长情况预测：2013年6月至2020年，约需120千米岸线用于项目建设，人工岸线需要增加总长度的5%。至2020年，山东省黄海海域的自然岸线保有率只占到31%，达不到《山东省功能区划》中规定的自然岸线保有率不低于45%的目标，未来几年应加强可恢复人工岸线的修复工作。山东省黄海海域海岛有402个，面积约40.3平方千米，岸线总长308.6千米，其中，海岛自然岸线占海岛岸线总长度的94%。根据预测，今后海岛开发利用占用自然岸线预测不会超过5%，因此，黄海海域能够满足国家规定的海岛自然岸线指标为85%的目标要求。

2.3 山东省黄海海洋生态环境变化的主要因素分析

影响海洋生态环境变化的因素是指直接或间接导致生态系统发生变化的任何自然因素或人为因素。

图 2.4　人工岸线

图 2.5　自然岸线

自然因素是指导致生态系统及其服务发生变化的物理、化学与生物因素，这些因素没有人类的直接参与，而人类直接参与导致生态系统及其服务发生变化的因素为人为因素。相比于自然驱动因素，人类活动对生态环境变化的影响更大。

黄海沿海地区凭借独特的资源和区位优势，成为中国经济发展的战略重点区域，对中国的经济发展做出了重要贡献。黄海沿海地区有丰富的油气矿产资源、渔业和盐业资源且拥有独特海上区位优势，在沿海地区进行大面积的油气田开采、水产养殖、盐场建设和港口码头建设，但是随着湿地围垦、油田开发、港口建设、旅游开发及沿岸工农业生产等人类活动的加剧，大量的工业废水废气废渣得不到妥善处理，近岸海域环境质量逐年下降，污染范围不断扩大，生态破坏日趋严重，环境灾害频发，逐步威胁黄海生态环境安全以及沿海居民的身体健康。经过调查分析发现导致山东省近岸海域生态环境发生变化的人为因素主要包括：陆源排污、围海造田、过度捕捞和其他因素等。

2.3.1　陆源排污

近年来，山东省沿海地区加快了海岸带地区工业化和城市化步伐，陆源污染物排海总量呈现逐渐增大的趋势。有研究表明，陆源排放的污染物是近海环境质量日趋恶化的主要原因。据《2014 年山东省海洋环境公报》显示，山东省绿潮影响范围为近 5 年来最大，最大分布面积为 50 000 平方千米，较上年增长 68.2%，比近 5 年平均值增加近 19 000 平方千米。以青岛为例，由于青岛市的城区和工业具有沿胶州湾分布的布局特点，胶州湾及邻近海域始终是陆源污染物的最大受纳者。随着陆源污染物的排放，部分近海水域和内湾水域已不同程度受到污染，其中最严重的是无机氮和无机磷污染。

2.3.2 围海造田

随着社会、经济的高速发展，土地资源越来越成为制约沿海地区进一步发展的瓶颈，因此沿海各省市均进行了大规模的围填海造陆活动，以扩大土地来源。适度、科学的围海造地，对经济发展和社会进步是有益的。特别是近年来，山东省确定实施“九大集中区”和“十小集中区”集约用海区，规划总面积约 1 500 平方千米，包括近岸陆地 800 平方千米，集中集约用海 700 平方千米。

围填海虽然可以增加土地资源量，但是对生态环境的破坏也是十分严重的，尤其会造成滨海湿地的逐渐萎缩。湿地是地球上动植物资源最为丰富的生态系统，围填海导致湿地生物多样性降低、生态服务功能削弱，同时湿地植被的损失也降低了海岸带抵抗海浪袭击的防御能力。目前，山东省的围填海项目以对岸线资源和生态环境破坏较大的顺岸方式为主，这种施工方式使自然岸线不断减少，人工岸线增加，同时使海湾内输沙途径与沉积条件改变，造成港湾不断淤积填平，面积逐渐萎缩，水体对污染物的环境容量和自净能力下降，不仅破坏了岸线资源和景观，而且降低了港湾的环境质量和使用价值。

因此进行围填海活动必须转变理念，改进围填海工程的平面设计方式，全面提升工程的社会、经济、环境效益，最大限度地减少其对海洋自然岸线、海域功能和海洋生态环境造成的损害，并遵从保护自然岸线、延长人工岸线和提升景观效果的围填海平面设计三原则。

2.3.3 过度捕捞

由于受海洋资源共有性的经济争夺利益诱惑，过度捕捞始终伴随着渔民对渔业资源从无限到有限的认识过程。因而长期以来，海洋渔业一直处于过度开发的状态，导致海洋生态环境破坏、鱼类种类减少、数量下降和生物资源结构改变等。如，近海经济鱼类的渔获比重越来越小，鱼类小型化日渐明显导致近海渔业资源继续衰退，海域生产力逐渐下降。作为海洋生态环境变化的重要驱动因素，捕捞会对海洋生态系统产生深远的负面影响。连年的过度捕捞已经超出了山东省海洋渔业的承受能力，破坏了食物网结构，使渔业资源日趋衰退，渔获物的经济价值及远洋产量不断降低，严重影响了渔业资源的可持续利用。

近几年，由于政府采取了诸如压缩机动渔船功率、转变捕捞方式等措施，山东省的渔业资源已经有所恢复，但是要使捕捞产量达到历史最高水平仍旧十分困难，可见过度捕捞对资源的破坏是不可逆转的。因此只能依据生态学原理进行科学捕捞，将捕捞量控制在资源承受能力以下，同时加强围网、流网等捕捞方式的应用，兼顾不同鱼种及鱼龄，避免对优势鱼种和低龄幼鱼的过度捕捞，使渔业资源进入可持续开发的良性循环。

2.3.4 其他因素

（1）海砂盗采

由于过度盗采近岸海砂，沙滩向海里坍塌，海岸线被侵蚀，正在缩减后退。海洋环境在一定条件下处于较长期的动态平衡之中，一旦过量开采海砂，会改变自然条件，从而造成环境的失衡和破坏。盗采海砂对脆弱的海洋环境的打击是毁灭性的，不仅破坏近海海洋生物的生存环境，还对中远期的海洋生态环境产生消极影响，同时对航线具有潜在隐患。据有关专家介绍，在海浪的自然作用下，海洋中的砂石按照一定规律分布在不同区域，这些砂石构成了保护海岸、海堤的天然屏障，无限制地大量开采海砂，使沙滩向海里坍塌，海岸线被侵蚀后退，海底破烂不堪，将使海岸失去保护。

（2）海上溢油事故

作为我国石油生产大省的山东，海上溢油污染事故十分严重。据不完全统计，1971—1989 年由于船舶触礁、油库爆炸、火灾泄漏到青岛胶州湾的石油总量达 6 510 吨，其中 1983 年巴拿马籍“东方大使”号轮船触礁溢油 3 349 吨，污染胶州湾岸线 230 千米，当年湾内大量养殖水产品不能食用，造成直接经济损失近亿元；1989 年黄岛油库爆炸泄漏石油约 600 吨，对胶州湾沿岸湿地、渔业造成极大的影响。2013 年 11 月 22 日，中石化东黄输油管线发生爆燃事故，导致原油溢入胶州湾。监测结果表明，溢油对胶州湾及湾口附近海域海洋环境造成污染，黄岛区大石头附近岸滩油污明显，青岛部分前海海域也发现事故溢油油污和油膜，对青岛海域海洋生态系统产生了严重影响。

(3) 沿海电厂温排水

据研究证实，滨海电厂温排水对排水口附近浮游动物种类的分布有较大影响，而许多电厂在高负荷运转时，其温排水造成的6℃以上的增温也会对底栖动物群落造成严重危害，减少其适宜的栖息地分布。另外，温排水中的余氯随水进入环境后对海洋环境和海洋生物产生一定的影响。在光照、水温和 pH 值等因素的作用下，余氯被稀释、光分解、并与水中物质反应生成有毒副产物，对海洋生物产生一定的影响。山东省黄海沿海有多座大型的火力发电厂，其中比较有代表性的是青岛胶州湾沿岸的黄岛电厂和青岛电厂。随着社会经济飞速发展，青岛地区用电量急剧增加，更多大型机组的投入运行导致排入胶州湾的温排水量显著增加，其对生态系统的潜在威胁不容忽视。

2.4 小结

通过上述分析可知，山东省黄海海洋生态文明建设的现状是处于起步和快速提高的阶段。从黄海海域生态环境的现状来看，该海域水质环境良好，生物物种多样性程度一般；黄海海域的岸线资源目前保有率还达不到的规定的45%的要求，海洋生态红线的划定将有助于加快海洋生态文明建设，遏制该海域海洋生态环境恶化，更有效地保护该海域的自然岸线、湿地、种质保护区等重要的海洋资源。

3 山东省黄海海洋生态红线划定方案对海洋生态文明建设的影响 SWOT 分析

SWOT 分析方法也称态势分析法，是 20 世纪 80 年代初美国旧金山大学管理学教授韦里克提出的一种企业战略分析方法。即根据企业自身的内在条件，进行企业所具备或面临的优势、劣势或机会、威胁等潜在因素分析，寻找或确立企业的核心竞争力，制定应对竞争的企业发展战略。大写字母 S 代表优势 (Strength)，W 代表劣势 (Weakness)，O 代表机会 (Opportunity) 或机遇，T 代表威胁 (Threat) 或挑战。其中，优势 (S) 与劣势 (W) 反映了内部资源；机会 (O) 与威胁 (T) 反映了外部环境。SWOT 方法自提出以来，常被用作企业发展战略研究和竞争情报的重要分析工具，近年来也被广泛地应用于新兴领域发展战略的可行性分析（张潇，2009）。

山东省黄海海洋生态红线划定方案对海洋生态文明建设影响的 SWOT 分析，能够确定山东黄海海洋生态文明建设的优势与劣势、发展的机遇与面临的挑战。

3.1 海洋生态文明建设的优势

3.1.1 地理空间资源优势明显

山东省黄海海域位于山东半岛东端，地理位置优越，区位优势明显。从全球来看，山东省黄海海洋区域位于正在崛起的泛黄海经济圈与新亚欧大陆桥经济带，是东北亚经济圈的重要组成部分（李先超，2011）。从全国来看，山东省黄海海洋区域是环渤海地区对接“长三角”地区的桥头堡，是由南向北扩大开放、由东向西梯度发展的战略节点。

山东省黄海海域岸线总长度为 2 414 千米，由人工海岸、基岩海岸、砂质海岸和粉砂淤泥质海岸构成。海岸线长度约占全国的 12%，其中三分之一以上为基岩港湾式海岸，岬湾相间，水深坡陡，港口资源的地域分布较为均匀，具有建设区域港口群的优越条件。沿岸分布以胶州湾、石岛湾、威海湾、芝罘湾四大海湾为重点的上百个海湾，其中以半封闭型居多，可建万吨级以上泊位的港址多处，优质沙滩资源居全国前列。

红线划定山东省黄海海域自然岸线（滩）保有长度 1 087 千米，占山东省黄海大陆岸线的 45.03%。

黄海海域内的海岛岸线除陆岛交通等为改善海岛居民的生活生产需要及重点开发海岛需要适量占用

部分岸段外，85%以上的海岛岸线均需保持自然状态。

海洋生态红线的划定可以更加突出山东省黄海海域的海域空间资源的优势，更加合理地利用海洋空间资源，对进一步维护海洋生态健康与生态安全，建设海洋生态文明有重要意义。建立全海域的海洋生态红线制度，是指将海洋保护区、重要滨海湿地、重要砂质岸线、重要旅游区和重要渔业海域等区域划定为生态红线，通过对海洋生态红线区的严格管控，可以有效保护重要、敏感和脆弱的海洋生态系统。海洋生态红线制度对编制红线生态修复整治规划和实施生态整治修复工程有重要指导作用。红线划定在促进陆海资源开发、产业布局和生态环境保护等领域的发展，合理安排生产、生活、生态用海空间，并且在海洋功能区划的严格实施中发挥着重要作用。

3.1.2 海洋人文资源丰富

山东海洋文化拥有约 6 500 年的历史，底蕴深厚、特色鲜明。近年来举办的青岛奥帆赛、中国水上运动会、国际海洋节、中国海军节等一系列重大活动，进一步丰富了海洋文化内涵。沿海地区地貌类型多样，人文和自然景观较多，在海滩浴场、奇异景观、山岳景观、岛屿景观和人文景观方面，优势突出。

山东省划定与自然景观和历史文化遗迹有关的限制开发区 2 个，面积 3.28 平方千米，占红线区总面积的 0.10%，分布在蓬莱和青岛。包括蓬莱铜井景观遗迹限制区和石老人景观遗迹限制区。在红线划定的保护区内禁止设置直排排污口、爆破作业等危及文化遗迹安全的、有损海洋自然景观的开发活动，保护历史文化遗迹、独特地质地貌景观及其他特殊自然景观完整性。

海洋生态红线的划定有利于保护山东省黄海海域内的海洋文化资源，有利于提升海洋经济发展的软实力，对海洋生态文明建设具有重大的推动作用。红线的划定有利于海洋文化事业的发展，促进对旅游资源的开发和保护，不断提升旅游文化品位，打造富有特色的旅游文化品牌。

3.1.3 海域环境质量较好

山东半岛属典型的暖温带季风气候，台风登陆概率低。山东省黄海海域水质大部分达到一类和二类海水水质标准，近岸海域以清洁、较清洁海区为主，水动力条件较好，自净能力较强。全省海洋自然保护区、海洋特别保护区和渔业种质资源保护区数量均居全国前列。

山东省黄海海域红线划定了 4 个重要海湾限制区，面积 165.16 平方千米，占红线区总面积的 6.25%，分布在威海、烟台及青岛海域。包括靖海湾海湾限制区、乳山湾海湾限制区、马河港海湾限制区和丁字湾海湾限制区。禁止围填海、直接排污及城市建设开发工程等破坏海湾生态系统健康的开发活动。资源开发建设活动不应超出海湾资源环境承载能力，并加强对受损海湾的整治修复，进一步保护了海域环境的质量。

海洋生态红线的划定对保护山东省黄海海域内的海域生态环境有重要意义，将重要海洋生态功能区、生态敏感区和生态脆弱区划定为重点管控区域，并实施严格分类管控的管理制度，实施海洋生态红线区划，是全面贯彻“生态文明建设”和“保护海洋生态环境”的重要举措。山东省黄海海域海水以符合一类和二类海水水质标准的海域为主，近岸海域生态环境质量总体良好，海洋生态红线的划定能够为海洋经济发展和滨海城镇建设提供必要的支撑。

3.1.4 海洋生物资源丰富

山东省黄海近岸海域是鱼虾类洄游、产卵、索饵和生长的优良场所，近海栖息和洄游的鱼类达 200 多种，主要经鱼类 40 多种，浅海贝类百种以上。浅海、滩涂资源丰富，可用于开发建设的空间广阔。山东省黄海海域生态资源相当丰富。山东省黄海海域生物资源的开发方式主要是发展海水养殖业，养殖种类较多，养殖产量、产值逐年增加。水产养殖种类主要有贻贝、扇贝、海带、裙带菜和紫菜，并在向海珍品（对虾、海参鲍鱼）人工养殖转移，重视人工养殖与浅海生物开发利用的科技含量，努力实现海洋水产养殖现代化。

为了进一步更好地保护山东黄海海域的生物资源，红线划定了 5 个重要河口生态系统限制区，划定限制区 5 个，面积 24.07 平方千米，占红线区总面积的 0.77%，分布在日照、威海和烟台。包括金山港河口生态限制区、双岛湾河口生态限制区、荣成八河港河口生态限制区、羊角泮河口生态限制区和绣针河河口生态限制区。

划定生态红线制度，可以有效推进生态红线生态保护整治修复，加强红线内已建自然保护区和海洋特别保护区的管理，可以提高保护区制度化和规范化管理水平，优先在红线管控范围内选划和新建各类海洋保护区。生态红线对山东省黄海海域内丰富的生物资源合理开发利用以及保护提供良好的环境。

3.2 海洋生态文明建设的劣势

总体上看，山东省海洋生态文明建设水平仍滞后于经济社会发展，资源约束趋紧，环境污染严重，生态系统退化，发展与人口资源环境之间的矛盾日益突出，已成为经济社会可持续发展的重大瓶颈制约。

3.2.1 海洋经济产业结构不合理

由于山东半岛海洋经济发展长期缺乏科学的宏观指导、统筹协调与长远规划；海洋产业结构性矛盾突出，传统的海洋产业仍处于粗放型发展阶段；海洋资源开发管理体制尚不规范和完善；部分海域、沿海开发秩序混乱，破坏性用海行为突出；近海渔业资源破坏严重，一些海洋珍稀物种濒临灭绝；部分海域生态环境恶化趋势还没有得到有效遏制；海洋调查勘探程度低，科学开发所需重要资源数据不明；海洋经济发展的基础设施和技术设备相对落后；海洋科技总体发展水平较低，海洋新兴产业尚未形成规模等，都严重制约了山东半岛海洋产业的壮大与可持续发展。改革开放以来，虽然我国海洋经济的持续快速发展取得了辉煌成就，并为国民经济的增长做出了巨大贡献，然而发展历程表明，我国海洋经济尤其是海洋渔业的快速发展，在很大程度上仍然依赖于粗放式养殖和过度捕捞的增长模式。这与建设现代化海洋生态渔业发展的要求相差甚远，也与资源保护、环境友好与协调可持续发展的海洋生态文明目标极不适应。

山东省海洋第一产业的比重仍占海洋经济总量的 60% 以上，新兴产业比重较小，第二、第三产业发展缓慢。海洋三次产业仍然处于“一、三、二”的比重格局，落后于全国“三、一、二”的平均水平。其中，海洋渔业所占比重较大，其后依次是海盐业、海运业、修造船、海上油气、滨海旅游和滨海砂矿，而海水养殖、海产品精深加工、临港工业、海洋生物和海洋化工等新兴海洋产业发展相对滞后。因此，山东海洋传统产业所占比重偏大，高新技术产业，尤其是第二产业中的新兴产业成长不足，第三产业的发展空白领域仍然较多，海洋经济及现代化海洋产业发展后劲不足。这些因素都给山东省黄海海洋生态文明建设造成了巨大的阻碍。

生态红线的划定有助于调整优化产业布局，通过综合运用海域使用审批、海岸带工程、海洋工程环评等手段，严把产业准入门槛。利用丰富的科研资源，在生态红线制度指导下，大力开发海洋生物资源利用、海水淡化与综合利用、海洋能利用等海洋新兴产业的发展，推进滨海旅游、海洋娱乐、海洋文化、海洋信息服务等海洋服务产业发展。积极推广全循环养殖、海洋生态增养殖技术和模式，鼓励有条件的地方结合现代渔业示范园区建设，扶持一批浅海鱼、贝、藻生态养殖基地，科学合理确定养殖空间、规模、结构和发展速度。

3.2.2 政府对生态红线的认识不足

各级政府是推动生态保护红线制度实施的主体，因此，对生态保护红线的认知度尤为重要，直接决定生态保护红线划定和落实的进度与效果。但是对于生态保护红线的内涵和作用的理解还不够深刻，对于推行生态保护红线，改革生态环境保护体制的决心和信心还明显不足。应该认识到绿水青山就是金山银山的施政理念，有些部门担心划定生态保护红线会打破现有开发利用格局，这种认识的局限将严重制约生态文明制度建设的实效。

海洋生态红线区的管理涉及范围较为广泛，海洋生态红线划定之后，各级政府应统筹协调，加强涉海多部门的沟通管理，协调好海洋、环保、海事、渔业等行政主管部门，认真履行各自职责，协调配合，共同做好海洋生态红线区和海洋功能区的保护管理工作。

3.2.3 群众对生态文明的意识不高

长期以来，人们习惯性地认为海岸带环境自身没有经济价值，在海岸带的开发利用和管理中，对海岸带环境价值的关注程度不够，甚至没有考虑其自身价值，更没有考虑要充分发挥其应有的最大价值，从而产生海岸带地区产业结构和布局不合理，海岸带开发利用过度等问题。

我国社会群体对海洋环境的保护意识相对于国际社会来说还是相对淡薄。生活垃圾不经分类直接倒入海洋、化学农药施用的不合理、旅游观光者随意丢弃垃圾等，都使水质质量下降，许多鱼类、贝类的产卵场、栖息地被破坏，形势严峻不容乐观。

划定生态红线有助于增强全社会的责任感和紧迫感，提高公众自觉保护海洋生态红线区和功能区的意识。健全完善公众参与机制，支持和鼓励公民、法人和其他组织参与海洋生态红线区和功能区的保护工作，充分发挥社会团体在海洋保护宣传及社会监督中的作用。

3.2.4 相关法律法规不够健全

山东省虽然在完善海洋环境保护相关法律法规方面做了大量工作，先后出台了《山东省海域使用管理条例》、《山东省海洋环境保护条例》、《山东省海洋功能区划》、《关于建立实施潮海海洋生态红线制度的意见》、《山东省海岛保护规划》等一系列省级规章，但山东省的海洋环境保护法制建设仍然存在诸多需完善的问题，如某些立法跟不上时代发展的需求，存在立法滞后问题；海洋环境保护管理体制不理顺，管理主体混乱，职权交叉重叠；缺少海洋违法强制执行的法律依据，海洋环境保护执法权威性差等。这些问题的存在，制约了海洋生态红线工作的正常有效开展。

海洋工程和海岸工程界定不清，现行的法律法规对海洋工程和海岸工程的界定存在冲突。如果不解决海洋工程和海岸工程界定问题，必然会使管理部门不能放手管理海洋事务，从而影响管理海洋、保护海洋环境的工作成效。

海洋生态补偿机制法律层次低、权威性差、法律效力不高。按照“谁开发、谁保护；谁破坏、谁恢复；谁受益、谁补偿”的原则，要对用海项目造成的生物资源损失进行补偿，但是国家层面的法律法规未对这项工作作出明确规定。山东省是开展海洋生态损失补偿工作最早的省份，也是目前全国唯一一个征收海洋生态损失补偿的省份。

3.3 海洋生态文明建设的机遇

3.3.1 国际海洋开发环境良好

21世纪是海洋的世纪，科学地开发和利用海洋资源，是解决人口增长、资源短缺、环境恶化三大世界难题的必然选择，是实现人类社会可持续发展的重要途径。国际上，越来越多的国家把目光转向海洋，对海洋发展战略给予了空前重视。各沿海大国纷纷把维护国家海洋权益、发展海洋经济、保护海洋环境作为本国的重大发展战略，促进新兴海洋产业的形成和发展。生态红线的划定对维护海洋生物多样性，促进社会经济的健康持续发展具有重要的战略意义。

德国为保护海洋生态环境采取了一些颇为有效的措施，如采取以防为主和防治结合的方式，严格控制污染物质的排海和人类活动对环境的破坏；准确评估、分析海洋环境质量现状，建立海洋环境监测体系，加强对污染源监测的控制，完善污染处理体系；在各种产业发展中，利用多种经济手段调控经济发展与环境保护和资源开发的关系，采用“绿色”税收政策，增收环境保护税，以控制过量的生产，调节生产力的结构和布局，同时增加了政府的环境保护经费的收入等。其中采取控制污染物的措施、建立监测体系和污染处理体系在划定生态红线方案中对污染物的处理有重要参考价值。

美国是世界上主要的海洋强国，海洋对于美国经济社会发展具有举足轻重的作用。在海洋环保措施上，美国也制定和采取了一系列有针对性和实效性的举措。如推动终生海洋教育工作，扩展社会公众对海洋、海岸带的科学认识；制定新的海洋与人类健康、有害藻暴发等相关立法，有效提高公众海洋意识；创建国家水质监测网络，协调海洋与海岸带测绘活动；加强和与海岸带资源的利用与保护，实施珊瑚礁地方性的战略，保护北夏威夷群岛珊瑚生态系统保留区；筹备建立国际海洋碎屑协调委员会，协调国际关系共同加强珊瑚礁的管理；推动地方政府参与海岸带管理，支持对海岸带管理法的修订，并制定有针对性的流域奖励计划，以建立有害藻暴发预测体系；实施政府湿地保护计划，培育地方性恢复项目；设定新的海滩细菌标准，加强环保局对风暴潮的管理，出版水质评估手册，并提出健康森林行动计划，以减少海岸带水域污染。

面对越来越严重的海洋环境污染问题，韩国逐渐意识到保护海洋资源环境的重要性。主要采取了以下措施：一是实施海洋水质的综合管理，如扩建陆源污染物控制的基础设施，制定并实施改善海洋环境对策，制定海洋废弃物收取及处理系统，划定环境容量许可的废弃物排放海域，强化海洋环境标准及制定综合监视体系，制定科学的海洋环境影响评价机制，加强对有害化学物质的管理，加强保护海洋环境的地区合作等；二是加强海洋生态系统保护，如加强海洋生物多样性及海洋生态系统的保护与修复，制定可持续开发和利用滩涂的机制，开发赤潮预警及防治系统，实施海洋气候变化影响分析及应对措施，实行黄海大海洋生态系的管理等。

国际海洋开发合作不断深化，欧洲、美国、日本、韩国等国家和地区开发利用海洋的成功经验，可以为山东省黄海海洋生态红线的划定提供有益的借鉴。山东省黄海海洋生态红线的划定，为山东省黄海海域周边城市抓住国际海洋开发环境良好的机遇，建设各具特色的海洋生态文明提供有力保障。

3.3.2 国家海洋战略支持

随着经济全球化进程的加快，我国人口、产业快速向沿海集聚，海洋在生产力布局中的战略空间地位正日益突出，科学合理地开发利用海洋，保护海洋生态环境已经变得非常紧迫。同时，随着 WTO 产业保护期的结束、经济全球化日益加深，区域经济与国际市场全面接轨，国际贸易保护主义加剧，我国面临着更苛刻的规则约束和激烈的市场竞争。当前海洋经济已成为我国国民经济的重要组成部分，建设海洋生态文明是保障我国海洋经济发展的重要引擎。

党中央、国务院高度重视生态文明建设，先后出台了一系列重大决策部署，推动生态文明建设取得了重大进展和积极成效。党的十八大报告指出，“必须树立尊重自然、顺应自然、保护自然的生态文明理念，把生态文明建设放在突出地位”，并提出了建设“海洋强国”的战略目标。

党的十八届三中、四中全会又对生态文明建设做出了顶层设计和总体部署。2015 年 4 月，党中央、国务院先后印发了《水污染防治行动计划》和《关于加快推进生态文明建设的意见》两个生态文明建设领域的重要文件。在《关于加快推进生态文明建设的意见》中指出必须严守资源环境生态红线，在重点生态功能区、生态环境敏感区和脆弱区等区域划定生态红线，确保生态功能不降低、面积不减少、性质不改变；科学划定海洋生态红线，遏制生态系统退化的趋势。探索建立资源环境承载能力监测预警机制，对资源消耗和环境容量接近或超过承载能力的地区，及时采取区域限批等限制性措施。

国家海洋局高度重视中共中央国务院《关于加快推进生态文明建设的意见》和《水污染防治行动计划》的贯彻落实工作，编制了《国家海洋局海洋生态文明建设实施方案》，要求在全国建立海洋生态红线制度，将重要、敏感、脆弱海洋生态系统纳入海洋生态红线区管控范围并实施强制保护和严格管控。实施海洋生态红线区常态化监测与监管，确保海洋生态区划得定、守得住。这是海洋生态文明建设的主要任务，有助于完善海洋生态文明制度体系，提高海洋管理保障能力，保护生态环境和节约利用资源。展望到 2030 年，基本实现“水清、岸绿、滩净、湾美、物丰”的海洋生态文明建设目标。

3.3.3 地方海洋政策扶持

2011 年 1 月，国务院批复了《山东半岛蓝色经济区发展规划》，又赋予了山东省 66 项重大支持政策。其中在构建现代海洋产业体系方面，《规划》从产业发展、产权交易、度假旅游、资本运作、园区建设、国际会展等方面提出了设立蓝色经济区产业投资基金；设立海洋产权交易中心和海洋商品国际交易中心；建设长岛休闲度假岛和荣成好运角旅游度假区；支持海洋特色经济区等各类园区建设，支持立海湾特殊监管区域，建设特色海洋产业基地和海洋产业联动发展示范基地等 24 项具体扶持政策。其中不少政策如设立国际碳排放交易所等在国内均属首例，这些扶持政策对于促进山东省黄海海洋生态文明建设意义重大（陈华等，2009）。

2013 年 12 月 9 日，山东省政府印发《山东省人民政府关于山东省海岛保护规划（2012—2020 年）的批复》。《山东省海岛保护规划》提出，将按“一核两区十组团”的总体布局，对海岛进行三级多类管理，协调促进陆、岛、海的有机连接。这是山东省编制完成的第一部海岛保护规划，对防止不合理或乱开发利用海岛资源，避免海岛生态环境遭到破坏，促进海岛海洋生态文明建设，实现海岛地区经济社会可持续发展意义重大。

3.3.4 海洋科研资源丰富

我国正处于加快转变经济发展方式和调整经济结构的关键时期，海洋经济发展的体制机制环境不断优化，自主创新能力不断提高，科技对海洋经济发展的支撑引领作用不断增强。山东省是中国海洋科技事业发展的摇篮，海洋科技资源优势明显，其海藻纤维、微藻柴油、水下焊接技术、海洋微藻能源、海洋药物开发等新兴产业发展的关键技术，海洋卤水化工、海洋工程建筑、海洋仪器装备等体现高科技含量的新兴产业发展水平，均处于全国领先地位。山东省还具有得天独厚的海洋科技与研究优势，是我国海洋科研力量的“富集区”及海洋科技创新的核心基地。“十五”规划以来全省承担多项国家海洋领域“863”计划、“973”计划项目、国家海洋公益性行业科研专项等重大科研项目研究，取得了一系列具有国际先进水平的科研成果（王夕源，2013）。

沿海各市拥有中国海洋大学、中国科学院海洋研究所、农业部黄海水产研究所、国家海洋局第一海洋研究所、国土资源部海洋地质研究所等一批国内一流的国家和省、市级海洋科研、教学机构 50 多所。雄厚的科研实力、优秀的人才团队及不断增强的海洋科技创新能力，为发展海洋生态渔业提供了强有力的智力保障。

3.4 海洋生态文明建设的威胁

3.4.1 近岸海域陆源污染程度较高

随着城镇化进程的加快和临港临海工业的发展，陆域直接或间接入海的生活污水、工业废水、农业污染物不断增加，对海域生态环境造成不同程度的影响，甚至超过海域的自净能力，导致局部海域污染物种类和污染程度不断加重，并且在近岸海域受污染范围呈扩大趋势。随着工业废水达标排放率不断提高，生活污水在废水排放总量中所占比重日益增加，目前生活污水所占比重已从 20 年前的 30%～40%上升到 70%以上。由于生活污水处理设施不足，大量生活污水通过江河源源不断进入海洋。在沿海，河口、浅滩和内湾已不同程度地变成了纳污场，底质变劣，水体环境质量恶化，都严重威胁着山东黄海海洋生态文明的建设。

生态红线划定以后，通过实施近岸海域、陆域和流域环境协同综合整治，可以全面清理红线区非法的或不合理的陆源入海排污口，优化生态红线区及其邻近区域入海排污口布局，依法加强红线区范围内陆源入海排污口的设置管理。以红线区内入海河流及沿岸直排口为主控对象，加强对红线区内重点入海河流和陆源入海排污口实时动态监控，密切监控入海口水质。

3.4.2 填海造地侵吞水域

近年来，山东半岛沿海经济的迅猛发展，在工业化、城镇化的进程中，大量的沿海滩涂和浅海水域被填埋占用，海洋渔业传统作业水域持续萎缩，致使众多从事海水养殖业的沿海渔民相继失海、失渔、失业。另外，持续的房地产开发热导致大量的海岸工程纷纷上马建设，更加剧了沿海陆源污染和海洋环境破坏，海洋资源和渔业产业面临着日益严重的外部威胁。

在填海造地后，使海岸线向海洋推进，而填海造地对近海资源及生态影响的评估与考量，已基本让位于经济的发展需要。填海工程使海岸岸线平直化，沿海海域生态功能严重受损或退化。围填海面积不断扩大降低了资源环境的承载能力，给海洋环境带来沉重压力。填海造地直接占用海洋资源，使被填海区域逐渐丧失了生态环境的自然属性，引起一系列的生态问题，如近岸海域水质恶化，滨海湿地、砂质岸线等重要海洋功能区退化，海洋生物栖息地被严重破坏，海洋生物资源减少等。填海造地给山东黄海海洋生态环境带来一定影响。

3.4.3 海洋灾害频繁发生

赤潮绿潮等海洋生态环境灾害频发，防灾减灾任务繁重，海上突发事件应急救助、海洋灾害预警监控等公共服务体系薄弱，使得海洋开发潜在环境风险增加。全球气候变化、海洋水体富营养化等，引起海洋大型海藻浒苔绿潮频频暴发。2008 年 6 月，青岛、日照近海海域及沿岸遭遇罕见的浒苔自然灾害，对海洋生态渔业及滨海旅游业造成了巨大威胁。

因此，可以通过红线区内监测站点和海上船舶观测、卫星遥感等多种途径，加强对赤潮等灾害的综合观测监视，加强溢油等海上污染事故应急处置，提高灾害防治的时效性和科学性。根据红线的划定，建立健全黄海近岸海域重大环境污染事故应急响应机制，加强事故现场应急监测、污染处置和事后环境影响评估工作，落实相应的海洋生态环境修复措施。

3.5 结论

山东黄海海洋区域地理位置优越，海洋空间资源丰富，可用于开发建设的空间广阔，人文资源底蕴深厚，科研单位众多，海洋科技资源优势明显，近岸海域生态环境质量总体良好。这些对于黄海海洋生态文明建设具有重大的推动作用，加之良好的国际海洋开发环境，国家在海洋生态环境保护方面提供的巨大的战略支持，山东省在海洋生态文明建设以及海陆基础设施建设方面提供的政策扶持，为山东省黄海海洋生态文明建设提供了重大机遇。

山东省黄海海洋生态文明建设拥有巨大的优势，面临良好的机遇，但自身也存在一些劣势和威胁。山东省海洋经济发展中宏观指导环节不够强，海洋产业结构不尽合理。同时，山东省海洋监督管理机制不完善，涉海部门职能交叉，管理不到位。山东省作为人口大省，庞大的人口基数对海洋资源的巨大需求和群众生态文明意识普遍偏低也是黄海海洋生态文明建设的劣势。近岸海域的陆源污染，海产养殖的污染，过度捕捞导致部分渔业资源枯竭，在大力推进工业化城镇化的进程中过度地填海造地，以及频繁发生的赤潮绿潮等都对推进山东省黄海海洋生态文明建设造成了巨大的威胁。

通过对山东省黄海海洋生态文明建设的 SWOT 分析，山东省黄海海洋生态红线的划定对海洋生态文明建设的影响结果为：机遇>优势>劣势>威胁。

该结果表明：黄海海洋生态红线的划定对山东省的海洋生态文明建设是前所未有的机遇，山东省黄海海洋环境有进一步提高其可持续发展程度和资源承载能力的潜力。充分利用山东省在生态文明建设方面自身的优势并结合国家的政策机遇和良好的生态文明发展环境，实施山东黄海海域生态红线划定方案，将重要海洋生态功能区、生态敏感区和生态脆弱区划定为重点管控区域，并实施严格分类管控的管理制度。通过进行生态红线划定逐渐改变自身劣势，逐步消除各种威胁，从而加强对黄海海洋生态环境的保护以及资源的节约利用程度，使黄海海洋生态文明的建设真正见水平、呈实效。

4　山东省黄海海域生态文明建设管理对策

山东黄海海洋生态文明建设是一项长期任务和系统工程。基于以上所作的山东省黄海海洋生态红线划定对海洋生态文明建设的影响优势、劣势、机遇和威胁4个方面的分析，为了更好地保护海洋生态环境，实现开发利用海洋资源的可持续发展，推动黄海海洋生态文明建设，本研究给出以下管理对策。

4.1　加强政策扶持，健全海洋环境保护制度

健全海洋环境保护相关法律法规，为海洋经济的开发与保护提供法律依据，保障相关措施的贯彻施行。制定出台与海洋生态文明建设相关配套政策，利用黄海区位优势，积极争取国家更大的政策扶持力度，进一步带动区域海洋环境保护，促进海洋生态文明建设。

首先，要坚持依法用海，进一步完善海洋开发管理法律法规体系，依法审批用海，坚决查处违法用海；其次，进行地方性海洋管理立法，地方政府可充分发挥主动性，根据本地区的实际情况，有针对性地制定地方海洋环境保护法律法规，实现山东省海洋环境保护法律体系的创新性发展；最后，应从深层次着力深化体制创新，从制度上保证海洋生态文明建设的实施、考核和长期高效地管控。在具体操作过程中，可以在总结各类专项法律规范实施经验的基础上，逐步建立综合性的法律法规，避免出现顾此失彼的现象。

4.2　加强海洋环境监测与信息共享

通过多种途径和手段加强对海洋环境的实时监测，针对海洋环境脆弱、海洋生态系统敏感、海洋环境恶劣以及海洋灾害高发的区域，实施重点监测。引进、开发和利用先进技术，对主要入海河口、排污口、重点海域水质及底质环境进行全面监测，提供细致、准确的海洋环境信息服务。建立海洋环境监测网络和海洋环境基础信息数据库，构建海洋环境监测信息实时发布系统，提高对海洋灾害的事前预警和应急处理能力，根据预警提前做好防治规划，启动灾害突发应急机制，将损失降到最低。

在对海洋环境进行网络化监测的过程中，注重收集各类数据和信息，并建立数据库加以整合，及时通过相关平台对收集到的信息进行发布，信息和数据在各部门实现共享，改变原本政府部门与社会公众之间以及海洋环境管理各部门之间信息不对称的状况，把海洋生态文明建设基础夯实。

4.3　加强海洋科技创新，推进海洋产业文明

经济竞争靠技术，技术竞争靠人才，国际经验表明对人才的投入是效益最高的战略投入。山东黄海海洋区域要继续完善资源整合平台，在人才、信息、知识等创新资源方面不仅要在数量上，更要在质量上继续优化和提高，依靠该区域内的海洋大学和科研院所培养海洋产业高素质的创新人才，同时加大对海洋科技创新人才的引进力度，加强科技攻关推动产业升级。在海洋经济转型的关键时期，迫切需要更多的具有知识产权的核心与关键技术，来推动海洋产业的技术改造和优化升级，支撑资源主导型经济向科技主导型转变。为此，山东省黄海海洋区域应整合海洋科技力量，重点围绕生态养殖、海洋医药、海洋工程、海水利用、深海探测等主导产业培育中的关键技术需求；利用节能减排技术的研发和应用，加快传统产业的改造步伐，促进主导产业的技术升级；提高海洋生态产业的科技含量和附加值，推动海洋生态产业发展上水平、经营上规模、产品上层次，增强海洋生态产业的市场竞争力，实现以科技先导支撑现代海洋产业可持续发展的目标。

推进传统海洋产业升级改造。如船舶制造、海洋运输、海洋渔业、海洋旅游等的升级改造，实现低资源消耗和高产出的目标。同时加快海洋新兴技术成果向产业化转化的速度，不断扩展海洋新兴产业。

大力发展海洋循环经济。优化海洋产业结构及区域布局，科学规划海岸线、滩涂、海岛和海域的使用，综合利用渔业资源，加快发展海洋资源循环利用类产业，鼓励海洋开发产业废物循环利用，完善再生资源回收体系，推动海洋循环经济的技术创新，重点开展海洋循环经济关键技术研发，积极开展有关

海洋循环经济的信息咨询、技术推广，推动海洋产业链向海洋资源综合利用方向延伸，努力实现以最低的海洋资源消耗和环境成本支撑海洋经济的可持续发展。

4.4 建设海洋生态环境文明

（1）陆海统筹

严格落实海洋功能区划，做好陆海统筹规划，做好陆海发展定位、发展规划、资源有效利用、生态环境建设、陆海管理和防灾减灾体系相衔接，科学用海管海，引导陆海经济带空间发展布局优化，促进陆域经济与海洋经济良性互动。

合理配置岸线资源，统一管理岸线资源，对岸线资源进行分等定级研究，协调各类岸线开发建设活动，调控海岸线开发布局和强度，严格控制占用海岸线的开发利用活动，突出海岸线的社会服务功能。严格限制高耗能、高污染、低水平重复建设项目用海，科学确定围填海规模和时序，合理布局沿海港口、滨海城镇和临港工业区，减少对自然岸线的破坏。

（2）陆海联动

加强陆源和海域污染控制，突出抓好沿海地区重点行业、重点企业的污染源治理，推行全过程清洁生产，努力实现工业企业污水达标排放或“零排放”。完善城乡污水处理设施，加快配套管网建设，提高管网截污率和污水处理厂的负荷率。强化海洋和滨海湿地生态保护，科学合理规划开发，动态调控海洋开发利用强度，限制不良的海洋开发活动行为，建立协调的海洋生态经济模式。加强海洋保护区建设和管理，建立海岸生态隔离带，推进形成海洋生态保护网络，构建海洋生态安全屏障。

（3）河海统筹

有效控制入海污染物总量，坚持河海兼顾，建立完善重点流域综合污染防控机制，减少流域入海污染负荷量，对重点海域海洋环境容量和污染物排海总量进行监测评估，开展重点海湾入海污染物总量控制试点工作。做好沿海重点行业、重点企业和各类工业开发区的污染源治理，减少农业面源污染，全面治理海漂垃圾和海滩垃圾，加强海上倾废排污管理、严格控制港口和船舶倾泻排污，防治海湾养殖自身污染，逐步控制和减少入海污染物总量，努力改善海洋环境质量。

4.5 完善海洋管理体制，推进海洋体制文明

（1）适时、适度调整海洋管理体制

建立高层协调及决策机构，在国家宏观调控、战略资源开发、区域环境权益保护、海洋灾害预警等重大决策方面给予政策指引。减少机构之间的重叠设置和职能交叉，建立相关合作机制，实现相关数据和信息的共享，形成各部门联合执法、高度协作的局面，同时，应由专门领导人员负责跟进工作进度，统一指挥。这不仅有利于节约管理成本，而且可避免决策上的意见分歧，便于日常管理。

建立科学合理的部门管理体制还必须加强监督，设立专职监督机构，对海洋环境管理部门的工作进行监督，定期或不定期视察有关部门的海洋环境治理情况，并进行评估，督促相关部门依法、高效办事；对海洋环境管理部门的人员进行监督，通过考核等方式，淘汰工作不负责、成绩不合格的人员，提升我国海洋环境管理部门工作人员的整体素质和业务能力。只有监督到位，才能更好地促进海洋环境保护事业的发展。

设立海洋环境保护的咨询和参谋机构，可聘请海洋环境保护领域的专家和学者、社会组织和社会团体的专业人士以及对海洋环境执法有经验的政府内部人士，由他们组成专门机构，为我国的海洋环境保护工作提供咨询建议和智囊参谋，以提高决策的科学性，弥补我国管理体制中的不足。

（2）加强海洋综合管控

加强近岸海域、陆域和流域环境协同综合整治，限期治理超标的入海排污口，优化排污口布局，实施集中深、远海排放。在沿海地区试点开展重点海域排污总量控制，削减主要污染物入海总量。大力推进各类海洋保护区选划、建设与规范化管理，严格保护典型性海洋生态系统。加强海洋生物多样性保护与管理，提高滨海湿地、海岛植被覆盖率。注重强化生态用海，完善海岸带和近岸海域建设项目环境影

响评价制度，严格海洋工程环评的程序和质量，对不符合环保要求的涉海工程项目实行“一票否决”。

深入推进海洋资源市场化配置，加快构筑海洋资源市场化配置平台，拓展海域二级市场，建立健全海域海岛资源市场化配置机制和价值评估体系，健全和完善岸线、海域、无居民海岛等海洋资源有偿使用制度，探索建立海域海岛收储制度，根据用海需求状况，有计划、分批次、适时适量投放市场，实现海域使用权合理流转。开展无居民海岛保护开发试点，在符合条件的海岛开发实施“以岛养岛”政策。制定单位岸线和海域面积投资强度标准规范，合理控制岸线及附近海域资源的开发强度，促进海洋资源合理高效利用。

完善海洋综合管理体制和海洋经济统计核算指标体系，建立健全海洋经济运行监测与评估系统，逐步开展国家、海区、省、市、县 5 级海洋经济运行监测与评估能力建设，积极推进海洋经济调查工作，建立省级海洋经济基础信息平台，动态反映海洋经济运行的基本情况，为科学指导和调控海洋经济发展提供决策支持。积极创新海洋资源开发管理方式，落实完善海洋保护开发政策，统筹协调各部门、各行业的海洋开发行为，继续加强海洋维权执法、公共服务等机构建设，加快建立跨部门、跨区域的海洋环境保护管理协调机制，开展海洋生态环境保护联合执法。

4.6 增强公众的海洋生态文明意识

海洋生态文明的根本目的在于实现人类社会与海洋自然环境的和谐相处，归根结底是以人为本，为广大人民群众服务。人民群众既是海洋生态文明社会形式成果的受益者，又是海洋生态文明的构建主体，因此加强社会公民海洋生态文明意识培养，需要全体社会公民本着对海洋资源环境和后世子孙负责的态度，关注海洋、认识海洋、善待海洋。为此，在黄海海洋生态文明建设过程中，应采取措施着力提升海洋生态文明建设的公民参与意识和海洋生态文明素养，确立绿色文明的生活方式，在全社会营造具有海洋特色的生态文明建设氛围，切实创建和维系海洋生态文明。

同时，要加强对各级领导干部、人民群众的海洋生态文明教育，重点建设海洋保护区、海洋公园等海洋生态环境科普教育基地，加强对企事业、城乡社区等基层群众的海洋生态文明科普宣传，强化海洋生态文明建设的道德规范，提高全民海洋生态文明素养；建立完善公众参与机制，提高公众投身海洋生态文明建设的自觉性和积极性，努力形成关心、珍惜、保护海洋生态环境的良好氛围，在全社会牢固树立海洋生态文明理念；同时，继承和发展传统海洋文化精华，发展具有新时代特征的现代海洋文化，转变单纯以开发、扩张、追求商业利益为目标的传统海洋文化观，树立科学发展、谋求海洋经济与生态环境相协调的新的海洋文化观（刘赐贵，2012）。

加强对具有海洋文化、历史传统价值的景观、遗迹的保护和开发，深入挖掘内涵，建设具备海洋风情的文化景点，提升海洋环境容量和城市海洋文化品位；编制或调整山东省黄海区域城市发展规划时要充分考虑区域海洋自然景观环境和海洋文化特征，把居住环境改善与生态环境建设紧密联系起来，努力实现海洋与城市的融合，使海洋文明建设的成果惠及人民群众。

参考文献

陈华，汪洋 . 2009. 基于集群的山东半岛蓝色经济区问题研究 . 金融发展研究，10：20-24.
陈建华 . 2009. 对海洋生态文明建设的思考 . 海洋开发与管理，04：40-42.
丁霞霞 . 2013. 山东半岛蓝色经济区建设中海域环境保护的法律制度剖析 . 滨州学院学报，01：46-52.
胡婷莛，秦艳英，陈秋明 . 2009. 海洋生态文明视角下的厦门海岸带综合管理初探 . 环境科学与管理，08：5-8.
李先超 . 2011. 山东近岸海域（黄海部分）生态环境现状及演变特征研究 . 青岛：中国海洋大学 .
刘赐贵 . 2012. 加强海洋生态文明建设 促进海洋经济可持续发展 . 海洋开发与管理，06：16-18.
刘健 . 2014. 浅谈我国海洋生态文明建设基本问题 . 中国海洋大学学报（社会科学版），02：29-32.
王夕源 . 2013. 山东半岛蓝色经济区海洋生态渔业发展策略研究 . 青岛：中国海洋大学.
张潇 . 2009. 基于 SWOT 分析的辽宁海洋经济可持续发展研究 . 海洋开发与管理，01：76-80.

专题二：山东省黄海海域海洋环境现状与生态问题分析

1 山东省黄海海区海洋环境现状

山东近岸海域污染主要来自陆源，其次是船舶和海洋养殖。具体情况为：陆源污染约占整个海洋污染的80%；船舶污染约占海洋污染的15%；海洋养殖、海洋矿藏开发造成的污染约占整个海洋污染的5%。陆源污染主要包括沿岸的工业、城镇生活、海岸工程、农业、旅游等污染。船舶污染包括停泊船只对港区水域的污染、航行船舶对海洋的污染和船舶海损溢油事故的污染。此外，违章倾废和不合理采砂筑坝也能导致海洋污染，破坏海洋生态环境。

山东省“908专项”对山东近岸海域进行了春、夏、秋、冬4个航次的生物生态和化学调查，通过“908专项”的调查资料并结合历史上山东近海的水质调查资料（山东省海洋与渔业厅，2010）综合分析，总结出山东近岸海域水文、气象和水质等各项指标的特点。

1.1 气象特征

表征大气中物理现象与物理过程的物理量称为气象要素，以气温、气压、湿度和风最为重要。

1.1.1 影响黄海海域的主要天气系统

（1）冷空气

侵入黄海的冷空气大风主要起源于北冰洋新地岛一带，该冷空气不断地在西伯利亚一带堆集成为庞大的冷高压，从每年9月中旬到翌年4月沿高空西北气流一次次侵入本海区。冬季冷高压势力最强，中心位置偏南，频繁影响黄海。春秋两季高压势力稍有减弱。夏季冷高压活动频数则明显减少。

（2）气旋

影响黄海的气旋多数是由陆上产生而移入本海区的，从其源地来看主要有江淮气旋、黄河气旋、蒙古气旋、东北低压等。总体上在北纬20°以北，全年均可受到温带气旋的影响，频数按夏、秋、冬、春顺序增加。强大的气旋多发生在10月到翌年4月。

（3）热带气旋

进入黄海的热带气旋在7月出现得最多，平均每年1.8个，其中强台风占13.5%，台风占59.4%，热带低压占27.1%。

1.1.2 山东黄海海域近海的气象状况

冬季，黄海区多偏北大风，平均风速为6~7米/秒。伴随强偏北大风，常有冷空气或寒潮南下，风力可达24.5米/秒以上，在北黄海沿岸，气温可剧降10~15℃，是冬季的主要灾害性天气。春季开始季风交替，偏南风增多，至6—8月，盛行偏南风，平均风速为4~6米/秒。遇有出海气旋或台风北上时，风力也可增至24.5~28.4米/秒以上，常伴有暴雨，或者引发风暴潮，是夏季的主要灾害性天气。

黄海区气温在1月达最低，黄海由北至南为-2~8℃，南北温差可达10℃。黄海最高气温出现于8月，为24~27℃。平均年降水量，北黄海为600~750毫米左右，南黄海可接近1 000毫米。雨季在6—8月，降水量可占全年的一半，甚至多达70%。

黄海还以多雾著称，黄海在冬、春、夏三季，沿岸均多雾，尤以7月为最多。黄海雾日较多，又以成山角最甚，平均83天，最多的一年达96天。

1.1.3　山东黄海海域海岸带的气象

山东半岛地处中纬度地带，是典型的暖温带季风气候区，一年四季分明，气候资源丰富，但由于中纬度区天气系统活动频繁，各类灾害天气也比较多，半岛东南部岸带气候差异显著。就整个岸带而言，具有明显的海洋性和大陆性过渡气候特征，其季节变化有如下特点：冬季（11月至翌年3月），盛行偏北风，降水稀少，天气寒冷；春季（4—5月），风大，雨少，回温缓慢；夏季（6—8月），高温，高湿，雾浓，灾害性天气增多；秋季（9—10月），秋高气爽，降温迟缓。

1.2　水文特征

山东黄海海域属于大陆架浅海，省内入海年径流量达463亿立方米，且省外的鸭绿江、辽河、海河和长江等较大的河流会影响山东的近海水文状况，形成了具有明显低盐特征的沿岸水系。黑潮暖流深入到大陆架上的支流，是山东近海水文特征现象的直接参与者，其分布与变化直接影响到山东近海的海况和气候。受季风的影响，山东黄海海域近海的海浪，冬季盛行偏北浪，夏季盛行偏南浪。山东黄海海域近海的潮汐，潮差和潮流均较大。

1.2.1　山东黄海海域的潮汐与风暴潮

潮汐现象是一种长周期的波动，对于山东黄海海域来讲，其潮振动受黄海潮波所控制，黄海的潮振动是由太平洋潮波经东海传入的谐振动。

山东黄海海域的石臼所、青岛、乳山口等沿岸属于正规半日潮，一天出现两次高潮和两次低潮，两次高潮的高度差和两次低潮的高度差相差很小。山东黄海海域东部的成山角等地区，属不规则半日潮，也是一天中有两次高潮和两次低潮。但相邻的高潮和低潮的高度不等，潮时也不等。

风暴潮是指强烈的大气扰动所引起的海面异常现象，亦称为增、减水。山东近海的地理位置和地形特点，使其沿岸不仅受到台风暴潮的袭击，还频遭冷风暴潮的威胁。山东沿岸的增、减水现象，一年四季均有发生，春秋过渡季节增、减水尤为严重，山东黄海海域东部沿岸增减水最小。

1.2.2　山东近海的水团

山东黄海海域主要存在5个水团，即黄海水、黄海冷水团、苏北沿岸水、黄海暖流水和成山角冷水。其中，前二者分布范围广，存在时间长，是山东近海的主要水团，成山角冷水分布范围小，存在时间也短。

（1）黄海水

该水团由进入黄海的外海水和沿岸水混合后所形成，主要分布在黄海海域和渤海中央区。黄海水在山东近海常年存在，在上层，其占据着大部分海域，分布范围为夏秋季节最大，春季次之，冬季略小。在深层，由于黄海冷水团的存在，其分布与上层不同，表现为冬季范围最大，几乎遍及全海域，在西部与苏北沿岸水和渤南沿岸水相邻，东南隅与黄海暖流水相接。夏季，黄海水覆盖在黄海冷水团之上，面积比冬季小。

黄海水的温度，表层在13.47~19.63℃之间，底层为10.16~16.06℃，表、底层的温度差异较大。其盐度相应为31.40~32.67和31.68~32.66，高于长江冲淡水和苏北沿岸水，但比黄海暖流水低。水团内部温、盐度分布的主要特点是水平梯度大，呈现出南部高、北部低的分布趋势。

（2）黄海冷水团

黄海冷水团位于黄海水之下，潜居于黄海的深、底层，是山东近海的主要水团之一。黄海冷水团系季节性水团，仅存在于4—11月。演变过程可分为3个阶段：4—6月为形成期；7—8月为强盛期；9—11月为消衰期。

黄海冷水团盐差小，是以低温为主要特征的水团。其南黄海部分的冷水团，温度、盐度值都明显高于北黄海。南黄海冷水团底层的温度、盐度范围分别为 7.17~12.01℃和 31.94~33.35。北黄海冷水团的底层温度、盐度范围分别为：4.25~6.20℃和 32.19~32.40。水团内的等温线都呈封闭状分布，构成明显的独立系统。

1.2.3 山东近海温度分布特征

海水温度的分布与变化，除取决于海区的热量平衡状况外，还与地理环境（如地理纬度、海区形状、海岸类型、海区孤立程度等）、海流强弱和气象条件有关。

山东近海的温度分布，可分为冬季型、夏季型和过渡型 3 种。冬季型一般出现在 10 月至翌年 4 月，表层水温高于气温，近岸水温低，远岸水温高，等温线密集，水平梯度大，等温线分布大体与岸线平行，温度垂直分布呈上下均一状态。夏季型于 5 月到 8 月出现，近岸水温高于远岸，等温线分布规律不明显，水平梯度小。垂直分布出现较强的层化现象。过渡型发生在 4—5 月和 9—10 月，春季为增温期，秋季为降温期，温度状况复杂多变，规律性差。

1）平面分布

（1）冬季

冬季表底水温分布形式基本相同，且达到全年最低值。黄海区东北部海域水温低，西南部海域水温高。山东半岛近海区域冬季的温度分布见图 1.1，最低为 6.3℃，最高为 11.5℃，平均温度 9.4℃，等温线与海岸线垂直。

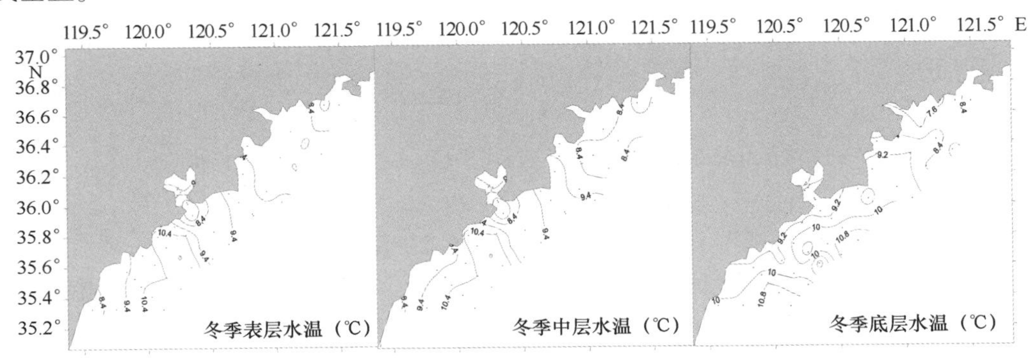

图 1.1 山东黄海海域冬季（12 月表层、中层、低层）温度平面分布

（2）春季

春季（4—6 月）随着上层海水的逐步升温，温度的分布形势开始向夏季型转变，是典型的冬季型温度分布向夏季型温度分布的过渡时期。近岸升温比远岸要快，形成沿岸水温高，远岸水温低的格局。表层和低层的温度分布趋势仍比较一致。山东黄海海域春季的温度分布见图 1.2，海水温度上下分布比较均匀，在 8.8~11.8℃之间，平均温度为 9.5℃，略高于冬季。等温线由冬季的垂直于海岸线向平行于海岸线过渡，且近岸海水温度高于远岸水域温度。

（3）夏季

夏季表层海水温度达到全年最高值，层化现象最为明显，各层水温分布极不一致，表层水温大于底层的水温，呈现出由近岸向远岸降低的趋势，分布情况见图 1.3。

① 表层。强烈的太阳辐射使整个海区表层温度分布趋于一致，水温均值在 26.5℃，在 8 月，海域南北温差约为 5℃（23.2~28.7℃）。

② 10 米层。10 米层的温度较表层温度低，范围为 18.5~27.0℃，平均为 23.8℃，并呈现出由近岸向远岸降低的分布趋势。在石岛东偏南区域形成一封闭低温中心，青岛附近低温区的位置东移，低温区中

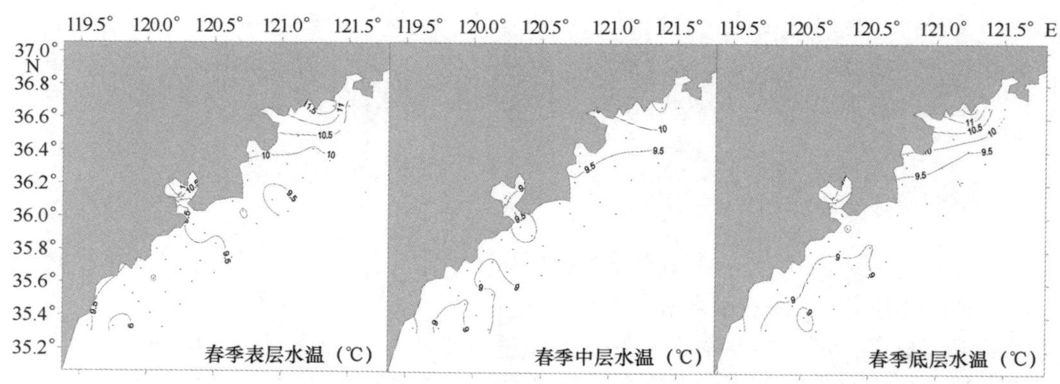

图 1.2　山东近海春季（4 月表层、中层、低层）温度平面分布

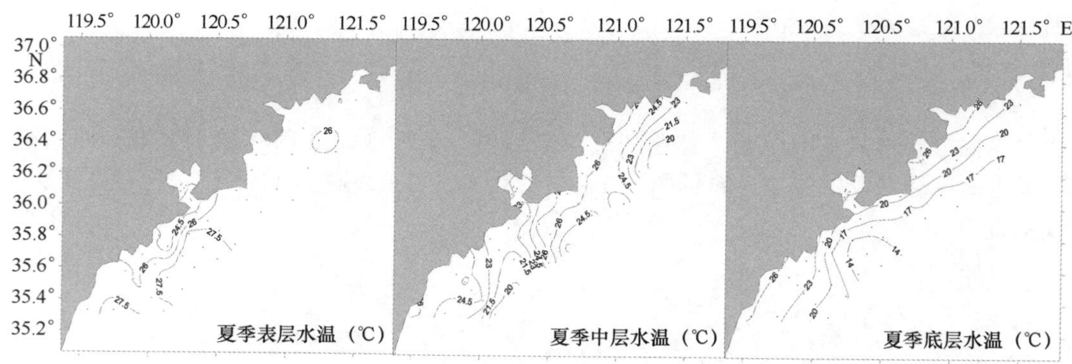

图 1.3　山东近海夏季（8 月表层、中层、低层）温度平面分布

心温度与周围的差值比表层明显增大。此外，烟台及乳山口附近海域均形成相对低温区。

③ 20 米层。底层温度分布趋势与中层相似，但温度更低，平均为 20.0℃。等温线密集，温度水平梯度大。该层最突出特点为在北纬 35.6°—35.8°，东经 120.4°—120.6°的范围内有一个明显的低温高盐冷水团（水温低于 14℃）。

（4）秋季

近岸区受陆地的影响较大，水温降低较快，远岸区降温较慢。该季节是海域温度由夏季型分布向冬季型分布的过渡期，也是海表温度下降最快的季节。温度的等值线基本平行于海岸线，呈现近岸低、远岸高，东北部海域低、西南部海域高的分布趋势（图 1.4）。

秋季层化现象基本消失，表底层温度分布趋势大体相同，等温线平行于海岸线，近岸温度高，远岸温度低，温度范围为 14.3~19.7℃，平均为 18.2℃。底层冷水团消失，黄海西南部温度高于东北部，与冬季分布趋势类似。

2）垂直分布

山东近海水温垂直分布的季节变化相当明显。冬季整个研究海区为无跃层期。夏季跃层的范围最广，强度最强，深度最浅，一般厚度较大。春、秋季为过渡期，春季跃层的分布范围逐渐扩展，强度由弱逐渐增强，深度逐渐变浅，秋季则相反。苏北浅滩终年为无跃层区，主要由于风力搅拌和潮混合作用使水体上、下温度均匀。夏季南黄海主要强温跃层（青岛外海以及济州岛西北部）均位于底层冷水团的边界区域，而不是在底层冷水团的中央区域，秋季则逐渐移向中央区。

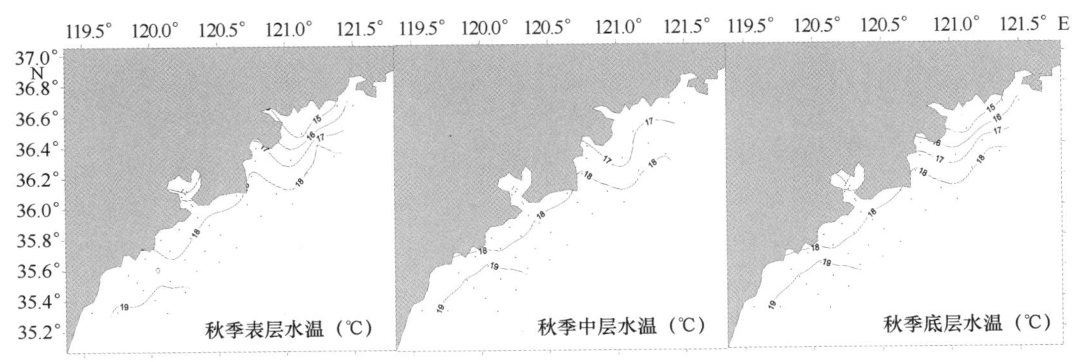

图 1.4　山东近海秋季（10 月表层、中层、低层）温度平面分布

1.2.4　山东近海盐度分布特征

盐度的分布与变化，主要取决于海区的盐量平衡状况。影响近岸海域盐度的因子有蒸发与降水之差、环流的强弱、水团的消长以及江河的径流量的多少等因素。

1）盐度的平面分布

（1）冬季

冬季天气干燥、风强、蒸发大，降水及河川径流量较小，盐度达全年最高，表底层分布趋势一致。分布情况如图 1.5 所示。

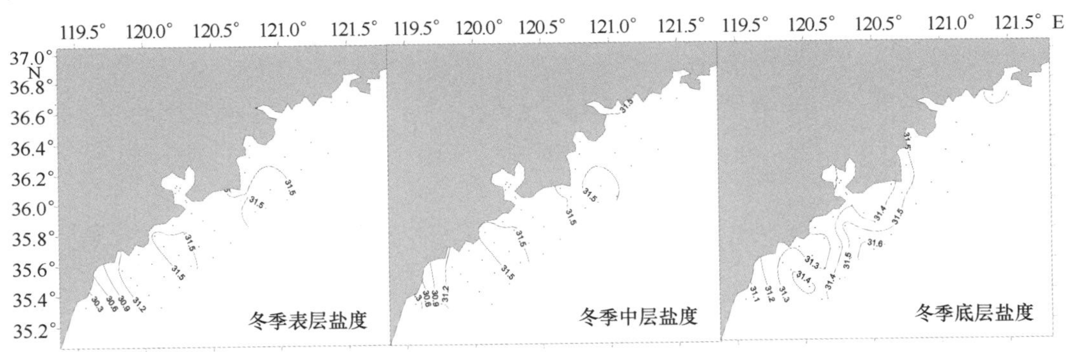

图 1.5　山东近海冬季（12 月表层、中层、低层）盐度平面分布

黄海区近岸海域冬季盐度的等值线基本垂直于海岸，东北部海域高，西南部海域低，盐度值在 30.0~31.7 范围内，平均为 31.4。表层和中层盐度分布基本相同，底层盐度的舌状分布是由于黄海高盐水入侵造成的。

（2）春季

春季蒸发量减少，降水和河川入海量增加，海面盐度开始下降，盐度分布趋势与冬季基本相似。如图 1.6 所示，盐度值在 30.5~31.8 范围内，平均值为 31.5。

（3）夏季

夏季盛行偏南风，但风速较小，蒸发弱，该季降水量最多，江河入海径流量最大，沿岸冲淡水势力最强、扩展范围最大。因此，夏季山东近海表层盐度为全年最低。尤其是河口附近，盐度层化更为剧烈，表层和底层分布趋势不一致。

黄海区表层与中层盐度的分布类似，整个区域变化不大，底层盐度呈现明显的近岸低远岸高的分布特征，如图 1.7 所示，盐度值明显降低，表层和中层水域的盐度值平均为 30.7，31.0 的等盐线已消失，

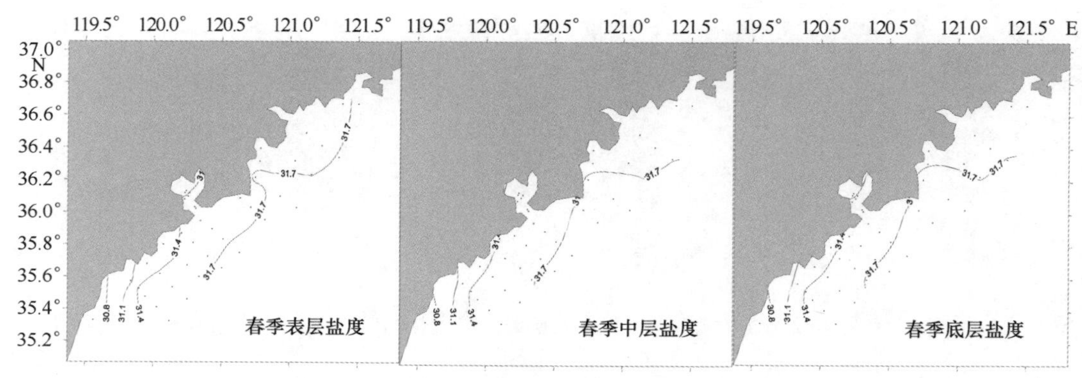

图 1.6 山东近海春季（4 月表层、中层、低层）盐度平面分布

等盐线水平梯度较小。底层盐度值较高，平均为 31.0。

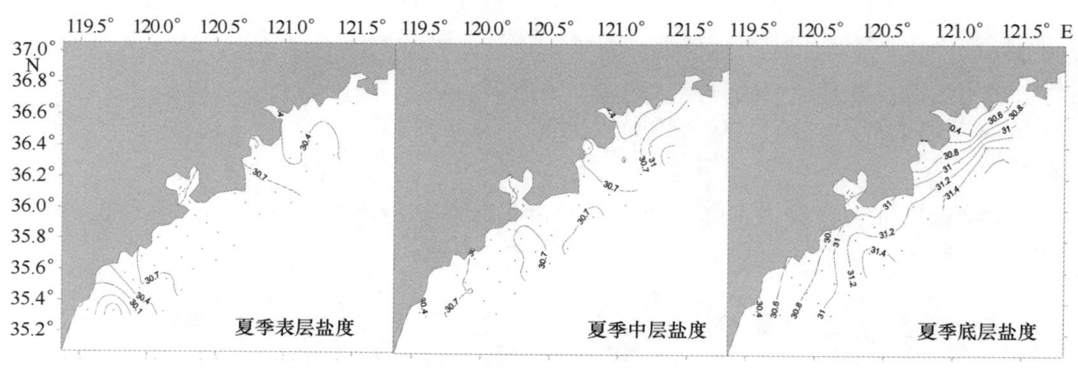

图 1.7 山东近海夏季（8 月表层、中层、低层）盐度平面分布

（4）秋季

入秋以后，偏北季风逐渐加强，海面蒸发增大，冷却加快，天气晴朗，降水减少，河川入海淡水量减弱，海水处于增盐时期，层化减弱，表底盐度分布趋势一致。黄河口外明显的低盐水舌已基本消失。黄海区等盐线平行于海岸，呈现明显的梯度变化，见图 1.8，海域的盐度值在 29.2~31.6 之间，平均为 30.5。表层、中层、低层的分布趋势相同。

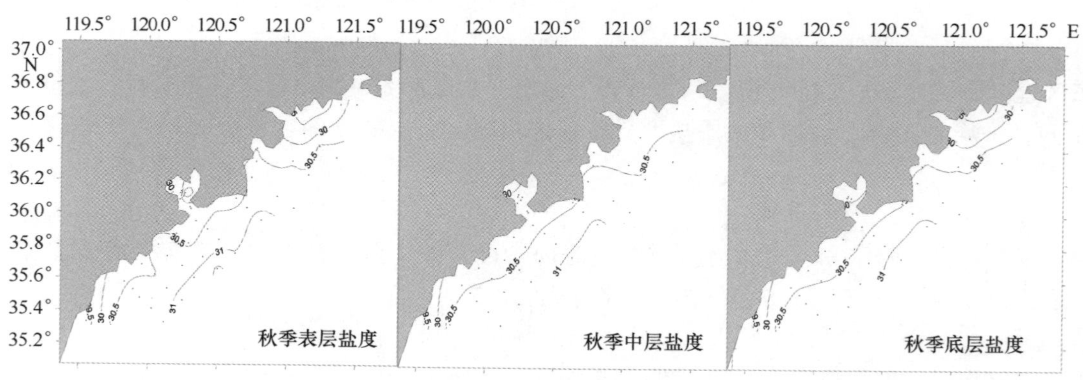

图 1.8 山东近海秋季（10 月表层、中层、低层）盐度平面分布

2）垂直分布

盐度的垂直分布同水温分布一样，也有明显的季节变化特点。冬季对流混合强，近岸海域垂直混合

可达海底，故盐度垂直分布呈均匀状态。到春季，随着海水稳定度增大，对流减弱，以及河川径流增大，沿岸水向外扩展，表层盐度降低，出现微弱的层化现象。夏季的盐度分布特点是，层化显著，盐跃层强。到了秋天，随着偏北季风的兴起，涡动混合增强，河川径流减少，盐跃层强度减弱，盐跃层深度下沉，盐度垂直分布又逐渐趋于均一状态。

1.2.5 山东近海的透明度及水色

冬季，对流混合强，泥沙上搅，海水浑浊，透明度减小，水色低。黄海区山东半岛沿岸，透明度为4~6米，水色稍高。春季对流减弱，海水稳定度增强，透明度升高，水色提高。黄海区透明度为6~8米，海水水色呈深绿天蓝色。夏季海水跃层强盛，垂直稳定度大，上下不易混合，透明度最大，水色最高。但在河口区，由于河川径流量大，泥沙入海多，水色会降低。黄海区，近岸透明度达18米，水色呈深绿天蓝色。到了秋季，对流又开始增强，透明度下降，水色降低。黄海区，透明度降至4~6米，水色比春季稍低，与冬季相当，为黄绿色。

1.3 海水一般理化参数

1.3.1 pH值

正常海水的pH值一般在7.5~8.6之间，平均为8.1。海水pH值主要与二氧化碳有关，生物的同化作用、异化作用以及其他物理、化学过程亦能影响pH值变化。

（1）威海湾区域。威海湾pH值在7.56~8.45之间，最高值在11月，平均为8.28，其次为3月，平均为8.27。

（2）山东半岛南部近海区域。春季pH值在7.98~8.24间，平均为8.13，表层pH值略低。夏季pH值变化范围较大，在7.66~8.31之间，平均为8.05。表层pH值水平方向基本呈现北部海域高于南部海域的分布趋势。秋季海水pH值在8.04~8.34之间，平均为8.19，与春季海水pH值接近。冬季海水pH值在7.81~8.42之间，平均为8.10，远岸海域高于近岸。

1.3.2 总碱度（Alk）

海水的总碱度一般在2.1~2.4毫摩尔/升之间。总碱度可反映水体中弱酸阴离子浓度的高低。山东黄海海域，春季海水总碱度在2.24~2.38毫摩尔/升之间，平均值为2.32毫摩尔/升，总体呈由近岸向远岸递减的趋势。夏季总碱度在2.12~2.33毫摩尔/升之间，平均值为2.25毫摩尔/升，较春季略低。秋季总碱度与夏季相近，变化范围在1.98~2.28毫摩尔/升之间，平均值为2.25毫摩尔/升。冬季总碱度在1.91~2.24毫摩尔/升之间，平均值为2.08毫摩尔/升，略低于秋季。

1.3.3 溶解氧（DO）

山东近海春季溶解氧含量范围在4.05~10.60毫克/升之间，平均值为6.99毫克/升，表层和10米层溶解氧含量基本呈现近岸高、外海低的分布趋势，底层溶解氧等值线基本垂直于海岸且呈现出南部低北部高的分布。夏季溶解氧含量范围在3.42~6.68毫克/升之间，平均值为4.73毫克/升。秋季溶解氧含量范围在6.63~9.63毫克/升之间，平均值为7.70毫克/升，各层溶解氧分布特征相近，北部海区为高值区，高值中心位于田横岛海域附近，南部海区呈现近岸高于远岸的分布特征。冬季溶解氧含量范围在5.91~7.71毫克/升之间，平均值为6.45毫克/升，溶解氧整体上成近岸高外海低的分布趋势，与温度的等值线分布极其相似，表层、10米层和底层溶解氧分布特征趋于相近，表明各层因垂直混合作用而趋于一致。

1.3.4 悬浮物（SS）

胶州湾夏季表层悬浮物浓度范围在 12～17.4 毫克/升，最高值出现在湾的西北部，最低值出现在湾口，从整体来看，悬浮物的浓度从湾内到湾口有逐渐减少的趋势。

1.4 近海的生源要素

海水中的营养盐是海洋浮游植物生长繁殖所必需的，传统上将氮、磷、硅元素的盐类称为海水营养盐，是海洋初级生产力和食物链的基础。海水中营养要素的含量、存在形式和分布受到生物的制约，同时还受化学、地质和水文因素的影响。

1.4.1 山东黄海海域的溶解无机氮

海水中的总氮（TN）可以分为溶解态氮和颗粒态氮（通过 0.45 微米滤膜进行区分），溶解态氮又可分为溶解无机氮（DIN）和溶解有机氮（DON），溶解无机氮主要指硝酸氮（NO_3^--N）、亚硝酸氮（NO_2^--N）和氨氮（NH_4^+-N）。亚硝酸氮属于铵盐氧化为硝酸氮的中间产物，在海水中含量较低。在富氧水体中，无机氮以硝酸氮为主要存在形式。氨氮则源于含氮有机物的分解、动物排泄和农业施肥流失，降水也有一定贡献。

溶解无机氮浓度有着明显的季节变化，基本呈现出秋季最高，冬季次之，春夏季最低的趋势，与浮游植物繁殖的季节变化相反。秋季由于水温较低，光照较弱，生物活动的减弱和陆源输入的增加造成无机氮含量升高直到最大值。冬季水温较低，浮游植物生物量很低，基本不利用溶解无机氮。春季水温升高，光照增强，浮游植物的生长迅速加快，生物活动频繁，叶绿素增加，溶解无机氮的浓度随着生物活动的加强而开始降低。夏季是浮游生物生长旺季，造成溶解无机氮在夏季的含量最低。

溶解无机氮在山东黄海海域近海的水平分布，以烟台和威海海域含量为最高。全海区 10 年均值为 0.134 毫克/升，10 月均值含量最高，为 0.177 毫克/升，8 月含量较低，均值为 0.110 毫克/升。

胶州湾海水中溶解无机氮一年四季中，春、秋季的含量高于夏、冬季，以秋季含量为最高，其中硝酸氮的含量占无机氮的 64.74%，是胶州湾表层海水中溶解无机氮的主要形式。氨氮占年平均含量的 30.35%，亚硝酸氮占年平均含量的 11.45%。图 1.9 是山东省南黄海近海最新溶解无机氮调查结果。

1）春季

表层溶解无机氮的变化范围为 0.015～0.276 毫克/升，平均值 0.067 毫克/升。溶解无机氮浓度有随着离岸距离的增加而降低的趋势。胶州湾内出现高值区，低值区出现在调查区西南部离岸较远的区域。

2）夏季

调查区海域溶解无机氮平均值为 0.035 毫克/升，表层的变化范围为 0.007～0.110 毫克/升，平均值为 0.032 毫克/升，最高值出现在胶州湾内，最低值出现在调查海域的东北端。在灵山湾附近出现小范围高值区，可能是附近港口的工业污染所致。

3）秋季

整个调查海域溶解无机氮平均含量为 0.236 毫克/升，表层的变化范围为 0.029～1.046 毫克/升，平均值为 0.256 毫克/升，表层最高值出现在胶州湾内，最低值出现在调查海域的西南部远海。表层溶解无机氮浓度有随着离岸距离的增加而降低的趋势，并且高值区出现在胶州湾和北部的丁字湾，而崂山湾内含量较低，这是由于崂山湾内基本无径流输入，为一贫营养海区，水质较好。低值区出现在调查海域南部离岸较远的区域。

4）冬季

溶解无机氮的平均值为 0.144 毫克/升，变化范围为 0～0.302 毫克/升。表层的变化范围为 0.000～0.295 毫克/升，平均值为 0.139 毫克/升，表层平均浓度最大值出现在胶州湾内。表层总无机氮含量较高

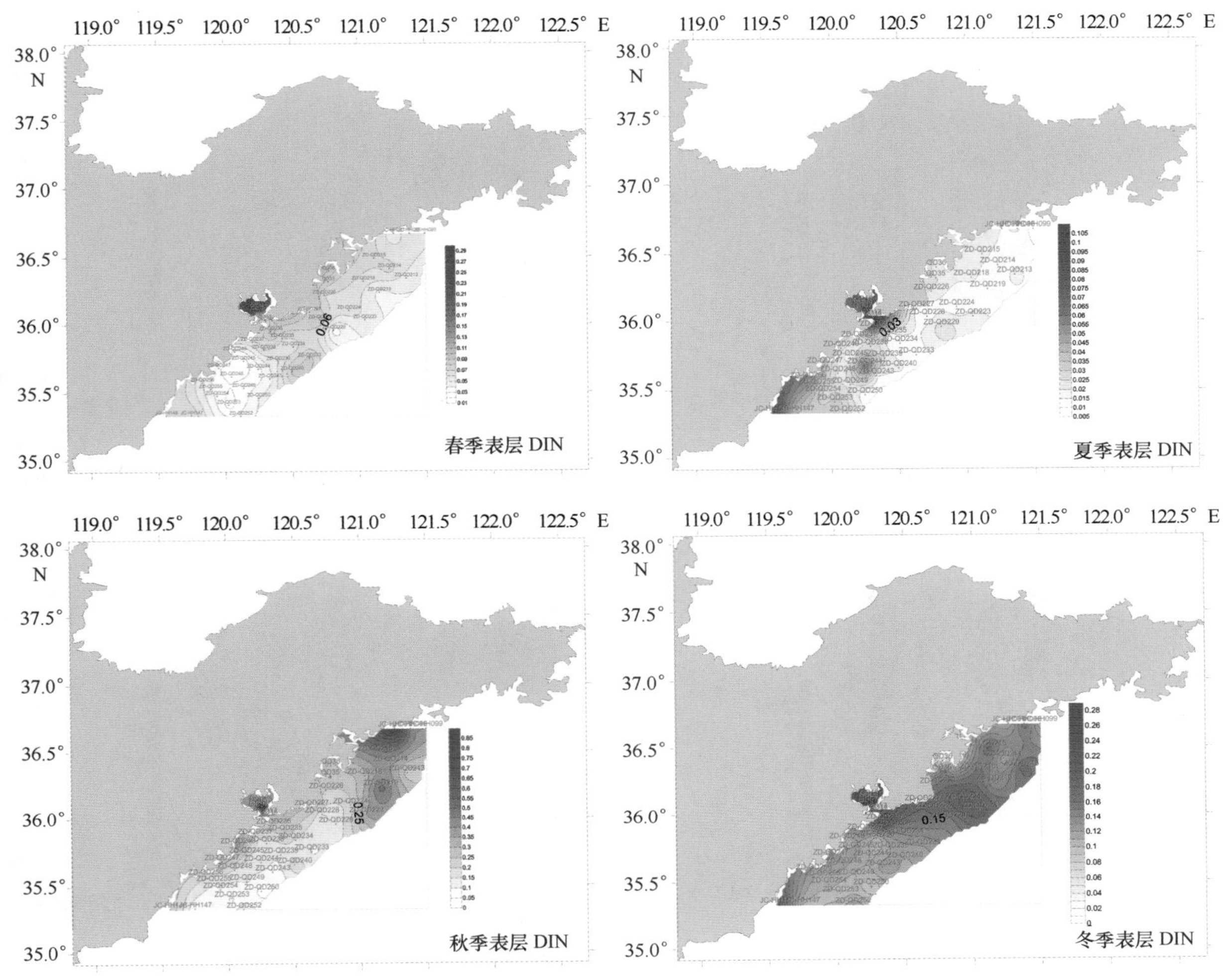

图 1.9　表层水体溶解无机氮（DIN）平面分布

的区域几乎覆盖了整个监测海区，总无机氮含量等值线垂直于胶州湾口，青岛沿海是高值区并向东北和西南方向逐渐降低。

从长期变化来看，山东黄海近岸海域的溶解无机氮自海洋监测开始以来一直是处于持续升高的状态，并且增加幅度很大，这充分反映了陆源输入，尤其是人类生产生活对海洋环境污染程度的加剧。

1.4.2　山东近海的磷酸盐

磷酸盐（PO_4^{3-}-P）是海洋中主要营养盐类之一，是浮游植物繁殖和生长必不可少的营养要素之一。海水中磷酸盐主要来源于陆地径流补充及死亡海洋生物体的分解。

山东北部黄海海域，全海区年均值为 0.014 毫克/升，10 月最高，平均值为 0.018 毫克/升；8 月最低，含量为 0.009 毫克/升。烟台近岸海域浓度偏高。山东半岛南部沿海活性磷酸盐的平面分布特征如图 1.10 所示。

1）春季

调查海域磷酸盐平均值为 0.002 毫克/升，表层的变化范围为 0.000~0.007 毫克/升，平均值为 0.002 毫克/升，最高值出现在胶州湾内的站位。调查海域北部的磷酸盐含量要高于南部，在南部海域的东部有一个明显的低值区。

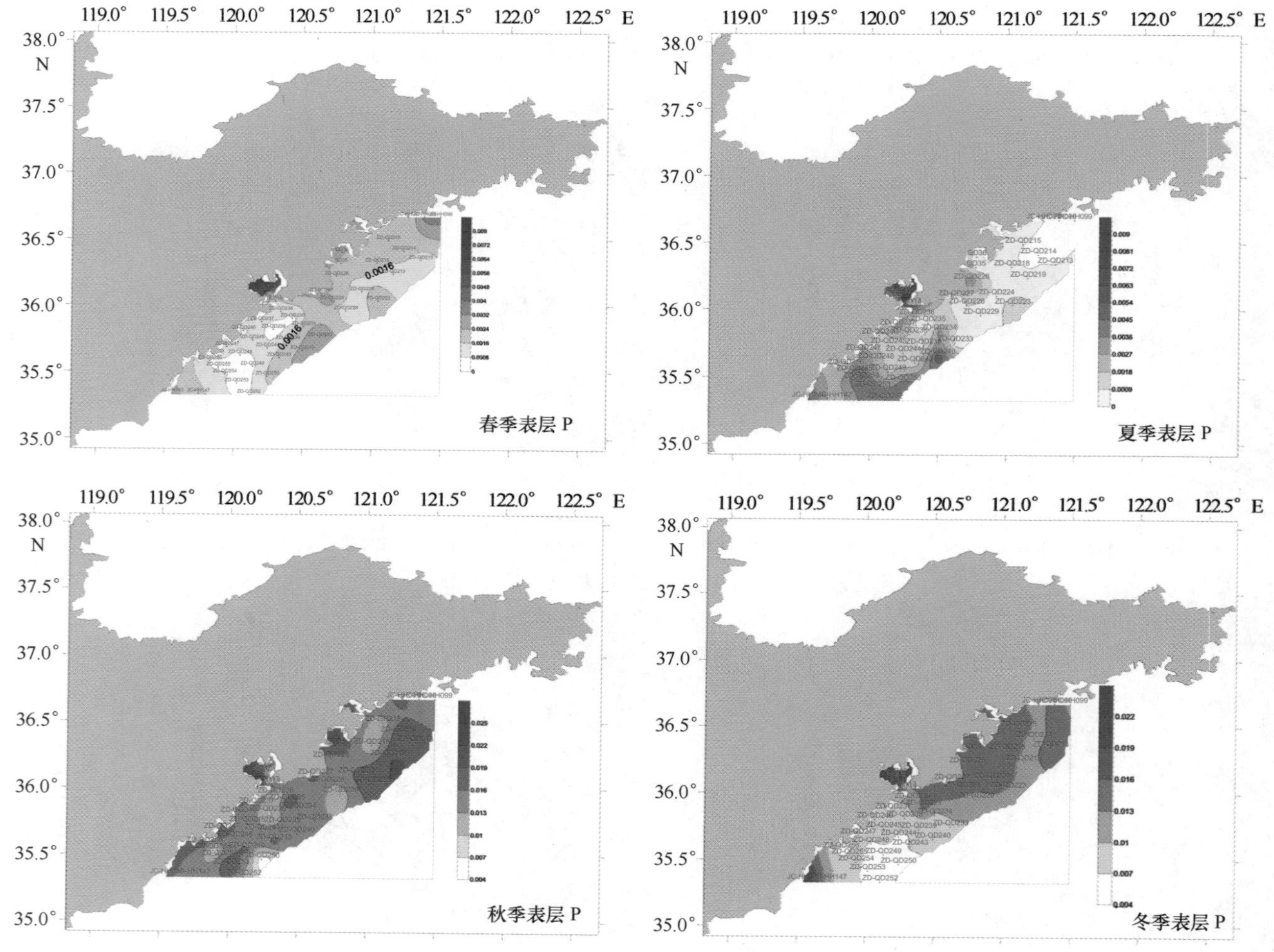

图 1.10 活性磷酸盐（P）的平面分布

2）夏季

平均磷酸盐含量为 0.004 毫克/升，表层的变化范围为 0~0.01 毫克/升，平均值为 0.002 毫克/升，最高值出现在胶州湾内，即墨、乳山部分海域表层未检出。表层磷酸盐等值线平行于胶州湾湾口且密度很大，可见湾内磷酸盐含量很高并由沿岸向远海呈快速递减趋势。

3）秋季

活性磷酸盐平均含量为 0.015 毫克/升，表层的变化范围为 0.004~0.027 毫克/升，平均值为 0.015 毫克/升，最高值出现在胶州湾内站位，最低值在调查海域西南部远海站位。表层磷酸盐的浓度变化不大，分布较均匀。

4）冬季

活性磷酸盐的含量平均值为 0.012 毫克/升，变化范围为 0.004~0.023 毫克/升。表层的变化范围为 0.005~0.023 毫克/升，平均值为 0.012 毫克/升，最大浓度出现在位于胶州湾内的站位，最低值出现在胶南海域离岸最远的站位。从平面分布看，冬季表层磷酸盐含量分布等值线垂直于胶州湾口，呈发散状，表现出从北往南递减的趋势，在胶州湾内出现高值区，而在胶南沿岸附近出现低值区。这是由于胶州湾是个半封闭的海湾，受陆源影响大，青岛市东北部是工业密集区，工业废水和生活污水的排放使湾内的磷酸盐含量较高。

山东近岸海域磷酸盐的浓度范围比较大，有小于 0.015 毫克/升的较好水质，也有远大于 0.045 毫克/

升的较差水质，最大浓度甚至达到0.100毫克/升以上。总体来讲，近年来山东近海活性磷酸盐的含量水平控制得较好，但磷酸盐含量超过0.015毫克/升的时间和区域还是比较多。

1.4.3　山东近海的硅酸盐

从长期变化看，硅酸盐是海洋浮游植物必需的营养盐类之一，是硅藻类、放射虫和硅质海绵等机体构成不可缺少的组分，其中硅藻通常是海洋浮游植物的主体之一。沿岸海域硅酸盐的补充主要靠河流等的陆源输入。但除了江河径流的影响外，硅酸盐浓度的分布受硅藻季节性变化的影响也较大，在浮游藻类大量繁殖的季节，硅酸盐的浓度往往会大幅下降。

胶州湾海水中硅酸盐有明显的季节变化，即夏、秋季高，冬、春季低。胶州湾硅酸盐的浓度主要由夏季径流所控制，夏季也是胶州湾初级生产力最高的季节。自20世纪60年代以来，硅酸盐含量可能在减少或保持在低水平，表层海水硅酸盐含量80年代中期为124.16微克/升，至90年代初降为90.93微克/升，降低了26.8%，到90年代末又降至45.63微克/升，比80年代中期降低了63.2%。因海洋中硅酸盐主要由河流输送，流入胶州湾河流流量的减小，有可能导致硅酸盐含量的降低。

山东近岸南部海域硅酸盐的变化如图1.11所示，季节分布分述如下。

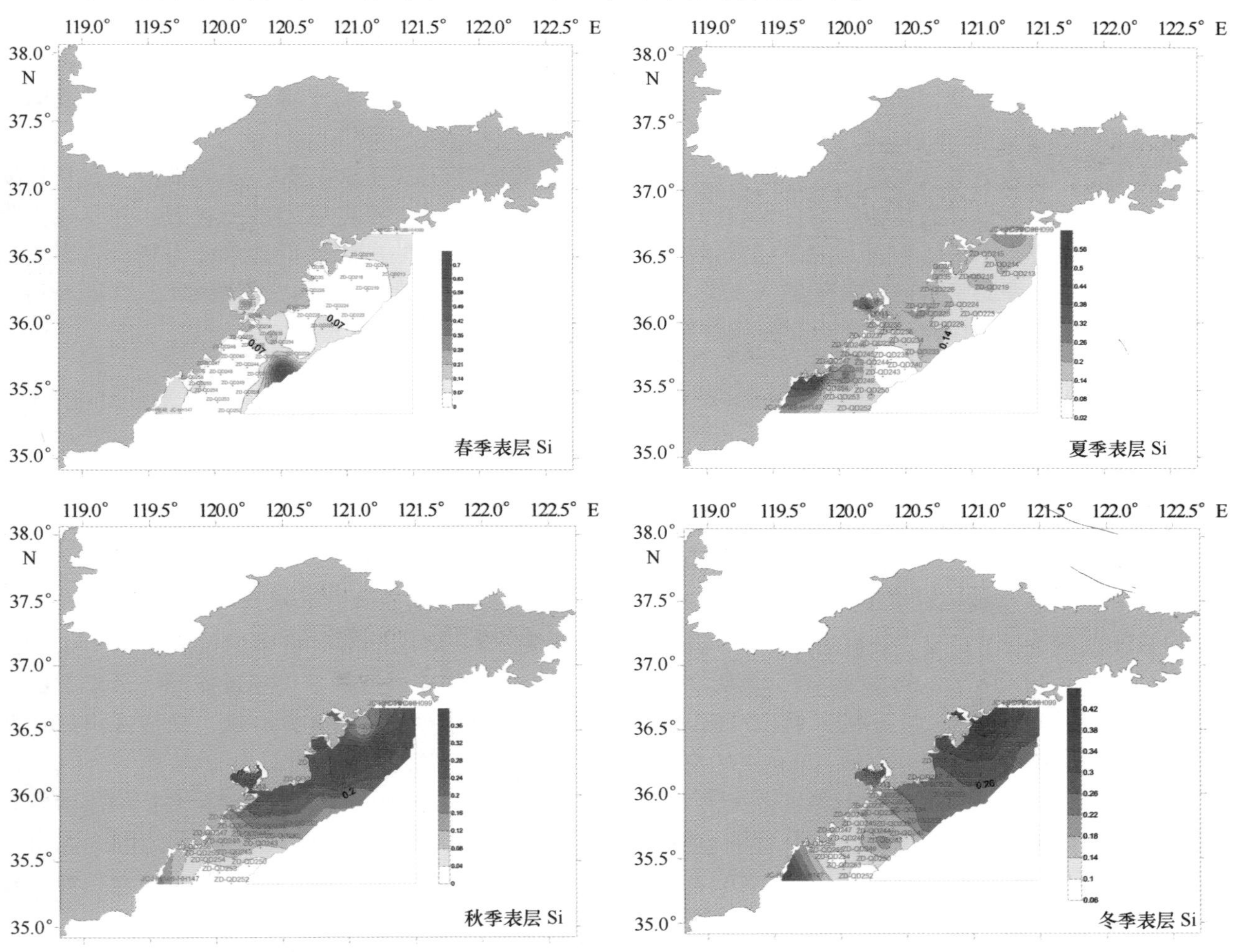

图1.11　活性硅酸盐（Si）的平面分布

1）春季

硅酸盐平均浓度为0.080毫克/升，表层的变化范围为0.027~0.756毫克/升，平均值为0.088毫克/

升，最高值出现在胶州湾外部远海区域，最低值出现在调查海区东南部远海站位。从平面分布来看，表层大部分海域硅酸盐浓度变化并不明显，高值区出现在调查海域的东南部。

2）夏季

硅酸盐平均含量为0.166毫克/升，表层的变化范围为0.019~0.564毫克/升，平均值为0.155毫克/升，最高值在调查海域南部近岸站位，最低值在胶州湾内。表层硅酸盐等值线基本平行于沿岸，且向远海逐渐递减。这说明夏季降水丰富，携带着大量硅酸盐的陆地径流、生活污水、工业废水注入该海区，使得硅酸盐浓度较高且由近岸向远海递减。

3）秋季

海域硅酸盐平均含量为0.193毫克/升，表层的变化范围为0.007~0.360毫克/升，平均值为0.193毫克/升，最高值在调查海域北部近岸站位，最低值在该海区南部远海站位。从平面分布来看，秋季表层硅酸盐含量呈现出由近岸向外海降低的趋势，且调查海域北部和中部的等值线都呈现出与海岸线平行的趋势。南部海域浓度较低，并在南部离岸最远处出现低值区。

4）冬季

海域硅酸盐平均浓度为0.199毫克/升，表层的变化范围为0.072~0.413毫克/升，平均值为0.209毫克/升，表层的最大值在调查海域北部和南部近岸都有出现，最小值则出现在北部和南部离岸较远的几个站位。冬季表层硅酸盐的分布，等值线垂直于沿岸并呈现出东北部浓度高而西南低的趋势。这是由于冬季海水垂直混合运动剧烈，硅酸盐混合均匀，受陆源影响较小，海流的影响使得硅酸盐含量由东北向西南降低。

总体上看，山东黄海海域硅酸盐的浓度范围比较大，从几毫克/升至1 000毫克/升均有分布。从长期变化看，山东黄海海域硅酸盐的年均含量自海洋监测开始以来一直是处于持续偏低的状态，并有逐步降低的趋势，这主要是因为降雨量及河流径流量减少的缘故。此外植被的破坏使得蓄水能力降低，河流流量随降雨量的变化而突变，硅酸盐的输入变化大，致使近海区域硅酸盐浓度变化大。因此，合理规划水利建设，保护河流沿岸植被，对于近岸海域营养盐含量及其结构变化都有重大的影响。

1.4.4 山东近海有机碳的分布

溶解有机碳（DOC）、颗粒有机碳（POC）和溶解无机碳（DIC）是碳在海洋中存在的3种主要形态。

1）溶解有机碳（DOC）

山东近岸南部海域溶解有机碳的分布如图1.12所示，季节分布分述如下。

（1）春季。表层溶解有机碳的浓度范围为1.38~2.12毫克/升，平均值为1.59毫克/升；中层溶解有机碳的浓度范围为1.32~2.26毫克/升，平均值为1.62毫克/升；底层溶解有机碳的浓度范围为1.31~2.24毫克/升，平均值为1.63毫克/升。表层、中层、底层溶解有机碳浓度基本呈现近岸高、远岸低的分布趋势，高值区位于东部的丁字湾和崂山湾附近海域、中部的胶州湾及日照近海海域，低值区出现在调查区西南部离岸较远的区域。

（2）夏季。表层溶解有机碳的浓度范围为1.75~2.64毫克/升，平均值为2.12毫克/升；中层溶解有机碳的浓度范围为1.81~3.15毫克/升，平均值为2.15毫克/升；底层溶解有机碳的浓度范围为1.76~2.52毫克/升，平均值为1.98毫克/升。表层、中层和底层溶解有机碳浓度的分布大致具有东北部海域较低，西南部海域较高的趋势。胶州湾附近海域溶解有机碳浓度较高，崂山湾内的浓度较低。

（3）秋季。表层溶解有机碳的浓度范围为1.42~1.86毫克/升，平均值为1.61毫克/升；中层溶解有机碳的浓度范围为1.46~1.88毫克/升，平均值为1.62毫克/升；底层溶解有机碳的浓度范围为1.42~1.95毫克/升，平均值为1.62毫克/升。表层、中层和底层溶解有机碳浓度的分布大致具有东北部海域较低，西南部海域较高的趋势，高值区位于调查海域东北部的丁字湾和崂山湾附近海域、中部的胶州湾附近海域及日照近海海域，低值区出现在调查区西南部离岸较远的区域。

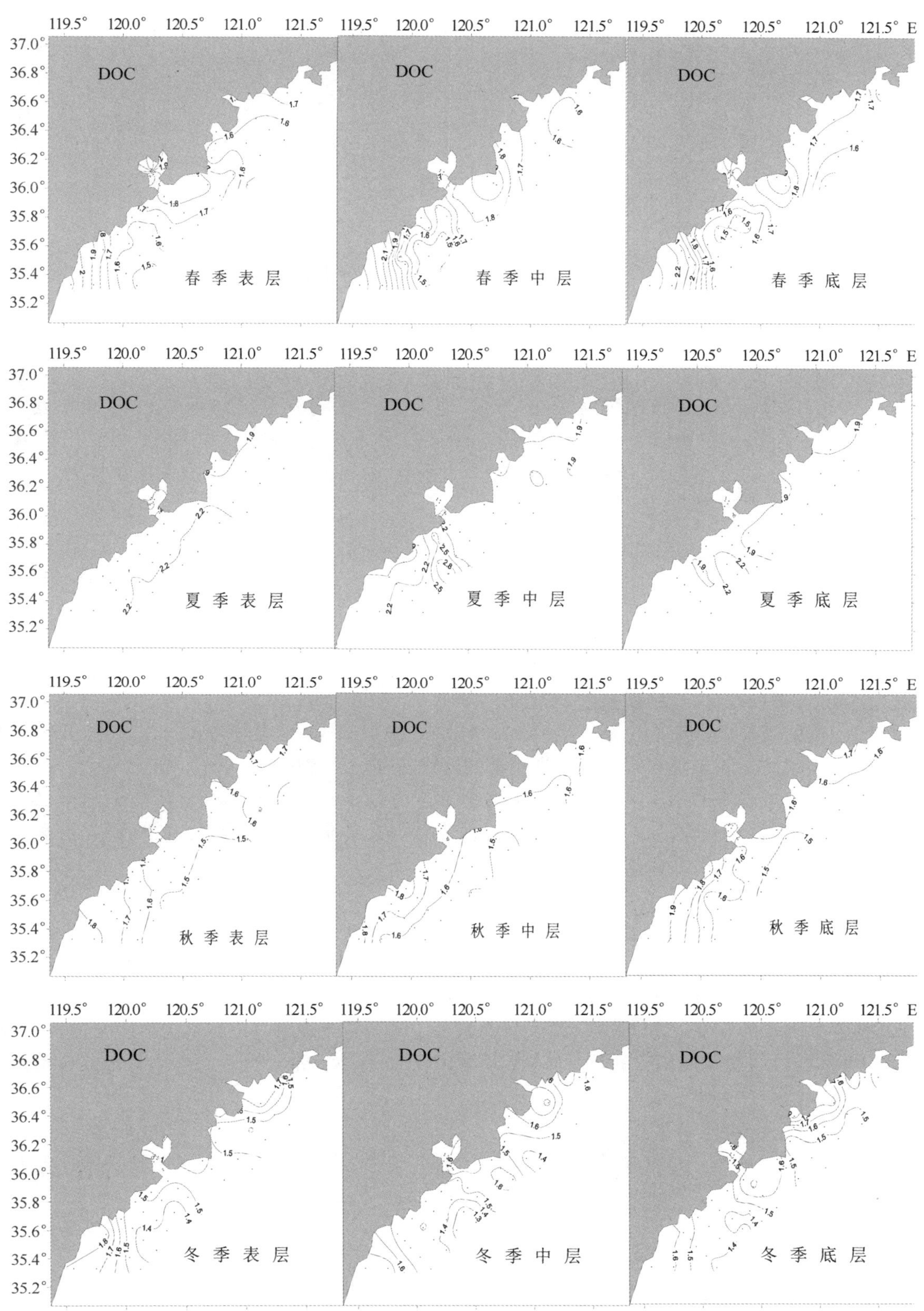

图 1.12 溶解有机碳（DOC）的平面分布

（4）冬季。表层溶解有机碳的浓度范围为1.33~1.85毫克/升，平均值为1.51毫克/升；中层溶解有机碳的浓度范围为1.23~1.84毫克/升，平均值为1.50毫克/升；底层溶解有机碳的浓度范围为1.35~1.96毫克/升，平均值为1.52毫克/升。表层、中层和底层溶解有机碳浓度的变化较小，平均值基本一致，平面分布特征基本类似，这是由于冬季海水垂直混合比较均匀。其平面分布整体上呈现近岸高、远岸低的分布趋势。高值区出现在调查海域东北部的丁字湾和崂山湾附近海域、中部的胶州湾附近海域及日照近海海域，可能由于湾内受径流输入和人类生产生活活动的影响，低值区出现在调查区西南部离岸较远的区域。

2）颗粒有机碳（POC）

颗粒有机碳占海洋中有机碳总量的10%左右，在痕量元素特别是金属元素的迁移、转化、清除等过程中均起着重要的作用。

山东南部海域颗粒有机碳，冬季表层浓度范围为0.099~0.98毫克/升，平均值为0.24毫克/升，中层浓度范围为0.089~0.70毫克/升，平均值为0.25毫克/升。春季表层浓度范围为0.16~0.52毫克/升，平均值为0.28毫克/升，中层浓度范围为0.19~0.38毫克/升，平均值为0.25毫克/升。夏季表层浓度范围为0.17~0.63毫克/升，平均值为0.30毫克/升，中层浓度范围为0.20~0.67毫克/升，平均值为0.33毫克/升。秋季表层浓度范围为0.16~0.48毫克/升，平均值为0.27毫克/升，中层浓度范围为0.14~0.84毫克/升，平均值为0.27毫克/升。

1.5 近海的污染要素

1.5.1 石油烃

近年来随着经济迅速发展，人口不断增长，山东近海海域环境污染不断加重。据调查，陆源含油污水的排放是造成近岸海域石油烃污染的主要原因。

近几年胶州湾的石油烃浓度变化范围为0.03~430.00微克/升，平均值为44.56微克/升，其中82%属于二类以上海水水质。湾东部和东北部污染较重的区域石油烃的浓度较高。

从对山东黄海海域近海的调查来看，山东半岛南部近海约半数海域石油烃含量超出国家二类海水水质标准，冬季和春季超标率最高。调查海域石油烃污染状况总体形势较为严峻，唐岛湾、崔家潞湾附近海域和青岛前海石油烃浓度最高，其他海域相对较低。

1.5.2 重金属

在受纳水体中，重金属污染物不易降解，能迅速由水相转入固相（悬浮物和沉积物），最终进入沉积物中蓄积，使沉积物成为重金属等化学物质的主要存储库。一旦沉积环境受到严重的污染并超过其承受能力，或其他外界因素的改变（如气候、水动力、pH、盐度、氧化还原电位、水温等因子的改变或有机、无机污染物大量排放），使长期积累的重金属从沉积物中重新释放，将导致生态环境恶化，特别是一些二价重金属可通过食物链对人体造成威胁。

山东黄海海域重金属的分布特征为：

（1）铜：春、夏、秋季分布基本呈近岸高、远岸低的趋势，高值区主要出现在胶州湾、乳山近海海域。冬季的高值区主要出现在日照近岸和青岛远岸海区。

（2）铅：春、秋、冬季分布基本呈近岸高、远岸低的趋势，高值区主要出现在胶州湾海域。夏季高值区主要出现在日照、乳山的远岸海区。

（3）锌：春秋季的含量比较接近，且呈比较明显的近岸高、远岸低的趋势，夏冬季的含量相比春秋季节有明显升高，分布趋势呈现近岸低、远岸高的特点。

（4）镉：四季的含量分布均呈现出近岸高、远岸低的趋势，高值区主要出现在青岛、乳山近海海域。

（5）铬：四季的含量变化不大，数值比较接近，春秋季的分布呈现较明显的近岸高、远岸低的趋势，高值区主要出现在胶州湾、乳山近海海域。秋冬季的高值区出现在日照、青岛远岸海区。

(6) 砷：各季节含量变化不大，分布特征明显呈现出近岸高、远岸低的趋势。高值区主要出现在胶州湾、日照、乳山近海海域。

(7) 汞：春、秋、冬季节含量较为接近，夏季的含量相比较其他季节明显偏低，四季分布均呈现近岸高、远岸低的趋势，高值区主要出现在胶州湾海域。

总体上看，铜、铬、砷的含量均优于国家一类海水水质标准。镉除在冬季有含量超标外，其余各季节的站位均优于国家一类海水水质标准，水质良好。铅、锌、汞在不同季节均有多个海域含量超标，其中铅、锌在冬、夏两季，汞在春、冬两季超标率较高，水质受到一定的污染。

1.5.3 核素

山东南部近岸海域海水中放射性核素，总铀的分布为春季和夏季含量较为稳定，秋季水样总铀的含量达到最高值，冬季含量略低于秋季。除秋季外，其他 3 个季节总铀的平面分布大体为近岸浓度高，远岸浓度略低。

海水中总 β 的分布随季节变化的总体趋势是：冬>春>夏>秋，除秋季含量稍低以外，其他 3 个季节含量差异不大。该海区由北向南，总 β 含量呈下降趋势。

海水中^{137}Cs 在春季未检出，秋季只有一个站位检出，夏季和冬季含量接近，与陆源输入和盐度变化相关。海水中^{58}Co、^{60}Co 与^{232}Th 均未检出，其他检出的核素整体含量均处于低水平。

2 黄海海区近岸海域海水水质分析

2014 年，山东省海洋环境监测中心在 5 月、8 月和 10 月对山东黄海海域水质各要素进行了监测，共获得数据 2 万余个，基本掌握了全省近岸海域海水环境状况。山东黄海近岸海域一类、二类、三类、四类和劣四类的站次占总站次的比例分别为 10.75%、55.91%、14.70%、7.53%和 11.11%，劣四类站位主要分布在丁字湾海域；近岸海域一类和劣四类站次比例较 2013 年分别下降 11.99 和 3.88 个百分点，二类和四类站次比例较 2013 年分别升高 13.02 和 3.13 个百分点，三类站次比例与 2013 年基本持平，近年来符合一类水质站次比例有所降低，应引起关注。富营养化状态评价结果表明，海水中无机氮和活性磷酸盐含量超标导致了近岸局部海域的富营养化，呈富营养化状态的监测站次占总监测站次的 19.35%，较 2013 年下降 1.32 个百分点，重度富营养化的站次占总监测站次的 1.79%，较 2013 年上升 0.50 个百分点，重度富营养化海域主要集中在丁字湾海域。全省近岸海域 91.0%站次的氮磷比大于 30，氮磷比失衡问题严重。

监测和评价结果表明，山东黄海近岸海域符合一类水质站次比例下降，富营养化维持较高水平，氮磷比失衡严重。其主要原因为陆源污染物排海压力巨大和海岸带开发强度增大，其中陆源污染物排海压力巨大是海域环境污染的主要原因。现对各监测要素调查结果进行分析，提出黄海海域亟待解决的生态问题，提出水质改善建议，为山东黄海海域红线划定提供技术支撑。

2.1 各监测要素调查结果与分析

2.1.1 pH

5 月、8 月和 10 月 3 次监测值范围为 7.53~8.53，平均值为 8.11。

5 月：监测值范围为 7.67~8.53，平均值为 8.10。

8 月：监测值范围为 7.53~8.41，平均值为 8.12。

10 月：监测值范围为 7.56~8.28，平均值为 8.11。

2.1.2 盐度

5月、8月和10月3次监测值范围为8.491~31.918，平均值为29.583。

5月：监测值范围为25.373~31.918，平均值为29.453。

8月：监测值范围为8.491~31.510，平均值为29.057。

10月：监测值范围为24.745~31.913，平均值为30.238。

2.1.3 溶解氧

5月、8月和10月3次监测值范围为2.75~11.78毫克/升，平均值为8.10毫克/升。97.13%的监测站次溶解氧含量符合一类海水水质标准，2.51%的监测站次符合二类海水水质标准，0.36%的监测站次劣于四类海水水质标准。

5月：监测值范围为5.00~11.78毫克/升，平均值为8.57毫克/升。96.77%的监测站位溶解氧含量符合一类海水水质标准，3.23%的监测站位符合二类海水水质标准。

8月：监测值范围为2.75~11.50毫克/升，平均值为7.66毫克/升。94.62%的监测站位溶解氧含量符合一类海水水质标准，4.30%的监测站位符合二类海水水质标准，1.08%的监测站位劣于四类海水水质标准。

10月：监测值范围为6.57~9.80毫克/升，平均值为8.07毫克/升。所有监测站位溶解氧含量均符合一类海水水质标准。

2.1.4 化学需氧量

5月、8月和10月3次监测值范围为0.32~8.79毫克/升，平均值为1.49毫克/升。82.08%的监测站次化学需氧量含量符合一类海水水质标准，16.13%的监测站次符合二类海水水质标准，1.08%的监测站次符合三类海水水质标准，0.36%的监测站次符合四类海水水质标准，0.36%的监测站次劣于四类海水水质标准。

5月：监测值范围为0.53~3.20毫克/升，平均值为1.52毫克/升。80.65%的监测站位化学需氧量含量符合一类海水水质标准，17.20%的监测站位符合二类海水水质标准，2.15%的监测站位符合三类海水水质标准。

8月：监测值范围为0.32~8.79毫克/升，平均值为1.55毫克/升。83.87%的监测站位化学需氧量含量符合一类海水水质标准，12.90%的监测站位符合二类海水水质标准，1.08%的监测站位符合三类海水水质标准，1.08%的监测站位符合四类海水水质标准，1.08%的监测站位劣于四类海水水质标准。

10月：监测值范围为0.39~2.77毫克/升，平均值为1.41毫克/升。81.72%的监测站位化学需氧量含量符合一类海水水质标准，18.28%的监测站位符合二类海水水质标准。

2.1.5 活性磷酸盐

5月、8月和10月3次监测值范围为未检出至0.053 6毫克/升，平均值为0.007 2毫克/升。88.53%的监测站次活性磷酸盐含量符合一类海水水质标准，10.39%的监测站次符合二类和三类海水水质标准，0.36%的监测站次符合四类海水水质标准，0.72%的监测站次劣于四类海水水质标准。

5月：监测值范围为未检出至0.053 6毫克/升，平均值为0.006 8毫克/升。88.17%的监测站位活性磷酸盐含量符合一类海水水质标准，9.67%的监测站位符合二类和三类海水水质标准，1.08%的监测站位符合四类海水水质标准，1.08%的监测站位劣于四类海水水质标准，1个劣四类站位为HSXZ045，位于烟台近岸海域（丁字湾海域）。

8月：监测值范围为未检出至0.046 9毫克/升，平均值为0.005 3毫克/升。95.69%的监测站位活性磷酸盐含量符合一类海水水质标准，3.23%的监测站位符合二类和三类海水水质标准，1.08%的监测站位劣于四类海水水质标准。

10 月：监测值范围为未检出至 0.029 5 毫克/升，平均值为 0.009 3 毫克/升。81.72%的监测站位活性磷酸盐含量符合一类海水水质标准，18.28%的监测站位符合二类和三类海水水质标准。

2.1.6 无机氮

5 月、8 月和 10 月 3 次监测值范围为 0.028~2.380 毫克/升，平均值为 0.294 毫克/升。36.56%的监测站次无机氮含量符合一类海水水质标准，32.26%的监测站次符合二类海水水质标准，13.26%的监测站次符合三类海水水质标准，7.17%的监测站次符合四类海水水质标准，10.75%的监测站次劣于四类海水水质标准。

5 月：监测值范围为 0.028~1.285 毫克/升，平均值为 0.281 毫克/升。38.71%的监测站位无机氮含量符合一类海水水质标准，33.33%的监测站位符合二类海水水质标准，11.83%的监测站位符合三类海水水质标准，4.30%的监测站位符合四类海水水质标准，11.83%的监测站位劣于四类海水水质标准，主要分布在丁字湾海域。

8 月：监测值范围为 0.033~2.380 毫克/升，平均值为 0.314 毫克/升。43.01%的监测站位无机氮含量符合一类海水水质标准，24.73%的监测站位符合二类海水水质标准，8.60%的监测站位符合三类海水水质标准，10.75%的监测站位符合四类海水水质标准，12.91%的监测站位劣于四类海水水质标准，主要分布在丁字湾海域。

10 月：监测值范围为 0.045~1.100 毫克/升，平均值为 0.287 毫克/升。27.96%的监测站位无机氮含量符合一类海水水质标准，38.71%的监测站位符合二类海水水质标准，19.35%的监测站位符合三类海水水质标准，6.45%的监测站位符合四类海水水质标准，7.53%的监测站位劣于四类海水水质标准，主要分布在丁字湾海域。

2.1.7 总氮

5 月、8 月和 10 月 3 次监测值范围为 0.104~9.94 毫克/升，平均值为 0.912 毫克/升。

5 月：监测值范围为 0.123~9.94 毫克/升，平均值为 1.066 毫克/升。

8 月：监测值范围为 0.104~5.50 毫克/升，平均值为 0.897 毫克/升。

10 月：监测值范围为 0.158~3.00 毫克/升，平均值为 0.772 毫克/升。

2.1.8 总磷

5 月、8 月和 10 月 3 次监测值范围为 0.001 1~0.371 毫克/升，平均值为 0.034 2 毫克/升。

5 月：监测值范围为 0.003 8~0.245 毫克/升，平均值为 0.034 4 毫克/升。

8 月：监测值范围为 0.001 1~0.371 毫克/升，平均值为 0.035 4 毫克/升。

10 月：监测值范围为 0.004 0~0.136 毫克/升，平均值为 0.032 8 毫克/升。

2.1.9 石油类

5 月、8 月和 10 月 3 次监测值范围为未检出至 0.099 0 毫克/升，平均值为 0.019 8 毫克/升。96.77%的监测站次石油类含量符合一类和二类海水水质标准，3.23%的监测站次符合三类海水水质标准。

5 月：监测值范围为未检出至 0.062 8 毫克/升，平均值为 0.019 7 毫克/升。96.77%的监测站位石油类含量符合一类和二类海水水质标准，3.23%的监测站位符合三类海水水质标准。

8 月：监测值范围为 0.005 5~0.073 5 毫克/升，平均值为 0.020 6 毫克/升。94.62%的监测站位石油类含量符合一类和二类海水水质标准，5.38%的监测站位符合三类海水水质标准。

10 月：监测值范围为未检出至 0.099 0 毫克/升，平均值为 0.019 1 毫克/升。98.92%的监测站位石油类含量符合一类和二类海水水质标准，1.08%的监测站位符合三类海水水质标准。

2.1.10 叶绿素 a

5 月、8 月和 10 月 3 次监测值范围为 0.237~17.60 微克/升，平均值为 2.00 微克/升。

5 月：监测值范围为 0.237~14.10 微克/升，平均值为 2.02 微克/升。

8 月：监测值范围为 0.110~17.60 微克/升，平均值为 2.10 微克/升。

10 月：监测值范围为 0.237~9.09 微克/升，平均值为 1.88 微克/升。

2.1.11 铜

5 月、8 月和 10 月 3 次监测值范围为未检出至 8.79 微克/升，平均值为 3.08 微克/升。93.91%的监测站次铜符合一类海水水质标准，6.09%的监测站次符合二类海水水质标准。

5 月：监测值范围为 0.20~8.79 微克/升，平均值为 3.62 微克/升。86.02%的监测站位铜符合一类海水水质标准，13.98%的监测站位符合二类海水水质标准。

8 月：监测值范围未检出至 5.49 微克/升，平均值为 3.04 微克/升。97.85%的监测站位铜含量符合一类海水水质标准，2.15%的监测站位符合二类海水水质标准。

10 月：监测值范围未检出至 5.83 微克/升，平均值为 2.79 微克/升。97.85%的监测站位铜含量符合一类海水水质标准，2.15%的监测站位符合二类海水水质标准。

2.1.12 锌

5 月、8 月和 10 月 3 次监测值范围为 0.20~51.4 微克/升，平均值为 15.7 微克/升。79.57%的监测站次锌含量符合一类海水水质标准，20.07%的监测站次符合二类海水水质标准，0.36%的监测站次符合三类海水水质标准。

5 月：监测值范围为 0.20~50.0 微克/升，平均值为 17.3 微克/升。64.52%的监测站位锌含量符合一类海水水质标准，35.48%的监测站位符合二类海水水质标准。

8 月：监测值范围 2.89~43.2 微克/升，平均值为 15.4 微克/升。83.87%的监测站位锌含量符合一类海水水质标准，16.13%的监测站位符合二类海水水质标准。

10 月：监测值范围 3.48~51.4 微克/升，平均值为 14.4 微克/升。90.32%的监测站位锌含量符合一类海水水质标准，8.60%的监测站位符合二类海水水质标准，1.08%的监测站位符合三类海水水质标准。

2.1.13 铬

5 月、8 月和 10 月 3 次监测值范围为未检出至 25.8 微克/升，平均值为 3.87 微克/升。所有监测站位铬含量均符合一类海水水质标准。

5 月：监测值范围为未检出至 25.8 微克/升，平均值为 4.61 微克/升。所有监测站位铬含量均符合一类海水水质标准。

8 月：监测值范围为未检出至 25.1 微克/升，平均值为 4.26 微克/升。所有监测站位铬含量均符合一类海水水质标准。

10 月：监测值范围为未检出至 11.6 微克/升，平均值为 2.74 微克/升。所有监测站位铬含量均符合一类海水水质标准。

2.1.14 汞

5 月、8 月和 10 月三次监测值范围为未检出至 0.585 微克/升，平均值为 0.050 微克/升。69.53%的监测站次汞含量符合一类海水水质标准，29.03%的监测站次符合二类和三类海水水质标准，1.08%的监测站次符合四类海水水质标准，0.36%的监测站次劣于四类海水水质标准。

5 月：监测值范围为未检出至 0.165 微克/升，平均值为 0.040 微克/升。74.19%的监测站位汞含量符合一类海水水质标准，25.81%的监测站位符合二类和三类海水水质标准。

8月：监测值范围为未检出至0.585微克/升，平均值为0.057微克/升。67.64%的监测站位汞含量符合一类海水水质标准，29.03%的监测站位符合二类和三类海水水质标准，2.15%的监测站位符合四类海水水质标准，1.08%的监测站位劣于四类海水水质标准，1个劣四类站位为HSXZ045，位于烟台近岸海域（丁字湾海域）。

10月：监测值范围为未检出至0.392微克/升，平均值为0.053微克/升。66.67%的监测站位汞含量符合一类海水水质标准，32.26%的监测站位符合二类和三类海水水质标准，1.08%的监测站位符合四类海水水质标准。

2.1.15 镉

5月、8月和10月3次监测值范围为未检出至2.96微克/升，平均值为0.36微克/升。97.85%的监测站次镉含量符合一类海水水质标准，2.15%的监测站次符合二类海水水质标准。

5月：监测值范围为未检出至1.43微克/升，平均值为0.35微克/升。97.85%的监测站位镉含量符合一类海水水质标准，2.15%的监测站位符合二类海水水质标准。

8月：监测值范围为未检出至1.06微克/升，平均值为0.36微克/升。97.85%的监测站位镉含量符合一类海水水质标准，2.15%的监测站位符合二类海水水质标准。

10月：监测值范围为未检出至2.96微克/升，平均值为0.37微克/升。97.85%的监测站位镉含量符合一类海水水质标准，2.15%的监测站位符合二类海水水质标准。

2.1.16 铅

5月、8月和10月3次监测值范围为未检出至4.38微克/升，平均值为0.87微克/升。75.63%的监测站次铅含量符合一类海水水质标准，24.37%的监测站次符合二类海水水质标准。

5月：监测值范围为0.22~2.88微克/升，平均值为1.00微克/升。63.44%的监测站位铅含量符合一类海水水质标准，36.56%的监测站位符合二类海水水质标准。

8月：监测值范围为未检出至3.14微克/升，平均值为0.88微克/升。73.12%的监测站位铅含量符合一类海水水质标准，26.88%的监测站位符合二类海水水质标准。

10月：监测值范围为未检出至4.38微克/升，平均值为0.72微克/升。90.32%的监测站位铅含量符合一类海水水质标准，9.68%的监测站位符合二类海水水质标准。

2.1.17 砷

5月、8月和10月3次监测值范围为未检出至11.7微克/升，平均值为2.57微克/升。所有监测站位砷含量符合一类海水水质标准。

5月：监测值范围为0.28~7.22微克/升，平均值为2.79微克/升。所有监测站位砷含量符合一类海水水质标准。

8月：监测值范围为未检出至11.70微克/升，平均值为2.65微克/升。所有监测站位砷含量符合一类海水水质标准。

10月：监测值范围为0.60~6.09微克/升，平均值为2.25微克/升。所有监测站位砷含量符合一类海水水质标准。

2.1.18 悬浮物

5月、8月和10月3次监测值范围0.4~196.9，平均值为19.6。

5月：监测值范围为0.9~196.9，平均值为19.1。

8月：监测值范围为1.0~176.0，平均值为19.4。

10 月：监测值范围为 0.4~102.0，平均值为 20.3。

2.1.19 硅酸盐

5 月、8 月和 10 月 3 次监测值范围为 0.017 7~1.510，平均值为 0.405。
5 月：监测值范围为 0.024 2~1.200，平均值为 0.352。
8 月：监测值范围为 0.017 7~1.510，平均值为 0.501。
10 月：监测值范围为 0.050 0~1.104，平均值为 0.397。

2.2 调查结果分析

从各要素统计指标分析，主要有如下几个方面。

（1）pH、盐度和溶解氧变异系数较小，均值和中位数差异小，说明山东近岸海域 pH、盐度和溶解氧离散程度较小；化学需氧量、活性磷酸盐、无机氮、石油类、叶绿素 a、铜、锌、铬、汞、镉、铅、砷、总氮、总磷、悬浮物和硅酸盐等变异系数较大，均值和中位数差异较大，说明山东黄海海域这些离散程度较大，存在极大或极小值（如未检出），应关注化学需氧量、活性磷酸盐、无机氮、汞、总氮、总磷、悬浮物等指标高值区的海洋环境状况及其海洋环境影响。

（2）各要素的季节性变化，大部分监测要素存在季节性变化。pH 季节性变化不明显；盐度均值大小顺序为 10 月>5 月>8 月，这与降水量、蒸发量及地表径流等季节不同有关；溶解氧含量的季节变化与水温相反，春季（5 月）较高，在夏季（8 月）下降至最低，到秋季（10 月）又有所回升，8 月溶解氧含量均值为 5 月的 89%；无机氮和总氮的均值大小顺序为 5 月>8 月>10 月，这可能与陆源入海、浮游植物繁殖季节不同有关；活性磷酸盐均值大小顺序为 10 月>5 月>8 月，与浮游植物繁殖的季节变化相反；总磷均值大小顺序为 8 月>5 月>10 月；硅酸盐均值大小顺序为 8 月>10 月>5 月；叶绿素 a 均值大小顺序为 5 月>8 月>10 月；铜、锌、铬和砷的均值大小顺序为 5 月>8 月>10 月，汞均值大小顺序为 8 月>10 月>5 月，铅均值大小顺序为 8 月>5 月>10 月；镉季节性变化不明显。由于山东黄海海域海岸线长，海域空间分布范围大，各要素季节分布规律性不明显。

（3）氮磷比（N/P）：是指无机氮（DIN）和活性磷酸盐（PO_4^{3-}-P）的原子比，大洋海水的 N/P 值一般接近 16，即 Redfield 比值，浮游植物对营养盐的吸收基本上接近这个比例进行。当海域营养盐体系发生某种变动时，这种比值也会因此而改变，进而影响海洋环境的生态平衡。科研人员用近海海水进行的生物培养实验发现，N/P<8 时，浮游植物生长受氮限制，N/P>30 时受磷限制。我国近岸海域普遍具有营养盐比例不平衡，致使浮游植物生长受制于某一相对不足营养盐的特性。

2014 年氮磷比统计结果表明，全省近岸海域 91.0%监测站次的 N/P>30，氮磷比的平均值为 359.8、中位数为 102.2，氮磷比失衡问题严重。产生这种现象的主要原因有：一是化肥用量剧增但比例不当，氮肥过量而磷肥与钾肥不足，地表水把未被利用的过量氮肥汇入河水；二是生活污水和某些含氮工业废水的排放进入河流或者直接入海；三是可能由于大多数流域地表岩石圈及土壤圈中磷丰度偏低。因此入海径流中的 N/P 值很高，高 N/P 的地表径流的注入必然会使河口及附近海域和近岸海域的水体中 N/P 偏高。

2.3 各监测要素单项和综合评价

2.3.1 各监测要素单项评价

各监测要素的水质等级占总监测站次的比例见图 2.1，图表数据来源于山东省海洋环境监测中心监测的数据资料（山东省海洋环境监测中心，2014）。其中铜、铬、镉、铅和砷等要素所有监测站位均符合一类或二类海水水质标准，溶解氧、化学需氧量、活性磷酸盐、锌、汞等要素超过 98%的监测站次符合一类或二类海水水质标准，96.77%的监测站次的石油类符合一类和二类海水水质标准，68.82%的监测站次的无机氮符合一类或二类海水水质标准。超过四类海水水质标准的要素为无机氮、活性磷酸盐、汞、化学需氧量和溶解氧，超标站次比例分别为 10.75%、0.72%、0.36%、0.36%和 0.36%。

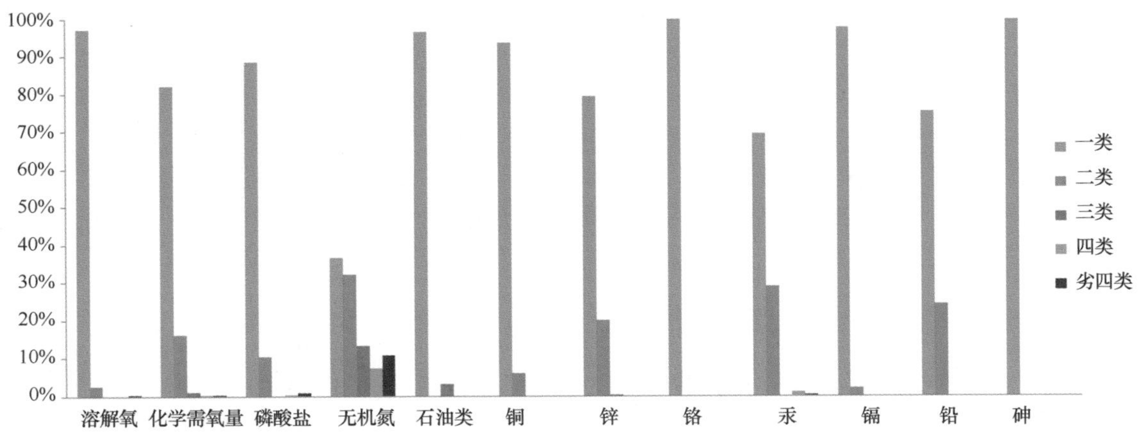

图 2.1　各评价要素水质等级占总监测站位的比例

如图 2.2 所示，2014 年全年符合一类或二类海水水质站次占总监测站次的比例为 66.66%，较 2013 年升高 1.03 个百分点、较 2012 年升高 6.58 个百分点；各评价要素水质符合一类或二类海水水质站次占总监测站次的比例中溶解氧、铜、锌、铬、镉、铅、砷等要素与 2013 年相比基本持平；无机氮、活性磷酸盐等要素符合一类或二类海水水质站次占总监测站次的比例略高于 2013 年和 2012 年，较 2013 年分别上升 1.89 和 0.48 个百分点；石油类符合一类或二类海水水质站次占总监测站次的比例略高于 2013 年，较 2013 年上升 2.20 个百分点；化学需氧量、汞等要素符合一类或二类海水水质站次占总监测站次的比例略低于 2013 年，较 2013 年分别下降 1.28 和 1.18 个百分点。

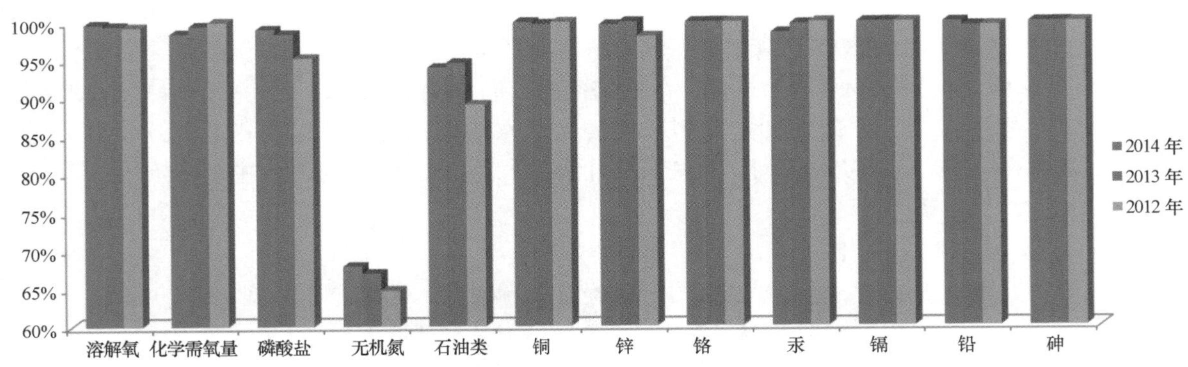

图 2.2　2014 年、2013 年、2012 年各评价要素符合一类或二类海水水质站次占总监测站次的比例对比

2.3.2　各监测要素综合评价

5 月：溶解氧、化学需氧量、活性磷酸盐、无机氮、石油类、铜、锌、铬、汞、镉、铅和砷 12 个指标的综合评价结果显示，全省近岸海域符合一类、二类、三类、四类和劣于四类海水水质标准的监测站位占总监测站位的比例分别为 6.45%、63.44%、13.98%、4.30%和 11.83%。

8 月：溶解氧、化学需氧量、活性磷酸盐、无机氮、石油类、铜、锌、铬、汞、镉、铅和砷 12 个指标的综合评价结果显示，全省近岸海域符合一类、二类、三类、四类和劣于四类海水水质标准的监测站位占总监测站位的比例分别为 13.98%、49.46%、10.75%、11.83%和 13.98%。

10 月：溶解氧、化学需氧量、活性磷酸盐、无机氮、石油类、铜、锌、铬、汞、镉、铅和砷 12 个指标的综合评价结果显示，全省近岸海域符合一类、二类、三类、四类和劣于四类海水水质标准的监测站位占总监测站位的比例分别为 11.83%、54.84%、19.35%、6.45%和 7.53%。

全年：综合 5 月、8 月和 10 月的溶解氧、化学需氧量、活性磷酸盐、无机氮、石油类、铜、锌、铬、汞、镉、铅和砷 12 个指标的综合评价结果显示，全省近岸海域符合一类、二类、三类、四类和劣于四类海水水质标准的监测站次占监测总站次的比例分别为 10.75%、55.91%、14.70%、7.53%和 11.11%。

各监测要素综合评价结果统计表明：全省近岸海域符合一类和劣于四类海水水质标准的监测站次占监测总站次的比例分别较 2013 年下降 11.99 和 3.88 个百分点，二类和四类的监测站次占监测总站次的比例较 2013 年分别升高 13.02 和 3.13 个百分点，三类站次比例基本持平。近年来符合一类水质站次比例有所降低，应引起关注。

2.3.3 无机氮、活性磷酸盐、石油类和化学需氧量等指标的综合评价结果

海水的评价一般只选取无机氮、活性磷酸盐、石油类和化学需氧量 4 个指标，与选取溶解氧、化学需氧量、活性磷酸盐、无机氮、石油类、铜、锌、铬、汞、镉、铅、砷 12 个指标对比，各项水质等级的结果不同只表现在符合一类和二类水质比例。2014 年水质评价等级站位数及百分比统计情况如图 2.3、表 2.1 所示。

5 月：无机氮、活性磷酸盐、石油类和化学需氧量 4 个指标综合评价结果显示，全省近岸海域符合一类、二类、三类、四类和劣于四类海水水质标准的监测站位占总监测站位的比例分别为 33.33%、36.56%、13.98%、4.30%和 11.83%。劣四类监测站位主要分布在丁字湾近岸海域。

8 月：无机氮、活性磷酸盐、石油类和化学需氧量 4 个指标综合评价结果显示，全省近岸海域符合一类、二类、三类、四类和劣于四类海水水质标准的监测站位占总监测站位的比例分别为 40.86%、23.66%、10.75%、10.75%和 13.98%。劣四类监测站位主要分布在丁字湾近岸海域。

10 月：无机氮、活性磷酸盐、石油类和化学需氧量 4 个指标综合评价结果显示，全省近岸海域符合一类、二类、三类、四类和劣于四类海水水质标准的监测站位占监测总站位的比例分别为 23.66%、43.01%、19.35%、6.45%和 7.53%。劣四类监测站位主要分布在丁字湾近岸海域。

全年：综合 5 月、8 月和 10 月的无机氮、活性磷酸盐、石油类和化学需氧量 4 个指标评价结果，全省近岸海域符合一类、二类、三类、四类和劣于四类海水水质标准的监测站次占总站次的比例分别为 32.62%、34.41%、14.69%、7.17%和 11.11%。统计表明，劣于四类监测站位主要分布在丁字湾近岸海域。

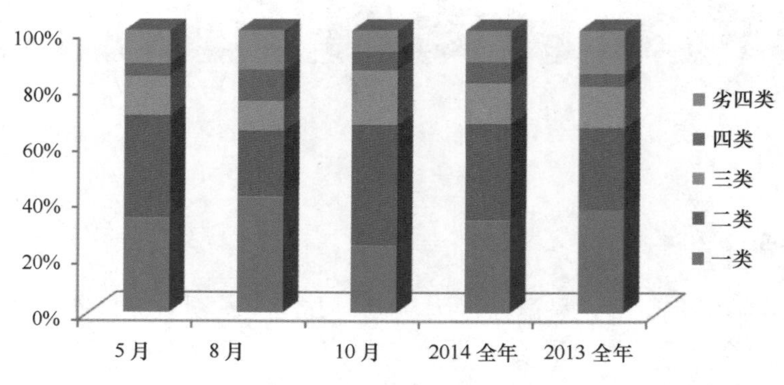

图 2.3 2014 年所有各监测站位水质等级比例

表 2.1　2014 年水质评价等级站位数及百分比统计

水质类别	12 个评价指标的水质评价结果			4 个评价指标的水质评价结果		
	站位数（个）	百分比（%）	累计百分比（%）	站位数（个）	百分比（%）	累计百分比（%）
一类	30	10.75	10.75	91	32.62	32.62
二类	156	55.91	66.66	96	34.41	67.03
三类	41	14.70	81.36	41	14.69	81.72
四类	21	7.53	88.89	20	7.17	88.89
劣四类	31	11.11	100.00	31	11.11	100.00

注：12 个评价指标包括溶解氧、化学需氧量、磷酸盐、无机氮、石油类、铜、锌、铬、汞、镉、铅和砷；4 个评价指标包括化学需氧量、磷酸盐、无机氮和石油类。

2.4　富营养化状态评价

5 月、8 月和 10 月的富营养化状态评价统计结果（表 2.2）表明：海水中无机氮和活性磷酸盐含量超标导致了近岸局部海域的富营养化，呈富营养化状态的监测站次占总监测站次的 19.35%，较 2013 年的比例下降 1.32 个百分点，其中轻度、中度和重度富营养化的站次比例分别为 13.62%、3.94%和 1.79%。中度站次比例分别较 2013 年下降 2.26 个百分点，轻度、重度富营养化的站次比例较 2013 年上升 0.44 和 0.50 个百分点，重度富营养化海域主要集中在丁字湾海域。

表 2.2　富营养化站位占总监测站位数的比例

年度	月份	轻度	中度	重度	合计	总站位数（个）
2014 年	5 月	10.75%	4.30%	2.15%	17.20%	93
	8 月	10.75%	3.23%	2.15%	16.13%	93
	10 月	19.35%	4.30%	1.08%	24.73%	93
	全年	13.62%	3.94%	1.79%	19.35%	279
2013 年	5 月	9.30%	3.10%	0.78%	13.18%	129
	8 月	12.40%	9.30%	3.10%	24.81%	129
	10 月	17.83%	6.20%	0.00%	24.03%	129
	全年	13.18%	6.20%	1.29%	20.67%	387

5 月：海水中无机氮和活性磷酸盐含量超标导致了近岸局部海域的富营养化，呈富营养化状态的监测站位占总监测站位的 17.20%，较 2013 年同期的比例上升 4.02 个百分点，其中轻度、中度和重度富营养化的站位比例分别为 10.75%、4.30%和 2.15%。重度富营养化海域主要集中在丁字湾海域。

8 月：海水中无机氮和活性磷酸盐含量超标导致了近岸局部海域的富营养化，呈富营养化状态的监测站位占总监测站位的 16.13%，较 2013 年同期的比例下降 8.68 个百分点，其中轻度、中度和重度富营养化的站位比例分别为 10.75%、3.23%和 2.15%、。重度富营养化海域主要集中在丁字湾海域。

10 月：海水中无机氮含量超标导致了近岸局部海域的富营养化，呈富营养化状态的监测站位占总监测站位的 24.73%，较 2013 年同期的比例上升 0.70 个百分点，其中轻度、中度和重度富营养化的站位比例分别为 19.35%、4.30%和 1.08%。重度富营养化海域主要集中在丁字湾海域。

潜在性营养化：由于海水受到营养盐的限制，必然有一部分氮（对磷限制水体而言）或磷（对氮限制水体而言）相对过剩。而根据现行海水富营养化评价标准或评价模式，这部分过剩的氮或磷可使海区的营养化水平提高，甚至出现通常意义上的富营养化，但实质上却并不能尽被浮游植物所利用。因此这部分相对过剩的营养盐不应被视为对实质性的富营养化作了贡献，而应看作只具有一种潜在性。亦即，只有在水体得到适量的磷（对磷限制水体而言）或氮（对氮限制水体而言）的补充，使 N/P 值接近 Redfield 值，这部分氮或磷对富营养化的贡献才能真正体现出来。这种现象可称为潜在性富营养化。近海水体由于受到径流、人类活动及水文因素的影响，大都表现出营养盐限制的特征，因此潜在性富营养化可能是我国近岸海域的一种普遍现象。

综合郭卫东提出的潜在性富营养化的概念和邹景忠提出的富营养化指数（E），对山东近岸海域出现的富营养化站位进行分类统计和分析，级别划分见表 2.3，2014 年的海水富营养化级别分类结果见表 2.4。从统计结果来看，属于氮磷共同引起的富营养化站次比例占富营养化站位（富营养化指数 $E\geqslant1$）的 18.5%，其他均为磷中等限制潜在富营养化（占 31.5%）或磷限制潜在富营养化（占 50.0%），未出现氮中等限制潜在富营养化或氮限制潜在富营养化。

表 2.3 海水富营养化级别划分

序号	富营养化级别	N/P	E
1	富营养（E_1）	8~30	≥1
2	磷中等限制潜在富营养（E_2）	30~60	≥1
3	磷限制潜在富营养（E_3）	>60	≥1
4	氮中等限制潜在富营养（E_4）	4~8	≥1
5	氮限制潜在富营养（E_5）	<4	≥1

表 2.4 2014 年海水富营养化站位分类统计结果

富营养化级别	5月		8月		10月		全年	
	站次	比例	站次	比例	站次	比例	站次	比例
E_1	3	18.8%	1	6.7%	6	26.1%	10	18.5%
E_2	8	50.0%	2	13.3%	7	30.4%	17	31.5%
E_3	5	31.2%	12	80.0%	10	43.5%	27	50.0%
E_4	0	0.0%	0	0.0%	0	0.0%	0	0.0%
E_5	0	0.0%	0	0.0%	0	0.0%	0	0.0%

2.5 总体结论

各监测要素单项评价结果表明：铜、铬、镉、铅和砷等要素所有监测站位均符合一类或二类海水水质标准，溶解氧、化学需氧量、活性磷酸盐、锌、汞等要素超过 98% 的监测站次符合一类或二类海水水质标准，96.77% 的监测站次的石油类符合一类和二类海水水质标准，68.82% 的监测站次的无机氮符合一类或二类海水水质标准。超过四类海水水质标准的要素为无机氮、活性磷酸盐、汞、化学需氧量和溶解氧，超标站次比例分别为 10.75%、0.72%、0.36%、0.36% 和 0.36%。各评价要素水质符合一类或二类站次比例中溶解氧、铜、锌、铬、镉、铅、砷等要素与 2013 年相比基本持平；无机氮、活性磷酸盐等要素符合一类或二类站次比例略高于 2013 年和 2012 年，较 2013 年分别上升 1.89 个、0.48 个百分点；石油类符合一类或二类站次比例略高于 2013 年，较 2013 年上升 2.20 个百分点；化学需氧量、汞等要素符合一类或二类站次比例略低于 2013 年，较 2013 年分别下降 1.28 个和 1.18 个百分点。全省近岸海域 91.0% 站次的氮磷比大于 30，氮磷比失衡问题严重。

各监测要素综合评价结果表明：2014 年全年符合一类或二类站次比例为 66.66%，较 2013 年升高 1.03 个百分点、较 2012 年升高 6.58 个百分点；全省近岸海域符合一类、二类、三类、四类和劣于四类海水水质标准的监测站次比例分别为 32.62%、34.41%、14.69%、7.17% 和 11.11%，劣于第四类监测站位主要分布在丁字湾近岸海域。全省近岸海域符合一类和劣于四类海水水质标准的监测站次比例分别较2013年下降11.99个和3.88个百分点，二类、三类和四类的监测站次比例较2013年分别升高13.02个、3.13个百分点，三类站次比例基本持平。近年来符合第一类水质站次比例有所降低，应引起关注。

富营养化状态评价结果表明：海水中无机氮和活性磷酸盐含量超标导致了近岸局部海域的富营养化，呈富营养化状态的监测站次占总站次的19.35%，较2013年的比例下降1.32个百分点，其中轻度、中度和重度富营养化的站次比例分别为13.62%、3.94%和1.79%。中度站次分别较2013年下降2.26个百分点，轻度、重度富营养化的站次比例分别较去年上升0.44和0.50个百分点，重度富营养化海域主要集中在丁字湾海域。

2.6 原因分析与建议

监测和评价结果表明，山东省近岸海域符合一类水质标准的占比下降，富营养化维持高水平，氮磷比失衡严重。主要由以下两个方面造成。

2.6.1 陆源污染物排海压力巨大是海域环境污染主要原因

山东省主要入海河流分属黄河、淮河、海河三大流域。入海河流北起与河北省交界的漳卫新河，南至与江苏省交界的绣针河，主要入海河流100多条，绝大多数为季节性的山溪河流，长度30千米以上的河流40条。流域面积广，径流量大和污染较重的河流有20余条，最终流入渤海、黄海，对全省海洋生态环境产生巨大污染压力。陆源入海排污口是陆地污染物向海洋输送的重要途径，随着山东省社会经济的快速发展，大量工农业和居民生活废弃物被直接或间接排放进入排污管道中，这些数量巨大的污染物随入海径流进入近岸海域。2010年以来的监测结果显示，沿岸排污口超标排放现象较为普遍，工业废水和生活污水等大量污染物入海，造成近岸海域水质变差，一类海水水质站次比例减少，部分海域水质劣于四类海水水质标准，生态环境质量较差。

2.6.2 海岸带开发强度增大，影响海洋生态平衡

山东省是港口资源较为集中的省份，全省港口年吞吐量已达10余亿吨，成为全国唯一一个拥有3个亿吨级海洋港口的省份。这些产业对占用沿海滩涂资源，采用填海造陆等拓展发展空间的需求旺盛。虽然围填海增大了陆域面积，但不少地方岸线发生变形或缩短。部分地方实施的防潮堤工程位于海湾内部，海岸线经截弯取直后长度大幅度减少，沿岸动态平衡遭到一定破坏。

2.6.3 建议

控制入海污染物的总量、开展陆源污染物总量控制研究；控制海岸带开发强度，特别是禁止或限制环境敏感区的开发；对污染严重区开展生态修复；加强生态敏感区和脆弱区的监测，掌握其状况，为保护和修复海洋生态环境提供基础数据支撑。

3 陆源入海排污口及其邻近海域监测分析

为全面掌握山东省陆源入海排污口排放入海的污染物种类和数量以及各种污染（指标）物的浓度状况，山东省自2005年起连续开展了全省陆源入海排污口及其邻近海域环境监测。通过监测，切实掌握全省陆源入海排污口向山东省近岸海域的有机物污染物、重金属等有毒有害物质的输入状况，以及对近岸海洋生态损害的状况与程度，为强化对陆源污染物排海及其对邻近海域生态环境影响的监督管理提供技术支撑。

根据2014年山东省实施监测的陆源入海排污数据资料（山东省海洋环境监测中心，2014），与2013年相比，实施监测的排污口一致，监测频次由往年的4次，增加为6次，分别在3月、5月、7月、8月、

10月、11月开展监测。2014年全年入海排污口的总达标排放次数占监测总次数的41.5%，比2013年升高14.5%，排污口污染状况有所改善。3月、5月、7月、8月、10月、11月入海排污口达标排污比率分别为29.6%、53.7%、41.8%、45.5%、34.5%、43.6%，3月、5月、8月、10月达标排放率较2013年同月份分别升高了0.6%、31.7%、15.5%和1.5%。监测结果显示，5月有3个排污口邻近海域水质达到了所在海洋功能区水质要求，8月有2个排污口邻近海域水质达到了所在海洋功能区水质要求。各重点排污口邻近海域沉积物各监测项目平均值均满足所在海洋功能区沉积物质量要求。有4个排污口邻近海域养殖生物体中石油烃、铅、镉含量超一类海洋生物质量标准，符合二类海洋生物质量标准。现对各入海排污口监测结果进行分析，提出黄海海域亟待解决的生态问题，评价入海排污口环境质量，为山东黄海海域红线划定提供技术支撑。

3.1 山东省黄海海域陆源入海排污口分布及类型

2014年山东黄海海域计划实施监测的陆源入海排污口45个；重点排污口3个，一般排污口42个。主要监测类型及项目如下。

3.1.1 重点陆源入海排污口邻近海域

水质：盐度、温度、pH、COD、BOD_5、悬浮物、亚硝酸盐氮、硝酸盐氮、氨氮、磷酸盐、石油类及除此之外的必测项目。

沉积物：有机质、硫化物、石油类及除此之外的必测项目。

生物质量：石油烃、粪大肠菌群及除此之外的必测项目。

3.1.2 底栖生物

大型底栖生物种类鉴定。

3.1.3 一般陆源入海排污口

生活污水类：COD、氨氮、磷酸盐、悬浮物。

工业废水类：COD、氨氮、六价铬、氰化物，其他特征污染物1~2种（选测）。

排污口瞬时流量：以统计调查数字替代或用简易流量计等方式测定。

3.2 监测项目评价结果

2014年3月、5月、7月、8月、10月、11月，入海排污口达标排污比率分别为29.6%、53.7%、41.8%、45.5%、34.5%、43.6%，3月、5月、8月、10月达标排放率较2013年同月份分别增加了0.6%、31.7%、15.5%和1.5%。全年入海排污口的总达标排放次数占监测总次数的41.5%，比2013年升高14.5%。其中，全年6次监测均达标排放的入海排污口有5个，5次达标排放的有7个，4次达标排放的有4个，3次达标排放的有10个，2次达标排放的有9个，仅有1次达标排放的有7个，有13个入海排污口全年6次监测均超标排放。

3月，有一条排污河监测时断流，未实施取样。实施监测的44个入海排污口（河）达标排放率仅为29.6%。排放入海的主要污染物是化学需氧量（COD_{Cr}）、氨氮、总磷，等标负荷分别为25.7%、22.7%、18.8%，主要的超标污染物是化学需氧量、总磷、氨氮、悬浮物。有50%排污口化学需氧量超标，29.6%排污口总磷超标，27.8%的排污口氨氮超标，27.5%的排污口悬浮物超标。3个重点排污口全部超标，实施监测的41个一般排污口达标排放率为34%。

5月，有一个排污口由于断流取能取样监测。实施监测的44个排污口（河）达标排放率为53.7%。排放入海的主要污染物是化学需氧量（COD_{Cr}）、总磷、悬浮物，等标负荷分别为39.8%、18.8%、

10. 1%，主要的超标污染物是化学需氧量、氨氮、总磷、悬浮物。有 35. 2%排污口化学需氧量超标，20. 4%的排污口氨氮超标，16. 7%的排污口总磷超标，16. 0%的排污口悬浮物超标。3 个重点排污口达标排放率为 71. 4%，实施监测的 42 个一般排污口达标排放率为 51. 1%。

7 月，对所有方案中所列的排污口（河）均进行了监测。45 个排污口（河）达标排放率为 41. 8%。排放入海的主要污染物是化学需氧量（COD_{Cr}）、总磷、氨氮，等标负荷分别为 32. 4%、21. 1%、11. 2%，主要的超标污染物是化学需氧量、总磷、悬浮物、氨氮。有 38. 2%的排污口化学需氧量超标，23. 1%的排污口总磷超标，21. 6%的排污口悬浮物超标，20. 0%的排污口氨氮超标。3 个重点排污口达标排放率为 42. 9%，42 个一般排污口达标排放率为 41. 7%。

8 月，实施监测的 45 个排污口（河）达标排放率为 45. 5%。排放入海的主要污染物是总磷、化学需氧量（COD_{Cr}）、氨氮，等标负荷分别为 45. 3%、21. 8%、9. 5%，主要的超标污染物是总磷、化学需氧量、悬浮物。有 29. 1%排污口总磷超标，27. 3%的排污口化学需氧量超标，11. 8%的排污口悬浮物超标。3 个重点排污口达标排放率为 42. 9%，实施监测的 42 个一般排污口达标排放率为 45. 8%。

10 月，对所有方案中所列的排污口（河）均进行了监测。45 个排污口（河）达标排放率为 34. 5%。排放入海的主要污染物是化学需氧量（COD_{Cr}）、总磷、氨氮，等标负荷分别为 50. 9%、20. 7%、9. 4%，主要的超标污染物是化学需氧量、总磷、悬浮物、氨氮。有 49. 1%的排污口化学需氧量超标，20. 0%的排污口总磷超标，15. 7%的排污口悬浮物超标，10. 9%的排污口氨氮超标。3 个重点排污口达标排放率为 42. 9%，42 个一般排污口达标排放率为 33. 3%。

11 月，对所有方案中所列的排污口（河）均进行了监测。45 个排污口（河）达标排放率为 43. 6%。排放入海的主要污染物是总磷、化学需氧量（COD_{Cr}）、氨氮，等标负荷分别为 36. 6%、26. 0%、17. 8%，主要的超标污染物是化学需氧量、总磷、悬浮物、氨氮。有 38. 2%的排污口化学需氧量超标，21. 8%的排污口总磷超标，13. 7%的排污口悬浮物超标，16. 4%的排污口氨氮超标。3 个重点排污口达标排放率为 42. 9%，42 个一般排污口达标排放率为 43. 8%。

3. 3　综合评价

2014 年陆源入海排污口总体达标排放率达到 41. 5%，较 2013 年升高 14. 5%，并且与 2013 年同期进行监测的月份达标排放率均环比有所升高，说明排污口污染状况有所改善。

在不同类型的排污口中，工业类排污口年度总达标排放率最高，达到 53. 7%，排污河类次之，达到 42. 8%，市政类和其他类排污口年度总达标排放率相对较低，分别为 28. 3%和 16. 7%。

在各地市中，日照市辖区内的排污口年度总达标排放率最高，达到了 88. 1%，潍坊市次之，达到 52. 8%，之后依次为东营市、威海市、烟台市、滨州市，排污口年度总达标排放率分别为 41. 7%、36. 3%、28. 4%、8. 3%。

在 55 个陆源入海排污口中，全年 6 次监测能够达标排放 3 次以上（含 3 次）的有 26 个，占 47. 3%，有 29 个在 3 次以下（不含 3 次），占 52. 7%。

全年对 7 个重点排污口邻近海域进行了 2 个航次的监测，仅 2 个排污口邻近海域在 2 次监测中水质综合评价都符合海域功能区划要求的水质类别，有 1 个排污口邻近海域 1 次符合，其余 4 个排污口邻近海域 2 次监测水质综合评价均不符合海域功能区划要求的水质类别。排污口邻近海域沉积物质量均符合各自海洋功能区划要求的类别，但有 3 个排污口邻近海域生物质量石油类烃和重金属含量超出了海洋功能区划的要求类别。

3. 4　问题与建议

在陆源入海排污口及其邻近海域环境质量状况监测中最大的问题就是入海径流量统计数据不准确。根据国家海洋局及北海分局发布的排污口监测方案的安排，入海排污口的入海径流量通过测量入海口瞬时入海径流量推算而来，但由于一些河流和排污口属于季节性排放，全年不同时期内入海径流量变化较大，采用瞬时流量来推算全年流量误差太大，所测得的数据不能反映全年入海径流的真实情况，因此也就无法推算出各种污染物的实际入海量。建议推进排污口在线监测能力建设，加强在线监测和现场快速监测仪器设备的配备，以获得更加实时准确的排污口环境质量状况数据。

建议进一步加强陆源入海河口监测基础工作，提升海洋环境监测能力，规范海洋环境管理工作，完善海洋环境监测体系，严格控制入海排放要求，有效保护山东黄海海域海洋生态环境。

4 典型海洋生态系统评价分析

海洋保护区是重要的海洋基本功能区，海洋保护区的建立可有效地防止对海洋的过度破坏，协调海洋开发与生态安全、促进海洋资源可持续利用。开展海洋自然/特别保护区监测，掌握保护区保护对象、海洋环境、海洋生物多样性等现状及变化情况，评价保护区生境状况以及主要保护对象的保护情况，分析保护对象受到的直接和潜在的环境风险，对于评估保护区的管理成效和制订保护区管理计划均具有重要的积极意义。

截至2013年年底，全省批建国家级海洋自然/特别保护区25个，其中海洋自然保护区4个、海洋特别保护区21个。2014年4—10月，按照《2014年山东省海洋生态环境监测工作方案》和《2014年山东省海洋生态环境监测工作实施方案》要求，山东省海洋与渔业厅组织对本省11个国家级海洋自然/特别保护区开展了监测与评价工作，监测结果表明，保护区环境状况总体符合海洋环境保护管理要求，保护对象多数呈稳定、发展趋势。

2014年，全省海洋自然/特别保护区海水中pH、化学需氧量、溶解氧、无机氮、活性磷酸盐和油类符合海洋保护区环境保护要求的达标率范围65%~100%，总体符合海洋保护区环境保护要求的达标率90%，比2013年增加6个百分点；海洋沉积物中硫化物、有机碳和油类符合海洋保护区环境保护要求的达标率范围96%~100%，总体符合海洋保护区环境保护要求的达标率99%，与2013年一致。

4.1 保护区海洋环境

4.1.1 海水质量状况

2014年，对山东黄海海域11个海洋自然/特别保护区所在海域的水质实施了监测，保护区海水中pH、化学需氧量、溶解氧、无机氮、活性磷酸盐和油类符合海洋保护区环境保护要求的达标率范围65%~100%，其中无机氮达标率最低，总体符合海洋保护区环境保护要求的达标率90%，比2013年增加6个百分点，海水质量总体符合海洋环境保护管理要求。

（1）水深。监测值范围0.3~26.7米。

（2）水温。监测值范围21.0~30.0℃。

（3）透明度。监测值范围0.1~4.5米。

（4）溶解氧。监测值范围5.16~9.50毫克/升，符合海洋保护区环境保护要求的达标率100%，比2013年增加4个百分点。

（5）化学需氧量。监测值范围0.360~4.67毫克/升，符合海洋保护区环境保护要求的达标率96%，比2013年增加2个百分点。

（6）盐度。监测值范围8.491~31.901。

（7）pH。监测值范围7.75~8.77，符合海洋保护区环境保护要求的达标率98%，比2013年减少1个百分点。

（8）无机氮。监测值范围0.041 7~1.31毫克/升，符合海洋保护区环境保护要求的达标率65%，比2013年增加16个百分点。

（9）活性磷酸盐。监测值小于0.166毫克/升，符合海洋保护区环境保护要求的达标率92%，比2013

年增加 4 个百分点。

(10) 油类。监测值小于 0.068 8 毫克/升，符合海洋保护区环境保护要求的达标率 87%，比 2013 年增加 8 个百分点。

(11) 叶绿素 a。监测值范围 0.341~57.4 微克/升。

4.1.2 海洋沉积物质量总体状况

山东黄海海域海洋自然/特别保护区所在海域的沉积物中硫化物、有机碳和油类符合海洋保护区环境保护要求的达标率范围 96%~100%，其中油类达标率最低，总体符合海洋保护区环境保护要求的达标率 99%，与 2013 年一致，海洋沉积物质量总体符合海洋环境保护管理要求。

(1) 硫化物。监测值小于 113×10^{-6}，符合海洋保护区环境保护要求的达标率 100%，比 2013 年增加 1 个百分点。

(2) 有机碳。监测值小于 1.52×10^{-2}，符合海洋保护区环境保护要求的达标率 100%，与 2013 年一致。

(3) 油类。监测值小于 $1\ 176\times10^{-6}$，符合海洋保护区环境保护要求的达标率 96%，比 2013 年减少 3 个百分点。

4.1.3 海洋生物生态总体状况

共鉴定浮游植物 97 种，比 2013 年增加 12 种，优势种为旋链角毛藻、丹麦细柱藻、中肋骨条藻、尖刺拟菱形藻等。共鉴定浮游动物 85 种，比 2013 年增加 18 种，优势种为强壮箭虫和双刺纺锤水蚤等。共鉴定大型底栖动物 192 种，比 2013 年增加 63 种，隶属于环节动物、软体动物、节肢动物和棘皮动物等。潮间带大型底栖动物 54 种，比 2013 年增加 9 种，其中软体动物种类最多。

1) 浮游植物

共鉴定浮游植物 97 种，比 2013 年同期多 12 种，主要隶属于硅藻和甲藻两大类。其中硅藻 90 种，甲藻 7 种。浮游植物优势种有旋链角毛藻、丹麦细柱藻、中肋骨条藻、尖刺拟菱形藻。

保护区各站位浮游植物栖息密度大小范围 2 750~6 790 万个/米^3，平均 497 万个/米^3。

2) 浮游动物

共鉴定浮游动物 85 种，其中浮游幼虫种类数最多为 29 种，占总种数的 34%；桡足类次之，有 28 种，占总种数的 33%；腔肠动物有 12 种，占总种数的 12%；端足类有 4 种，占总种数的 5%；糠虾、被囊类、枝角类和十足类均只出现 2 种，各占总种数的 2%；毛颚动物、磷虾、多毛类和原生动物均只出现 1 种，各占总种数的 1%。各站位浮游动物栖息密度监测值范围 11~3 383 个/米^3，平均 745 个/米^3。浮游动物生物量监测值范围 0.2~12 400.0 克/米^3，平均 484.7 克/米^3。最大值出现在乳山市塔岛湾海洋生态国家级海洋特别保护区，最低值出现在威海刘公岛国家级海洋公园。

3) 底栖生物

共鉴定大型底栖动物 192 种，远高于 2013 年同期的 129 种。分别隶属于多毛类、软体动物门、节肢动物门、棘皮动物门、纽形动物门、腔肠动物门等。其中多毛类出现的种类数最多，总共 76 种，占底栖生物种类组成的 40%；软体动物次之，共出现 60 种，占种类组成的 31%；节肢动物共出现 32 种，占底栖生物组成的 17%；棘皮动物 7 种，占种类组成的 4%；纽形动物 5 种，占 3%；腔肠动物 4 种，脊索动物、星虫动物、扁形动物、螠虫动物、多孔动物分别为 2 种、2 种、1 种、1 种、1 种。

底栖生物生物量监测值范围 0.013~1 307.74 克/米^2，平均 42.22 克/米^2。不同的保护区内各站位生物量差异悬殊，生物量最高站位出现在文登海洋生态国家级海洋特别保护区，最低值在山东莱阳五龙河口滨海湿地国家级海洋特别保护区。底栖生物密度监测值范围 10~7 470 个/米^2，平均 751 个/米^2。

4) 潮间带大型底栖动物

共鉴定潮间带大型底栖动物 54 种，隶属于环节动物、节肢动物、软体动物、棘皮动物及其他动物。

其中，软体动物种类最多，共26种，占总种类的48%；其次为环节动物，16种，占总种类的30%；节肢动物9种，占总种类的17%；棘皮动物1种，占总种类的2%；其他动物2种，占总种数的4%。

生物量监测值范围0.01~657.82克/米^2，最大值在烟台芝罘岛群国家级海洋特别保护区的高潮带，最小值在莱阳五龙河口滨海湿地国家级海洋特别保护区。

栖息密度监测值范围4~8 140个/米^2，最高值在烟台芝罘岛群国家级海洋特别保护区的高潮带，最小值在威海刘公岛国家级海洋公园、小石岛国家级海洋生态特别保护区。

4.2 保护对象变化情况

2014年，监测的12个海洋自然/特别保护区中保护对象的变化情况（表4.1）显示，保护对象呈发展、稳定趋势的有11个，衰变趋势的有1个。

表4.1 2014年山东省海洋自然/特别保护区保护对象变化情况

保护区名称	保护对象	变化动态
蓬莱登州浅滩国家级海洋特别保护区	浅滩砂矿资源和重要经济生物的栖息繁衍地和洄游通道	稳定
烟台芝罘岛群国家级海洋特别保护区	岛礁	稳定
烟台牟平砂质海岸国家级海洋特别保护区	海砂资源、海洋生物重要栖息地	发展、稳定
威海小石岛国家级海洋生态特别保护区	小石岛、刺参	稳定
威海刘公岛海洋生态国家级海洋特别保护区	牙石岛、黑鱼岛、青岛、黄岛、连林岛、大泓岛、小泓岛的岛陆植被及海岛天然岸线	稳定
文登海洋生态国家级海洋特别保护区	松江鲈鱼	稳定
乳山市塔岛湾海洋生态国家级海洋特别保护区	西施舌、菲律宾蛤仔、岛礁	稳定
海阳万米海滩海洋资源国家级海洋特别保护区	砂质海岸	稳定
莱阳五龙河口滨海湿地国家级海洋特别保护区	五龙河河口湿地	衰变
长岛国家级海洋公园	独特的原生态环境、野生动物栖息地、多样性的海洋生物和岛屿岩礁群	稳定
威海刘公岛国家级海洋公园	刘公岛、日岛历史遗迹和自然岸线及景观	稳定
大乳山国家级海洋公园	沙滩、岩礁、湿地	稳定

资料来源：山东省海洋环境监测中心.2014年海洋保护区评价报告，2014.

4.2.1 蓬莱登州浅滩国家级海洋特别保护区

登州浅滩海洋生态特别保护区主体位于水深在3~10米之间的海域。登州浅滩及附近海域沉积物类型多样，饵料丰富，盐度适宜，是重要经济生物资源栖息、繁衍地，又是洄游性鱼类和大型无脊椎动物生殖、索饵洄游的必经之路，是一个复杂的海洋生态系统。

近年来，由于人工采砂等人类活动，导致浅滩砂资源亏损，浅滩水深加大，造成登州浅滩发生侵蚀，水文动力等条件以及生态环境也会随之改变，进而会对当地的底栖生物栖息繁衍产生影响，也对蓬莱海岸的稳定性构成威胁。另外，随着近年来捕捞强度的增大以及陆源排污量增多，登州浅滩及附近海域海水水质、海洋沉积物质量有所下降，使渔业资源受到破坏，重要底栖生物资源数量减少，整个登州浅滩海洋生态特别保护区的鱼类资源、贝类资源都有不同程度的减少。例如，褐牙鲆是登州浅滩海洋生态特别保护区的重要海洋经济生物物种之一，生物量下降，可捕资源量大幅减少，登州浅滩海洋生态系统的生态平衡受到一定程度的破坏。

4.2.2 烟台芝罘岛群国家级海洋特别保护区

保护区岛屿生态系统基本保持稳定。其中，环境要素方面，海水质量出现活性磷酸盐超标现象，其他评价因子较2013年同期有升有降；沉积物质量油类出现超标现象，各评价因子标准指数较2013年同期略有上升；浮游植物种类数较2013年同期略有增加，群落结构比较丰富，种类及数量分布良好，群落结构处于健康状态；海区浮游动物种类数略有增加，生物多样性较差，群落结构一般；海区大型底栖动群落结构种类及数量分布良好，群落结构基本稳定；作为岩礁区的潮间带生物多样性差，群落结构较为简单。

保护区内有6个无居民海岛，均为基岩海岛，岛上基岩裸露，在岛四周发育有海蚀洞（海蚀天窗）、海蚀拱桥等珍贵海蚀景观，具有加强保护和旅游开发的价值。另在小山子岛上有1866年建的航标灯塔1座，具有导航通行作用。

目前，各基岩海岛自然景观和古迹遗址保存完好，未遭到任何破坏。

4.2.3 烟台牟平砂质海岸国家级海洋特别保护区

牟平养马岛以东的砂质海岸地貌属海岸堆积地貌（海积地貌）。牟平岸滩是波浪作用下形成的消散性海滩，以岸线平直，岸坡平缓，浅滩宽广为主要特征。低潮线以下，海底地貌自西南向东北倾斜。海底地貌主要以水下岸坡，浅海平原为主。牟平浅滩及砂质海岸潜在的滨海砂矿资源和生态环境价值已被社会重视。目前，初步探明的海砂矿产主要有金、铁、锆、钨、钼、钽、石英砂等，其中石英砂是重要矿产之一。

本次调查海域平均渔获重量为62.7千克/小时，调查优势种为矛尾鰕虎鱼，口虾蛄和小黄鱼。重要种有18种，依次为绿鳍鱼、枪乌贼、葛氏长臂虾、长蛸、三疣梭子蟹、斑鰶、细条天竺鱼、日本鼓虾、赤鼻棱鳀、短鳍衔、大泷六线鱼、星康吉鳗、白姑鱼、短蛸、泥脚隆背蟹、双斑蟳、鲬、许氏平鲉。

调查海域现存资源密度为892.0千克/千米^2，其中鱼类608.9千克/千米^2，虾类149.1千克/千米^2，蟹类35.9千克/千米^2，头足类97.7千克/千米^2。现存游泳动物尾数为187 248个/千米^2，其中鱼类140 330个/千米^2，虾类26 970个/千米^2，蟹类2 729个/千米^2，头足类17 219个/千米^2。

4.2.4 威海小石岛国家级海洋特别保护区

小石岛周边海域无工厂、企业等污染源，该区域水质较好，同时，尽管小石岛为陆连岛，由于没有进行旅游开发等活动，小石岛受到人类活动的影响较少，但由于小石岛西部常年受到风浪的侵蚀，出现部分风化现象。

根据保护对象调查结果，该海域出产的刺参具有个体大、出皮率高、品质优良等特点，是非常珍贵的种质资源，经过近几年的生态恢复和保护工作，自然刺参资源量大幅度增加。

4.2.5 威海刘公岛海洋生态国家级海洋特别保护区

保护对象调查结果表明，保护区内无人海岛原始风貌保护较好，全年度无人工破坏活动、无突发性污染事件的发生。2014年海岛较2013年无明显变化，保护对象目前存在的主要风险是海浪和潮流对海岛基岩的侵蚀作用，会破坏基岩海岸的结构稳定。

4.2.6 文登海洋生态国家级海洋特别保护区

文登海洋生态国家海洋特别保护区保护以松江鲈鱼为主的生物多样性和自然生态环境。在淡水中成长的亲鱼，每年11月开始向河口洄游，进入浅海产卵。产卵盛期在2月下旬至3月上旬，产卵期结束后便返回淡水河流。5—6月仔鱼在海洋中发育成幼鱼后就开始洄游到淡水中成长、育肥。因此在监测的8月，在保护区海域并未发现松江鲈鱼的踪影。通过近几年的监测来看，虽然监测站点水质和沉积物的各监测项目符合海洋保护区环境保护要求的达标率100%，但是部分监测指标有上升的趋势，总体评价是：保护区环境不容乐观。

4.2.7 乳山市塔岛湾海洋生态国家级海洋特别保护区

目前保护区生态环境状况较好，符合海洋保护区环境保护要求的达标率100%，较2013年水质有了明显的好转，沉积物状况良好，符合海洋保护区环境保护要求的达标率100%，保护区水质超标主要因为塔岛湾内水深较浅，水体交换能力较弱，海水自身净化能力不足。

调查结果表明，保护区内的主要保护对象与2013年相比，无明显变化。

4.2.8 海阳万米海滩海洋资源国家级海洋特别保护区

保护区海域生态环境基本保持稳定并向好的趋势发展。海水水质未出现2013年同期无机氮超标的现象，水质各评价指标均符合一类海水水质标准；沉积物中各评价指标与2013年同期变化不大，符合海洋保护区环境保护要求的达标率100%；海区浮游生物、底栖生物和潮间带生物密度处于正常水平，生物群落结构基本正常。

保护区砂质海岸与2013年同期相比总体保持稳定。由于周边海洋工程的施工使该海域的流场发生一些变化，对砂质海岸是否造成影响需要长期观测。

4.2.9 莱阳五龙河口滨海湿地国家级海洋特别保护区

调查区域水质盐度明显沿水道方向呈梯度，海水中无机氮、活性磷酸盐和化学需氧量超标较为严重，这一方面是主要受到来自五龙河上游河水的影响，另一方面也是受周边养殖池塘排放水的影响。与2013年比较，调查区域水质得到改善，得益于五龙河上游的治理。

海区浮游植物中以硅藻为主，浮游植物、潮间带生物的生物多样性指数较差，而浮游动物、底栖动物物种单一、生物多样性指数差。此外，保护区内潮间带滩涂湿地根生植物种类和分布发生变化。保护区主要本地原生植物种类有赤碱蓬、芦苇、大叶藻、虾海藻等植物，适合白天鹅、白鹭等濒危鸟类在此栖息觅食。20世纪70年代大米草移植到此，初衷是抵御风浪、保滩护岸。近年来大米草分布面积在逐步扩大，生长茂盛。因其生长密集，抗逆性与繁殖力极强，导致滩涂生态失衡，滩涂上由赤碱蓬形成的“红地毯”面积正在缩小，对潮间带动物和鸟类的生存环境也造成较大压力。

4.3 保护对象变化原因分析

4.3.1 蓬莱登州浅滩国家级海洋特别保护区

随着近些年的强度开发，整个登州浅滩海洋生态特别保护区的鱼类资源、贝类资源均有不同程度的衰退。一些重要海洋经济生物物种生物量下降，可捕资源量大幅减少，生态平衡亦受到一定程度的破坏，渔业资源受到破坏，重要底栖生物资源数量减少。这与近年捕捞强度的增大以及陆源排污量增多有很大关系。

此外，当前沿海劳动力不足，在海水养殖业的管理和操作过程中，有些单位养殖管理过于简单化，同时，渔民缺乏技术培训，操作不规范也是引起生物量减少的原因之一。

4.3.2 烟台芝罘岛群国家级海洋特别保护区

监测表明，保护区生境有逐渐恶化的趋势。海水水质近两年出现化学需氧量、无机氮和活性磷酸盐超一类海水水质标准现象，沉积物中油类连续两年出现超标，浮游生物、底栖生物和潮间带生物多样性指数处于中等或较差水平。造成保护区生境恶化的主要原因，是套子湾污水处理厂的深海排放口每天向该海域排放20万吨污水。套子湾污水处理厂处理的有工业废水和生活污水，设计污水处理排放标准是一级A，但是每天排放的大量污水造成的累计效应仍旧会对该海区造成严重影响。另外，近两年监测站位的布设也存在一定问题，近期将对站位进行合理调整，使监测区域能尽量覆盖保护区更大范围。

作为保护区主要保护对象的岛屿生态系统，虽然短期内保持稳定状态，但是受保护区生境恶化影响，长期下去必将遭到严重破坏。

4.3.3 烟台牟平砂质海岸国家级海洋特别保护区

对保护区所在海域环境调查表明，调查海域海水 pH、无机氮、活性磷酸盐和油类符合一类海水水质标准，但是化学需氧量和溶解氧普遍超标，水质劣于 2013 年同期；海区沉积物质量良好，符合一类沉积物质量标准；海区浮游植物生物密度处于正常范围，浮游动物、底栖生物和潮间带生物密度偏少，生物群落结构基本正常。

对保护区生态环境影响较大的主要是来自陆源污染源。在保护区及周边沿岸，西侧有汉河、反修河、广河 3 条主要河道从金山港入海，流域总面积 219.7 平方千米；东侧有峒岭河、初村河、埠前河、羊亭河 4 条河流从双岛港入海，流域面积 180.2 平方千米；保护区沿岸有多家养殖企业，排放的养殖废水直接从岸滩流入海中，对该海域的海水和海滩环境会造成一定影响。

对该保护区主要保护对象牟平浅滩及砂质海岸地貌、海洋生物资源在一定程度上受到了人为活动的影响。主要有以下几个方面的影响因素：一是沿岸养殖排放水直接从海滩排放入海中，水流的冲刷作用在海滩上形成数条排水沟，不仅有碍海滩整体景观，也对砂质资源和海滩环境造成较大影响；二是由于养殖等船舶停靠的需要，在海滩上堆建起了几个延伸至海的小码头，对砂质海岸地貌和景观造成影响；三是该海域有大量老牛网、地笼等捕捞作业方式，无论大鱼小鱼都被一网打尽，过度捕捞导致渔业资源衰竭；四是保护区及周边海域还有盗采海砂的违法活动。

4.3.4 威海小石岛国家级海洋特别保护区

海洋生态环境评价结果表明，保护区水质和沉积物质量较好，水质符合二类海水水质标准，沉积物符合一类海洋沉积物标准，但是生物多样性评价结果表明，保护区海域浮游生物多样性指数偏低（平均值为 1.52），生态系统结构趋于简单，稳定性差，容易受到外界影响产生波动。威海湾是一个综合利用海湾，该海域内存在各种用海活动，如渔船码头、工业港口、养殖、滨海旅游及保护区等，过多的人工干扰可能是导致该海域生物多样性偏低的一个重要原因，尽管从目前来看，生物多样性对湾内无人海岛（主要保护对象）岸线、面积等没有明显影响，但对湾内相对较大的海岛（如青岛、黄岛等）来讲，岛上的潮间带生物多样性会直接受到周边生态环境的影响而产生一些变化。

保护对象调查结果表明：保护区内无人海岛原始风貌保护较好，全年度无人工破坏活动、无突发性污染事件的发生。

4.3.5 威海刘公岛海洋生态国家级海洋特别保护区

海洋生态环境评价结果表明，保护区水质和沉积物质量较好，水质符合二类海水水质标准，沉积物符合一类海洋沉积物标准，但是生物多样性评价结果表明，保护区海域浮游生物多样性指数偏低（平均值为 1.52），生态系统结构趋于简单，稳定性差，容易受到外界影响产生波动。威海湾是一个综合利用海湾，该海域内存在各种用海活动，如渔船码头、工业港口、养殖、滨海旅游及保护区等，过多的人工干扰可能是导致该海域生物多样性偏低的一个重要原因。

4.3.6 文登海洋生态国家级海洋特别保护区

保护区所在的靖海湾海域湾形封闭，湾内海水与外界海水交换相对较慢，湾内海水的自净能力相对较差。而且近年来，在保护区东南侧荣成海域，当地渔民建立了长达 4 000 余米的大坝，改变了该区域的水文条件，致使淤积严重，更不利于湾内的水体交换。保护区周围密集的参池、虾池排泄废水对保护区内的水体是一个严重的污染来源。沿岸农作物化肥及农药的施用，经地面径流等方式排入青龙河及荣成市辖区河流中，进而影响靖海湾的水质，使得靖海湾磷酸盐和无机氮含量偏高。

4.3.7 海阳万米海滩海洋资源国家级海洋特别保护区

监测表明，保护区生态环境基本保持稳定并向好的趋势发展。海水水质未出现2013年同期无机氮超标的现象，水质各评价指标均符合一类海水水质标准；沉积物中各评价指标与2013年同期变化不大，符合海洋保护区环境保护要求的达标率100%；海区浮游生物、底栖生物和潮间带生物密度处于正常水平，生物群落结构正常。环境的逐步好转与近年来海阳市加大陆源入海污染治理力度有很大关系。

作为保护区主要保护对象的砂质海岸，受西侧海阳港防波堤影响，阻挡了大部分北东方向的沿岸输沙，导致海阳港西侧近岸海域缺少泥沙来源。目前，海阳港西侧万米海滩处于轻微侵蚀的状态，近港海岸由于水动力减弱，发生细粒物质沉积，沙滩质量下降。沿岸输沙主要来自邻近岸段泥沙的再起动，少量来自基岩岬角的侵蚀泥沙。

4.3.8 莱阳五龙河口滨海湿地国家级海洋特别保护区

五龙河口滨海湿地国家级海洋特别保护区位于丁字湾的西北端，即湾顶。丁字湾本身是由于海水入侵受构造控制的丘陵山间河流谷地而成的溺谷海湾，沿岸多为剥蚀丘陵及准平原和丘间谷地平原。沿岸河流水系很发育，众多的河流、冲沟辐聚于湾内，河长大于10千米的河流有五龙河、白沙河、莲阴河等十几条。其中五龙河的规模最大，流至区内已是下游近口段，河槽平缓，河道曲折，心滩、边滩星布，河漫滩发育。而丁字湾内则保留有河谷形态，即与河道相连的深槽贯穿海湾中央，是涨落潮海水进出海湾和入湾河水外泄的主要通道，水深具自湾顶向湾口加深之势，地形复杂，沙洲（浅滩）发育；两侧为宽坦的潮滩及湾顶平原，湿地潮间带滩涂广阔。

从20世纪80年代初以来，随着经济发展、科技进步和区域产业结构调整，对丁字湾的开发利用方式发生了显著变化，主要表现为海湾的港航功能弱化，海湾的航道、港口功能逐渐迁移到湾外海岸；水产养殖功能强化，大面积滩涂、水面、沼泽被围垦、建造为养殖池。最近60年来，丁字湾由于潮间滩涂、潮上湿地普遍被围垦，湾内5个岛屿中的4个因自然淤积和人工建坝而与陆地相连，海湾潮流运动边界条件因而相应改变。大面积养殖池的修建，极大地促进了海产品养殖业的发展，同时必然深刻影响海湾动力地貌条件及地貌演化动态。近年来，丁字湾海上新城建设成为该区域的热点话题，新城的发展重点是海岸整治、湿地修复、游艇产业、房地产产业、海洋高新科技产业，新城建设给当地带来巨大变化的同时，也对保护区周边地貌产生影响。

受大米草入侵影响，保护区内潮间带滩涂湿地根生植物种类和分布发生变化。大米草又称食人草，多年生草本宿根植物。根系发达，茎秆直立、坚韧、不易倒伏。叶互生，表皮细胞具有大量乳状凸起，使水分不易透入；叶背面有盐腺，根吸收的盐分大部分由这里排出体外。圆锥花序。5—11月陆续开花，10—12月结实，结实率低。成熟种子易脱落，可被潮水漂流扩散至远近各处。大米草于20世纪60—80年代分别从英美等国引入中国，初衷是抵御风浪、保滩护岸。但因其密集生长，抗逆性与繁殖力极强，导致滩涂生态失衡、航道淤塞、海洋生物窒息致死，因而被称为“害人草”。世界各国科学家曾聚会美国纽约研究对策，但收效甚微。

丁字湾本地原生植物种类有赤碱蓬、芦苇、大叶藻、虾海藻等植物，经常有大量的天鹅、白鹭等鸟禽来此繁衍生息。20世纪70年代大米草移植到此，分布面积在逐步扩大，生长茂盛，导致滩涂上由赤碱蓬形成的“红地毯”面积正在缩小，对潮间带动物和鸟类的生存环境也造成较大压力。

4.3.9 威海刘公岛国家级海洋公园

海洋生态环境评价结果表明，保护区水质和沉积物质量较好，水质符合二类海水水质标准，沉积物符合一类海洋沉积物标准，但是生物多样性评价结果表明，保护区海域浮游生物多样性指数偏低，生态系统结构趋于简单，稳定性差，容易受到外界影响产生波动。威海湾是一个综合利用海湾，该海域内存在各种用海活动，如渔船码头、工业港口、养殖、滨海旅游及保护区等，过多的人工干扰可能是导致该海域生物多样性偏低的一个重要原因。刘公岛上历史遗迹得到较好的保护，目前未发现有损坏事件发生。

4.4 保护与管理中存在的问题

4.4.1 蓬莱登州浅滩国家级海洋特别保护区

（1）保护区虽不定期巡航执法检查，但日常运作资金主要依靠登州海洋与渔业局筹措资金维持，日常管理维护经费还是很紧张。

（2）对保护区的环境及受保护物种的调查力度不够，针对性不强，不能全面反映保护区的实际状况。各种针对性调查较少，受保护物种数据反映出的问题不够全面。

（3）渔民在海水养殖业的管理和操作过程中，缺乏技术培训，操作不规范。

4.4.2 烟台芝罘岛岛群国家级海洋特别保护区

（1）芝罘岛岛群国家级海洋特别保护区存在的主要问题就是污水处理厂污水深海排放的问题。此问题不解决，将对保护区造成恶劣影响。

（2）保护区 2010 年由国家海洋局批复建立后，地方政府尚未对该保护区批复成立正式的管理机构和编制人员，目前是由芝罘区海洋与渔业局代管。没有固定的机构和人员，不能满足保护区的管理和发展需要。

4.4.3 烟台牟平砂质海岸国家级海洋特别保护区

（1）管理机构和人员编制问题。保护区目前由牟平区海洋与渔业局代管，没有落实专门的保护区管理机构和人员编制。保护区建设目前仅局限于基础能力建设，监测、调查、科研、修复等工作尚没有真正开展起来。而且地方财政对保护区的投入较少，保护区的管理仍停留在简单的看护水平上，影响到保护区功能和效益的发挥。

（2）近年来，主要经济贝类资源由于采捕强度过大，已严重衰退，生产效益急剧下降；无限度的挖海砂和偷砂行为，使得经济贝类的栖息、产卵地遭到破坏，也是贝类种质资源快速衰退的主要原因；因体制等原因砂质海岸难以实行有效的管理，以致浅海及海岸乱挖、自挖海砂、无序开采滨海砂矿案件仍时有发生，难以得到及时、有效的处理。

牟平区已经认识到保护区存在的问题，正在积极争取资金组织实施保护区海岸带修复工程，将对侵蚀严重的海岸带进行修复并恢复原貌，对因水动力条件改变造成的沙滩凹凸不平的岸段，进行平整修复。依靠砂质海岸独特的资源优势，牟平区将大力发展旅游休闲度假产业，鼓励开展海水浴场、沙滩运动等生态旅游项目，提高保护区在国内国际上的知名度，将环境效益转化为经济效益。

4.4.4 威海小石岛国家级海洋特别保护区

小石岛国家级海洋生态特别保护区尚未建立全职管理机构，管理的不到位及资金的匮乏，一定程度阻碍了保护区下一步工作的开展，影响了保护区环境保护功能和社会效益的发挥。因此，有必要在现有保护区人员编制、设备条件基础上，统筹规划，进一步理顺保护区管理体制，健全保护区组织机构，完善保护区各项规章制度。

4.4.5 威海刘公岛海洋生态国家级海洋特别保护区

（1）加强监测力度，实现在线监测、远程监控系统相结合。目前，保护区的环境监测主要以定时、定点监测为主，根据目前的监测水平，通过现有数据分析，可以对保护区环境的长期变化趋势有一个比较清晰的把握，但是，随海洋开发利用的力度加大，突发类、应急类环境事故对于生态环境的影响愈发凸显，为保护区域环境质量，有必要在现有基础上加强保护区监测能力，实施现场监测浮标的投放及远程监控系统的建设。

（2）保护区执法队伍建设。保护区建立之初定位于发展与保护兼顾，重点发展的产业为生态旅游业，生态旅游是实施海洋自然保护区经济可持续发展的重要形式和途径，而随着本地旅游资源不断地开发，前来刘公岛旅游的人群越来越多，事实证明，这一定位极为准确，生态旅游产业市场潜力巨大，在看到巨大经济效益的同时，环境保护的任务同样逐年加重，目前，刘公岛国家级海洋生态特别保护区目前缺乏有力的执法队伍，在维护保护区正常秩序的同时，加强对公众环保意识的宣传。

4.4.6 文登海洋生态国家级海洋特别保护区

（1）保护区所在的地理位置特殊，虽然在文登境内，但位于文登、荣成的交界处。受两地陆源入海河流、填海工程、养殖作业等影响很大。由于跨区域，必然造成行政执法困难，监管以及环境保护工作存在漏洞。

（2）保护区建设和管理经费严重不足，直接影响了保护区功能的发挥。保护区选划和建设是政府行为，属公益性质，长期以来保护区建设和管理基本没有财政专项经费投入，致使保护区的保护设施建设和管护措施等难以到位，保护区普遍存在着护鱼基础设施建设薄弱，监督管理车、船、艇等管护设备缺乏，日常管护经费紧张等问题十分突出，保护区的保护功能难以全面发挥。

4.4.7 乳山市塔岛湾海洋生态国家级海洋特别保护区

由于乳山塔岛国家级海洋生态特别保护区为2011年新建国家级海洋特别保护区，截至目前保护区缺乏专职管理机构和人员，随保护区基础建设的逐渐完善，这一软件的缺少将严重制约保护区的发展，不利于各项工作的有效落实。

4.4.8 海阳万米海滩海洋资源国家级海洋特别保护区

（1）管理机构和人员编制问题。保护区目前由海阳市海洋与渔业局代管，没有落实专门的管理机构和人员编制，保护区建设目前仅局限于基础能力建设，监测、调查、科研、修复等工作尚没有真正开展起来。而且地方财政对保护区的投入较少，保护区的建设资金主要来源于海域使用金和海洋生态补偿费的支持。争取到专项资金的保护区，能力建设得到一定的提升，而没有资金支持的保护区，能力建设基本上处于停滞状态，加之各地经济实力、人才资源及建区时间的差异，导致各保护区的管理水平存在一定差异，个别保护区的管理仍停留在简单的看护水平上，影响到保护区功能和效益的发挥。

（2）近年来，胶东半岛南部沿海每年6—8月均会受来自黄海南部绿潮灾害影响，也严重威胁到了海阳万米海滩保护区的生态环境。每年有大量浒苔在万米海滩上岸，面积大、范围广，如果清理不及时，会造成浒苔腐烂变质导致海水和海岸生态环境恶化。因此，要加强对浒苔的防控措施。

（3）保护区周边工程项目的开发利用成为砂质海岸能否得到有效保护的关键。一是海阳港的扩建对海岸的影响，目前的研究表明这种影响是客观存在的，至于影响的程度有多大需要进一步研究；二是人工岛建设对海岸的影响。虽然研究表明人工岛建成后砂质海岸基本维持不冲不淤，但这是在正常天气和各项典型大风作用下的悬沙分布及海底蚀淤变化的研究分析，还远不能对其影响进行彻底解释，应对其较长时间尺度内的综合作用下所造成的影响等问题进行更深层次的研究，从而最大程度地贴近实际情况。为提高对研究区泥沙运动规律认识的准确性，需要加强收集多而全的现场观测资料，一方面分析总结海岸泥沙的运动特性；另一方面可以利用这些资料对模型进行校验和检验。

4.4.9 莱阳五龙河口滨海湿地国家级海洋特别保护区

（1）保护区目前由莱阳市海洋与渔业局代管，没有落实管理机构和人员编制，保护区建设目前仅局限于基础能力建设，监测、调查、科研、修复等工作尚没有真正开展起来。而且地方财政对保护区的投入较少，保护区的建设资金主要来源于海域使用金和海洋生态补偿费的支持。争取到专项资金的保护区，能力建设得到一定的提升，没有资金支持的保护区，能力建设基本上处于停滞状态，加之各地经济实力、人才资源及建区时间的差异，导致各保护区的管理水平存在一定差异，个别保护区的管理仍停留在简单的看护水平上，影响到保护区功能和效益的发挥。

（2）五龙河上游的水污染治理和丁字湾海上新城的开发建设与五龙河口湿地生态环境保护息息相关，做好保护区规划和周边建设规划的衔接对保护区的长期稳定至关重要。

4.4.10 威海刘公岛国家级海洋公园

建立海洋公园共管领导小组和共管委员会。领导小组成员包括海洋公园所在地县、区、乡的地方政府和海洋公园领导，负责监督整个共管过程，协调各级地方政府的关系，促使共管过程合理合法化。共管委员会由当地居民、企业推选的代表组成，主要职责是收集整理社区数据和资料，分析社区矛盾冲突和需求，制定社区资源管理计划，选择和实施社区发展项目，广泛征求和听取意见，动员不同群体成员和个人参与共管工作。

由于刘公岛国家级海洋公园是威海市重要旅游景点之一，每年5—10月岛上观光游客较多，2014年不完全统计已超过100万人次，人员的频繁流动对于历史文化遗迹保护来讲是一项具有挑战性的工作，应进一步加大监视监管力度。

4.4.11 大乳山国家级海洋公园

作为海洋特别保护区的一种类型，海洋公园主要面临的问题是如何协调好旅游开发和环境保护的问题，总体上来讲，应重点考虑两个方面的内容：一方面是保护区内旅游设施的开发对生态环境的不利影响；另一方面是在旅游旺季旅游的人数增加时对环境承载力的要求。

由生态环境监测和评价结果可知，大乳山国家级海洋公园所属海域由于水深较浅，且位于乳山口，乳山口是乳山和锅上河的入海口，有相对较高的陆源物质输入，由此导致该海域水体中营养物质较多，浮游生物数量较高但是多样性较低，生态系统比例不协调，而保护区的重点保护对象沙滩、湿地和岩礁均和生物环境息息相关，因此，应开展有针对性的生态修复工作，同时，加强对周边风险源的监控力度。

4.5 保护与管理对策建议

4.5.1 蓬莱登州浅滩国家级海洋特别保护区

（1）积极申请将保护区日常管理经费列入省市财政拨款，增加经费投入，加强基础设施建设，建设远程视频、遥感监控系统，加强采砂管理，严厉打击非法采砂活动，加强对登州浅滩海洋生态系统的保护，进而改善蓬莱西海岸的侵蚀状况，保障沿岸设施完整。

（2）加强调查、科研的力度，在保护区内展开针对性的调查，用数据直观地反映保护区的现状问题。

（3）应该增加陆源排污口的监测，加强城市污水达标排放，减少氮磷的排海总量。

（4）多开展培训班，在对渔民海水养殖业的管理和操作过程中，进行技术培训与指导。

4.5.2 烟台芝罘岛岛群国家级海洋特别保护区

（1）建议有关部门加强对污染源的监督管理，确保污水处理厂污水能达标排放。同时加强对该海域的环境跟踪监测，开展海域环境容量研究，并考虑将排污口向海延伸的可行性，避免该海区生态环境遭受严重破坏。

（2）历史上芝罘岛北部浅海海参、鲍鱼、鱼、贝、虾、蟹等渔业生物极为丰富。由于无序捕捞资源受损严重。建议通过开展增殖放流和有序捕捞等人为干预措施，加强对保护区生物资源的保护。

（3）建议在全面保护的前提下，积极开展科学研究，探索合理利用自然资源的途径，充分发挥特别保护区的多种功能和经济效益，促进保护区各项事业和社会经济的发展，达到环境保护与经济发展的和谐统一，最终将特别保护区建成典型的海洋特别保护区，使保护区成为科研教学、合作交流的基地。

4.5.3 烟台牟平砂质海岸国家级海洋特别保护区

（1）加强对保护区的海砂资源、渔业资源的监管和执法，禁止在牟平浅滩和海岸盗采海砂，保证牟平浅滩和砂质海岸的动态稳定，保证产卵、育幼场的完整性，改善其环境条件；开展保护区内原有生物资源重点是底栖生物资源的增殖放流，严格控制渔业资源的采捕强度捕捞方式，达到逐渐恢复渔业资源的目的。

（2）要正确处理好保护区内及周边开发项目与保护区保护的关系。在全面保护的前提下，积极开展科学研究，探索合理利用自然资源的途径，充分发挥特别保护区的多种功能和经济效益，促进保护区各项事业和社会经济的发展，达到环境保护与经济发展的和谐统一，最终将特别保护区建成典型的海洋资源特别保护区，使保护区成为科研教学、合作交流的基地。

（3）建议上级主管部门能够自上而下地推动保护区管理机构的建立，并在资金上进一步加大对保护区的扶持力度。

4.5.4 威海小石岛国家级海洋特别保护区

（1）加强保护区的生态修复工作。保护区的主要环境问题应该是海洋浮游生物多样性偏低，生态系统结构趋于简单，为有效改变这种状况，应进一步加强海域的生态修复工作。

（2）加强宣传教育，增强全民族海洋自然保护意识。充分利用各种宣传手段，对保护区进行广泛地宣传报道，增强公众的环境保护意识和海洋意识，唤起当地公众对保护生态环境和生物种质资源的关注、认知，充分调动渔民生产的积极性，共同参与保护区的管理和维护，形成共同保护、相互监督、齐抓共管的良好局面，促进整个区域的生态环境改善。

4.5.5 文登海洋生态国家级海洋特别保护区

（1）加大松江鲈鱼的宣传保护力度。松江鲈鱼作为我国野生动物重点保护二级水生动物，依据《中华人民共和国野生动物保护法》，对社会各界加大对松江鲈鱼保护生物学方面的宣传力度，并采取切实可行的措施，将这一珍贵稀有物种的保护工作落到实处，组织人员进行保护，确保该资源得以永续利用。

（2）从源头上，加强青龙河流域企业污水排放综合整治工作，在保护区与青龙河交界处建立隔离带，采取生物净化等措施，改善水质，逐步消除污染损害。加大监管力度，改善外围生境，主要抓好青龙河污染监测防控和综合治理，将污染造成的不良影响降至最低限度。

（3）协调各方，保证保护区内退养还滩生态资源修复工程的实施，逐步完成生态修复退养还滩工程池塘堤坝的拆除，逐步扩大退养还滩面积，提高靖海湾海洋生态系统生产力，尽快恢复原生态环境。

（4）加强科学管理，强化技术措施，改善管护条件，完善管护措施，扩大种质繁育基地，通过人工育苗、增殖，增加种群密度，加快资源修复。

（5）开展海洋生态保护区内的常年监测，对保护区内生物资源展开系统的调查，搞清松江鲈鱼种群的数量和分布规律，为松江鲈鱼的保护提供科学的依据。

4.5.6 乳山市塔岛湾海洋生态国家级海洋特别保护区

（1）明确主管部门，理顺管理体制。根据保护区实际工作需要，建议在全市范围内建立一个保护区专职管理机构（海洋与渔业保护区管理处），统筹规划管理全市各保护区，协调各部门的关系，能够给予发展策略指导和技术培训等相关支持，配备专职或兼职管理人员，而各保护区所在地相应设立单独管护队伍，专职负责该保护区各项日常事务，打破因委托管理而造成的局限性。

（2）加强基层管护站建设。为使保护区的管护工作落到实处，各保护区原则上应单独设置管护机构，具体负责保护区的管护工作。保护区管护站是负责保护区具体建设及日常巡查工作。根据各保护区重点保护对象的不同，在现有基础上进一步完善保护区管护制度，各管护站由海洋与渔业局管护中心直接管理，密切配合海监支队日常巡查，切实做好责任海区生态环境巡护工作。

4.5.7 莱阳五龙河口滨海湿地国家级海洋特别保护区

（1）建议正确处理好保护管理和开发利用的关系。一是通过加强对五龙河上游沿岸污染源的治理，严格控制污染物入海总量，改善水质环境；二是恢复湿地植被和底栖环境，改善生物生长环境；三是对原有优势生物物种开展增殖放流，同时加强养护和管理。

（2）加大对保护区内及周边大米草的调查监测。建议通过卫星遥感、航拍和地面监测相结合，对该区域大米草分布面积和危害程度进行深入调查，积极探索治理消除对策。

5 山东黄海海域海洋生物灾害

5.1 山东近海环境概况

北起山东半岛蓬莱角东沙河口，南至绣针河口，向陆至山东省人民政府批准的海岸线，向海至领海外部界线，即为除渤海生态红线区划定范围外的山东省管理海域，黄海海洋生态红线区划定范围涉及海域总面积 31 011 平方千米，海岸线总长 2 414 千米。众多的河流入海口处、港湾和岛屿附近海域属于传统的优良海洋生物养殖场所，人们在收获大量水产品的同时，随着养殖规模和养殖密度的不断扩大，加上陆源污染物剧增，水体富营养化加剧，许多养殖区域逐渐成为赤潮等生态灾害频繁发生场所。根据国家海洋局《2013 年中国海洋环境状况公报》和山东省海洋与渔业厅《2013 年山东省海洋环境公报》，全省海洋环境质量状况总体维持在较好水平。符合一类海水水质标准的海域面积约占山东省毗邻海域面积的 87.4%，海水中无机氮和活性磷酸盐超标导致了近岸局部海域的富营养化，黄海海域重度富营养化主要分布在丁字湾海域。符合一类海洋沉积物质量标准的站位比例在 90%以上。山东黄海海域共鉴定出浮游植物 160 种，主要类群为硅藻和甲藻；浮游动物 99 种，主要类群为桡足动物和毛颚动物；底栖动物 322 种，主要类群为环节动物、软体动物和节肢动物。海水增养殖区环境质量总体能够满足养殖活动要求；重点海水浴场和滨海旅游度假区环境状况良好；海洋保护区环境状况总体良好，主要保护对象基本保持稳定。海阳核电站邻近海域放射性核素含量处于我国海洋环境放射性本底水平。

5.2 赤潮

赤潮是伴随着浮游生物的骤然大量增殖而直接或间接发生的现象。赤潮发生时，水面发生变色的情况较多，但不一定都是红色，有的变为绿褐色（厄水）、有的变为蓝色（青潮），也可统称为赤潮。构成赤潮的浮游生物种类很多，但鞭毛虫类、硅藻类和甲藻类大多是优势种。当发生赤潮时，浮游生物的密度加大，一般可达 100~100 万个细胞/毫升。

赤潮的危害有四个方面：第一，棕囊藻属有毒赤潮种类的藻体和藻细胞的死亡腐烂产生溶血毒素，可导致鱼类大量死亡；第二，赤潮浮游生物可以堵塞鱼鳃，引起呼吸障碍，使它们窒息；第三，赤潮生物死后，分解过程迅速消耗氧气，导致水中氧气不足，使动物死亡；第四，有的赤潮生物分泌有害物质如贝毒素，在贝类体内富集，人食用后导致中毒。

赤潮的发生是多种因素综合作用的结果，其机理错综复杂（山东省海洋环境监测中心，2014）。赤潮发生时，水体流动和混合较差，富营养化，日照量增大，水温上升。但是具备这些条件并不一定导致赤潮发生。

我国对赤潮的研究十分重视，科技部国家重点基础研究发展规划（973）项目资助了“我国近海有害赤潮发生的生态学、海洋学机制及预测防治”的研究。中国科学院知识创新工程项目则资助了“典型海域有害赤潮生态学与海洋学研究”。这两个研究项目共同支持了“中国有害赤潮信息网”。

5.2.1 赤潮灾害应急响应

2005 年，国家海洋局制定了《赤潮灾害应急预案》，规定国家启动一级、二级和三级应急响应标准。其中：

一级：发生面积 8 000 平方千米以上（含）的无毒赤潮或面积 5 000 平方千米以上（含）的有毒赤潮；因食用受赤潮污染的海产品或接触到赤潮海水，出现死亡病例 10 人以上。

二级：发生面积 3 000 平方千米以上（含）、8 000 平方千米以下的无毒赤潮或面积 1 000 平方千米以上（含）、5 000 平方千米以下的有毒赤潮；因食用受赤潮污染的海产品或接触到赤潮海水，出现身体严重不适的病例报告 50 个以上或死亡 5~10 人。

三级：发生面积 1 000 平方千米以上（含）、3 000 平方千米以下的无毒赤潮或面积 500 平方千米以上（含）、1 000 平方千米以下的有毒赤潮；因食用受赤潮污染的海产品或接触到赤潮灾害海水，出现身体严重不适的病例报告 50 个以下或死亡人数 5 人以下。

山东省海洋与渔业行政主管部门于 2005 年建立赤潮通报制度，在及时获取赤潮发生地点、范围、赤潮生物种类等信息后，向有关部门发出预警报告。

5.2.2 山东沿岸赤潮的发生情况

据国家海洋局《中国海洋灾害公报》，山东半岛海域近年来赤潮灾害连续发生，1999 年 4 次，2000 年 1 次，2001 年 3 次，2002 年 3 次，2003 年 5 次，2004 年和 2005 年均为 10 次，总体呈现快速增长趋势。

（1）1998 年 8—9 月，烟台四十里湾扇贝养殖区发生赤潮，面积达 170 平方千米，红色裸甲藻。由于严重缺氧，导致下层笼养扇贝、底栖生活的海参和鲍鱼大量死亡，少数底层鱼类也因窒息而死。9 月 18 日至 10 月 15 日，渤海赤潮面积达 5 000 平方千米，范围遍及辽东湾、渤海湾、莱州湾和渤海中部海域。

（2）2004 年，全省海域发生赤潮次数与面积较 2003 年明显增加，累计赤潮面积 3 230 平方千米。赤潮主要种类为夜光藻、棕囊藻和红色裸甲藻。烟台四十里湾监控区发生赤潮多达 4 次。

（3）2005 年，全省海域发生赤潮 10 次，赤潮主要种类为夜光藻和红色裸甲藻。基本情况如表 5.1 所示。

表 5.1　2005 年山东省赤潮发生情况

发生时间	发生海域	面积（千米^2）	颜色	生物种类	毒性
8 月 23 日	烟台四十里湾海岸（东经 121°30′45″，北纬 7°27′29″）	50	褐色	中肋骨条藻	无
				红色裸甲藻	无
9 月 12 日	烟台四十里湾海岸（东经 121°30′45″，北纬 37°27′29″）	45	褐色	红色裸甲藻	无
9 月 24—28 日	烟台近海台套子湾	60	棕红色	红色裸甲藻	无
				原甲藻	有

（4）2007 年共发生赤潮 3 次，累计面积为 86.76 平方千米。引发赤潮的主要生物为无毒性的赤潮异弯藻、红色裸甲藻、具刺漆沟藻。6 月 7—10 日，青岛沙子口附近海域发生赤潮，赤潮生物为赤潮异弯藻，最大密度 7.4 亿个/升，面积最大为 70 平方千米，未造成重大经济损失。8 月 30 日至 9 月 7 日，烟台莱山区发生赤潮，赤潮生物为红色裸甲藻，最大面积约为 8.76 平方千米，造成一定的经济损失。9 月 25—28 日，青岛沙子口湾发生赤潮，赤潮生物为具刺漆沟藻，最大面积约为 8 平方千米，未造成重大经济损失。

（5）青岛近海近年发生赤潮的情况。2004—2008 年，青岛近岸海域共发生 8 次赤潮，其中仅有 1 次发生在 8 月，所发生赤潮的优势种均不具毒性。2008 年在青岛附近海域发生赤潮 2 次，累计面积 106 平方千米，见表5.2。

表5.2　2004—2007年青岛近岸海域发生赤潮情况

时间 \ 区域	发生赤潮海区	面积（千米^2）	优势种
2004年2月9日	胶州湾东部海域	70	柔弱根管藻
2004年3月22日	胶州湾红岛附近海域	70	诺氏海链藻
2004年8月10日	浮山湾附近海域	50	红色中缢虫
2005年6月12—17日	灵山湾附近海域	80	赤潮异弯藻
2007年6月7—10日	沙子口湾附近海域	70	赤潮异弯藻
2007年9月25—28日	沙子口湾附近海域	8	具刺膝沟藻

5.3　绿潮

2008年夏初，青岛近海海域及沿岸遭遇了突如其来、历史罕见的绿潮灾害（图5.1）。5月30日，中国海监飞机在青岛东南150千米的海域发现大面积浒苔，影响面积约为12 000平方千米，实际覆盖面积为100平方千米。6月底，浒苔的影响面积达到最大，约为25 000平方千米，实际覆盖面积为650平方千米。8月以后影响面积逐渐减少，8月底，黄海海域浒苔影响面积降至1平方千米以下。

图5.1　2008年青岛近海发生绿潮灾害

从6月中旬开始，绿潮从黄海中部海域漂移至青岛附近海域。绿潮漂浮在青岛外海，曾一度对2008年夏季奥运会帆船比赛的运动员海上训练造成影响。漂向岸边的绿潮在海滩上越积越多，使得第一海水浴场和第二海水浴场变得碧绿一片，无法使用。青岛市长和市民以及军队一起到海滩清理浒苔，截至7月5日青岛海陆已清理浒苔40多万吨。到7月15日，清除浒苔100多万吨。

浒苔虽然在岸边积聚，其来源却在外海。2008年7月6日上午10：34分的MODIS卫星监测结果（图5.2）表明，浒苔广泛分布在青岛外海，青岛附近海域浒苔覆盖面积为154.81平方千米，影响范围14 744.9平方千米。

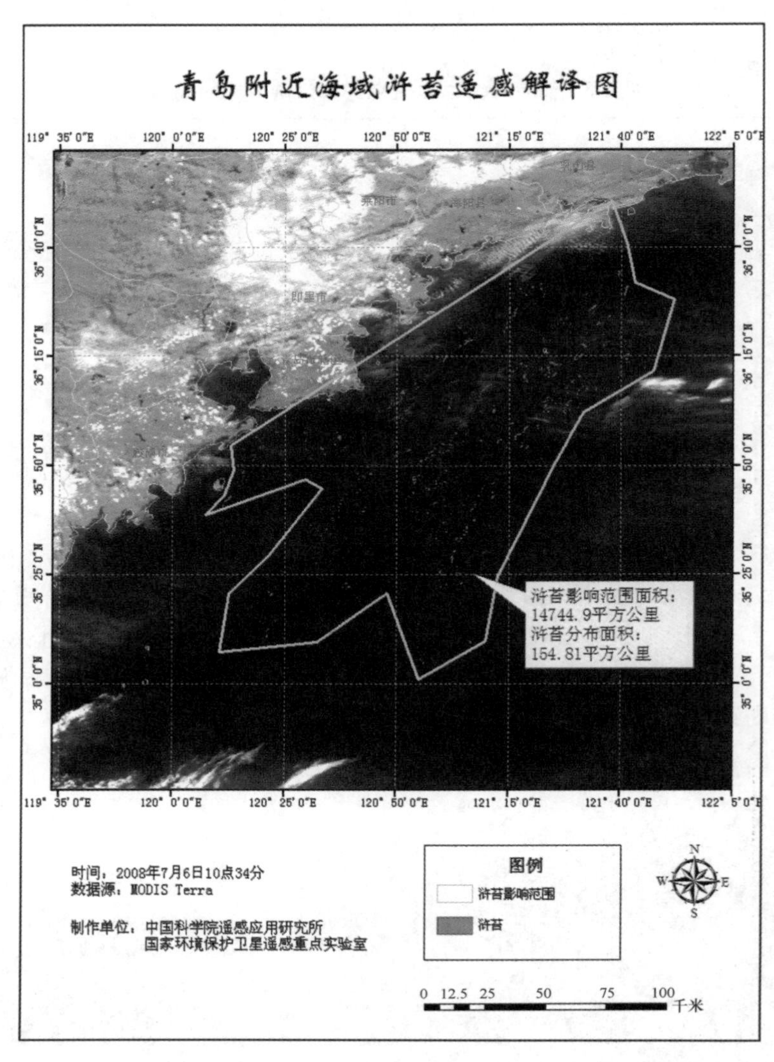

图 5.2　2008 年 7 月 6 日上午 10：34 分的 MODIS 卫星监测结果

这次绿潮是由绿藻纲石莼目浒苔属的浒苔引起的。浒苔也叫绿藻（俗称青苔），是一种大型底栖藻类。浒苔在我国沿海均有分布，主要生长在潮间带的滩涂、岩石上。浒苔藻体呈草绿色，管状中空，具有主枝但不明显，分枝细长众多；苔条无根无茎亦无叶片，只有许多柔软的丝状体，又细又长。浒苔对人体无害，富含多种蛋白质等营养成分，是良好的食品添加原料，将其作为动物饲料、燃料、肥料和生产沼气的研究正在进行中。

浒苔的生殖力非常强。浒苔在生长过程中，一些细胞会变大变圆，表面也逐渐变得不规则，只需几天，这些细胞便成为了配子囊，配子囊成熟后释放出雄雌配子（雌配子稍大）。配子顶端长着两根鞭毛，可以自由游动，有趋光性，会向水面聚集。当雌雄配子在阳光下合二为一后，就会变成一个球形细胞——合子。合子沉入水底，在礁石上固定下来，不出 10 天，就可以长成浒苔幼苗。有时候，雌雄配子并没有遇到自己的另一半，它们会在数小时后脱去鞭毛，沉入水底，同样可以分裂生长。有时候，有些没有释放出来的配子甚至会在母体上生长成新的浒苔。浒苔还有一种繁殖方式——克隆。成熟后浒苔会长出孢子囊，释放出孢子。孢子是它们母体的克隆。这些孢子看起来与配子很像，但有 4 根鞭毛。它们不喜欢光，在礁石上附着生长成新的浒苔。更强大的是，浒苔还有分身术，藻体断裂形成新的藻体，甚至任何一个从藻体上脱落的细胞，在合适的情况下都可以发育成新的藻体。灵活高效的繁殖策略，让浒苔在合适的条件下能以几何级数迅速生长。

浒苔本是底栖的藻类，变为漂浮生活并大量繁殖是一个未解之谜。2008 年 6 月 27 日的美国《时代周刊（Times）》称这是变异的海藻。但是分子生物学的证据表明与底栖的浒苔相比，并没有发生变异。科学家的研究焦点则是什么导致浒苔成为漂浮生物并找到来源。一般认为浒苔来自青岛南方海域，而不是本地生长的。漂浮的浒苔中有很多养殖紫菜的筏架，因此有人怀疑苏北浅滩的养殖紫菜筏式养殖区可能是浒苔的来源地。

浒苔在海面快速大量繁殖的条件是另一个重要的科学问题。浒苔在阳光照射和平静的海面生长良好，在阴天时和大风时会下沉。实验结果表明，下沉的浒苔能存活很长时间，天气好转时还会漂浮起来。浒苔的大量繁殖需要营养盐，有人据此认为这场危机是海区富营养化的结果。但是，也有人认为，漂浮的浒苔团块内的小环境中，营养盐是缺乏的，因此可能有固氮机制。

本次浒苔时间对海洋环境、景观、生态服务功能和沿海社会经济产生严重影响，在全国造成直接经济损失 13.22 亿元，山东省损失高达 12.88 亿元。

浒苔没有毒，其危害表现在两个方面：第一，浒苔覆盖面积太大，影响了沿岸景观和海水浴场的使用，在奥运会期间，影响了帆船的速度；第二，堆积在海滨和沙滩上的浒苔腐烂，会产生污水和臭气，对环境造成不小的威胁，尤其对旅游业影响巨大。

没有漂到岸边的浒苔在天气不好（阴天、大风）时会下沉，科研人员的调查结果显示，这些下沉的浒苔没有造成底层水的恶化。下沉的浒苔确实是腐烂了，底层水没有恶化的原因可能是由于青岛近海的流比较活跃，混合较好。

这次浒苔事件对山东沿海的水产养殖业造成了很大损失，影响的主要方式包括浒苔发生时的影响和腐烂后对水质和底质的破坏。受浒苔影响的养殖方式包括海参和鲍鱼围堰养殖，扇贝、牡蛎紫菜的筏式养殖，滩涂贝类养殖。从胶南到乳山的围堰养殖影响较重，尤其是海参养殖非常严重，使 2006—2008 年投放的苗种和即将收获的成参全军覆没，对这种养殖方式产生持久影响，一些养殖户已经没有能力继续投放苗种。胶南泊里镇，灵山卫镇损失较重。对围堰养殖的影响主要是因为浒苔随海浪不断涌进养殖池内，数量过大，无法打捞，最终导致鲍鱼和海参全部死亡。浒苔腐烂产生的影响可持续 2 个多月。

对筏式养殖的影响也很严重。乳山具有较平缓的滩涂岸线，大量的浒苔在岸上堆积，很多不能及时清理，腐烂的浒苔改变了水体营养盐的结构，造成赤潮，导致筏式养殖出现较严重的损失。乳山宫家岛扇贝养殖死亡率在 80%左右。对紫菜养殖的危害主要是与紫菜竞争营养和空间，紫菜养殖筏架上浒苔的附生面积超过 10%就会影响紫菜的产量，超过 30%紫菜就没有收获的价值。2007—2008 年紫菜筏架上附生的浒苔较多，对紫菜的产量和品质都有影响。

浒苔事件使滩涂贝类的产量大大减少。正常年份，乳山宫家岛菲律宾蛤仔的产量为 1 000～1 500 千克/亩，现产量仅为 100～150 千克/亩。而在日照刘家湾某养殖场滩涂养殖四角蛤蜊 200 亩，往年生产四角蛤蜊 200 吨左右，2008 年仅产出 50 吨。

绿潮灾害具有成灾快、影响大、防控难等特点，一旦暴发成灾，损失以亿元计。为应对我国近海日益频发的绿潮灾害，加强科技对监测预测、应急处置和防灾减灾的支撑能力，我国正式启动了近海绿潮灾害调查及其预测与防治研究专项。并于 2009 年 3 月 24 日第一时间在黄海和东海海域发现了零星绿潮藻的漂浮，随后加强了跟踪监测，为防止绿潮大面积聚集成灾提供监测预测和预警支持。

绿潮不是我国独有的灾害，其他国家也有报道。在美国佛罗里达州，同属绿藻门的浒苔的近亲江篱和松藻，每年都让当地政府头痛不已。在欧洲，绿潮泛滥已经有近 30 年的历史。丹麦的罗斯基勒湾、荷兰的威斯海礁湖，甚至著名的威尼斯，都遭受过以浒苔和石莼为代表的绿藻的大规模袭击。法国风景如画的布列塔尼地区是浒苔重灾区，这里每年春夏都会“绿潮汹涌”。比利时、法国和美国的科学家 2007 年在《环境研究、工程与管理》杂志发表了一篇综述，文中指出，2004 年布列塔尼地区的 72 个市全部发生绿潮，总计清理了 69 225 立方米的绿藻。

5.4 海星暴发

2006 年和 2007 年，在青岛周边近海出现了海星爆发的事件。3 月中旬开始出现，7 月前后最为严重。胶州湾海域周围红岛、胶州、即墨、黄岛等地均不同程度出现海星泛滥的情况，但主要集中在崂山、胶州湾、唐岛湾和胶南海域。自 2007 年 3 月开始，在胶州湾养殖的 16 万亩菲律宾蛤仔已有 60%遭到海星侵害，受灾率达 70%~80%，部分海区高达 90%。海星的密度高达 300 个/米^2，高峰期每天在 3~5 亩①海域内能拣捕到海星 500 多千克。在胶州湾个别养殖区，一条 60 马力的渔船有时一天可拖 800~1 000 千克的海星。

海星是海星纲的统称，是海滨最常见的棘皮动物。外形似五角星，亦称星鱼，西方也称轮星鱼，大多体色鲜艳。全世界的海洋中都有海星。它们生活在潮间带和近岸的平静海域。大多栖息在海岸下层或水较深的岸边。海星平时总是腹面着地慢慢活动，捕捉食物或逃避敌害。海星在水底移动时并不用臂，而是用长在每支臂下部的管状足。管足蠕动而产生运动，在海底每分钟可缓慢地爬行 10 厘米，最快 20 厘米。海星是一种贪婪的食肉动物，有集群而居的习性，主要捕食一些行动较迟缓的贝类、鲍鱼、海胆等海洋动物。海星捕食时首先用腕足将猎物“包裹”住，抱缚于腹面盘中央的“口”部，再利用腕足上的管足吸附在贝壳上，将壳向两侧拉伸，将贝壳拉开约很小的缝隙（0.1 毫米），再将胃等消化组织翻出，分泌胃液（可能有麻醉作用）等消化液，注入贝壳内，进而把猎物的软体部分消化，吸食，之后将壳抛弃。海星打开贝类是一个漫长的过程，例如，多棘海盘车打开蛤仔需 3.5 小时，打开紫贻贝壳需 8 小时。

青岛这次爆发的海星为多棘海盘车（图 5.3），俗称平底海星、日本海星，广泛分布于北太平洋近岸水域。多棘海盘车的寿命为 2~3 年，最长可达 5 年，1 年就可性成熟，成体臂长达 3.6~5.5 厘米。其后的第 1、第 2、第 3、第 4 年，臂长可分别长到 7.8 厘米、10 厘米、11.8 厘米、13.1 厘米，体重可分别长到 45 克、85 克、125 克、160 克。多棘海盘车最适生长水温是 9~13℃，水温高于 20℃或低于 4℃时，对其生长不利，体重下降。

图 5.3 多棘海盘车

海星的危害主要来自对养殖贝类的摄食。多棘海盘车属杂食性，偏爱双壳类，不仅能将海藻撕离海床，还能残食同类和死鱼，甚至还能挖沟觅食。捕食对象的个体大小与臂长呈正相关。海星摄食双壳贝类的食量很大，一个刚满月的小海星，6 天内可以吃掉 50 多个小海螂，1 个成体海星 1 天内可以摄食 5~6 个蛤仔。

海星不仅摄食底播的菲律宾蛤仔、鲍鱼等，对于吊养的贝类也有很大危害，青岛沙子口海域浮筏养殖栉孔扇贝笼内大部分都发现有海星存在，笼内扇贝的死亡率均在 80%以上。

海星暴发给贝类养殖业造成巨大的经济损失。仅 2006 年胶南地区因海星灾害导致鲍鱼养殖损失达

① 1 亩=$\frac{1}{15}$公顷。

4 000余万元；2007 年，胶州湾内养殖的 16 万亩菲律宾蛤仔已有 60%遭到海星侵害，死亡率高达 70%～80%，部分海区达到 90%，养殖业户损失巨大，仅青岛海风水产养殖公司的杂色蛤养殖损失高达 3 000 余万元。

这次多棘海盘车暴发的原因尚没有定论，初步分析原因有两方面：第一，多棘海盘车没有天敌，当条件适宜造成大量繁殖时，没有控制其种群的生物；第二，可能与 2005—2006 年期间青岛沿海蓝蛤大规模繁殖有关。2005—2006 年期间，青岛沿海大规模发生光滑蓝蛤，该种属小型贝类（最大壳长为 11 毫米），壳质较薄，广泛分布于全国沿海，数量大，俗称海砂子，是对虾养殖的优质鲜活饵料。而蓝蛤壳薄肉多，双壳不等，有利于海星幼体摄食。青岛沿海 2005—2006 期间蓝蛤大量繁殖，2007—2008 年逐渐趋于正常。蓝蛤在青岛沿海繁殖的季节在 4 月，基本上与海星相似。因此，多棘海盘车的暴发可能是由于蓝蛤为其提供了丰富饵料的缘故。

海星暴发不是我国独有的事件。东京湾暴发多棘海盘车灾害，导致养殖贝类的巨大损失（4 亿日元）；多棘海盘车作为澳大利亚的外来入侵物种，曾给澳大利亚近海生物多样性带来威胁。

5.5 外来物种入侵

人类对海洋的开发活动，如渔业捕捞、水产养殖、水生生物贸易、科学研究、开辟航道和船舶运输等，可能有意或无意引入该区域历史上并未出现过的新的物种。这些物种被称为外来物种，也称作引入种、迁入种。外来物种入侵也称为生态入侵、生物污染。

海洋动植物的引种主要有两种方式：第一，有意的引种，是出自海水养殖的目的而引入经济价值高或性状优良的物种；第二，非故意的引种。人类对各大洋的海洋生物进行相互引入，起源于全球范围内的海洋开发和海外贸易。从 14 世纪的欧洲殖民探险开始，远洋船舶底部附着大量的污损生物，既包括藤壶、软体动物、水螅、固着多毛类和藻类，也包括移动性生物如蟹、虾、螺和鱼。这些生物随船舶在世界各大洋游荡。随着船舶的吨位增大，数量增多，速度加快，使得更多的外来物种得以在压舱水中生存并转入到其他海域。自 19 世纪 70 年代以来，从海上运输的压舱水中，全世界都有新物种的侵入记录。如亚洲桡足类生物出现在美国太平洋沿岸；日本的肉球近方蟹已在美国大西洋沿岸栖居；西北太平洋栉水母类侵入了黑海。加拿大、美国和澳大利亚的研究发现在大型货船的压舱水中有几百种活的浮游生物。最近发现，原产于中美洲的沙筛贝，经印度、越南传入香港，再传入我国的厦门和东山，形成优势种，对当地的海洋生态系统造成影响。现代的交通工具和科学技术消除了生物地理区系边界不可跨越的自然障碍，使外来物种大批量地侵入和扩散。

我国海洋和海岸、滩涂有 141 种外来物种，这些种隶属于原核生物界、原生生物界、植物界和动物界 4 个界 12 个门。这些种通过船底、外轮压舱水的携带，以及人为引进途径等进入中国海区。有些外来物种在我国养殖业中已产生巨大效益，如海带、海湾扇贝、凡纳滨对虾和罗非鱼等。有些外来物种的利弊还有待于评估，而有些外来物种是有害的外来入侵物种。

我国对海洋生物入侵的研究也很重视。在青岛海洋科学数据共享平台建设专项“中国外来海洋生物物种基础信息数据库”和科技部社会公益基金专项“外来海洋物种入侵影响及其风险评估和应用”（2004DIB3J085）资助下，青岛市科技局、国家海洋局第一海洋研究所、国家海洋局海洋生物活性物质重点实验室共同建立“中国外来海洋生物物种基础信息数据库”网站，于 2007 年 5 月建成。

5.5.1 大米草

20 世纪 60 年代，我国从英国引进大米草（图 5.4），在江浙海滩试种成功。30 多年来，经过人工种植和自然繁殖扩散，在我国北起辽宁、南至广东的 80 多个县市的沿海滩涂上均有大米草生长分布。大米草为我国沿海地区抗风护堤、促淤造陆确实起过积极作用，并产生了一定的生态经济效益。但是近几年来，大米草在一些地区疯狂蔓延，覆盖面积越来越大，已到了难以控制的地步。大米草的疯狂生长，导致贝类、蟹类、藻类、鱼类等多种生物窒息死亡，并与海带、紫菜等争夺养分；堵塞航道，影响海水的交换能力，导致水质下降，诱发赤潮；与沿海滩涂的本地植物竞争，致使大片树林消亡。

图 5.4 大米草

目前，被形容为“食人草”的大米草已在山东省沿海泛滥成灾。1993 年，黄河三角洲地区开始引进大米草和互花米草两种大米草，主要分布于东部沿海潮间带，用于解决黄河三角洲地区海岸蚀退问题，引进时仅 30 平方米。2003 年，大米草主要集中在东营市河口区仙河镇神仙沟入海口南岸的贝类养殖区，小清河河口和无棣岔尖的潮间带。在约 10 平方千米海滩上以每年 6 倍的速度疯长蔓延，对沿海滩涂多种海洋生物构成严重威胁。大米草肆虐东营沿海滩涂，覆盖面积越来越大，成灾面积多达 866.6 平方千米，零星可见成草面积达 3 333~4 000 平方千米以上，草籽漂流面积在 6 666 平方千米以上。现在，烟台市、威海市、青岛市等已发现小片、零星的大米草，可能对当地生态造成重大影响。

5.5.2 泥螺

据《2007 年中国海洋环境质量公报》，2001 年从江苏引种的泥螺（图 5.5）成为莱州湾入侵种，分布范围逐年扩大，目前超过 80%的潮间带滩涂均有泥螺分布。在局部区域，泥螺已替代土著种类托氏昌螺成为优势种，最高栖息密度达 160 个/米^2 以上。《2008 年中国海洋环境质量公报》报道外来物种泥螺数量持续增加，在局部区域已成为优势种。

泥螺体呈长方形，头盘大而肥厚，外套膜不发达。侧足发达，遮盖贝壳两侧之一部分。贝壳呈卵圆形，幼体的贝壳薄而脆，成体较坚硬、白色，表面似雕刻有螺旋状环纹，内面光滑，有黄褐色外皮。无螺塔和脐、无厣。

泥螺壳薄而脆，成贝体长 40 毫米左右，宽约 12~15 毫米，在我国南北沿海均有分布。泥螺是潮间带底栖动物，生活在中低潮区泥沙质或泥质的滩涂上，退潮后在滩涂表面爬行，在阴雨或天气较冷时，潜于泥沙表层 1~3 厘米处，不易被人发现，日出后又爬出觅食，以底栖藻类、有机碎屑、无脊椎动物的卵、幼体和小型甲壳类等为食。

泥螺是典型的潮间带底栖匍匐动物，多栖息在中底潮带，泥沙或沙泥的滩涂上，在风浪小、潮流缓慢的海湾中尤其密集，以东海和黄海产量最多。渤海和北黄海原来没有这个物种，后来作为养殖物种引入北黄海等海域。

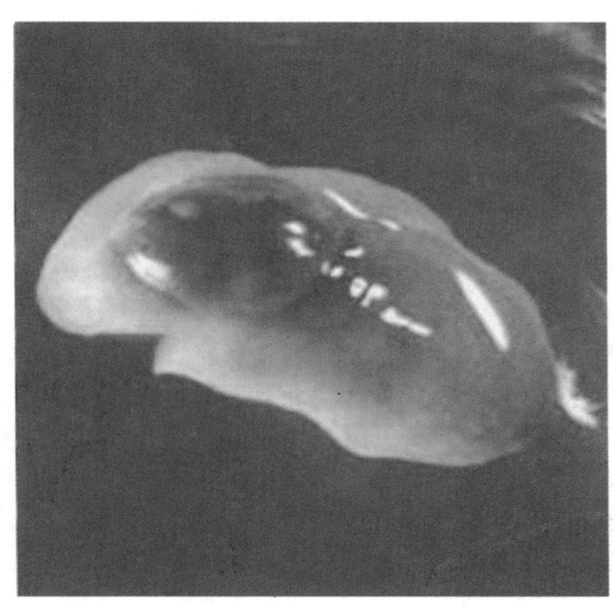

图 5.5 泥螺

5.6 防治建议

5.6.1 继续开展赤潮、绿潮监控区海域监控工作

烟台四十里湾和青岛海域为赤潮、绿潮监控区，每年基本会发生赤潮、绿潮，2016 年 8 月山东烟台东泊子至养马岛东北部附近海域发生海洋卡盾藻赤潮，该藻能分泌溶血素和鱼毒素，对养殖生物有一定毒害作用，由于此次赤潮持续时间短，未对当地养殖业造成明显损害。四十里湾东面为养马岛重要养殖区域，针对该海域赤潮频发现状，建议继续进行赤潮监测。

5.6.2 加强新型赤潮种类成因研究，建立赤潮风险预警体系

近年来监测发现，一些有毒的甲藻和黄藻逐渐成为赤潮发生的主力军，例如红色裸甲藻、海洋卡盾藻、亚历山大藻等有毒赤潮藻在烟台近海时有发现，特别是 2014 年黄海海域发生面积达 890 平方千米的海洋卡盾藻赤潮，由于持续时间较短，未对养殖业造成明显损失，但其潜在危害不容忽视。建议针对烟台近海海域赤潮频发现状，进行这些有毒藻类的赤潮发生机理研究，弄清该藻的来源、生活特性、暴发因素和潜在分布区域，建立早期预警机制，合理指导当地的养殖生产。

5.6.3 加强海洋生物灾害在线监视监测与研究工作

赤潮的发生是多种因素综合作用的结果，其机理错综复杂。对赤潮研究工作是一项长期的、复杂的工作，涉及多门学科。现有的赤潮监测频率为每月或每半月一次，监测期有限且监测频率低，很难做到对海洋生物灾害及时发现。建议对海洋生物监控区实行以实时卫星遥感监测、海洋环境监测站常规监测和志愿者监视相结合的监测方式，建立“长期、连续、立体、实时”的海洋生物灾害监测预警体系。

首先，应建立起一个完整、灵敏的海洋生物灾害监测管理体系，尤其是急需建立实时在线监测系统，实施并加强对海洋生物灾害易发海域的监测，这样才能及时发现海洋生物灾害，获取海洋生物灾害发生前后的环境变量以便研究和进行海洋生物灾害预报方法的总结和改进，深入细致地了解海洋生物灾害的发生、发展机制。其次，针对区域海洋生物灾害发生特点，加强对发生和发展机制研究，提出或改进已

有海洋生物灾害预报方法，达到防灾减灾的目的。

6 海洋环境改善措施分析

6.1 明确海洋管理部门监督管理海洋环境保护的职能

海洋环境状况是衡量区域环境与发展的尺度，这决定了沿海地区的发展必须充分考虑海洋环境目标体系的实现程度。海洋环境处于特殊的地理空间而不同于陆地环境系统，海洋环境目标体系的建立是由海洋自身规律所决定的，依赖于海洋生态系统的特征和发展的要求。但是海洋受陆地大气环境影响和社会经济活动的广泛影响，又承受海洋经济活动的作用和通过入海河流、沿岸城市等沿海地区的经济活动影响。因此，海洋环境的好坏最终反映了海洋开发利用能力和沿海地区的环境与发展状况。海洋功能的复合性使海洋环境管理需要充分考虑多种功能和资源利用间的冲突与权衡。海洋环境与资源处于同一个水体中，海洋环境管理需要考虑特定历史阶段社会经济对环境的要求和对资源的需求，在社会可接受水平下，制定各历史阶段的海洋环境保护目标体系，形成有利于海洋开发利用、有利于区域环境的总体控制、有利于海洋环境持续发展的综合管理体系。只有在法律地位上明确海洋行政管理部门监督管理全国海洋环境保护的职能，才能收到事半功倍的成效。

6.2 海洋环境保护管理不应是涉海产业管理的延伸

我国的海洋环境管理经历了一个曲折的过程。由于产业或行业部门的发展向海洋拓展，形成了传统的在海洋上的产业或行业管理，属于企业管理行为。随着海洋环境问题的日益突出，各产业或行业在生产管理中增加了相应产业的环境保护管理。由于以获取单一资源利益或行业利益为中心的海洋开发技术的迅速发展，对海洋环境带来了极大的冲击；开发技术发展和开发能力的不平衡，以及海洋资源的复合性，导致海洋开发利用之间的冲突和矛盾越来越严重；海洋环境问题被掩盖，海洋环境保护管理更多地转向对行业或产业问题的调节及产业排污的控制，由此形成了现行海洋环境保护法中海洋环境管理的出发点。在对全国海洋进行功能区划和开发规划中，海洋环境问题再度成为焦点，但由于体制上的约束，难以将海洋功能区划、海洋开发规划和海洋环境保护综合协调一致，使海洋环境问题愈演愈烈，而管理体系至今未能形成。因此，客观上需要由海洋行政主管部门从综合的角度来监督管理海洋环境保护工作，以便开展海陆协调一致的海洋环境保护规划、立法、管理和监督。

6.3 修订、完善《中华人民共和国海洋环境保护法》，划定海洋生态红线，健全海洋环境管理法规体系

现行的《中华人民共和国海洋环境保护法》颁布实施至今已16年之久，由于立法的历史背景、对海洋环境的认识、海洋环境保护与管理的能力以及目前我国海洋环境恶化趋势，迫切需要修改和完善海洋环境保护法，依据海洋环境保护管理的经验和需求，科学界定各涉海部门和行业的职责、权利、义务，建立协调、监督机制，加强地方海洋环境保护立法和相应的法规体系建设。如果我国全面实施“入海污染物容量总量控制”技术和制度，有50%的沿海工业和生活污水采用“污染物海洋处置技术”，不仅可以遏止近海海洋环境恶化速度，改善环境质量，而且可以降低40%左右的污水处理费用，拉动海洋环保产业的发展，为沿海社会与经济发展提供一片碧海。

6.4 对全国近岸海域采取污染物入海申报许可和总量控制制度

抑制我国近海环境污染的重要措施是建立污染物入海总量控制制度和污染物排海申报许可制度。对所有排海的陆源排污口和污染物实施统一监督管理，在重点海域实施海域环境目标控制、陆源排污入海

总量控制、海域容量总量控制和海洋产业排污总量控制，协调海陆污染物排放总量控制，把实现海洋环境目标与区域经济建设结合起来，将海洋环境污染控制与陆源污染治理并重，从而控制污染物入海的有序和适度，科学有效地充分利用海洋自净能力这个天然环境资源，为我国现阶段的社会经济发展，特别是沿海经济发展提供污水排海出路。

6.5 将重点海域的环境整治纳入国家、省级相关规划和计划之中

对于重点海域的治理，需要海陆协调进行。“黄海资源合理开发与环境污染治理规划”已在制定之中，迫切需要纳入国家正在实施的重大规划之中。对大中城市毗邻海域和海湾的综合整治，需要在国家相关规划指导下纳入地方计划之中。从海域环境整治引导资源开发的种类和结构的合理布局，并牵动沿岸产业结构的调整，才能真正促使我国近岸海域环境整体质量的转变。

6.6 充分发挥国家海洋行政管理机构的职能，建立和健全海洋环境管理体制

管理体制问题一直约束着海洋环境保护工作的顺利进行。国务院对各部门的职能和职责规定已明确国家环境保护部在海洋环境保护工作的指导、协调和监督职能，而国家海洋局是监督管理海洋环境保护的行政机构；从而确定了国家海洋行政机构在全国海洋环境保护工作的地位，也理顺了相应的体制关系。因此，需要在海洋环境保护法的修改中明确这样的体制和国家海洋行政管理机构的地位，充分发挥其已有的工作基础和条件，一件事由一个部门管。

6.7 加大对海洋环境保护科技研究与开发和海洋环境监测与执法监督的投入

多年来，海洋环境保护科技投入严重不足，海洋环境监测和执法监督系统装备落后与不完备，远不适应我国海洋环境保护的实际要求，迫切需要国家极大地增加对海洋环境保护科学研究以及基础建设的投入，将有关海洋环境保护的重大科技项目纳入国家有关计划之中；并对已有的海洋环境监测、执法监督体系进行重大技术改造，健全海洋环境监测系统和海洋执法监督系统。

参考文献

山东省海洋环境监测中心. 2014. 2014 年山东近海赤潮发生概况研究报告.

山东省海洋环境监测中心. 2014. 2014 年山东省近岸海域海水水质专项评价报告.

山东省海洋环境监测中心. 2014. 2014 年山东省陆源入海排污口及其邻近海域监测与评价报告.

山东省海洋与渔业厅. 2010. 山东海情. 北京：海洋出版社.

专题三：山东省黄海海域开发利用现状评价及预测

前　言

为贯彻《中共中央国务院关于加快推进生态文明建设的意见》，落实《国家海洋局海洋生态文明建设实施方案（2015—2020年）》的总体要求，加强海洋资源科学开发和生态环境保护，提高资源集约节约利用和综合开发水平，最大程度减少对海域生态环境的影响，山东省根据国家海洋局《2015年全国海洋生态环境保护工作要点》要求，决定在实施渤海海洋生态红线划定工作基础上，开展黄海海洋生态红线划定工作，建立实施山东省全部海域的海洋生态红线制度。

2015年4月14日，山东省海洋与渔业厅组织专家针对黄海海域生态红线划定工作进行了研究，明确了黄海生态红线划定的工作目标、范围、分类体系、技术路线和时间进度，提出了开展《山东省海域开发利用现状与发展需求分析》、《山东省黄海海洋生态红线划定对海洋生态文明建设影响分析》等专题研究工作。

本研究报告是专题三《山东省海域开发利用现状与发展需求分析》研究工作的成果。

1　绪论

1.1　黄海海洋生态红线划定方案

山东省黄海海洋生态红线划定范围涉及海域总面积31 011平方千米，海岸线总长2 414千米，其中自然岸线约938千米，人工岸线约1 476千米，该区域包括的城市有烟台、威海、青岛、日照。

本次黄海海洋生态红线区划定涉及的黄海区域北起山东半岛蓬莱角东沙河口，南至绣针河口，向海至海岸线约12海里的海域，向陆至山东省政府批准的海岸线。

此次划定山东省黄海海洋生态红线区总面积为3 134.84平方千米，占山东省黄海海域总面积的10.1%。山东省黄海海域岸线总长度约为2 414千米，划定自然岸线（滩）保有长度约1 087千米。主要控制指标包括：

（1）黄海大陆自然岸线保有率不低于45%；海岛自然岸线保有率不低于85%；

（2）海洋生态红线区面积占山东省管辖黄海海域面积的比例不低于9%；

（3）到2020年，海洋生态红线区入海直排口污染物排放达标率达到100%，禁止增设新的工业排污口，陆源污染物入海总量减少10%~15%；

（4）到2020年，海洋生态红线区内海水水质达标率不低于80%。

本次划定黄海海洋生态红线区分为禁止开发区和限制开发区，具体划分了2类禁止开发区和9类限制开发区。

禁止开发区指海洋生态红线区内禁止一切开发活动的区域，主要包括自然保护区的核心区和缓冲区、海洋特别保护区的重点保护区和预留区。共划定禁止开发区36个。

限制开发区指海洋生态红线区内除禁止开发区以外的其他红线区，主要包括自然保护区的实验区、海洋特别保护区的适度利用区和生态与资源恢复区、重要渔业海域、重要砂质岸线及邻近海域、重要河口生态系统、重要滨海湿地、特殊保护海岛、自然景观与历史文化遗迹和重要滨海旅游区等。共划定限制开发区 115 个。

山东省黄海海域海洋生态红线的划定范围如图 1.1 所示。

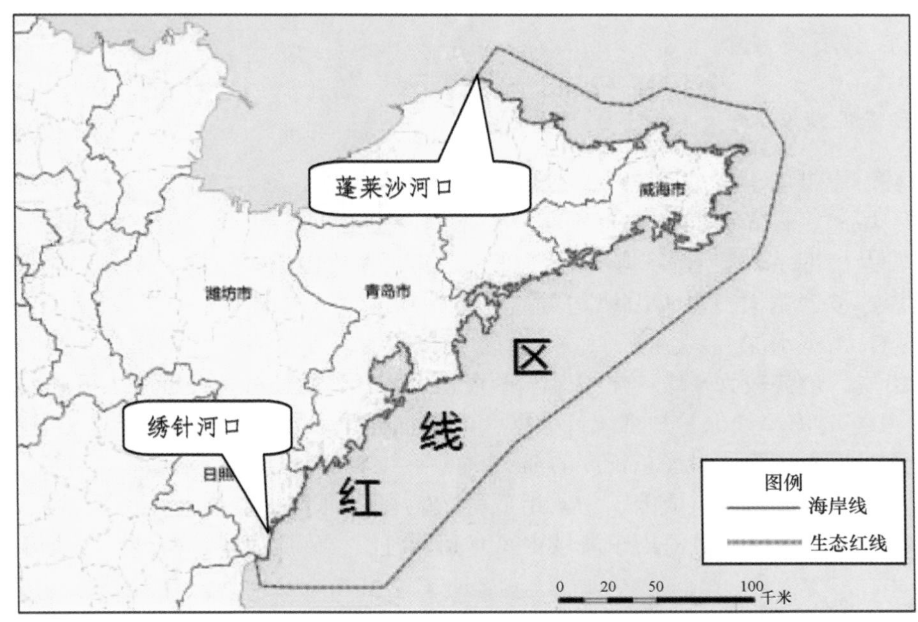

图 1.1　山东省黄海海域岸线现状及海洋生态红线的划定范围

1.2　研究内容及方法

该研究在分析山东省黄海海域岸线、海岛、海湾等自然资源概况基础上，收集了黄海海域四市截至 2014 年年底的海域开发利用现状资料，给出了黄海海域自然保护区与海洋特别保护区现状，并根据用海类型逐项分析了用海状况、开发利用的趋势及存在问题；依据山东“蓝黄”两个国家级战略规划，从社会经济对海域的需求、资源的利用效率、可持续利用情况等方面，采用数学模型预测了山东黄海海域到 2020 年的用海需求；分析了山东省黄海海洋生态红线的划定方案和近期用海需求的关系，为山东省黄海海域海洋生态红线区的划定提供依据。

2　山东省黄海海域自然资源概况

2.1　海域概况

黄海山东海域自蓬莱角向东，环山东半岛南至与江苏省相接的绣针河河口，地理坐标位于东经 119°18′—122°42′，北纬 35°05′—37°50′之间海域辽阔，海域总面积 31 011 平方千米，沿岸地区包括烟台市、威海市、青岛市、日照市，岸线总长度 2 414 千米，空间资源丰富，大部分为基岩海岸，多良好海湾。海湾中拥有众多优质的沙滩，沙细坡缓，平展宽阔，海水清澈，多数处于轻度开发或尚未开发状态。

烟台、威海北部海域，底质基本上遵循重力分异的规律，近岸多为礁石和砂砾，随着水深的增加，底质粒度变细，以粉砂质为主；东南部海域，水下礁石和基岩块石区分布较多，潮间带和近岸浅水区以细砂为主，30 米等深线周围主要以砂砾、砾石底质为主。青岛海域，近岸主要是基岩和砾石分布，岩石底分布较多，10 米等深线以深海域多以黏土质粉砂分布；日照附近海域，近岸海域以砂砾为主，兼有少量岩礁分布，外围海域以细砂分布为主。

海域水质以一类和二类海水为主，沿海大部分地区生物质量状况较好，水体环境质量优良。海域4个沿海城市海区中，以日照海区水质最好，青岛海区水质局部有污染，主要超标污染物是无机氮。沙滩众多，海水水质优良。

2.2 海域自然资源现状

2.2.1 岸线资源现状

黄海山东海域海岸带属于鲁东丘陵海岸带区。自蓬莱角向东，环山东半岛南至与江苏省相接的绣针河河口，为烟台、威海、青岛和日照4市所辖。根据海岸带类型的差异，可分为莱州—龙口—蓬莱砂质海岸段、半岛东部及南部基岩港湾海岸段、半岛东部及南部基岩港湾海岸段3个自然岸段。

胶东半岛沿岸，坡度偏大，多为山地基岩港湾海岸和沙坝—潟湖海岸，岸线曲折，岬、湾相间，岛屿众多，地势陡峭，湾宽水深。

胶州湾以南沿岸，地势较为平缓，岸线基本平直，为基岩砂质型海岸，近岸水下砂质浅滩较窄。

根据2016年山东省海岸线保护规划统计数据，山东省黄海海域沿海大陆岸线总长度约为2 414千米，其中自然岸线约938千米，约占岸线总长度的38.88%。

自然海岸分类按海岸的形态、成因、物质组成等分为基岩海岸、砂质海岸、粉砂淤泥质海岸、珊瑚礁海岸和红树林海岸5个类型，黄海山东海域主要有基岩海岸、砂质海岸、粉砂淤泥质海岸。

2.2.2 海岛资源现状

海岛是指四面环（海）水并在高潮时高于水面的自然形成的陆地区域。根据海岛调查资料山东省共有海岛589个，其中黄海部分402个，海岛面积40.3平方千米，岸线总长：308.6千米，人工岸线18.0千米（主要为陆岛交通和城镇建设）。主要包括“烟威北部岛群”、“烟威东南部岛群”、“青岛近海岛群”、“鲁东南前三岛岛群”，多属近海陆岛，离大陆海岸不远，通达性好。

烟威北部岛群，面积较大的居民岛为养马岛、崆峒岛及刘公岛。养马岛上已有通车公路达16.2千米，其中环岛公路13.7千米，宽12米的沥青路有9千米，有海堤公路与岛上沥青公路相连接，牟平县城有公共汽车运行岛陆之间，陆上交通十分方便。刘公岛是山东海岛重要的旅游景点，岛上有环岛公路环绕。崆峒岛由码头到崆峒岛村有水泥路一段，交通比较方便。

烟威东南部岛群有人居住岛由东向西，有镆铘岛、杜家岛、南黄岛、麻姑岛、鲁岛等，这些海岛距岸较近，除南黄岛外，都有人工堤坝与陆地相连。镆铘岛人工堤长5千米左右，岛陆面积较大，有公路通往各村，各岛公路相连，有短途班车运行。

青岛近海岛群各常住居民岛距陆地较近，灵山岛为该岛群最大的岛屿，岛上建有水泥公路15千米，各村间有简易公路相通。竹岔岛修建了长2.5千米、宽6米环岛路。位于胶州湾内的黄岛为人工陆连岛，岛上公路密集，轮渡客运站前有大、中型公共汽车通往开发区及胶南市各地，岛上主干线与环胶州湾高速公路相接。

鲁东南前三岛岛群码头数量最多，达山岛、平山岛及车牛山岛3岛共有9座码头。但大部分码头为500吨级以下的渔船码头和登陆艇码头，靠泊能力小；无居民岛的码头规模较小，利用率很低。

2.2.3 海湾资源现状

海湾是指被陆地环绕且面积不小于以口门宽度为直径的半圆面积的海域。海湾是山东省水产养殖业及港口建设的物质和空间基础。由于海湾都具有不同程度的掩护条件，适合船舶的驻泊，依港而建的海湾城市逐渐形成了区域性的政治、经济和文化中心。同时，海湾与陆地关系密切，入湾河流不仅带来了淡水，而且带来了陆地上的许多营养成分，因此海湾中鱼、虾、贝、藻等水产资源丰富。众多的自然景观和人文景观资源，使海湾逐渐形成为滨海旅游中心。海湾的其他资源，如海水资源、矿产资源、海洋药物资源、海洋能等资源在山东海湾地区亦有一定程度的利用。

20世纪80年代山东省海岸带和海涂资源综合调查结果为，山东省有面积1平方千米以上的海湾有51个。90年代“908专项”海岸带调查，发现埕口潟湖已经完全被盐田、养殖池围填而消失，绣针河口潟湖面积已不足1平方千米。目前，山东省面积在1平方千米以上的海湾为49个。山东省1平方千米以上海湾的总面积为8 139.071平方千米，比20世纪80年代的8 729.241平方千米减少590.171平方千米；海湾岸线总长为1 578.4千米，比20世纪80年代的1 578.4千米增加421.22千米。海湾岸线增加的主要原因是海湾内人工岸线的增多。山东省黄海四地市主要海湾基本信息如表2.1所示。

表2.1 山东省黄海四地市主要海湾基本信息 面积单位：千米^2

地市	海湾个数（个）	最大海湾及其面积	最小海湾及其面积	海湾总面积
烟台市	8	莱州湾，6 215.40	刁龙嘴，6.10	6 640.9
威海市	22	靖海湾，155.8	险岛湾，0.9	645.87
青岛市	16	胶州湾，509.1	大港口潟湖，1	922.4
日照市	3	涛雒潟湖，5.70	绣针河口潟湖，0.3	14.9

2.3 海洋自然保护区与海洋特别保护区现状

由于海洋产业不断发展，山东省海洋自然保护区与海洋特别保护区也面临着海洋开发带来的各种人为因素的威胁。

以自然保护区为例，筛查自然保护区范围内用海开发项目，在本次海洋生态红线划定的11处包含自然保护区的红线区域中，近5年来，曾受到过人为开发因素影响的有7个。本次海洋生态红线划定方案中，有6处根据海洋生态环境的重要性、脆弱性、敏感性被划为禁止开发区，其中，烟台崆峒列岛禁止区的筏式养殖项目已经于2012年到期，而其他3处自然保护区仍受到人为开发影响，详细信息见表2.2。

表2.2 山东省黄海海域自然保护区现状

	标号	红线划定名称	主要人为影响因素
自然保护区	JZ1-12	烟台崆峒列岛禁止区	筏式养殖项目
自然保护区	JZ1-13	荣成海驴岛禁止区	无
自然保护区	JZ1-14	荣成成山角禁止区	滩涂养殖
自然保护区	JZ1-15	荣成大天鹅禁止区	滩涂养殖
自然保护区	JZ1-16	荣成烟墩角禁止区	港前水域
自然保护区	JZ1-17	千里岩禁止区	无
自然保护区	XZ1-8	烟台崆峒列岛限制区	筏式养殖项目
自然保护区	XZ1-9	朝阳港限制区	滩涂养殖
自然保护区	XZ1-10	荣成马兰湾北限制区	无
自然保护区	XZ1-11	荣成荣成湾限制区	筏式养殖项目
自然保护区	XZ1-12	千里岩限制区	无

随着山东省黄海海域海洋生态红线制度的确定，这些自然保护区将按照分级管理的原则，被分别划为禁止开发区与限制开发区，此次海洋生态红线制度将为海洋自然保护区与海洋特别保护区按照红线管控措施提供严格的保护。

3　山东省黄海海域开发利用现状与预测

从用海面积来看，截至2014年年底，山东省黄海海域已经审批确权用海项目10 484宗，总用海面积为472 126.99公顷，约占山东省黄海海域总面积的15.2%。其中威海市用海比重最大，用海面积达321 385.27公顷，约占山东省黄海海域用海面积的68.1%，烟台市在黄海海域的用海面积为90 661.73公顷，在4地市中居第二位，约占19.2%，青岛市用海面积为40 709.65公顷，约占8.2%，日照市用海面积为19 371公顷，约占4.5%（图3.1）。

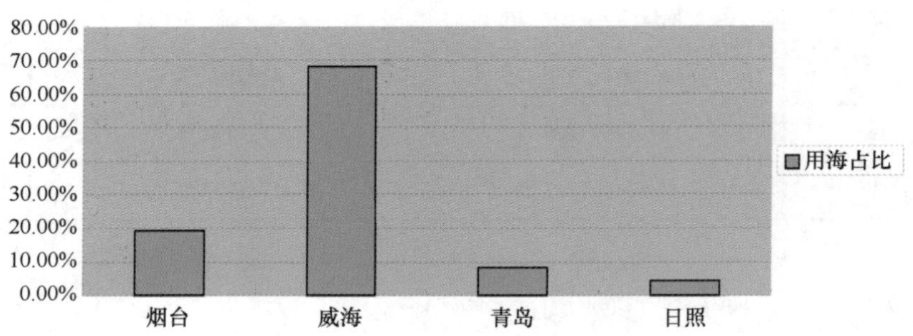

图3.1　山东省黄海海域4地市用海占比情况

从用海方式来看，根据《我国近海海洋综合调查与评价专项海域使用现状调查技术规程》（简称《海域使用现状调查技术规程》）和《海域使用分类体系》，海域使用分类体系共分为9个一级类、31个二级类。对山东省黄海海域使用进行分类整理，得到山东省黄海海域各用海类型的面积和所占比例。截至2014年年底，山东省黄海海域渔业用海所占比重最大，占全部用海的96.6%，交通运输用海占1.7%，工矿用海占0.6%，特殊用海占0.36%。其后依次为，旅游娱乐用海占0.33%，排污倾倒用海占0.13%，海底工程用海占0.13%，造地工程用海占0.08%，其他用海占0.07%。山东省黄海海域沿海地市确权用海类型面积见表3.1。各类用海比重见图3.2。

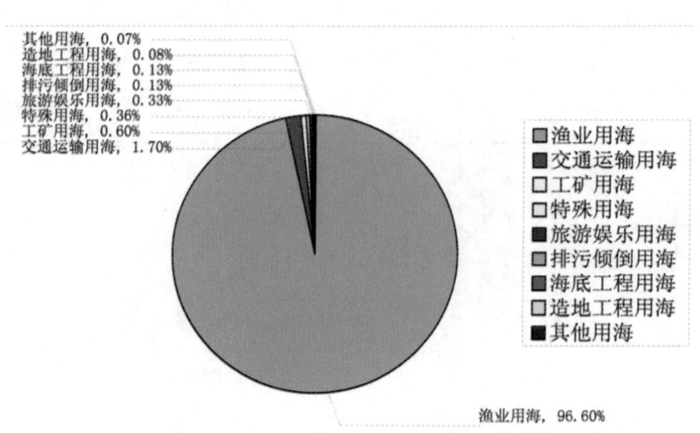

图3.2　山东省黄海海域各类用海面积比重

表 3.1　山东省用海类型分类统计表宗

面积单位：公顷

地区	渔业用海		工矿用海		交通运输用海		旅游娱乐用海		海底工程用海		排污倾倒用海		造地工程用海		特殊用海		其他用海		合计	
	宗数	面积	宗数	面积	宗数	面积	宗数	面积	宗数	面积	宗数	面积	宗数	面积	宗数	面积	宗数	面积	宗数	面积
烟台	4 792	87 841.05	47	1 216.74	57	1 006.42	26	411.08	1	0.43	1	0.22	2	86.40	3	49.68	1	49.71	4 930	90 661.73
威海	3 751	318 863.52	40	702.02	48	737.63	19	373.55	3	24.1	5	384.38			11	290.99	2	9.08	3 879	321 385.27
青岛	1 033	33 652.68	26	839.76	93	3 084.67	29	598.55	5	604.27	6	153	16	314.52	12	1 165.63	7	296.57	1 227	40 709.65
日照	373	15 671.71	8	82.02	46	3 118.70	16	196.37	1	8.26	1	107.5			3	185.78			448	19 370.34
合计	9 949	456 028.96	121	2 840.54	244	7 947.42	90	1 579.55	10	637.06	13	645.1	18	400.92	29	1 692.08	10	355.36	10 484	472 126.99

3.1 渔业用海开发利用现状与预测

渔业用海指为开发利用渔业资源、开展海洋渔业生产所使用的海域。依据《海域使用现状调查技术规程》海域使用分类体系，渔业用海包括渔业基础设施用海（渔港和渔船修造）、工厂化养殖、池塘养殖、设施养殖、底播养殖用海共6种二级类海域使用类型。

截至2014年年底，山东省黄海海域审批渔业用海项目9 949宗，确权渔业用海总面积为456 028.96公顷。其中：确权面积威海市最多，渔业用海面积为318 863.52公顷，占70%；其次为烟台市，渔业用海面积为87 841.05公顷，占19.3%；青岛市居第三位，渔业用海面积为33 652.68公顷，占7.4%，日照市渔业用海面积为15 671.71公顷，占3.3%。山东省黄海海域渔业用海4地市面积比重如图3.3所示。山东省黄海海域渔业用海确权宗数分布如图3.4所示。

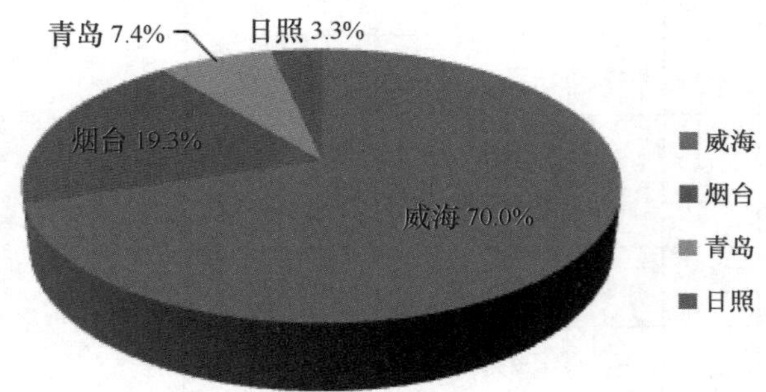

图3.3　山东省黄海海域4地市渔业用海面积分布比例

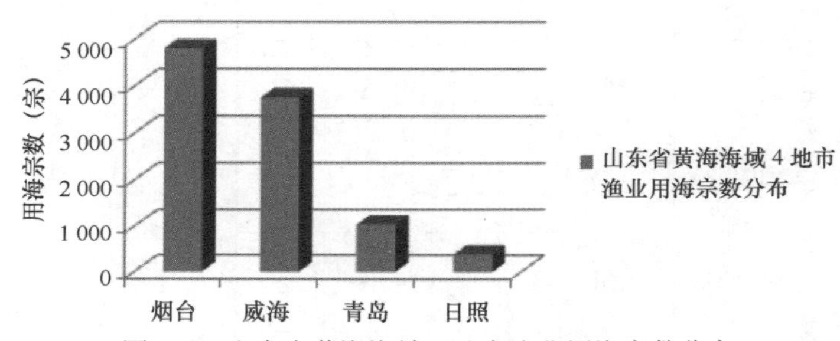

图3.4　山东省黄海海域4地市渔业用海宗数分布

根据2009—2014年的山东省黄海海域渔业用海数据（表3.2），从各年度累积面积状况通过线性趋势分析，拟合现有数据，尝试进行曲线拟合，预测用海需求。在保持过去6年平均渔业用海发展速度不变的情况下，通过1次拟合预测2020年山东省黄海海域渔业用海总面积将达到738 500公顷（图3.5），占山东省黄海海域面积的23.8%。

表3.2　2009—2014年山东省黄海海域渔业用海统计数据

用海类型	2009年		2010年		2011年		2012年		2013年		2014年	
渔业用海	宗数（宗）	面积（公顷）	宗数（宗）	面积（公顷）	宗数（宗）	面积（公顷）	宗数（宗）	面积（公顷）	宗数（宗）	面积（公顷）	宗数（宗）	面积（公顷）
烟台	51	3 325.82	182	4 408.91	133	3 444.87	39	3 173.82	135	7 318.27	331	17 070.92
威海	46	4 704.44	28	778.20	664	27 048.52	176	28 946.35	436	69 373.76	678	114 785.85
青岛	15	1 049.48	2	19.64	56	946.99	29	3 292.29	77	3 690.71	96	7 102.95
日照	134	1 775.74	5	346.81	5	101.35	11	2 220.25	11	2 241.06	91	10 762.24
合计	246	10 855.48	217	5 553.56	858	31 541.73	255	37 632.71	659	82 623.8	1 196	149 721.96
累计		148 955.2		154 508.76		186 050.49		223 683.2		306 307		456 028.96

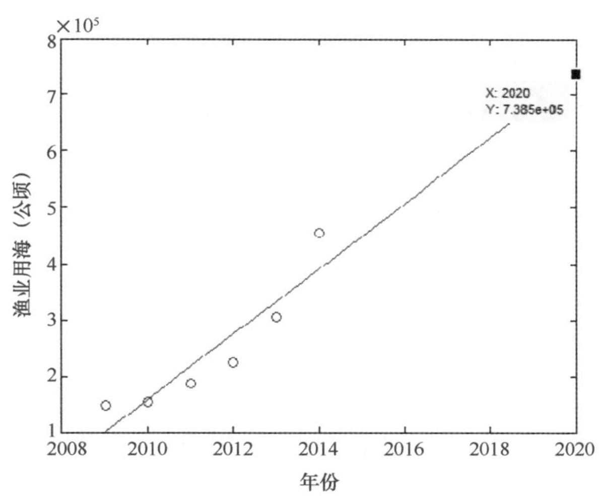

图 3.5　山东省黄海海域渔业用海预测

3.2　工矿用海开发利用现状与预测

工矿用海指开展工业生产及勘探开采矿产资源所使用的海域。依据《海域使用现状调查技术规程》海域使用分类体系，工矿用海包括盐业用海、临海工业用海、固体矿产开采用海和油气开采用海共 4 种海域使用类型。

根据 4 地市工矿用海情况来分析，山东省黄海海域工矿用海占总用海面积的 0.6%，其中：烟台市工矿用海面积最大，为 1 216.74 公顷，占 42.8%；其次为青岛市，面积为 839.76 公顷，占 29.6%；再次为威海市，面积为 702.02 公顷，占 24.7%，工矿用海面积最小的为日照市，面积为 82.02 公顷，占 2.9%。山东省黄海海域四地市工矿用海比重如图 3.6 所示。

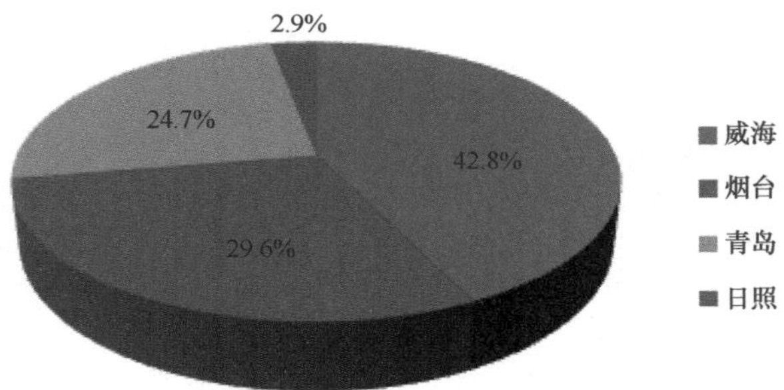

图 3.6　山东省黄海海域 4 地市工矿用海分布比例

山东省黄海海域工矿用海面积占全省总用海面积的比例逐年上升，从产业运行规律角度看，海洋产业地域性结构差异主要源于资源禀赋状况、经济发展水平、人才技术水平和基础设施水平方面，除去相对静态的海洋资源禀赋状况之外，其他三方面的因素对一个地区海洋产业结构发展状况有很大的影响。山东省黄海海域工矿用海宗数分布见图 3.7。

根据 2009—2014 年山东省黄海海域工矿用海数据（表 3.3），通过线性趋势分析，拟合现有数据，尝试进行曲线拟合，预测用海需求。在保持近 6 年用海发展速度不变的情况下，通过 1 次拟合预测 2020 年前山东省黄海海域工矿用海总面积将达到 5 015 公顷（图 3.8），占山东省黄海海域面积的 0.16%。

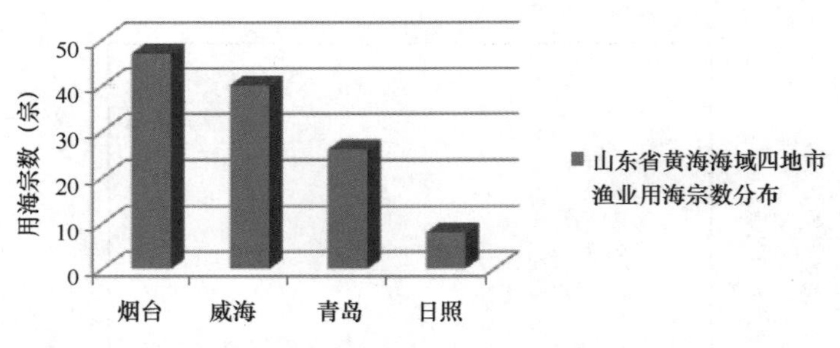

图 3.7　山东省黄海海域 4 地市工矿用海分布示意

表 3.3　2009—2014 年山东省黄海海域工矿用海统计数据

用海类型	2009 年		2010 年		2011 年		2012 年		2013 年		2014 年	
工矿用海	宗数（宗）	面积（公顷）	宗数（宗）	面积（公顷）	宗数（宗）	面积（公顷）	宗数（宗）	面积（公顷）	宗数（宗）	面积（公顷）	宗数（宗）	面积（公顷）
烟台	5	198.10	0	0	1	749.67	3	90.75	0	0	1	9.0
威海	2	11.71	16	146.11	3	25.94	2	9.41	5	77.39		
青岛	3	46.60	1	2.15	7	26.27	2	229.11			2	0.69
日照	1	0.73	2	11.46	1	12.98			1	25.54	2	13.84
合计	11	257.14	19	159.72	12	814.86	7	329.27	6	102.93	5	23.53
累计		1 410.23		1 569.95		2 384.81		2 714.08		2 817.01		2 840.54

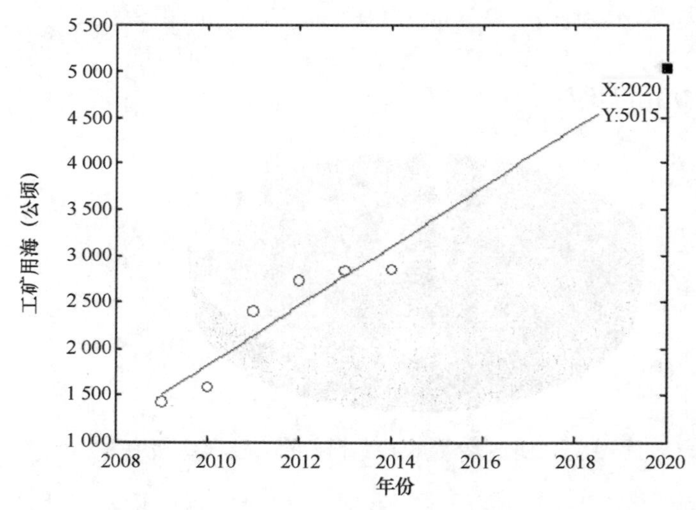

图 3.8　山东省黄海海域工矿用海预测

3.3　交通运输用海开发利用现状与预测

交通运输用海指为满足港口、航运、路桥等交通需要所使用的海域。截至 2014 年年底，山东省黄海海域共审批交通运输用海项目 244 宗，确权总面积为 7 947.42 公顷。

从 4 地市的交通运输用海分布来看，日照市交通运输用海面积最大，用海面积为 3 118.70 公顷，占 39.2%；其次为青岛市，交通运输用海面积为 3 084.67 公顷，占 38.8%；烟台市居第三位，交通运输用海面积为 1 006.42 公顷，占 12.7%；威海市交通运输用海面积最少，为 737.63 公顷，占 9.2%。山东省黄海海域交通运输用海面积比重如图 3.9 所示。港口工程用海以及相配套的港池用海、航道用海和锚地用海在区位条件比较优越的日照市与青岛市较多，其他地市较少，交通运输用海的产业布局跟各地市的区位优势与经济条件是分不开的（图 3.10）。

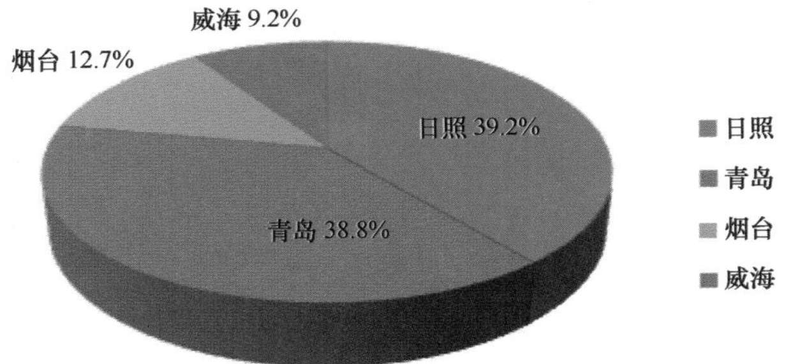

图 3.9　山东省黄海海域交通运输用海面积分布比例

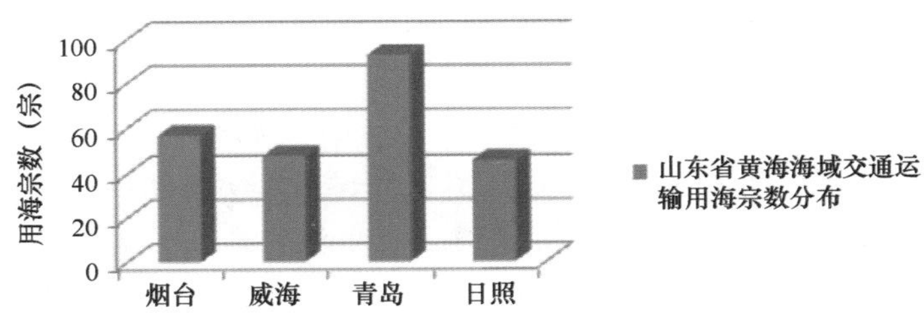

图 3.10　山东省黄海海域交通运输用海分布

根据 2009—2014 年山东省黄海海域交通运输用海数据（表 3.4），通过线性趋势分析，拟合现有数据，尝试进行曲线拟合，预测用海需求。在保持近 6 年用海发展速度不变的情况下，通过 1 次拟合预测 2020 年山东省黄海海域交通运输用海总面积将达到 12 610 公顷（图 3.11），占山东省黄海海域面积的 0.4%。

表 3.4　2009—2014 年山东省黄海海域交通运输用海统计数据

用海类型	2009 年		2010 年		2011 年		2012 年		2013 年		2014 年	
交通运输用海	宗数（宗）	面积（公顷）	宗数（宗）	面积（公顷）	宗数（宗）	面积（公顷）	宗数（宗）	面积（公顷）	宗数（宗）	面积（公顷）	宗数（宗）	面积（公顷）
烟台	1	98.15	11	186.52	6	59.64	5	8.75	5	205.06	6	188.24
威海			5	56.21	2	2.11	8	156.87	5	85.05	6	185.66
青岛	10	1 039.48	1	0.60	10	299.00	6	113.82	8	204.13	27	1 075.68
日照	5	98.35	2	78.95	6	478.11	5	172.62	8	498.21	20	1 047.21
合计	16	1 235.98	19	322.28	24	838.86	24	452.06	26	992.45	59	2 496.79
累计		1 235.98		1 558.26		2 397.12		2 849.18		3 841.63		6 338.42

3.4　旅游娱乐用海开发利用现状与预测

旅游娱乐用海指开发利用滨海和海上旅游资源，开展海上娱乐活动所使用的海域。依据《海域使用现状调查技术规程》海域使用分类体系，旅游娱乐用海包括旅游基础设施用海、海水浴场用海和海上娱乐用海 3 种海域使用类型。

截至 2014 年年底，山东省黄海海域共审批旅游娱乐用海项目 90 宗，确权总面积为 1 579.55 公顷。

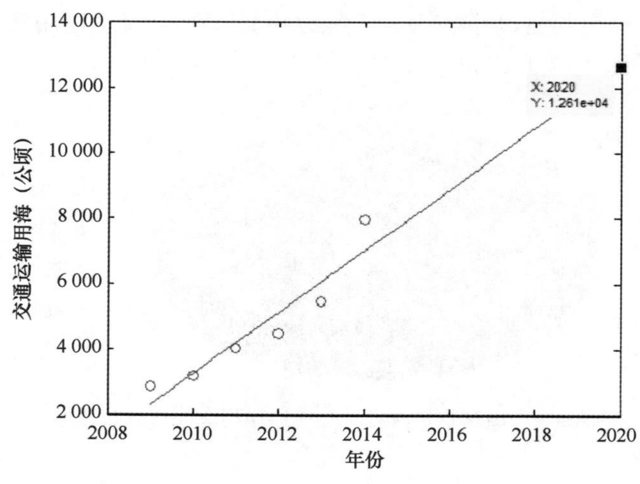

图 3.11　山东省黄海海域交通运输用海预测

根据用海类型划分：海水浴场用海项目最多，旅游基础设施用海确权项目次之。

根据黄海区域 4 地市旅游娱乐用海项目来分析，其中：青岛市旅游娱乐用海确权面积最大，为 598.55 公顷，占 37.9%；其次为烟台市，确权面积为 411.08 公顷，占 26%；再次为威海，确权面积为 373.55 公顷，占 23.7%，日照市旅游娱乐用海最少，确权用海面积为 195.37 公顷，占 12.4%。山东省黄海海域旅游娱乐用海四地市比重如图 3.12 所示。

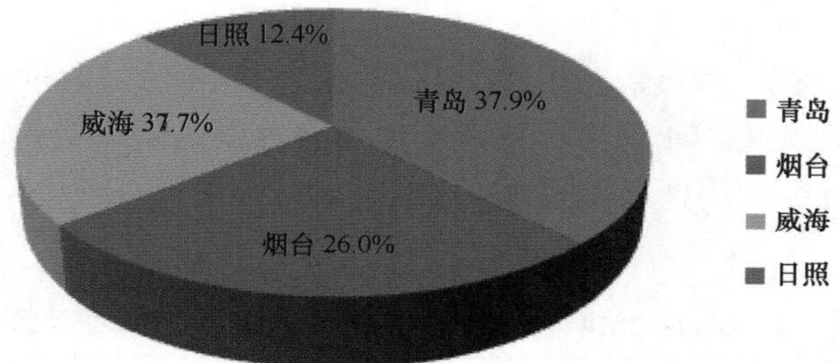

图 3.12　山东省黄海海域旅游娱乐用海分布比例

山东省黄海海域的娱乐用海面积和比例都非常小，旅游娱乐用海与海洋产业结构中的第三产业是紧密相关的。随着国家海洋生态文明战略的提出，沿海各地市都在积极努力提升海洋产业的优化布局，旅游娱乐用海业的发展起到至关重要的作用，各地市滨海旅游区在旅游区整体规划，各旅游线路、项目与周边景园景区的配合等各方面都做出了相关规划，后期旅游区的发展可以整合海岸带旅游资源，未来可实现沿海城市"宜居、生态"的功能定位，提升旅游区的服务、辐射和带动功能，因此，旅游娱乐用海的比重与面积都将会不断提升。山东省黄海海域旅游娱乐用海宗数分布如图 3.13 所示。

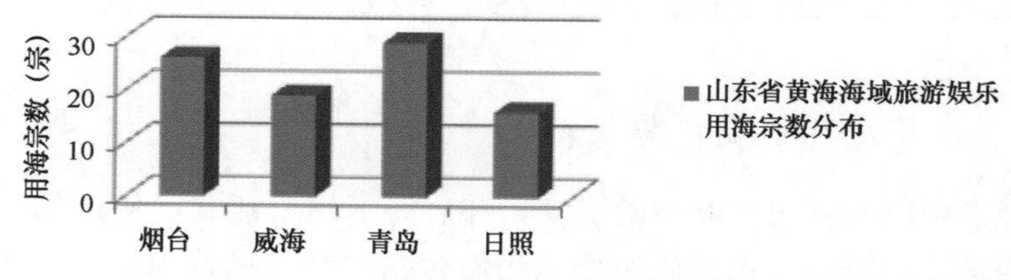

图 3.13　山东省黄海海域旅游娱乐用海宗数分布

根据 2009—2014 年山东省黄海海域旅游娱乐用海数据（表 3.5），通过线性趋势分析，拟合现有数据，尝试进行曲线拟合，预测用海需求。在保持近 6 年用海发展速度不变的情况下，通过 1 次拟合预测 2020 年山东省黄海海域旅游娱乐用海总面积将达到 2 772 公顷（图 3.14），占山东省黄海海域面积的 0.08%。

表 3.5　2009—2014 年山东省黄海海域旅游娱乐用海统计数据

用海类型	2009 年		2010 年		2011 年		2012 年		2013 年		2014 年	
旅游娱乐用海	宗数（宗）	面积（公顷）	宗数（宗）	面积（公顷）	宗数（宗）	面积（公顷）	宗数（宗）	面积（公顷）	宗数（宗）	面积（公顷）	宗数（宗）	面积（公顷）
烟台			2	189.78	1	0.69	9	1.46	6	150.67	5	49.88
威海	2	32.14	8	64.39	2	74.61	1	9.47	1	6.40	3	73.10
青岛	12	461.93	5	56.73	1	0.67	1	6.53	11	334.18	2	6.35
日照					1	23.18					3	5.09
合计	14	494.07	15	310.9	5	99.15	11	17.46	18	491.25	13	134.42
累计		526.37		837.27		936.42		953.88		1 445.13		1 579.55

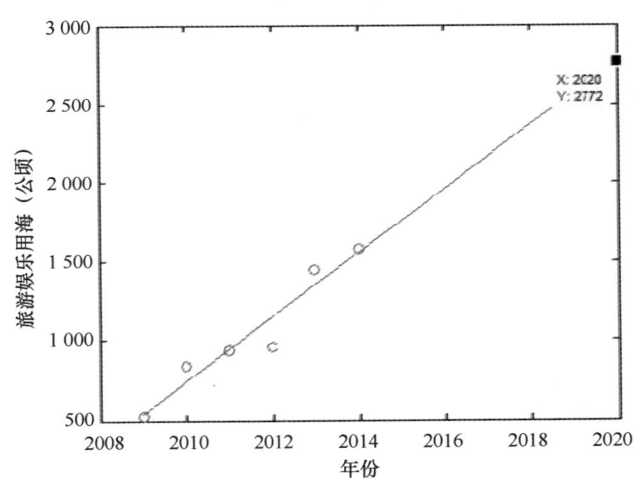

图 3.14　山东省黄海海域旅游娱乐用海预测

3.5　海底工程用海开发利用现状与预测

海底工程用海指建设海底工程设施所使用的海域。依据《海域使用现状调查技术规程》海域使用分类体系，海底工程用海包括电缆管道用海、海底隧道用海和海底仓储用海共 3 种海域使用类型。

截至 2014 年年底，山东省黄海海域海底工程用海宗数为 10 宗，海底工程确权用海总面积为 707.51 公顷，绝大部分海底工程确权用海面积集中在青岛市，为 674.69 公顷，占 95.4%；较少的在其余 3 市。分别为威海市 3 宗，24.1 公顷，占 3.4%；日照市 1 宗，8.26 公顷，占 0.11%，烟台市海底工程用海最少，确权用海 1 宗，面积仅为 0.43 公顷，占山东省黄海海域海底工程用海面积的不到 0.1%。山东省黄海海域 4 地市海底工程用海面积比重和宗数分布如图 3.15 和图 3.16 所示。

根据 2009—2014 年山东省黄海海域海底工程用海数据（表 3.6），通过线性趋势分析，拟合现有数

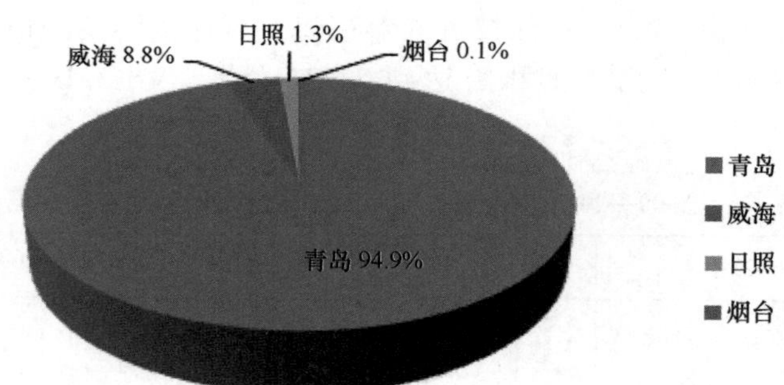

图 3.15　山东省黄海海域海底工程用海分布比例

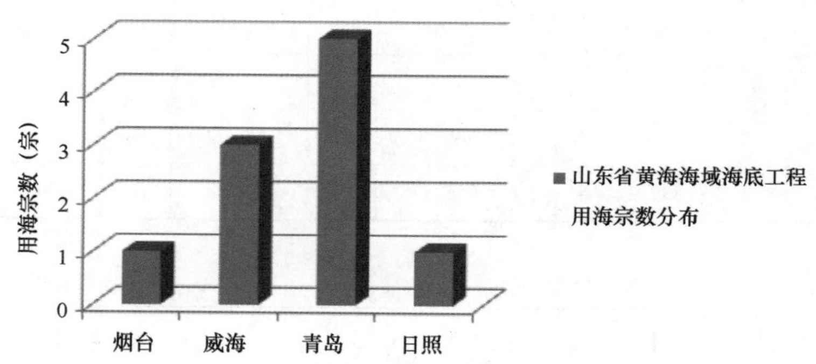

图 3.16　山东省黄海海域海底工程用海宗数分布

据，尝试进行曲线拟合，预测用海需求。在保持近 6 年用海发展速度不变的情况下，通过 1 次拟合预测 2020 年山东省黄海海域海底工程用海用海总面积将达到 1 182 公顷（图 3.17），约占山东省黄海海域面积的 0.04%。

表 3.6　2009—2014 年山东省黄海海域海底工程用海统计数据

用海类型	2009 年		2010 年		2011 年		2012 年		2013 年		2014 年	
海底工程	宗数（宗）	面积（公顷）	宗数（宗）	面积（公顷）	宗数（宗）	面积（公顷）	宗数（宗）	面积（公顷）	宗数（宗）	面积（公顷）	宗数（宗）	面积（公顷）
烟台									1	0.43		
威海											1	11.76
青岛	1	317.31							2	357.38		
日照					1	8.26						
合计	1	317.31			1	8.26			3	357.81	1	11.76
累计		329.68		329.68		337.94		337.94		695.75		707.51

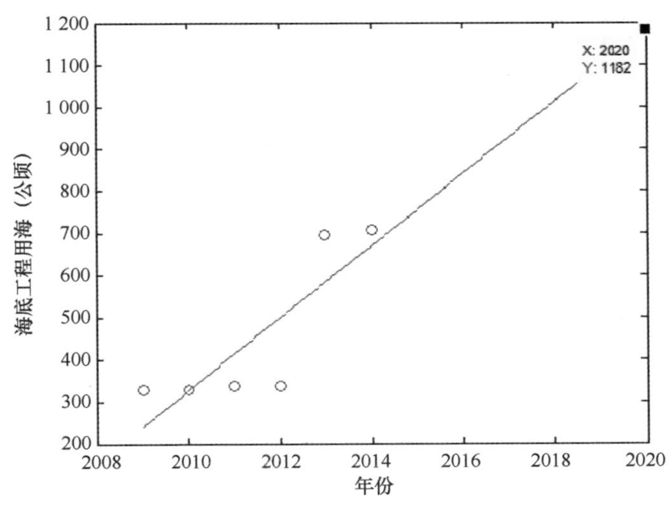

图 3.17　山东省黄海海域海底工程用海预测

3.6　排污倾倒用海开发利用现状与预测

排污倾倒用海指用来排放污水和倾废的海域。依据《海域使用现状调查技术规程》海域使用分类体系，排污倾倒用海包括污水排放用海和废物倾倒用海共 2 种海域使用类型。

截至 2014 年年底，山东省黄海海域审批排污倾倒用海具体项目共 13 宗，确权面积为 645.1 公顷。其中：威海确权 5 宗，面积为 384.38 公顷，占 59.5%。青岛市审批 6 宗，确权面积为 153 公顷，占 23.7%。日照市审批 1 宗，确权面积为 107.5 公顷，占 16.7%。烟台市黄海海域确权 1 宗，确权面积为 0.22 公顷，占不到 0.1%。山东省黄海海域排污倾倒用海比重和宗数如图 3.18 和图 3.19 所示。

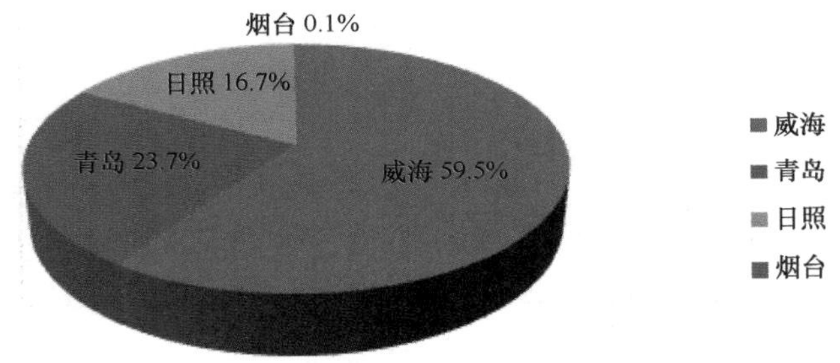

图 3.18　山东省黄海海域排污用海分布比例

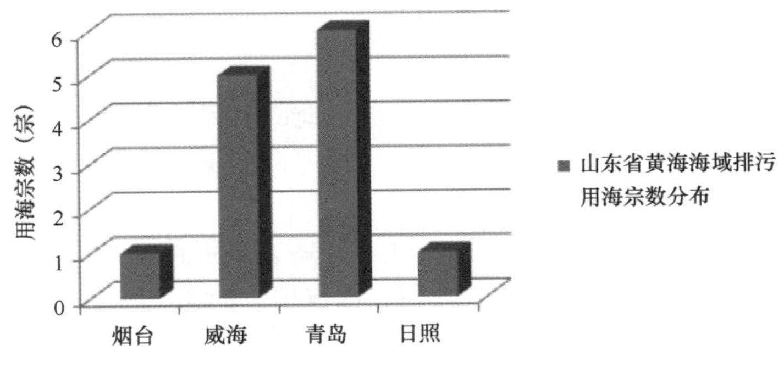

图 3.19　山东省黄海海域排污用海宗数分布

根据2009—2014年山东省黄海海域排污倾倒用海数据（表3.7），通过线性趋势分析，拟合现有数据，尝试进行曲线拟合，预测用海需求。在保持近6年用海发展速度不变的情况下，通过1次拟合预测2020年山东省黄海海域排污倾倒用海总面积将达到1 028公顷（图3.20）。

表3.7　2009—2014年山东省黄海海域排污倾倒用海统计数据

用海类型	2009年		2010年		2011年		2012年		2013年		2014年	
排污倾倒用海	宗数（宗）	面积（公顷）	宗数（宗）	面积（公顷）	宗数（宗）	面积（公顷）	宗数（宗）	面积（公顷）	宗数（宗）	面积（公顷）	宗数（宗）	面积（公顷）
烟台												
威海			2	270.53					2	71.68		
青岛	5	144.99	1	8.01								
日照												
合计	5	144.99	3	278.54					2	71.68		
累计		294.88		573.42		573.42		573.42		645.1		645.1

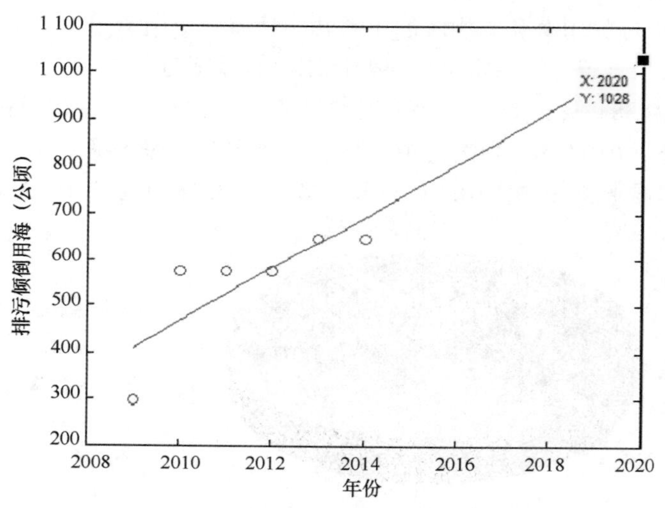

图3.20　山东省黄海海域排污倾倒用海预测

3.7　造地工程用海开发利用现状与预测

造地工程用海指在沿海筑堤围割滩涂和港湾并填成土地的工程用海。依据《海域使用现状调查技术规程》海域使用分类体系，围海造地用海包括港口建设用海、城镇建设用海和围垦用海共3种海域使用类型。

根据4地市围海造地用海项目来分析，截至2014年年底，山东省黄海海域省直确权用海项目18宗，面积为400.92公顷。其中青岛市造地工程用海16宗，确权用海面积314.52公顷，占78.5%，烟台黄海海域造地工程用海2宗，面积为86.4公顷，占21.5%，而威海市和日照市没有造地工程用海。山东省黄海海域围海造地用海比重和宗数如图3.21和图3.22所示。

根据2009—2014年山东省黄海海域造地工程用海数据（表3.8），通过线性趋势分析，拟合现有数

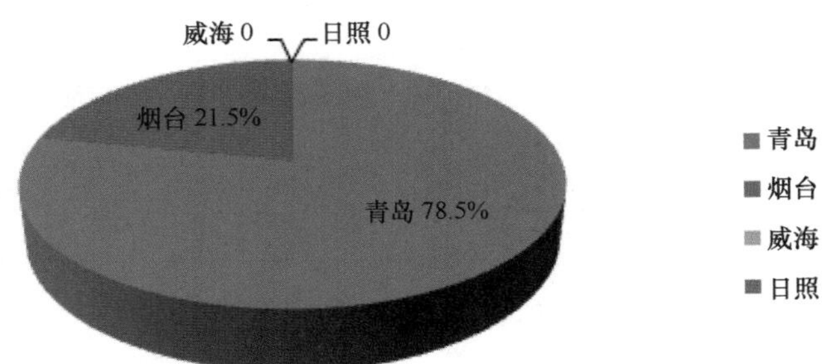

图 3.21 山东省黄海海域造地工程用海分布比例

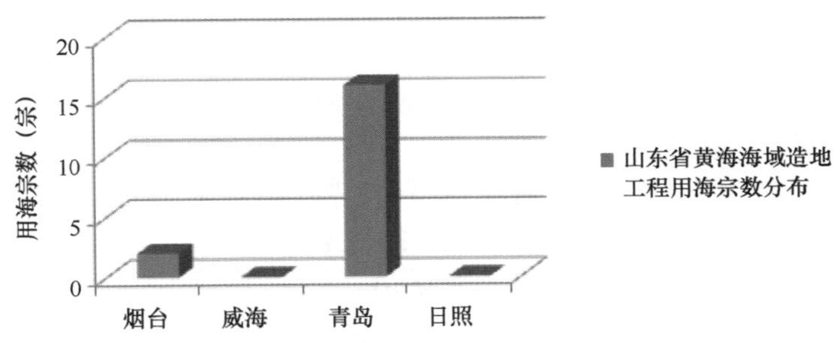

图 3.22 山东省黄海海域造地工程用海宗数分布

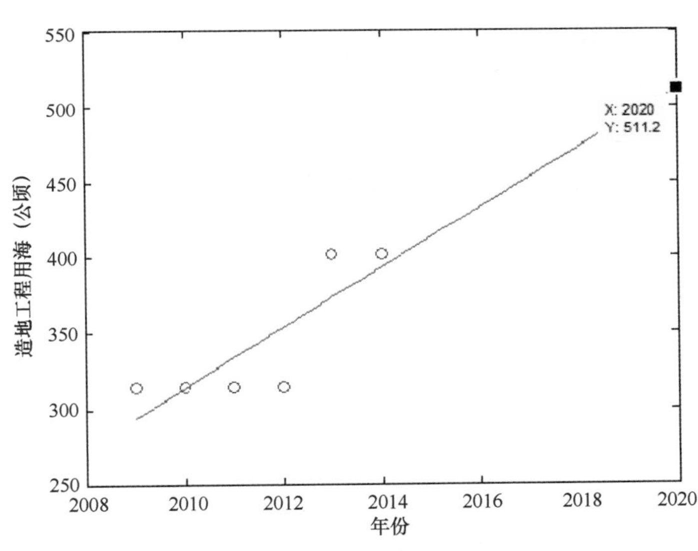

图 3.23 山东省黄海海域造地工程用海预测

据，尝试进行曲线拟合，预测用海需求。在保持近 6 年用海发展速度不变的情况下，通过 1 次拟合预测 2020 年山东省黄海海域造地工程用海总面积将达到 511 公顷（图 3.23）。

表 3.8　2009—2014 年山东省黄海海域造地工程用海统计数据

用海类型	2009 年		2010 年		2011 年		2012 年		2013 年		2014 年	
造地工程	宗数（宗）	面积（公顷）	宗数（宗）	面积（公顷）	宗数（宗）	面积（公顷）	宗数（宗）	面积（公顷）	宗数（宗）	面积（公顷）	宗数（宗）	面积（公顷）
烟台									2	86.40		
威海												
青岛	9	267.66										
日照												
合计	9	267.66							2	86.40		
累计		314.52		314.52		314.52		314.52		400.92		400.92

3.8　特殊用海开发利用现状与预测

特殊用海指用于科研教学、国防、自然保护区、海岸防护工程等用途的海域。依据《海域使用现状调查技术规程》海域使用分类体系，特殊用海包括科研教学用海、军事用海、保护区用海和海岸防护工程用海共 4 种海域使用类型。

截至 2014 年年底，山东省黄海海域审批特殊用海确权项目共 29 宗，确权面积为 1 734.66 公顷。其中：青岛市特殊用海面积最大，为 1 278.21 公顷，占 73.7%；其次为威海，确权面积为 232.52 公顷，占 13.4%；再次为日照，确权面积为 174.48 公顷，约占 10%；最后为烟台市，确权面积为 49.45 公顷，占 2.9%。山东省黄海海域特殊用海比重和分布如图 3.24 和图 3.25 所示。

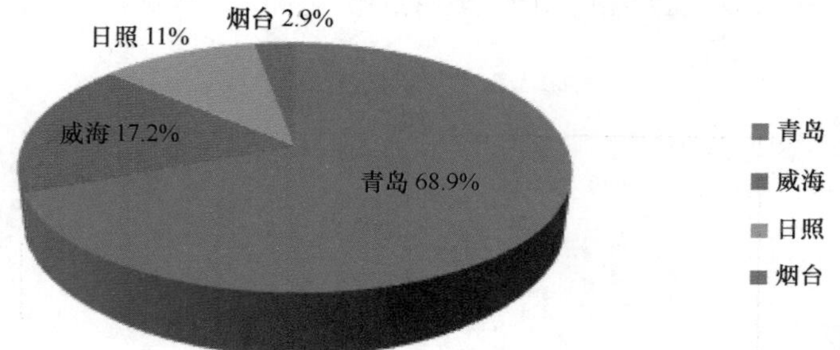

图 3.24　山东省黄海海域特殊用海分布比例

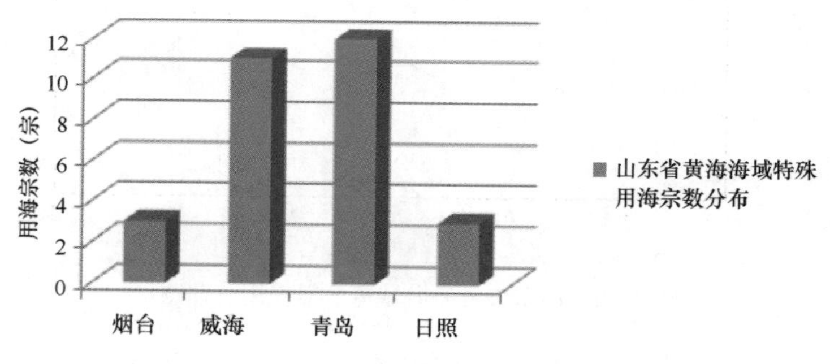

图 3.25　山东省黄海海域特殊用海宗数分布

根据 2009—2014 年山东省黄海海域特殊用海数据（表 3.9），通过线性趋势分析，拟合现有数据，尝试进行曲线拟合，预测用海需求。在保持近 6 年用海发展速度不变的情况下，通过 1 次拟合预测 2020 年山东省黄海海域特殊用海总面积将达到 2 854 公顷（图 3.26）。

表 3.9　2009—2014 年山东省黄海海域特殊用海统计数据

用海类型	2009 年		2010 年		2011 年		2012 年		2013 年		2014 年	
特殊用海	宗数（宗）	面积（公顷）	宗数（宗）	面积（公顷）	宗数（宗）	面积（公顷）	宗数（宗）	面积（公顷）	宗数（宗）	面积（公顷）	宗数（宗）	面积（公顷）
烟台					1	44. 15			1	5. 30		
威海					2	38. 55			1	193. 44	1	0. 53
青岛	5	122. 91					1	0. 49	1	11. 95	7	1 142. 86
日照					1	174. 48						
合计	5	122. 91			4	257. 18	1	0. 49	3	210. 69	8	1 143. 39
累计		122. 91		122. 91		380. 09		380. 58		591. 27		1 734. 66

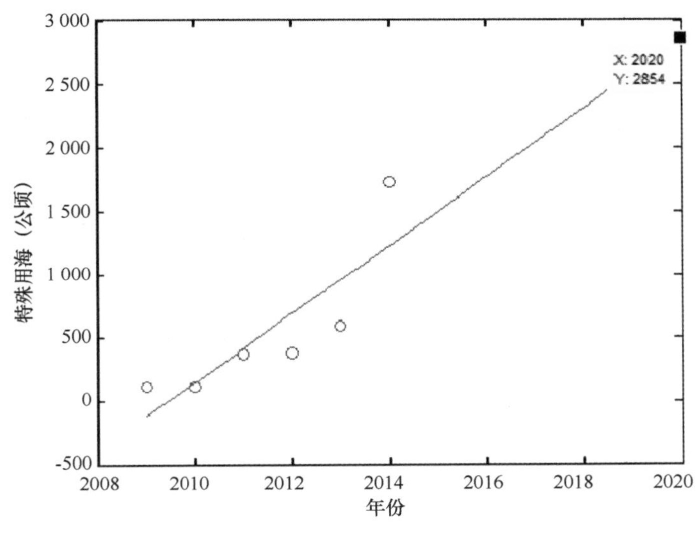

图 3. 26　山东省黄海海域特殊用海预测

3. 9　其他用海开发利用现状与预测

其他用海是指上述用海类型以外的用海。截至 2014 年年底，山东省黄海海域审批其他用海共计 10 宗，确权用海面积为 355. 36 公顷。主要为青岛市、威海市和烟台市，日照市没有其他用海类型。青岛市其他用海确权 7 宗，面积为 296. 57 公顷，占 83. 4%，烟台市确权 1 宗，面积为 49. 71 公顷，占 14%。威海 2 宗，面积 9. 08 公顷，占 2. 6%。

根据 2009—2014 年山东省黄海海域其他用海数据（表 3. 10），通过线性趋势分析，拟合现有数据，尝试进行曲线拟合，预测用海需求。在保持近 6 年用海发展速度不变的情况下，通过 1 次拟合预测 2020 年山东省黄海海域其他用海总面积将达到 803 公顷（图 3. 27）。

表 3.10 2009—2014 年山东省黄海海域其他用海统计数据

用海类型	2009 年		2010 年		2011 年		2012 年		2013 年		2014 年	
其他用海	宗数（宗）	面积（公顷）	宗数（宗）	面积（公顷）	宗数（宗）	面积（公顷）	宗数（宗）	面积（公顷）	宗数（宗）	面积（公顷）	宗数（宗）	面积（公顷）
烟台												
威海									2	9.08		
青岛							1	258.51	1	0.034	1	1.01
日照												
合计							1	258.51	3	9.114	1	1.01
累计		86.726		86.726		86.726		345.236		354.35		355.36

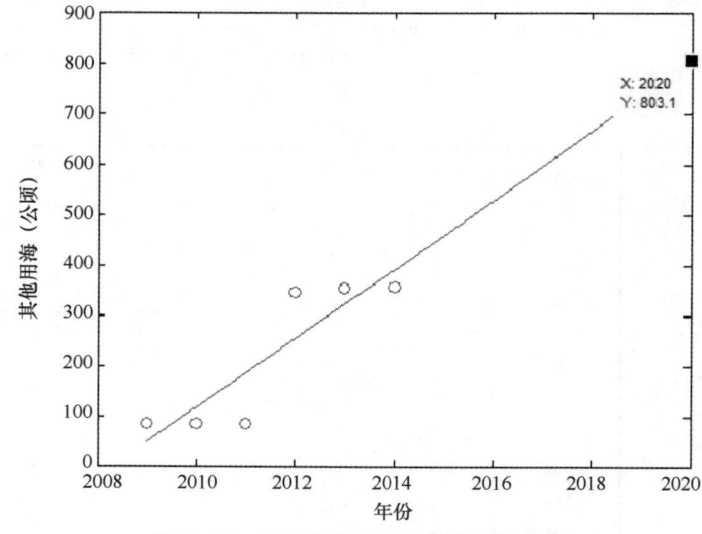

图 3.27 山东省黄海海域其他用海预测

3.10 海域开发利用现状分析与预测

通过海域使用现状调查，可以看出：山东省黄海海域渔业用海所占比重最大，用海面积为 456 028.96 公顷，确权用海数为 9 949 宗，占全部用海的 96.6%，交通运输用海居第二位，用海面积为 7 947.42 公顷，确权用海数为 244 宗，占山东省黄海海域用海的 1.7%，工矿用海 121 宗，面积为 2 840.54 公顷，占 0.6%，特殊用海 29 宗，面积 1 692.08 公顷，占 0.36%。其后依次为，旅游娱乐用海占 0.33%，排污倾倒用海占 0.13%，海底工程用海占 0.13%，造地工程用海占 0.08%，其他用海占 0.07%。

根据 2009—2014 年山东省黄海海域用海总面积数据（表 3.11），通过趋势分析，进行曲线拟合，预测用海需求。

表 3.11 山东省黄海海域用海总面积 单位：公顷

年份	2009	2010	2011	2012	2013	2014
用海面积	154 885	161 510	195 070	233 761	318 707	472 127

在保持近 6 年用海平均速度不变的情况下，采用 1 次线性拟合，2020 年山东省黄海海域用海总面积将达 765 300 公顷，超出山东省黄海海域海洋生态红线划定面积 2 倍。

若考虑近年用海加速情况，采用 2 次线性拟合，预测 2020 年山东省黄海海域总面积将达 192.9 万公顷。

至2023年，山东省黄海海域用海总面积将达311.6万公顷，超出山东省黄海海域总面积（图3.28）。因此，本次山东省黄海海域海洋生态红线制度的确立是相当重要与紧迫的。

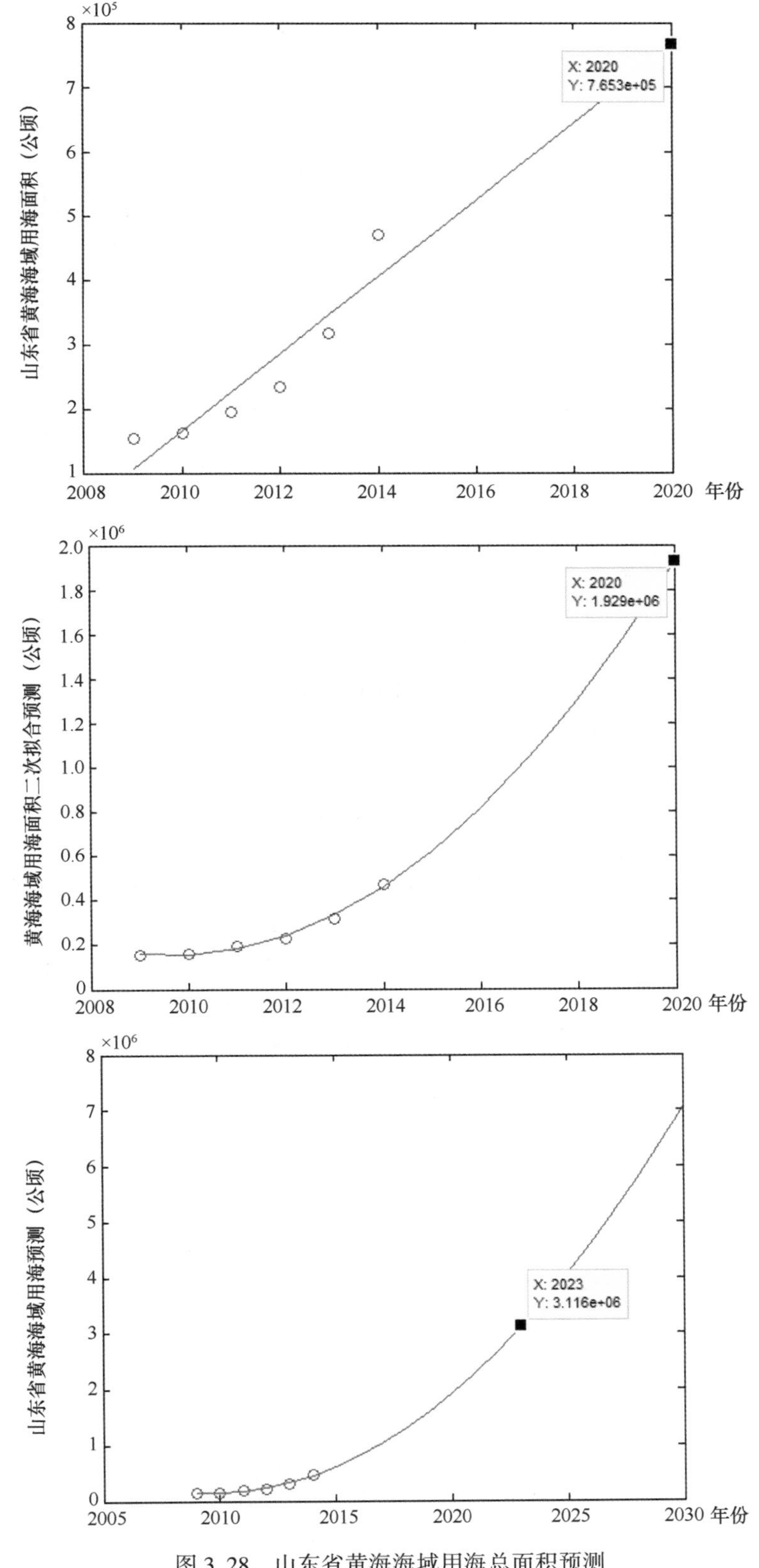

图3.28　山东省黄海海域用海总面积预测

4 山东省黄海海域用海需求分析与预测

4.1 山东省用海需求与分析

山东省海洋经济保持了平稳较快发展，海洋产业已发展到渔业、油气、盐业、造船、运输、旅游、化工、药物、海水利用、电力等20余个产业，其中，海洋渔业、海洋盐业、海洋工程建筑业、海洋生物医药业均位居全国首位。因此，山东省黄海海域用海需求会受到诸多用海因素的影响，本专题将主要从山东省各类用海规划、海洋功能区划、经济发展要素以及近年来用海数据统计情况来科学分析山东省黄海海域用海需求，并进行相关预测。

4.1.1 山东省涉海规划

《山东半岛蓝色经济区海岸与海洋空间布局专项规划》的规划目标为，到2015年，理顺海岸和海洋产业空间布局。通过海岸修复整治，使自然岸线保有率达到50%；保障山东半岛蓝色经济区科学用海，新增建设用海400平方千米；各类海洋保护区面积稳步增长，海洋与渔业保护区范围涵盖75%以上的重要海洋生态区域和重要海岸带区域、80%以上的海岛和周边区域；85%以上的重要渔业生物物种得到保护，90%以上的海洋珍稀生物得到保护；海底资源和远海资源开发有长足进步。到2020年，海岸和海洋空间资源得到健康、科学有序、可持续的开发利用，海岸和海洋产业全面协调发展。自然岸线保有率达到55%以上；新增建设用海700平方千米；海洋与渔业保护区范围涵盖95%以上的重要海洋生态区域和重要海岸带区域；99.5%以上的海岛和周边区域；99%以上的重要渔业生物物种得到保护，98%以上的海洋珍稀生物得到保护。共同构筑山东省海岸和海洋空间资源、环境，开发与保护和谐协调的局面。海底资源和远海资源开发初具规模。

《山东省海洋与渔业保护区发展规划》近期目标：力争到2015年，山东省海洋与渔业保护区的面积在现有基础上增加36.4%，保护范围涵盖75%以上的重要海洋生态区域和重要海岸带区域，80%以上海岛和周边区域，85%以上的重要渔业生物物种得到保护，90%以上的海洋珍稀生物得到保护，使得山东省的大部分重要海洋区域、海洋生物物种和重要渔业资源得到有效的保护，基本建立覆盖山东省重要海洋区域和渔业资源的保护区体系。中长期目标：力争到2020年海洋与渔业保护区的面积在2015年的基础上再增加67.9%，保护范围涵盖95%以上的重要海洋生态区域和重要海岸带区域，99.5%以上海岛和周边区域，99%以上的重要渔业生物物种得到保护，98%以上的海洋珍稀生物得到保护，使得山东省的绝大部分重要海洋区域、海洋生物物种和重要渔业资源得到有效的保护，实现较为完善的山东省海洋与渔业保护区体系。

《山东省沿海港口布局规划》规划至2020年发展目标为沿海港口总体能力适度超前国民经济发展要求，港口适应度（通过能力/吞吐量）达到1.2以上，满足重要货类运输对大型深水专业化码头和航道的需求；拓展现代物流、临港工业和商贸活动等功能，主要港口的物流中心作用明显；主要港口在技术装备、管理体制和服务质量等方面达到当时的国际水平，港口与城市和谐发展，沿海港口基本实现现代化。为实现上述目标，应继续扩大沿海港口规模，满足能源、原材料、外贸集装箱运输和大型临港工业发展的需要；拓展港口功能，大力发展港口物流业和临港工业；调整和完善已有港区的功能，高标准建设新港区，实现山东省沿海港口发展目标。

《山东省海上风电基地规划（送审稿）》中确定将重点在滨州、东营、烟台、威海、潍坊等沿海地区建设大型风电场，并逐步向浅近海域发展海上风电项目，实现山东风电场项目突破。山东省规划到“十一五”末风电装机容量达到100万千瓦，到“十二五”末达到400万千瓦。

4.1.2 山东省涉海规划用海趋势

根据《黄河三角洲高效生态经济区发展规划》、《山东半岛蓝色经济区集中集约用海规划》和《山东省海岸保护与利用规划》，到2015年，山东省集中集约用海400平方千米（填海造地300平方千米，潮间带高地用海100平方千米），其中龙口湾高端产业聚集区、莱州海洋新能源产业聚集区、潍坊滨海生态旅游度假区、东营滨海新城、滨州临港产业聚集区为山东省北部的5大集中区；威海泊于海洋装备制造业聚集区、烟台东部海洋文化旅游产业聚集区、套子湾临港产业聚集区、蓬莱西海岸海洋文化旅游产业聚集区、莱州临港产业聚集区、东营临港产业聚集区为山东省北部的6小集中区；到2020年，全省集中集约用海规划总面积700平方千米（填海造地520平方千米，潮间带高地用海180平方千米）。

《山东省海洋与渔业保护区发展规划》提出，到2015年，山东省共新建和升级保护区58处，新增保护区面积435 844.9公顷。其中新建海洋自然保护区2处，面积2 200公顷；新建海洋特别保护区26处，面积158 148公顷；新建水生野生动物保护区3处，原省级升国家级保护区1处，原市级升省级保护区2处，面积183 811公顷；新建水产种质资源保护区12处，原市级保护区升级12处，面积326 356.9公顷。到2020年，山东省新建和升级保护区共42处，新增保护区面积1 108 433公顷。其中新建海洋自然保护区2处，升省级1处，面积达16 600公顷；新建海洋特别保护区15处，总面积达923 350公顷；新建水生野生动物保护区4处，保护区面积达5 176公顷；新建水产种质资源保护区20处，保护区面积达175 907公顷。

《山东省沿海港口布局规划》提出未来山东省北部沿海港口将形成以烟台港为主要港口，威海港为地区性重要港口，滨州、东营、潍坊等港口为一般港口的分层次布局。全省规划的港口岸线524.3千米，绝大多数为大陆岸线、岛屿岸线仅5.1千米，规划的港口深水岸线为355.9千米。规划海域总面积3 325.124平方千米。

《山东省海上风电基地规划（送审稿）》规划建设6个海上风电基地，规划使用海域面积3 921平方千米，分别为鲁北风电基地，规划面积483平方千米；莱州湾风电基地，规划面积846平方千米；渤中风电基地，规划面积539平方千米；长岛海域风电场，规划面积408平方千米；半岛北风电基地，规划面积446平方千米；半岛南风电基地，规划面积1 199平方千米。部分位于山东省黄海海域。

山东省海洋功能区划是依据《海域使用管理法》、《海洋环境保护法》等法律法规和国家有关海洋开发保护的方针、政策，对山东省管辖海域未来10年的开发利用和环境保护做出的全面部署和具体安排。因此，山东省海洋功能区划也是分析山东省黄海海域用海趋势的重要依据。

从以上山东省各类用海规划以及山东省海洋功能区划（图4.1）可以看出，在未来用海发展的需求上存在以下几点主要的特征和趋势。

1）渔业用海依然会占据重要地位

养殖用海占全国海域使用面积比例基数较大，在国家保护渔业用海稳定的政策作用下，养殖渔业用海在全国海域使用结构比例未来将基本保持稳定。除年度新增用海确权以外，未来随着海域使用权属管理的规范强化，旅游用海、交通运输用海、保护区用海、军事用海等历史已开发利用，但未确权用海会逐步规范确权，此外，这几类用海单宗用海面积也较工业用海、造地工程等用海大，这几类用海的规模增长的会比较快。

2）近岸海域使用开发强度会持续加大

海岸线、滩涂、海岛、海湾、河口等近岸海域资源丰富，开发条件便利，与陆域经济联系紧密，未来仍然是海域开发的重点、热点区域，随着工业化、城镇化的快速发展，对海域资源的刚性需求急剧上升，近岸海域使用开发强度会持续加大，海域使用会更为集约密集，单宗用海的面积会有所减小，供需矛盾日趋紧张，行业之间用海矛盾依然突出，持续新增建设用海将挤占传统用海空间，对传统用海的占用调整面积会越来越大，用海矛盾将更为复杂多样，随着近岸海域使用密度和强度的增大，海域使用间的相互干扰与影响会持续增加，海域使用综合管理调控难度会持续加大。

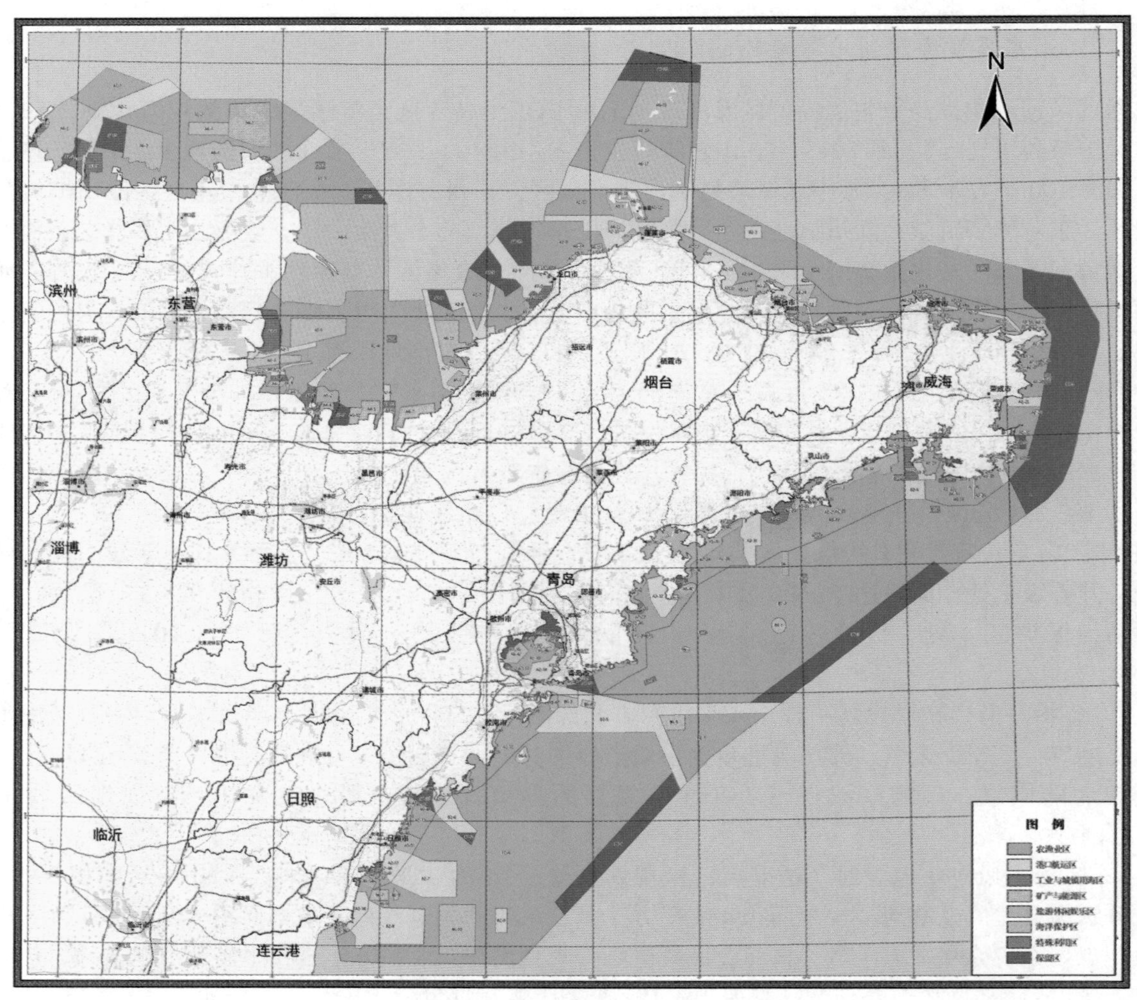

图 4.1　山东省海洋功能区划（2011—2020 年）

3）海域使用的类型方式将更为复杂多样

随着近岸海域空间的日益紧张、海域使用需求增长、新兴海洋产业的发展和海域开发利用的科技手段进步，海域使用的类型方式更为复杂多样，同一区域内，不同宗海利用水面、水体、底土的不同海域空间的现象会更普遍，构筑物、海底工程、大型浮体工程、人工岛等新型海域使用方式会不断涌现，同一宗海内的不同用海单元用海方式更为多样，海域使用管理能力要求不断提高。

4）用海保护压力增大，不合理用海将受严格限制

改变海域自然属性用海速度增加，且完全集中于近岸滩涂、海湾、围海、填海、不合理的海岸工程等海域使用对海洋生态环境累积影响会逐步显现。此外石化、钢铁、造船、交通运输等项目会进一步加大近岸海域环境生态压力。随着沿海社会经济快速发展，山东省沿海地区面临着日益严重的资源环境和人口增长压力，为保持可持续发展模式，海域开发战略调整势在必行。山东省编制的用海规划已明确体现了这一点，山东省大规模改变海域自然属性及永久性改变海洋生态环境的用海项目在未来将急剧减少。

4.2　山东省黄海海域沿海地市用海需求预测分析

本专题以 2014 年 12 月 31 日前的山东省黄海海域 4 地市海域使用现状数据信息为基准，确权数据按照确权证书的一级用海类型分年度统计分析，在此基础上对山东省沿海 4 地市进行需求趋势分析。趋势分析法又称趋势预测法，是指自变量为时间、因变量为时间的函数的模式。趋势预测法的主要优点是考虑

时间序列发展趋势，使预测结果能更好地符合实际。

4.2.1 烟台市用海需求预测分析

根据2014年年底以前的烟台市用海数据分析结果显示，烟台市2009年确权用海57宗，面积3 622.07公顷；2010年确权用海195宗，面积4 785.21公顷；2011年确权用海142宗，面积4 299.02公顷；2012年确权用海56宗，面积3 274.78公顷；2013年确权用海150宗，面积7 766.13公顷；2014年确权用海343宗，面积17 318.04公顷，如图4.2所示。

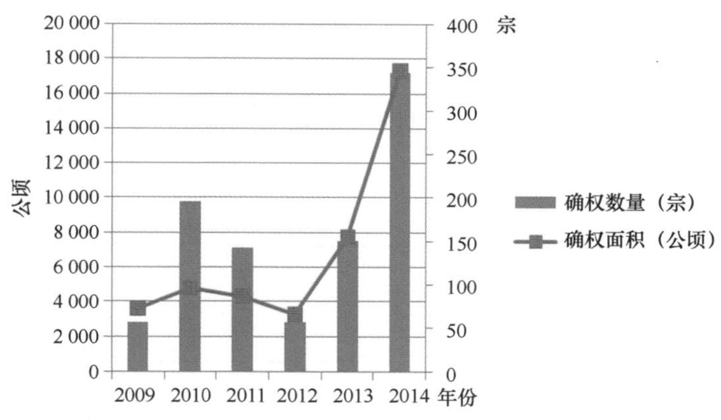

图4.2 2009—2014年烟台用海确权宗海数与面积分布

从确权宗海数量及面积分布可以看出，无论是确权宗海数，还是每年的确权面积大小均呈不规则状态，即离散状态，分析可能的原因是由于管理用海政策以及发证时序的变化等多种情况导致该现象。

在产生上述问题的情况下，采用面积累加法来表征烟台市用海的需求趋势更加科学可行。2014年其用海总面积为90 661.7公顷（表4.1），通过2009—2014年时间序列的总面积变化作出趋势线，合理规避由于管理而产生数据离散情况，进行回归分析，达到需求预测的目的。

表4.1 烟台市年度累计用海总面积 单位：公顷

年份	2009	2010	2011	2012	2013	2014
累计用海	53 218.55	58 003.76	62 302.78	65 577.56	73 343.69	90 661.73

通过线性趋势分析，拟合累计用海总面积数据，预测用海面积总量。在保持现有用海速度不变的情况下，预计到2020年，烟台市黄海海域用海面积约为124 600公顷，若考虑用海增速，采用2次拟合，预计到2020年，烟台市用海面积约为219 400公顷，如图4.3所示。

从岸线占用的数据来看，2009年至2014年烟台市黄海海域用海共占用岸线情况如图4.4所示。

从烟台市岸线使用历史数据来看，烟台市的岸线使用情况随年度变化起伏较大，应为受海域开发政策的影响较为明显，随着用海政策与管理的不断科学规范，其岸线的使用总体上为下降趋势。

从总的用海分析结果可以看出（表4.2），烟台市用海面积逐年递增，从2009年至2014年间新增用海943宗，呈快速上涨势头。根据烟台市用海趋势分类分析统计来看，烟台市新增用海类型以渔业用海为主，2009—2014年间共新增渔业用海宗数871宗，用海面积为38 742.61公顷，所占比例幅度最大，占新增总用海面积的94.3%，并且在最近几年有加快的趋势；另外旅游娱乐用海增长速度也较快，但其他几种用海方式增长较缓，主要为交通运输用海项目34宗，工矿用海项目10宗，虽然用海比重较大，但有逐年减少的趋势，排污用海与其他用海未在烟台出现。

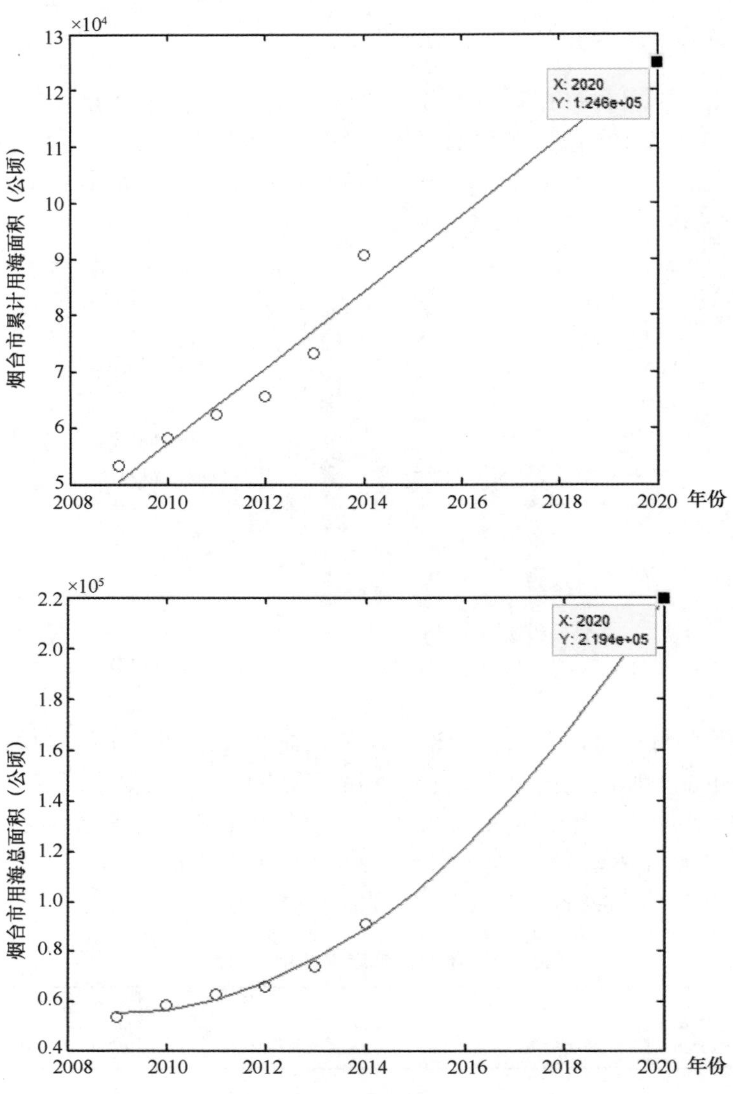

图 4.3　烟台市用海总面积预测

表 4.2　烟台市确权海域使用类型综合统计（按一级分类，截至 2014 年）　　面积单位：公顷

用海类型	2009 年		2010 年		2011 年		2012 年		2013 年		2014 年	
	宗数	面积	宗数	面积	宗数	面积	宗数	面积	宗数	面积	宗数	面积
渔业用海	51	3 325.82	182	4 408.91	133	3 444.87	39	3 173.82	135	7 318.27	331	17 070.92
交通运输用海	1	98.15	11	186.52	6	59.64	5	8.75	5	205.06	6	188.24
工矿用海	5	198.10			1	749.67	3	90.75			1	9.0
旅游娱乐用海			2	189.78	1	0.69	9	1.46	6	150.67	5	49.88
海底工程									1	0.43		
排污倾倒用海												
造地工程									2	86.40		
特殊用海					1	44.15			1	5.30		
其他用海												
合计	57	3 622.07	195	4 785.21	142	4 299.02	56	3 274.78	150	7 766.13	343	17 318.04

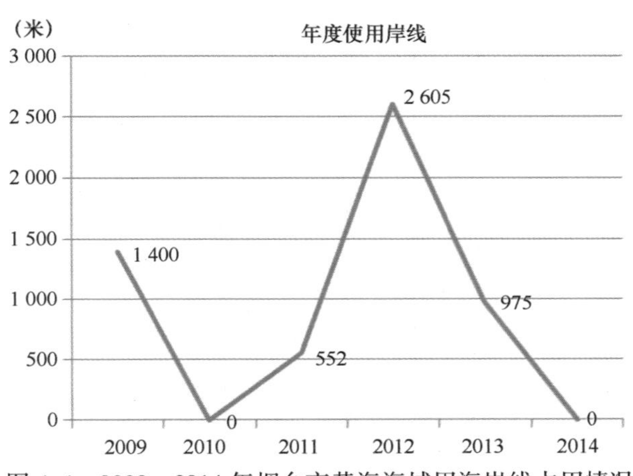

图 4.4　2009—2014 年烟台市黄海海域用海岸线占用情况

从烟台市海域用海趋势需求分析，未来烟台市用海需求类型仍将以开放式渔业用海为主，其次为交通运输用海需求，但增长速度不快，旅游娱乐用海需求不断增加，但短期内不会成为主流用海方式，工矿和海底工程用海需求增加较少。而其他用海需求如排污用海和特殊用海需求等，如无特殊用海规划将不会出现。

4.2.2　威海市用海需求预测分析

根据 2014 年年底以前威海市用海数据分析结果显示，山东省黄海海域威海市 2009 年确权用海 50 宗，面积 4 748.29 公顷；2010 年确权用海 59 宗，面积 1 315.44 公顷；2011 年确权用海 673 宗，面积27 189.73 公顷；2012 年确权用海 187 宗，面积 29 122.1 公顷；2013 年确权用海 452 宗，面积 69 816.8 公顷；2014 年确权用海 689 宗，面积 115 056.9 公顷。

采用面积累加法来表征威海市用海的需求趋势更加科学可行。2014 年其用海总面积为 321 385.2 公顷（表 4.3），通过 2009—2014 年时间序列的总面积变化作出趋势线，合理规避由于管理而产生的数据离散情况，进行回归分析，达到需求预测的目的。

表 4.3　威海市年度累计用海总面积　　单位：公顷

年份	2009	2010	2011	2012	2013	2014
累计用海面积	78 884.2	80 199.6	107 389.4	136 511.5	206 328.3	321 385.2

从总的用海分析结果可以看出，威海市用海面积逐年递增，在保持现有用海速度不变的情况下，预计到 2020 年，威海市用海面积约为 548 500 公顷，若考虑用海增速，采用 2 次拟合，预计到 2020 年，威海市用海面积约为 1 464 000 公顷，如图 4.5 所示。

从岸线占用的数据来看（表 4.4），2009 年至 2014 年威海市用海共占用岸线情况如图 4.6 所示。

表 4.4　威海市确权海域使用类型综合统计（按一级分类，截至 2014 年）　　面积单位：公顷

用海类型	2009 年		2010 年		2011 年		2012 年		2013 年		2014 年	
	宗数	面积	宗数	面积	宗数	面积	宗数	面积	宗数	面积	宗数	面积
渔业用海	46	4 704.44	28	778.20	664	27 048.52	176	28 946.35	436	69 373.76	678	114 785.85
交通运输用海			5	56.21	2	2.11	8	156.87	5	85.05	6	185.66
工矿用海	2	11.71	16	146.11	3	25.94	2	9.41	5	77.39		

续表

用海类型	2009 年		2010 年		2011 年		2012 年		2013 年		2014 年	
	宗数	面积	宗数	面积	宗数	面积	宗数	面积	宗数	面积	宗数	面积
旅游娱乐用海	2	32.14	8	64.39	2	74.61	1	9.47	1	6.40	3	73.10
海底工程											1	11.76
排污倾倒用海			2	270.53					2	71.68		
造地工程												
特殊用海					2	38.55			1	193.44	1	0.53
其他用海									2	9.08		
合计	50	4 748.29	59	1 315.44	673	27 189.73	187	29 122.1	452	69 816.8	689	115 056.9

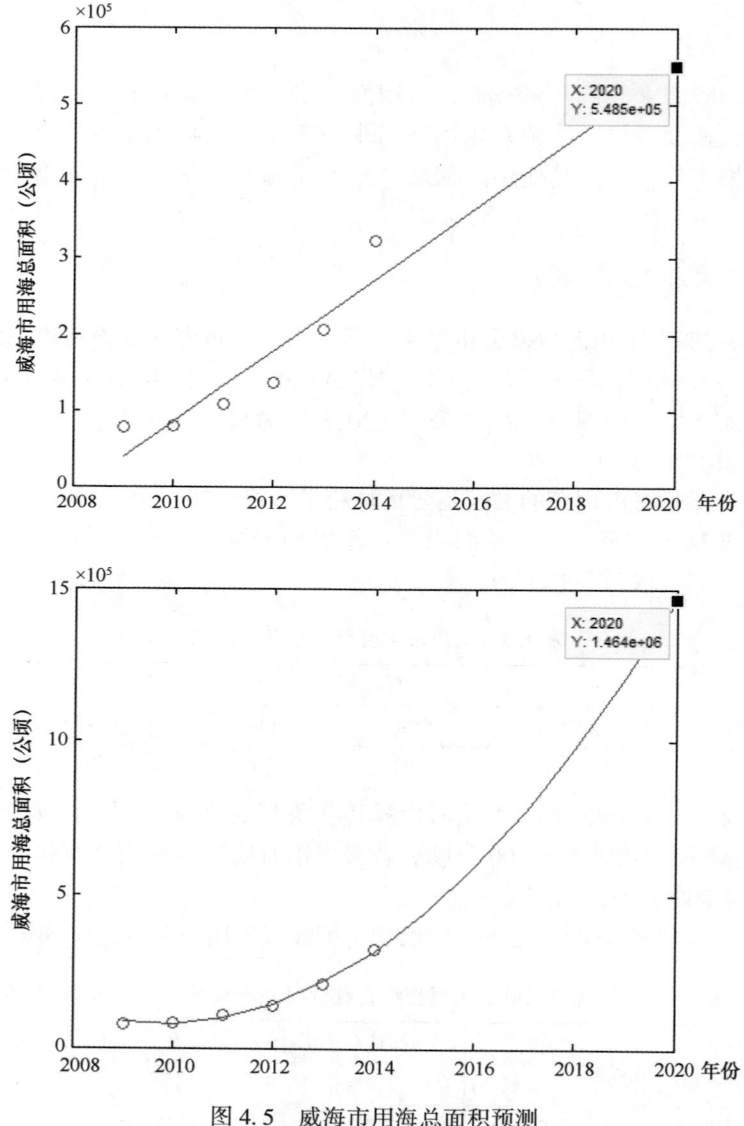

图 4.5　威海市用海总面积预测

对威海市用海的需求预测仅从海域现状数据变化情况进行分析，依据调查数据的时间序列变化情况进行用海需求预测。威海市的岸线使用情况随年度变化从 2010 年后明显下降，有逐年降低的趋势，应为

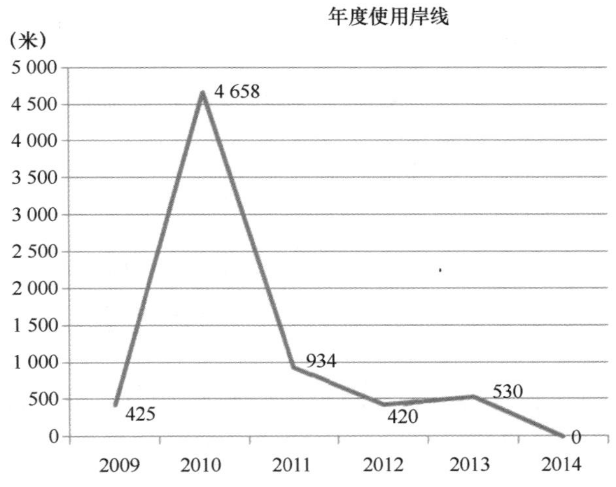

图 4.6　2009—2014 年威海市黄海海域用海岸线占用情况

受海域开发政策的影响，随着用海政策与管理的不断科学规范，其岸线的使用总体上为下降趋势。

根据威海市用海趋势分类分析统计来看，威海市新增用海类型以渔业用海为主，在 2009—2014 年间共新增渔业用海宗数 2 028 宗，用海面积为 245 637 公顷，所占比例幅度最大，超过新增总用海面积的 99.3%，并且在最近几年有加快的趋势；另外旅游娱乐用海增长速度也较快，但其他几种用海方式增长较缓，主要为交通运输用海项目 26 宗，工矿用海项目 28 宗，除渔业用海之外的这几种用海比重非常小，而且有逐年减少的趋势，造地用海未在威海市出现。

从威海市海域用海趋势需求分析，未来威海市用海需求类型绝大部分仍将以渔业用海为主，其次为交通运输用海与工矿用海需求，但增长速度不快，旅游娱乐用海需求不断增加，但短期内不会成为主流用海方式，对未来用海需求预测几乎不能造成影响，排污用海、特殊用海和海底工程用海需求增加较少。而造地用海需求，如无特殊用海规划将不会出现。

4.2.3　青岛市用海需求预测分析

根据 2014 年年底以前青岛市用海数据分析结果显示（表 4.5），青岛市 2009 年确权用海 60 宗，面积 3 450.36公顷；2010 年确权用海 10 宗，面积 87.13 公顷；2011 年确权用海 74 宗，面积 1 272.93 公顷；2012 年确权用海 40 宗，面积 3 900.75 公顷；2013 年确权用海 100 宗，面积 4 598.38 公顷；2014 年确权用海 135 宗，面积 9 329.54 公顷。

采用面积累加法来表征青岛市用海年度变化能够更加清晰地看清未来需求趋势。2014 年其用海总面积为 40 709.6 公顷（表 4.6），通过 2009—2014 年时间序列的总面积变化作出趋势线，合理规避由于管理而产生的数据离散情况，进行回归分析，达到需求预测的目的。

表 4.5　青岛市确权海域使用类型综合统计（按一级分类，截至 2014 年）　面积单位：公顷

用海类型	2009 年		2010 年		2011 年		2012 年		2013 年		2014 年	
	宗数	面积	宗数	面积	宗数	面积	宗数	面积	宗数	面积	宗数	面积
渔业用海	15	1 049.48	2	19.64	56	946.99	29	3 292.29	77	3 690.71	96	7 102.95
交通运输用海	10	1 039.48	1	0.60	10	299.00	6	113.82	8	204.13	27	1 075.68
工矿用海	3	46.60	1	2.15	7	26.27	2	229.11			2	0.69
旅游娱乐用海	12	461.93	5	56.73	1	0.67	1	6.53	11	334.18	2	6.35
海底工程	1	317.31							2	357.38		

续表

用海类型	2009年		2010年		2011年		2012年		2013年		2014年	
	宗数	面积	宗数	面积	宗数	面积	宗数	面积	宗数	面积	宗数	面积
排污倾倒用海	5	144.99	1	8.01								
造地工程	9	267.66										
特殊用海	5	122.91					1	0.49	1	11.95	7	1 142.86
其他用海							1	258.51	1	0.034	1	1.01
合计	60	3 450.36	10	87.13	74	1 272.93	40	3 900.75	100	4 598.38	135	9 329.54

从总的用海分析结果可以看出，青岛市用海面积逐年递增，在保持现有用海速度不变的情况下，预计到2020年，青岛市用海面积约为58 850公顷，若考虑用海增速，采用2次拟合，预计到2020年，青岛市用海面积约为132 500公顷，如图4.7所示。

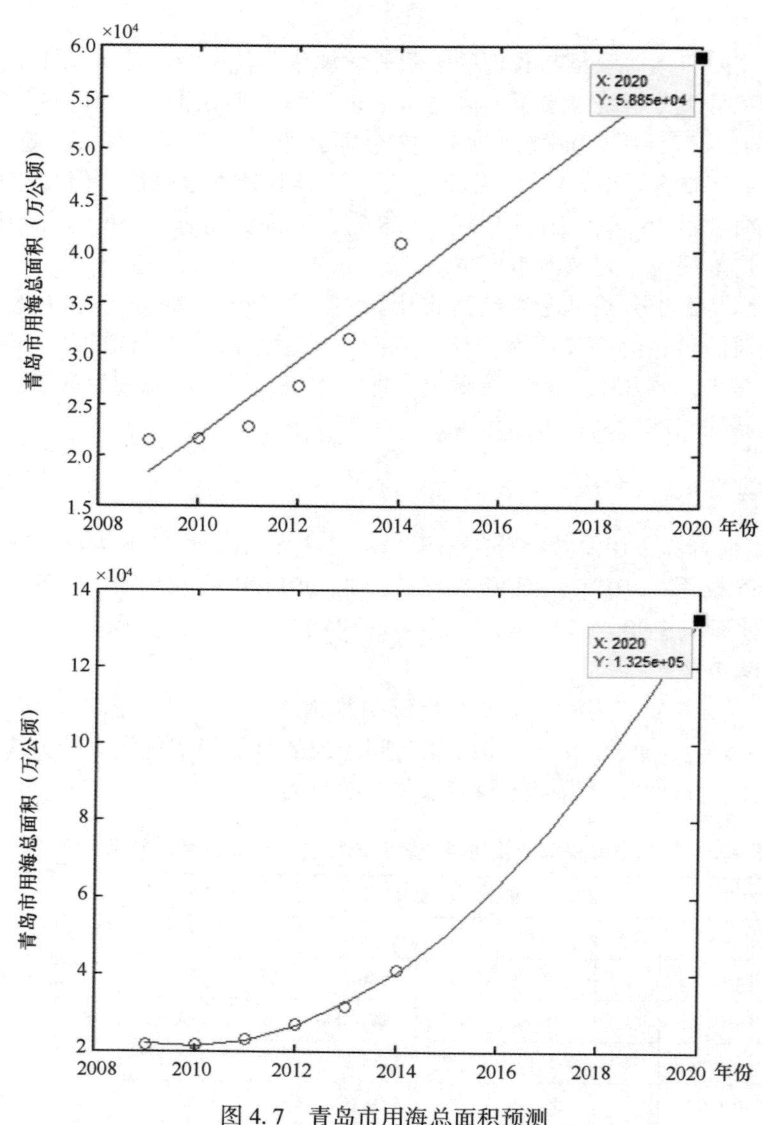

图4.7　青岛市用海总面积预测

表 4.6 青岛市年度累计用海总面积 单位：公顷

年份	2009	2010	2011	2012	2013	2014
累计用海	21 520.9	21 608.0	22 880.9	26 781.7	31 380.1	40 709.6

从岸线占用的数据来看，2009—2014 年青岛市用海共占用岸线情况如图 4.8 所示。

图 4.8 2009—2014 年青岛市黄海海域用海岸线占用情况

对青岛市用海的需求预测仅从海域现状数据变化情况进行分析，依据调查数据的时间序列变化情况进行用海需求预测。青岛市的岸线使用情况随年度变化从 2009 年后明显下降，虽然在 2012 年略有增加，但总体上有逐年降低的趋势，应为受海域开发政策的影响，随着用海政策与管理的不断科学规范，其岸线的使用总体上呈下降趋势。

根据青岛市用海趋势分类分析统计来看，青岛市新增用海类型以渔业用海为主，在 2009—2014 年间共新增渔业用海宗数 217 宗，用海面积为 16 102 公顷，所占比例幅度最大，占新增总用海面积的 71%，虽然在最近几年有加快的趋势，但与其他地市相比，渔业用海方式占比较小；其他多种用海方式快速增加，其中交通运输用海项目 62 宗，用海面积为 2 733 公顷，占新增总用海面积的 12%，特殊用海项目 14 宗，用海面积为 1 278 公顷，占新增总用海面积的 5.6%，旅游娱乐用海项目 32 宗，用海面积为 866 公顷，占新增总用海面积的 3.8%。海底工程用海在 2009 年与 2013 年出现两次，占比也超过 2%，工矿用海逐年减少，而排污倾倒用海、造地用海在 2010 年后未在青岛市出现。

从青岛市海域用海趋势需求分析，未来青岛市用海需求类型虽仍将以渔业用海需求为主，但所占份额将逐年下降，这与青岛市海洋产业发展规划紧密相关，而包含交通运输用海需求、旅游娱乐用海需求与特殊用海需求在内的多种用海需求方式将加速上升，但短期内不会成为用海方式主流，海底工程用海需求偶有出现，排污用海需求与造地用海需求，如无特殊用海规划将不会出现。

4.2.4 日照市用海需求预测分析

根据 2014 年年底以前日照市用海数据分析结果显示，日照市 2009 年确权用海 140 宗，面积 1 874.82 公顷；2010 年确权用海 9 宗，面积 437.22 公顷；2011 年确权用海 15 宗，面积 798.36 公顷；2012 年确权用海 16 宗，面积 2 392.87 公顷；2013 年确权用海 20 宗，面积 2 764.81 公顷；2014 年确权用海 116 宗，面积 11 828.38 公顷。

采用面积累加法来表征日照市用海的需求趋势更加科学可行。2014 年其用海总面积为 19 370.3 公顷（表 4.7），通过 2009—2014 年时间序列的总面积变化作出趋势线，合理规避由于管理而产生的数据离散情况，进行回归分析，达到需求预测的目的。

表 4.7　日照市年度累计用海总面积　　单位：公顷

年份	2009	2010	2011	2012	2013	2014
累计用海	1 148.7	1 585.92	2 384.28	4 777.15	7 541.96	19 370.3

从总的用海分析结果可以看出，日照市用海面积逐年递增，在保持现有用海速度不变的情况下，预计到2020年，日照市用海面积约为33 180公顷，若考虑用海增速，采用2次拟合，预计到2020年，日照市用海面积约为113 400公顷。如图4.9所示。

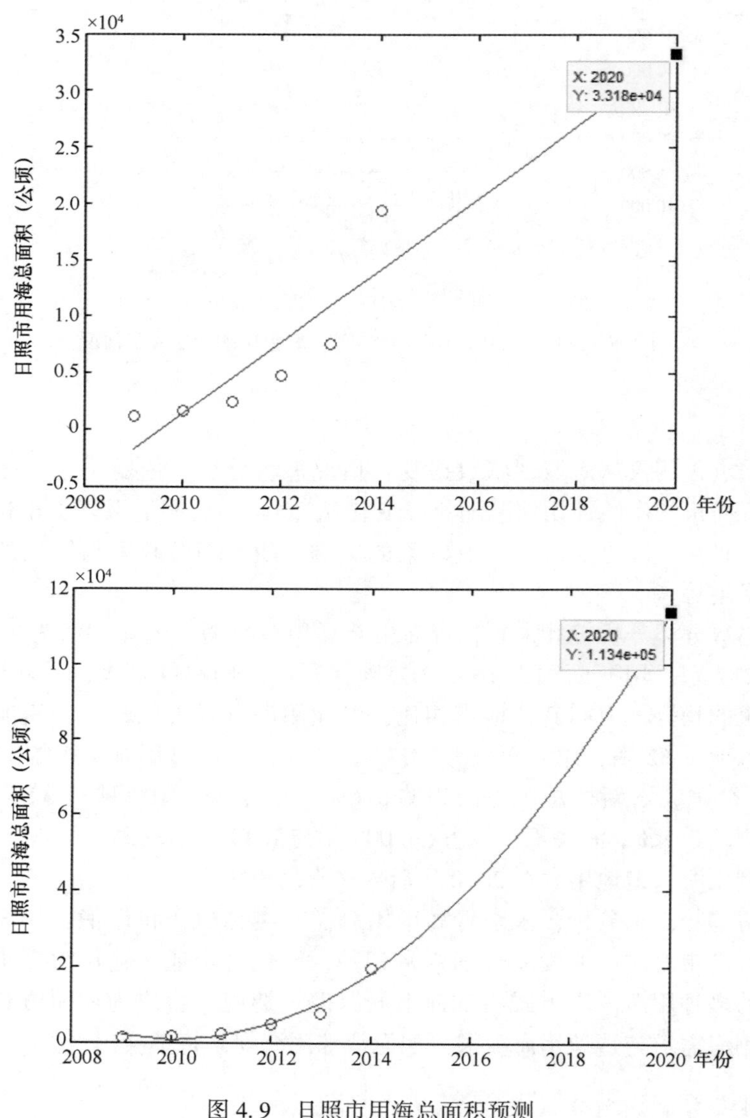

图 4.9　日照市用海总面积预测

从岸线占用的数据来看，2009年至2014年日照市用海共占用岸线情况如图4.10所示。

对日照市用海的需求预测仅从海域现状数据变化情况进行分析，依据调查数据的时间序列变化情况进行用海需求预测。日照的岸线使用情况随年度变化从2009年后明显下降，虽然在2012年略有增加，但总体上有逐年降低的趋势，应为受海域开发政策的影响。随着用海政策与管理的不断科学规范，其岸线的使用总体上呈下降趋势。

根据日照市用海趋势分类分析统计来看（表4.8），日照市新增用海类型以渔业用海为主，2009—

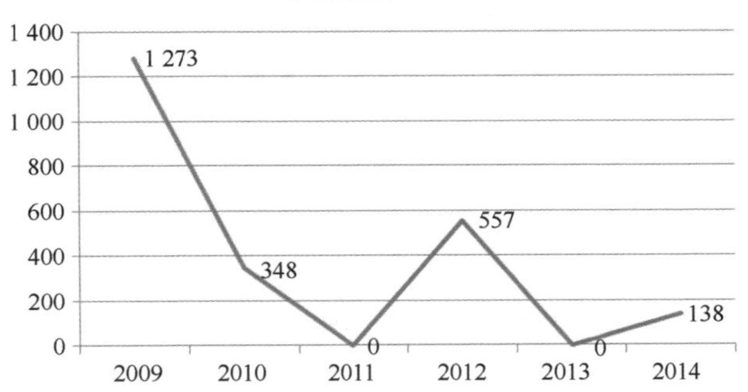

图 4.10　2009—2014 年日照市黄海海域用海岸线占用情况

2014 年间共新增渔业用海宗数 257 宗，用海面积达 17 447 公顷，所占比例幅度最大，约占新增总用海面积的 87%，并且在最近几年有加快的趋势；另外交通运输用海增长速度也较快，用海面积为 2 373 公顷，约占新增总用海面积的 12%。其他几种用海方式较为少见，只有工矿用海项目 7 宗，旅游娱乐用海 4 宗，海底工程用海 1 宗，特殊用海 1 宗，排污倾倒用海、造地用海、其他用海均未在日照市出现。

表 4.8　日照市确权海域使用类型综合统计（按一级分类，截至 2014 年）　面积单位：公顷

用海类型	2009 年		2010 年		2011 年		2012 年		2013 年		2014 年	
	宗数	面积	宗数	面积	宗数	面积	宗数	面积	宗数	面积	宗数	面积
渔业用海	134	1 775.74	5	346.81	5	101.35	11	2 220.25	11	2 241.06	91	10 762.24
交通运输用海	5	98.35	2	78.95	6	478.11	5	172.62	8	498.21	20	1 047.21
工矿用海	1	0.73	2	11.46	1	12.98			1	25.54	2	13.84
旅游娱乐用海					1	23.18					3	5.09
海底工程					1	8.26						
排污倾倒用海												
造地工程												
特殊用海					1	174.48						
其他用海												
合计	140	1 874.82	9	437.22	15	798.36	16	2 392.87	20	2 764.81	116	11 828.38

从日照市海域用海趋势需求分析，未来日照市用海需求类型仍将以渔业用海为主，其次为交通运输用海需求，交通运输用海需求保持平稳，另外如旅游娱乐用海、特殊用海和海底工程用海需求较少，占比极小。而排污用海、造地用海需求和其他用海需求，如无特殊用海规划将不会出现。

4.2.5　地市用海趋势分析

除了通过已有的用海数据进行用海需求分析外，本次海洋生态红线划定工作也会对山东省黄海海域 4 地市未来用海趋势产生一定影响。

对于海洋经济发展水平较高海区，特别是在黄海海域海洋经济较为发达的烟台、威海、青岛 3 市，由于其海洋产业的迅速发展，海洋开发建设的加速发展等因素均使得海洋空间资源不断压缩，重要生态功能区、脆弱敏感区等部分区域已逼近“生态阈值”，因此，对于海洋经济发展水平较高海区的重要生态功能区以及敏感的区域必须进行人为地保护，严格管控人类的海洋开发活动，防止“海洋荒漠化”的出现，在确保经济

发展的同时，使海洋生态系统持续发挥其价值功效，达到经济社会生态三维空间的协调高效发展，因此其未来的用海需求的释放可能会遭到遏制。而对于海洋产业开发程度较低的日照来说，自然岸线与未开发海域面积广阔，生态敏感区及脆弱区相对较少，因此，其在未来用海需求的释放上具有一定的优势。

4.3 山东省黄海海域用海预测分析

根据山东省黄海海域内4地市用海需求的预测，在保持现有用海速度不变的情况下，预计到2020年，山东省黄海海域用海需求面积约为765 130公顷，约占山东省黄海海域面积的24.7%，若考虑用海增速，预计到2020年，山东省黄海海域用海需求面积约为1 929 300公顷，约占山东省黄海海域面积的62.2%，如表4.9所示。

表4.9 2020年山东省黄海海域用海预测　　单位：公顷

	2020年（不考虑增速）	2020年（考虑增速）
烟台市	124 600	219 400
威海市	548 500	1 464 000
青岛市	58 850	132 500
日照市	33 180	113 400
合计	765 130	1 929 300

从岸线占用的数据来看，2014年山东省黄海海域人工岸线达1 538千米，2009年至2014年岸线开发利用数据见表4.10，预测2020年山东省黄海海域使用岸线将达1 588千米，占山东省黄海海域岸线的75%，若考虑占用岸线减速，自然岸线恢复工作的开展，预测2020年山东省黄海海域人工使用岸线将达1 481千米，占山东省黄海海域岸线的61.3%，如图4.11所示。

表4.10 山东省黄海海域人工占用岸线预测　　单位：米

年份	2009年	2010年	2011年	2012年	2013年	2014年
年度岸线使用	36 780	15 570	4 363	14 592	1 642	449
累计	1 501 334	1 516 904	1 521 267	1 535 859	1 537 501	1 538 000

从岸线使用情况分析，山东省黄海海域的岸线使用情况随年度变化自2009年后明显减缓，虽然在2012年略有加快，但总体上有逐年减速的趋势，应为受海域开发政策的影响。随着用海政策与管理的不断科学规范，山东省黄海海域岸线的使用总体上呈下降趋势。

根据山东省黄海海域用海趋势分类分析统计来看（表4.11），山东省黄海海域新增用海类型以渔业用海为主。2009—2014年间共新增渔业用海宗数3 431宗，用海面积达317 929公顷，所占比例幅度最大，约占新增总用海面积的96%，并且在最近几年有加快的趋势，这也是造成海洋产业结构较为单一，海洋经济不够活跃的重要因素，特别是比重最大的威海市，99.4%的用海类型皆为渔业用海，这也对山东省黄海海域的用海类型比重有较大影响。但4地市也在不断谋求海洋产业的升级，逐步转向新型海洋产业发展，突破传统单一的海洋渔业、海洋盐业等海洋产业作为海洋经济的主导产业的格局，海洋产业有了全面的发展。滨海旅游业、特殊用海、海底工程用海、其他用海等用海方式明显增快，未来的用海需求也呈多样化、多元化发展，但从目前来看，渔业用海的增速并没有逐渐降低，而是呈增长态势。

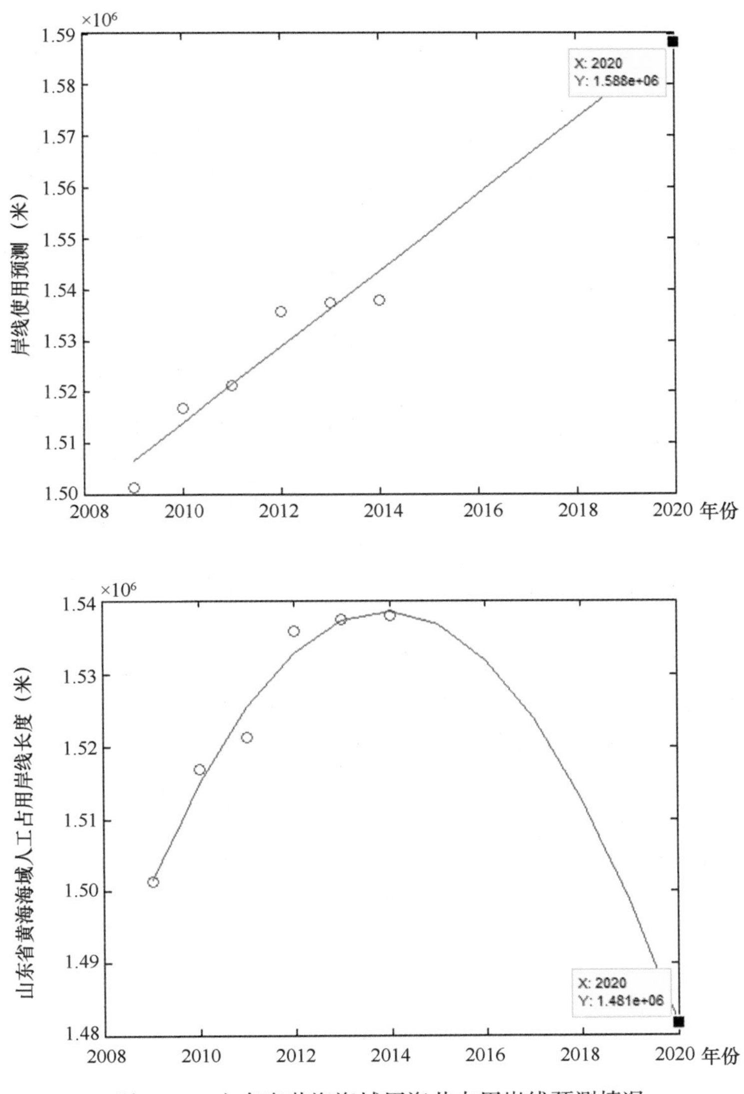

图 4.11　山东省黄海海域用海共占用岸线预测情况

表 4.11　山东省黄海海域确权海域使用类型综合统计（按一级分类，截至 2014 年）

面积单位：公顷

用海类型	2009 年		2010 年		2011 年		2012 年		2013 年		2014 年	
	宗数	面积	宗数	面积	宗数	面积	宗数	面积	宗数	面积	宗数	面积
渔业用海	246	10 855.48	217	5 553.56	858	31 541.73	255	37 632.71	659	82 623.8	1 196	149 721.96
交通运输用海	16	1 235.98	19	322.28	24	838.86	24	452.06	26	992.45	59	2 496.79
工矿用海	11	257.14	19	159.72	12	814.86	7	329.27	6	102.93	5	23.53
旅游娱乐用海	14	494.07	15	310.9	5	99.15	11	17.46	18	491.25	13	134.42
海底工程	1	317.31	0	0	1	8.26	0	0	3	357.81	1	11.76
排污倾倒用海	5	144.99	3	278.54	0	0	0	0	2	71.68	0	0
造地工程	9	267.66	0	0	0	0	0	0	2	86.4	0	0
特殊用海	5	122.91	0	0	4	257.18	1	0.49	3	210.69	8	1 143.39
其他用海	0	0	0	0	0	0	1	258.51	3	9.114	1	1.01
合计	307	13 695.54	273	6 625	904	33 560.04	299	38 690.5	722	84 946.124	1 283	153 532.86

在非渔业用海的各项用海类型中，交通运输用海的产业布局与各地市的区位优势和经济条件是分不开的。港口工程用海以及相配套的港池用海、航道用海和锚地用海等区位条件在青岛、日照、烟台和威海4地市中都比较优越，因此未来还会有一定的用海需求。

从产业运行规律角度看，工矿用海需求受海洋地域性结构差异影响，包括资源禀赋状况、经济发展水平、人才技术水平和基础设施水平等方面。未来，山东省黄海海域4地市的工矿用海需求，会根据自身的海洋资源禀赋状况因地而异，科学、合理地释放。

山东省黄海海域旅游娱乐用海面积和比例都非常小，但增加速度都较快，旅游娱乐用海与海洋产业结构中的第三产业是紧密相关的，海洋旅游产业的快速发展可以整合海岸带旅游资源，实现沿海城市“宜居、生态”的功能定位，起到服务、辐射和带动等诸多功能，因此，未来旅游娱乐的用海需求也将呈现快速上升的趋势。

2009—2014年围海用地呈现明显下降的趋势，以确权项目来说，2009年年底，山东省黄海海域有9宗围海用地确权项目，确权面积为267.66公顷。而近5年中，截至2014年底，只在2013年审批围海造地用海项目2宗，确权总面积为86.4公顷。随着海洋空间资源环境保护的进一步加强，造地用海需求将进一步受到限制。

山东省黄海海域纳入管理的排污倾倒用海较少，同造地用海一样，未来排污倾倒用海需求也会受到限制，但特殊用海与其他用海的数量有所增加，未来有进一步增长的趋势。

总之，山东省仍然是一个海洋渔业大省，这种海洋产业布局是与山东海洋经济发展水平相对应的。随着海洋经济发展，海洋产业结构也将发生相应的变化。另一方面，海洋产业结构演进也可以衡量经济发展的过程，不同的海洋产业结构有不同的经济效益。而山东省的海洋产业结构正处在由低级向中级和高级阶段的过渡阶段。海洋产业尚未摆脱资源消耗型的产业格局。海洋产业之间、地区之间发展不平衡。海洋产业结构的未来变化可能多种多样，应制定合理的海洋产业结构调整和升级方案。目前随着山东半岛蓝色经济区用海战略的制定，山东省集中集约用海规划的实施，海洋产业结构将直接促进海洋经济沿着协调、稳定和高效的道路发展。相信山东省的海洋产业一定会由以传统产业为主向传统产业与新兴产业相结合的方向发展。

5 结论

由本专题山东省黄海海域用海现状调查可以看出，虽然山东省海洋经济发展速度较快，但传统海洋渔业、交通运输业等在海洋空间资源开发中仍占主导，海洋盐业、海洋工程建筑业、海洋生物医药业虽有较快发展，但比重还相对较小。与发达国家和地区相比，山东省黄海海域海洋空间资源开发利用的结构有待进一步优化，加强科学统筹规划用海，因此划定海洋资源开发保护红线，并统筹建立海洋空间资源合理开发利用的总体规划是极为必要的。

5.1 海洋生态红线与用海预测

海洋生态红线制度是对海洋资源的空间管控制度，通过对海洋空间进行战略性地划分、规划、控制与发展引导，达到海洋空间资源的高效配置，协调解决海洋生态环境保护与海洋产业发展、海洋开发建设等用海需求的矛盾，最终促进海洋生态资源与人类用海需求的协调可持续发展。海洋生态红线制度是实现海洋空间的集约利用、海洋效益增长，以及海洋经济高效发展的制度保障。因此，海洋红线制度与用海需求之间的关系并不是背离的，而是高度协调统一的，建立完善的海洋生态红线制度就是保障可持续发展用海需求。

海洋生态红线体现了一种底线思维，这是由于海洋生态环境具有脆弱性与敏感性，而将山东省黄海海域确权情况与海洋红线划定方案进行叠置后，可以清楚地看到，即使是在本次山东省黄海海域红线划定方案的禁止开发区中，也已经出现了一定数量的海洋开发活动，因此，本次山东省黄海海域海洋生态红线制度的确立是相当及时与重要的。

从未来山东省黄海海域的用海需求来看，按照2009年至2014年的用海条件不变，根据建立的用海数据模型，在保持近6年用海平均速度不变的情况下，到2020年山东省黄海海域用海总面积将达76.53万公顷，超出山东省黄海海域海洋生态红线划定面积2倍。

若考虑近年用海加速情况，采用2次线性拟合，预测2020年山东省黄海海域总面积将达192.9万公顷，超过山东省黄海海域12海里以内海域面积。

至2023年，山东省黄海海域用海总面积将达311.6万公顷，这将超过山东省黄海海域面积的总和，几乎是山东省黄海海域12海里以内海域面积的2倍，山东省黄海海域海洋生态红线区域将被完全占用，山东省海洋自然保护区与海洋特别保护区将完全被压缩，保护区的保护将无从谈起，短短几年时间内，山东省黄海海域海洋空间资源就会用尽，海洋生态资源面临威胁，出现无海可用的局面（表5.1）。因此，本次山东省黄海海域海洋生态红线制度的确立是相当重要与紧迫的。

表5.1　山东省黄海海域海洋生态红线与用海需求面积预测关系　　面积单位：公顷

山东省黄海海域总面积	3 101 100	100%
12海里以内海域面积	1 782 000	57.5%
海洋生态红线划定面积	306 751	9.89%
海洋保护区面积	156 600	5%
2014年用海总面积	472 127	15.2%
2020年用海总面积（不考虑增速）	765 300	24.7%
2020年用海总面积（考虑增速）	1 929 000	62.2%
2023年用海总面积（考虑增速）	3 116 000	100.4%

山东省黄海海域沿海大陆岸线总长度约为2 414千米，其中自然岸线约为938千米，约占岸线总长度的38.8%，人工岸线约为1 476千米。根据2009年至2014年黄海海域4地市岸线开发利用数据，预测2020年山东省黄海海域使用岸线将达1 588千米，占山东省黄海海域岸线的75%，若考虑占用岸线减速，自然岸线恢复工作的开展，预测2020年山东省黄海海域人工使用岸线将达1 481千米，占山东省黄海海域岸线的61.3%，预测到2022年，山东省黄海海域人工使用岸线将达1 438千米，占山东省岸线的59.5%，人工岸线恢复到40%以上，达到山东省黄海海域用海红线的岸线要求，详见表5.2。

表5.2　山东省黄海海域海洋生态红线与人工岸线预测关系　　长度单位：千米

山东省黄海海域岸线	2 414	100%
海洋生态红线划定自然岸线	965.6	40%
2014年自然岸线	856	36%
2020年自然岸线（不考虑岸线恢复）	826	34.2%
2020年自然岸线（考虑岸线恢复）	933	38.7%
2023年自然岸线（考虑岸线恢复）	976	40.5%

山东省黄海海域海洋生态红线制度的确立将在未来很长一段时期中完善对山东省海洋空间进行战略性的划分、规划与控制，科学引导山东省黄海海域用海需求的释放。

5.2　用海需求的科学释放

首先，用海需求的科学释放离不开海洋空间资源统筹开发利用的科学规划，而海洋生态红线的科学划定是科学规划海洋空间资源开发利用的前提。在严格执行山东省黄海海域海洋空间资源分类管控制度的基础上，明确开发利用的目标、方向和重点，本着集约用海的原则制定用海规划，并使之与海洋经济发展规划、海洋渔业发展规划、海洋环境保护规划相衔接和协调，才能真正完成用海需求的科学释放，才能确保资源利用效率与环境效益的最大化。

其次，用海需求的科学释放还需要建立健全海洋空间资源开发利用的政策法规体系，制定相关促进海洋空间资源开发利用的政策法规，形成相对完善的政策法规体系。制定优惠政策，在税收、人才、财政补贴、海域使用等方面给予优惠和便利，鼓励和扶持企业和个人合理开发和利用海洋空间资源。制定海洋空间资源开发利用条例，对海洋空间开发利用进行规范和管理。

再次，用海需求的科学释放还需要实施人才战略，引进和培育专业海洋管理人才。要充分利用山东省现有的科研院所资源，加大海洋空间资源开发及海洋工程技术人才的培育。一方面通过引进和培育，在山东省造就一支素质过硬、业务精干的专业人才队伍；另一方面要积极引进域外海洋科技人才，积极吸引国内外知名的海洋空间开发方面的专家、学者、学术带头人等参与山东省海洋空间资源的利用相关工作。

另外，通过合理的宣传手段，创造良好的海洋红线政策与其他海洋保护政策氛围，通过广播、电视、报刊、互联网等媒体，加大对海洋空间资源合理保护的宣传力度，在全社会形成良好的氛围。通过召开座谈会、聘请专家做报告、召开展览会等多种形式，宣传海洋空间资源保护与开发协调发展的重要意义及国内外海洋空间资源开发案例，营造良好的舆论环境，让海洋空间资源可持续利用深入人心，使公众自觉投身到海洋空间资源保护中来。

最后，海域开发与资源保护要坚持动态性原则，海洋空间是一个复杂的系统，本身处于动态变化过程中，海洋生态红线制度等海洋管理制度应对海洋空间管理控制的手段措施做及时的调整，以适应海域的发展，达到最佳调控效果。

参考文献

常红伟. 2007. 基于可持续发展的海南海洋经济区产业结构优化探讨. 海洋经济，24（4）.

陈宝树，张秀梅. 2006. 实施科技兴海，发展天津海洋经济. 海洋经济，03.

陈华，汪洋. 2009. 基于集群的山东半岛蓝色经济区问题研究. 金融发展研究，10：20-24.

范丽媛. 2015. 山东省生态红线划分及生态空间管控研究. 济南：山东师范大学.

付会. 2009. 海洋生态承载力研究. 青岛：中国海洋大学.

宫立新. 2014. 山东半岛东部海滩侵蚀现状与保护研究. 青岛：中国海洋大学.

国家海洋局. 2011. 2010 年中国海洋经济统计公报. 1-6.

国家海洋局 908 专项办公室. 2008. 我国近海海洋综合调查要素分类代码和图示图例规程. 北京：海洋出版社，432-436.

韩晶. 2009. 论环境法协调发展原则. 武汉：武汉大学.

李晶，张玉梅，程磊. 2009. 山东省近岸海域水质现状及变化趋势研究. 中国环境管理干部学院学报，3：67-70.

李先超. 2011. 山东近岸海域（黄海部分）生态环境现状及演变特征研究. 青岛：中国海洋大学.

裘江海. 2006. 我国近代滩涂开发利用综述. 水利发展研究，（3）：26-28.

任卓. 2015. 生态敏感区经济可持续发展研究. 武汉：武汉大学.

山东省环境保护厅. 2008. 山东省重点生态功能保护区规划.

宋德瑞. 2012. 我国海域使用需求与发展分析研究. 大连：大连海事大学.

王夕源. 2013. 山东半岛蓝色经济区海洋生态渔业发展策略研究. 青岛：中国海洋大学.

王昱，丁四保，卢艳丽. 2012. 基于外部性视角的区域生态补偿理论问题研究. 资源开发与市场. 28（8）：714-718.

王震. 2011. 山东省海洋旅游业可持续发展系统分析与评价. 青岛：中国海洋大学.

姚佳. 2015. 生态保护红线三维制度体系研究——以宁德市为例. 上海：东华大学.

中华人民共和国国务院. 1994. 自然保护区条例.

专题四：山东省黄海海域海洋生态红线划定依据分析

1 背景

山东省位于我国东部偏北沿海，与辽东半岛、朝鲜半岛、日本列岛隔海相望。海域北起鲁冀交界处的漳卫新河河口，与河北省相邻；南至鲁苏交界处的绣针河河口，与江苏省为界；海域环绕我国最大的半岛——山东半岛。以蓬莱角东侧的沙河口为界，向西属于渤海海域，向东属于黄海海域。

随着山东半岛蓝色经济区、黄河三角洲高效生态经济区等国家级战略规划相继获批，山东省沿海地区开发利用海洋的热情空前高涨，海洋经济发展日益受到重视，向海洋要资源、要空间的需求越来越强烈。然而放眼山东，海洋重要生态功能区、生态敏感区和生态脆弱区受到人类活动的干扰和影响将逐渐广泛而深入。近岸局部海域海水环境污染依然严重，陆源入海排污口达标排放率较低，入海排污口邻近海域环境质量状况总体较差，渤海滨海平原地区海水入侵和土壤盐渍化严重，绿潮、赤潮、风暴潮等灾害频发。

2012 年 10 月 12 日国家海洋局印发了《关于建立渤海海洋生态红线制度的若干意见》（国海发〔2012〕48 号），随同下发了《渤海海洋生态红线区划定技术指南》，将渤海海洋生态功能区划分为海洋保护区、重要滨海湿地、重要河口、特殊保护海岛、重要砂质岸线和砂源保护海域、自然景观与文化历史遗迹、重要旅游区和重要渔业海域等类型，并依据生态特点和管理需求，分区分类制定针对性的管控措施。根据该指南，山东省于 2013 年 12 月完成了渤海海洋生态红线区的划定工作，并由省人民政府发布实施，将山东省渤海海洋生态红线区分为禁止开发区和限制开发区，划定海洋生态红线区总面积为 6 534.42平方千米，占山东省管辖渤海海域总面积的 40.05%。红线区划定范围内岸线总长度为 931.41 千米，自然岸线保有率为 40.14%，为分类管理、分级指导山东渤海海域重要生态功能区、生态敏感区和脆弱区提供的技术支撑和管理依据。经过近两年的实施，初步展现良好成效。

2015 年国家海洋局印发了《全国海洋生态红线区划定指南》，该指南阐明了相关术语与定义、规定了工作程序与生态红线划定方法与相关要求、明确了生态红线划定范围确定方法，作为全国海洋生态保护岸线红线划定工作的技术文件，指导我国管辖海域内海洋生态红线的划定工作。依据该指南，山东省在渤海海洋生态红线划定经验的基础上，规范、客观、科学地完成了全省黄海海域海洋生态红线的划定工作。黄海海洋生态红线的范围为北起山东半岛蓬莱沙河口，与渤海生态红线区衔接，南至鲁苏交界的绣针河口，涉及海域总面积 31 011 平方千米，海岸线总长 2 414 千米，红线区总面积为 3 134.84 平方千米，占山东省黄海海域总面积的 10.1%，针对每一个生态红线区，方案都制定了相应的管控措施与环境保护要求；划定自然岸线保有长度约 1 087 千米，占山东省黄海大陆岸线的 45.03%，并明确了大陆和海岛自然岸线的保护措施。

2 生态红线由来及概念

2.1 红线概念及应用

红线是个形象化概念，它起源于城市规划部门批准建设单位的地块，一般用红笔圈在图纸上，因此被称为红线。红线具有法律强制效力，如，用地红线一般是指围起某个地块的一些坐标点连成的线，红线内土地面积就是取得使用权的用地范围。从空间管控角度上讲，红线泛指不可逾越的边界或者禁止进入的范围。

随着红线概念的不断深化，红线的内涵也从空间约束向数量约束拓展，由空间规划向管理制度延伸。目前，红线通常具有空间及数量的约束性含义，表示各种用地的边界线、控制线或具有底线含义的数字。广泛用于规划红线（建筑红线、道路红线）、水资源红线、耕地红线等。

（1）城市规划红线

建筑红线：也称“建筑控制线”，指城市规划管理中，控制城市道路两侧沿街建筑物或构筑物（如外墙、台阶等）靠临街面的界线。任何临街建筑物或构筑物不得超过建筑红线。

道路红线：一般是指道路用地的边界线。道路红线内不允许建任何永久性建筑，它是城市道路以及居住区级道路用地的规划控制线。

（2）耕地红线

耕地红线是一个数量“红线”，指经常进行耕种的土地面积最低值。它是一个具有低限含义的数字，有国家耕地红线和地方耕地红线。现行中国18亿亩耕地红线。如果开发建设占到了基本农田，还是可以占的，但要把损失的量补上。比如说在甲地占了基本农田，可以在乙地来补充同样数量的基本农田。2009年国土资源部提出“保经济增长、保耕地红线”行动，坚持实行最严格的耕地保护制度，耕地保护的红线不能碰。

（3）水资源红线

2012年1月12日，国务院发布《关于实行最严格水资源管理制度的意见》，围绕水资源的配置、节约和保护，提出“三条红线”：明确水资源开发利用红线，严格实行用水总量控制；明确水功能区限制纳污红线，严格控制入河排污总量；明确用水效率控制红线，坚决遏制用水浪费，推动经济社会发展与水资源水环境承载能力相适应。

考虑到2030年是我国用水高峰，按照保障合理用水需求、强化节水、适度从紧控制的原则，《关于实行最严格水资源管理制度的意见》中将国务院批复的《全国水资源综合规划（2010—2030年）》提出的2030年水资源管理目标作为“三条红线”控制指标，即到2030年全国用水总量控制在7 000亿立方米以内；用水效率达到或接近世界先进水平，万元工业增加值用水量降低到40立方米以下，农田灌溉水有效利用系数提高到0.6以上；主要污染物入河湖总量控制在水功能区纳污能力范围之内，水功能区水质达标率提高到95%以上。

（4）林地红线

2013年9月，国家林业局编制了《推进生态文明建设规划纲要》，首次划定了林地和森林、湿地、沙区植被、物种4条国家林业生态红线。

林地和森林红线：全国林地面积不低于46.8亿亩，森林面积不低于37.4亿亩，森林蓄积量不低于200亿立方米，维护国土生态安全。

湿地红线：全国湿地面积不少于8亿亩，维护国家淡水安全。

沙区植被红线：全国治理和保护恢复植被的沙化土地面积不少于56万平方千米，拓展国土生态空间。

物种红线：确保各级各类自然保护区严禁开发，确保现有濒危野生动植物得到全面保护，维护国家物种安全。

2.2 生态红线由来

2011年10月，《国务院关于加强环境保护重点工作的意见》强调，“在重要生态功能区、陆地和海洋生态环境敏感区、脆弱区等区域划定生态红线，对各类主体功能区分别制定相应的环境标准和环境政策。”

2011年12月，《国家环境保护“十二五”规划》提出，“在重点生态功能区、陆地和海洋生态环境敏感区、脆弱区等区域划定生态红线，制定不同区域的环境目标、政策和环境标准，实行分类指导、分区管理”。

2014 年 10 月，中共中央关于全面深化改革若干重大问题的决定中提到，“十四、加快生态文明制度建设（52）划定生态保护红线。坚定不移实施主体功能区制度，建立国土空间开发保护制度，严格按照主体功能区定位推动发展，建立国家公园体制。建立资源环境承载能力监测预警机制，对水土资源、环境容量和海洋资源超载区域实行限制性措施。对限制开发区域和生态脆弱的国家扶贫开发工作重点县取消地区生产总值考核。”

2015 年 1 月新修订实施的《中华人民共和国环境保护法》第三章二十九条明确规定，“国家在重点生态功能区、生态环境敏感区和脆弱区等区域划定生态保护红线，实行严格保护。”

2015 年 5 月，中共中央国务院关于加快推进生态文明建设的意见中，“（二十一）严守资源环境生态红线。树立底线思维，设定并严守资源消耗上限、环境质量底线、生态保护红线，将各类开发活动限制在资源环境承载能力之内。合理设定资源消耗‘天花板’，加强能源、水、土地等战略性资源管控，强化能源消耗强度控制，做好能源消费总量管理。继续实施水资源开发利用控制、用水效率控制、水功能区限制纳污三条红线管理。划定永久基本农田，严格实施永久保护，对新增建设用地占用耕地规模实行总量控制，落实耕地占补平衡，确保耕地数量不下降、质量不降低。严守环境质量底线，将大气、水、土壤等环境质量‘只能更好、不能变坏’作为地方各级政府环保责任红线，相应确定污染物排放总量限值和环境风险防控措施。在重点生态功能区、生态环境敏感区和脆弱区等区域划定生态红线，确保生态功能不降低、面积不减少、性质不改变；科学划定森林、草原、湿地、海洋等领域生态红线，严格自然生态空间征（占）用管理，有效遏制生态系统退化的趋势。探索建立资源环境承载能力监测预警机制，对资源消耗和环境容量接近或超过承载能力的地区，及时采取区域限批等限制性措施。”

2015 年 9 月，中共中央、国务院印发的《生态文明体制改革总体方案》，“（十一）健全国土空间用途管制制度。简化自上而下的用地指标控制体系，调整按行政区和用地基数分配指标的做法。将开发强度指标分解到各县级行政区，作为约束性指标，控制建设用地总量。将用途管制扩大到所有自然生态空间，划定并严守生态红线，严禁任意改变用途，防止不合理开发建设活动对生态红线的破坏。完善覆盖全部国土空间的监测系统，动态监测国土空间变化。”

2015 年 5 月，为落实《中华人民共和国环境保护法》、中共中央关于全面深化改革若干重大问题的决定、《国务院关于加强环境保护重点工作的意见》等，环保部下发了《生态保护红线划定技术指南》，用以指导全国生态保护红线划定工作。

2016 年，国家发展改革委等 9 部委印发《关于加强资源环境生态红线管控的指导意见》的通知（发改环资〔2016〕1162 号）中指出，“依法在重点生态功能区、生态环境敏感区和脆弱区等区域划定生态保护红线，实行严格保护，确保生态功能不降低、面积不减少、性质不改变；科学划定森林、草原、湿地、海洋等领域生态红线，严格自然生态空间征（占）用管理，有效遏制生态系统退化的趋势。”在组织实施方面，发展改革部门牵头负责管控能源消耗上限，划定森林、草原、湿地、海洋等领域生态红线；国土资源部门牵头负责管控土地资源消耗上限、划定永久基本农田、自然生态空间征（占）用管理工作；环境保护部门牵头负责管控环境质量底线，依法在重点生态功能区、生态环境敏感区和脆弱区等区域划定生态保护红线；水利部门牵头负责管控水资源消耗上限；海洋部门负责划定海洋生态红线。其他相关部门根据工作职责，参与资源环境生态红线管控方面的政策制定、制度设计、监督管理、考核问责、信息公开等工作。

2012 年 10 月，国家海洋局下发了关于建立渤海海洋生态红线制度的若干意见，根据意见及海洋生态红线划定技术指南，山东、河北、天津、辽宁等省市于 2014 年完成了渤海海域海洋生态红线划定工作，并经省市人民政府批准下发实施。在系统总结渤海生态红线制度试点工作的基础上，2016 年国家海洋局下发了全面建立实施海洋生态红线制度的意见。

2.3 生态红线概念

生态红线是不可触碰的底线，也是维持生态安全和生态健康的最低保障。不过，在具体内涵上，却各有解读。

环境保护部南京环境科学研究所所长高吉喜认为：“生态红线不是只划一条空间红线，它的内涵更为广泛。生态红线是最为严格的生态保护空间，是确保国家和区域生态安全的底线。我们现在划的是生态服务保障线、人居环境安全屏障线和生物多样性维持线3条红线。”

环境保护部环境规划院副院长兼总工程师王金南认为“生态红线是一个红线框架，是对影响环境民生的环境质量、总量控制、环境风险和生态系统做出的底线控制和法律安排。在实际管理中，可以按照不同划分方法，形成环境红线两种分类体系：一是水环境、大气环境、土壤环境、生态环境红线；二是环境质量、排放总量、环境风险和生态系统红线。从操作角度讲，生态红线也可以划分成生态功能保障基线、环境质量安全底线、资源利用效率上限3束红线。”

环境保护部政研中心主任夏光认为，生态红线体系具体指三个方面：一是区域性的划线，将一些脆弱地区划成禁止开发区，不准搞开发建设，也不以GDP评价当地的发展政绩；二是资源消耗方面的约束上线，比如煤炭总量消耗和机动车总量都要有控制的上限；三是污染物的排放要有底线。

在目前已发布的正式文件中，也有对生态红线的不同解读。

国家海洋局下发的《渤海海洋生态红线划定指南》（2012年10月）认为，海洋生态红线指为维护海洋生态健康和生态安全而划定的海洋生态红线区的边界线及其管理指标控制线，用以在渤海实施分类指导、分区管理、分级保护具有重要保护价值和生态价值的海域。

环境保护部下发的《国家生态保护红线——生态功能红线划定技术指南（试行）》，是中国首个生态保护红线划定的纲领性技术指导文件，指出：国家生态保护红线体系是实现生态功能提升、环境质量改善、资源永续利用的根本保障，具体包括生态功能保障基线、环境质量安全底线和自然资源利用上线（简称为生态功能红线、环境质量红线和资源利用红线）。其中生态保护红线是指对维护国家和区域生态安全及经济社会可持续发展，保障人民群众健康具有关键作用，在提升生态功能、改善环境质量、促进资源高效利用等方面必须严格保护的最小空间范围与最高或最低数量限值；生态功能红线指对维护自然生态系统服务，保障国家和区域生态安全具有关键作用，在重要生态功能区、生态敏感区、脆弱区等区域划定的最小生态保护空间。“生态保护红线”是继“18亿亩耕地红线”后，另一条被提到国家层面的“生命线”。

2015年5月，环境保护部印发《生态保护红线划定技术指南》，界定了重点生态功能区、生态敏感区、生态脆弱区、禁止开发区和生态安全的范畴，同时明确，“生态保护红线是指依法在重点生态功能区、生态环境敏感区和脆弱区等区域划定的严格管控边界，是国家和区域生态安全的底线。生态保护红线所包围的区域为生态保护红线区，对于维护生态安全格局、保障生态系统功能、支撑经济社会可持续发展具有重要作用”。

2.4 生态红线与自然生态空间区别

2015年9月，中共中央、国务院印发的《生态文明体制改革总体方案》中提出了“健全国土空间用途管制制度……将用途管制扩大到所有自然生态空间，划定并严守生态红线”等要求，有些管理部门对自然生态空间与生态红线之间的关系混淆，为此，本章对生态红线与自然生态空间区别进行了剖析。

2.4.1 法规依据不同

海洋生态红线划定依据《中华人民共和国环境保护法》、“中共中央关于全面深化改革若干重大问题的决定”、“中共中央、国务院关于加快推进生态文明建设的意见”、《生态文明体制改革总体方案》，“中共中央关于制定国民经济和社会发展第十三个五年规划的建议”、《国务院关于加强环境保护重点工作的意见》、《国家环境保护“十二五”规划》、国家发展改革委等9部委印发《关于加强资源环境生态红线管控的指导意见》、国家发展改革委《关于2016年深化经济体制改革重点工作的意见》、《国土资源“十三五”规划纲要》、环保部《生态保护红线划定技术指南》、国家海洋局关于建立渤海海洋生态红线制度的若干意见、国家海洋局关于全面建立实施海洋生态红线制度的意见等法律法规文件。

自然生态空间划定依据“中共中央、国务院关于加快推进生态文明建设的意见”、《生态文明体制改革总体方案》、国家发展改革委《关于2016年深化经济体制改革重点工作的意见》、《国土资源“十三五”规划纲要》、《全国土地利用总体规划纲要（2006—2020年）》《国家信息化发展战略纲要》等。

2.4.2 概念内涵不同

(1) 海洋生态红线内涵

针对我国面临的严重生态环境问题，2011年“国务院关于加强环境保护重点工作的意见”和《国家环境保护“十二五”规划》首先明确提出要划定生态红线，制定不同区域的环境目标、政策和环境标准，实行分类指导、分区管理。其后，在我国环保法及中共中央、国务院、发改委等重要系列文件中均对生态红线作出了明确要求。

关于生态红线的概念和内涵根据不同需求的划定有不同的理解。一种理解是确定生态红线区后，禁止一切开发活动；另一种理解是根据保护对象的不同，确定生态红线区的具体管控措施。考虑到海洋生态红线的可操作性，并结合海洋开发利用需求，海洋生态红线划定未采取“一刀切”的严格禁止开发的管控措施，而是根据划定的不同生态红线区，明确分区的管理目标与管理对策，实施具有针对性的管控措施，以限制对保护对象有影响的开发活动为主。

海洋生态红线是指维护海洋生态健康和生态安全而划定的海洋生态红线区的边界线及其管理指标控制线，它既是空间上的区域边界线，也是管理指标的控制线，是海洋生态安全的最基本要求、海洋生态环境管理的底线。海洋生态红线控制指标包括海洋生态红线区面积、大陆自然岸线和海岛自然岸线保有率、海水质量等。

(2) 自然生态空间内涵

目前，许多地方资源环境承载能力已经达到或接近上限，继续实施大规模、高强度的国土资源开发活动，资源难以承载，环境难以容纳，尤其有些地方生产、生活、生态等空间开发布局不合理，规划管控和用途管制执行不严格，加剧了国土空间开发失衡。山水林田湖是一个生命共同体，需要充分发挥国土规划和用途管制对生态环境的源头保护和优化国土空间开发格局的作用，在此情况下，需要积极探索将土地用途管制扩大到各类自然生态空间，推进国土资源的严格保护、合理利用和优化布局。中共中央关于全面深化改革若干重大问题的决定首次提出了我国自然生态空间确权登记要求，其后的《生态文明体制改革总体方案》提出了将用途管制扩大到所有自然生态空间，划定并严守生态红线，严禁任意改变用途，防止不合理开发建设活动对生态红线的破坏。

生态空间指处于宏观稳定状态的某物种所需要或占据的环境总和，可分为城市生态空间和自然生态空间。城市生态空间是指城市及其周边区域，城市中的人们在其中生产和生活。自然生态空间是指具有重要生态功能、以提供生态产品和生态服务为主的区域，在保障国家或区域生态安全中发挥重要作用。狭义的自然生态空间主要包括森林、湿地、草原、沙漠、滩涂、海洋等，是自然界中各类天然形成的生态空间。广义的自然生态空间是指那些人为规定的、由不同的狭义自然生态空间组成的生态空间。对于这些自然生态空间，需要实施用途管制，严禁任意改变用途的不合理开发建设活动。从自然生态空间涵义上来看，海洋是自然生态空间的重要组成部分。

2.4.3 空间尺度不同

海洋生态红线是从较小尺度上划定的生态保护区域，包括重要河口、重要滨海湿地、特别保护海岛、海洋保护区、自然景观及历史文化遗迹、珍稀濒危物种集中分布区、重要滨海旅游区、重要砂质岸线及邻近海域、砂源保护海域、重要渔业水域、红树林、珊瑚礁及海草床等。

自然生态空间是从较大尺度上划定的重要生态功能区域，包括森林、湿地、草原、沙漠、河流、滩涂、海洋等。

2.4.4 属性不同

自然生态空间边界是根据不同级别政府的行政管理部门职能不同而划定的，在空间上分属多部门管理，如森林归林业部分管理、河流归水利部门管理、海洋归海洋部门管理等，具有较强的社会属性。

海洋生态红线是在各省（自治区、直辖市）海洋管理部门管理海域范围之内，依据生态系统特点，在重要生态功能区、脆弱区和环境敏感区划定的海洋生态红线区的边界线及其管理指标控制线，它既是空间上的区域边界线，也是管理指标的控制线，更侧重于生态系统的自然属性。

2.4.5 监测要素不同

海洋生态红线监测是指综合运用多种技术手段，对红线区控制指标和管控措施实施情况进行的调查、统计、分析、评价和预测等活动。海洋生态红线监测主要内容是海洋生态红线区面积、大陆自然岸线和海岛自然岸线保有率、海水质量等控制指标变化情况及管控措施的实施情况。

自然生态空间监测是指综合运用多种技术手段，对各类自然生态空间的变化进行的调查、统计、分析、评价和预测等活动。自然生态空间监测的内容是各类狭义和广义自然生态空间中的各类地表覆盖、自然资源和人文要素的分布、种类、数量等，体现在海洋方面就是监测各类海洋资源分布、种类及数量等。

2.4.6 确权登记要求不同

海洋生态红线不需要进行确权登记，在明确各省（自治区、直辖市）政府行使所有权的海域边界基础上，由各省（自治区、直辖市）省级海洋行政主管部门划定本省管理海域的生态红线，并报省级人民政府批准发布实施。

自然生态空间需要进行确权登记，对水流、森林、山岭、草原、荒地、滩涂等所有自然生态空间需要统一进行确权登记，划清全民所有和集体所有之间的边界，划清全民所有、不同层级政府行使所有权的边界，划清不同集体所有者的边界，体现在海洋方面就是确定清晰的海域使用权人，划清不同集体所有者的海域边界。

2.4.7 用途管制不同

在“中共中央、国务院关于加快推进生态文明建设的意见”中，自然资源资产产权和用途管制制度（自然生态空间）以及生态保护红线制度是生态文明建设并行的两项关键制度，是生态文明建设主要目标之一。

海洋生态红线制度是从海洋生态保护角度出发建立起的生态安全底线制度，海洋生态红线的实质是海洋生态环境安全的底线，目的是建立最为严格的海洋生态保护制度，明确分区的管理目标与管理对策，实施具有针对性的管控措施，以限制对保护对象有影响的开发活动为主，将各类经济社会活动限定在红线管控范围以内，对重点生态功能区、生态环境敏感区和脆弱区等区域实行严格保护，确保生态功能不降低、面积不减少、性质不改变，有效遏制生态系统退化。

自然生态空间用途管制是从自然资源资产产权和用途管制角度出发建立起的国土资源空间开发利用保护制度，目的是明确森林、土地、河流、海洋等各类国土空间开发、利用、保护边界，实现各类资源的质量分级、梯级利用。对于这些自然生态空间，需要实施用途管制，严禁任意改变用途的不合理开发建设活动，体现在海洋方面可以理解为我国正在实施的海洋功能区划制度和海洋主体功能区划。

3 海洋生态红线划定基本思路

3.1 划定目的

按照“维护海洋生态功能基本要求、保住海洋环境质量底线、兼顾发展需求”的原则，在山东黄海海域的海洋环境脆弱敏感区、重要生态功能区等区域划定需要严格保护的海洋生态红线区，对各类海洋生态红线区分别制定相应的环境标准和环境政策，以加强山东省海洋生态环境保护工作，维护海洋生态健康与生态安全。

3.2 划定原则

山东省黄海海域海洋生态红线划定不仅是理论的研究，更需要能够具体落脚到实际的管理工作中，为了便于指导山东省黄海海域海洋生态红线的划定工作，划定技术方法必须具有可操作性与实用性。山东省黄海海域海洋生态红线划定遵循以下原则。

（1）保住底线、兼顾发展原则

海洋生态红线应以其自然属性为基准、以社会属性为辅助，既考虑自然资源条件、生态环境状况、地理区位，又要考虑国家、地区经济与社会持续发展需要，在维持海洋生态功能和资源环境可承载基础上，分区明确海洋生态保护、海洋环境质量底线，严控损害海洋生态红线区保护对象的各类活动，同时兼顾持续发展的需求，为未来海洋产业和社会经济发展留有余地。

（2）分区划定、分类管理原则

海洋生态红线划定应根据海洋生态系统的特点和保护要求，分区划定海洋生态保护红线区，并制定差别化管控措施，实施针对性管理，对全国重要生态功能区、海洋生态敏感区和海洋生态脆弱区进行切实有效地保护。

（3）陆海统筹、河海兼顾原则

正确处理沿海海洋资源环境承载力、开发强度与环境保护的关系，坚持陆海统筹，陆源污染排海管控和海域生态环境治理并举，做到陆域和海域联防、联控和联治。

（4）有效衔接、突出重点原则

海洋生态红线划定应与已发布的国家、省级海洋功能区划、全国海洋主体功能区规划、国家级战略规划等涉海区划、规划有效衔接，重点突出海洋生态保护，对红线区域的管理要严于其他区划、规划；跨省、市近岸海域的红线划定应保持协调性、衔接性。

（5）政府主导、各方参与原则

强化政府主体责任，发挥部门协调配合作用，通过宣传引导和政策扶持等手段，调动社会各界和公众参与，凝聚各方力量。如需在红线区和自然岸线内进行重大国防设施项目建设的，应依据《中华人民共和国军事设施保护法》、《中华人民共和国军事设施保护法实施办法》以及军队的有关建设规划和规定实施，同时应尽可能维护好周围的海洋生态环境。

3.3 划定思路

山东省黄海海域海洋生态红线以自然属性为基础、以社会属性为辅助进行科学划定。通过划定海洋生态红线，对破坏海洋生态功能的行为进行有效约束。目前，关于生态红线的内涵根据不同需求的划定有不同的理解。一种理解是确定生态红线区后，禁止一切开发活动，另一种理解是根据保护对象的不同，确定生态红线区的具体管控措施。考虑到海洋生态红线的可操作性，并结合海洋开发利用需求，全国海洋生态红线划定工作并未采取“一刀切”的严格禁止开发的管控措施，而是根据划定的不同生态红线区，明确分区的管理目标与管理对策，实施具有针对性的管控措施，以禁止或限制对保护对象有影响的开发活动为主。

4　主要内容与划定程序

本划定方案主要内容包括正文及附件。

正文部分包括总体要求、划定内容、重要任务和保障措施。明确了山东省黄海海域海洋生态红线划定的指导思想、原则和控制指标，确定了划定范围和期限，并按照《全国海洋生态红线划定技术指南》要求对海洋生态红线进行了划定，提出了控制指标、相关管控措施以及保障海洋生态红线实施的重点任务和保障措施。

附件包括山东省黄海海洋生态红线区控制图及分幅图和登记表。

划定技术流程见图 4.1。

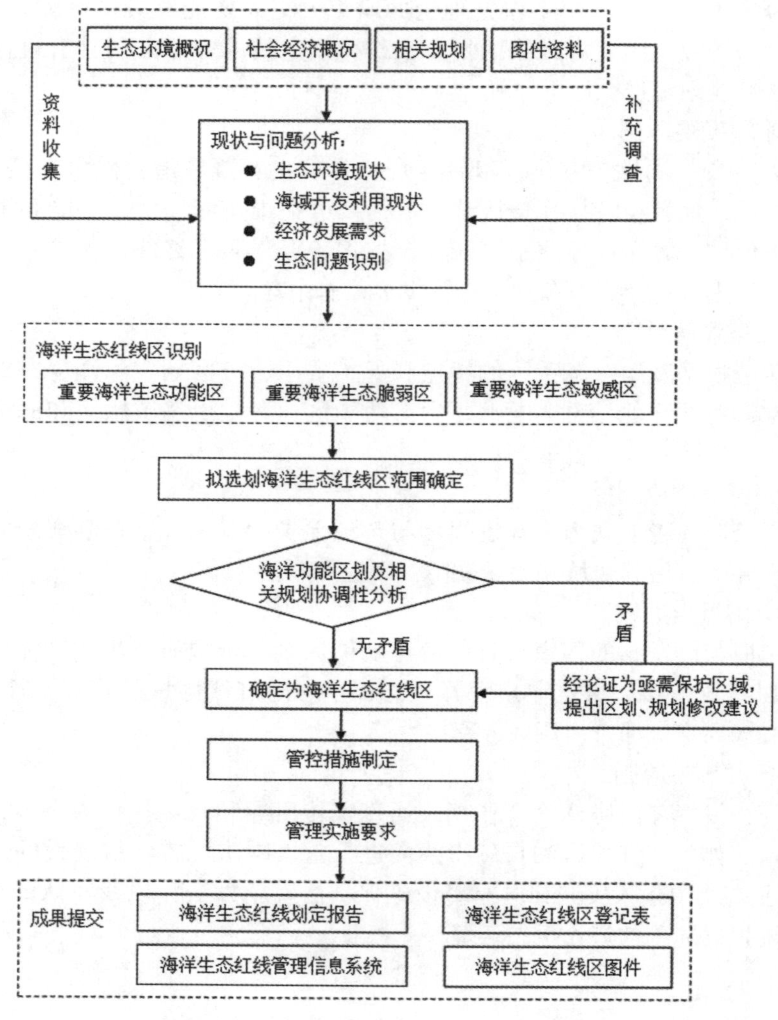

图 4.1　海洋生态红线划定技术流程

4.1　控制指标确定

筛选确定海洋生态红线划定的控制指标，从大陆保护岸线保有率、海岛保护岸线保有率、海洋生态红线区面积比例、海洋功能区水质达标率、污染物减排率等方面确定山东省黄海海洋生态红线划定的控制指标。

4.2 红线区识别及范围确定

研究确定海洋生态红线区从海洋生态红线区内保护区、河口、湿地、重要渔业海域、海岛保护、自然景观与文化历史遗迹、砂质岸线保护、珍稀濒危物种等方面确定红线区域及其范围。

5 控制指标确定依据

5.1 大陆保护岸线

大陆保护岸线指标主要根据山东省海岸线修测情况统计以及目前岸线开发利用现状情况、已经或者即将实施整治修复的岸线综合确定。

《山东省海洋功能区划（2011—2020 年）》指出，严格控制占用岸线开发利用活动，至 2020 年，大陆自然岸线保有率不低于 40%，完成整治和修复海岸线长度不少于 240 千米。

本划定方案基于山东省自然岸线现状，保证与《山东省海洋功能区划（2011—2020 年）》要求相衔接，大陆保护岸线保有率中包括海洋功能区划规定的大陆自然岸线保有率。同时其定位严于海洋功能区划，除大陆自然岸线外，还考虑到了山东省未来发展用海需求、已经或者即将实施整治修复的岸线、位于平均大潮高潮线之上、不会影响潮汐运动的围填海、防潮堤、沿海道路岸线等仍具有自然属性的海岸线，这些岸线种类也纳入保护岸线的范畴，以此更好保住未来发展的生态底线。

对于大陆保护岸线的界定，本指南认为包括海岸相互作用自然形成的海岸线，以及经整治修复后具有自然属性以及位于平均大潮高潮线之上，保持岸线自然属性的海岸线。

5.1.1 界定为大陆保护岸线的原则

（1）海岸的自然过程和生态功能得到了有效的维护或者加强。

（2）存在自然的岸滩，基本保留了原始的岸滩和水下岸坡。

（3）经整治修复仍然具有海岸的自然属性。

5.1.2 大陆保护岸线的分类

（1）纯自然岸线：不存在人工构筑物，海岸相互作用自然形成的海岸线，如图 5.1。

（2）围海岸线：存在自然淤长的潮滩，平均大潮高潮线难以波及，在此类高涂开展围垦种植、养殖、修建堤坝等活动，但其外侧仍处于自然演变状态的岸线，如图 5.2。

（3）防潮堤：修建在只有特大潮或风暴潮才能波及部位的防潮堤，其外侧没有围海等其他人工设施，发育有自然的潮滩，没有改变自然的海岸过程，如图 5.3。

（4）沿海道路岸线：道路本身和修筑过程实际没有和海洋发生相互作用，也没有影响到海岸的自然属性，如图 5.4。

（5）城市景观岸线：依托海岸建设，没有改变原始的岸线位置、自然属性和岸滩形态，如图 5.5。

（6）整治修复岸线：经整治修复后仍然具有岸线自然属性的岸线。

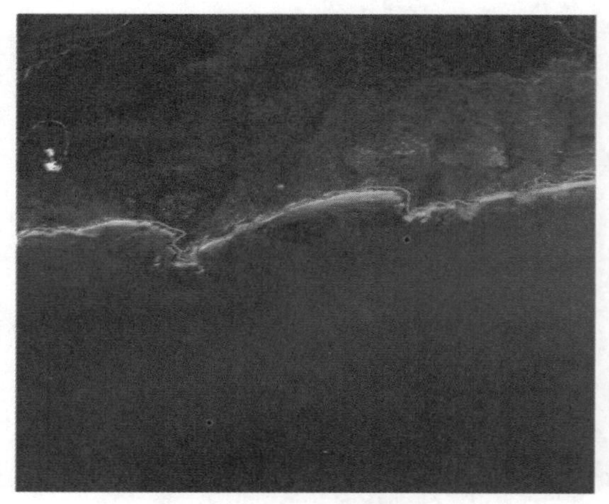

图 5.1　纯自然岸线

图 5.2　围海岸线

图 5.3　防潮堤

图 5.4　沿海道路

图 5.5　景观岸线

根据山东省政府批准确定的海岸线（908 专项海岸线测量成果），山东全省海岸线总长度为 3 345 千米，去除已划定渤海红线区内长度 931 千米，本次黄海红线区海岸线总长度为 2 414 千米。

根据《山东省海岸保护与利用规划（2013—2020 年）》统计数据、监视监测系统 2013 年卫星图片资料及部分2014年Google卫星遥感资料解译判定岸线类型。经对山东省岸线情况统计梳理，山东省黄海海域的岸线情况如下。

截至2015年，山东省黄海海域自然岸线为938千米，占黄海岸线总长（2 414千米）的39%，人工岸线1 476千米，占黄海岸线总长（2 414千米）的61%，其中永久性人工岸线1 208千米，非永久性岸线369千米；

目前山东省人工岸线中位于平均大潮高潮线之上，以及正在或者即将要实施生态修复的岸线不少于150千米，该部分岸线均可纳入到自然岸线的范畴内。

因此最终确定大陆保护岸线保有率为45%。

5.2 海岛保护岸线

海岛保护岸线保有率指标的确定采用遥感影像获取数据和实地勘查相结合的方式，综合考虑目前山东省黄海海域海岛岸线开发利用现状情况、已经或者即将实施整治修复的岸线情况，能够反映目前海岛开发状况。考虑到未来海岛发展需求及要维持现有海岛砂质岸线长度要求，国家统一部署确定为85%。

5.3 海洋生态红线区

根据目前山东省已发布的海洋功能区划中可划入重要功能区、生态敏感区、脆弱区的区域，结合目前已获批准或者规划的海洋自然保护区、海洋特别保护区分布情况，其他可初步识别为海洋生态红线区的重要河口、重要滨海湿地等重要功能区、生态敏感区、脆弱区分布情况综合确定。

山东黄海海域管理海域面积为31 011平方千米，按照《山东省海洋功能区划（2011—2020年）》，黄海海域共规划海洋保护区海域面积949.64平方千米，占山东省黄海海域部分管理海域面积的3.1%。另外，根据“908专项”调查及实际踏勘调研结果，目前可划入重要功能区、生态敏感区、脆弱区的河口、湿地等区域约为2100平方千米，占管理海域面积的6.7%左右。综上确定海洋生态红线区面积占山东省管理海域总面积的比例不低于9%。

5.4 海水水质

海洋功能区水质达标率是指根据海洋功能区划对所在海域的环境保护要求，确定该海域应达到的环境质量标准。

根据近几年山东省海洋环境质量公报，统计分析了拟划入海洋生态红线区的海域近些年海水水质状况及变化趋势。根据2014年监测结果，山东省黄海海域目前近岸海域海水水质功能区达标率为94%，近岸海域四类和劣四类海水水质面积比率为1.85%。基于红线区管控对象及目标的环境管理需求，结合目前水质状况及红线区管控措施在未来对海水水质改善的预计成效，同时依据国家海洋局编制的《遏制海洋生态恶化趋势专项规划》，经测算，至2020年，近岸海域海洋功能区水质达标率提高10%~15%，四类和劣四类海水水质面积减少10%~15%。最终确定山东省黄海海域近岸水质控制目标为至2020年海洋功能区水质达标率不低于80%。

5.5 污染物减排

海洋生态红线区内应实施严格的生态环境管控措施，通过设置陆源入海直排口指标和污染物减排量指标两个层面的约束，来减少陆源污染物入海对海洋的影响。

对于可管控的陆源入海直排口，要求全部达标排放，并禁止在红线区内新增陆源入海工业排污口；对于江河入海污染物，由于涉及流域范畴，非单个沿海省市自治区所能控制，因此指标的确定依据环境保护、近岸海域污染防治等相关规划。江河携带流域污染物入海是陆源入海污染物的主要部分，占陆源入海污染物总量的80%以上，其主要污染物为COD、总磷、总氮等。《国家环境保护“十二五”规划》提出，COD和氨氮排放总量到2015年分别削减8%和10%；《国家重点流域水污染防治规划》提出，海河、淮河、黄河等重点流域COD和氨氮排放总量到2015年削减10%~13.2%；《节能减排“十二五”规划》提出，纳入节能减排体系的COD和氨氮排放总量到2015年分别削减9.25%和12.8%；国家海洋局编制的《遏制海洋生态恶化趋势专项规划》提出，无机氮、活性磷酸盐陆源排海总量到2015年分别削减10%，综合测算，2015年入海污染物排放应较2010年减少10%左右，2015—2020年期间的节能减排，国家尚未出台规划目标，如按照“十二五”期间的减排目标，保持相应的减排速率，确定到2020年，海洋生态红线区入海直排口污染物排放达标率达到100%，禁止增设新的工业排污口，入海河流基本消除劣于四类的水体。

6 红线区范围确定依据

海洋生态红线区根据是否允许进行不影响保护对象的开发活动，分为禁止开发区和限制开发区；根据是否为重要生态功能区、生态敏感区、脆弱区，分为海洋保护区、重要河口生态系统、重要滨海湿地、重要渔业海域迹、特殊保护海岛、自然景观与历史文化遗迹、重要砂质岸线与邻近海域和重要滨海旅游区。

6.1 禁止开发区

禁止开发区指海洋生态红线区内禁止一切开发活动的区域，主要包括自然保护区的核心区和缓冲区、海洋特别保护区的重点保护区和预留区。

6.2 限制开发区

限制开发区指海洋生态红线区内除禁止开发区以外的其他红线区，主要包括自然保护区的实验区、海洋特别保护区的适度利用区和生态与资源恢复区、重要河口生态系统、重要滨海湿地、重要渔业海域、特殊保护海岛、自然景观与历史文化遗迹、重要砂质岸线与邻近海域、重要滨海旅游区等。

6.3 海洋生态红线区内保护区控制范围确定依据

6.3.1 海洋保护区纳入生态红线区的范围确定

海洋保护区的生态红线区范围为海洋自然保护区或海洋特别保护区的范围，其中，自然保护区范围包括核心区、缓冲区和实验区；海洋特别保护区范围包括重点保护区、适度利用区、生态与资源恢复区和预留区。

6.3.2 依据的相关条例和管理规定

（1）《中华人民共和国自然保护区条例》

第十八条　自然保护区可以分为核心区、缓冲区和实验区。

自然保护区内保存完好的天然状态的生态系统以及珍稀、濒危动植物的集中分布地，应当划为核心区，禁止任何单位和个人进入；除依照本条例第二十七条的规定经批准外，也不允许进入从事科学研究活动。

核心区外围可以划定一定面积的缓冲区，只准进入从事科学研究观测活动。

缓冲区外围划为实验区，可以进入从事科学试验、教学实习、参观考察、旅游以及驯化、繁殖珍稀、濒危野生动植物等活动。

原批准建立自然保护区的人民政府认为必要时，可以在自然保护区的外围划定一定面积的外围保护地带。

第二十六条　禁止在自然保护区内进行砍伐、放牧、狩猎、捕捞、采药、开垦、烧荒、开矿、采石、挖砂等活动；但是，法律、行政法规另有规定的除外。

第二十七条　禁止任何人进入自然保护区的核心区。因科学研究的需要，必须进入核心区从事科学研究观测、调查活动的，应当事先向自然保护区管理机构提交申请和活动计划，并经省级以上人民政府有关自然保护区行政主管部门批准；其中，进入国家级自然保护区核心区的，必须经国务院有关自然保护区行政主管部门批准。

自然保护区核心区内原有居民确有必要迁出的，由自然保护区所在地的地方人民政府予以妥善安置。

第二十八条　禁止在自然保护区的缓冲区开展旅游和生产经营活动。因教学科研的目的，需要进入自然保护区的缓冲区从事非破坏性的科学研究、教学实习和标本采集活动的，应当事先向自然保护区管理机构提交申请和活动计划，经自然保护区管理机构批准。

从事前款活动的单位和个人，应当将其活动成果的副本提交自然保护区管理机构。

第二十九条　在国家级自然保护区的实验区开展参观、旅游活动的，由自然保护区管理机构提出方案，经省、自治区、直辖市人民政府有关自然保护区行政主管部门审核后，报国务院有关自然保护区行政主管部门批准；在地方级自然保护区的实验区开展参观、旅游活动的，由自然保护区管理机构提出方案，经省、自治区、直辖市人民政府有关自然保护区行政主管部门批准。

在自然保护区组织参观、旅游活动的，必须按照批准的方案进行，并加强管理；进入自然保护区参观、旅游的单位和个人，应当服从自然保护区管理机构的管理。

严禁开设与自然保护区保护方向不一致的参观、旅游项目。

第三十二条　在自然保护区的核心区和缓冲区内，不得建设任何生产设施。在自然保护区的实验区内，不得建设污染环境、破坏资源或者景观的生产设施；建设其他项目，其污染物排放不得超过国家和地方规定的污染物排放标准。在自然保护区的实验区内已经建成的设施，其污染物排放超过国家和地方规定的排放标准的，应当限期治理；造成损害的，必须采取补救措施。

在自然保护区的外围保护地带建设的项目，不得损害自然保护区内的环境质量；已造成损害的，应当限期治理。

(2)《关于进一步加强自然保护区海域使用管理工作的意见》(国海函〔2006〕3号)

文件指出："对自然保护区的核心区，禁止任何形式的开发利用活动用海。""自然保护区的缓冲区，经批准允许开展科学研究、教学实习、标本采集等活动"和"自然保护区的实验区，经批准允许参观和旅游等适度开发活动。"

(3)《海洋自然保护区管理办法》规定

第十三条 海洋自然保护区可根据自然环境、自然资源状况和保护需要划为核心区、缓冲区、实验区，或者根据不同保护对象规定绝对保护期和相对保护期。

核心区内，除经沿海省、自治区、直辖市海洋管理部门批准进行的调查观测和科学研究活动外，禁止其他一切可能对保护区造成危害或不良影响的活动。

缓冲区内，在保护对象不遭人为破坏和污染前提下，经该保护区管理机构批准，可在限定期间和范围内适当进行渔业生产、旅游观光、科学研究、教学实习等活动。

实验区内，在该保护区管理机构统一规划和指导下，可有计划地进行适度开发活动。

绝对保护期即根据保护对象生活习性规定的一定时期，保护区内禁止从事任何损害保护对象的活动；经该保护区管理机构批准，可适当进行科学研究、教学实习活动。

相对保护期即绝对保护期以外的时间，保护区内可从事不捕捉、损害保护对象的其他活动。

第十五条　在海洋自然保护区内禁止下列活动和行为：

①擅自移动、搬迁或破坏界碑、标志物及保护设施；

②非法捕捞、采集海洋生物；

③非法采石、挖砂、开采矿藏；

④其他任何有损保护对象及自然环境和资源的行为。

（4）《关于进一步规范海洋自然保护区内开发活动管理的若干意见》（国海发〔2006〕26号）

①海洋自然保护区内禁止进行破坏性开发活动，严格控制一般性开发活动。

②海洋自然保护区的核心区除科学研究需要以外一般禁止任何人进入，海洋自然保护区的缓冲区内可以从事非破坏性科学研究、教学实习和标本采集活动，缓冲区和核心区内均禁止进行开发活动。

因科研教学确需进入核心区和缓冲区从事非破坏性科学研究、教学实习和标本采集活动的单位或个人，应提前一个月向该保护区管理机构提交申请，说明活动计划。申请经保护区管理机构预审后，报省级以上海洋行政主管部门审批。其中在国家级保护区内开展活动的，经省级海洋行政主管部门审查后报国家海洋行政主管部门批准。

申请单位或个人在保护区内开展各类活动时，不得对保护区的自然资源和生态环境造成破坏，并接受保护区管理机构的监督检查。活动结束时必须向保护区管理机构提交活动成果纸质副本或多媒体拷贝。

海洋自然保护区实验区内可以在生态环境容量允许的范围内开展旅游参观等适度开发活动，开发活动应符合保护区总体规划和特定区域的海洋功能区划，并且不得对保护区内的保护对象及生态环境造成破坏。

③在保护区实验区内开展旅游参观活动的单位或个人，应提前一个月向该保护区管理机构提交申请，说明活动计划并评估生态环境影响。申请经保护区管理机构预审后，报省级以上海洋行政主管部门审批。其中在国家级保护区内开展活动的，经省级海洋行政主管部门审查后报国家海洋行政主管部门批准。

申请单位或个人在保护区内开展旅游参观活动时，必须按照批准的旅游线路、活动方案和持续时间组织进行，不得对保护区的保护对象和生态环境造成破坏，并接受保护区管理机构的监督检查，有条件的应配合保护区管理机构开展生态环境保护教育宣传。

（5）《海洋特别保护区管理办法》规定

第三十二条　海洋特别保护区生态保护、恢复及资源利用活动应当符合其功能区管理要求。

在重点保护区内，实行严格的保护制度，禁止实施各种与保护无关的工程建设活动。

在适度利用区内，在确保海洋生态系统安全的前提下，允许适度利用海洋资源。鼓励实施与保护区保护目标相一致的生态型资源利用活动，发展生态旅游、生态养殖等海洋生态产业。

在生态与资源恢复区内，根据科学研究结果，可以采取适当的人工生态整治与修复措施，恢复海洋生态、资源与关键生境。

在预留区内，严格控制人为干扰，禁止实施改变区内自然生态条件的生产活动和任何形式的工程建设活动。

第三十八条　海洋特别保护区内严格控制各类建设项目或开发活动，符合海洋特别保护区总体规划的重点建设项目，须经保护区管理机构同意后，按照相关法律法规的要求进行海洋工程环境影响评价和海域使用论证。海洋工程环境影响报告和海域使用论证报告应当设专章编写生态环境保护、生态修复恢复和生态补偿赔偿方案及具体措施。

第三十九条　严格限制在海洋特别保护区内实施采石、挖砂、围垦滩涂、围海、填海等严重影响海洋生态的利用活动。确需实施上述活动的，应当进行科学论证，并按照有关法律法规的规定报批。

分析论证：根据技术指南，本划定方案中，海洋生态红线定义指为维护海洋生态系统健康和环境安全而划定的禁止开发或限制开发区的边界线。

上述条例和管理规定对海洋自然保护区中的核心区、缓冲区和实验区、海洋特别保护区中的重点保护区、适度利用区、生态与资源恢复区和预留区都做了明显的管理规定，即海洋保护区的生态红线区范围确定为海洋自然保护区或海洋特别保护区的范围，其中，自然保护区范围包括核心区、缓冲区和实验区；海洋特别保护区范围包括重点保护区、适度利用区、生态与资源恢复区和预留区。

6.4 海洋生态红线区内河口范围确定依据

重要河口生态系统的生态红线区范围以自然地形地貌分界范围确定。河口是一个特殊的区域，是陆海相互作用的集中地带，各种物理、化学、生物和地质过程耦合多变，延边机制复杂，生态环境敏感。鉴于每个河口都具有其特殊性，在界定河口生态系统范围时，以其自然的地形地貌分界作为河口生态系统的范围。

实际划定过程中生态红线区范围根据水深地形、卫星遥感等资料和实地勘查的方法判断河口地貌形态，向陆至省政府批准的海岸线，向海一侧的边界大致到河口拦门砂外侧水深约 1~5 米的位置。

6.5 海洋生态红线区内湿地垂向范围确定依据

重要滨海湿地的生态红线区范围为自岸线向海延伸 3.5 海里或 6 米等深线内的区域。滨海湿地（Coastal Wetland）是指陆地生态系统和海洋生态系统的交错过渡地带。按国际湿地公约《拉姆赛尔湿地公约（1971）》的定义，滨海湿地是指低潮时水深浅于 6 米的水域及其沿岸浸湿地带，包括水深不超过 6 米的永久水域、潮间带（或洪泛地带）和沿海低地等（习惯上常把下限定在大型海藻的生长区外缘）。与此相当的用语有海滨湿地、海岸带湿地或沿海湿地等。地形上包括河口、浅海、海滩、盐滩、潮滩、潮沟、泥炭沼泽、沙坝、沙洲、潟湖、红树林、珊瑚礁、海草床、海湾、海堤、海岛等。

湿地是地球上具有多种独特功能的生态系统，它不仅为人类提供大量食物、原料和水资源，而且在维持生态平衡、保持生物多样性和珍稀物种资源以及涵养水源、蓄洪防旱、降解污染、调节气候、补充地下水、控制土壤侵蚀等方面均起到重要作用。滨海湿地是海洋与陆地相互作用的过渡地带，功能多样，具有丰富的生物多样性、极高的生产力和生态价值，能够净化污水、调节区域小气候，是海岸带最重要的生态系统之一。

健康、完整的滨海湿地是可自我更新、自我维持、自我调节的动态系统。滨海湿地是一个动态系统，因此必须将滨海湿地的正常变化同其所面临的生态、环境变化区分开来。季节性波动是滨海湿地的自然特色。同时受到海陆交互作用影响，滨海湿地的面积和形状亦会有所改变。生态红线的确定必须了解滨海湿地的类型、功能以及滨海湿地是如何与邻近的生态系统发生关系的。一旦明确了滨海湿地地形、滨海湿地形态和自然作用的模式以及基本特征后，就能根据该湿地的生态承载力确定出生态红线的界线距离。

根据《拉姆赛尔湿地公约（1971）》的规定，滨海湿地是指低潮时水深浅于 6 米的水域及其沿岸浸湿地带，包括水深不超过 6 米的永久水域、潮间带（或洪泛地带）和沿海低地等。

湿地包括天然滨海湿地和人工湿地。人工湿地对气候调节能力大大弱于芦苇地等天然湿地。此外，人工湿地破坏了海岸线的自然弯曲度，改变了近海生物栖息地，将直接影响生物多样性，从保护湿地类型多样性的角度，芦苇地、碱蓬地这些面积小，变化强度巨大的湿地类型，要给予充分的保护。从保护天然湿地的角度出发，海涂、滩地、芦苇地和碱蓬地大多分布在距离海岸线下 3.5 海里的范围内，并且人类在滨海湿地上的开发活动大多在此范围内。

自岸线向上也应包含过饱和地带，该部分区域对滨海湿地水位涵养、水分保持能力有重要的作用。因此，确定重要滨海湿地的生态红线区范围为自岸线向海延伸 2.5 海里或 6 米等深线内的区域；自岸线向上也应包含过饱和地带，海岸线向上 1 千米。

实际划定过程中，由于黄海海域滨海湿地多位于海湾内，生态红线区范围为自岸线向海大致至湾口或口门外区域，具体依地貌形态等确定。

6.6 海洋生态红线区内重要渔业海域范围划分依据

重要渔业水域的生态红线区范围为重要经济生物的产卵场、育幼场范围。渔业水域泛指供发展渔业和水产养殖业使用的水域。根据我国《渔业法实施细则》的规定，渔业水域是指中华人民共和国管辖水域中鱼、虾、蟹、贝类的产卵场、索饵场、越冬场、洄游通道和鱼、虾、蟹、贝、藻类及其他水生动植物的养殖场所。由于养殖场所均属于人类海洋开发活动空间，因此不纳入重要渔业海域的范畴。

实际划定过程中生态红线区范围主要按照国家及省两级海洋水产种质资源保护区的范围划定，种质资源保护区的界线以审批的拐点坐标为准。

6.7 海洋生态红线区内海岛保护范围划分依据

特殊保护海岛的生态红线区范围以特殊保护海岛及其海岸线至6米等深线或向海3.5海里内围成的区域。

海岛，是指四面环海水并在高潮时高于水面的自然形成的陆地区域，包括有居民海岛和无居民海岛。海岛保护，是指海岛及其周边海域生态系统保护，无居民海岛自然资源保护和特殊用途海岛保护。国家对海岛实行科学规划、保护优先、合理开发、永续利用的原则。国家实行海岛保护规划制度。海岛保护规划是从事海岛保护、利用活动的依据。

国家对领海基点所在海岛、国防用途海岛、海洋自然保护区内的海岛等具有特殊用途或者特殊保护价值的海岛，实行特别保护。禁止破坏国防用途无居民海岛的自然地形、地貌和有居民海岛国防用途区域及其周边的地形、地貌。

国务院、国务院有关部门和沿海省、自治区、直辖市人民政府，根据海岛自然资源、自然景观以及历史、人文遗迹保护的需要，对具有特殊保护价值的海岛及其周边海域，依法批准设立海洋自然保护区或者海洋特别保护区。目前，已建立涉及海岛的自然保护区和特别保护区共57个，含805个海岛，其中海洋自然保护区48个，含524个海岛；海洋特别保护区9个，含281个海岛。

为全面落实科学发展观，深入贯彻《中华人民共和国海岛保护法》，统筹海岛保护、海岛开发与建设，应严格执行《全国海岛保护规划》，重点保护沙泥岛及其周围海域生态环境。

特殊保护海岛的红线区范围：

——对于已建立涉及海岛的自然保护区和海洋特别保护区，海岛红线保护区范围以建立涉及海岛的自然保护区和海洋特别保护区的整体保护范围为准（包括其核心区、缓冲区和实验区）。

——对于未建立海岛自然保护区和海洋特别保护区的海岛，以海岛海岸线至6米等深线或向海3.5海里内围成的区域为特殊保护海岛红线区范围。

其中：①对于领海基点岛，海岛红线区范围应与海岛所在省、自治区、直辖市人民政府划定的保护范围相结合，更加全面化立体化地保护特殊保护海岛的海洋生态环境；②对于国防用途海岛，严格执行《中华人民共和国军事设施保护法》，结合《中华人民共和国军事设施保护法》划定的“两区两范围”划定海岛红线区范围，积极保护国防用途海岛的海洋生态环境。

严格保护领海基点海岛，积极保护国防用途海岛，加强保护有居民海岛特殊用途区域。禁止在领海基点保护范围内进行工程建设以及其他可能改变该区域地形、地貌的活动。禁止破坏国防用途无居民海岛的自然地形、地貌和有居民海岛国防用途区域及其周边的地形、地貌。按照“保住生态底线，兼顾发展需求”的原则，在全国海洋环境脆弱敏感区、重要生态功能区等区域划定需要严格保护的海岛生态红线区制定相应的环境标准和环境政策，以加强海洋生态环境保护工作。

实际划定过程中生态红线区范围根据海岛及周边海洋动力环境、开发利用现状、功能区划等，适当调整范围。

6.8 海洋生态红线区内自然景观与文化历史遗迹保护范围确定依据

自然景观与文化历史遗迹的生态红线区范围为以自然景观与文化历史遗迹及其海岸线向海扩展100米的区域。

依据：划为生态红线区的自然景观和历史文化遗迹必须是在艺术、历史、社会和科学等方面具有特殊价值，有代表性和保护意义的自然景观风貌和文化遗址。对于该区域的划分，应遵循如下原则。

——若该区域已被列入海洋保护区，则其划分方法参照海洋保护区生态红线划定方法。

——若该区域未被列入海洋保护区，则其范围应为以确保自然景观和历史文化遗迹风貌、特色完整性的外缘线平行向海外扩50米。

向海外延100米，主要考虑确保该区域风貌、特色完整性，应设置必要的安全缓冲区域。根据《中华人民共和国文物保护法实施条例》，“文物保护单位的保护范围，应当根据文物保护单位的类别、规模、内容以及周围环境的历史和现实情况合理划定，并在文物保护单位本体之外保持一定的安全距离，确保文物保护单位的真实性和完整性”。对海洋自然景观和历史文化遗迹，参照上述条例，考虑为确保该区域海洋自然景观和历史文化遗迹风貌、特色的完整性应划定一定的安全距离。该区域安全距离的设置参考类比《海籍调查规范》（HY/T 124—2009）的相关规定。

根据《海籍调查规范》，海洋石油平台用海以平台外缘线向四周平行外扩50米距离为界，海岸防护工程包括海堤（塘）、护岸设施及保滩设施等用海和人工防护林、红树林等用海以实际设计或使用的范围为界。综合考虑，自然景观和历史文化遗迹的红线区划定应严于上述项目的用海标准，因此确定其外延距离为100米。

实际划定过程中生态红线区范围以景观遗迹范围为基础，向陆至省政府批准的海岸线，向海不超过2海里的宽度。

6.9 海洋生态红线区内砂质岸线保护范围确定依据

（1）砂质岸线及邻近海域的生态红线区范围

以砂质岸滩高潮线至向陆一侧的砂质岸线退缩线（高潮线向陆一侧500米或第一个永久性构筑物或防护林），向海一侧的最大落潮位置围成的区域。

砂质海岸又称堆积海岸，主要是平原堆积物质被搬到海岸边，再经波浪或风的改造堆积所形成。其特征为岸线比较平直，组成物质以松散的砂为主。在砂质海岸，波浪是造成泥沙运动的主要动力，尤其在破波带，它会造成水体相当大的紊动水流，掀起更多的泥沙。若在砂质海岸进行海岸工程建设，会打破原有的沿岸输沙平衡，有可能会改变沿岸泥沙的运动规律，并由此引起局部岸段发生不可逆转的淤积或冲刷，从而导致岸线发生变化。因此，需将受波浪影响大的海域划分为生态红线区。

（2）砂源保护海域的生态红线范围

以高潮线至向陆一侧的砂质岸线退缩线（高潮线向陆一侧500米或第一个永久性构筑物或防护林），向海一侧的波基面。

波浪是造成泥沙运动的主要动力，尤其在破波带，它会造成水体相当大的紊动水流，引起推移输沙，掀起海底泥沙。波基面，又称浪基面、波浪基准面或浪底，是波浪对海底地形产生作用的下界，1/2波长看成是波浪作用的下限，该深度即为波基面（浪基面）。因此，以波基面为界，划定砂源海域的生态红线区。

实际划定过程中，为整体保护砂质岸线及砂源，将砂质岸线邻近海域及砂源保护海域确定为同一类生态红线区。同时，考虑到海洋水动力及邻近海底地形的差异，按如下方法划定：向陆一侧至省政府批准的海岸线，向海一侧大致以10米等深线为基础，根据不同海底地形、海洋动力环境及红线区总体宽度等因素作适当调整。

6.10 重要滨海旅游区范围确定依据

重要滨海旅游区一般是以滨海旅游及其相关活动为主要功能或主要功能之一的海岸带空间及相邻海域。在实际划定过程中，海洋生态红线区范围按照旅游用海实际，同时考虑近岸地形地貌及旅游资源的分布等因素，实际划定区域为从海岸线至约2海里范围内海域。

7 与海洋功能区划及相关规划的协调性分析

海洋生态红线划定与海洋功能区划、海洋主体功能区划共同完善了我国海洋空间规划的体系，对推动我国海洋生态文明建设具有重要价值。在海洋生态红线划定工作中需要对其进行协调性分析，以保障海洋生态红线划定科学合理性。

7.1 海洋生态红线与海洋功能区划关系分析

海洋功能区划是指根据海洋的区位条件、自然环境、自然资源，并考虑到海洋开发利用现状和社会经济发展需求，按照海洋功能标准，将海域划分为不同类型的海洋功能区，在不同的功能区内实行不同的环境质量要求，用以控制和引导海域的使用方向，保护和改善海洋生态环境，促进海洋资源的可持续利用。海洋功能区划的目的是为涉海部门、各沿海地区合理利用海洋和有效保护海洋提供科学依据，为海洋管理科学化、综合化、规范化和法制化提供基础，有利于促进合理开发和有效保护海洋资源，推动海洋经济发展，取得良好的经济、社会和生态环境效益，实现海洋资源可持续利用，加快海洋经济发展。海洋功能区划分是根据海洋资源、海洋环境和地理位置等自然属性，结合海洋开发利用现状和经济社会发展需要等社会属性，合理界定海洋资源利用的主导功能和使用范围的过程。因此，其结果往往表现为不同海洋功能区的区划，侧重于对单个海洋功能区管理的需求。而海洋生态红线是为维护海洋生态健康和生态安全而划定的海洋生态红线区的边界线及其管理指标控制线，它既是空间上的区域边界线，也是管理指标的控制线，是海洋生态安全的最基本要求、海洋生态环境管理的底线，强调针对海洋空间上区域边界和管控指标的综合管理，两者用于满足不同的管控需求。

7.2 海洋生态红线与海洋主体功能区划关系分析

《中共中央关于制定国民经济和社会发展第十一个五年规划的建议》和《中华人民共和国国民经济和社会发展第十一个五年规划纲要》都明确提出，各地区要根据资源环境承载能力、现有开发密度和发展潜力，统筹考虑未来我国人口分布、经济布局、国土利用和城镇化格局，将国土空间划分为优化开发、重点开发、限制开发和禁止开发四类主体功能区，按照主体功能定位调整完善区域政策和绩效评价，规范空间开发秩序，形成合理的空间开发结构。《国务院关于编制全国主体功能区规划的意见》（国发〔2007〕21号）明确提出，主体功能区规划是战略性、基础性、约束性的规划，是国民经济和社会发展总体规划、人口规划、区域规划、城市规划、土地利用规划、环境保护规划、生态建设规划、流域综合规划、水资源综合规划、海洋功能区划、海域使用规划、粮食生产规划、交通规划、防灾减灾规划等在空间开发和布局的基本依据。同时，编制全国主体功能区规划要以上述规划和其他相关规划为支撑，并在政策、法规和实施管理等方面做好衔接工作。

全国海洋主体功能区划规划编制工作方案中指出："海洋主体功能区划要根据海洋资源环境承载能力、已有开发密度和发展潜力，统筹考虑相邻陆域地区的人口分布、海洋产业结构和布局、海洋技术利用程度等，将我国沿海地区及管辖海域的开发空间，划分为优化开发、重点开发、限制开发和禁止开发四类区域。"海洋主体功能区划是国家对海洋发展实施宏观调控的重要手段；是制定海洋发展战略、编制其他海洋规划的重要依据；是构筑我国有序海洋区域发展格局、实现海洋经济、资源、环境协调发展的重要载体。

海洋主体功能区规划也是我国海洋国土空间开发的战略性、基础性和约束性规划。所谓海洋主体功能区，就是根据不同海域的资源环境承载能力、现有开发强度和发展潜力而确定的不同开发方式和开发格局的海洋国土空间单元。海洋主体功能区规划主要从宏观上指导海洋优化开发格局，海洋主体功能区规划涵盖了海洋国土的全部空间；而海洋生态红线则更加明确具体，强调的是对具有重要海洋生态功能区、海洋生态敏感区和脆弱区的保护。因此，可以说海洋生态红线是在海洋主体功能区规划指导下实施海洋生态空间保护和管控的具体化，也是海洋主体功能区规划的基本要求。

7.3 协调性分析内容

重点从以下方面开展海洋生态红线与相关规划的协调性分析：

（1）分析拟划定海洋生态红线区与已发布的国家、省级海洋功能区的协调性，是否符合其用途管制要求、用海方式控制要求以及环境保护要求，是否能够确保该区域生态保护重点目标安全要求，符合该区域生态功能。

（2）分析拟划定生态红线区与全国海洋主体功能区规划、海洋环境保护规划、沿海地区发展战略规划、海洋经济发展规划等国家级战略性规划的协调性，拟划定生态红线区是否与全国海洋主体功能区规划相衔接，与国家性战略规划的空间布局和产业布局要求相协调。

（3）分析拟划定生态红线区与我国目前改革开放要求，与依法治国要求相衔接。

参考文献

范小杉，张强，刘煜杰. 2014. 生态红线管控绩效考核技术方案及制度保障研究. 中国环境管理，6（4）：18-23.

黄伟，曾江宁，陈全震，等. 2016. 海洋生态红线区划——以海南省为例. 生态学报，36（1）：268-276.

李力，王景福. 2014. 生态红线制度建设的理论与实践. 生态经济，30（8）：137-140.

林勇，樊景凤，温泉，等. 2016. 生态红线划分的理论和技术. 生态学报，36（5）：1244-1251.

乔朝飞. 2015. 关于开展自然生态空间监测的思考. 测绘通报，11：119-121.

饶胜，张强，牟雪洁. 2012. 划定生态红线，创新生态系统管理，环境经济，（102）.

许妍，梁斌，鲍晨光，等. 2013. 渤海生态红线划定的指标体系与技术方法研究. 海洋通报，32（4）：361-367.

专题五：山东省黄海海域海岛资源与保护研究

1 山东省黄海海域海岛资源现状

1.1 山东黄海海域海岛范围

山东省黄海海洋生态红线区划定范围涉及海域总面积 31 011 平方千米，海岸线总长 2 414 千米，见图 1.1。具体范围为：北起山东半岛蓬莱角东沙河口（不包括长岛县，下同），南至绣针河口，向陆至山东省人民政府批准的海岸线，向海至领海外部界线，即为除渤海生态红线区划定范围外的山东省管理海域。

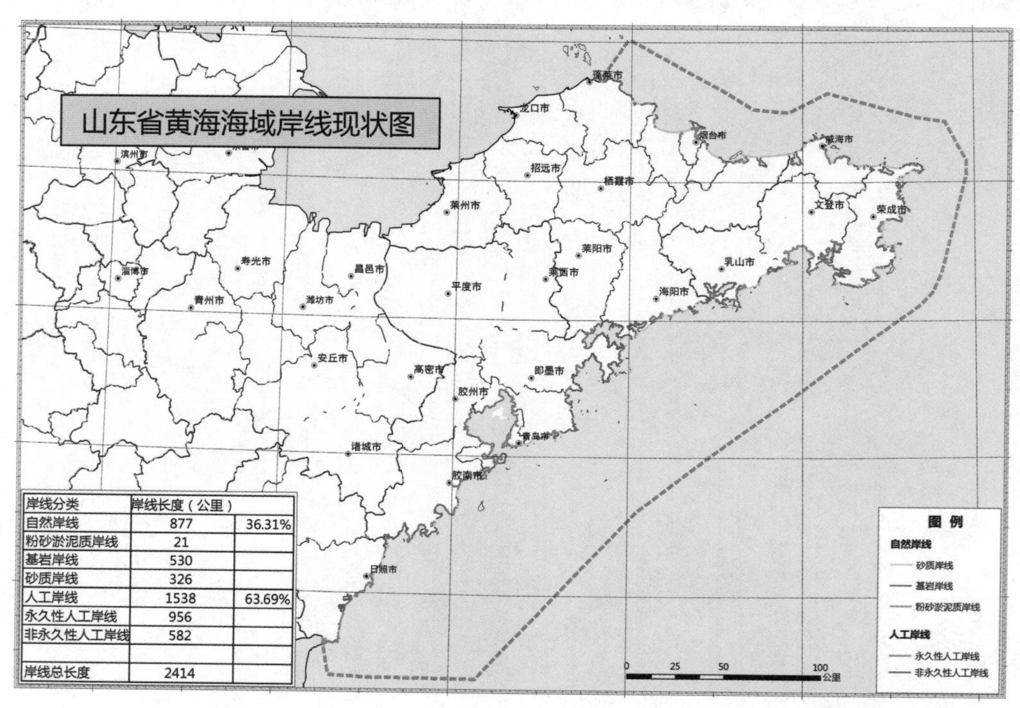

岸线分类	岸线长度（公里）	
自然岸线	877	36.31%
粉砂淤泥质岸线	21	
基岩岸线	530	
砂质岸线	326	
人工岸线	1538	63.69%
永久性人工岸线	956	
非永久性人工岸线	582	
岸线总长度	2414	

图 1.1 山东省黄海海域岸线现状

1.2 海岛数量与分布

根据 2011 年全国海岛地名普查和山东省海岛地名普查资料，最新的海岛数量统计结果显示，山东省黄海海域调查确定海岛地理实体共 842 个，其中有居民海岛 17 个，纳入《中国海域海岛标准名录》（山东分册）中海岛总数为 402 个，包含有居民海岛 17 个和无居民海岛 385 个，山东省海岛总体分布如图 1.2 所示。本专题研究以纳入《中国海域海岛标准名录》（山东分册）中海岛为数据基础，山东省黄海海域海岛总面积约 40.53 平方千米，海岛岸线总长约 309.01 千米。

山东省黄海海域 4 市均有海岛，其中烟台市 75 个，威海市 185 个，青岛市 120 个，日照市 22 个，海岛概况如表 1.1、图 1.3 所示。

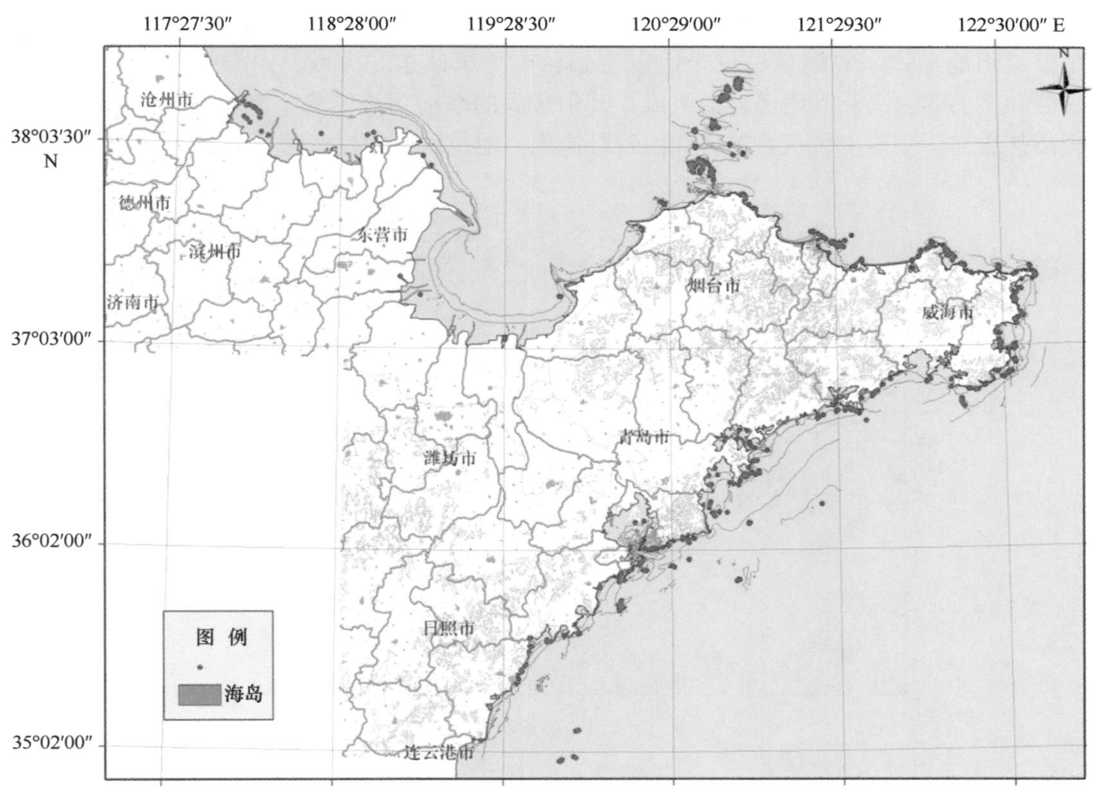

图 1.2　山东省海岛分布示意图

表 1.1　山东省黄海海区海岛基本情况统计

地区	海岛数量（个）	海岛面积（千米^2）	有居民海岛					
			数量（个）	户籍人口（人）	常住人口（人）	县级海岛数（个）	乡级海岛数（个）	村级海岛数（个）
烟台市	75	11.63	4	13 400	15 287	0	1	3
威海市	185	13.18	6	6 824	8 042	0	0	6
青岛市	120	15.04	7	6 017	5 686	0	0	7
日照市	22	0.42	0	0	25	0	0	0
总计	402	40.53	17	26 241	29 040	0	1	16

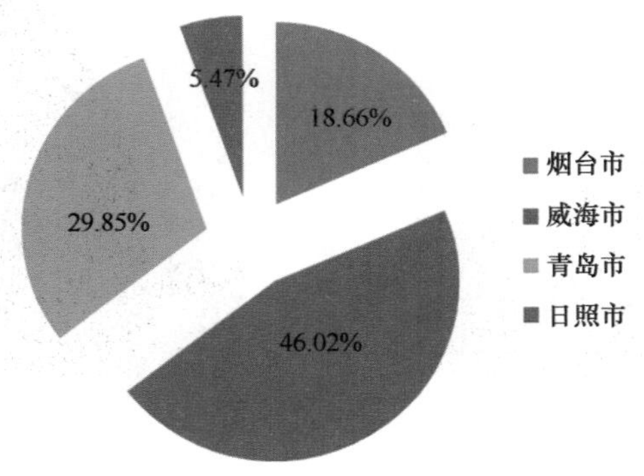

图 1.3　山东省黄海海区各市海岛数量百分比饼状图

山东省黄海海域海岛存在空间集聚分布特点，其中包括一个列岛为崆峒列岛（见图 1.4），其他多数海岛存在集聚组团的形式。崆峒列岛位于山东省烟台市芝罘区东北海域，由崆峒岛、担子岛、豆卵岛、地留星、马岛和夹岛等主岛和其附属岛屿组成。其中最大的海岛为崆峒岛，面积 0.87 平方千米。崆峒列岛系断裂分离基岩岛，主要由长石石英岩和白云母构成，地貌以低山丘陵为主。

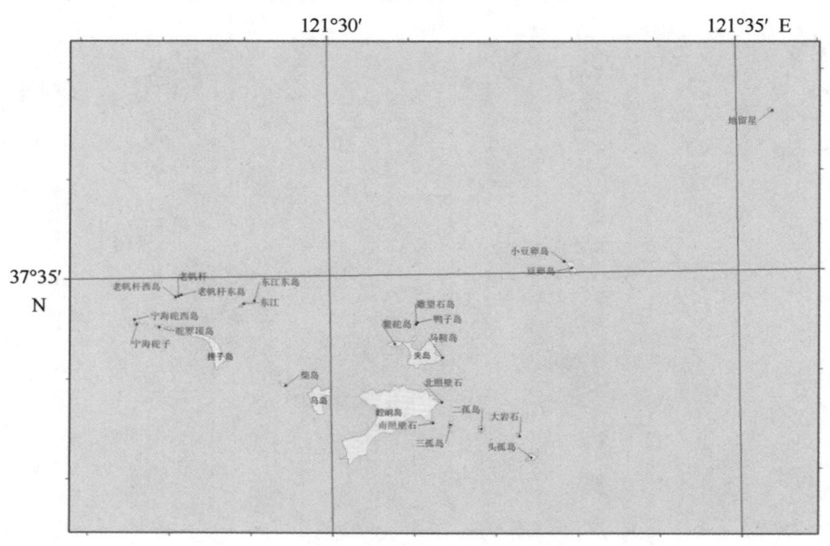

图 1.4　崆峒列岛

1.3　海岛特征

（1）按成因和地质构造，基岩岛多，冲淤堆积岛少

按成因，海岛类型分为基岩岛、火山岛、珊瑚岛、堆积岛。当一个海岛有多种成因时，按主要成因进行分类。基岩岛指大陆地块延伸到海洋并露出海面、由岩石构成的海岛。堆积岛指由于泥沙运动堆积或侵蚀形成的海岛。

山东省黄海海域海岛按其成因和物质组成，绝大部分属于基岩岛，如犁犋把岛、姊妹峰等，见图 1.5、图 1.6。构造基岩岛多为构造运动而形成的。多数海岛基岩裸露，四周岸壁较陡，海蚀地貌发育。周围海滩宽度较小，海底沉积物厚度不大，基岩埋藏深度小，为港口及各种海上工程建设提供了良好条件，但是同时决定了部分海岛尤其是小岛水资源紧缺、土层薄、水土流失严重、植被生长受限等问题。基岩岛多数呈岛群分布。

图 1.5　犁犋把岛图

图 1.6　姊妹峰

（2）陆岛距离上，近岸海岛多，远岸海岛少

山东省的海岛距离大陆较近，大部分海岛位于距大陆 15 千米之内的近岸海域，占全省海岛总数的 94.5%。

按海岛距离大陆海岸进行分级统计结果（图 1.7、表 1.2），山东省黄海海域 402 个海岛中，离大陆最远的有居民海岛为日照市前三岛的达东礁，距大陆岸线约为 49 千米；距大陆岸线最近的海岛为威海荣成市的好运角，距大陆约为 6 米。距大陆海岸 1 千米以下的海岛占山东黄海海域海岛总数的 53.73%；距大陆海岸 1~5 千米海岛占山东黄海海域海岛总数的 28.11%；距大陆海岸 5~10 千米海岛占山东黄海海域海岛总数的 8.71%；距大陆海岸 10~15 千米海岛占山东黄海海域海岛总数的 3.98%。

由表 1.2、图 1.7 可见，山东省多数海岛离岸较近，距岸 5 千米之内的海岛占山东黄海海域海岛总数的一半以上；距岸 15 千米以上的海岛只占山东黄海海域海岛总数的 5.47%。

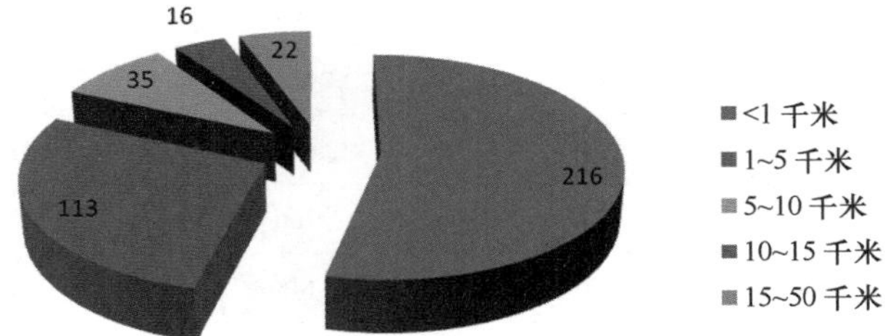

图 1.7　山东省海岛离岸分布饼状图

表 1.2　山东省海岛离岸分布状况

近岸距离	<1 千米	1~5 千米	5~10 千米	10~15 千米	>15 千米
数量	216	113	35	16	22
百分比	53.73%	28.11%	8.71%	3.98%	5.47%

（3）岛屿面积上，微岛和小岛多，中岛少，无大岛

按照海岛面积大小可划分为五大类：特大岛（面积大于或等于 2 500 平方千米）、大岛（面积大于或等于 100 平方千米、小于 2 500 平方千米）、中岛（面积大于或等于 5 平方千米、小于 100 平方千米）、小岛（面积大于或等于 500 平方米、小于 5 平方千米）和微型岛（面积小于 500 平方米）。

山东黄海海域 402 个海岛的面积总和约为 40.53 平方千米，其中最大海岛为养马岛，岛陆面积约为 8.62 平方千米。

按海岛面积进行分级统计结果（表 1.3），岛陆面积大于 1 平方千米的海岛仅占全省海岛总数的 1.5%，其累计岛陆面积占全省海岛面积总和的 68.79%；岛陆面积 0.1~1 平方千米的海岛占全省海岛总数的 8.96%，其累计岛陆面积仅占全省海岛面积总和的 26.05%；岛陆面积小于 0.1 平方千米的海岛占全省海岛总数的 89.55%，其累计岛陆面积仅占全省海岛面积总和的 5.13%。可见，山东省海岛规模上存在“微岛和小岛多，中岛少，无大岛”的特点。

表 1.3　山东省海岛按面积分级统计一览表　　单位：千米^2

类型	微型岛	小岛			中岛		大岛
面积	<0.000 5	0.000 5~0.1	0.1~1	1~5	5~15	15~100	>100
数量（个）	183	177	36	4	2	0	0
合计面积	0.02	2.06	10.56	11.38	16.50	0.00	0.00
占总数百分比	45.52%	44.03%	8.96%	1.00%	0.5%	0.0%	0.0%
占总面积百分比	0.05%	5.08%	26.05%	28.08%	40.71%	0.00%	0.00%

（4）社会经济属性上，有居民海岛少，无居民海岛多

按社会经济属性分类，首先可将海岛分为有居民海岛和无居民海岛，其次，将有居民海岛按照行政级别划分为省级岛、市级岛、县级岛、乡级岛、村级岛。

山东黄海海域海岛中有居民海岛 17 个（表 1.4），占全省海岛总数的 4.29%；无居民海岛 385 个，占全省海岛总数的 95.71%。依据《海岛界定技术规程》规定的行政级别分类标准，山东省无省级岛和地级市海岛，有乡级岛 1 个、村级岛 16 个。

表 1.4　山东省有居民海岛基本情况一览表

序号	名称	行政隶属	人口（人）	面积（米^2）	岸线长度（米）
1	养马岛	烟台市	7 906	8 620 270	23 760
2	镆铘岛	威海市	4 386	4 637 460	19 566
3	灵山岛	青岛市	2 472	7 882 340	17 209
4	麻姑岛	烟台市	1 770	877 868	7 783
5	田横岛	青岛市	1 166	1 296 780	9 531
6	斋堂岛	青岛市	1 148	411 112	6 548
7	杜家岛	威海市	1 143	2 350 780	9 371
8	崆峒岛	烟台市	966	871 634	6 618
9	鲁岛	烟台市	928	385 583	3 093
10	竹岔岛	青岛市	661	355 319	3 558
11	南黄岛	威海市	519	632 017	5 743
12	沐官岛	青岛市	387	277 890	3 240
13	南小青岛	威海市	367	239 614	2 478
14	鸡鸣岛	威海市	214	323 061	3 952
15	刘公岛	威海市	195	3 094 150	13 878
16	大管岛	青岛市	118	486 568	5 084
17	小管岛	青岛市	65	264 762	2 754

1.4　海岛保护现状

1.4.1　建立保护区，集中保护海岛

为了有效地保护海岛的自然资源与其独特的生态系统，山东省根据海岛资源状况，自 20 世纪初开始设立了各种类型的保护区。目前，山东省黄海海域已建涉及海岛的自然保护区 6 个，海洋特别保护区 4 个，地质公园 1 个（表 1.5）。保护区和地质公园的建立不仅保护了海域的自然资源，同时也对海岛的集中严格保护起到了重要的作用。山东省对有代表性的和特殊保护价值的海岛及其周边海域，依法设立保护区和地质公园，对保护区和地质公园内的海岛，禁止开发利用，任何单位和个人未经批准不得进入，同时建立保护区和地质公园海岛宣传教育基地，加强对保护区地质公园内海岛的科学研究，使保护区和地质公园内海岛保持其自然生态原始状态，防止了海岛资源遭到破坏，同时使海岛保护更加科学有序。

表 1.5 山东省已建涉及海岛的保护区

地市	保护区	保护区概况
威海市	荣成成山头省级自然保护区	位于山东省荣成市成山镇，面积为 6 366 公顷，主要保护对象为海洋综合生态系统和海洋生物
青岛市	胶南灵山岛省级自然保护区	位于青岛胶南市，面积为 3 283.2 公顷，主要保护对象为生物多样性，包括海域及海洋生物资源、林木资源、鸟类资源和地质地貌
青岛市	青岛大公岛省级自然保护区	位于青岛市前海海域，面积 1 603 公顷，主要保护对象为岛屿与海洋生态系统及生物多样性
烟台市	海阳千里岩（海洋生态系统）省级自然保护区	位于南黄海之中，面积 1 823 公顷，主要保护对象为岛屿与海洋生态系统以及林木、鸟类资源
烟台市	烟台崆峒列岛省级自然保护区	位于山东省烟台市芝罘区东北海域，面积 7 690 公顷，主要保护对象为水产资源苗种和岛礁地貌
日照市	日照前三岛海洋自然保护区	位于日照市前三岛海域，面积 41 200 公顷，主要保护对象为海洋生态系统和渔业资源
威海市	威海刘公岛海洋生态国家级海洋特别保护区	位于威海市威海湾中，面积 32 000 公顷，保护对象包括岛屿生态系统和海洋生态系统、历史遗迹、自然景观、海蚀地貌和贝壳滩
威海市	威海小石岛海洋生态产业国家级海洋特别保护区	位于威海高新技术开发区小石岛海域，保护区面积 471 公顷，保护对象为软体类资源、海岛生态
烟台市	烟台芝罘岛群国家级海洋特别保护区	位于烟台市北海域 5 千米，面积 200 公顷，保护对象包括岛屿生态系统和海洋生态系统、渔业资源、地貌科研价值和海蚀景观
威海市	乳山市塔岛湾海洋生态特别保护区	位于威海乳山市乳山湾东南侧海域，保护区面积 1 097 公顷，保护对象为岛屿生态系统和海洋生态系统
烟台市	养马岛省级地质公园	位于黄海之中，距烟台市区 30 千米，保护对象包括海蚀地貌、海积地貌、黄土地貌、构造遗迹等

1.4.2 加强海洋管理，助推海岛保护

山东省提出了“海上山东”的经济发展战略，在全国率先出台了《海域使用管理条例》，开展海域保护与管理，形成了比较完善的海洋管理法规体系，使海洋的管理保护逐步走上了法制化、科学化和规范化的轨道。海域使用管理、海上安全生产、海洋防灾减灾和抢险救助能力显著加强。山东省通过编制实施《山东省海洋功能区划》、《山东省海洋与渔业保护区发展规划》、《山东半岛蓝色经济区发展规划》等各种海洋战略规划和地方海洋与渔业规划，对海洋资源的管理与保护进行了科学规划，加强海洋综合管理。山东省在大公岛、千里岩、崆峒岛、褚岛等海岛上建设海域使用动态监视监测系统以及海洋环境监测装备，开展海岛监视监测重点工程，强化海域和海岛管理，对提升国家防灾减灾能力、保护发展海洋生物产业和海岛经济产业，特别是对温带风暴潮的预警预报、实时监测风暴潮强度，对满足大海洋战略需求具有重要意义。山东省通过海洋监测和管理，推进海岛保护利用，统筹海洋环境保护与陆源污染防治，合理划分海岛和海域的功能，控制海岛资源过度开发，严格规范无居民海岛利用活动，切实助推海岛生态环境的保护，保障了海岛经济的持续健康发展。

1.4.3 生态整治修复，改善海岛环境

海岛生态整治修复保护工作对于提升山东省海岛的环境和生态价值，增强对海洋经济发展支撑作用都具有十分重要的意义，也是国家和地方战略发展的具体要求。山东省通过加强海岛的整治修复和保护，

改善了海洋环境质量，维护了海洋生态安全；提升了海洋开发潜力，实现了区域可持续发展；发展了海洋经济，实现了国家发展战略的需要。山东省部分地市已开展的海岛整治修复项目见表 1.6。2010 年至 2012 年山东省已经分批进行了海岛整治修复工作，主要包括灵山岛、担子岛、麻姑岛、崆峒岛和刘公岛等。截至 2014 年，山东省已开展海岛整治修复项目 17 个，财政扶持资金超过 1 亿元。

表 1.6 山东省海岛整治修复项目

编号	地市	项目名称	财政扶持资金（万元）
1	日照	日照前三岛海洋牧场建设	200
2	日照	太公岛周边沿海岸线整治	621.5
3	日照	日照岚山区海上碑海岸整治项目	480
4	威海	领海基点海岛保护工程示范	30
5	威海	威海双岛湾海洋牧场建设	600
6	威海	威海褚岛海洋牧场建设	400
7	威海	山东高角领海基点保护试点工作	340
8	烟台	烟台芝罘岛群国家级海域特别保护区	60
9	烟台	麻姑岛生态修复示范工程	1 000
10	烟台	崆峒岛生态修复示范工程	1 100
11	烟台	烟台市担子岛整治修复及保护	1 136
12	烟台	芝罘岛群国家级海洋特别保护区能力建设与生态恢复工程	270

资料来源：山东省海洋与渔业厅统计资料

1.4.4 特殊海岛保护，确保海洋权益

特殊用途类海岛包括领海基点海岛和国防用途海岛。山东省涉及领海基点实际载体海岛及领海基点方位碑所在海岛共 11 个。领海基点是计算领海、毗连区和专属经济区的起始点，也是确定专属经济区和大陆架的起点，直接关系到国家的海洋权益。领海基点、领海基点标志以及领海基点海岛保护，对维护我国海洋权益和宣誓主权有着重要的战略意义。实施领海基点海岛保护工程，禁止在领海基点海岛保护范围内进行工程建设以及采石、采矿、挖砂、砍伐、爆破等可能改变该区域地形、地貌的行为，整治修复领海基点海岛以及领海基点保护范围内的地形地貌，开展防治海岛海岸侵蚀工程；实施海岛海域生态系统监视监测工程，建立执法巡查制度，进行日常监督管理；开展领海基点保护的宣传教育，建立海洋权益宣传教育示范点。

目前，山东省共有 50 余个已涉及国防用途的海岛，包括养马岛、灵山岛、竹岔岛、刘公岛、腰岛、长门岩北岛、长门岩南岛、太平角岛、大福岛、小福岛、唐岛等。山东省对国防用途海岛实行严格保护，加强了对国防用途海岛自然地形、地貌的保护，并建立标志物，设置灯塔和名称标志碑等。同时，开展了公民国防教育，强化公民保护国防用途海岛的意识。

图 1.8　领海基点海岛

1.4.5　加强基础设施建设，促进海岛保护

山东海岛由于经济基础薄弱，普遍存在水、电、交通等基础设施建设滞后，政府公共服务保障能力不足，防灾减灾能力缺乏，居民生活与生产条件艰苦等困难。山东省加大海岛基础设施建设的资金投入力度，对边远海岛制定涉及居民基本生产生活条件的基础设施建设规划，开展海岛生态旅游、海水增养殖相应的基础设施建设，在有居民海岛上普遍建设了垃圾处理厂、污水处理厂等环卫设施，扶持边远海岛社会事业发展，加快边远有居民海岛中小学校、县（乡、村）医疗机构、广播电视和通信设施等建设步伐，改善了基础设施和社会事业发展滞后的状况，逐步增强基层人民政府提供公共服务的能力，促进边远海岛的开发、建设和保护。

1.5　海岛开发利用现状

纳入《中国海域海岛标准名录》（山东分册）中山东省黄海海域海岛总数为402个，包含有居民海岛17个和无居民海岛385个。山东省黄海海域402个无居民海岛中已开发利用或有开发利用痕迹的海岛153个，未开发利用海岛232个，且未开发利用海岛多数为500平方米以下的海岛。海岛开发利用现状如下。

1.5.1　有居民海岛开发利用现状

（1）农渔业用岛

由于海岛陆域资源的特点，海岛分布海域具有丰富的饵料和适宜的生态环境，适于渔业的发展，因此山东省黄海海域17个有居民海岛在发展城乡建设的同时全部发展农渔业，海岛的主要产业为渔业和水产品加工业，水产品是海岛居民的主要生产成果。有居民海岛上均建设养殖和水产品加工设施，如青岛市小管岛周边开发围堰养殖池（如图1.9），南小青岛四周均建有海参养殖池，有的海岛上建有育苗场（如图1.10），竹岔岛上建有养殖场，周边海区底播海参、鲍鱼等，大钦岛周围发展深水网箱、筏式养殖等。同时，山东省各有居民海岛均建有渔业码头或靠泊点，为渔业发展提供交通运输支持，如刘公岛等。但是目前各海岛周围海域养殖密度过大，养殖方式粗放，缺乏科学规划等问题亟待解决。

（2）旅游娱乐用岛

山东省黄海海域有居民海岛发展旅游娱乐的主要包括：养马岛、田横岛、刘公岛等（如图1.11、图1.12）。

图 1.9　小管岛周边围堰养殖池

图 1.10　海岛上的育苗场

图 1.11　养马岛

图 1.12　刘公岛

田横岛，1992 年由三联集团开始开发，整岛投入近 30 亿元，开发旅游度假，田横岛内的渔民们纷纷开设了个体旅馆、饭店和游艇。迄今度假村共有梦海园、九龙居、中国苑三大建筑群，面积约 50 000 平方米。1993 年田横岛被青岛市旅游局评为青岛十大景点之一，2001 年 11 月通过国家等级旅游区 AAA 评定。

刘公岛是国家 AAAAA 级风景区，素有“东隅屏藩”、“海上桃源”和“不沉的战舰”之称，主要景点包括甲午战争博物馆、水师学堂、甲午战争兵器馆、国家森林公园、黄岛炮台以及各种参观馆等，不仅是中日甲午战争纪念地，还是爱国主义教育基地。

养马岛，已经建桥连陆，白马广场东约 1 千米，建有占地 1.9 万平方米的养马岛赛马场。1984 年，养马岛被列为山东省重点旅游开发区，1991 年又被国家定为 84 个旅游景点之一。1995 年 1 月被山东省政府正式批准为省级旅游度假区。多年来，养马岛度假区立足本地实际，坚持以招商引资为突破口，推动了旅游业的快速发展。目前岛上建有各类宾馆、休养中心 40 多个，天马广场、赛马场、海滨浴场、海上世界、御笔苑等大中型综合娱乐景区点 15 处，形成了以海滨娱乐、度假休养为主，辅以观光浏览秦汉文化的综合性旅游度假胜地。

灵山岛、斋堂岛、崆峒岛、竹岔岛等海岛，具备优良的自然风光和旅游资源，但尚未大规模开发，每年的旅游接待量较少，主导产业仍然是渔业。

（3）国防用岛

有居民海岛中，部分海岛具备国防用途功能。严格执行《中华人民共和国军事设施保护法》和有关规定，保护国防设施，开展公民国防教育，强化公民保护国防用途海岛的意识。

1.5.2　无居民海岛开发利用现状

山东省共有无居民海岛402个，总体开发利用的数量少，已开发或有开发利用痕迹的海岛共153个，占所有无居民海岛的38.02%。而其他未开发的海岛多数面积较小或离岸较远，开发利用方向未定或开发成本高，如海岛面积虽大于1 500平方米，但是离岸较远，岛体为基岩，开发利用价值较低且开发成本较高。

山东省无居民海岛主要开发利用现状统计如图1.13所示。主要开发利用类型包括农渔业、旅游娱乐、工业交通、公共服务、国防用途和领海基点6种。其中工业交通、领海基点海岛和国防用途用岛数量较少，但也有部分海岛在不影响主导功能的前提下兼容其他用岛类型，实现海岛多功能多方向开发利用。

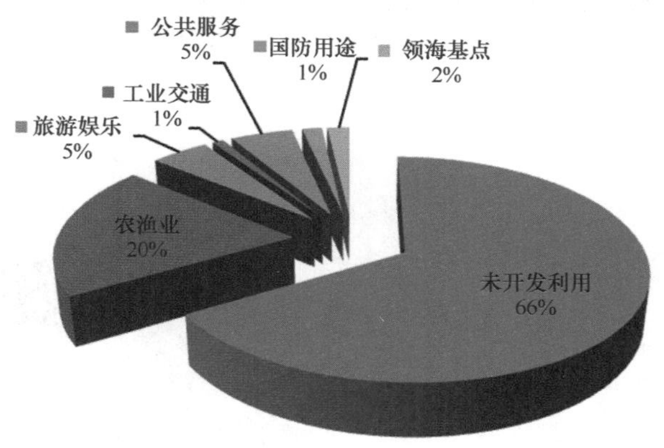

图1.13　山东省黄海海域无居民海岛主要开发利用现状

（1）农渔业用岛

山东海岛的海洋渔业资源丰富，海岛环境复杂，地形地貌表现形式多样，水流通畅，加之岛屿上的营养物质的补给，适于多种鱼类以及海参、鲍鱼和海藻的生长。山东省无居民海岛中农渔业用途海岛共94个，另外有13人海岛在以其他开发利用类型为主的条件下兼容渔业。山东省无居民海岛中的农渔业类型海岛虽然没有户籍人口，但是很多具有常住人口，如狮子岛为基岩岛，周边进行浅海底播养殖，岛上建有民房10间，有太阳能和风力发电装置，常住人口3人；女岛为基岩岛，岛上建有瞭望塔，岛西南侧建有围堰养殖池，常住人口40人；驴岛为基岩岛，岛上建有航运有限公司、社区警务室，海岛周边进行浅海底播养殖，岛上常住人口15人。另外，大多数无居民农渔业用岛上建有养殖及看护设施，担子岛东部有育苗场、数栋简易住房、自动气象站以及海域动态使用监测站等（如图1.14）；赭岛、三平大岛（图1.15）、老公岛上均建有若干养殖看护房，用以看护岛周围的浅海底播养殖或围堰养殖池。

（2）旅游娱乐用岛

山东省黄海海域无居民海岛中已开发旅游娱乐的海岛共15个，另外有部分海岛在以其他开发利用类型为主的条件下兼容旅游娱乐。山东省旅游娱乐海岛主要布局在青岛沿海的驴岛、小青岛等，威海海域的海驴岛、好运角和花斑彩石等（如图1.16、图1.17），日照海域的海上碑和桃花岛等。

山东省旅游娱乐用岛的开发模式有两种：一种是海岛本身是景观海岛，岛上没有进行任何人为开发，但是已具备旅游观光功能，如花斑彩石和好运角等；另一种是在海岛自然风光的基础上开发旅游设施，供游客旅游度假，如桃花岛、海驴岛和小青岛等。

目前，山东海岛旅游资源开发缺乏广度和深度，多数旅游资源丰富的海岛仍未得到有效开发，而且多数已开发旅游海岛利用程度低、旅游产品单一，缺乏旅游、度假、潜水、休闲渔业等多位一体的综合性系统性高端旅游开发用岛。

图 1.14 担子岛

图 1.15 三平大岛

图 1.16 好运角

图 1.17 花斑彩石

（3）工业交通用岛

工业交通用岛是指开展工业生产、交通运输所使用的无居民海岛。包括港口航运、桥梁隧道、盐业、固体矿产开采、油气开采、船舶工业、电力工业、通信、仓储、海水综合利用、可再生能源利用及其他工业、交通用岛。山东省无居民海岛主导功能为工业交通的数量很少，仅2个，为西草子岛和海阳鸭岛。西草子岛，渔港堤坝穿过该岛，与堤坝相连；海阳鸭岛，海即大桥从该岛一侧通过，大桥的一个桥墩建立在该岛上。另外，部分海岛在以其他开发利用类型为主的条件下兼容工业交通功能。其中，有些海岛开发有陆岛交通码头，小规模风能、光能供电基础设施，如大公岛和塔岛等；有些海岛开发为盐场堤坝的一部分，如黄河三角洲区域的部分海岛。

（4）公共服务用岛

公共服务用岛主要指科研、教育、监测、助航导航等用岛活动所使用的海岛，这些海岛一般距离陆地较远，具有重要的公共服务功能。山东省无居民海岛中公共服务用岛共25个，另外有13个海岛在以其他开发利用类型为主的条件下兼容公共服务功能。

山东省公共服务用岛中大部分海岛上建设有灯塔和航标，用以助航导航，如基准岩、驼篓岛（图1.18）、灵石、洋礁岛、牛身岛、小青岛、大福岛南岛等；在部分海岛上设有气象观测和海洋环境监测设施等，用以监测海岛周边海域的气象和环境状况，如小山子岛上建有测风仪，千里岩（图1.19）上有国家海洋局海洋环境监测站、GNSS观测站，即墨牛岛上有莱维赛尔测风专家，长门岩北岛上建有奥运气象测量塔，大公岛（图1.20）上建有海域使用动态监视监测塔。一些海岛被开发用以科研活动，如小麦岛（图1.21）上驻有青岛海洋水文气象站、青岛市重工局海水铜腐蚀试验站等，马岛上建有山东省海洋水产研究所的科研基地；另外一些海岛上设有国家大地控制点，如大摩罗石、千里岩、洋礁岛、小象岛、大王家岛等。

图 1.18　驼篓岛

图 1.19　千里岩

图 1.20　大公岛

图 1.21　小麦岛

5）领海基点海岛

领海基点海岛指领海基点所依存的无居民海岛或者低潮高地，它在维护国家海洋权益和国防安全方面具有重要价值。山东省无居民海岛中领海基点海岛 10 个（见表 1.7），部分为领海基点方位碑所在海岛，部分为领海基点实际载体。

表 1.7　山东省领海基点海岛情况一览表

标准名称	所在管辖地区	纬度（北纬）	经度（东经）	说明
海鸟石岛	威海市荣成市	37°24′0.473″	122°42′17.176″	1. 山东高角（1）领海基点碑所在海岛 2. 山东高角（1）领海基点实际载体
好运角东岛	威海市荣成市	37°23′45.15″	122°42′20.71″	山东高角（2）领海基点实际载体
荣成黑石岛	威海市荣成市	36°57′55.23″	122°34′6.81″	1. 镆铘岛（1）领海基点碑所在海岛 2. 非领海基点实际载体
东南江	威海市荣成市	36°57′49.61″	122°34′11.67″	镆铘岛（1）领海基点实际载体

续表

标准名称	所在管辖地区	纬度（北纬）	经度（东经）	说明
宁津老雕岛	威海市荣成市	36°55′9.64″	122°32′39.27″	镆铘岛（2）领海基点实际载体
苏山岛	威海市荣成市	36°44′59.306″	122°15′23.233″	1. 苏山岛领海基点碑所在海岛 2. 苏山岛领海基点实际载体
朝连岛	青岛市崂山区	35°53′46.422″	120°52′52.442″	1. 朝连岛领海基点碑所在海岛 2. 非领海基点实际载体
朝连岛二岛	青岛市崂山区	35°53′39.422″	120°53′3.432″	朝连岛领海基点实际载体
达山岛	日照市岚山区	35°0′28.80″	119°53′31.2″	1. 达山岛领海基点碑所在海岛 2. 非领海基点实际载体
达东礁	日照市岚山区	35°0′10.63″	119°54′15.23″	达山岛领海基点实际载体

2 《全国海岛规划》对海岛的保护规定

我国海岛保护工作起步较晚，但发展迅速。已经建立涉及海岛的自然保护区和特别保护区共 57 个，含 805 个海岛，其中海洋自然保护区 48 个，含 524 个海岛；海洋特别保护区 9 个，含 281 个海岛。针对生态破坏严重的海岛，开展了综合整治和生态修复工作，浙江、福建、广东等省的"封岛育林"、"封岛护养"工程已取得一定成效。

《全国海岛保护规划》规定，加强海岛生态保护，在现有保护区的基础上，新建 10 个自然保护区、30 个海洋特别保护区，对 10%的海岛实施严格保护；重要的生态栖息地纳入保护范围，基本遏制植被退化、生物多样性降低的局面；选择 10~20 个典型生态受损的海岛进行生态修复试点，逐步推广海岛生态修复经验，至规划期末，基本修复重要生态受损海岛，渔业资源和濒危物种保护管理能力得到加强，海岛周边海域的重要渔业水域、海洋生物资源产卵场、索饵场、洄游通道得到有效保护。增强特殊用途海岛保护力度，加强领海基点海岛保护工作，对领海基点海岛的保护状况进行评估，对部分严重受损的领海基点海岛进行修复；开展领海基点、自然保护区、国防等特殊用途海岛的标志设置工作；海岛上的助航导航、测量、气象观测、海洋监测和地震监测等公益性设施保护措施加强。

2.1 严格保护特殊用途海岛

特殊用途海岛是指具有特殊用途或者重要保护价值的海岛，主要包括领海基点所在海岛、国防用途海岛、海洋自然保护区内的海岛和有居民海岛的特殊用途区域等。任何单位和个人不得擅自开发利用特殊用途海岛。

严格保护领海基点海岛。领海基点所在的海岛，应当由海岛所在省、自治区、直辖市人民政府划定保护范围，报国务院海洋主管部门备案。领海基点及其保护范围周边应当设置明显标志。禁止在领海基点保护范围内进行工程建设以及其他可能改变该区域地形、地貌的活动。确需进行以保护领海基点为目的的工程建设的，应当经过科学论证，报国务院海洋主管部门同意后依法办理审批手续。禁止损毁或者擅自移动领海基点标志。县级以上人民政府海洋主管部门应当按照国家规定，对领海基点所在海岛及其周边海域生态系统实施监视、监测。任何单位和个人都有保护海岛领海基点的义务。发现领海基点以及领海基点保护范围内的地形、地貌受到破坏的，应当及时向当地人民政府或者海洋主管部门报告。

推进海岛的保护区建设。对有代表性的自然生态系统、珍稀濒危野生动植物物种天然集中分布区、高度丰富的海洋生物多样性区域、重要自然遗迹分布区等具有特殊保护价值的海岛及其周边海域，依法设立海洋自然保护区。对具有特殊地理条件、生态系统、生物与非生物资源及海洋开发利用特殊需要的海岛及其周边海域，依法设立海洋特别保护区。自然保护区核心区内的海岛，禁止开发利用，任何单位和个人未经批准不得进入。建立海洋自然保护区海岛宣传教育基地，加强对海洋自然保护区内海岛的科学研究，选划并确定科学研究和考察的线路与通道。

积极保护国防用途海岛。任何单位和个人不得非法登临、占用、破坏国防用途海岛；不得以国防用途名义从事非国防目的的活动，不得将国防用途海岛以任何方式交给其他单位或个人使用和管理；采取有效措施保护和维持国防用途海岛的自然地形、地貌；严格执行《中华人民共和国军事设施保护法》和有关规定，划定“两区两范围”，设定禁止开发区和限制开发区。

加强保护有居民海岛特殊用途区域。对设置在有居民海岛上的领海基点、国防设施、自然保护区，应当划定特殊用途区域，在周边设置明显标志，明确保护范围和保护措施。任何单位和个人不得非法进入特殊用途区域，因不可抗拒原因或紧急避险进入该区域的，应经管理部门同意并遵守区内各项规定，险情消失后必须立即退出特殊用途区域。禁止破坏有居民海岛特殊用途区域及周边地形、地貌；未经批准禁止在特殊用途区域内进行摄影、摄像、录音、勘察、测量、描绘和记述等活动。安排有居民海岛建设项目或开辟旅游景点，应避开特殊用途区域。加强教育，引导海岛地区居民积极支持和配合特殊用途区域的保护与管理工作；对有居民海岛特殊用途区域的保护，要兼顾经济建设和当地群众的生产生活，因设立特殊用途区域或在特殊用途区域内开展相关活动而影响海岛居民生产生活的，应当采取适当方式消除影响，对造成损失的，应当予以合理补偿。

2.2 加强有居民海岛生态保护

有居民海岛应当保护海岛沙滩、植被、淡水、珍稀动植物及其栖息地，优化开发利用方式，改善海岛人居环境。

加强生态保护。保护海岛生态系统、生物物种、沙滩、植被、淡水、自然景观和历史遗迹等，维护海岛及其周边海域生态平衡；积极开展海岛生态资源调查，实施海岛生态修复工程，建立海岛生态保护评价体系，严格执行海岛保护规划，凡是不符合海岛保护规划的工程项目不得审批和建设；保护海岛周边海域渔业资源，实施伏季休渔、增殖放流、人工鱼礁等措施；适度控制海岛居住人口规模；广泛宣传和普及海岛生态保护知识，鼓励和引导公众参与生态保护。

防治海岛污染。制定海岛主要水污染物减排规划和固体废弃物（包括船舶垃圾）污染防治规划，选取部分人口较为集中的海岛建设分散型污水处理工程和固体废弃物处置工程，开展海洋垃圾清理工作，对污水全部采取集中处理，防止污染海岛淡水和海水资源，增强海岛居民海洋环境保护意识。

合理开发利用。在海岛及其周边海域划定禁止开发和限制开发区域；开发建设活动应当在科学评估后进行；海岛的开发建设应当合理控制规模，不得超出海岛的水资源承载能力和环境容量；新建、改建、扩建建设项目，必须符合海岛主要污染物排放、建设用地、防治水土流失和用水总量控制指标的要求；已有建设项目应当推进清洁生产，污染物不能达标排放和用水总量超标的，必须限期整改；严格限制在海岛沙滩建造建筑物和设施以及采挖海砂；严格限制填海、围海等改变海岛岸线的行为，严格限制填海连岛工程建设，禁止实体坝连岛；工程建设应当坚持先规划后建设、生态保护设施优先建设或者与工程项目同步建设的原则，并符合相关行业规划。

改善人居环境。支持海岛淡水储存、海水淡化和岛外淡水引入工程设施的建设；采取防止台风、风暴潮、海冰和地质灾害等自然灾害侵袭的措施，保障居住安全；开发建设优先采用风能、海洋能、太阳能等可再生能源和雨水集蓄、海水淡化、污水再生利用等技术；完善公共基础设施，推进教育、医疗卫生、社会服务等社会事业发展，满足海岛居民不断提高的生活需要。

3 《山东省海岛保护规划》对山东黄海海域海岛的保护规定

《山东省海岛保护规划》[4]规定，根据山东省海岛资源环境、保护与开发现状以及社会经济发展需求等实际情况，将山东海岛划分为2个一级类，5个二级类，8个三级类（表3.1）。具体划分如下。

表3.1 山东省海岛分类保护体系

一级类	二级类	三级类	定义
有居民海岛	特殊用途区域		指设置在有居民海岛上的领海基点、国防设施、海洋自然保护区以及海洋特别保护区所划定的保护区域
	优化开发区域		指有居民海岛上适宜开展优化产业结构、改善海岛及其周边海域生态环境和开展利用活动的区域，包括旅游娱乐、交通运输、仓储、渔业、农林牧业、可再生能源、城乡建设、公共服务等优化开发区域
无居民海岛	特殊保护类	领海基点海岛	指设有领海基点名称标志的海岛或者作为领海基点实际载体的海岛
		国防用途海岛	指以国防为使用目的的无居民海岛
		生态保护海岛	生态保护海岛包括位于国家和地方自然保护区、海洋特别保护区内需严格保护生态环境的海岛及尚未成立保护区但具有重要生态价值的海岛
	一般保护类	保留类海岛	指目前不具备开发利用条件，或者难以判定其用途的无居民海岛，经充分论证可适度开发利用。以保护为主，有破坏的，予以适当整治修复
	适度利用类	旅游娱乐用岛	指以开发利用海岛旅游资源、开展休闲旅游活动为主要目的的无居民海岛，包含保护区内适宜开发旅游娱乐的海岛
		工业交通用岛	指以开展工业生产、交通运输所使用的无居民海岛。包括港口航运、桥梁隧道、固体矿产开采、油气开采、船舶工业、城镇建设、可再生能源利用及其他工业、交通用岛
		农林牧渔用岛	指以开展农、林、牧、渔业开发利用活动为主的无居民海岛，包含保护区内适宜开展农林牧渔的海岛
		公共服务用岛	指以科研、教育、监测、助航导航等用岛活动为主所使用的无居民海岛，包含保护区内适宜开展公共服务的海岛

一级类2个：有居民海岛、无居民海岛。

二级类5个：有居民海岛的特殊用途区域和优化开发区域，无居民海岛的特殊保护类、一般保护类和适度利用类。

三级类8个：根据海岛的自然属性和社会属性，确定海岛的保护和利用主导功能，将无居民海岛划分为领海基点海岛、国防用途海岛、生态保护海岛、保留类海岛、旅游娱乐用岛、工业交通用岛、农林牧渔用岛、公共服务用岛。

另外，《山东省海岛保护规划》对根据海岛的主导功能、自然和社会属性等，制定每个海岛具体的管理要求和保护要求。管理要求中，对确定主导功能的海岛在保证不对主导功能造成不可逆改变的前提下，可发展海岛的兼容功能；保护要求中，提出海岛及周边海域生态保护的重点目标和应采取的保护措施。

3.1 有居民海岛分类保护规定

有居民海岛可划分为特殊用途区域和优化开发区域，特殊用途区域是指设置在有居民海岛上的领海基点区域、国防设施区域或海洋自然保护区、海洋特别保护区所划定的核心保护区域。

3.1.1 国防用途区域

在山东黄海海域的有居民海岛中，部分海岛具备国防用途功能。严格执行《中华人民共和国军事设施保护法》和有关规定，保护国防设施，开展公民国防教育，强化公民保护国防用途海岛的意识。

3.1.2 领海基点海岛

严格保护该岛领海基点方位碑，划定其保护范围，实施领海基点海岛保护工程，防治海岛海岸侵蚀。禁止在领海基点保护范围内进行工程建设以及采石、采矿、挖砂、砍伐、爆破等可能改变该区域地形、地貌的行为。

3.1.3 自然保护区区域

黄海海域的有居民海岛位于保护区内的主要是崆峒岛、灵山岛。要求保护海岛及其周边海域生态系统、自然景观、历史遗迹、地质遗迹、珍稀物种和生物栖息地等，实施生态受损海岛整治修复工程。

3.2 无居民海岛分类保护规定

《山东省海岛保护规划》中，分类保护的无居民海岛主要有两类：特殊保护类海岛和一般保护类海岛。

3.2.1 特殊保护类海岛

山东黄海海域中特殊保护类海岛指主导功能为领海基点、国防用途和生态保护的海岛，共66个，包括领海基点海岛7个，国防用途海岛13个，生态保护的海岛46个。

1）领海基点海岛

对领海基点海岛及其附属岛礁进行勘测，划定保护范围，设置保护标志，建立领海基点海岛的档案，实施领海基点海岛保护工程。

2）国防用途海岛（略）

3）生态保护海岛

生态保护海岛共46个，重点保护海岛和周边海域生态系统和自然资源，保护对象包括鹰、隼、蝮蛇和斑海豹及其栖息地，紫石房蛤、皱纹盘鲍及其产卵场，鸟类及其栖息环境等海洋生物资源以及贝壳滩脊、海岸海貌、湿地和海岛生态系统等。

（1）夹岛、担子岛、舵罗顶岛、马岛等崆峒岛周边岛屿：该岛属崆峒岛岛群，位于烟台崆峒列岛省级自然保护区内，重点保护岛屿生态系统和刺参、紫石房蛤、皱纹盘鲍及其产卵场，按照《中华人民共和国自然保护区条例》和《海洋自然保护区管理办法》进行管理，经严格论证，兼容旅游娱乐功能。

管控措施：位于崆峒列岛自然保护区的核心区和缓冲区内的海岛，除进行必要的调查、科研和管理活动外，禁止进行其他活动；位于崆峒列岛自然保护区的实验区内的海岛，按照《中华人民共和国自然保护区条例》和《海洋自然保护区管理办法》进行管理。

环境保护要求：维持与改善滨海自然景观和生态条件，使崆峒列岛的自然景观和生态环境得到有效保护。维持、恢复、改善海洋生态环境和生物多样性，保护自然景观。

（2）荣成大孤石、海鸟石西岛、荣成大岛等：位于荣成成山头省级自然保护区，重点保护海洋综合生态系统包括海岸地质自然遗迹和人文历史遗迹；维持海岛原貌，按照《中华人民共和国自然保护区条例》和《海洋自然保护区管理办法》进行管理。

管控措施：按照《中华人民共和国自然保护区条例》和《海洋自然保护区管理办法》进行管理。禁止进行海岸带的开发利用以及一切有关的能够影响该保护区生态系统稳定性的活动。

环境保护要求：维持、恢复、改善海洋生态环境和生物多样性，保护自然景观，减少保护区周边海域环境点面源污染。海水水质、海洋沉积物质量和海洋生物质量不劣于一类标准。

（3）花斑彩石：该岛位于花斑彩石海洋特别保护区内，维持海岛原貌，严格保护其生态价值和景观功能，兼容景观旅游功能，保护海岛景观及生态系统。

管控措施：规划建立花斑彩石海洋特别保护区。区内禁止炸礁、采砂等破坏地形地貌的开发活动，工程建设用海应当报相关部门批准，必须进行严格的海洋环境影响评价，并采取严格的生态保护措施。

环境保护要求：保护自然景观，减少保护区周边海域环境点面源污染。海水水质不劣于二类标准，海洋沉积物质量和海洋生物质量不劣于一类标准。

（4）一山子岛、二山子岛、三山子岛等：该岛群为苏山岛周边附属岛屿，属具有重要生态价值的海岛。规划建立苏山岛岛群海洋特别保护区，参照《海洋特别保护区管理办法》进行管理，维持海岛原貌。重点保护黄渤海洄游性经济鱼类的群聚与洄游通道、天然野生羊栖菜、鹿角菜；保护海岛生态系统。

管控措施：规划建立苏山岛岛群海洋特别保护区，按照《海洋特别保护区管理办法》进行管理。苏山岛领海基点附近区域进行特殊保护，禁止在领海基点保护范围内从事建设活动以及其他可能改变该区域地形、地貌的活动。禁止炸礁、围填海、填海连岛、采挖海砂等可能造成海岛生态系统破坏及自然地形、地貌改变的活动。

环境保护要求：本海域海水水质、海洋沉积物质量和海洋生物质量均不劣于一类标准。

（5）大汇岛、小汇岛：该岛为具有重要生态价值的海岛。规划建立汇岛海洋生物物种自然保护区，修复及维护岛上公共服务设施功能，该岛兼容旅游娱乐和农林牧渔功能。周边建设人工鱼礁，发展海钓垂钓等休闲渔业。重点保护野生羊栖菜、鹿角菜等北方海域稀有的物种，保护海岛生态系统。

管控措施：禁止炸礁、围填海、填海连岛、采挖海砂等可能造成海岛生态系统破坏及自然地形、地貌改变的活动。可适度进行岛陆交通基础设施建设及符合港口规划的航道用海和码头建设。禁止任何形式的经济建设工程。

环境保护要求：保护区周边海域环境杜绝可能影响本海域的各种污染，保持海岛原生海洋生态系统。海水水质、海洋沉积物质量和海洋生物质量均不劣于一类标准。

（6）石老人：该岛为具有重要生态价值的海岛，属自然景观与历史文化遗迹。严格保护其生态价值和景观功能，保护海岛生态系统和地形地貌，兼容景观旅游功能。

管控措施：规划建立石老人海洋公园。禁止炸礁、围填海、采挖海砂等可能造成生态系统破坏及自然地形、地貌改变的活动。禁止任何形式的经济建设工程。

环境保护要求：保护区周边海域环境杜绝可能影响本海域的各种污染，保持原生海洋生态系统。海水水质、海洋沉积物质量和海洋生物质量均不劣于一类标准。

（7）大公岛：该岛位于青岛大公岛省级自然保护区内，按照《中华人民共和国自然保护区条例》和《海洋自然保护区管理办法》进行管理。经严格论证，可与大公南岛、小屿组团发展旅游娱乐和农林牧渔。兼容国防功能，严格执行《中华人民共和国军事设施保护法》和有关规定，保护国防设施，该岛开发利用需与军方协商。重点保护海洋生物资源和鸟类及其栖息环境。

管控措施：按照《中华人民共和国自然保护区条例》和《海洋自然保护区管理办法》进行管理。在不影响保护区保护的前提下，可适度进行旅游开发。禁止炸礁、围填海、采挖海砂等可能造成海岛生态系统破坏及自然地形、地貌改变的活动。禁止任何经济建设工程。

环境保护要求：保护区周边海域环境杜绝可能影响本海域的各种污染，保持海岛原生海洋生态系统。海水水质、海洋沉积物质量和海洋生物质量均不劣于一类标准。

（8）沙北头岛、小古城岛：该岛位于日照黄家塘湾，是河口冲淤堆积岛，为具有重要生态价值的海岛，应保护和整治修复其湿地生态系统、岛屿生态系统和地形地貌。

管控措施：按照《海洋特别保护区管理办法》进行管理。在不影响保护区保护的前提下，可适度进行海滨旅游、生态渔业等功能开发，禁止上游地区建设污染性工业，逐步取消两城河口的工厂化养殖，维护本区的生态及自然环境，逐步恢复盐田、养殖区为湿地，保护河口生态环境多样性。

环境保护要求：保护区周边海域环境杜绝可能影响本海域的各种污染，保持原生海洋生态系统。海水水质、海洋沉积物质量和海洋生物质量均不劣于一类标准。

（9）海上碑：该岛位于海上碑景区内，属具有重要生态价值的海岛，维持海岛原貌，兼容旅游娱乐功能。重点保护天然巨石、名人石刻等自然历史遗迹。

管控措施：规划建立岚山海上碑省级自然保护区，优先保障海洋保护区用海，严禁破坏和损害自然遗迹和非生物资源。按照《中华人民共和国自然保护区条例》和《海洋自然保护区管理办法》进行管理。

环境保护要求：维持、恢复、改善海洋生态环境，保护自然景观。海水水质、海洋沉积物质量和海洋生物质量均不劣于一类标准。

（10）车牛山岛、平岛、小参礁、双尖礁、牛角岛等前三岛海岛，日照前三岛海洋自然保护区内，参照《中华人民共和国自然保护区条例》进行管理，维持海岛原貌，禁止开发。在山东省和江苏省勘界完成前不开展具体的工程建设等。重点保护前三岛海洋生态系统、渔业资源。

管控措施：达山岛领海基点附近区域和岛体进行特殊保护，禁止在领海基点保护范围内从事建设活动以及其他可能改变该区域地形、地貌的活动。禁止炸礁、围填海、填海连岛、采挖海砂等可能造成海岛生态系统破坏及自然地形、地貌改变的活动。

保护要求：保护区周边海域环境杜绝可能影响本海域的各种污染，保持海岛原生海洋生态系统。海水水质不劣于二类标准，海洋沉积物质量和海洋生物质量均不劣于一类标准。

3.2.2 一般保护类海岛

一般保护类海岛主要包括保留类海岛，共158个。保留类海岛在规划期以保护为主，保持生态系统稳定，维持海岛利用现状，防止海岛资源遭到破坏。在不影响海岛生态稳定的前提下，可开展少量观光旅游和渔业生产活动。

严禁在保留类海岛堆弃固体垃圾和固体废弃物。临时用岛的，不得在海岛建造永久性建筑物或设施。在保留类海岛新发现珍稀动植物、特殊生态景观、代表性地质剖面与地貌景观和生态系统的，可以建立保护地、保护区，对海岛予以特殊保护。

（1）小摩罗石、硝碌岛、大石婆婆岛、小石婆婆岛、老郭山小岛等芝罘岛周边岛屿：该岛位于烟台芝罘岛群国家级海洋特别保护区内，重点保护芝罘岛岛群生态系统。按照《海洋特别保护区管理办法》进行管理。

管控措施：按照《海洋特别保护区管理办法》进行管理。禁止实施各种与保护无关的工程建设活动，加强海岛及周围岩礁等原始地貌和植被保护的工作，确保岛礁保持原始状态，禁止任何经营性开发活动。

环境保护要求：加强水质监测，杜绝不达标的陆域生活污水排海。加强海洋环境质量监测，维持、恢复、改善海洋生态环境和生物多样性，保护自然景观。海水水质不劣于二类标准，海洋沉积物质量和海洋生物质量不劣于一类标准。

（2）礁黄礁、牙岛子岛、试刀石等灵山岛周边岛屿：该岛位于灵山岛省级自然保护区内，重点保护海岛生态系统和海洋生物资源。

管控措施：按照《海洋特别保护区管理办法》进行管理。禁止在海域内围海养殖。保护该海域独特的海洋生态环境和生物多样性，杜绝陆源污染物对海洋的污染和人类开发活动对该区域的生态和资源的破坏，保持稀有野生动物基因库，恢复、增加该海域渔业资源量，推进海洋自然保护区的建设。

环境保护要求：妥善处理生活垃圾，避免对毗邻海洋生态敏感区、亚敏感区产生影响。本海域海水水质、海洋沉积物质量和海洋生物质量均不劣于一类标准。

（3）日岛、伏狮岛、中顶岛、黑岛等刘公岛周边岛屿：该岛位于威海刘公岛海洋生态国家级海洋特别保护区，重点保护岛屿生态系统和海洋生态系统、历史遗迹、自然景观、海蚀地貌和贝壳滩。

管控措施：按照《海洋特别保护区管理办法》进行管理。海洋特别保护区的重点保护区和预留区内的海岛，重点保护区内维持现状，禁止一切开发活动。通过在保护区内实施各种资源与环境保护的协调管理以及防灾减灾措施，防止、减少和控制海洋、海岛自然资源与生态环境遭受破坏。海洋特别保护区内除上述情况的海岛，需在适度科学开发利用的同时有效加强海岛的保护，区内建设以不破坏海岛生态为前提，要在相关部门的监督和指导下进行。

环境保护要求：加强海洋环境质量监测。本海域海水水质不劣于二类标准，海洋沉积物质量和海洋生物质量均不劣于一类标准。

（4）娃娃岛、娃娃南岛、玛珈山西岛等小石岛周边岛屿：位于威海小石岛海洋生态产业国家级海洋特别保护区，重点保护软体类资源和海岛生态系统。保护海岛周边海域刺参种质资源。

管控措施：按照《海洋特别保护区管理办法》进行管理。重点保护区除进行必要的调查、科研和管理活动外，禁止进行其他活动。

环境保护要求：维持海洋生态环境和生物多样性。减少保护区周边海域环境点面源污染，保持较好海洋环境质量。海水水质不劣于二类标准，海洋沉积物质量和海洋生物质量均不劣于一类标准。

（5）千里岩：位于海阳千里岩（海洋生态系统）省级自然保护区内，重点保护海岛生态系统和林木、鸟类资源。严格执行《中华人民共和国军事设施保护法》和有关规定，保护国防设施。以维持海岛现状为主，经军方同意并充分论证可适度发展旅游娱乐和农林牧渔业，开展海珍品低碳养殖，周边建设人工鱼礁，发展海钓垂钓等休闲渔业。兼容公共服务功能，规划建设省级海岛科研基地，开发建设项目必须符合自然保护区管理相关规定，并严格执行环评审批程序。

管控措施：优先保障海洋保护区用海，按照《海洋特别保护区管理办法》进行管理。除进行必要的调查、科研、管网工程和管理活动外，禁止造成海洋动力环境改变的活动，防止砾石脊滩自然地质地貌资源遭受破坏。

环境保护要求：保护砾石脊滩动态平衡的海洋动力环境，维护海洋生态环境和生物多样性，保护自然景观。海水水质、海洋沉积物质量和海洋生物质量均不劣于一类标准。

（6）西双石、东双石等鸡鸣岛周边岛屿：保护海岛生态系统和地形地貌。

管控措施：规划建立鸡鸣岛海洋生物物种自然保护区，按照《中华人民共和国自然保护区条例》和《海洋自然保护区管理办法》进行管理。

环境保护要求：维持、恢复、改善海洋生态环境和生物多样性，保护自然景观，减少保护区周边海域环境点面源污染。海水水质、海洋沉积物质量和海洋生物质量不劣于一类标准。

（7）宁津人石岛、北崩石、杨家葬等楮岛嘴附近岛屿：保护海岛生态系统和地形地貌，保护威海桑沟湾魁蚶、荣成鼠尾藻、大叶藻等种质资源。

管控措施：严格控制岸线附近的景区建设工程；严格控制占用岸线、沙滩和沿海防护林。保持岸线形态、长度和邻近海域，加强渔业资源养护，控制捕捞强度。保护生物多样性。

环境保护要求：海水水质不劣于二类水质标准，海洋沉积物质量和海洋生物质量不劣于一类标准。

3.2.3 其他需要保护的海岛

（1）海驴岛、荣成大孤石：位于荣成成山头省级自然保护区，重点保护海洋综合生态系统包括海岸地质自然遗迹和人文历史遗迹。海驴岛适度开展生态旅游，兼容农林牧渔功能。开发建设项目必须符合自然保护区管理相关规定，并严格执行环评审批程序。严格执行《中华人民共和国军事设施保护法》和有关规定，保护国防设施，若开发利用活动涉及国防设施，需与军方协商。

管控措施：按照《中华人民共和国自然保护区条例》和《海洋自然保护区管理办法》进行管理。禁止进行海岸带的开发利用以及一切有关的能够影响该保护区生态系统稳定性的活动。

环境保护要求：维持、恢复、改善海洋生态环境和生物多样性，保护自然景观，减少保护区周边海域环境点面源污染。海水水质、海洋沉积物质量和海洋生物质量不劣于一类标准。

（2）大王家岛、小王家岛、王家岛近岛：保护海岛生态系统和地形地貌，维护海岛公共服务设施功能，保持海岛自然属性。兼容国防功能，严格执行《中华人民共和国军事设施保护法》和有关规定，保护国防设施，该岛开发利用需与军方协商。

管控措施：严格限制在海岛保护范围内从事建设活动以及其他可能改变该区域地形、地貌的活动。禁止炸礁、围填海、填海连岛、采挖海砂等可能造成海岛生态系统破坏及自然地形、地貌改变的活动。可适度进行岛陆交通及基础设施建设。

环境保护要求：保护区周边海域环境杜绝可能影响本海域的各种污染，保持海岛原生海洋生态系统。海水水质不劣于二类标准，海洋沉积物质量和海洋生物质量均不劣于一类标准。

（3）塔岛、杜家东岛等杜家岛周边岛屿：位于乳山市塔岛湾海洋生态特别保护区内，重点保护海洋经济生物资源。适合发展海珍品低碳养殖，控制周边海域养殖密度。经过严格论证，允许开发生态旅游。本岛开发建设必须符合有关保护区法律法规及相关规定，严格执行审批程序。

管控措施：优先保障海洋保护区用海，按照《海洋特别保护区管理办法》进行管理。严格控制岸线附近的景区建设工程；禁止占用岸线、沙滩和沿海防护林。通过增殖放流和自身繁衍，提高生态环境质量，采取科学措施和适宜方法，达到生态保护区水平。

环境保护要求：维持、恢复、改善海洋生态环境和生物多样性，保护自然景观，减少保护区周边海域环境点面源污染。妥善处理生活垃圾，避免对毗邻海洋生态敏感区、亚敏感区产生影响。海水水质不劣于二类标准，海洋沉积物质量和海洋生物质量均不劣于一类标准。

（4）土埠岛、土埠南岛、土埠西岛、鳖头：保护海岛生态系统和地形地貌。

管控措施：禁止炸礁、填海连岛、采挖海砂等可能造成海岛生态系统破坏及自然地形、地貌改变的行为。可适度进行养殖用海、旅游用海、岛陆交通基础设施建设。

环境保护要求：加强海域污染防治和监测。保护区周边海域环境、杜绝影响本海域的点面源污染。海水水质、海洋沉积物质量和海洋生物质量均不劣于一类标准。

（5）三平大岛、三平二岛、三平三岛、三平西岛：保护海岛生态系统和地形地貌，该岛群及其邻近海域共同开发低碳养殖等，兼容旅游娱乐和公共服务功能，建设海洋环境监测和海岛研究等设施。

管控措施：允许旅游基础设施建设。禁止炸礁、填海连岛、采挖海砂等可能造成海岛生态系统破坏及自然地形、地貌改变的行为。可适度进行养殖用海、旅游用海。

环境保护要求：加强海域污染防治和监测。保护区周边海域环境、杜绝影响本海域的点面源污染。海水水质不劣于二类标准，海洋沉积物质量和海洋生物质量均不劣于一类标准。

（6）驴岛、马龙岛、猪岛等田横岛周边岛屿：保护海岛生态系统和地形地貌，位于田横岛旅游休闲度假区内，属重要滨海旅游区，与田横岛及其周边海岛组团开发旅游，海岛可兼容农林牧渔功能。严格执行《中华人民共和国军事设施保护法》和有关规定，保护国防设施，若开发利用活动涉及国防设施，需与军方协商。

管控措施：严格控制岸线附近的景区建设工程；保护自然景观。允许适度进行旅游基础设施建设。

环境保护要求：河口实行陆源污染物入海总量控制，进行减排防治。妥善处理生活垃圾，避免对毗邻海洋生态敏感区、亚敏感区产生影响。海水水质不劣于二类标准，海洋沉积物质量和海洋生物质量不劣于一类标准。

（7）狮子岛、马儿岛、兔子岛、基准岩、大管岛、小管岛等岛屿：保护海岛生态系统和地形地貌，岛群及其周边海域组团开发低碳渔业、人工鱼礁等渔业，经严格论证，允许开发休闲旅游。2015年，经山东省政府和省海洋与渔业厅批复，同意建立即墨大小管岛岛群生态系统省级海洋特别保护区，保护典型岛屿生态系统。

管控措施：优先保障海洋保护区用海，按照《海洋特别保护区管理办法》进行管理。维护海岛独特的生态环境和生物多样性，采取有效的保障和维护措施，使其生态及景观功能得到最大程度的保护利用。

环境保护要求：保护海洋动力环境，维护海洋生态环境和生物多样性，保护自然景观。海水水质、海洋沉积物质量和海洋生物质量均不劣于一类标准。

（8）脱岛、大石岛、小石岛等竹岔岛周边岛屿：保护海岛生态系统和地形地貌，海岛组团开发旅游，保持海岛自然属性。严格执行《中华人民共和国军事设施保护法》和有关规定，保护国防设施，若开发利用活动涉及国防设施，需与军方协商。

管控措施：规划建立脱岛岛群海洋特别保护区，按照《海洋特别保护区管理办法》进行管理。禁止炸礁、围填海、填海连岛、采挖海砂等可能造成海岛生态系统破坏及自然地形、地貌改变的活动。禁止任何经济建设工程。

环境保护要求：保护区周边海域环境杜绝可能影响本海域的各种污染，保持海岛原生海洋生态系统。海水水质、海洋沉积物质量和海洋生物质量均不劣于一类标准。

（9）桃花岛：保护岛屿和海洋生态系统、渔业资源、历史文化遗迹，重点开展休闲旅游，保护岛屿及海洋生态系统，兼容农林牧渔功能。

管控措施：按照《海洋特别保护区管理办法》进行管理。维护本区的生态及自然环境。禁止炸礁、围填海、填海连岛、采挖海砂等可能造成海岛生态系统破坏及自然地形、地貌改变的活动。

环境保护要求：保护区周边海域环境杜绝可能影响本海域的各种污染，保持原生海洋生态系统。海水水质、海洋沉积物质量和海洋生物质量均不劣于一类标准。

（10）太公岛：重点保护岛屿生态系统、湿地植被景观和野生动物栖息地，重点开展休闲旅游，兼容农林牧渔功能。

管控措施：按照《海洋特别保护区管理办法》进行管理。维护本区的生态及自然环境。禁止炸礁、围填海、填海连岛、采挖海砂等可能造成海岛生态系统破坏及自然地形、地貌改变的活动。

环境保护要求：保护区周边海域环境杜绝可能影响本海域的各种污染，保持原生海洋生态系统。海水水质、海洋沉积物质量和海洋生物质量均不劣于一类标准。

4 山东黄海海域海岛保护措施

4.1 加强保护区管理和涉岛生态系统保护

加强红线区内已建自然保护区和海洋特别保护区管理，制定保护区建设管理、考核评估的制度体系，加强红线区内保护区基础设施建设，加快视频监控、遥感监测等先进监管手段的应用，提高保护区制度化和规范化管理水平。加大红线区内各类保护区创建力度，优先在红线区管控范围内选划和新建各类海洋保护区。加强对保护区保护对象和物种的调查。加强胶州湾、威海湾、芝罘湾、成山头及烟台、威海、青岛和日照市区近岸海域等典型生态系统和重要滨海旅游岸线和海域的保护。

4.2 实施海岛整体整治修复工程

编制红线区生态修复整治规划，确定红线区修复整治的重点区域，实施红线区区域修复整治。在胶州湾、威海湾、芝罘湾、石岛湾、靖海湾、乳山口湾、丁字湾等重要海湾严格入海污染物的控制，严格控制围填海，保持和恢复纳潮量和湾内基本的海洋动力环境、修复受损岸段、保护海湾自然景观等有效措施，逐步恢复海湾生物种群，修复受损海湾生境和逐步恢复海湾生态系统功能。综合运用植被恢复、海岸生态防护林建设等手段，打造滩、林、堤相结合、生态缓冲功能显著的滨海生态走廊。实施海岛生态保护与建设规划，重点加强对无居民海岛鸟类、生态林、自然景观和原始地貌的保护和整治修复。在重要渔业海域，采取人工鱼礁、增殖放流等措施，有效恢复渔业生物种群。加大海洋生物资源养护力度，构建水生生物资源养护体系，加强主要经济鱼类产卵场、索饵场、越冬场和洄游通道的保护和建设。

4.3 构建完善海岛监视监测系统

完善海洋生态红线区内监视监测与评价体系布局，重点加强红线区管控范围内市、县（市、区）监测机构能力建设，建立覆盖海洋生态红线区的实时、动态、立体化监视监测和预测预警体系。以红线区内入海污染源、重要河口、重要港湾等为重点，加快建设黄海近岸海域环境浮标在线监测系统，统筹近岸陆海环境监测监视资源，建立海洋环境监测信息共享平台。科学调整优化海洋生态环境监测评价方案，加强对红线区内各类入海污染源的监测评估，实施对海洋生态环境高风险区的监视性监测，开展受损海域生态修复工程的跟踪监测与评估，对红线区内围填海活动和海洋工程开发实施全覆盖监管监测。

4.4 加强海岛防灾减灾及应急处置

通过红线区内监测站点和海上船舶观测、卫星遥感等多种途径，加强对赤潮等灾害的综合观测监视，提高灾害防治的时效性和科学性。加强溢油等海上污染事故应急处置。建立健全黄海近岸海域重大环境污染事故应急响应机制，加强事故现场应急监测、污染处置和事后环境影响评估工作，落实相应的海洋生态环境修复措施。

参考文献

国家海洋局. 2010. 海洋特别保护区管理办法.

国家海洋局. 1995. 海洋自然保护区管理办法.

山东省海洋与渔业厅. 2013. 山东省海岛保护规划.

中华人民共和国国务院. 1994. 中华人民共和国自然保护区条例.